四川电力职业技术学院
国家示范性高职院校建设项目成果

SHUPEIDIAN XIANLU LIXUE YINGYONG

输配电线路力学应用

主编　吴世平　朱清泉
编写　刘　玲
主审　陶春达

中国电力出版社
CHINA ELECTRIC POWER PRESS

内 容 提 要

本书为国家示范性高职院校建设项目成果，根据高压输配电线路施工运行与维护专业教学标准中的人才培养规划要求和对输配电线路力学应用课程教学目标的要求以及专业分析和学生岗位群分析而编写。

本书重点提出了主要项目的典型任务，通过典型任务的分析解决，能够比较系统全面地回顾该项目的基本内容和重点内容，同时也提供了一种解决实际工程问题的思路。书中插入了大量工程实例及相关图片，比较具体、形象。本书精选了教学内容，简化了某些理论、公式的推证，注重定性分析，内容具有较强的技术性和实用性。

本书主要内容包括：物体的受力分析，物体的平衡计算，拉线、撑杆等轴向拉（压）杆的计算，连接件的计算，扭转圆轴的计算，平面弯曲梁的设计，组合变形杆件的计算，简单塔架（桁架）的内力计算，土力学基本知识。附录中还介绍了截面的几何性质方面的内容，给出了型钢规格表、简单荷载下的变形表。每个项目后有小结、思考题、项目练习，可供读者使用，书后还附有参考答案。

本书可供高职院校机电类及相关专业师生使用，也可供普通高等院校机电类及相关专业师生阅读，还可供相关工程技术人员参考。

图书在版编目（CIP）数据

输配电线路力学应用/吴世平，朱清泉主编．—北京：中国电力出版社，2011.2（2023.8重印）
四川电力职业技术学院国家示范性高职院校建设项目成果
ISBN 978-7-5123-0939-5

Ⅰ.①输… Ⅱ.①吴…②朱… Ⅲ.①输配电线路－高等学校：技术学校－教材 Ⅳ.①TM726

中国版本图书馆 CIP 数据核字（2010）第 195935 号

中国电力出版社出版、发行
（北京市东城区北京站西街 19 号 100005 http://www.cepp.sgcc.com.cn）
望都天宇星书刊印刷有限公司印刷
各地新华书店经售
*
2011 年 2 月第一版 2023 年 8 月北京第八次印刷
787 毫米×1092 毫米 16 开本 22 印张 534 千字
定价 **40.00** 元

序

为适应职业教育的不断发展和现代企业对高技术应用型人才的需要，近年来，一大批高职院校在专业设置、课程体系、教学大纲等方面进行了一系列改革。教材作为教学活动过程中最重要的信息载体，其改革和建设是教学改革的重点和关键。为了适应高等职业技术院校的高压输配电线路施工运行与维护专业对力学教学工作改革的需要，结合国家高等职业示范学校和示范专业的建设，并以基于工作过程的任务驱动模式进行全面的教学改革，打破传统的学科体系，全面提升职业教育的教学水平和教学质量，特编写此书。本书在编写过程中有意识地着手进行教材改革的研究、探索，并决定编写一本适合高压输配电线路施工运行与维护专业实用的力学教材，在编写的教材中进行了大胆的改革，以项目和任务作为载体，不再按传统的学科体系进行分类，同时每一个项目列出一个典型任务，以此任务作为驱动，展现本项目的重点内容和基本知识。

输配电线路力学应用是高压输配电线路施工运行与维护专业改革后的一门主干专业基础课程。它是一门理论性和实用性均很强的课程，力学理论产生于实际问题解决过程中，同时，力学知识最终也是用来解决工程问题。

该课程的前导课程是高等数学、电气识绘图。高等数学中的导数微分、积分、解微分方程以及导数的运用是本书的必备知识。电气识绘图中基本的识绘图、投影等知识是本课程的重要基础。其后续教材有《架空输配电线路施工》、《架空输配电线路设计基础》、《电力系统结构及分析计算》、《架空输配电线路检修》等。

本书为后续教材的杆、线、塔、连接件及工具等各种物体或物体系统提供必要的受力分析，平衡处理，内力、应力、变形的概念和计算方法及相关数据基础。

本书力争以明确的岗位和职业需要为依托，以能力培养为主线，以开发学生应用能力为目标，不片面追求学科体系的完整性，而强调贴近高压输配电线路生产实际和工作实际，使理论与实践结合，书中插入了大量工程实例及相关图片，可增强感知性和真实性，传授知识与培训技能紧密结合。本书精选了教材内容，充实技术性、实用性、实践性的内容，注重定性分析，阐明了物理意义和应用方法，简化了某些理论、公式的推证。通过理论阐述与实践指导相结合，便于在教学过程中贯穿能力培养这一主线，采用以项目训练为主，把讲授、实验、项目训练融为一体的教学方式，兼顾输电线路职业培训对教材的需要。

本书的编写和投入应用只是整个教材改革和建设的探索性成果，仍需再接再厉，继续深化教材改革，推进教材建设。

主　编

2010 年 11 月于成都

前　言

本书是根据高压输配电线路施工运行与维护专业教学标准中的人才培养规划要求和对输配电线路力学应用课程教学目标的要求以及专业分析和学生岗位群分析而编写的。

本书的基本思路为：从高压输配电线路施工运行与维护专业的实际需求出发，调整现行力学教学大纲，突出专业特色，淡化理论推导，强化能力培养，将力学理论与专业实践相结合，让力学理论更好地为主体专业课程服务，同时注重力学应用能力的培养，真正做到力学教学有的放矢，学以致用，解决工程中的力学问题。

本书注重力学知识在工程中的应用，并结合高职高专学生的实际情况，精讲多练，强化力学的实际过程分析，提供了丰富的实例图片、例题、项目练习以及项目典型任务，便于学生自学，提高学生的力学应用能力，真正做到用学到的力学知识解决工程中的力学问题，为解决专业问题奠定扎实的力学基础。

本书按照工科职业技术教育课程改革的原则和思路，力求贯彻能力为本的思想；突出学生对基本知识掌握的要求，理论推导从简，注重针对性和实用性；充分吸取了各校力学课程教学改革的经验，以适应力学课程教学时数减少的现实。

本书重点提出了主要项目的典型任务，通过典型任务的分析解决，能够比较系统全面地回顾本项目的基本内容和重点内容，同时也提供了一种解决实际工程问题的思路。

本书由四川电力职业技术学院吴世平、朱清泉主编，四川电力职业技术学院刘玲为本书的图形编排做了大量工作。本书项目 1～项目 6、项目 8、附录由吴世平编写，项目 7、项目 9 由朱清泉编写。

由于水平有限，加之时间仓促，不妥之处在所难免，恳请广大读者批评指正。

编　者

主要符号表

符　号	量的名称	符　号	量的名称
A	面积	q	均布荷载集度
b	宽度	R	半径
C	形心，重心	V	体积
D	直径	W_z	对 z 轴的抗弯截面系数
d	力偶臂，力臂，直径，距离	W_{P}	抗扭截面系数
e	偏心距	α	空心轴的内外径之比，角
f	动摩擦因数	θ	梁横截面的转角，单位长度相对扭转角
f_{s}	静摩擦因数		
$\boldsymbol{F}$	力	φ	相对扭转角
$\boldsymbol{F}_{Ax}$、$\boldsymbol{F}_{Ay}$	A 处的约束力分量	φ_{m}	摩擦角
$\boldsymbol{F}_{\mathrm{N}}$	法向约束力，轴力	γ	切应变
$\boldsymbol{F}_{\mathrm{P}}$	荷载	Δ	变形、位移
$\boldsymbol{F}_{\mathrm{cr}}$	临界荷载，临界力	δ	厚度、延伸率
$\boldsymbol{F}_{\mathrm{s}}$	剪力	ε	线应变
$\boldsymbol{F}_{\mathrm{R}}$	合力	λ	柔度（长细比）
$\boldsymbol{F}_{\mathrm{T}}$	拉力	ω	挠度
$\boldsymbol{F}_x$、$\boldsymbol{F}_y$、$\boldsymbol{F}_z$	力在 x、y、z 轴上的分量	μ	长度系数
$\boldsymbol{F}'_{\mathrm{R}}$	主矢	ν	泊松比
G	切变模量，重力	ρ	曲率半径
h	高度	σ	正应力
I_z	对 z 轴的惯性矩	σ_{t}	拉应力
I_{P}	极惯性矩	σ_{bs}	挤压应力
I_{xy}	惯性积	σ_{c}	压应力
K	应力集中系数	σ_{b}	强度极限
m	质量	$[\sigma]$	许用正应力
M_O	力系向 O 点简化的主矩	σ_{cr}	临界应力
$M_O(\boldsymbol{F})$	力 $\boldsymbol{F}$ 对点 O 之矩	σ_{e}	弹性极限
M_{e}	外力偶矩	σ_{p}	比例极限
T	扭矩	$\sigma_{0.2}$	条件屈服应力
M	弯矩	σ_{s}	屈服极限
M_x、M_y、M_z	力对 x、y、z 轴的矩	σ_{r}	相当应力
n	转速，安全因数	τ	切应力
n_{st}	稳定安全因数	$[\tau]$	许用切应力
P	功率		

目　录

序
前言
主要符号表
绪论 …… 1
项目1　物体的受力分析 …… 5
　单元一　力的基本知识 …… 6
　单元二　力对点之矩的计算 …… 12
　单元三　力偶及其性质 …… 14
　单元四　约束与约束反力 …… 19
　单元五　物体的受力分析和受力图 …… 26
　小结 …… 34
　思考题 …… 34
　项目练习 …… 36
项目2　物体的平衡计算 …… 42
　单元一　平面基本力系的合成与平衡 …… 42
　单元二　平面一般力系的合成 …… 52
　单元三　平面一般力系的平衡计算 …… 55
　单元四　物体系统的平衡问题 …… 63
　单元五　考虑摩擦时的平衡计算 …… 68
　小结 …… 78
　思考题 …… 79
　项目练习 …… 81
项目3　拉线、撑杆等轴向拉（压）杆的计算 …… 87
　单元一　构件设计基本知识 …… 88
　单元二　轴向拉压杆的内力及内力图 …… 95
　单元三　轴向拉压杆的应力计算 …… 98
　单元四　轴向拉压杆的变形计算 …… 100
　单元五　材料在拉压时的力学性能的测定 …… 102
　单元六　拉线、撑杆等轴向拉（压）杆的计算 …… 106
　单元七　轴向压杆的稳定性计算 …… 112
　小结 …… 118
　思考题 …… 118
　项目练习 …… 119

项目 4　连接件的计算 …… 123
单元一　连接件的特点及实例 …… 124
单元二　连接件的实用设计 …… 127
小结 …… 133
思考题 …… 133
项目练习 …… 134
项目 5　扭转圆轴的计算 …… 136
单元一　扭转的内力和扭矩图 …… 137
单元二　扭转圆轴的计算 …… 141
小结 …… 146
思考题 …… 147
项目练习 …… 148
项目 6　平面弯曲梁的设计 …… 151
单元一　梁的内力计算 …… 152
单元二　用基本方法作梁的内力图 …… 160
单元三　利用简便方法作梁的内力图 …… 164
单元四　梁的正应力计算 …… 172
单元五　梁的切应力计算 …… 178
单元六　弯曲杆件（梁）的初步设计 …… 182
单元七　梁的合理设计 …… 188
小结 …… 197
思考题 …… 198
项目练习 …… 199
项目 7　组合变形杆件的计算 …… 204
单元一　平面应力状态分析的解析法 …… 205
单元二　常用强度理论介绍 …… 215
单元三　组合变形构件的设计 …… 222
小结 …… 234
思考题 …… 235
项目练习 …… 236
项目 8　简单塔架（桁架）的内力计算 …… 241
单元一　塔架结构的计算简图 …… 241
单元二　塔架结构的几何组成分析 …… 243
单元三　静定桁架（塔架）的内力计算 …… 248
单元四　超静定桁架（塔架）的超静定次数判定 …… 256
单元五　简单超静定桁架（塔架）的内力计算 …… 258
小结 …… 262
思考题 …… 263
项目练习 …… 264

项目9　土力学基本知识 …… 268
单元一　土的物理性质及工程分类 …… 268
单元二　地基中的应力计算 …… 278
单元三　土的压缩性质及固结理论 …… 285
单元四　土的抗剪强度和地基承载能力 …… 295
小结 …… 300
思考题 …… 301
项目练习 …… 301
附录A　平面图形的几何性质 …… 302
单元一　静矩与形心 …… 302
单元二　惯性矩和极惯性矩的概念 …… 304
单元三　惯性矩的平行移轴公式及组合截面惯性矩计算 …… 308
附录B　型钢规格表 …… 312
附录C　简单荷载作用下梁的变形 …… 329
附录D　参考答案 …… 332
参考文献 …… 338

绪 论

一、力学的起源

力学知识最早起源于人类对自然现象的观察和在生产劳动中的经验。人们在建筑、灌溉等劳动中使用杠杆、斜面，以及汲水等器具，逐渐积累起对平衡物体受力情况的认识经验。古希腊的阿基米德对杠杆平衡、物体重心位置、物体在水中受到的浮力等作了系统研究，确定它们的基本规律，初步奠定了静力学即平衡理论的基础。

伽利略在实验研究和理论分析的基础上，阐明了自由落体运动的规律，提出了加速度的概念。牛顿继承和发展前人的研究成果（特别是开普勒的行星运动三定律），提出了物体运动三定律。伽利略、牛顿奠定了动力学的基础。牛顿运动定律的建立标志着力学开始成为一门学科。

此后，力学的研究对象由单个的自由质点，转向受约束的质点和受约束的质点系。这方面的标志是达朗贝尔提出的达朗贝尔原理和拉格朗日建立的分析力学。其后，欧拉又进一步把牛顿运动定律用于刚体和理想流体的运动方程，这是连续介质力学的开端。

二、主要力学家及其理论简介

1. 牛顿

主要理论：万有引力定律和牛顿三大定律（惯性定律、质量加速定律、作用与反作用定律），总结了当时已发现的地面上所有力学现象的规律，在以后的 200 多年里几乎统治了物理学各个领域。对于热、光、电现象，人们都企图用牛顿定律加以解释，而且在有些方面，如热的动力论，取得了惊人的成功。牛顿定律至今仍是许多工程技术，例如航空航天、机械、土建等的理论基础。

2. 伽利略

伽利略是实验科学的奠基者。他的理论奠定了经典力学中运动学与动力学的基础，把实验、物理思维和数学演绎三者巧妙结合起来，开辟了自然科学发展的道理。他首先把实验引进物理学并赋予重要的地位，改变了以往只靠思辨下结论的方式，同时也很注意严格的推理和数学的运用。

3. 开普勒

主要理论：开普勒三定律。第一定律又称椭圆轨道定律，定律指出：所有行星分别沿不同大小的椭圆轨道绕太阳运动，太阳处于椭圆的一个焦点上。第二定律又称等面积定律，定律指出：在行星运动时，连接行星和太阳的线，在相等的时间内，永远扫过同样大小的面积。第三定律即周期定律，定律指出：行星公转周期的二次方与它们轨道半长轴的三次方成正比。

4. 阿基米德

阿基米德是使静力学成为一门真正学科的奠基者。其主要理论：平面图形的平衡和重心，创立了杠杆理论。

5. 达·芬奇

主要理论：用力矩法解释了滑轮的工作原理；应用虚位移原理的概念来分析起重机构中的滑轮和杠杆系统；物体的斜面运动和滑动摩擦阻力，首先得出了滑动摩擦阻力同物体的摩擦接触面的大小无关的结论。

6. 斯蒂文

主要理论：力的平行四边形法则，提出了力系简化的方法。

7. 拉格朗日

主要理论：分析力学。他在大型著作《分析力学》中，根据虚位移原理，用严格的分析方法叙述了整个力学理论。虚位移原理早在1717年已由伯努利指出，而应用这个原理解决力学问题的方法的进一步发展和对它的数学研究却是拉格朗日。

三、力学的发展

力学是研究物体运动规律的一个分支学科。所谓物体，是指不论借助仪器与否能被人们感觉到或察觉到的物质。而运动则是指物体的位置随时间的推移而变化（移动和转动），以及物体内部粒子相对位置的改变（变形）。

物理学科的建立是从力学开始的。在物理学科中，人们曾用纯粹力学理论解释机械运动以外的各种形式的运动，如热、电磁、光、分子和原子内的运动等。当物理学摆脱了这种机械（力学）的自然观而获得健康发展时，力学则在工程技术的推动下按自身逻辑进一步演化，逐渐从物理学中独立出来。

20世纪初，相对论指出牛顿力学不适用于高速或宇宙尺度内的物体运动，量子论指出牛顿力学不适用于微观世界，反映了人们对力学认识的深化，即认识到物质在不同层次上的机械运动规律是不同的。所以通常理解的力学，是指以宏观的机械运动为研究内容的物理学分支学科。许多带"力学"名称的学科，如热力学、统计力学、相对论力学、电动力学、量子力学等，在习惯上被认为是物理学的其他分支，不属于力学的范围。

力学与数学在发展中始终相互推动，相互促进。一种力学理论往往和相应的一个数学分支相伴产生，如运动基本定律和微积分、运动方程的求解和常微分方程、弹性力学及流体力学和数学分析理论、天体力学中运动稳定性和微分方程定性理论等，因此有人甚至认为力学应该也是一门应用数学。但是力学和其他物理学分支一样，还有需要实验基础的一面，而数学寻求的是比力学更带普遍性的数学关系，两者有各自不同的研究对象。

力学不仅是一门基础学科，同时也是一门技术学科，它是许多工程技术的理论基础，又在广泛的应用过程中不断得到发展。当工程学还只分民用工程学（即土木工程学）和军事工程学两大分支时，力学在这两个分支中就已经起着举足轻重的作用。工程学越分越细，各个分支中许多关键性的进展，都有赖于力学中有关运动规律、强度、刚度等问题的解决。

力学和工程学的结合，促使了力学各个分支的形成和发展。现在，无论是历史较久的土木工程、建筑工程、水利工程、机械工程、船舶工程等，还是后起的航空工程、航天工程、核技术工程、生物医学工程等，都有力学的应用场地。

力学既是基础学科又是技术学科的二重性，引起了分别侧重基础研究和应用研究的力学家之间的不同看法。但这种二重性也为沟通人类认识自然和改造自然两个方面作出了贡献。

力学研究方法遵循认识论的基本法则：实践—理论—实践。

力学家们根据对自然现象的观察，特别是定量观测的结果，根据生产过程中积累的经验和数据，或者根据为特定目的而设计的科学实验的结果，总结出量与量之间的定性的或数量的关系。为了使这种关系反映事物的本质，力学家要善于抓住起主要作用的因素，忽略或暂时忽略一些次要因素。

力学中把这种过程称为建立模型。质点、质点系、刚体、弹性固体、黏性流体、连续介质等是各种不同的模型。在模型的基础上可以运用已知的力学或物理学的规律，以及合适的数学工具，进行理论上的演绎工作，导出新的结论。依据所得理论建立的模型是否合理，有待于新的观测、工程实践或者科学实验等加以验证。

因此，从局部看来，力学研究工作方式是多样的：有些只是纯数学的推理，甚至着眼于理论体系在逻辑上的完善化；有些着重数值方法和近似计算；有些着重实验技术等。而更大量的则是着重在运用现有力学知识，解决工程技术中或探索自然界奥秘中提出的具体问题。

现代的力学实验设备，诸如大型的风洞、水洞，它们的建立和使用本身就是一个综合性的科学技术项目，需要多工种、多学科的协作。应用研究更需要对应用对象的工艺过程、材料性质、技术关键等有清楚的了解。在力学研究中既有细致的、独立的分工，又有综合的、全面的协作。

力学在我国的发展经历了一个特殊的过程。与古希腊几乎同时，我国古代对平衡和简单的运动形式就已具备相当水平的力学知识，所不同的是未建立起像阿基米德那样的理论系统。

四、力学的常识和工程事故举例

力学又称经典力学，是研究通常尺寸的物体在受力下的形变，以及速度远低于光速的运动过程的一门自然学科。力学是物理学、天文学和许多工程学的基础，机械、建筑、航天器和船舰等的合理设计都必须以经典力学为基本依据。

机械运动是物质运动的最基本的形式。机械运动亦即力学运动，是物质在时间、空间中的位置变化，包括移动、转动、流动、变形、振动、波动、扩散等。而平衡或静止，则是其中的特殊情况。物质运动的其他形式还有热运动、电磁运动、原子及其内部的运动和化学运动等。

力是物质间的一种相互作用，机械运动状态的变化是由这种相互作用引起的。静止和运动状态不变，则意味着各作用力在某种意义上的平衡。因此，力学可以说是力和（机械）运动的学科。

任何物体都会受到力的作用，任何物体受力后都会产生变形，正是这种变形造成了各种工程事故。例如：

（1）事故一。2010 年 1 月 3 日由云南建工市政公司承建的昆明新机场配套引桥工程发生垮塌，共造成 7 人死亡、8 人重伤、26 人轻伤。垮塌长度约 38.5m，宽度为 13.2m，支撑高度约为 8m，如图 0-1 所示。

事故原因：浇灌过程中支撑体系失稳。

（2）事故二。1999 年 1 月 4 日 18 时 50 分，重庆市綦江县人行虹桥整体垮塌，造成死 40 人、伤 14 人，直接经济损失 600 余万元。这座长约 102m 的中承式拱形桥，是綦江县城主要的人行桥，建成还不足 3 年，如图 0-2 所示。

事故原因：

1）拱架钢管焊接存在严重缺陷，个别焊缝出现陈旧性裂痕，焊接质量不合格。

图 0-1

图 0-2

2）混凝土强度不足，普遍低于设计标号的 1/3。

3）连接桥梁、桥面与钢拱架的拉索、锚片、锚具都严重锈蚀。

4）另外，工程的承发包也不符合国家建筑管理规定和要求，施工单位系个人挂靠，不具备市政工程施工资质。

通过以上事故可以看出，不管事故原因是什么，但最终原因都是构件的强度、刚度或稳定性要求没有得到满足，也就是构件的承载能力问题。

项目1 物体的受力分析

学习目标

理解力的概念及性质，理解和掌握力对点之矩的概念及力矩的计算，理解力偶的概念和力偶的基本性质，掌握物体的受力分析过程和方法，掌握工程中常见约束的特点及反力的画法，熟练绘制单个物体及物体系统的受力图。

典型任务——物体的受力分析

表1-1 典型任务分解表

如图所示是输电线路施工中的输电杆的单点起吊立杆过程，试完成下列任务	

任 务 分 解

任务1	根据图示原结构，分析总牵引钢绳和制动钢绳分别是哪根
任务2	画出立杆开始后，起吊端刚离开地面时的力学简图
任务3	分析立杆开始时的约束情况，总牵引绳和制动拉绳是什么约束
任务4	试画出起吊端刚离开地面时的受力图
任务5	分析电杆与地面成30°时电杆受力情况并画出受力图

单元一 力的基本知识

一、力的概念

（一）力的定义

力是物体间相互的机械作用，这种作用会使物体的运动状态发生改变，或使物体产生变形。

力是人们在长期生活实践和生产劳动中逐渐形成的一个力学基本概念。如推、拉物体时，人们能够感觉到对物体施加了力，而使物体的运动状态发生变化。后来人们又进一步观察到物体与物体之间的相互作用力不仅会使物体产生运动状态的改变，还会使物体的形状和尺寸发生变化。如自高空落下的物体由于受到地球引力的作用而改变运动的速度，桥梁受到车辆的作用而产生变形，电线杆由于受到电线的拉力以及风荷载的作用而发生弯曲甚至断裂等，这些运动状态的改变或变形是由于物体间的相互作用而引起的，物体间的这种作用称为机械作用，以区别于其他的相互作用（如热的、电磁的、化学的作用）。机车牵引车厢的拉力，直接相互接触物体之间的压力、摩擦力等都是由于物体间相互机械作用产生的。力是物体之间的相互作用，因此，力不能离开物体而单独存在，即有力存在必然有物体存在；反之，由于万有引力的存在，可以说没有不受力作用的物体。

力对物体的两种作用效果称为力的作用效应，其中：物体运动状态的改变称为力的外效应，也叫运动效应；物体的变形称为力的内效应，也叫变形效应。所谓运动就是指物体的空间位置随时间的推移而发生的改变。所谓变形就是指物体形状和尺寸的改变。

如图 1 - 1 所示，输电线杆的断裂，就是由于外力的作用，使得电线杆产生了过大的变形而最终导致其断裂破坏。这类事故在日常生活和工程中时有发生，不仅造成输电线路破坏而导致停电，而且可能造成人员伤亡。甚至可以说物体在力作用下的变形效应是一切事故的根源。因此，研究物体在力作用下的变形问题是力学的主要内容。

图 1 - 1

力的运动效应又分为移动效应和转动效应。例如，球拍作用于乒乓球上的力，此力如果不通过乒乓球的球心，则乒乓球在向前运动的同时还绕球心转动；又例如足球运动员的脚作用于足球上的力，此力如果不通过足球的球心，则足球在向前运动的同时还绕球心转动。向前移动为移动效应，绕球心转动为转动效应。

（二）力的三要素

实践表明，不同大小，不同方向，施加在物体上不同位置的力对物体将产生不同的效应。因此，力对物体的作用效应取决于三个要素：

（1）力的大小；

（2）力的方向；

（3）力的作用点。

力的三要素中任何一个要素发生改变时，力对物体的作用效应都会发生改变。因此，在实际工程中，必须随时关注作用在物体上的力的大小是否发生变化，方向和作用点是否改变。只要这三个要素中任何一个要素改变，都可能导致该物体不能正常工作，甚至使物体发生损坏。

力的方向包括力的方位和力的指向两个方面。力的方位一般用力的作用线与某一已知方位之间的夹角来表示。例如：重力的方向竖直向下，推力方向水平向右，拉力方向与水平方向成30°斜向右上。其中的“竖直”“水平”“与水平方向成30°”表示的是力的方位，“向下”“向右”“斜向右上”表示的是力的指向。

力的作用点就是力在物体上的作用位置。实际上，力的作用位置并不是一个点，而是一个范围，有一定的面积，不过当作用范围比物体本身的尺寸小得多时，可以近似看成为一个点。

（三）力的单位

在国际单位制（SI）中，力的单位为牛顿（N）或千牛顿（kN）。

（四）力的表示

1. 力的图示

由于力是一个有大小和方向的量，所以力是矢量。力的图示就是要通过图形把力的三要素表示清楚。通常用一个带箭头的线段（有向线段）表示，如图1-2所示，线段的长度AB按一定的比例表示力的大小，线段的方位（与水平线成α角）和箭头的指向表示力的方向，线段的起点或终点表示力的作用点（例如图1-2中的A点）。

通过力的作用点沿力的方位画出的射线，如图1-2中的KL，称为力的作用线。

特别注意：在力的图示中，应清楚地反映出力的方向和力的作用点的位置，而箭头的长度可以画示意性的长度（因为有的力的大小是未知的，而有的力之间数据相差很大，用比例画出力的大小有时难以办到）。

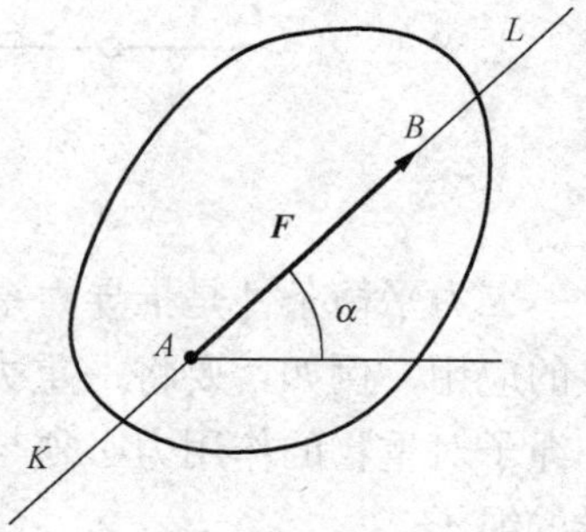

图1-2

2. 力的字母表示

一般规定，用大写的黑体英文字母表示力矢量，如力$\boldsymbol{F}$、$\boldsymbol{P}$、$\boldsymbol{G}$等；而力的大小是标量，用普通大字字母表示，如F、P、G等。

（五）力系的概念

实际工程中，作用在一个物体上的力往往不止一个而是多个，我们把作用在物体上的一组力称为力系，如果这组力使物体处于平衡，称为平衡力系。所谓平衡是指物体相对于地面处于静止或作匀速直线运动，物体平衡的必要条件就是此物体上的力系的合力等于零。

二、刚体、质点的概念

刚体是指在任何外力作用下，大小和形状始终保持不变的物体。

在自然界中，任何物体在力的作用下，都将发生变形（没有不发生变形的物体），但是在正常情况下，工程实际中许多物体（如输电塔架、建筑物中的梁和柱、电线杆以及机器零件等）的变形都是很微小的，对讨论物体的平衡问题或运动规律影响甚小，可以忽略不计，因而可将物体看成是不变形的刚体。因此可以说刚体是一个抽象的理想化的力学模型。但当讨论物体受到力的作用会不会破坏时，变形就是一个主要的因素，这时就不能把物体视为刚体，而应该把物体作为变形体。例如，在研究输电线路中的塔架这种钢结构的平衡问题时，我们可以把钢结构整体视为刚体，但在研究钢结构中的某一根钢杆的变形和强度安全性问题时必须把钢结构视为变形的物体。

变形体的平衡问题的研究也是以刚体静力学为基础的，所以，以刚体为对象得出的力系的平衡条件和方程，也可以推广应用于变形很小的变形体的平衡情况。

质点是有质量没有大小的物体。这也是力学对实际物体进行抽象后得到的力学模型，如果物体的几何尺寸很小或者其尺寸的大小对研究问题的影响很小，就可以视为质点。

三、力的性质

（一）性质1——二力平衡条件

作用在同一刚体上的两个力，使刚体处于平衡的必要和充分条件是：这两个力大小相等、方向相反，并作用在同一条直线上。简述为“二力等值、反向、共线、同一刚体”，即二力平衡条件，如图1-3所示。

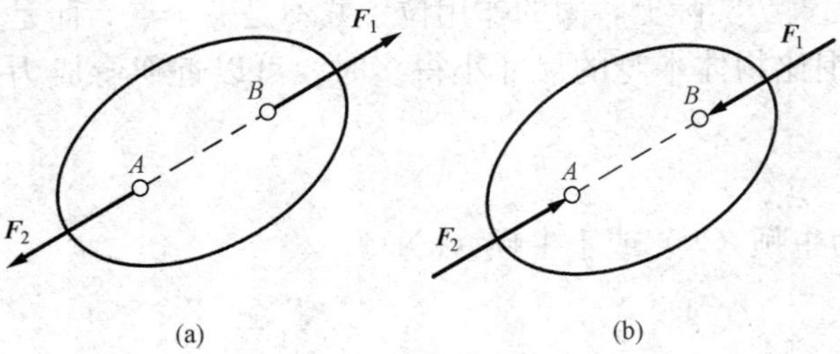

图1-3

二力平衡条件对于刚体是必要和充分的，但对于变形体不充分。例如，图1-4（a）所示柔绳的两端若受到一对大小相等、方向相反、作用线共线的拉力就可以平衡（变形后处于平衡），但若受到的是一对压力就不能平衡，如图1-4（b）所示。

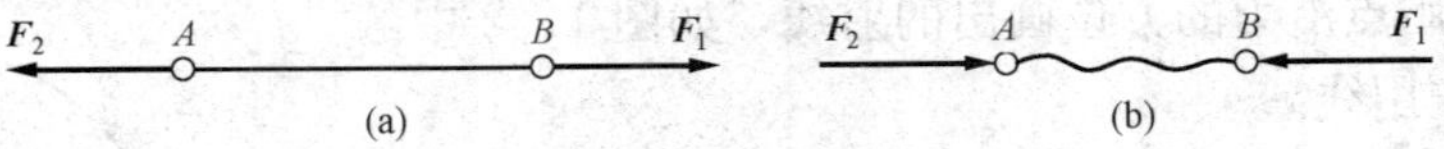

图1-4

二力平衡条件是推导力系平衡条件的基础。同时此性质在实际工程和生活中也有很多直接的应用。例如，要将一重力为 G 的物体用一根绳子悬挂于天花板上使其处于平衡状态，则绳子对重物的作用力必须与物体的重力等值、反向、共线。由此可以进一步确定选择什么样的绳子。

（二）性质2——加减平衡力系公理

加减力平衡公理：在刚体上加上或去掉任何一个平衡力系，不改变原力系对刚体的作用效应。这个公理常常用来简化力系。

应特别注意：对于变形体来说，加上或去掉任何一个平衡力系，变形的效果是完全不同的。

根据上述公理可以导出下面的推论。

推论Ⅰ——力的可传性原理：作用在刚体上的力可以沿其作用线移动到该刚体上任意一点，而不会改变该力对该刚体的作用效应。

证明：设力 $\boldsymbol{F}$ 作用在刚体上的 A 点，如图 1-5（a）所示。根据加减平衡力系性质，可在力的作用线上任取一点 B，加上一对平衡力 $\boldsymbol{F}_1$、$\boldsymbol{F}_2$，使 $\boldsymbol{F}_1=-\boldsymbol{F}_2=\boldsymbol{F}$，如图 1-5（b）所示。由于力 $\boldsymbol{F}$ 和 $\boldsymbol{F}_2$ 是一平衡力系可以去掉，故只剩下作用于 B 点的一个力 $\boldsymbol{F}_1$，如图 1-5（c）所示。于是力 $\boldsymbol{F}_1$ 和原力 $\boldsymbol{F}$ 等效。这样就把作用于 A 点的力 $\boldsymbol{F}$ 沿其作用线移到了 B 点。

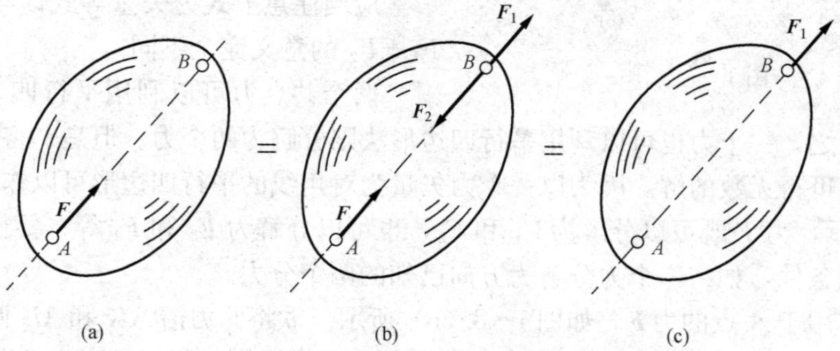

图 1-5

实践也可以验证力的可传性原理。例如，用绳子拉车，或者沿同一直线、以同样大小的力用手推车，对车产生的运动效应相同。

应当指出，力沿作用线移动不改变的是力对物体的外效应，且只能在原作用物体上沿作用线移动，不能沿作用线移动到相连的其他物体上。同时，力的作用点改变时，会改变力对物体的内效应。该推论只适用于刚体而不适用于变形体。例如，绳索的两端若受到大小相等、方向相反、作用线共线的一对拉力作用可以让绳索保持平衡，如图 1-6（a）所示；若力分别沿作用线移动到另一端则形成一对压力，绳索就不能平衡。又如变形直杆 AB 在平衡力系 $\boldsymbol{F}_1$、$\boldsymbol{F}_2$ 作用下产生拉伸变形且平衡，如图 1-6（b）所示；若按照力的可传性推论将力 $\boldsymbol{F}_1$、$\boldsymbol{F}_2$ 分别传递到杆的另一端，则杆件产生压缩变形且平衡，如图 1-6（c）所示；若按照加减平衡力系公理除去这一对平衡力，则杆件就不会产生变形了。因此，对于变形体来说，增加或去掉一个平衡力系，力对物体的变形效应一定会改变。

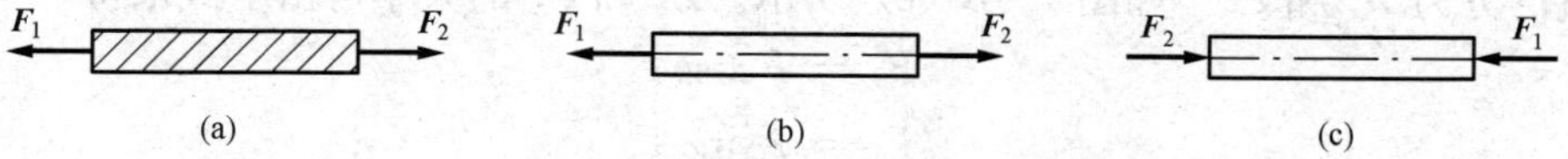

图 1-6

（三）性质 3——力的平行四边形法则

作用于物体上的一个力系，如果可用另一力系来代替，而不改变力系对物体的外效应，则这两个力系是等效力系。如果一个力对物体的作用效应（外效应）与一个力系对同一物体的作用效应相同，则称此力为该力系的合力，而力系中的各个力称为该合力的分力。

力的平行四边形法则：作用在物体上同一点的两个力可以合成一个合力，合力也作用在该点，合力的大小和方向由以该两个力为邻边所构成的平行四边形的对角线来表示。力的平行四边形法则如图 1-7（a）所示。力的平行四边形法则是力系简化的基础。

根据平行四边形的性质，有时为了方便，可由 O 点作矢量 $\boldsymbol{F}_1$，再由 $\boldsymbol{F}_1$ 的末端作矢量 $\boldsymbol{F}_2$，则矢量 OB 即为合力 $\boldsymbol{F}_R$，如图 1-7（b）所示。这种求合力的方法称为力的三角形法则。

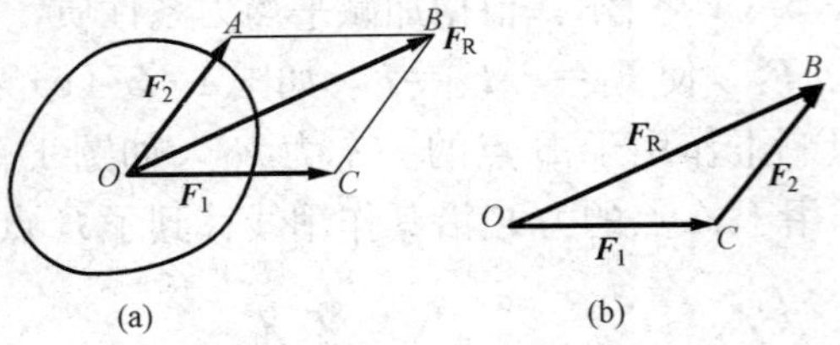

图 1 - 7

利用平行四边形法则求合力的方法又称为矢量加法（对所有的矢量合成均实用），其数学式为

$$\boldsymbol{F}_R = \boldsymbol{F}_1 + \boldsymbol{F}_2$$

应当注意上式为矢量等式，与代数式 $F_R = F_1 + F_2$ 的意义完全不同。

两个共点力可以利用平行四边形法则合成为一个力；反之，一个力也可以利用平行四边形法则分解为两个力。但是，将一个已知力分解为两个分力可得无数的解。因为以一个力矢量为对角线的平行四边形可以作无数个，如图 1 - 8（a）所示，力 $\boldsymbol{F}$ 既可以分解为 $\boldsymbol{F}_1$ 和 $\boldsymbol{F}_2$，也可以分解为 $\boldsymbol{F}_3$ 和 $\boldsymbol{F}_4$ 等。要得出唯一的解，必须给以附加条件，如将一个力分解为方向已知的两个分力。

设有一作用于 A 点的力 $\boldsymbol{F}$，如图 1 - 8（b）所示。欲将此力沿 AK 和 AL 两个方向分解，根据力的平行四边形法则，过力矢 $\boldsymbol{F}$ 的终点 B 作两直线分别平行于 AK 和 AL，并得交点 C 和 D，则矢量 AC 和 AD 就是所求的分力 $\boldsymbol{F}_1$ 和 $\boldsymbol{F}_2$，它们的作用点就是原力 $\boldsymbol{F}$ 的作用点。

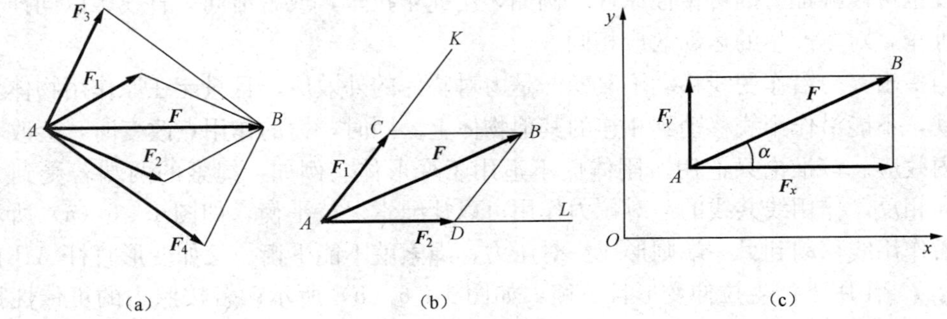

图 1 - 8

在以后的计算和实际工程中，常将一个力 $\boldsymbol{F}$ 沿两直角坐标轴方向分解，可以得出两个相互垂直的分力 $\boldsymbol{F}_x$ 和 $\boldsymbol{F}_y$，如图 1 - 8（c）所示。$\boldsymbol{F}_x$ 和 $\boldsymbol{F}_y$ 的大小可由下式求得

$$\left.\begin{aligned} F_x &= F\cos\alpha \\ F_y &= F\sin\alpha \end{aligned}\right\} \tag{1 - 1}$$

式中：α 为力 $\boldsymbol{F}$ 与 x 轴正方向之间的夹角。

依据力的三角形法则和二力平衡条件，可以推导出下面的推论。

推论Ⅱ——三力平衡汇交定理：若刚体在三个力作用下处于平衡状态，则此三个力必然共面，且全汇交于同一点（或全平行），通常简称三力汇交定理。

证明：设刚体在 $\boldsymbol{F}_1$、$\boldsymbol{F}_2$、$\boldsymbol{F}_3$ 三个力作用下处于平衡状态，如图 1 - 9 所示，且 $\boldsymbol{F}_1$、$\boldsymbol{F}_2$ 的作用线相交于 O 点。根据力的可传性原理，可以将力 $\boldsymbol{F}_1$、$\boldsymbol{F}_2$ 移到汇交点 O，再根据力的平行四边形法则，可得合力 $\boldsymbol{F}_{R12}$。此时三力平衡情况变为二力平衡情况，$\boldsymbol{F}_3$ 与 $\boldsymbol{F}_{R12}$ 应平衡，根据二力平衡条件，$\boldsymbol{F}_3$ 必

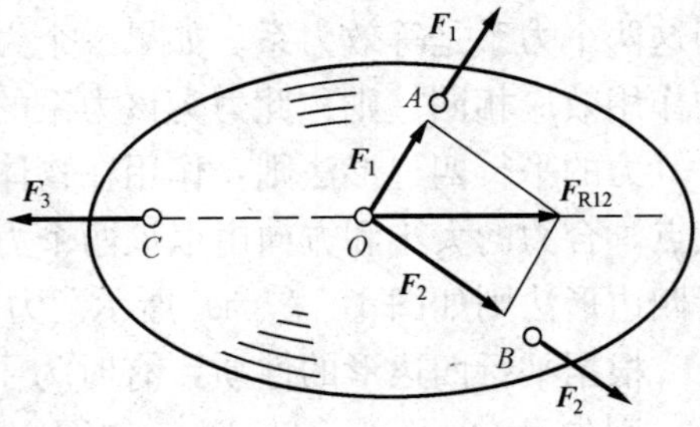

图 1 - 9

须通过 $\boldsymbol{F}_1$ 与 $\boldsymbol{F}_2$ 作用线的交点 O 点，且与 $\boldsymbol{F}_1$、$\boldsymbol{F}_2$ 共面。

利用三力汇交定理，受三个力而处于平衡的物体，如果知道其中两个力的方位，可以确定第三力的方位。同时必须指出，三力平衡汇交定理给出的是三个共面力平衡的必要条件，而不是充分条件，即该定理的逆定理不一定成立。作用于刚体上三个共面力汇交于一点，此时刚体不一定处于平衡状态。也就是说：如果要使物体只受三个力作用而处于平衡，这三个力必须共面且全部汇交于同一点（或三个力全平行）。

（四）性质 4——作用与反作用定律

两个物体间的相互作用力（即作用力与反作用力），总是大小相等、方向相反、沿同一直线分别作用在这两个物体上，可以简要理解为“等值、反向、共线、不同物体”。这样可以与二力平衡条件中的两个力区分，避免混淆。因为作用力与反作用力是分别作用在两个相互作用的不同物体上，故这两个力永远不会互相平衡。同时，这两个力也不可能相互抵消。

这个定律指出了两个物体之间相互作用力的关系，力总是成对出现的，两个力同时存在、同时消失，有作用力出现必有一个反作用力出现。但要注意这两个力不会同时出现在同一个物体上，而是分别作用于两个物体上。该定律还是把解决单个物体的问题过渡到解决多个物体的问题的桥梁。

图 1 - 10

图 1 - 10 是一辆汽车撞断的电线杆，经分析可知，汽车作用在电线杆上的力使电线杆发生了较大的变形（甚至破坏），但同时，电线杆对汽车的反作用力是与汽车对电线杆的作用力等值、反向、共线的，因此，电线杆对汽车的反作用力可能会导致车毁人亡。

下面分析一个例子来说明作用与反作用定律和二力平衡公理的区别。

【例 1 - 1】　重力为 G 的小球，用绳索悬挂于天花板上，如图 1 - 11（a）所示，绳重不计。试分析各物体的力及各力之间的关系。

解　小球与地球之间有一对作用力 $\boldsymbol{G}$ 和反作用力 $\boldsymbol{G}'$，它们分别作用于小球中心和地球中心，如图 1 - 11（b）和图 1 - 11（c）所示，且 $G=G'$，其方向相反，并沿同一直线。

小球与绳索之间在 B 点有一对作用力 $\boldsymbol{F}_{TB}$ 和反作用力 $\boldsymbol{F}'_{TB}$，它们分别作用于绳索的 B 点和小球的 B 点，如图 1 - 11（b）和图 1 - 11（d）所示，且 $F_{TB}=F'_{TB}$，其方向相反，并沿绳索的轴线。

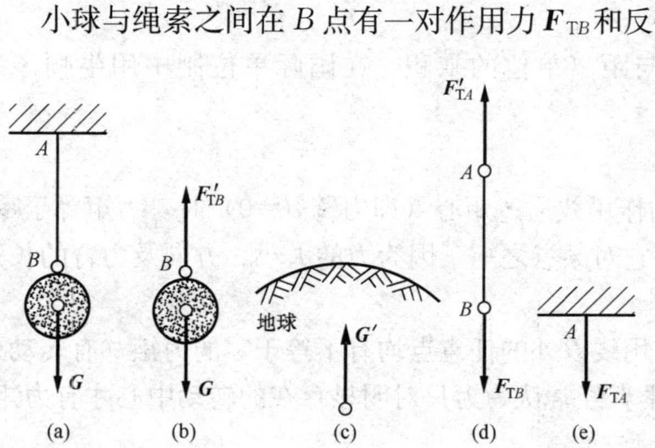

图 1 - 11

同样，绳索与天花板之间有一对作用力 $\boldsymbol{F}_{TA}$ 和反作用力 $\boldsymbol{F}'_{TA}$，它们分别作用于天花板的 A 点和绳索的 A 点，如图 1 - 11（d）和图 1 - 11（e）所示，且 $F_{TA}=F'_{TA}$，其方向相反，并沿同一直线。

作用在小球上的力 $\boldsymbol{G}$ 和力 $\boldsymbol{F}'_{TB}$ 是二

平衡力，同样，作用在绳 AB 上的 $\boldsymbol{F}_{TB}$ 和 $\boldsymbol{F}'_{TA}$ 也是二平衡力。

单元二　力对点之矩的计算

一、力对点之矩

力对物体的运动效应，不仅能使物体的移动发生变化，有时也能使物体的转动发生变化。例如，开关门窗、用扳手拧螺母等，都是在力的作用下，物体绕某一点或某一轴线转动的例子。

在实际工程和生活中，常用扳手来拧杆件之间连接处的螺母，如图 1-12（a）所示，图 1-12（b）是其计算简图。经验表明，拧动螺母时的效果，不仅与力 $\boldsymbol{F}$ 的大小和方向有关，而且与转动中心 O 点（通常称为矩心）到力作用线的垂直距离 d 有关。

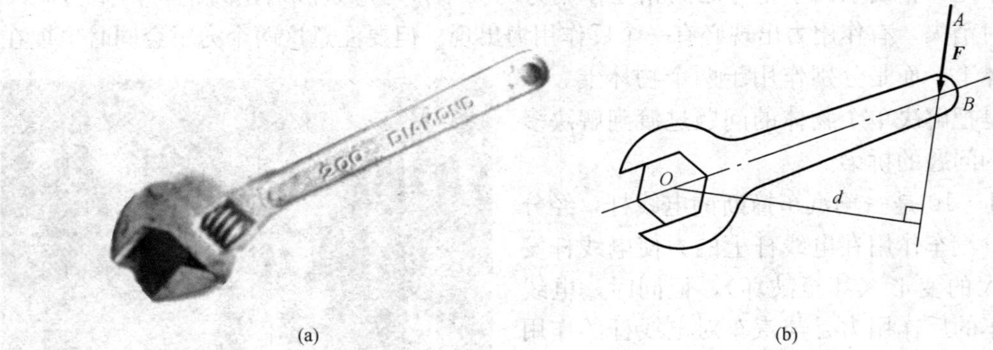

图 1-12

为了度量力使物体绕一点（转动中心）转动的效应，力学上引入力对点之矩（简称力矩）的概念。力矩就是度量力 $\boldsymbol{F}$ 使物体绕转动中心转动效应的物理量，用乘积 Fd 并冠以正负号表示，写成 $M_O(\boldsymbol{F})$，即

$$M_O(\boldsymbol{F}) = \pm Fd \tag{1-2}$$

式中　d——力臂，是矩心到力作用线的距离。

式（1-2）中的正负号用来区分力矩的转动方向，一般规定：力使物体绕矩心逆时针转动时，力矩为正，反之为负。

由力矩计算式可知力矩的单位为力与距离单位的乘积。在国际单位制中用牛顿·米（N·m），或千牛顿·米（kN·m）等。

由力矩的定义可知：

（1）当力 $\boldsymbol{F}$ 的大小等于零，或者力的作用线通过矩心（即力臂 $d=0$）时，力矩等于零。

（2）当力沿作用线移动时，不会改变它对某点之矩。因为力的大小、方向及力臂的长短均未改变。

（3）一个大小不等于零的力，对其作用线以外的任意点均有不等于零的力矩（有转动效应），因为此时力和力臂均不等于零。初学者经常认为力只对明显存在的转动中心才有力矩，而对转动中心以外的点都没有力矩。

【例 1-2】　图 1-13（a）是工程中常用的转动手柄，其计算简图如 1-13（b）所示，若手加在手柄上的力如图 1 - 13（b）所示，求各力对 B 点的力矩，已知 $AB=l$，$F_1=F_2=F_3=F_4=F$。

解 根据力矩的计算公式和正负规定可得

$$M_B(\boldsymbol{F}_1)=F_1d_1=F_1\times 0=0$$

$$M_B(\boldsymbol{F}_2)=F_2d_2=F_2l\sin45^\circ=0.7070Fl$$

$$M_B(\boldsymbol{F}_3)=-F_3d_3=-F_3l\sin45^\circ=-0.707Fl$$

$$M_B(\boldsymbol{F}_4)=-F_4d_4=-F_4l=-Fl$$

(a) (b)

图 1 - 13

二、合力矩定理

平面力系的合力对其作用面内任一点的矩，等于各分力对同一点之矩的代数和，这个定理称为合力矩定理。其数学表达式为

$$M_O(\boldsymbol{F}_{\mathrm{R}})=M_O(\boldsymbol{F}_1)+M_O(\boldsymbol{F}_2)+\cdots+M_O(\boldsymbol{F}_n)=\sum M_O(\boldsymbol{F}) \qquad (1-3)$$

合力矩定理主要应用于：

（1）当已知力系各分力而不知合力大小和方位，要计算合力对某点之矩时应用很方便。此时不必计算合力具体的大小和作用位置。

（2）当某力对其矩心的力臂不便于计算时，可将力分解为两个力臂便于计算甚至力臂已知的分力，再用合力矩定理计算力矩。

【例 1 - 3】 如图 1 - 14（a）所示的输电杆，拉线在 B 处对电杆的拉力（拉线的张力）$F=6\text{kN}$，其计算简图如图 1 - 14（b）所示，试求力 $\boldsymbol{F}$ 对 A 点的力矩。

解 计算此力矩有两种方法：

（1）方法 1：直接用力和力臂的乘积来计算。

通过 A 点作力 $\boldsymbol{F}$ 的作用线的延长线的垂线，得到力臂 d，如图 1 - 14（b）所示。

$$d=10\sin30^\circ$$

$$M_A(\boldsymbol{F})=-Fd=-6\times10\sin30^\circ=-30(\text{kN}\cdot\text{m})$$

（2）方法 2：用合力矩定理来计算。

首先将作用在 B 点的力 $\boldsymbol{F}$ 分解为 $\boldsymbol{F}_x$ 和 $\boldsymbol{F}_y$，如图 1 - 14（c）所示。

$$F_x=F\times\sin30^\circ, F_y=F\times\cos30^\circ$$

由合力矩定理得

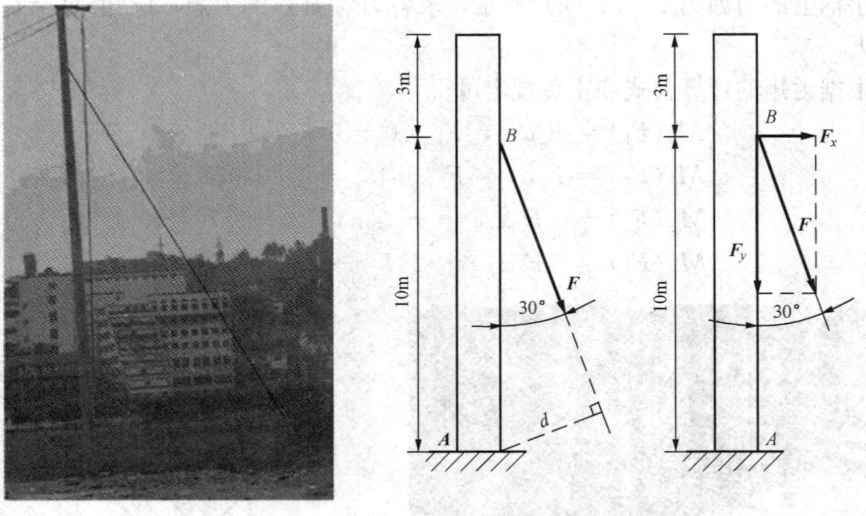

(a)　(b)　(c)

图 1 - 14

$$M_A(\boldsymbol{F}) = M_A(\boldsymbol{F}_x) + M_A(\boldsymbol{F}_y) = -F_x \times 10 + F_y \times 0 = F \times \sin 30^\circ \times 10 = -30(\mathrm{kN \cdot m})$$

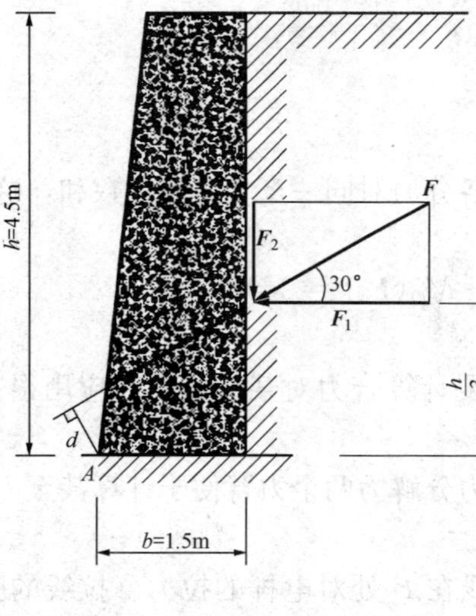

图 1 - 15

【例 1 - 4】　如图 1 - 15 所示挡土墙上每 1m 长（沿墙的长度方向取单位长度）所受土压力的合力为 **F**，其大小 $F=200$kN，方向如图 1 - 15 所示。求土压力 **F** 使挡土墙倾覆的力矩。

解　挡土墙所受土压力 **F** 会使挡土墙绕 A 点倾覆，故求 **F** 使挡土墙倾覆的力矩就是 **F** 对 A 点的力矩。由已知尺寸求力臂 d 不方便，但如将 **F** 分解为 $\boldsymbol{F}_1$ 和 $\boldsymbol{F}_2$ 两分力，则两分力的力臂是已知的。故由式（1 - 3）得

$$\begin{aligned} M_A(\boldsymbol{F}) &= M_A(\boldsymbol{F}_1) + M_A(\boldsymbol{F}_2) \\ &= F_1 h/3 - F_2 b \\ &= 200 \times \cos 30^\circ \times 1.5 \\ &\quad - 200 \times \sin 30^\circ \times 1.5 \\ &= 109.9(\mathrm{kN \cdot m}) \end{aligned}$$

单元三　力偶及其性质

一、力偶的概念

在工程和生活中，常可见到物体受两个大小相等、方向相反，但不在同一直线上的平行力作用，使物体发生转动的情况。例如汽车司机用双手转动方向盘，如图 1 - 16（a）所示；钳工用双手攻螺纹，如图 1 - 16（b）所示；以及用手拧水龙头开关，如图 1 - 16（c）所示；或旋转钥匙开锁等。这一对等值、反向、不共线的平行力作用于物体上时，物体无移动效

应，但它却使物体有转动效果，故必须予以考虑。

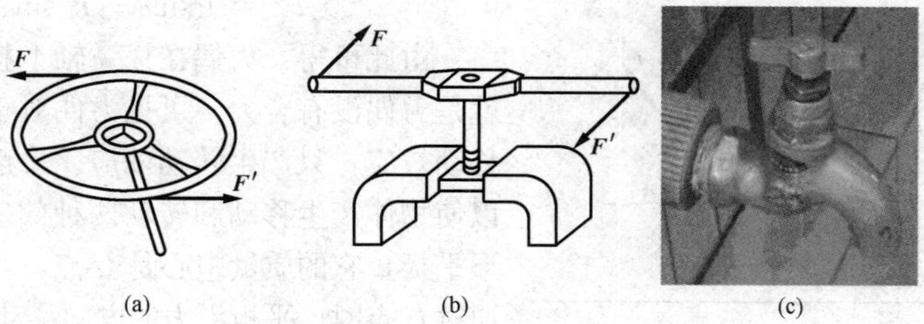

图1-16

通常把这一对等值、反向、不共线的平行力组成的特殊力系，称为力偶，用符号（$\boldsymbol{F}$、$\boldsymbol{F}'$）表示。力偶的两力之间的距离 d 称为力偶臂，力偶中两个力所在的平面称为力偶作用面。物体上有两个或两个以上作用面相同的力偶作用时，这些力偶组成平面力偶系。

一个力偶虽然为一个力系，但不能再进行化简，故也称力偶为广义力。因此，构成力系的两个基本要素是力偶和力，力对物体既有移动效应，又使物体绕某点有转动效应，而力偶对物体只有转动效应，没有移动效应。

二、力偶矩的计算

图1-17中的两个力偶，能够使物体发生转动，但是其转动效应如何来量度呢？当力偶的力 $\boldsymbol{F}$ 越大，或力偶的两力作用线的距离 d 越大（注意：不是两力作用点之间的距离），则力偶使物体转动的效应就越强；反之，转动效应就越弱。

用力偶中力 $\boldsymbol{F}$ 的大小与力偶臂 d 的乘积并冠以正号或负号来度量力偶对物体的转动效应，称为力偶矩，用 M（$\boldsymbol{F}$，$\boldsymbol{F}'$）来表示，也可简写为 M。

$$M(\boldsymbol{F},\boldsymbol{F}')=\pm Fd \qquad (1-4)$$

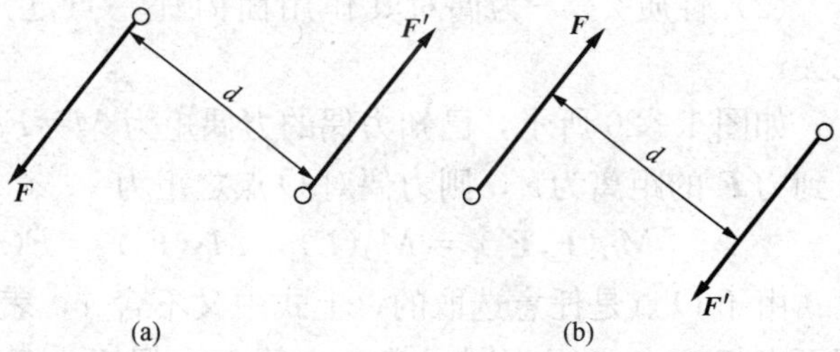

图1-17

必须注意的是：力偶对物体的转动效应不只是与力的大小有关，还与力偶中两力之间的距离有关，即与力偶矩的大小有关，同时还与力偶中两力的作用面（称为力偶作用面）有关，而且还与力偶的转向有关。因此，决定力偶作用效果的也有三要素：力偶矩的大小、力偶作用面、力偶的转向，故力偶也是矢量。在平面力偶系中，力偶的转向只有顺时针和逆时针两个转向，因而可用正负号来区别，力偶矩可以作为代数量处理。

一般规定，若力偶使物体作逆时针方向转动，力偶矩取正号；反之，若力偶使物体作顺时针方向转动，力偶矩取负号。

力偶矩的单位与力矩相同，常用牛顿·米（N·m），或千牛顿·米（kN·m）。

三、力偶的性质

（1）性质1——力偶无合力，即力偶不能用一个力来代替。

如图1-18所示，力偶中的两力大小相等，方向相反，作用线平行不共线，它们在任一轴 x 上的投影为

$$\sum F_x = F\cos\alpha - F'\cos\alpha = 0$$

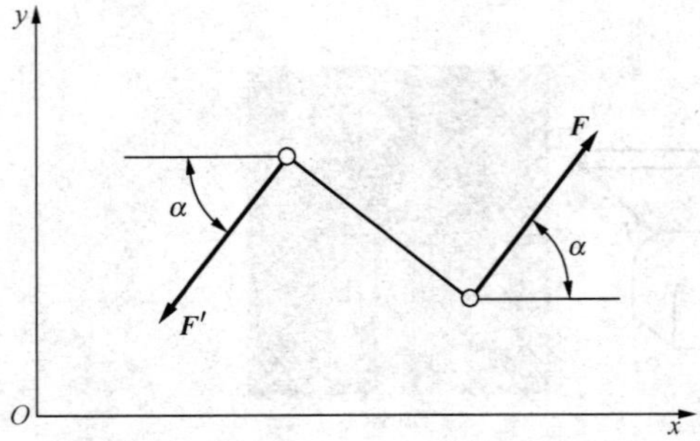

图 1 - 18

同理可得力偶在 y 轴投影

$$\sum F_y = F\sin\alpha - F'\sin\alpha = 0$$

由此可得：力偶在任一轴上投影恒为零，也就是力偶没有合力。可见力偶对于物体不会产生移动效应，只产生转动效应。一般说，一个力可以使物体产生移动和转动两种效应。例如一块矩形平板，它的质量中心是 C 点，当力 $\boldsymbol{F}$ 的作用线通过 C 点时，平板沿力的方向移动如图 1 - 19（a）所示；当力 $\boldsymbol{F}$ 的作用线不通过 C 点时，平板将同时产生移动和转动，如图 1 - 19（b）所示；但平板上作用力偶时，则只产生转动，如图 1 - 19（c）所示。

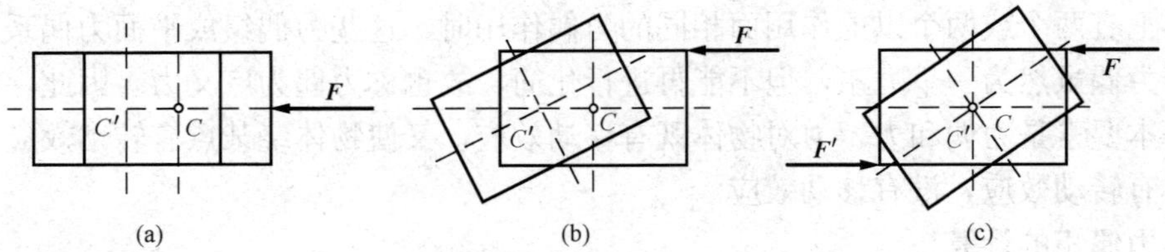

图 1 - 19

力偶和力对物体作用的效应不同，说明力偶不能用一个力来代替，力偶也不能和一个力平衡或等效，即力偶只能和力偶平衡或等效。

（2）性质 2——力偶对其作用面内任一点之矩恒等于力偶矩本身，而与矩心的位置无关。

如图 1 - 20 所示，已知力偶的力偶矩为 $M=Fd$，在其作用面内任取点 O 为矩心，设 O 点到力 $\boldsymbol{F}$ 的距离为 x，则力偶对 O 点之矩为

$$M_O(\boldsymbol{F},\boldsymbol{F}') = M_O(\boldsymbol{F}) + M_O(\boldsymbol{F}') = F(x+d) - F'(x) = M(\boldsymbol{F},\boldsymbol{F}')$$

由于 O 点是任意选取的，上式中又不含 x，表示力偶对其作用面内任意点之矩相同，其大小等于力偶矩本身，与矩心位置无关。

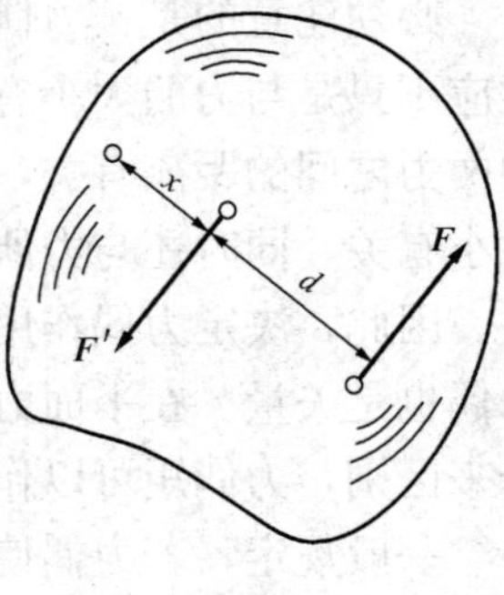

图 1 - 20

（3）性质 3——作用于同一平面的两力偶，只要其力偶矩大小相等，力偶的转向相同，则这两力偶等效。

由此性质可知：只要力偶矩保持不变，力偶可在其作用面内任意移动和转动，或者力偶矩保持不变，同时改变力和力偶臂的大小，力偶对物体的转动效应不变。

力偶的这一性质，可以从实践中得到验证。例如司机加在方向盘上的力，如图 1 - 21 所示，不管两手用力 $\boldsymbol{F}_1$、$\boldsymbol{F}_1'$ 还是 $\boldsymbol{F}_2$、$\boldsymbol{F}_2'$，因为力偶臂不变，因此，只要力的大小不变，即力偶矩相等，转动效应就一样。又如攻螺纹，双手施加在手柄上的力不论是采用图 1 - 22（a）还是图 1 - 22（b）所示的方式，虽然所加的力大小和力偶臂均不一样，但它们的力偶矩相等，因此对手柄的转动效应是一样的。

以上分析可知，力偶对物体的转动效应完全取决于：

（1）力偶矩的大小；

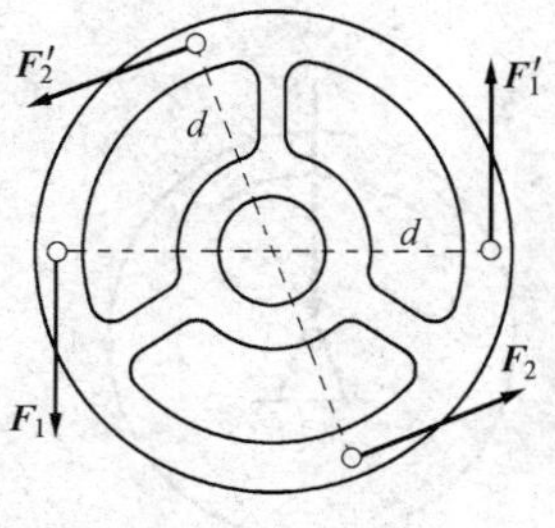

图 1 - 21

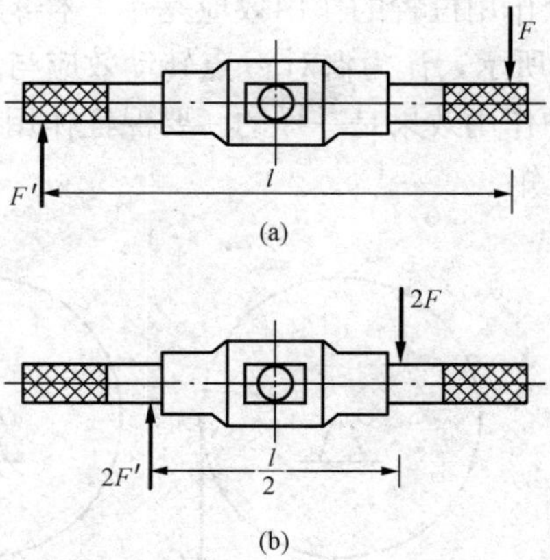

图 1 - 22

（2）力偶的转向；

（3）力偶的作用面。

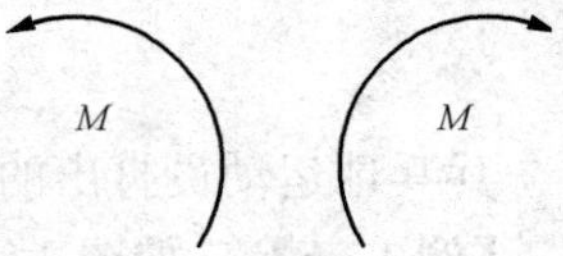

图 1 - 23

这就是力偶的三要素。因此，力偶在其作用面内除可以用两个力来表示外，还通常用一个带箭头的弧线来表示，如图 1 - 23 所示。其中箭头表示力偶的转向，M 表示力偶矩的大小。

四、力的平移定理

力可以在同一个刚体上沿其作用线移动到任意一点，而其对刚体的作用效果不变。那么，力是否可以在同一个刚体上平行移动到其他点呢？

力的平移定理：作用于刚体上的力 $\boldsymbol{F}$，可以平行移动到刚体上的任意一点 O，但必须附加一个力偶，附加力偶的力偶矩等于原力 $\boldsymbol{F}$ 对新作用点 O 的力矩，其对刚体的作用效果不变。

证明：设在物体上的 A 点作用一个力 $\boldsymbol{F}$，如图 1 - 24（a）所示。现将力 $\boldsymbol{F}$ 平行移动到物体内的任一点 O，而不改变它对物体的作用效应。为此，根据加减平衡力系公理，在 O 点上加上一对平衡力 $\boldsymbol{F}'$ 和 $\boldsymbol{F}''$，如图 1 - 24（b）所示，其作用线都与力 $\boldsymbol{F}$ 平行，大小与力 $\boldsymbol{F}$ 相等。可以看出，作用于 O 点的力 $\boldsymbol{F}'$，其大小和方向与原力 $\boldsymbol{F}$ 相同，而力 $\boldsymbol{F}''$ 与力 $\boldsymbol{F}$ 组成一个力偶，其力偶矩 $M=Fd$，即等于原力 $\boldsymbol{F}$ 对 O 点的力矩 $M_O(\boldsymbol{F})$，如图 1 - 24（c）所示，即

$$M = Fd = M_O(\boldsymbol{F})$$

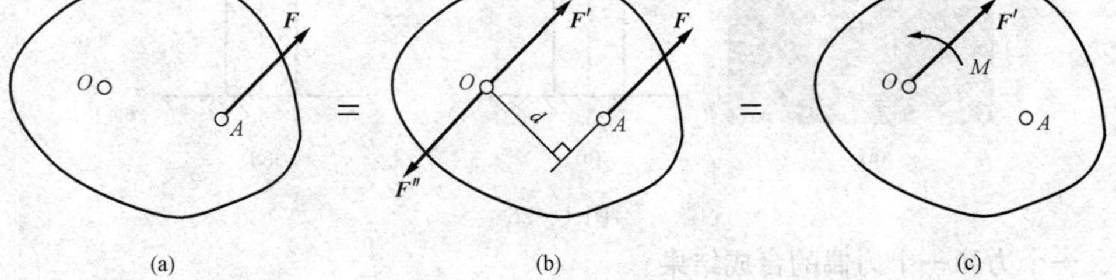

图 1 - 24

这个定理的正确性可以从以下的生活实例得到验证。如图 1 - 25（a）所示，设力 $\boldsymbol{F}$ 作用于轮子边缘 A 点，可以使轮子绕 O 点转动，其转动效应可以用力 $\boldsymbol{F}$ 对 O 点的力矩来度量，如果将力 $\boldsymbol{F}$ 平行移动到轮心 O 点，如图 1 - 25（b）所示，则将不能使轮子转动，可见

力 **F** 在两个作用位置的作用效应是不一样的。如果在平移的过程中再附加一个力偶，如图 1-25（c）所示，让力偶对 O 点转动效应与力 **F** 对 O 点的转动效应一样，则力 **F** 作用于 A 点和 O 点的作用效果是一样的。要保证作用效果一样，则附加力偶的力偶矩 M 应该等于力 **F** 对 O 点之矩。

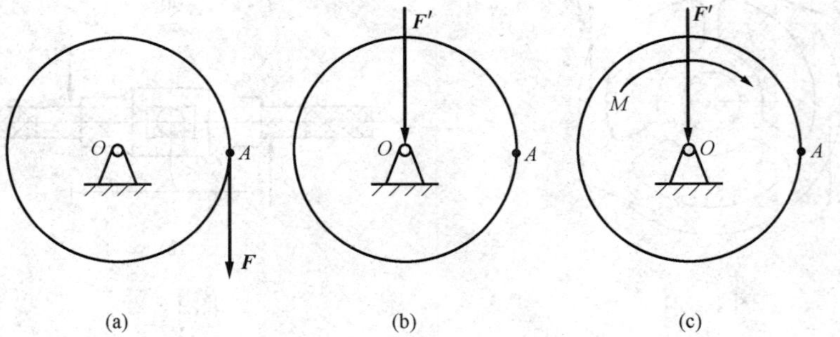

图 1-25

乒乓球运动员打出的弧线球和足球运动员踢出的弧线球就是利用了力的平移定理。

【例 1-5】 如图 1-26（a）所示，是一输电线路工作人员利用脚扣在输电杆上工作时的实例图片，其计算简图如图 1-26（b）所示，在脚扣的 A 点受到力 $F=600$N。求将力 **F** 向脚扣上 B 点平移的结果。

解 根据力的平移定理，力 **F** 从 A 点平移到 B 点得到力 **F′**，同时还有一个附加力偶，如图 1-26（c）所示，附加力偶的力偶矩 M 等于原力 **F** 对 B 点的力矩，即

$$M = M_B(\boldsymbol{F}) = -Fd = -600 \times 0.2 = -120(\text{N} \cdot \text{m})$$

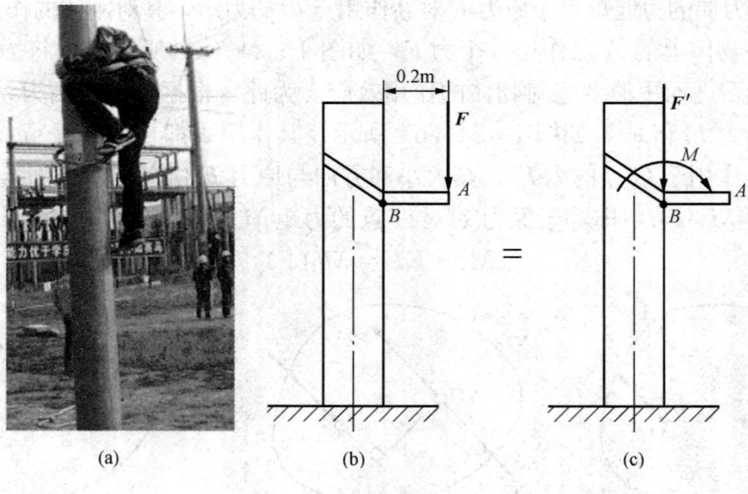

图 1-26

五、一个力和一个力偶的合成结果

利用力的平移定理可以将一个力转化为一个力和力偶。反之，利用力的平移定理也可以将同平面内的一个力 **F′** 和力偶 M 转化为一个合力 **F**，其化简过程就是从图 1-25（c）到图 1-25（a）。合力 **F** 的大小就等于 **F′** 的大小，方向相同，作用线平行。但注意该方法确定的是合力的作用线位置（由与原力的作用线之间的距离 d 确定），而不是合力的作用点位置，合力位于原力的哪一侧可由将合力再平移到原力作用点应与原力系相同来分析确定。

作用线之间的距离为

$$d=\frac{|M|}{F'}$$

力的平移定理是力系向一点简化的理论依据，也是分析力对物体作用效应的一个重要方法。

单元四　约束与约束反力

一、约束与约束反力的概念

在自然界中，有些物体基本上可以任意运动，位移不受任何限制，如在空中飞行的飞机、炮弹等。在空间的运动不受任何限制的物体称为自由体。实际上，工程中没有能任意运动的物体，上述物体的运动也受到某些限制，严格说来它们也不是绝对自由的。另一些物体，它们相互之间通过接触构成联系，这些联系使得物体运动受到限制，这样的物体称为非自由体。对非自由体的运动构成限制的周围其他物体，称为对研究物体的约束。例如，图1-27（a）所示的电线杆受到地基的限制而保持直立（此处的地基就是电线杆的约束），其上的横担受到连接处螺栓的限制而不下掉（此处的螺栓就是横担的约束），图1-27（b）所示的电线杆受到拉线的限制而不容易翻倒（此处的地基和拉线都是电线杆的约束）。再如，用钢索悬吊的重物受到钢索的限制而不能下落，列车受钢轨限制而只能沿钢轨运动等，此时，如研究讨论重物和列车的受力情况，则钢索就是重物的约束，轨道就是列车的约束。

约束就是一些对与之直接接触的其他物体运动起限制作用的物体，通过直接接触产生相互约束，相互称为约束与被约束物体。如放置在桌面上的书，讨论书的受力，则桌面对书构成约束；讨论桌面受力，则书对桌面构成约束。

(a)　(b)

图1-27

既然约束限制着物体间的相对运动，所以约束必然对被约束物体有力的作用，这种力称为约束反力，简称约束力或反力。约束反力是限制物体间的相对运动的力，所以属于被动力，其方向与约束所能限制的物体的相对运动或相对运动趋势方向相反。

使物体产生运动（或运动趋势）的力（如重力、拉力、牵引力等），通常称为主动力或荷载。

主动力和约束反力是相对的。对某个物体属于约束反力，而它的反作用力对另一个物体而言又可能属于主动力。

注意：有约束不一定有约束反力，当被约束物体沿约束所限制的运动或运动趋势方向没有运动或运动趋势时，约束是不会产生约束反力的，但一般情况下，在进行受力分析时，只要有约束的地方，就应该按约束的特点画上相应的反力。有约束反力一定有约束存在，但有时不需要指出具体的约束物体。

二、工程中常见约束的类型及其约束反力的画法

实际工程中的任何物体和结构都要受到主动力和约束反力的作用，若对物体和结构进行力学计算，就要分析这两方面的力。通常主动力是已知的，约束反力是未知的。因此，约束反力的确定是进行受力分析和力学计算的首要工作。约束反力的确定与约束类型有关，下面介绍工程中常见的几种约束的特点及其约束反力的画法。

（一）柔体约束

由柔软的绳索、皮带、链条等物体对其他相连物体构成的约束形式称为柔体约束，也称柔性约束或柔性体约束。这类约束的特点是只能承受拉力，不能承受压力，所以柔体约束只能限制物体沿柔体伸长方向的运动。如图 1 - 27 中电线杆右侧的斜拉线就是电线杆的柔体约束，它只能限制电线杆向左侧的运动而不能限制向右侧的运动。起吊和悬挂重物用的钢丝绳以及立杆时使用的主牵引绳和制动拉线，图 1 - 28（a）所示的拉线等都是柔体约束。

柔体约束的约束反力作用于约束体和被约束体的接触点，方向沿着柔体的中心线背离被约束的物体，恒为拉力，用符号 $\boldsymbol{F}_{\mathrm{T}}$ 表示，如图 1 - 28（b）和图 1 - 28（c）所示。

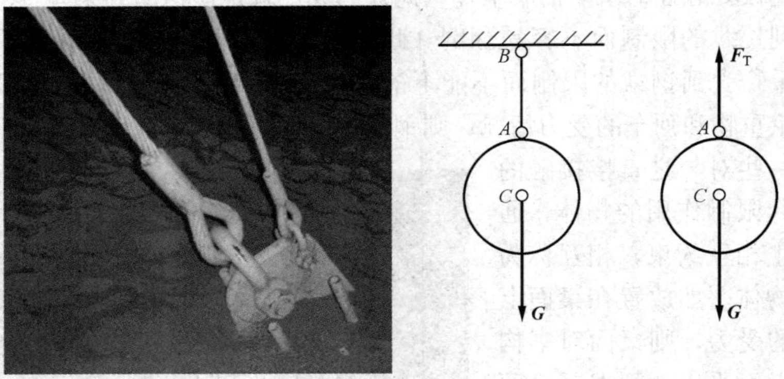

(a)　(b)　(c)

图 1 - 28

图 1 - 29（a）所示是输电线路检修人员利用脚踏板（踩板）工作的实例图片，这里的绳子就是柔性约束，其工作时的力学计算简图（**G** 是线路工作人员的重力）如图 1 - 29（b）所示，图 1 - 29（c）是脚踏板的受力图。

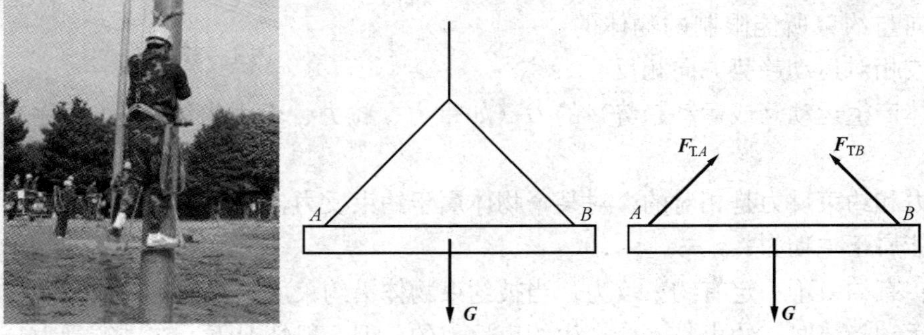

(a)　(b)　(c)

图 1 - 29

（二）光滑接触面约束

两个相互接触的物体，在忽略摩擦的情况下，接触面间所构成的约束，称为光滑面约束（即使考虑摩擦，其接触面间也有光滑面约束，当然还有摩擦这种约束）。光滑面约束的特点是只能限制物体沿接触面公法线趋向光滑面的运动，有时又称为法向约束。所以，光滑面约束反力通过接触点，其方向总是沿着光滑面的公法线且指向被约束物体，恒为压力，用符号 $\boldsymbol{F}_{\mathrm{N}}$ 表示，如图 1-30、图 1-31 所示。

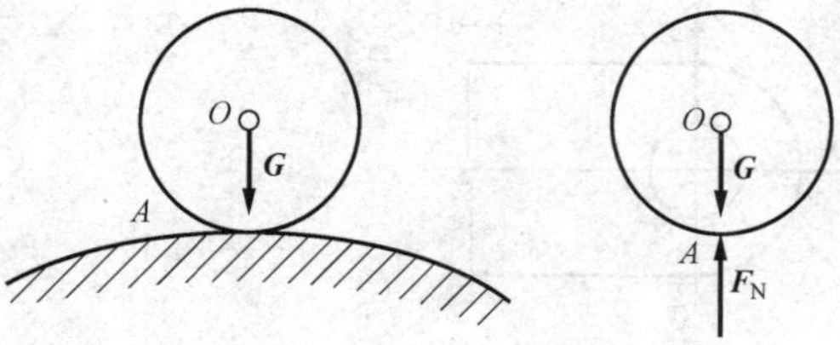

(a)　(b)

图 1-30

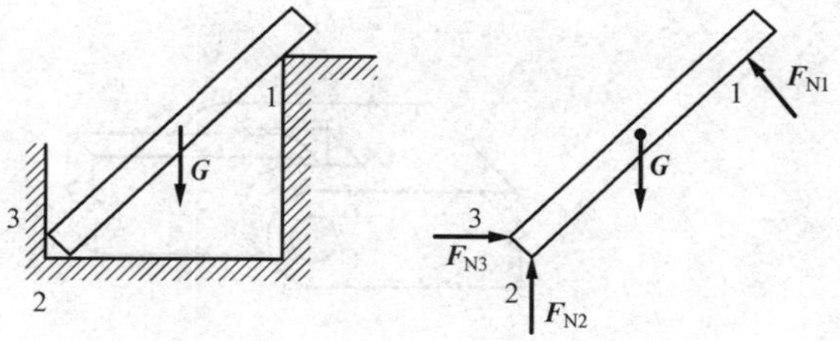

(a)　(b)

图 1-31

（三）铰链约束

两个或两个以上的物体通过光滑圆柱形销钉连接在一起的约束称为铰链约束，简称铰链或铰，有时也称为中间铰以便和固定铰区分。如图 1-32（a）所示的是输电线路施工中用来剪断导线的钳子，其铰链处是螺栓连接。图 1-32（a）是铰链约束的实物图形，铰链约束简图如图 1-32（b）所示，图 1-32（c）是输电线路上的绝缘子用的铰链连接。

(a)　(b)　(c)

图 1-32

由于假设销钉与物体的圆孔表面都是光滑接触，两者之间总有缝隙，当受外力作用时，产生局部接触，因此，本质上讲铰链约束是光滑接触面约束，只是外力的大小、方向变化时，接触点不同。这种约束只能限制物体在垂直于销钉轴线的平面内的相对移动，而不能限制物体绕圆柱形销钉轴线的转动和平行于圆柱形销钉轴线的移动，所以约束反力在垂直销钉轴线平面内，并通过铰链中心，方向待定。如图 1-33（d）所示，用一个未知方位和未知指向（假设）的力来表示，但通常是用一对互相垂直的分力来表示。如图 1-33（e）、图

1 - 33（f）所示，其中两个分力的指向是假定的。图 1 - 33（a）、图 1 - 33（b）分别是铰链连接前后的图形，图 1 - 33（c）是其计算简图。

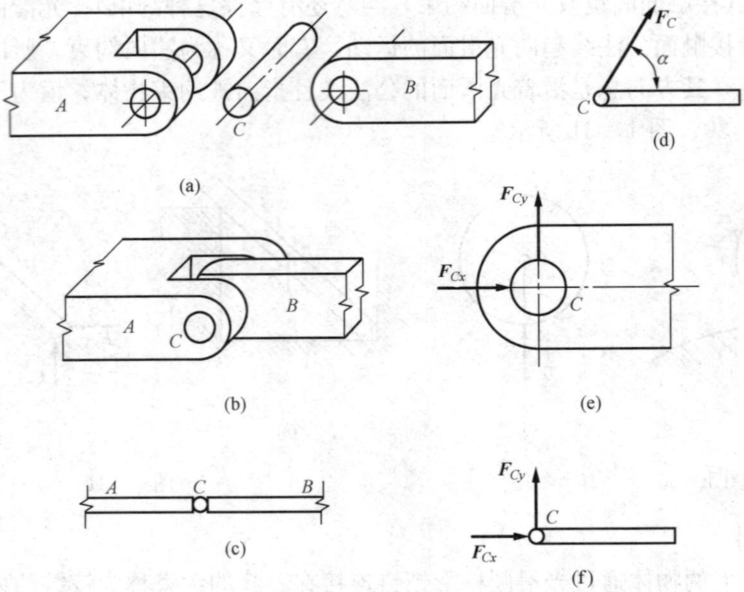

图 1 - 33

（四）二力杆约束

二力杆是指不计自重，杆件两端各受一个力（共受两个力）作用处于平衡状态的杆，其一定满足二力平衡条件公理。一般情况下，二力杆的两端是铰或固定铰支座，二力杆通常又称链杆，二力杆可以是直杆也可以是曲杆。如图 1 - 34（a）所示是输电塔架中的二力杆，图 1 - 34（b）所示是变电站中常见的二力杆（链杆）。

图 1 - 34

二力杆约束的约束反力沿杆两端铰的连线方位，指向不定（可以假设）。二力杆约束的约束反力通常用双下标表示，如 $\boldsymbol{F}_{CD}$ 表示二力杆 CD 在 C 处的约束反力，$\boldsymbol{F}_{DC}$ 表示二力杆 CD 在 D 处的约束反力。

（五）支座约束

工程上，将结构或构件连接在支承物（基础）上的装置称为支座。支承物（基础）一般是地面或静止不动物体。

1. 固定铰支座

如将支座固定于基础上，再将结构或构件用圆柱形销钉（螺栓或铆钉等）与该支座连接，就形成了固定铰支座，如图1-35（a）所示。也可理解为用铰链连接的两个构件中，如果其中的一个作为底座被固定在基础上，也形成固定铰支座。图1-35（b）、图1-35（c）、图1-35（e）、图1-35（f）为固定铰支座几种不同形式的计算简图。

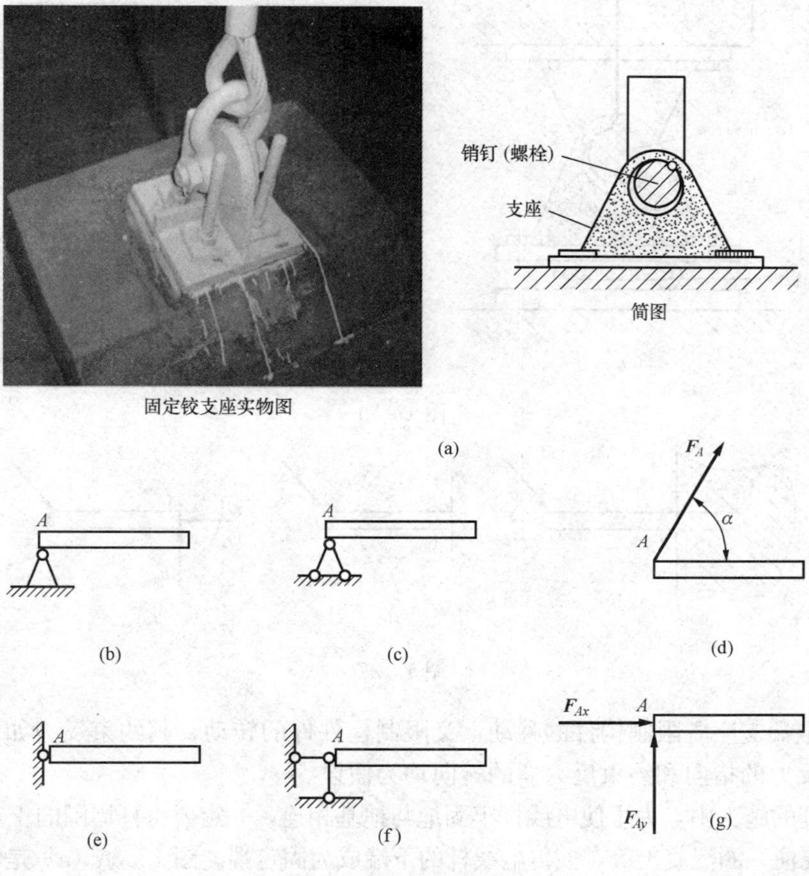

图1-35

由于固定铰支座的构造决定其只能限制构件沿垂直于圆柱形销钉轴线方向的移动，而不能限制构件的转动。与光滑圆柱铰链相同，固定铰支座的约束反力用一个未知方位和未知指向（假设）的力来表示，但通常是用一对互相垂直的分力来表示。如图1-35（d）、图1-35（g)所示，其中力的指向是假定的。

2. 可动铰支座

在固定铰支座下面加几个辊轴（滚轴）支承于平面上，就形成可动铰支座，如图1-36(a)所示。支座的连接可允许支座沿支承平面方向运动，但不能离开支承面。可动铰支座只限制构件沿支承面法线方向离开或指向支承面的运动。约束反力通过销钉中心，沿支承面法线方向，指向待定。

图1-36（b）～图1-36（d）为可动铰支座几种不同形式的计算简图。图1-36（e）所示为约束反力，指向为假设。

3. 固定端支座

如果静止的物体与构件一端紧密相连，使构件既不能移动也不能转动，例如地面对电线杆的约束、建筑物对阳台的约束、车床上的刀架对车刀的约束，此时构件所受到的约束称为固定端约束。它的构造简图如图 1 - 37（a）所示，计算简图如图 1 - 37（b）所示。

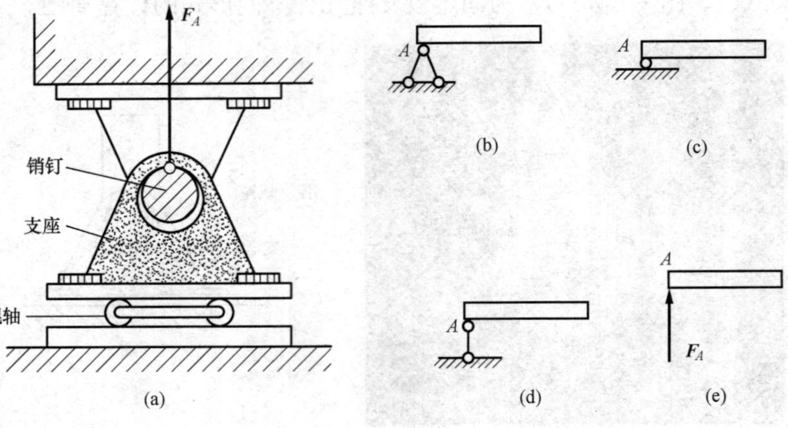

图 1 - 36

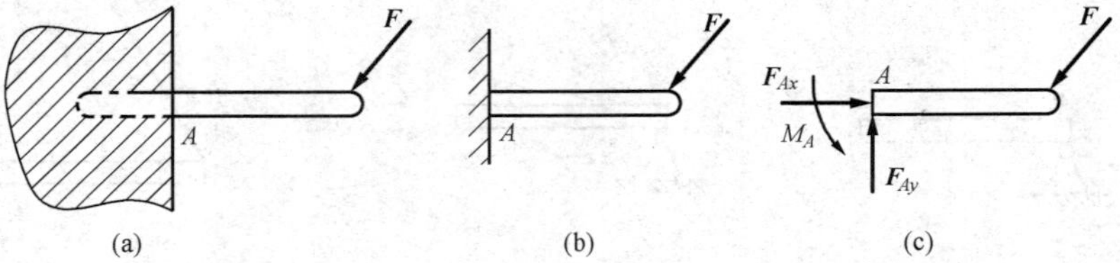

图 1 - 37

由于固定端支座既限制构件的移动，又限制构件件的转动，其约束反力如图 1 - 37（c）所示，约束反力的指向和约束反力偶的转向均为假设。

在输电杆的施工中，为了使电线杆牢固地与地基相连，一定要将杆周围的土夯实，甚至在电线杆周围浇注一圈混凝土等，使得电线杆的下端成为固定端。图 1 - 38（a）是输电杆的实例图片，图 1 - 38（b）是其力学计算简图，图 1 - 38（c）是相应的受力图（没考虑自重）。

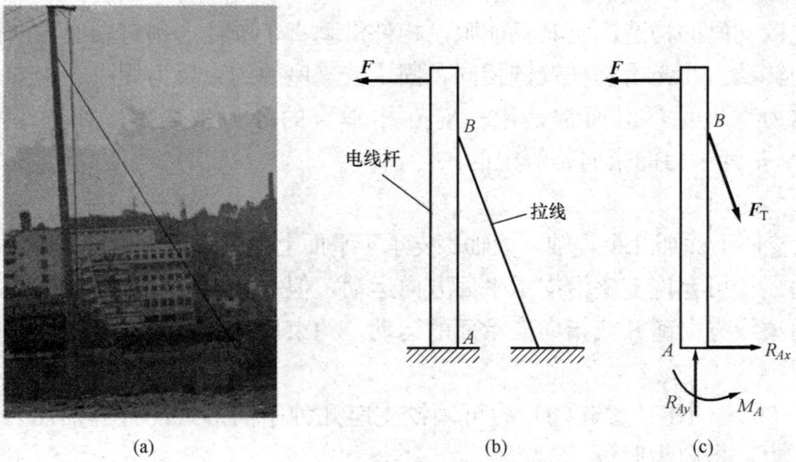

图 1 - 38

这种一端为固定端，另一端为自由端的杆件通常称为悬臂梁。

图1-39所示的输电塔架，由于地基松软时出现了杆倾斜的情形（严重时甚至翻倒），输电线路中的电线杆也常出现这种情况，这是固定端支座出现了问题。

图1-39

工程中常见约束类型及其约束反力对进行受力分析和力学计算非常重要，表1-2对常见约束的约束特征、约束反力以及进行力学计算时未知量的数目进行了归纳，可供进行受力分析和力学计算时参考。

表1-2　　常见约束及其约束反力

约束类型		计算简图	约束反力	未知量数目
柔体约束		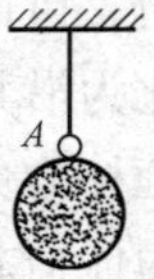	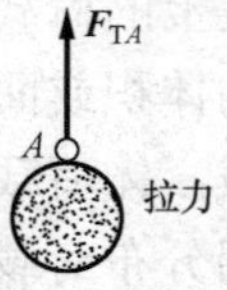	1
光滑面接触		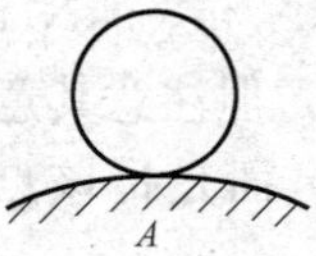	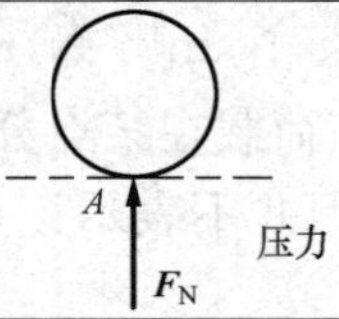	1
光滑圆柱铰链		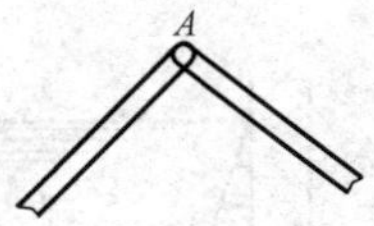	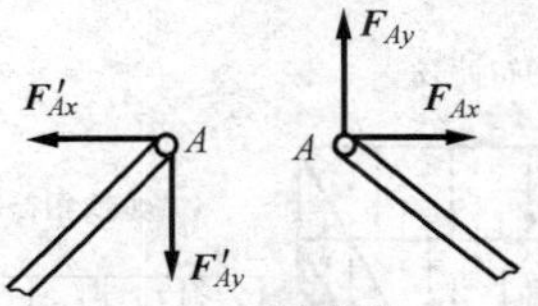 指向假定	2
二力构件（杆）链杆		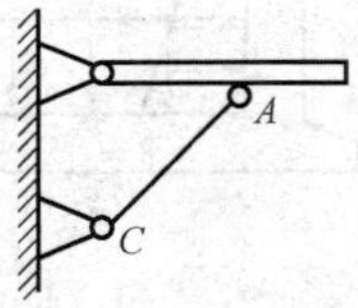	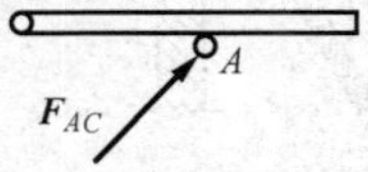 指向假定	1
支座约束	固定铰	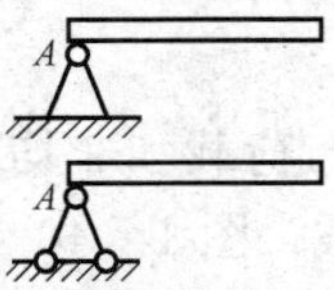	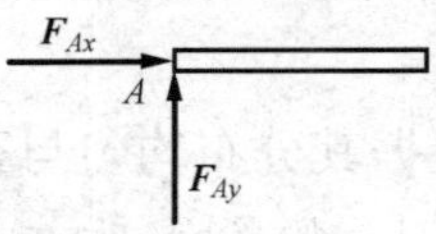 指向假定	2
支座约束	可动铰	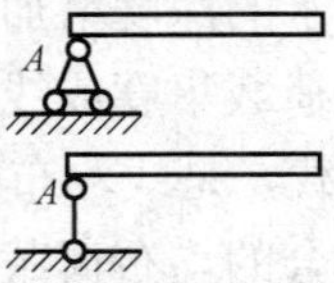	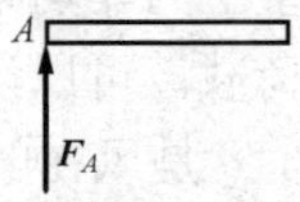 指向假定	1
支座约束	固定端	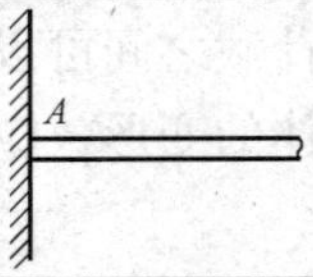	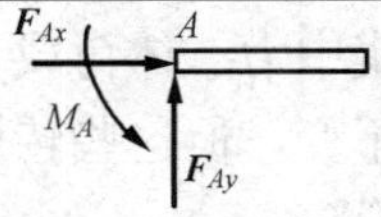 指向、转向均假定	3

单元五　物体的受力分析和受力图

一、计算简图

在对物体进行受力分析以及以后的力学计算中，均需要对实际物体进行适当的简化，得到其计算简图，选取计算简图主要从下列几方面进行考虑。

（一）荷载简化

从“单元四　约束与约束反力”分析约束与约束反力可知，能够使物体主动产生运动或运动趋势的力通常称为主动力或荷载。当荷载的作用区域相对于物体的尺寸很小时，可以认为集中作用于一点，称为集中力或集中荷载。例如车轮对轨道的压力、屋架或梁的端部对柱子或墙的压力。集中荷载的单位一般为牛顿（N）或千牛顿（kN）。

如果荷载作用区域分布在物体的体积内，如重力等，称为体荷载。有些荷载作用区域分布在物体的表面上，如楼板上的荷载、水坝面上的水压力、桥面荷载等，称为面荷载。有些荷载作用区域分布在狭长的体积或面积上，可以将其简化为沿其中心线分布的荷载，如输电杆上的风荷载，称为线荷载。体荷载、面荷载、线荷载统称为分布荷载，如图 1 - 40 所示。

分布荷载的大小通常用分布荷载集度表示，分别称为体荷载集度、面荷载集度、线荷载集度，单位一般是 N/m^3、N/m^2、N/m 或 kN/m^3、kN/m^2、kN/m。

项目1

荷载集度可表示分布荷载在某点分布的密集程度，但注意其意义的理解。如某点的分布线荷载集度为 5kN/m，但并不表示该点受力为 5kN，而是指该点实际受力均匀扩展为 1m 时，其荷载总和为 5kN。

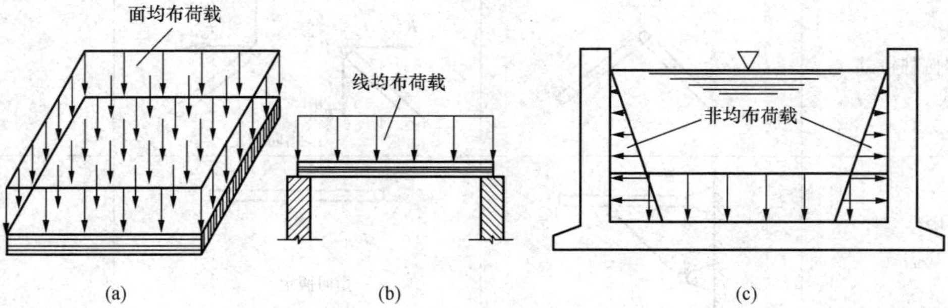

图 1 - 40

分布荷载又可以根据其分布均匀与否，分为均布荷载和非均布荷载。如图 1 - 40（a）所示为均布面荷载；图 1 - 40（b）所示为均布线荷载；图 1 - 40（c）所示是水工建筑中的渡槽，受到的水压力，侧壁上为非均布荷载，水压随水的深度增加而增加，形成一个三角形非均布荷载，槽底是均布荷载。可以计算出某点的面荷载集度或线荷载集度。

如图 1 - 41（a）所示，q 是风在电杆上产生的荷载，是线均布荷载；如图 1 - 41（b）所示，是电杆的自重，是沿杆的长度方向与杆的轴线重合的均布荷载 q_1。

在一定的条件下，集中力、体荷载、面荷载、线荷载之间可以相互转换或替换，而其对物体的外效应可以保持不变，但这些转换或替换对物体的变形效应是有影响的，要引起充分注意。

（二）物体的简化

在力学分析和计算中，通常把实际物体用其轮廓来表示，具体分为三大类：杆、板壳、块体。如果物体的尺寸很小或者其尺寸对研究问题的结果影响很小时，也可将物体简化为一点。

（三）约束的简化

实际工程中的约束是比较复杂的，但在平面问题的计算中，其计算简图通常都可以简化为“单元四 约束与约束反力”中所讲述的几种约束类型。

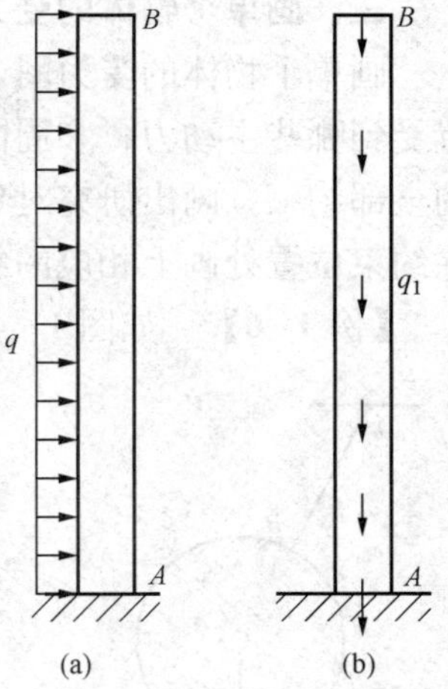

图1-41

二、物体的受力分析和作受力图的步骤

在对某结构和物体（或结构中的物体）进行力学计算时，首先要对其进行受力分析，即分析清楚物体受到了什么力的作用、哪些力是已知的、哪些力是未知的。

在工程实际中，要讨论的物体几乎都是和周围物体以各种形式相互联系在一起。例如，如图1-42所示的高压输电线路中，导线连接在绝缘子上，绝缘子连接在塔架上，塔架固定在基础上，基础支承在地基上。

图1-42

因此在进行受力分析时，必须首先明确是对这些相互联系的多个物体中的哪个物体进行受力分析，这个要讨论的物体就是研究对象。为了清晰地表示研究对象的受力情况，需要将研究对象从周围的物体中分离出来，单独画出它的简图，这种分离出来的研究对象称为分离体或脱离体。在分离体上画出周围物体对它的全部作用力，包括主动力（荷载）和约束反力，这样的图形称为物体的受力图。画受力图是解决力学问题的关键，是进行力学计算的依据。

画物体受力图的基本步骤为：

（1）明确研究对象，取分离体。将研究对象从与其联系的周围物体中分离出来，单独画出，需要注意的是这个分离、画出的过程不能改变物体尺寸、方位、形状。

（2）画主动力（荷载）。画出作用于研究对象（分离体）上的全部主动力，其一般是已知力。在画主动力时要保证不作任何形式的改变，包括力的作用位置、方位、指向、作用形式和大小等。同时还要特别注意物体的自重是否考虑。

（3）画约束反力。根据约束类型画出作用于研究对象上的全部约束反力。这是画受力图的重点和难点，必须注意，约束反力的方向一定要和解除的约束类型相对应，能确定方位、指向的按确定画出，不能确定的进行假设，不能根据主动力的方向去主观臆断或简单推断。

（4）检查。检查画出的受力图，看分离体有无画错，有无错画、漏画、多画力的情况，力的图示有无错误。

三、画单个物体的受力图

画单个物体的受力图，首先需要通过分析题意，明确研究对象，弄清研究对象在哪些位置受到哪些主动力；和周围物体之间在什么位置有约束，是哪类约束；然后解除研究对象上的全部约束，画出研究对象的简图，再在简图上画出已知的主动力，以及根据约束类型在解除约束位置处画上相应的约束反力，最后形成单个物体的受力图。

【例 1-6】 如图 1-43（a）所示，重量为 G 的球，用绳 AB 系住并靠在光滑的曲面上。试画出球的受力图。

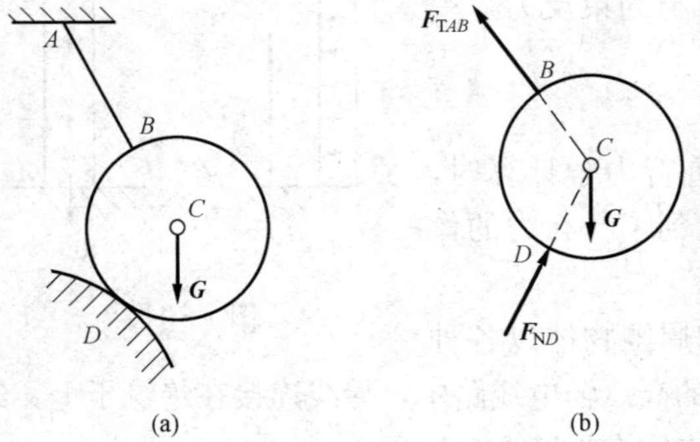

图 1-43

解 （1）选球为研究对象，解除 B、D 处约束，画出分离体。

（2）画出球上原有的主动力（荷载），即重力 $\boldsymbol{G}$。

（3）画约束反力。球所受的约束有两个：B 点处受柔体约束，约束反力 $\boldsymbol{F}_{TAB}$ 为拉力；D 点处受光滑接触面约束，约束反力 $\boldsymbol{F}_{ND}$ 沿过 D 点的公法线指向球心。球的受力图如图 1-43（b）所示。

【例 1-7】 试画出图 1-44（a）所示水平梁 AB 的受力图。

解 （1）选梁 AB 为研究对象，解除 A、B 处约束，画出分离体。

（2）画出梁上原受的主动力，即 $\boldsymbol{F}_1$ 和 $\boldsymbol{F}_2$。

（3）画约束反力。A 端为固定铰支座，它的约束反力是一个大小和方向均未知的力 $\boldsymbol{F}_A$，现用一对水平和竖直的未知力 $\boldsymbol{F}_{Ax}$ 和 $\boldsymbol{F}_{Ay}$ 表示。B 端为可动铰支座，约束反力 $\boldsymbol{F}_{RB}$ 垂直于支承面，指向假设。梁 AB 的受力图如图 1-44（b）所示。

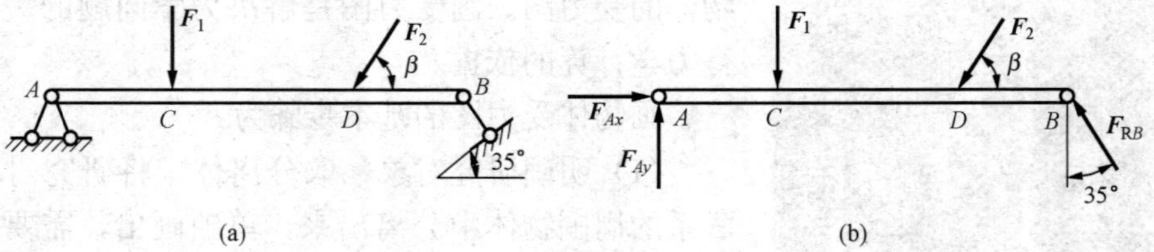

图 1-44

【例 1-8】 三角形支架如图 1-45（a）所示，A、B、C 三处均为铰接，在 D 处受一荷载 $\boldsymbol{F}$ 作用，试画出水平杆 AD 的受力图。

解 （1）选水平杆 AD 为研究对象，解除 A、C 处约束，画出脱离体。

（2）画出梁上原受的主动力，即 $\boldsymbol{F}$。

（3）画约束反力。A 端为固定铰支座，它的约束反力可以用一对水平和竖直的未知力 $\boldsymbol{F}_{Ax}$ 和 $\boldsymbol{F}_{Ay}$ 表示，也可以用一个大小和方向均未知的力 $\boldsymbol{F}_A$ 表示。由于 C 铰为二力杆（构件）BC 一端的铰，故此时 BC 杆对 AD 杆 C 处构成的是链杆约束，其约束反力 $\boldsymbol{F}_{CB}$ 方位沿链杆轴线，指向假设。AD 杆的受力图如图 1-45（b）所示。

如果 A 端约束反力用一个大小和方向均未知的力 $\boldsymbol{F}_A$ 表示，则 $\boldsymbol{F}_A$、$\boldsymbol{F}$、$\boldsymbol{F}_C$ 构成三力平衡的情况，按照三力平衡汇交定理，AD 杆的受力图也可以如图 1-45（c）所示。

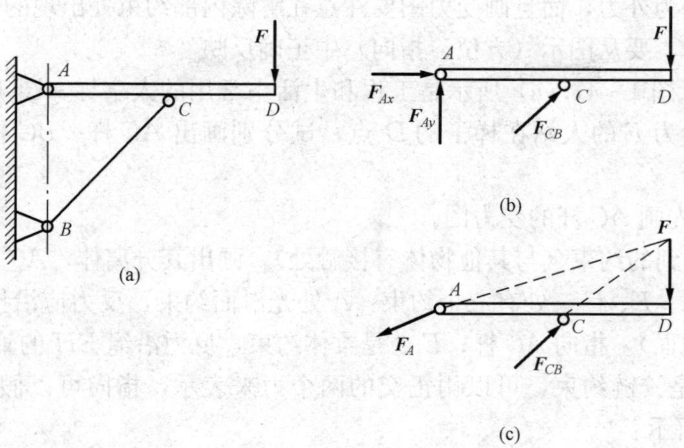

图1-45

【例1-9】 水平梁 AB 受均布线荷载 q，集中力偶 M 和集中力 $\boldsymbol{F}$ 作用，A 端是固定端支座，如图1-46（a）所示。不计梁的自重，试画出梁 AB 的受力图。

解 （1）选水平杆 AB 为研究对象，解除固定端 A 处约束，画出脱离体。

（2）画出梁上原受的主动力，即均布线荷载 q，集中力偶 M 和集中力 $\boldsymbol{F}$。

（3）画约束反力。A 端为固定端支座，它的约束反力可以用一对水平和竖直的未知力 $\boldsymbol{F}_{Ax}$ 和 $\boldsymbol{F}_{Ay}$ 以及未知反力偶 M_A 表示，也可以用一个大小和方向均未知的力 $\boldsymbol{F}_A$ 表示，AB 梁的受力图如图1-46（b）所示。

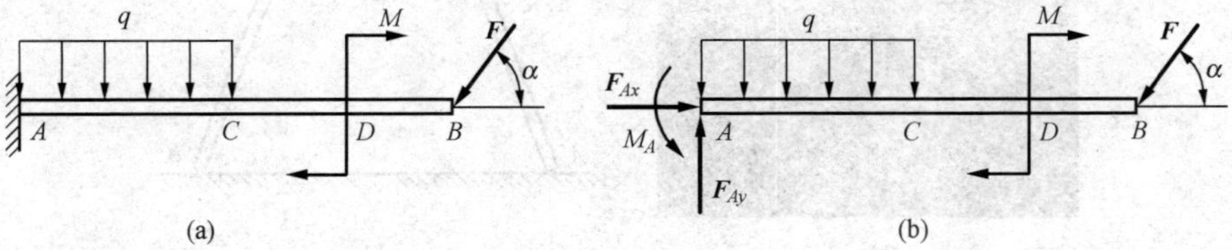

图1-46

四、画物体系统的受力图

当研究对象不是单个物体，而是若干个物体组成的物体系统（简称物体系）时，画受力图的基本步骤和方法与画单个物体的受力图相同，只是研究对象可能是整个物体系统或系统的某一部分或某一物体。

一般情况下，不管是整个物体系统或系统的某一部分或某一物体的受力图，在它们的受力图中都只反映其周围物体对它们的作用力（主动力和约束反力），这些力称为外力。系统内各物体之间的相互作用力称为内力。在对物体系进行受力分析时，只画外力，不画内力。但要注意区分外力和内力，根据所选研究对象的变化，某些内力和外力也会相互转化。

画物体系统整体的受力图时，只需把整体看作是单个物体一样对待，其内部各部分之间的相互作用力此时是内力，而且因为内部约束在分离体中没有解除，故不能画出内部约束的约束反力，只需画出整体所受主动力和整体以外其他物体对整体构成约束的约束反力。画系统中某一部分或某一物体的受力图时，取相应研究对象，必然会解除整体内部中的一个或几个相互联系（约束），受力图中会出现相应的约束反力，对于整体而言的内力此时会因为研究对象的不同转变为外力，而且画受力图要注意在解除内部约束处出现的相互作用力要满足作用与反作用定律，要从图示（方位、指向）中正确反映。

【例 1-10】 图 1-47（a）所示是工程和生活中常用的人字梯，图 1-47（b）是其简图，若有一个重量为 F 的人站在梯子的 D 点，试分别画出 AC 杆、BC 杆及整体的受力图（杆的自重不计）。

解 （1）首先画 AC 杆的受力图。

去掉 AC 杆受到的约束（与其他物体有接触处），画出其分离体，AC 杆上没有直接受到的主动力，只有 A、E、C 三处有三个约束：A 处光滑面约束，反力应沿接触点 A 处的公法线方向（垂直于地面），指向 AC 杆；E 处是柔体约束，反力沿绳 EH 的轴线方向，离开 AC 杆（拉力）；C 处是铰链约束，可以用正交的两个力来表示，指向可以假设。AC 杆受力图如图 1-47（c）所示。

（2）再画 BC 杆的受力图。

过程和分析方法与 AC 杆相同，只是 AC 杆上还有主动力 $\boldsymbol{F}$，同时还应注意：AC 杆上的 C 处和 BC 杆上的 C 处受到的力应按作用力与反作用力来画。BC 杆受力图如图 1-47

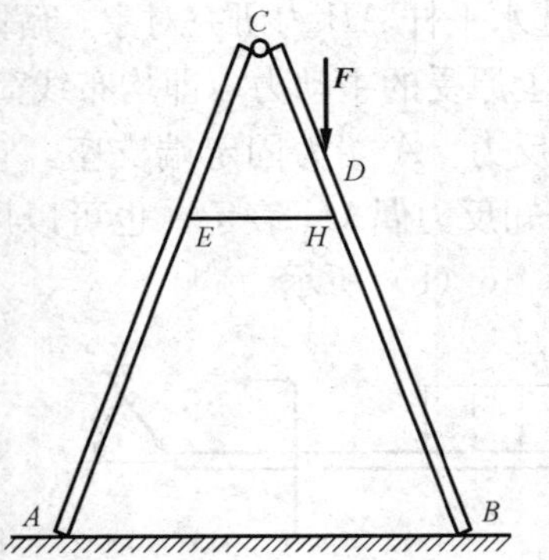

(a)　　(b)

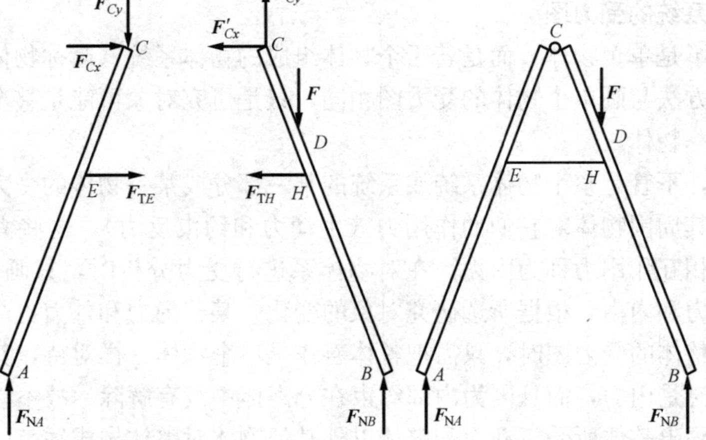

(c)　　(d)　　(e)

图 1-47

(d) 所示。

(3) 最后画整体的受力图。

整体的分离体是由 AC 杆、BC 杆和绳组成，实际上可看成一个物体来考虑，显然受到的力有主动力 $\boldsymbol{F}$，A、B 两处受到光滑面约束反力。整体受力图如图 1-47 (e) 所示。

注意：在图 1-47 (c) 和图 1-47 (d) 中 C 处的作用力与反作用力，对整体而言，即在图 1-47 (e) 中就是内力了，不能再画出来。

【例 1-11】 梁 AC 和 CD 用圆柱铰链 C 连接，并支承在三个支座上，A 处是固定铰支座，B、D 处是可动铰支座，如图 1-48 (a) 所示。试画出梁 AC、CD 及整梁 AD 的受力图。

解　(1) 选梁 CD 为研究对象。受主动力 $\boldsymbol{F}_2$ 作用，D 处是可动铰支座，约束反力 $\boldsymbol{F}_D$ 垂直于支承面，指向假设向上；C 处为铰链约束，约束反力用两个相互垂直的分力 $\boldsymbol{F}_{Cx}$ 和 $\boldsymbol{F}_{Cy}$ 表示，指向假设。CD 受力图如图 1-48 (b) 所示。

(2) 选梁 AC 为研究对象，其受力图如图 1-48 (c) 所示。A 端为固定铰支座，它的约束反力用两个相互垂直的分力 $\boldsymbol{F}_{Ax}$ 和 $\boldsymbol{F}_{Ay}$ 表示，指向假设；C 处为铰链约束，约束反力用两个相互垂直的分力 $\boldsymbol{F}'_{Cx}$ 和 $\boldsymbol{F}'_{Cy}$ 表示。需要注意 AC 梁 C 处的反力 $\boldsymbol{F}'_{Cx}$ 和 $\boldsymbol{F}'_{Cy}$ 与作用在 CD 梁 C 处的反力 $\boldsymbol{F}_{Cx}$ 和 $\boldsymbol{F}_{Cy}$ 是作用力与反作用力的关系，一旦其中一对力指向假设后，另一对力的指向就不能再任意假设。

(3) 选整体 AD 为研究对象，其受力图如图 1-48 (d) 所示。其中 A、B、D 处的约束反力必须和图 1-48 (b)、图 1-48 (c) 中对应处的约束反力一致。由于取整体 AD 为研究对象，没有解除 C 处约束，故 AC 与 CD 两段梁之间的相互作用力 $\boldsymbol{F}_{Cx}$、$\boldsymbol{F}_{Cy}$ 与 $\boldsymbol{F}'_{Cx}$、$\boldsymbol{F}'_{Cy}$ 不能画出。实际 $\boldsymbol{F}_{Cx}$、$\boldsymbol{F}_{Cy}$ 与 $\boldsymbol{F}'_{Cx}$、$\boldsymbol{F}'_{Cy}$ 对整体 AD 而言是内力，对 CD 和 AC 而言是外力，原因就是研究对象的不同。

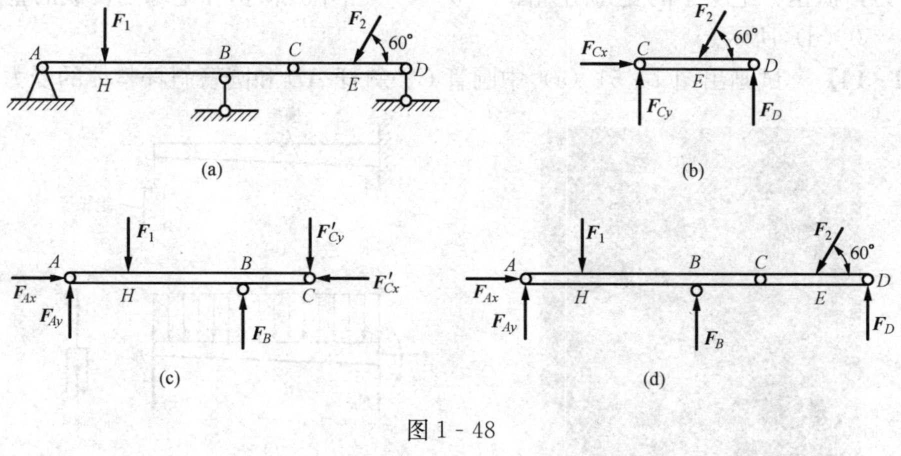

图 1-48

【例 1-12】 如图 1-49 (a) 所示的三铰拱桥，由左右两半拱铰接而成。不计拱自重，右半拱 BC 上作用荷载 $\boldsymbol{F}$，试分别画出左右半拱和三铰拱整体的受力图。

解　(1) 选桥左半拱 AC 为研究对象。不计自重，没有主动力作用，在 A 处以固定铰支座与基础相连，在 C 处以铰链约束与右半拱相连，两处受力处于平衡状态满足二力平衡条件，AC 部分为二力杆，A、C 处反力等值、反向、共线。AC 受力图如图 1-49 (c) 所示。

(2) 选桥右半拱 BC 为研究对象，其受力图如图 1-49 (b) 所示。受主动力 $\boldsymbol{F}$ 作用，B

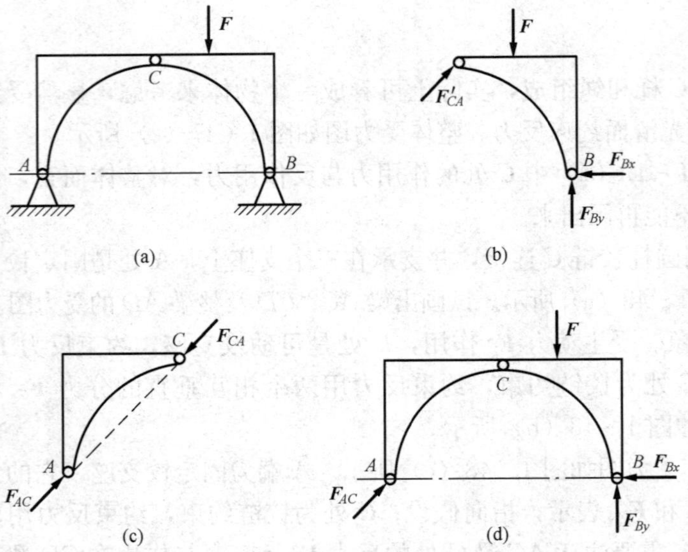

图 1-49

处为固定铰支座，它的约束反力用两个相互垂直的分力 $\boldsymbol{F}_{Bx}$ 和 $\boldsymbol{F}_{By}$ 表示，指向假设；C 处为铰链为二力构件一端的铰，按照二力构件约束画出其反力。需要注意 BC 部分 C 处的反力 $\boldsymbol{F}'_{CA}$ 与作用在 AC 部分 C 处的反力 $\boldsymbol{F}_{CA}$ 是作用力与反作用力的关系。

（3）选三铰拱桥整体为研究对象，其受力图如图 1-49（d）所示。其中 A、B 处的约束反力必须和图 1-49(b)、图1-49(c) 中对应处的约束反力一致。因 C 处约束没有解除，C 处不能画出约束反力。

项目 1

【例 1-13】　图 1-50（a）所示为输电线路上正在施工中的输电杆，试画出其横担的计算简图，并画出其受力图。

解　由于横担通过螺栓牢固地固定在输电杆上，因此横担的 A 处应视为固定端约束，横担和绝缘子的计算简图如图 1-50（b）所示。横担的自重应是沿横担长度方向的分布力（若横担截面不变或变化不大时可简化为均布力，否则应简化为线性变化的分布力），此处简化为均布力，横担、绝缘子的受力图如图 1-50（c）所示，横担和绝缘子构成的整体的受力图如图 1-50（d）所示。

【例 1-14】　试画出图 1-51（a）中圆管 C、斜杆 AB 和圆管斜杆整体的受力图。

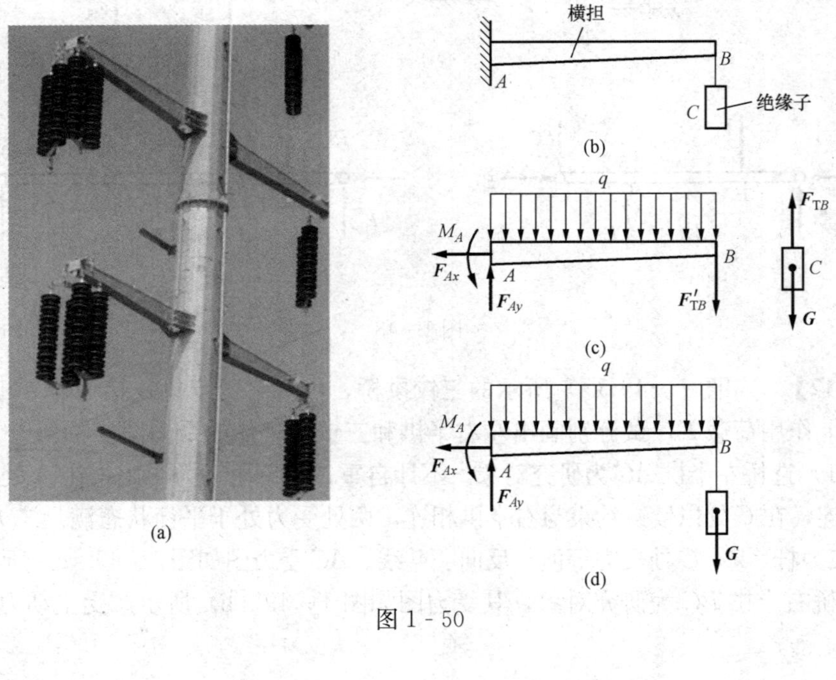

图 1-50

解　(1) 选圆管 C 为研究对象。受主动力重力 $\boldsymbol{G}$ 作用在圆管中心，E、D 处为光滑接触面约束，反力 $\boldsymbol{F}_{NE}$、$\boldsymbol{F}_{ND}$ 为压力，通过圆管中心。圆管 C 受力图如图 1-51 (b) 所示。

(2) 选斜杆 AB 为研究对象。其受力图如图 1-51 (c) 所示。D 处为光滑接触面约束，约束反力 $\boldsymbol{F}'_{ND}$，其与圆管 C 受力图中 D 处反力 $\boldsymbol{F}_{ND}$ 是作用力与反作用力的关系。B 处为柔体约束，约束反力 $\boldsymbol{F}_{TB}$，为拉力。A 处为固定铰支座，它的约束反力用两个相互垂直的分力 $\boldsymbol{F}_{Ax}$ 和 $\boldsymbol{F}_{Ay}$ 表示，指向假设。

(3) 选圆管斜杆整体为研究对象，其受力图如图 1-51 (d) 所示。其中 A、E、B 处的约束反力必须和图 1-51 (b)、图 1-51 (c) 中对应处的约束反力一致。因 D 处约束没有解除，D 处不能画出约束反力。

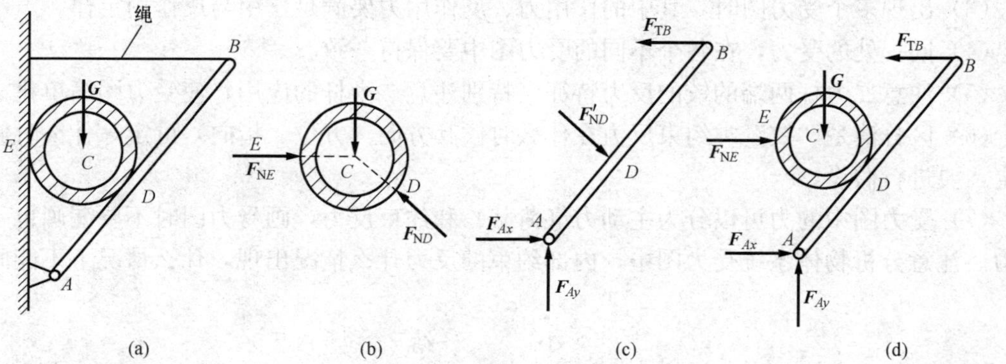

图 1-51

【例 1-15】　变压器支架 ABC 如图 1-52 (a) 所示，A、B、C 处都是铰链。变压器重量为 G，变压器压力作用在水平杆 AB 上的 D 点。试画出变压器 O、水平杆 AB、斜杆 BC 以及整体的受力图。

解　(1) 选变压器 O 为研究对象。受主动力重力 $\boldsymbol{G}$ 作用在圆管中心，D 处为光滑接触面约束，反力 $\boldsymbol{F}_{ND}$ 为压力，受力图如图 1-52 (b) 所示。

(2) 选斜杆 AC 为研究对象，AC 杆为二力杆，满足二力平衡条件，其受力图如图1-52 (d) 所示，指向假设。

(3) 选水平杆 AB 为研究对象。D 处为光滑接触面约束，约束反力 $\boldsymbol{F}'_{ND}$，其与变压器 O

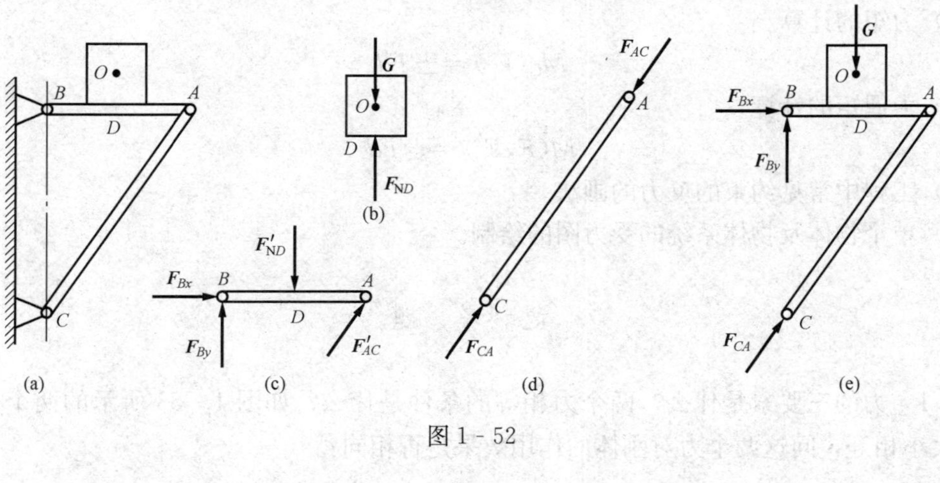

图 1-52

受力图中D处反力$\boldsymbol{F}_{ND}$是作用力与反作用力的关系。A处为链杆约束，约束反力$\boldsymbol{F}'_{AC}$，$\boldsymbol{F}'_{AC}$与AC杆A点受力$\boldsymbol{F}_{AC}$是作用力与反作用力的关系。B处为固定铰支座，它的约束反力用两个相互垂直的分力$\boldsymbol{F}_{Bx}$和$\boldsymbol{F}_{By}$表示，指向假设。其受力图如图1-52（c）所示。

(4) 选整体为研究对象，其受力图如图1-52（e）所示。其中B、C处的约束反力必须和图1-52（c）、图1-52（d）中对应处的约束反力一致。因A、D处约束没有解除，故A、D处不能画出约束反力。

通过上述例题分析，画受力图应注意以下几点：

(1) 明确研究对象，解除约束，单独画出所研究的对象——分离体。

(2) 约束反力要与约束类型对应，不能凭想象画受力图。

(3) 出现多个受力图时，其中的作用力、反作用力要满足作用与反作用定律。

(4) 同一处的受力，在各个不同的受力图中要保持一致。

(5) 注意二力杆两端的铰的反力特征。特别注意二力杆的应用，使受力图简单化。

(6) 区分清楚“铰”类约束反力在什么时候其方向（方位、指向）可定，什么时候不能确定，要进行假设。

(7) 受力图中的力可以分为主动力（荷载）和约束反力，画受力图时不要漏画也不要多画力。注意分析物体系统受力图中，内部约束的反力什么情况出现，什么情况下不能画。

小　　结

一、本项目主要知识点

(1) 力的概念、力的作用效应、力的三要素及力的图示。

(2) 力的性质。

(3) 力矩的概念、力矩的计算及以合力矩定理。

(4) 力偶的概念、力偶矩的计算及力偶的性质。

(5) 工程中常见约束类型、特点及反力的画法。

(6) 受力分析及受力图的绘制。

二、本项目重点及主要公式

(1) 力的概念、力的作用效应、力的三要素及力的图示。

(2) 力矩的计算。

$$M_O(\boldsymbol{F})=\pm Fd$$

(3) 力偶矩的计算。

$$M(\boldsymbol{F},\boldsymbol{F}')=\pm Fd$$

(4) 工程中常见约束的反力的画法。

(5) 单个物体及物体系统的受力图的绘制。

思　考　题

1-1　力的三要素是什么？两个力相等的条件是什么？如图1-53所示的两个矢量$\boldsymbol{F}_1$与$\boldsymbol{F}_2$大小相等，问这两个力对刚体的作用效果是否相同？

1 - 2　如图 1 - 54 所示自重不计的刚体，A 点作用一已知力 $\boldsymbol{F}$，问能否在 B 点加一个力使刚体平衡？为什么？

1 - 3　如图 1 - 55 所示，AC 和 CB 是绳索，在 C 点加向下的力 $\boldsymbol{F}$，问当 α 角越大还是越小时绳索越危险？为什么？

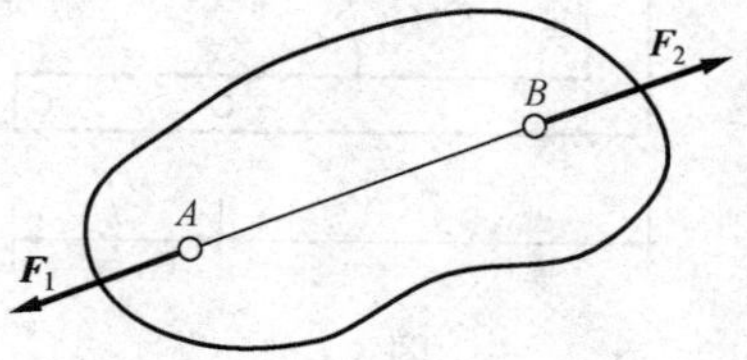

图 1 - 53

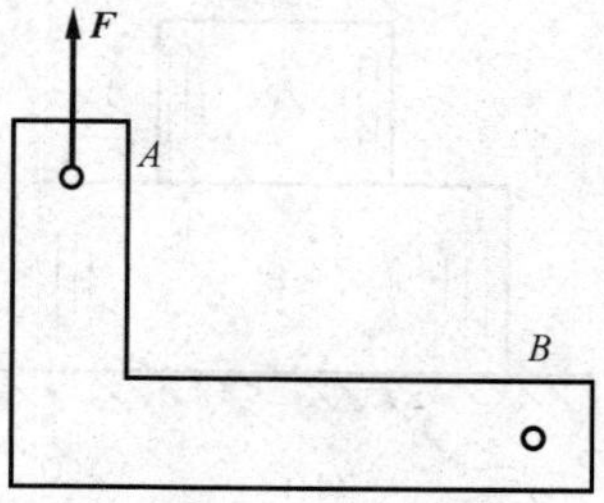

图 1 - 54

1 - 4　什么情况下力对点之矩等于零？

1 - 5　如图 1 - 56 所示物体上的 A、B 两点各作用力 $\boldsymbol{F}_1$ 和 $\boldsymbol{F}_2$。要使该物体平衡必须加上一个什么样的力？

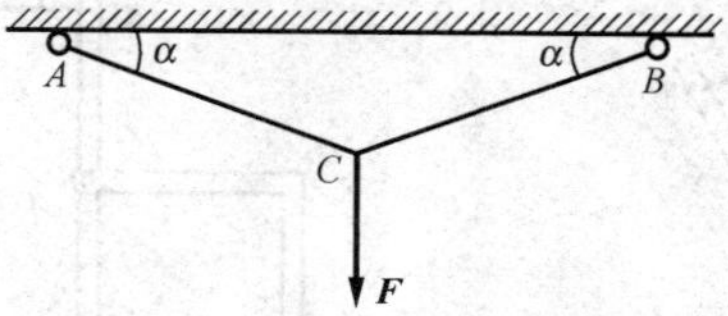

图 1 - 55

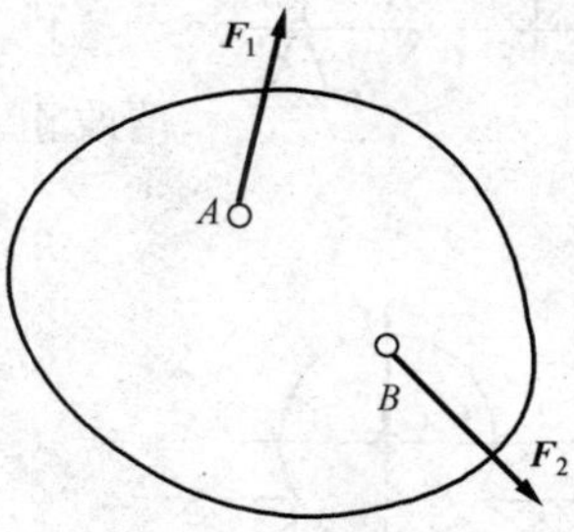

图 1 - 56

1 - 6　力偶不能和一个力平衡，为什么图 1 - 57 中的轮子又能处于平衡？

1 - 7　车间内有一矩形钢板长 4m、宽 3m。两个工人要使钢板转动，加力 $\boldsymbol{F}$、$\boldsymbol{F}'$ 如图1 - 58所示，且 $F=F'=200\text{N}$，他们的加力方式有什么不合理？你能找出最合理的加力方式吗？并求这种方式的力。

1 - 8　如图 1 - 59 所示，司机驾驶汽车时，有时用双手对方向盘施加一力偶（F，F'）［见图 1 - 59（a）］，有时也用单手对方向盘施加一个力 $2F$［见图 1 - 59（b）］。问这两种方法产生的效果有什么不同？

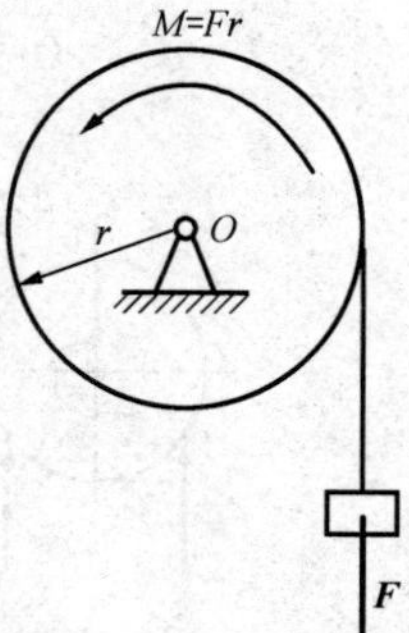

图 1 - 57

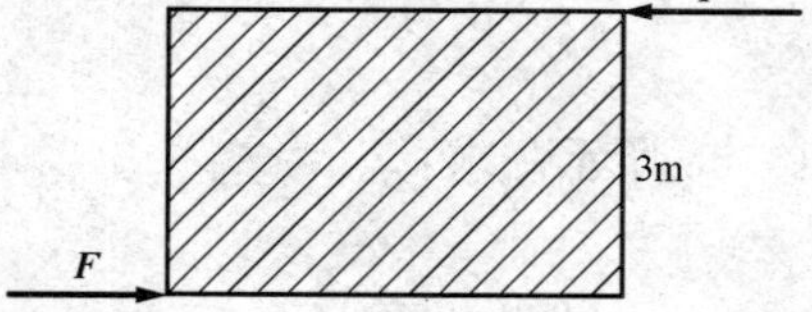

图 1 - 58

图 1 - 59

1-9　如图1-60所示，A、B两物体叠放在桌面上。A物体重$\boldsymbol{G}_A$，B物体重$\boldsymbol{G}_B$。试分析A、B物体各受到哪些力作用？这些力的反作用力各是什么？它们各作用在哪个物体上？

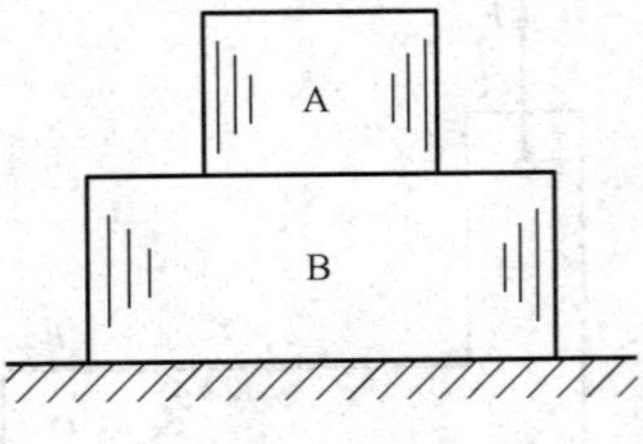

图1-60

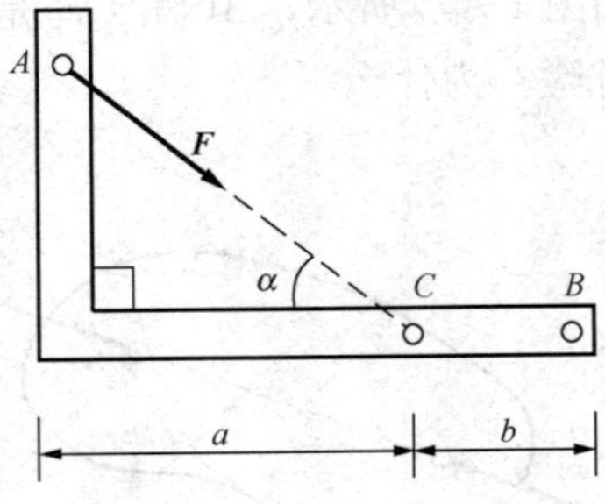

图1-61

1-10　如图1-61所示，一力$\boldsymbol{F}$作用于A点，试求作用在B点与力$\boldsymbol{F}$等效的力和力偶。

1-11　如图1-62所示三铰拱，自重不计，支座B的反力的方位如何确定？

1-12　图1-63中各物体的受力图是否正确？如果有错，请改正。杆重不计，接触处是光滑的。

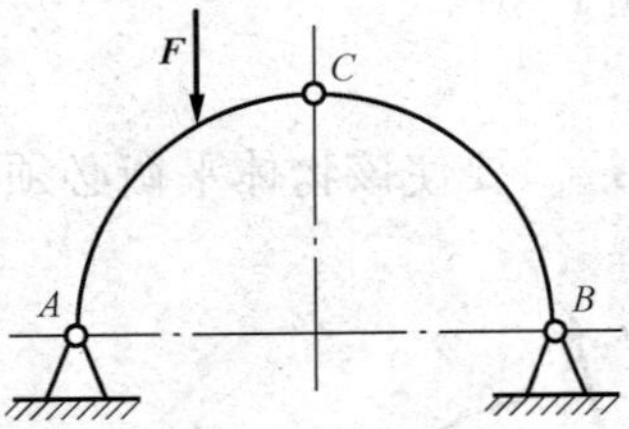

图1-62

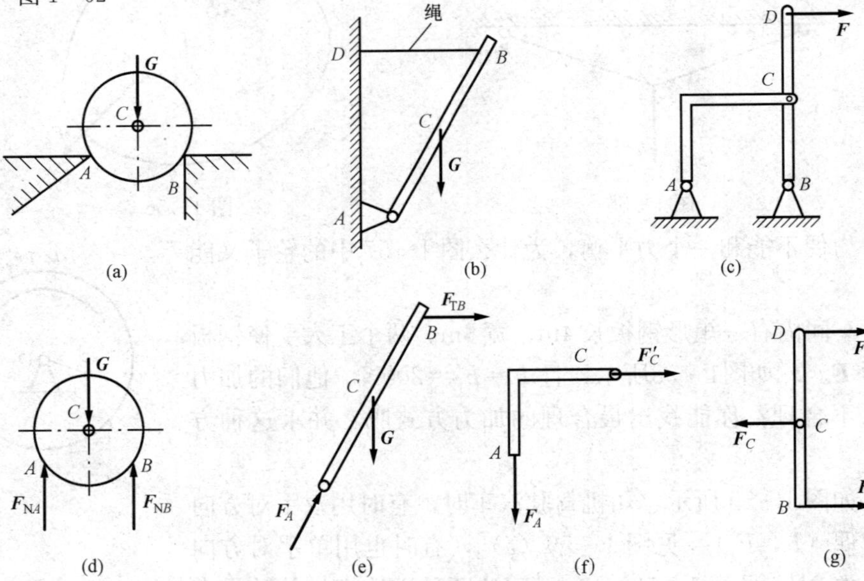

图1-63

项　目　练　习

1-1　试计算各图1-64中力$\boldsymbol{F}$对于O点之矩。

1-2　一个$F=100\text{N}$的力作用在A点，方向如图1-65所示。求：

(1) 此力对D点之矩；

(2) 在B点加一水平力，使得其对D点之矩与(1)一样，求此水平力；

(3) 要在B点加一最小的力得到与(1)一样的矩，求此最小力。

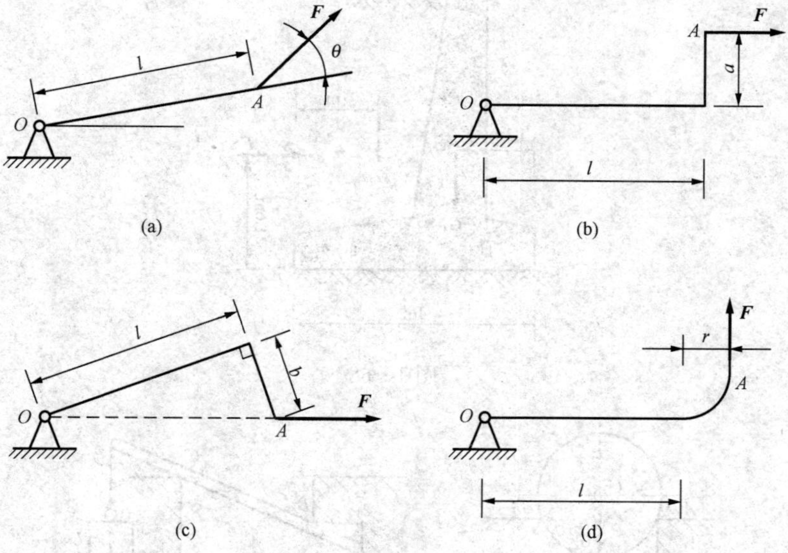

图1-64

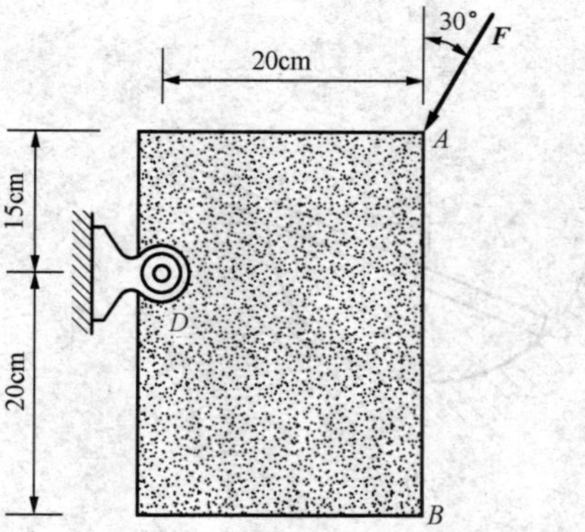

图1-65

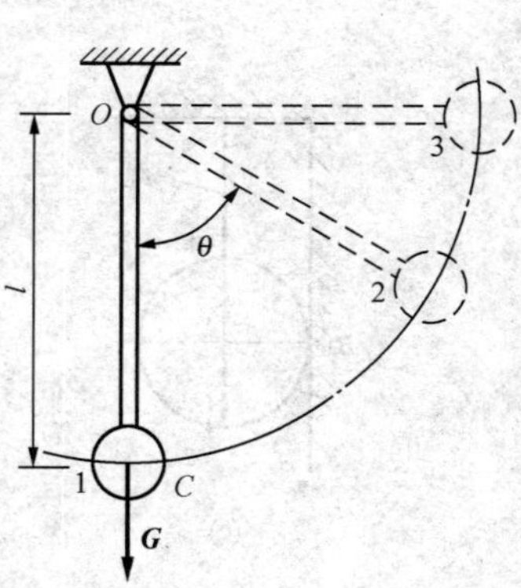

图1-66

1-3　图1-66中所示的万能试验机的摆锤重 $\boldsymbol{G}$，悬挂点 O 到摆锤重心 C 的距离为 l，试求摆锤在图示三个位置时，重力 $\boldsymbol{G}$ 对 O 点之矩。

1-4　施工中常用的压路机如图1-67所示，碾子重力为20kN，半径 $r=40$cm。如果用一通过其中心的水平力 $\boldsymbol{F}$ 使碾子越过高 $h=8$cm 的台阶，求此水平力的大小。如果要使作用的力最小，应沿哪个方向用力？并求此最小力的值。

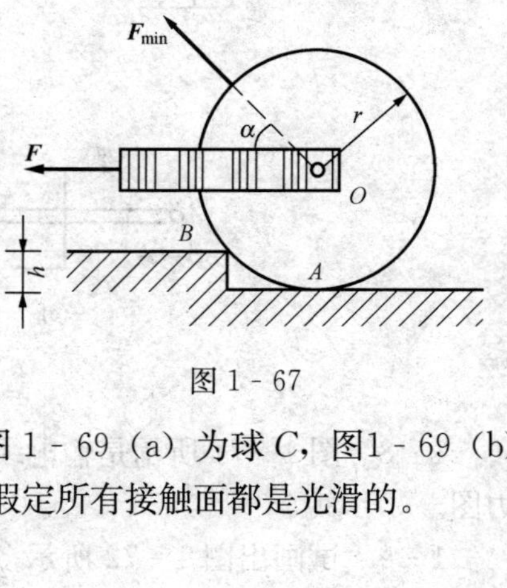

图1-67

1-5　在图1-68中，挡土墙重力 $G_1=70$kN，垂直土压力 $G_2=115$kN，水平土压力 $F=85$kN，试分别求此三力对 A 点之矩，并验算此挡土墙会不会倾覆。

1-6　试分别画出图1-69中各指定物体的受力图，图1-69（a）为球 C，图1-69（b）为杆 AD，图1-69（c）为球 C，图1-69（d）为杆 AB。假定所有接触面都是光滑的。

1-7　画出图1-70中各梁的受力图。

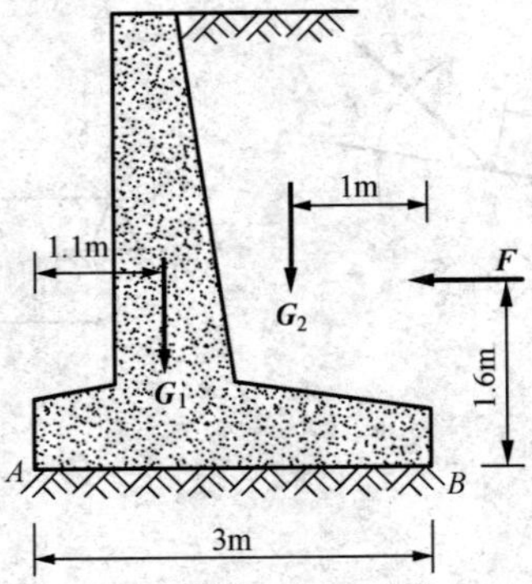

图 1 - 68

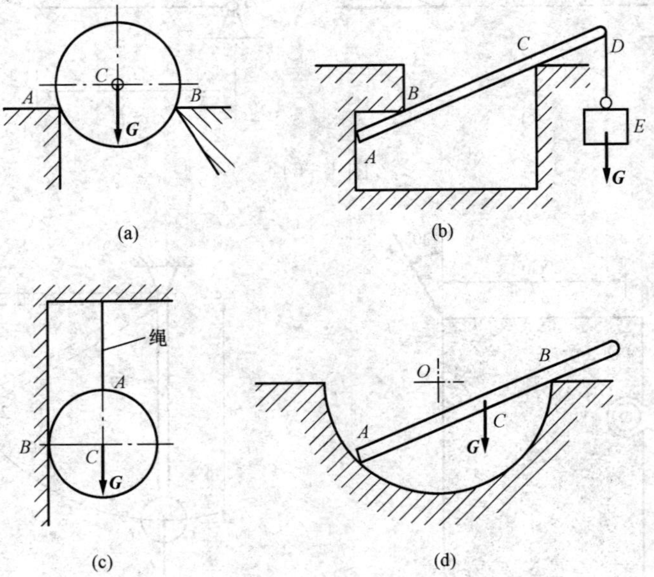

图 1 - 69

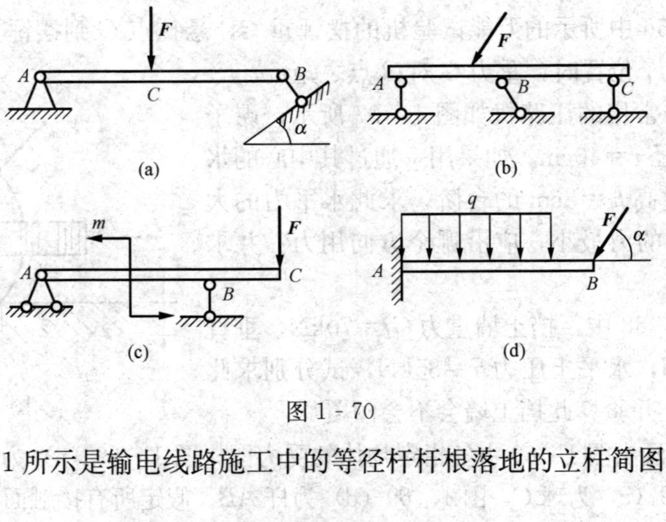

图 1 - 70

1 - 8　图 1 - 71 所示是输电线路施工中的等径杆杆根落地的立杆简图，试画出电杆的受力图。

1 - 9　试画出图 1 - 72 所示多跨静定梁中各物体及整体的受力图。

1-10　图1-73所示是输电杆农船运输支承方式示意图，试画出输电杆的受力图。

1-11　画出指定的图1-74中各物体系指定物体的受力图：图1-74（a）杆AB，轮C；图1-74（b）横梁AB，立柱AE，整体；图1-74（c）物体D，轮O，整体；图1-74（d）杆CD，AC，整体。

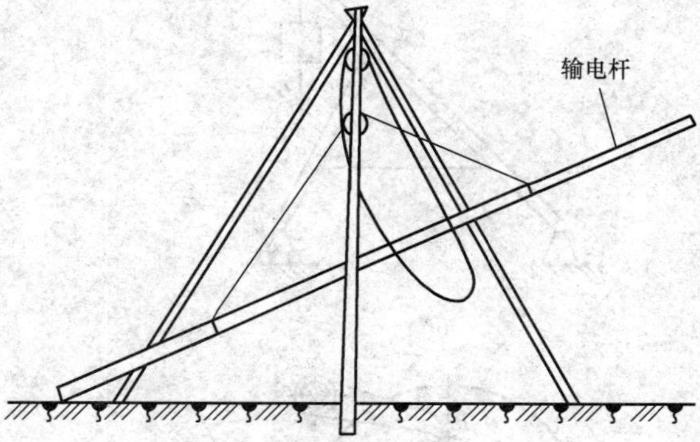

图1-71

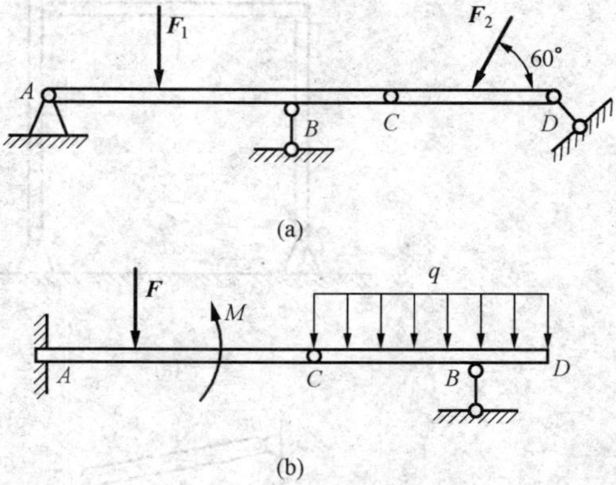

图1-72

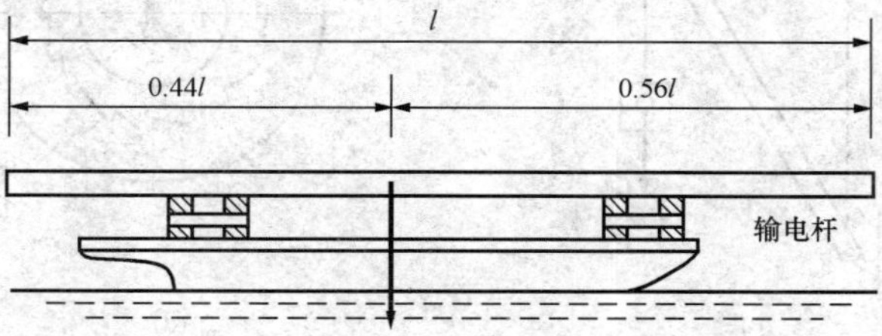

图1-73

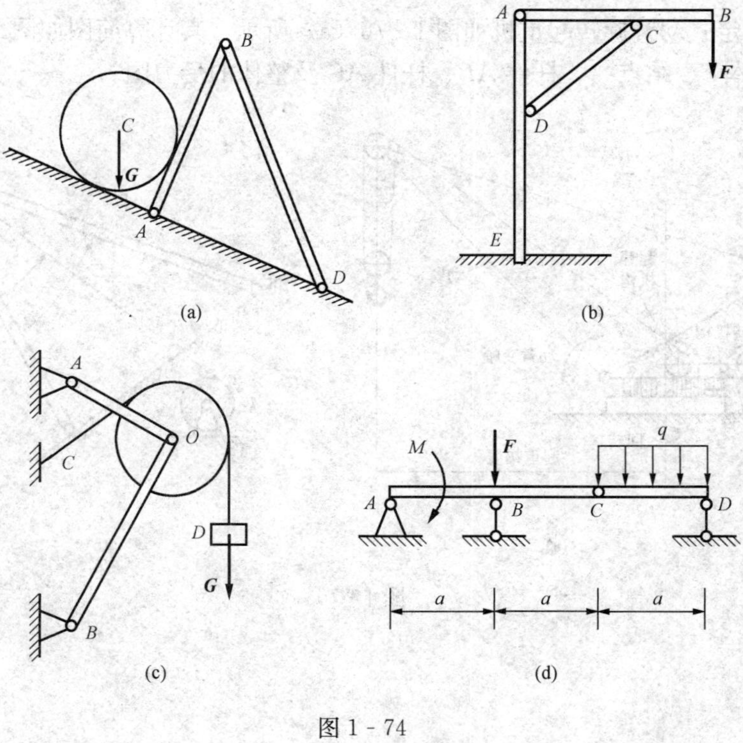

图1-74

1-12　画出图1-75中各物体及整体的受力图。

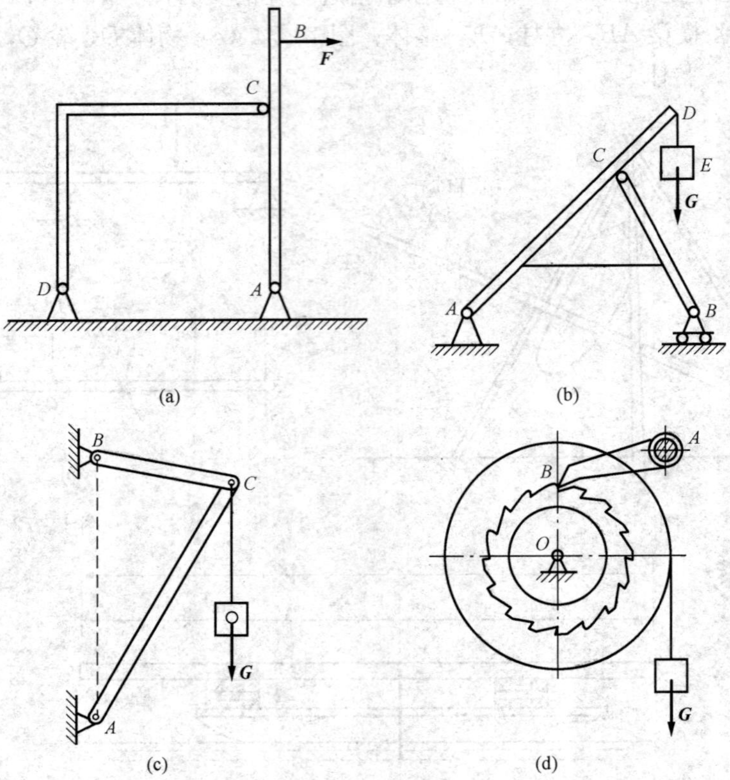

图1-75

1-13　固定式动臂旋转起重机如图1-76（a）所示，其计算简图如图1-76（b）所示，试分别画出物体E、结点A、杆件AB、杆件AC及整体的受力图。

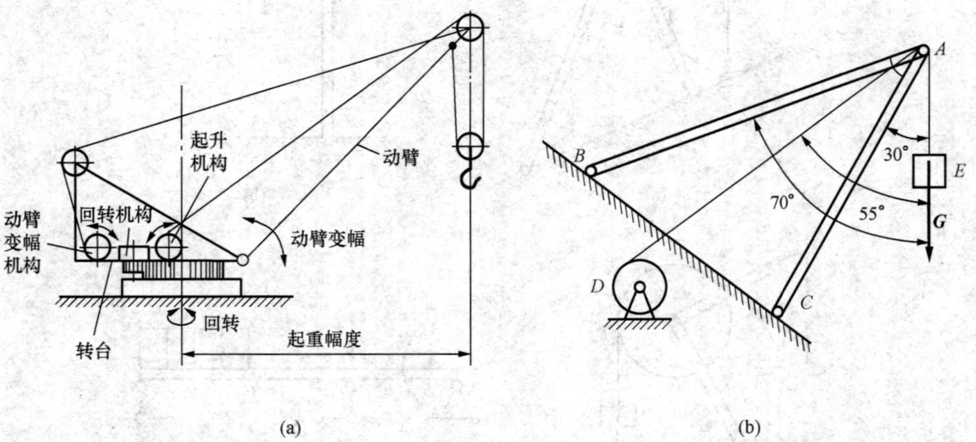

图1-76

1-14　如图1-77（a）所示的起重机的计算简图如图1-77（b）所示，试分别画出各物体及整体的受力图。

(a)

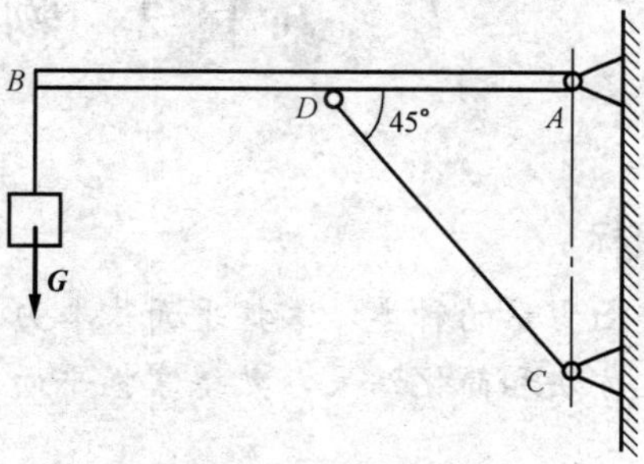

(b)

图1-77

项目2 物体的平衡计算

学习目标

了解平面力系的种类，掌握平面基本力系的合成方法和平衡条件及应用，理解平面任意力系的简化方法和简化结果，熟练掌握平面任意力系的平衡方程及平衡计算。

典型任务——静平衡计算

表2-1 典型任务分解表

如图所示是输电线路中使用的横担。若横担总长为2m，斜杆支撑在右侧横担的中间，且与水平杆的夹角为45°	
任务分解	
任务1	试分析此结构的约束情况
任务2	画出其力学计算简图
任务3	试画出结构中各杆的受力图和整体的受力图
任务4	若左侧横担上的导线断裂，即只有右侧横担上受有导线对其竖直向下的作用力$F=2$kN（作用在横担端部），试计算结构中斜杆所受到的力
任务5	试计算结构中输电杆对横担的约束反力

单元一 平面基本力系的合成与平衡

在实际工程中，物体受到的力是各种各样的，一般根据其作用线的分布情况分为两大类：①力系中各力的作用线在同一平面内的力系，称为平面力系；②各力的作用线不在同一平面内的力系，称为空间力系。

在平面力系中，各力作用线汇交于一点的力系，称为平面汇交力系（见图 2-1）；各力作用线相互平行的力系，称为平面平行力系（见图 2-2）；各力作用线既不全部汇交于一点也不全部平行的力系，称为平面一般力系（或平面任意力系）（见图 2-3）。由于力偶是由两个等值、反向、不共线的两个力组成，由几个作用面相同的力偶构成的力系称为平面力偶系（见图 2-4）。

平面汇交力系和平面力偶系可以合称为平面基本力系，其合成与平衡是平面一般力系简化和平衡的基础。

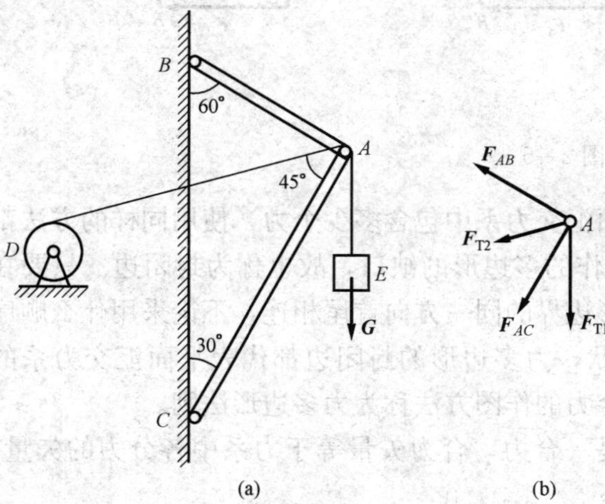

图 2-1

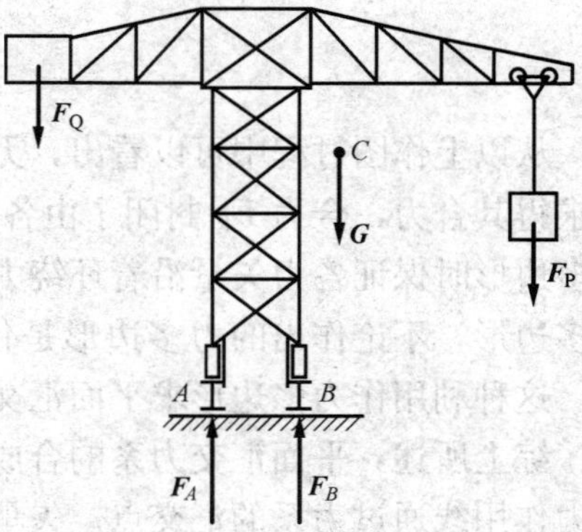

图 2-2

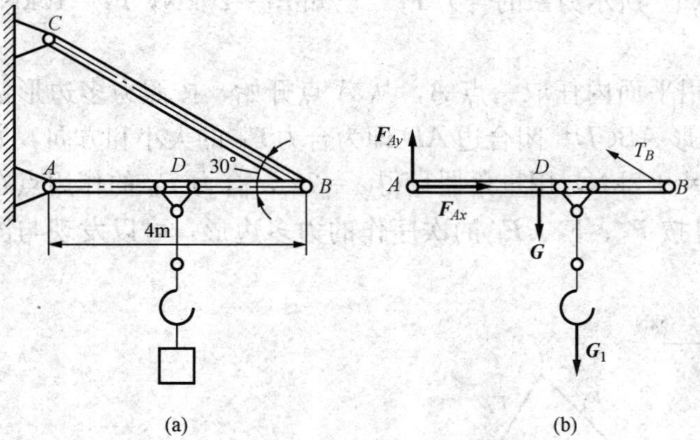

图 2-3

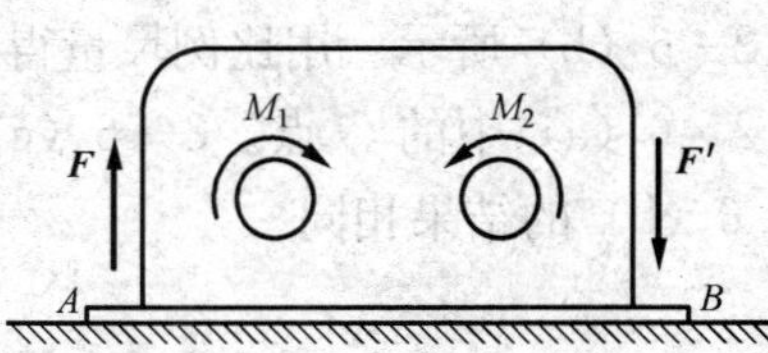

图 2-4

一、平面汇交力系的合成与平衡

（一）平面汇交力系合成与平衡的几何法

1. 平面汇交力系合成的几何法

设有平面汇交力系 $\boldsymbol{F}_1$、$\boldsymbol{F}_2$、$\boldsymbol{F}_3$、…、$\boldsymbol{F}_n$，各力作用线汇交于 O 点，如图 2-5（a）所示，连续利用力的三角形法则，将力系中各力依次相加，便求得合力的大小和方向，如图 2-5（b）所示。具体作法可以进一步简化为：先从任意一点 A 作力矢量 $\boldsymbol{F}_1$，从 $\boldsymbol{F}_1$ 的末端 B 作力矢量 $\boldsymbol{F}_2$，再从 $\boldsymbol{F}_2$ 的末端 C 作力矢量 $\boldsymbol{F}_3$，依次下去，最后得到的从第一个力的起点指向最后一个力的终点的矢量 $\boldsymbol{F}_R$ 就表示平面汇交力系 $\boldsymbol{F}_1$、$\boldsymbol{F}_2$、$\boldsymbol{F}_3$、…、$\boldsymbol{F}_n$ 合力的大小和

方向。合力 $\boldsymbol{F}_R$ 的作用点通过力系的汇交点 O。合力 $\boldsymbol{F}_R$ 的方向由所作的第一个力的起点指向最后一个力的末端，如图 2-5（c）所示。

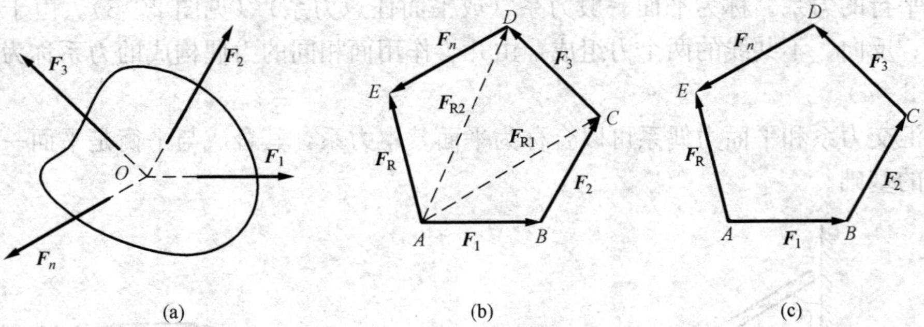

图 2-5

从以上作图过程中可以看出，无论平面汇交力系中包含多少个力，使用同样的方法都可以求得其合力，合力 $\boldsymbol{F}_R$ 封闭了由各分力所作的多边形的缺口，故也称为封闭边。只要在作力多边形时保证各力矢量沿着环绕力多边形边界的同一方向首尾相连，不论采用什么顺序作力多边形，不论作出的力多边形是什么形状，力多边形的封闭边都代表平面汇交力系的合力。这种利用作力多边形求平面汇交力系合力的作图方法称为力多边形法则。

综上所述，平面汇交力系的合成结果是一合力，合力矢量等于力系中各分力的矢量和，合力作用线通过力系的汇交点。矢量式如下

$$\boldsymbol{F}_R = \boldsymbol{F}_1 + \boldsymbol{F}_2 + \boldsymbol{F}_3 + \cdots + \boldsymbol{F}_n = \sum \boldsymbol{F} \quad (2-1)$$

【例 2-1】 用几何法求图 2-6（a）所示力系的合力 $\boldsymbol{F}_R$，已知 $F_1=20\text{kN}$，$F_2=10\text{kN}$，$F_3=15\text{kN}$。

解 选定比例尺如图。在力系作用平面内任取一点 A，从 A 点开始，按照力多边形法则，依次作出 $\boldsymbol{F}_1$、$\boldsymbol{F}_2$、$\boldsymbol{F}_3$，得力多边形 $ABCD$，闭合边 AD 即为合力 $\boldsymbol{F}_R$ 的大小和方向，如图 2-6（b）所示。用比例尺量得 $F_R=8.2\text{kN}$，用量角器量得 $\alpha=78°$，合力 $\boldsymbol{F}_R$ 的作用点在图 2-6（a）中的 O 点。2-6（c）是按 $\boldsymbol{F}_1$、$\boldsymbol{F}_3$、$\boldsymbol{F}_2$ 的次序作的力多边形，可以发现与图 2-6（b）的结果相同。

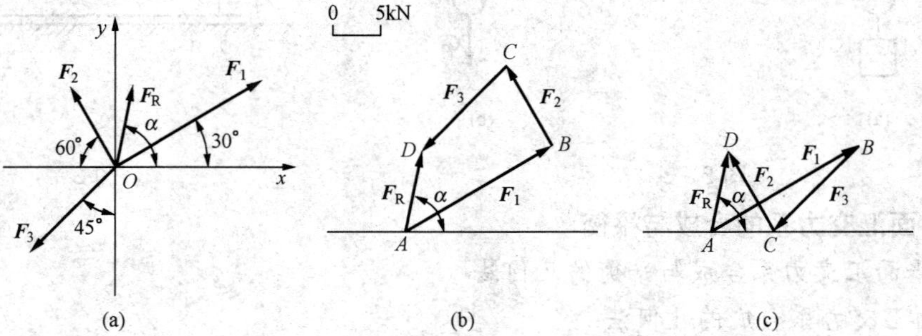

图 2-6

2. 平面汇交力系平衡的几何条件

平面汇交力系可以合成一个合力，该合力可用力多边形法则确定。合力大小和方向由力多边形的封闭边决定，如果力多边形自行封闭了，即封闭边的长度等于零，则表示合力的大小等于零，即

$$F_R = \sum F = 0 \tag{2-2}$$

因此，平面汇交力系平衡的几何条件是：由力系中各力作出的力多边形为首尾相连的封闭多边形，即力多边形自行封闭。

利用平衡的几何条件，每次可以求解两个未知量。这两个未知量可以是两力的大小，也可以是两力的方向或一个力的大小和方向。

【例 2-2】 在图 1-29（a）所示的输电线路维护中使用的踩板，其简图如图 2-7（a）所示，若维修工人重 $G=1000\text{N}$，踩板自重忽略不计。试求绳子的约束反力。

解 取踩板为研究对象，它受到工人重力 $\boldsymbol{G}$，受力图如图 2-7（b）所示，其构成一平面汇交平衡力系。

根据平面汇交力系平衡的几何条件，该三力构成的力多边形应该闭合。

按照比例尺先画出重力 $\boldsymbol{G}$，再从 $\boldsymbol{G}$ 的始、末位置作 $\boldsymbol{F}_{TA}$、$\boldsymbol{F}_{TB}$ 的作用线，得交点 c 和闭合的力三角形 abc，如图 2-7（c）所示。按照比例尺量得

$$F_{TA} = 707\text{N},\quad F_{TB} = 707\text{N}$$

应用力多边形闭合条件求解未知力时，选用的比例尺越大，作图越准确，则所得的结果越准确。应用力多边形法则求合力也一样。

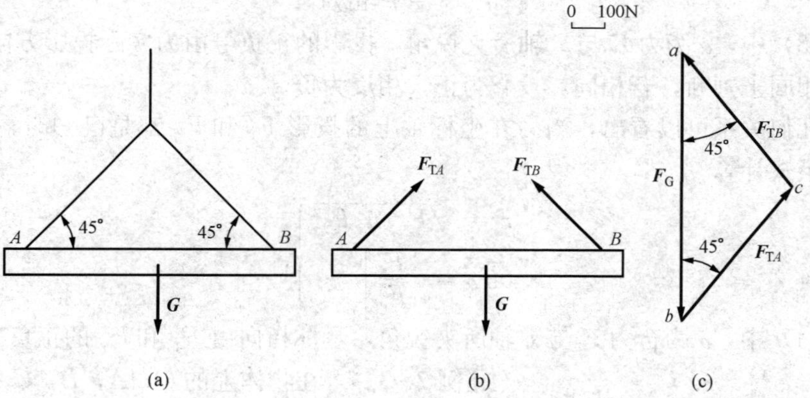

图 2-7

（二）平面汇交力系合成与平衡的解析法

1. 力在直角坐标轴上的投影

（1）投影的定义。设力 $\boldsymbol{F}$ 作用于物体上的 A 点，如图 2-8（a）所示。在力 $\boldsymbol{F}$ 作用线所处平面内取直角坐标系 xOy。

从 $\boldsymbol{F}$ 力的两端 A 和 B 分别向坐标轴 x、y 作垂线得垂足 a、b 和 a'、b'，线段 ab 和 $a'b'$。其中线段 ab 称为力 $\boldsymbol{F}$ 在 x 轴上的投影，用 F_x 表示；$a'b'$ 称为力 $\boldsymbol{F}$ 在 y 轴上的投影，用 F_y 表示。

力在坐标轴上的投影是代数量，它有正负之分，正负号是由力的方向在坐标轴上的投影的方向与坐标轴的正方向之间的比较得出的。其正负规定如下：如投影的指向（从力矢量的始位置垂足指向末位置垂足）与坐标轴的正向一致，投影为正值，反之为负。按照规定，图 2-8（a）中 $\boldsymbol{F}$ 在 x（或 y）轴上的投影指向是由 a 到 b（a' 到 b'），与对应坐标轴 x（或 y）轴正向一致，故 $\boldsymbol{F}$ 在 x、y 轴上的投影均为正。分析可知，如力 $\boldsymbol{F}$ 的指向与图 2-8 所示相反（即 BA 方向），按照投影正负号规定，其在 x、y 轴上的投影均为负。其他指向的力也可

以根据其在相应坐标轴上投影的指向很容易判定。

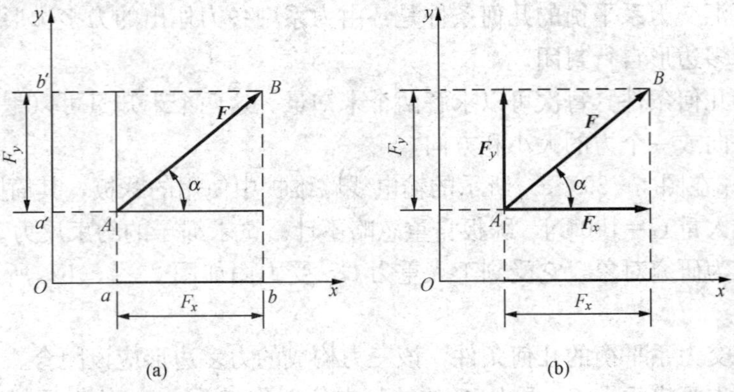

图 2 - 8

(2) 投影的计算。若已知力 **F** 的大小为 F（恒为正值），它和 x 轴的夹角为 α（取锐角），由投影定义及图 2 - 8（a）所示几何关系可得投影计算的解析表达式为

$$\left.\begin{aligned} F_x &= \pm F\cos\alpha \\ F_y &= \pm F\sin\alpha \end{aligned}\right\} \tag{2 - 3}$$

式（2 - 3）中，α 为力 **F** 与 x 轴所夹锐角，投影的正负号由力实际投影方向与坐标轴的正方向是否相同来判断，若相同，投影为正，相反为负。

由图中几何关系可以看出，当力在坐标轴上的投影 F_x 和 F_y 都是已知时，力 **F** 的大小和方向可按下式计算

$$\left.\begin{aligned} F &= \sqrt{F_x{}^2 + F_y{}^2} \\ \tan\alpha &= \left|\frac{F_y}{F_x}\right| \end{aligned}\right\} \tag{2 - 4}$$

式（2 - 4）中，α 为合力 **F** 与 x 轴所夹锐角，具体指向由 F_x 和 F_y 的正负确定。

【例 2 - 3】 在物体上的 O，A，B，C，D 点，分别作用着力 $\boldsymbol{F}_1$，$\boldsymbol{F}_2$，$\boldsymbol{F}_3$，$\boldsymbol{F}_4$，$\boldsymbol{F}_5$，各力的大小为 $F_1 = F_2 = F_3 = F_4 = F_5 = 100\text{N}$，各力的方向如图 2 - 9 所示，求各力在 x、y 轴上的投影。

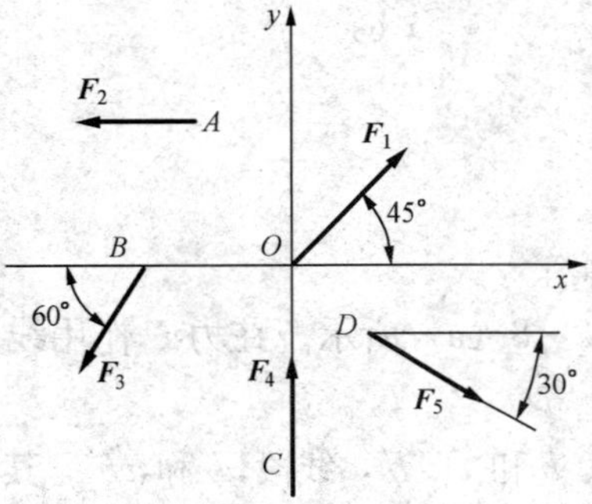

图 2 - 9

解 由式（2 - 3）得各力在 x、y 轴上的投影为

$\boldsymbol{F}_1$：$\begin{cases} F_{1x} = F_1\cos45° = 100 \times 0.707 = 70.7\ (\text{N}) \\ F_{1y} = F_1\sin45° = 100 \times 0.707 = 70.7\ (\text{N}) \end{cases}$

$\boldsymbol{F}_2$：$\begin{cases} F_{2x} = -F_2\cos0° = -100 \times 1 = -100\ (\text{N}) \\ F_{2y} = F_2\sin0° = 100 \times 0 = 0 \end{cases}$

$\boldsymbol{F}_3$：$\begin{cases} F_{3x} = -F_3\cos60° = -100 \times 0.5 = -50\ (\text{N}) \\ F_{3y} = -F_3\sin60° = -100 \times 0.866 = -86.6\ (\text{N}) \end{cases}$

$\boldsymbol{F}_4$：$\begin{cases} F_{4x} = F_4\cos90° = 100 \times 0 = 0 \\ F_{4y} = F_4\sin90° = 100 \times 1 = 100\ (\text{N}) \end{cases}$

$\boldsymbol{F}_5$：$\begin{cases} F_{5x} = F_5\cos30° = 100 \times 0.866 = 86.6\ (\text{N}) \\ F_{5y} = -F_5\sin30° = -100 \times 0.5 = -50\ (\text{N}) \end{cases}$

通过上面的计算，可以发现：

1）当力和坐标轴平行（或重合）时，力在轴上投影的绝对值等于力的大小，正负号由力的指向与坐标轴正向比较确定，同向为正，反向为负。如 $\boldsymbol{F}_2$ 在 x 轴上的投影、$\boldsymbol{F}_4$ 在 y 轴上的投影。

2）当力和坐标轴垂直时，力在轴上的投影等于零。如 $\boldsymbol{F}_2$ 在 y 轴上的投影、$\boldsymbol{F}_4$ 在 x 轴上的投影。

3）某力投影的大小只与力的大小以及力和坐标轴的相对方向有关，与力所处坐标系的象限无关，也与坐标原点的位置无关。

（3）投影与分力。在图 2－8（b）中画出了力 $\boldsymbol{F}$ 沿直角坐标轴方向的分力 $\boldsymbol{F}_x$ 和 $\boldsymbol{F}_y$。对照图 2－8（a）显然可以看出，这两个分力的大小与力 $\boldsymbol{F}$ 在对应坐标轴上投影的绝对值是相等的。但是必须要注意：分力是矢量，其效果与作用点或作用线有关，分解方法是作平行四边形；而力在轴上的投影为代数量，其方法是作垂线，无所谓作用点或作用线；投影可以是在一根轴上的投影，也可以是无数根轴上的投影，而分力至少是沿两个方向才能分解，不可能把力沿一个方向分解。所以不能将分力与投影混为一谈。

另外，需要指出的是力在非直角坐标系中的投影定义与在直角坐标系定义是一样的。从图 2－10 与图 2－8 对照可以看出，力在非直角坐标系中轴上投影的绝对值就不再等于力沿相应轴方向上按照平行四边形法则确定的分力大小了。

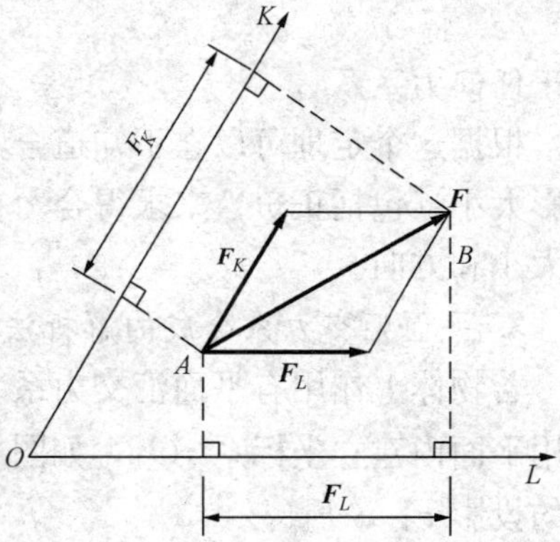

图 2－10

同时，一个力在任意一条轴上均有投影（当然投影也可等于零），但绝不可能将力沿一个方向分解。力的分解应该是沿两个方向分解，当然接下去还可将分解得到的力再沿另外的两个方向分解，即一个力可以分解为两个及两个以上的力。经常听到有人说将某个力沿水平方向分解，这种说法本身就是错误的。

2. 合力投影定理

刚体受到 $\boldsymbol{F}_1$、$\boldsymbol{F}_2$ 作用（见图 2－11），用三角形法则求其合力为 $\boldsymbol{F}_R$。取坐标系 xOy，将合力 $\boldsymbol{F}_R$ 及分力 $\boldsymbol{F}_1$、$\boldsymbol{F}_2$ 分别向 x、y 轴投影。

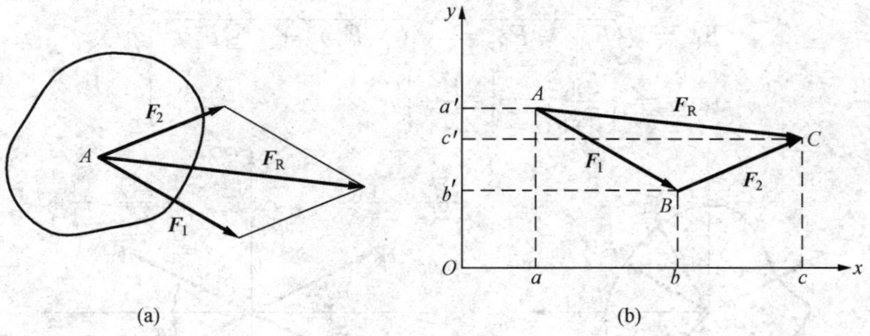

图 2－11

分力 $\boldsymbol{F}_1$、$\boldsymbol{F}_2$ 在 x 轴上投影

$$F_{1x}=\overline{ab},\quad F_{2x}=\overline{bc}$$

合力 $\boldsymbol{F}_R$ 在 x 轴上投影

$$F_{Rx}=\overline{ac}$$

因为
$$\overline{ab}+\overline{bc}=\overline{ac}$$

所以
$$F_{Rx}=F_{1x}+F_{2x}$$

同理
$$F_{Ry}=F_{1y}+F_{2y}$$

如果是三个力及以上的力作用于 A 点（见图 2 - 12），则利用前面的多边形法则就可以求得其合力 $\boldsymbol{F}_R$，如图 2 - 12（b）所示。

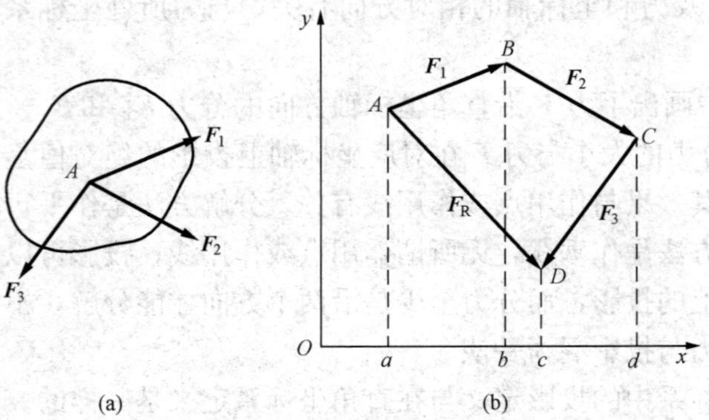

图 2 - 12

很容易证明（读者可自己证明）：

$$F_{Rx}=F_{1x}+F_{2x}+F_{3x}$$
$$F_{Ry}=F_{1y}+F_{2y}+F_{3y}$$

显然，上述关系可以推广到 n 个共点力作用的情况，从而得出

$$\left.\begin{aligned}F_{Rx}&=F_{1x}+F_{2x}+\cdots+F_{nx}=\sum F_x\\F_{Ry}&=F_{1y}+F_{2y}+\cdots+F_{ny}=\sum F_y\end{aligned}\right\}\quad(2-5)$$

式（2 - 5）称为合力投影定理：合力在任意轴上的投影等于力系中各分力在同一轴上投影的代数和。它适用于任何力系。

根据这个定理可以在不知道合力大小和方向的情况下，通过求各个分力在 x、y 轴上的投影大小（包括正负）来求得合力在 x、y 轴上的投影大小。然后利用式（2 - 4）求得合力的大小和方向。

3. 平面汇交力系合成的解析法

若物体上作用有平面汇交力系 $\boldsymbol{F}_1$、$\boldsymbol{F}_2$、$\boldsymbol{F}_3$、…、$\boldsymbol{F}_n$，为求出它们的合力，首先在力系作用平面内建立坐标系 xOy，如图 2 - 13（a）所示，根据式（2 - 5）求得合力在 x 轴和 y 轴上的投影 F_{Rx}、F_{Ry}。

再利用已知力的投影求力的大小和方向的知识，即可得平面汇交力系合力的解析计算式，这种求合力的方法称为解析法。算式如下

$$\left.\begin{aligned}F_R&=\sqrt{F_{Rx}^2+F_{Ry}^2}=\sqrt{(\sum F_x)^2+(\sum F_y)^2}\\\tan\alpha&=\left|\frac{F_{Ry}}{F_{Rx}}\right|=\left|\frac{\sum F_y}{\sum F_x}\right|\end{aligned}\right\}\quad(2-6)$$

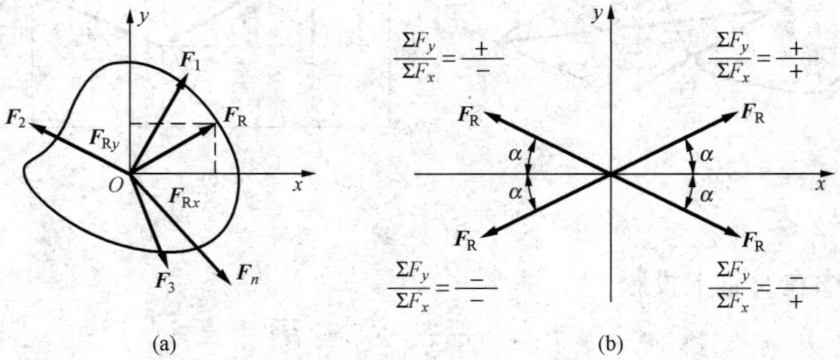

图 2 - 13

式（2 - 6）中，α 为合力与 x 轴所夹锐角，具体指向由 $\sum F_x$、$\sum F_y$ 的正负确定，如图 2 - 13（b）所示。合力的作用线通过力系的汇交点 O。

解析法求平面汇交力系合力的基本步骤可分为 3 步：

（1）建直角坐标系；

（2）计算各力在 x、y 轴投影的代数和；

（3）求合力的大小和方向并图示。

【例 2 - 4】　图 2 - 14（a）中 $F_1=10\text{N}$，$F_2=6\text{N}$，$F_3=8\text{N}$，$F_4=12\text{N}$，求该力系的合力。

解　（1）建立坐标系，如图 2 - 14（a）所示。

（2）计算各力在 x、y 轴投影的代数和。

$$\sum F_x = F_1 - F_3\cos45° - F_4\cos30°$$
$$= 10 - 4\sqrt{2} - 6\sqrt{3} = -6.049(\text{N})$$
$$\sum F_y = F_2 + F_3\sin45° - F_4\sin30°$$
$$= 6 + 4\sqrt{2} - 6 = 4\sqrt{2} = 5.656(\text{N})$$

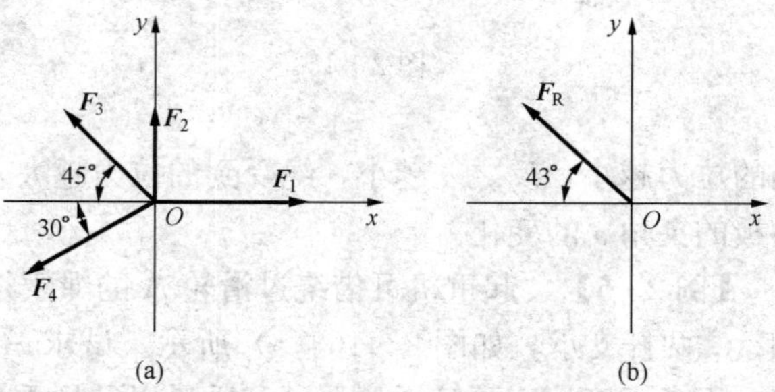

图 2 - 14

（3）求合力的大小和方向并画图。

$$F_R = \sqrt{F_{Rx}{}^2 + F_{Ry}{}^2} = \sqrt{(\sum F_x)^2 + (\sum F_y)^2} = \sqrt{(-6.049)^2 + (5.656)^2} = 8.281(\text{N})$$

$$\tan\alpha = \left|\frac{F_{Ry}}{F_{Rx}}\right| = \left|\frac{\sum F_y}{\sum F_x}\right| = \left|\frac{5.656}{-6.049}\right| = 0.935$$

则

$$\alpha \approx 43°$$

可知合力位于第二象限，与 x 轴成 43°的夹角，如图 2 - 14（b）所示。

4. 平面汇交力系平衡的解析条件

平面汇交力系平衡的必要和充分条件是该力系的合力等于零。用几何法表示为力多边形自行封闭。用解析式表示汇交力系平衡条件是 $F_R=0$。

由式（2 - 6）可知，即要求

$$F_R = \sqrt{F_{Rx}^2 + F_{Ry}^2} = \sqrt{(\sum F_x)^2 + (\sum F_y)^2} = 0$$

由此可得

$$\left.\begin{aligned}\sum F_x = 0\\ \sum F_y = 0\end{aligned}\right\} \quad (2-7)$$

由此可知，平面汇交力系平衡的必要和充分的解析条件为：力系中所有力在任意选择的一对坐标系上的投影的代数和分别等于零。式（2 - 7）称为平面汇交力系的平衡方程，利用这两个独立的平衡方程每次可以求解两个未知量。

【例 2 - 5】　对于图 1 - 29（a）所示输电线路维护中使用的踩板，若 $\alpha=60°$，如图 2 - 15（a）所示，人和板共重 $G=1000\text{N}$，试用解析法求绳子所受到的力。

解　以踩板为研究对象，其受力图如图 2 - 15（b）所示，显然三力汇交于 O，建立坐标系。列平衡方程

$$\begin{cases}\sum F_x = 0, & F_{TA}\cos\alpha - F_{TB}\cos\alpha = 0\\ \sum F_y = 0, & F_{TA}\sin\alpha + F_{TB}\sin\alpha - G = 0\end{cases}$$

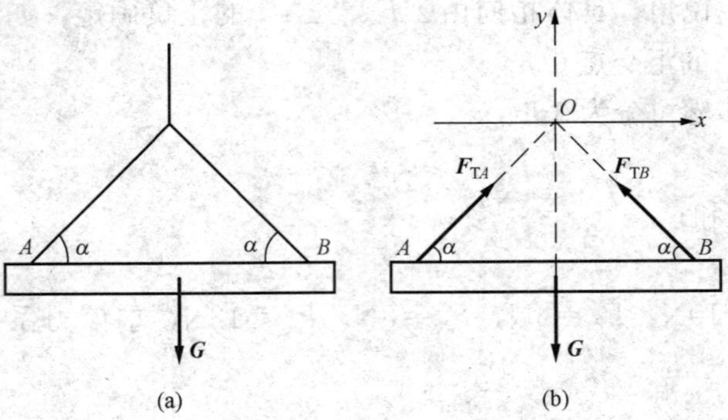

图 2-15

解得

$$F_{TA}=F_{TB}=\frac{G}{2\sin\alpha}=\frac{1000}{2\sin60^\circ}$$

$$=577.37(\text{N})$$

板对绳的作用力分别为 F'_{TA} 和 F'_{TB}，与 F_{TA} 和 F_{TB} 各是作用力与反作用力的关系，因此，可得绳子受到的力

$$F'_{TA}=F'_{TB}=577.37\text{N}$$

通过本例与［例 2-2］的比较可以看出，绳与板的夹角 α 越大，绳受到的拉力越小，反之 α 越小，绳受到的拉力越大，因此，为了保证绳的安全工作，应注意绳与板的夹角 α 的变化。

【例 2-6】 起重机可借绕过滑轮 A 的绳索将重为 $G=8\text{kN}$ 的重物吊起，滑轮 A 用 AB 和 AC 两杆支承，如图 2-16（a）所示。试求 AB 和 AC 杆的受力（A、B、C 三处均为铰接，不考虑摩擦，不计滑轮尺寸和重量以及杆重）。

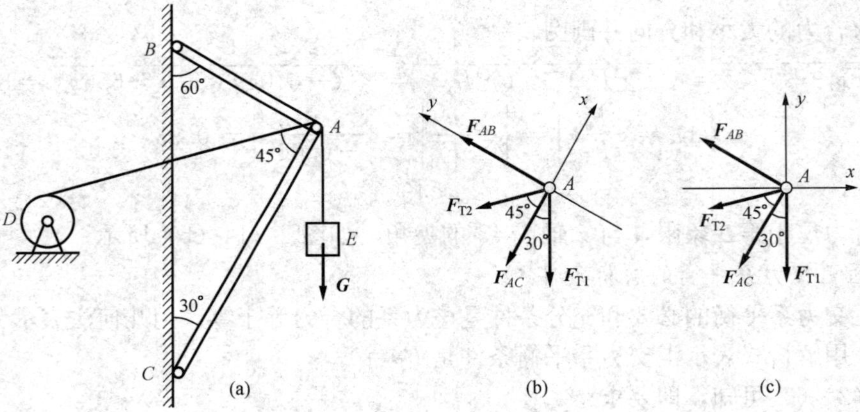

图 2-16

解 分析可知，AB 和 AC 两杆为二力杆，直接取 AB 和 AC 两杆研究不能求出杆的受力。可以取滑轮 A 为研究对象（或取整体为研究对象），求出 AB 和 AC 两杆对滑轮的约束反力，再通过作用与反作用关系求得 AB 和 AC 两杆受力。作用于滑轮上的力有：绳索 AE 拉力 $\boldsymbol{F}_{T1}$，$F_{T1}=G$；绳索 AD 拉力 $\boldsymbol{F}_{T2}$，因不计摩擦，所以 $F_{T1}=F_{T2}=G$。杆作用于滑轮的力为二力杆约束反力 $\boldsymbol{F}_{AB}$、$\boldsymbol{F}_{AC}$，指向假设（假设杆受拉），方位为杆件轴线方位。这 4 个力可以认为构成平面汇交力系。滑轮受力图如图 2-16（b）所示。

建立直角坐标系 xAy，如图 2-16 所示，列平衡方程。

由 $\qquad \sum F_x=0,\quad -F_{AC}-F_{T2}\cos45^\circ-F_{T1}\cos30^\circ=0$

得 $\qquad F_{AC}=-8\times0.707-8\times0.866=-12.6(\text{kN})$

由 $\qquad \sum F_y=0,\quad F_{AB}+F_{T2}\sin45^\circ-F_{T1}\sin30^\circ=0$

得 $\qquad F_{AB}=-8\times0.707+8\times0.5=-1.6(\text{kN})$

F_{AB}、F_{AC} 计算结果为负值，表明假设方向错误，实际方向与假设方向相反，即杆 AB 和

AC 均受压。

思考：如果采用如图 2 - 16（c）的坐标系进行计算，平衡方程会与按图 2 - 16（b）建立的平衡方程一样吗？两种坐标系求出的结果会一样吗？说明为什么？

以上例题说明，在利用平衡方程求解未知力时，要注意以下几方面：

（1）正确画出受力图求解的前提，二力构件的正确判定对画受力图有很大帮助。

（2）求解过程中，某未知量的值出现负值时，其意义为该力的方向假设错误，正确方向与之相反。

（3）为计算简便，坐标系最好是直角坐标系。当然，坐标轴可以不相互垂直，但不能平行。坐标轴选择的基本原则是，尽量与未知力的作用线平行或垂直，各力的几何关系便于确定，投影计算方便。

二、平面力偶系的合成与平衡

由作用于同一平面内的各力偶所构成的广义力系称为平面力偶系。

（一）平面力偶系的合成

设在某一平面内作用有两个力偶矩分别为 M_1、M_2 的力偶，如图 2 - 17（a）所示，现在任取一长为 d 的线段 AB，根据在力偶矩 M_1、M_2 不变的情况下，可以同时调整力和力偶臂的大小而不改变其作用效果，以及力偶可以在原作用平面内任意移转的力偶性质（等效性），将两力偶移动［见图 2 - 17（b）］，力偶臂调整为 d，力的大小调整为

$$F_1 = F_1' = \frac{|M_1|}{d}$$

$$F_2 = F_2' = \frac{M_2}{d}$$

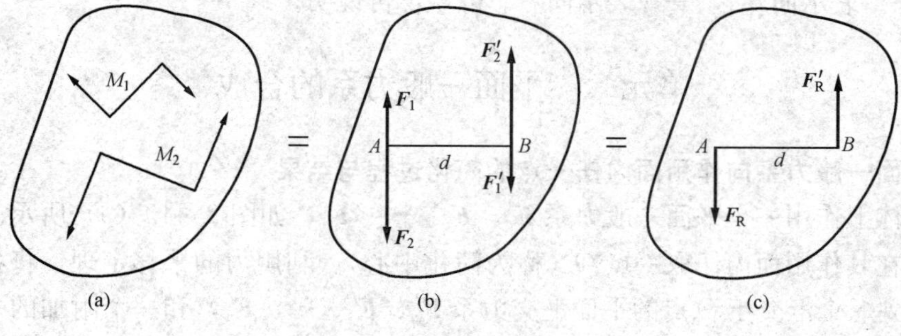

图 2 - 17

此时，A、B 点分别有共线力，将其合成可得合力 $\boldsymbol{F}_R$、$\boldsymbol{F}_R'$，分析可知 $\boldsymbol{F}_R = \boldsymbol{F}_R'$。设 $F_2 > F_1$，则合力 $\boldsymbol{F}_R$ 的大小为 $F_R = F_2 - F_1$，方向向下。

显然，$\boldsymbol{F}_R$、$\boldsymbol{F}_R'$构成一个新的力偶（$\boldsymbol{F}_R$，$\boldsymbol{F}_R'$），如图 2 - 17（c）所示。这个新力偶与原来的两个力偶等效，称为原来两个力偶的合力偶，其力偶矩等于

$$M = F_R d = (F_2 - F_1)d = F_2 d + (-F_1 d) = M_1 + M_2$$

上述方法同样可以适用于 n 个力偶的合成。于是可以得出结论：平面力偶系可以合成为一个合力偶，其合力偶矩 M 等于各分力偶矩的代数和，即

$$M = M_1 + M_2 + M_3 + \cdots + M_n = \sum M \qquad (2-8)$$

（二）平面力偶系的平衡条件

平面力偶系的合成结果为一个合力偶，当其合力偶矩等于零，说明物体处于平衡状态。

因此，平面力偶系平衡的充分和必要条件是各力偶矩的代数和等于零，即

$$\sum M = 0 \tag{2-9}$$

【例 2-7】 如图 2-18（a）所示，梁 AB 受力偶作用，其力偶矩 M=30kN·m。梁重不计，试求支座反力。

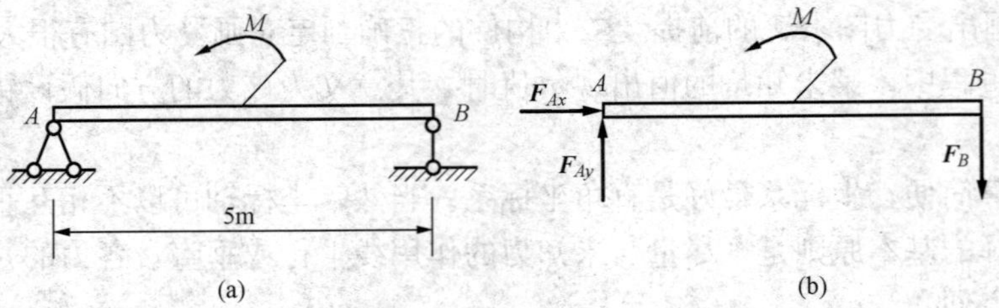

图 2-18

解 取 AB 梁为研究对象，支座反力如图 2-18（b）所示，根据力偶性质，力偶只能和力偶平衡，可知 $F_{Ax}=0$（因为 B 处是可动铰支座，其反力只有一个，方位是竖直方向，A 处的反力必须与之构成力偶才能与已知力偶 M 平衡），由式（2-9）知

$$\sum M = 0$$

则
$$M - F_{Ay} \times 5 = 0$$
$$30 - F_{Ay} \times 5 = 0$$

所以
$$F_{Ay} = 6\text{kN}(\uparrow)$$
$$F_B = 6\text{kN}(\downarrow)$$

此处，所求出的反力后面括号中的“↑”表示此反力的正确方向向上，同理，“↓”表示向下，“←”表示向左，“→”表示向右。以后不再说明。

单元二　平面一般力系的合成

一、平面一般力系向作用面内任一点的简化过程与结果

设在物体上作用一个平面一般力系 $\boldsymbol{F}_1$、$\boldsymbol{F}_2$、…、$\boldsymbol{F}_n$，如图 2-19（a）所示。欲将该力系简化，可在其作用面内任取一点 O（称为简化中心）。利用力的平移定理，将各力平移到 O 点，便得到一个汇交于 O 点的平面汇交力系 $\boldsymbol{F}'_1$、$\boldsymbol{F}'_2$、…、$\boldsymbol{F}'_n$，和一个附加的平面力偶系 M_1、M_2、…、M_n，如图 2-19（b）所示。

$$\boldsymbol{F}'_1 /\!/ \boldsymbol{F}_1 \quad \boldsymbol{F}'_2 /\!/ \boldsymbol{F}_2 \quad \cdots \quad \boldsymbol{F}'_n /\!/ \boldsymbol{F}_n$$
$$F'_1 = F_1 \quad F'_2 = F_2 \quad \cdots \quad F'_n = F_n$$
$$M_1 = M_O(F_1) \quad M_2 = M_O(F_2) \quad \cdots \quad M_n = M_O(F_n)$$

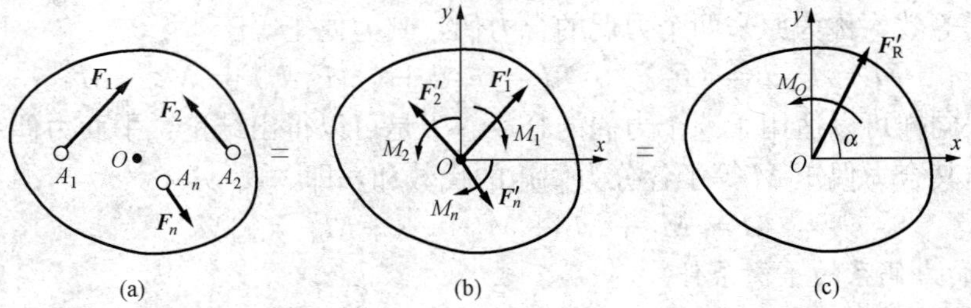

图 2-19

(一) 主矢的概念和主矢的计算

平面一般力系向作用面内任一点的简化过程得到一个汇交于O点的平面汇交力系$\boldsymbol{F}'_1$、$\boldsymbol{F}'_2$、…、$\boldsymbol{F}'_n$，其可以合成为一个力$\boldsymbol{F}'_R$，称为此平面一般力系的主矢，如图2-19(c)所示。主矢$\boldsymbol{F}'_R$代表原力系对O点移动效应，不代表原力系的全部作用效应。

主矢$\boldsymbol{F}'_R$是平面汇交力系$\boldsymbol{F}'_1$、$\boldsymbol{F}'_2$、…、$\boldsymbol{F}'_n$的合力，因此

$$\boldsymbol{F}'_R=\boldsymbol{F}'_1+\boldsymbol{F}'_2+\cdots+\boldsymbol{F}'_n=\sum \boldsymbol{F}'_i$$

可简写为 $$\boldsymbol{F}'_R=\sum_{i=1}^{n}\boldsymbol{F}'$$

在平面直角坐标系中，因平移后的力仍和原来等值、同向，根据投影定义有

$$F'_{1x}=F_{1x} \qquad F'_{2x}=F_{2x} \qquad \cdots \qquad F'_{nx}=F_{nx}$$
$$F'_{1y}=F_{1y} \qquad F'_{2y}=F_{2y} \qquad \cdots \qquad F'_{ny}=F_{ny}$$

根据平面汇交力系合成理论有

$$\left.\begin{aligned}F'_R&=\sqrt{F'^2_{Rx}+F'^2_{Ry}}=\sqrt{(\sum F'_x)^2+(\sum F'_y)^2}=\sqrt{(\sum F_x)^2+(\sum F_y)^2}\\ \tan\alpha&=\left|\frac{F'_{Ry}}{F'_{Rx}}\right|=\left|\frac{\sum F'_y}{\sum F'_x}\right|=\left|\frac{\sum F_y}{\sum F_x}\right|\end{aligned}\right\}\qquad(2-10)$$

其中，α为$\boldsymbol{F}'_R$与x轴所夹锐角，具体指向由$\sum F_x$、$\sum F_y$的正负确定。

通过以上计算可以看出，主矢大小可不必进行力平移的中间过程而按原题图直接进行分析计算。式(2-10)中未涉及简化中心位置O点，说明主矢大小与简化中心的位置无关。

(二) 主矩的概念和主矩的计算

平面一般力系向作用面内任一点的简化过程得到一个附加的平面力偶系M_1、M_2、…、M_n，可合成为一个合力偶，其力偶矩为M，它代表原力系对简化中心的转动效应。

因力偶矩M是附加的平面力偶系M_1、M_2、…、M_n的合力偶矩，根据平面力偶系合成知识有

$$\begin{aligned}M&=M_1+M_2+\cdots+M_n\\&=M_O(\boldsymbol{F}_1)+M_O(\boldsymbol{F}_2)+\cdots+M_O(\boldsymbol{F}_n)=\sum_{i=1}^{n}M_O(\boldsymbol{F})=M_O\end{aligned}\qquad(2-11)$$

M_O称为平面任意力系对简化中心的主矩。

从式(2-11)可以看出，主矩M_O在一般情况下与简化中心的位置有关，其大小计算也可按原题图直接进行分析计算，可不必进行力平移的中间过程。

由上述分析可知，平面任意力系向作用面内任一点简化的结果为一个力和力偶，这个力等于原力系的主矢，这个力偶等于原力系对简化中心的主矩，分别代表原力系对简化中心的移动和转动效应，它们单独作用均不能代表原力系。从分析计算过程还可看出，计算主矢和主矩的大小可以直接从原力系进行，而不必经过中间平移的过程，即可以直接从图2-19(a)计算获得图2-19(c)的结果。

二、平面一般力系简化结果的讨论

平面一般力系向一点简化，一般可以得到一个力和一个力偶，根据力的平移定理，其还可以进一步化简，最终结果可能出现以下3种情况。

(1) 力系简化为一个合力。当$F'_R\neq0$、$M_O\neq0$时，根据力的平移定理逆过程，将$\boldsymbol{F}'_R$、M_O进一步合成为一个合力$\boldsymbol{F}_R$。该合力即为原力系的合力，合力的大小、方向与主矢相同，

作用线不通过简化中心，如图 2-20 所示。d 为合力作用线距简化中心 O 点距离，合力位于 O 点哪一侧，可以由主矩 M_O 的转向确定。

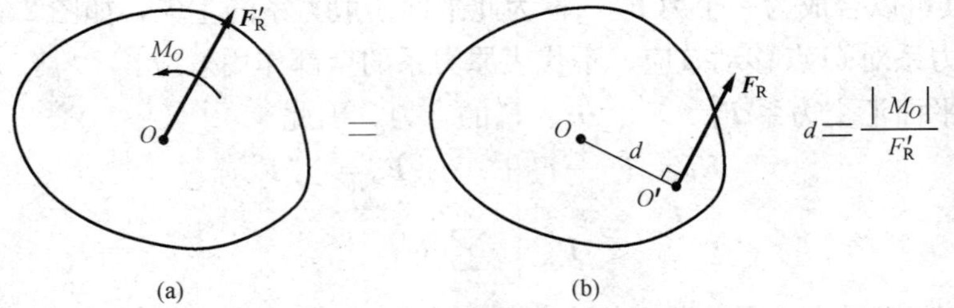

图 2-20

当 $F'_R \neq 0$、$M_O = 0$ 时，简化所得到的一个力和原力系等效，该力即为原力系的合力 $\boldsymbol{F}_R$，$F_R = F'_R$，且作用线通过简化中心。

(2) 力系合成为一力偶。当 $F'_R = 0$、$M_O \neq 0$ 时，原力系的简化结果就是一个合力偶，合力偶矩等于主矩。此时，主矩大小与简化中心的位置无关。

(3) 当 $F'_R = 0$、$M_O = 0$ 时，原力系为平衡力系，表示物体处于平衡状态。

以上分析说明，平面一般力系的最终合成结果要么为一个合力，要么为一个合力偶，或者平衡，不论是哪种结果，其最终结果与简化中心位置无关。

【例 2-8】 已知作用于简支梁 AB 上的荷载 $F_1 = F_2 = 10\text{kN}$，$F_3 = 20\text{kN}$，如图 2-21 所示，求梁上荷载的合力大小及其作用线的位置。

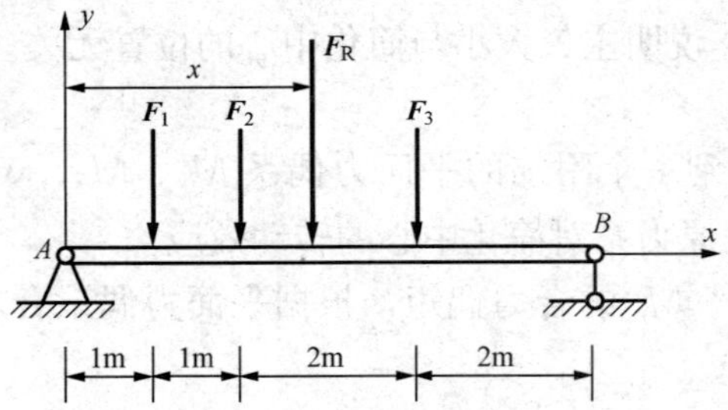

图 2-21

解 各力的作用线在同一平面内且相互平行的力系称为平面平行力系，显然它是平面一般力系的特殊情况。平面平行力系如果有合力，便可按下述方法进行合成。

图 2-21 中所示各力的指向相同，此平面平行力系肯定有合力。取坐标系如图 2-21 所示，由于

$$F_{Rx} = \sum F_x = 0$$

$$F_{Ry} = \sum F_y = -F_1 - F_2 - F_3 = -10 - 10 - 20 = -40(\text{kN})$$

故合力的大小 $F_R = 40\text{kN}$，方向竖直向下。

设合力作用线至 A 端的距离为 x，据合力矩定理有

$$-F_R x = -F_1 x_1 - F_2 x_2 - F_3 x_3$$

得
$$x = \frac{F_1 x_1 + F_2 x_2 + F_3 x_3}{F_R} = \frac{10 \times 1 + 10 \times 2 + 20 \times 4}{40} = 2.75(\text{m})$$

本例所述，即是平面平行力系合成的方法。

【例 2-9】 悬臂式挡土墙尺寸如图 2-22 (a) 所示，已知墙重 $G_1 = 85\text{kN}$，直接压在墙上的土重 $G_2 = 160\text{kN}$，BC 线以右的填土作用在 BC 面上的压力 $F_P = 210\text{kN}$。试将这三个力向 A 点简化，并求其最后简化结果。

解 以 A 点为简化中心，取坐标系 xAy 如图 2-22 (b) 所示，现求主矢 $\boldsymbol{F}'_R$ 的大小和方向。

$$F'_{Rx}=\sum F_x=-F_P\cos30^\circ=-210\cos30^\circ=-182(\text{kN})$$

$$F'_{Ry}=\sum F_y=-G_1-G_2-F_P\sin30^\circ=-85-160-210\sin30^\circ=-350(\text{kN})$$

故

$$F'_R=\sqrt{(\sum F'_{Rx})^2+(\sum F'_{Ry})^2}=\sqrt{(\sum F_x)^2+(\sum F_y)^2}=\sqrt{(-182)^2+(-350)^2}=395(\text{kN})$$

$$\tan\alpha=\left|\frac{\sum F_y}{\sum F_x}\right|=\frac{350}{182}=1.923$$

所以

$$\alpha=62^\circ32'$$

由于$\sum F_x=0$和$\sum F_y=0$均为负，故$\boldsymbol{F}'_R$指向第三象限。

再由式（2-11）可求得主矩为

$$M_A=\sum M_A(\boldsymbol{F})=-85\times1.2-160\times2-210\sin30^\circ\times3+210\cos30^\circ\times1.73$$
$$=-422(\text{kN}\cdot\text{m})$$

因为主矢$F'_R\neq0$，主矩$M_A\neq0$，如图 2-22（b）所示，所以还可进一步简化为一个合力$\boldsymbol{F}_R$，其大小和方向与$\boldsymbol{F}'_R$相同，$\boldsymbol{F}_R$的作用线与A点之间的距离为

$$d=\frac{|M_A|}{F'_R}=\frac{422}{395}=1.068\text{m}$$

由于主矩M_A为负值，故M_A（$\boldsymbol{F}_R$）也应为负值，即$\boldsymbol{F}_R$应在A点右侧，如图 2-22（c）所示。

设合力F_R与挡土墙基底的交点A'至墙趾A点的距离为x，则

$$x=\overline{AA'}=\frac{d}{\sin\alpha}=\frac{1.068}{\sin62^\circ32'}=1.2(\text{m})$$

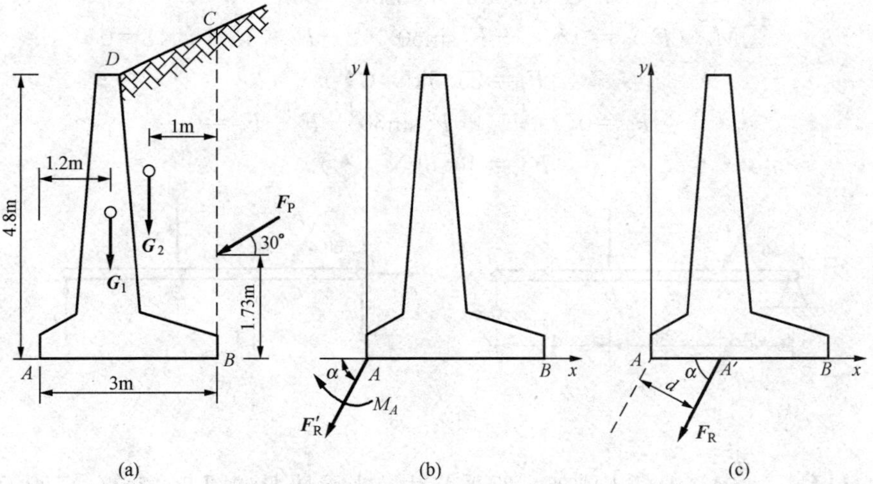

图 2-22

单元三　平面一般力系的平衡计算

一、平面一般力系平衡方程及应用

由平面一般力系的简化结果可知，当主矢和主矩都等于零时，力系为平衡力系，这时物体处于平衡状态。反之，如果物体在平面一般力系作用下处于平衡状态，则主矢和主矩必然

都等于零。因此，平面一般力系平衡的必要和充分条件是力系的主矢及力系对作用面内任一点的主矩都等于零，即

$$F'_R = \sqrt{(\sum F_x)^2 + (\sum F_y)^2} = 0$$
$$M_O = \sum M_O(F) = 0$$

根据平衡条件，可得平面一般力系的平衡方程如下

$$\left.\begin{aligned} \sum F_x &= 0 \\ \sum F_y &= 0 \\ \sum M_O(\boldsymbol{F}) &= 0 \end{aligned}\right\} \tag{2-12}$$

式（2-12）称为平面一般力系平衡方程的基本式。平衡方程中前两式称为投影方程，表示力系中各力在两个坐标轴上投影的代数和分别等于零（两坐标轴可以不是互相垂直的）。满足式（2-12）中的第一、二式，则物体不能在力系作用平面内发生任何方向的移动。第三式称为力矩方程，表示力系中各力对平面上任一点之矩的代数和等于零。满足式（2-12）中的第三式，物体在力系作用下不能绕作用面内任一点转动。同时满足式（2-12）中的三式则表示力系在任意方向对物体均没有移动效应，力系对任意点均没有转动效应，物体处于平衡状态。

【例2-10】　试求图2-23（a）所示简支梁 A、B 支座的反力。已知 $F_1=60\text{kN}$，$F_2=20\text{kN}$。

解　取梁 AB 为研究对象，画受力图如图2-23（b）所示。

由　$\sum F_x=0$，　$-F_{Ax}+F_1\cos60°=0$

得　$F_{Ax}=F_1\cos60°=60\times\cos60°=30\text{kN}$（←）

由　$\sum M_A(F)=0$，　$-F_1\sin60°\times2-F_2\times5+F_B\times8=0$

得　$F_B=25.5\text{kN}$（↑）

由　$\sum F_y=0$，　$F_{Ay}-F_1\sin60°-F_2+F_B=0$

得　$F_{Ay}=46.5\text{kN}$（↑）

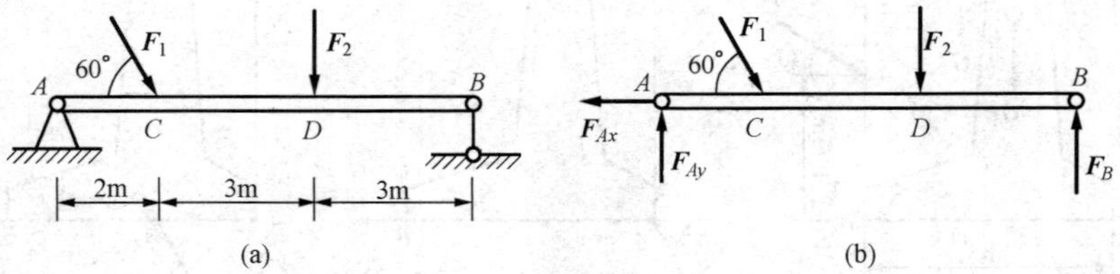

图2-23

【例2-11】　一钢筋混凝土刚架，所受荷载及支承情况如图2-24（a）所示。设 $F_P=4\text{kN}$，$M=6\text{kN}\cdot\text{m}$，刚架自重不计。试求 A、B 支座的反力。

解　取刚架为研究对象。

本例题有一个集中力偶，由力偶性质可知力偶在任意轴上投影均为零，故集中力偶在投影方程中不出现；力偶对其作用面内任一点之矩都等于力偶矩本身，与矩心位置选择无关，故在力矩方程中，力偶不存在力臂或力偶臂的问题。

建立坐标系画出受力图，如图2-24（b）所示。

由　$\sum F_x=0$，　$F_P-F_{Bx}=0$

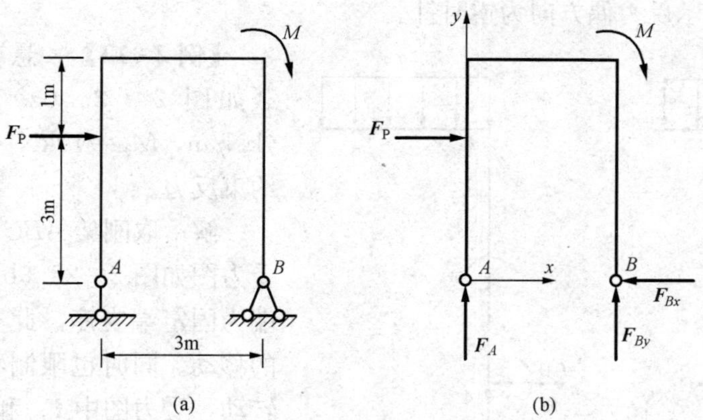

图 2 - 24

得　　　　　　　　　　$F_{Bx}=4\text{kN}(\leftarrow)$

由　　　　$\sum M_A(F)=0,\quad -F_P\times 3-M+F_{By}\times 3=0$

得　　　　　　　　　　$F_{By}=6\text{kN}(\uparrow)$

由　　　　　　　　$\sum F_y=0,\quad F_A+F_{By}=0$

得　　　　　　　　　　$F_A=-6\text{kN}(\downarrow)$

F_A 计算结果为负值，表明假设方向错误，实际方向与假设方向相反，即竖直向下。

【例 2 - 12】　悬臂梁 AB 承受荷载作用，如图 2 - 25（a）所示。已知 $F=ql$，$\alpha=45°$，梁的自重不计，求支座 A 的反力。

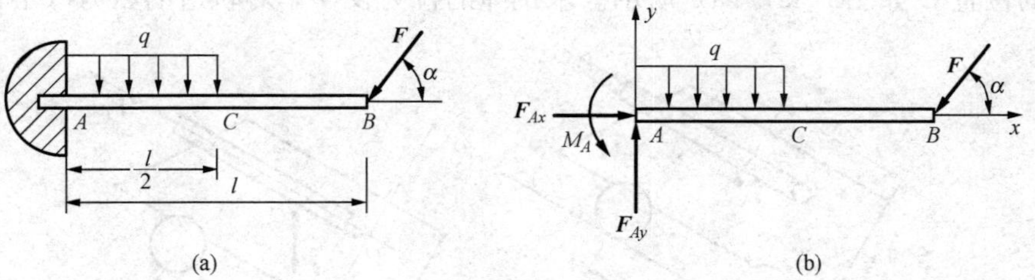

图 2 - 25

解　悬臂梁 AB 的受力图如图 2 - 25（b）所示。

分布在 AC 段上的荷载叫均布线荷载，q 表示其单位长度的荷载总值，称为均布线荷载的线荷载集度。其合力、投影、对某点之矩按照下述办法确定。

分布线荷载（包括非均匀分布线荷载）的合力：①大小，为分布荷载集度图的面积；②方向，与分布荷载方向一致；③作用点，通过分布荷载集度图的中心作用在物体上。

梁上的均布荷载的合力为 F_Q，$F_Q=ql/2$，方向铅垂向下，作用在 AC 段的中点。

由　　　　　　　　$\sum F_x=0,\quad F_{Ax}-F\cos\alpha=0$

得　　　　　　　　　　$F_{Ax}=0.707ql(\rightarrow)$

由　　　　　　　$\sum F_y=0,\quad F_{Ay}-ql/2-F\sin\alpha=0$

得　　　　　　　　　　$F_{Ay}=1.207ql(\uparrow)$

由　　　　$\sum M_A(\boldsymbol{F})=0,\quad M_A-ql/2\times l/4-F\sin\alpha\times l=0$

得　　　　　$M_A=ql^2/8+0.707ql^2=0.832ql^2(\circlearrowleft)$

此处“∪”表示反力偶方向为逆时针。

【例 2-13】 悬臂刚架的尺寸及荷载如图 2-26（a）所示，已知 $q=4\text{kN/m}$，$M_e=10\text{kN}\cdot\text{m}$，试求 A 处的约束反力。

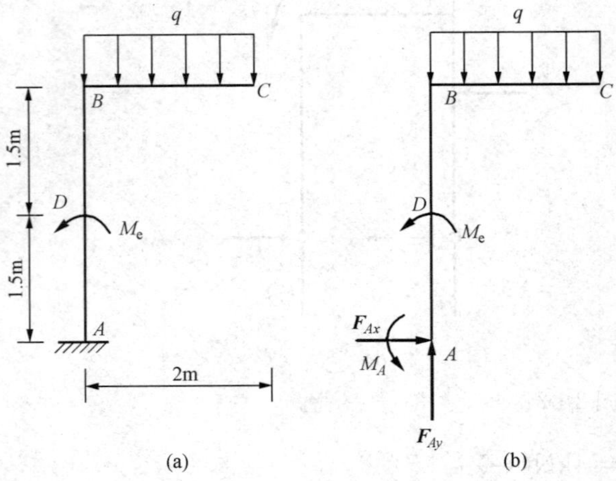

图 2-26

解 取刚架 ABC 为研究对象，画其受力图如图 2-26（b）所示。此刚架 A 端为固定端支座。此类约束既限制物体的移动。同时也限制物体沿任何方向的转动，受力图中 $\boldsymbol{F}_{Ax}$ 和 $\boldsymbol{F}_{Ay}$ 是限制物体移动的反力，指向任意假设；M_A 是限制物体转动的约束反力偶，转向假设。

由 $\sum F_x=0$

得 $F_{Ax}=0$

由 $\sum F_y=0,\quad F_{Ay}-q\times 2=0$

得 $F_{Ay}=8\text{kN}(\uparrow)$

由 $\sum M_A(\boldsymbol{F})=0,\quad M_A+M_e-q\times 2\times 1=0$

得 $M_A=-2\text{kN}\cdot\text{m}(\cup)$

【例 2-14】 施工中常用的运料斗车重 $G=50\text{kN}$，沿与水平面成 α 角的轨道等速提升，斗车重心的位置 C 如图2-27（a）所示。求钢绳的拉力及斗车对轨道的压力（不计阻力）。

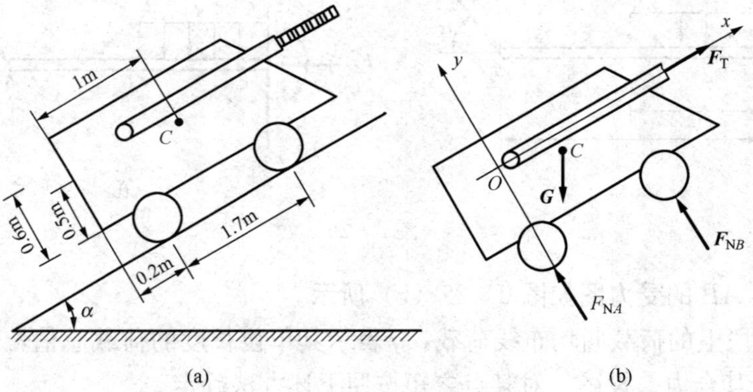

图 2-27

解 取运料斗车为研究对象，画受力图如图 2-27（b）所示。

列平衡方程求解未知量。

由 $\sum F_x=0,\quad F_T-G\sin\alpha=0$

得 $F_T=G\sin 30°=25\text{kN}$

由 $\sum M_O(\boldsymbol{F})=0,-G\sin\alpha(0.6-0.5)-G\cos\alpha(1-0.2)+F_{NB}\times 1.7=0$

即 $-50\times\sin 30°\times 0.1-50\times\cos 30°\times 0.8+F_{NB}\times 1.7=0$

得 $F_{NB}=21.85\text{kN}$

由 $\sum F_y=0,\quad F_{NA}+F_{NB}-G\cos\alpha=0$

得 $$F_{NA}=21.45\text{kN}$$

根据作用与反作用公理，斗车对轨道的压力为 $\boldsymbol{F}_{NA}$、$\boldsymbol{F}_{NB}$的反作用力，大小与 $\boldsymbol{F}_{NA}$、$\boldsymbol{F}_{NB}$相等，方向相反，作用在轨道上。

从［例 2 - 14］可以看出，坐标轴的选择要尽量与未知量平行或垂直，可以使方程变得简单，本例如果选择水平和竖直的一对坐标轴会使平衡方程变得复杂。力矩方程的矩心最好选择在两个未知量的交点（本例矩心 O 是 $\boldsymbol{F}_T$ 与 $\boldsymbol{F}_{NA}$的交点），则力矩方程为一元一次方程，只有一个未知量，使得计算简单。三个平衡方程的顺序是可以改变的，尽量做到建立一个平衡方程就可以求解一个未知量，避免解联立方程。

二、平面一般力系平衡方程的其他形式

平面力系的平衡方程除了基本形式外（也称为一矩式），还有其他两种形式。

（一）二矩式

$$\left.\begin{aligned}\sum M_A(\boldsymbol{F})&=0\\ \sum M_B(\boldsymbol{F})&=0\\ \sum F_x&=0\end{aligned}\right\}\qquad(2-13)$$

使用条件限制：x 轴不能与 A、B 连线垂直。也就是说建立力矩平衡方程的两矩心的连线不能与建立投影平衡方程的坐标轴垂直，否则，所建立的三个平衡方程就不是独立的，就不能用此三个方程求出相应的三个未知量。

使用条件分析说明：将力系向 A 点简化，可得主矢 $\boldsymbol{F}'_{RA}$和主矩 M_A，若满足力系对 A 点力矩等于零，则该力系要么平衡要么就是通过 A 点的一个合力 $\boldsymbol{F}_R$。若同时满足力系对 B 点力矩等于零，则该力系要么平衡要么就是通过 A、B 连线的一个合力 $\boldsymbol{F}_R$。如果同时再满足力系中各力在 x 轴上投影代数和为零，只要 x 轴不与 AB 连线垂直，则合力 $\boldsymbol{F}_R$ 必为零，力系平衡。如 x 轴与 AB 连线垂直，则会出现满足力系中各力在 x 轴上投影代数和为零，但力系不平衡的情况，故二矩式平衡方程有使用条件限制。

（二）三矩式

$$\left.\begin{aligned}\sum M_A(\boldsymbol{F})&=0\\ \sum M_B(\boldsymbol{F})&=0\\ \sum M_C(\boldsymbol{F})&=0\end{aligned}\right\}\qquad(2-14)$$

使用条件限制：A、B、C 三点不能共线。即所列的三个力矩平衡方程的矩心不能共线。

使用条件分析说明：从二矩式分析可知，满足方程一、二式，则力系要么平衡要么就是通过 AB 连线的一个合力 $\boldsymbol{F}_R$，如同时再满足第三式对 C 点的力矩等于零，只要 C 点不在 A、B 连线上，则力系合力必为零，力系平衡。反之，如果 A、B、C 三点共线，则可能出现满足三个方程，但存在着通过 A、B、C 三点连线的不为零的合力而力系不平衡的情况，故三矩式平衡方程也有使用条件限制。

需要指出的是尽管平面一般力系平衡方程有 3 种表示形式，基本式没有使用限制条件，二矩式和三矩式有使用条件限制，但在使用平面一般力系的平衡方程求解一个平面一般力系的平衡问题时，不管选用哪种平衡方程形式都只能建立 3 个独立的平衡方程，最多只能求解 3 个未知量。如首先按照基本式建立了 3 个平衡方程，求解出 3 个未知量，则再选择新坐标轴或新矩心建立的投影和力矩方程将不再是独立的平衡方程，不能再求解未知量。

也就是说，对某一受平面一般力系作用处于平衡的物体可以且只能建立 3 个独立的平衡方程，求解 3 个未知量。应用平面一般力系平衡方程解题的基本步骤如下：

（1）明确题意，选择研究对象。

（2）画出研究对象的受力图。在研究对象上画出所有主动力（荷载）和约束反力。约束反力要按照约束类型画。当约束反力的方位不能确定时，一般用一对相互垂直的分力表示。当约束反力的指向不能确定时可以先进行假设，由计算结果的正负确定假设指向是否正确。

（3）列平衡方程，求解未知量。投影方程的投影轴和力矩方程的矩心的选择并无特殊要求，矩心可以在物体上，也可以在物体之外。为求解方便，一般投影轴应尽量与未知量平行或垂直，矩心应尽量选择多个未知力或已知力的交点，并注意力臂计算是否方便。合力投影定理、合力矩定理要善于运用，以便使计算简单。

（4）校核。可以列出非独立的平衡方程，检查解题正确与否。

【例 2 - 15】　如图 2 - 28（a）所示的变电站中，梁的两端支承在输电杆上，所受荷载及简图如图 2 - 28（b）所示。不计梁自重，求输电杆对梁 A、B 端的约束反力。

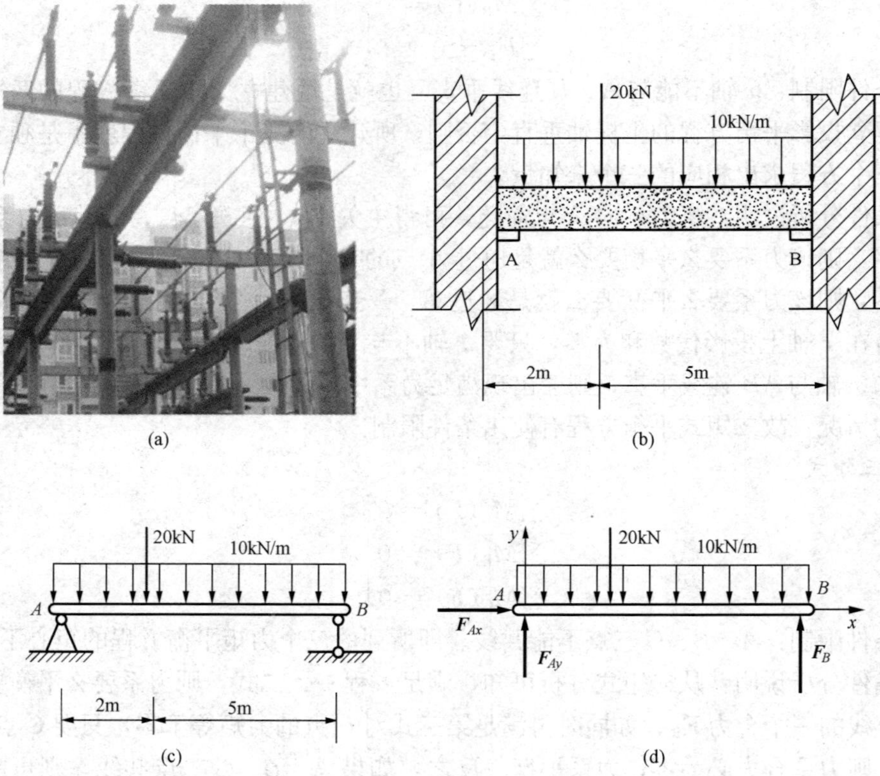

图 2 - 28

解　（1）支座简化。电线杆可限制梁沿水平和铅垂方向的移动，而对梁端的转动约束的能力很小，一般不考虑阻止转动的约束性能，而将它简化为固定铰支座。在工程中，为了方便计算，通常将两端之一视为可动铰支座。这种两端分别支承在固定铰支座和可动铰支座上的梁，称为简支梁，如图 2 - 28（c）所示。

（2）求支座反力。取梁 AB 为研究对象，画受力图如图 2 - 28（d）所示。

由　$\sum M_A(\boldsymbol{F})=0$，　$-20\times2-10\times7\times3.5+F_B\times7=0$

得　　　　　　　　　　　$F_B = 40.71\text{kN}(\uparrow)$

由　　$\sum M_B(\boldsymbol{F}) = 0, 20 \times 5 + 10 \times 7 \times 3.5 - F_{Ay} \times 7 = 0$

得　　　　　　　　　　　$F_{Ay} = 49.29\text{kN}(\uparrow)$

由　　　　　　　　　　　$\sum F_x = 0$

得　　　　　　　　　　　$F_{Ax} = 0$

本例采用二矩式平衡方程，所选 x 轴与两矩心 A、B 连线不垂直，符合二矩式平衡方程的使用条件，因而能够将所有未知力求出。

【例 2 - 16】　图 2 - 29（a）为导线的受力图，图 2 - 29（b）为输电线路的计算简图。两杆之间的档距为 l（等于导线原长），导线受自重均布力 q，已知 α、β，求导线两端的张力 T_1 和 T_2。

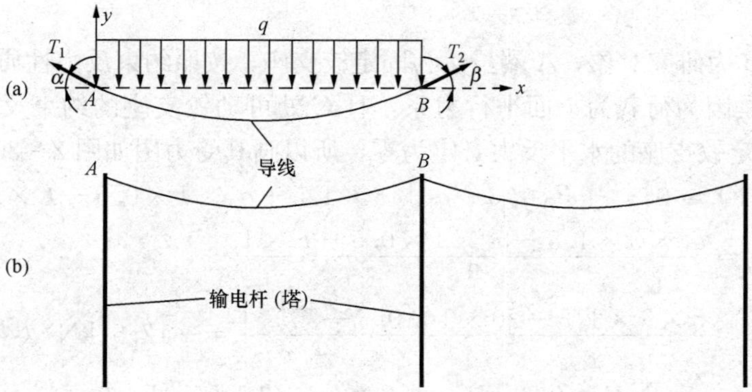

图 2 - 29

解　由 $\sum F_x = 0$　得　$-T_1\cos\alpha + T_2\cos\beta = 0$

由 $\sum F_y = 0$　得　$T_1\sin\alpha + T_2\sin\beta - ql = 0$

所以
$$T_1 = \frac{ql\cos\beta}{\sin(\alpha+\beta)}$$
$$T_2 = \frac{ql\cos\alpha}{\sin(\alpha+\beta)}$$

分析思考：若 $\alpha = \beta$，T_1 和 T_2 之间有什么关系？若 $\alpha \ll \beta$，T_1 和 T_2 有什么变化？

三、平面平行力系的平衡方程

由于平面平行力系是平面一般力系的特殊情况，故其平衡方程可由平面一般力系的平衡方程直接推出。

（1）平面平行力系平衡方程的一矩式（基本式）

$$\left.\begin{array}{r}\sum F_y = 0 \\ \sum M_O(\boldsymbol{F}) = 0\end{array}\right\} \qquad (2-15)$$

具体应用方程时 y 轴不能与各力作用线垂直。

（2）平面平行力系平衡方程的二矩式

$$\left.\begin{array}{r}\sum M_A(\boldsymbol{F}) = 0 \\ \sum M_B(\boldsymbol{F}) = 0\end{array}\right\} \qquad (2-16)$$

A、B 连线不能与力的作用线平行。

平面平行力系只能建立两个独立的平衡方程，每次只能求解两个未知量。

【例 2-17】　如图 2-30（a）所示，梁 AB 的 A 端为固定铰支座，C 处为可动铰支座，这种一端（或两端）伸出支座以外的梁称为外伸梁。若 $F=50\text{kN}$，$q_1=5\text{kN/m}$，$q_2=20\text{kN/m}$，求梁的支座反力。

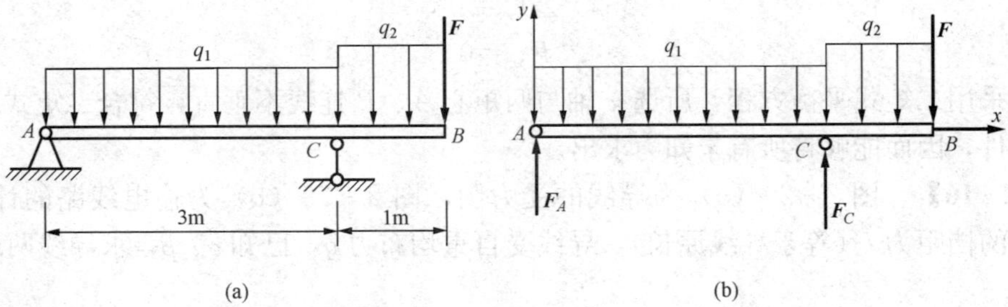

图 2-30

解　取梁 AB 为研究对象，A 端虽然为固定铰支座，按照约束反力性质应该为一对水平和竖直反力，但是因为荷载为平面平行力系，且 C 处可动铰支座的约束反力方位也与荷载平行，故 A 端固定铰支座的水平反力必定为零，所以画其受力图如图 2-30（b）所示。

由　$\sum M_C(\boldsymbol{F})=0,\quad -F_A\times3+q_1\times3\times1.5-q_2\times1\times0.5-F\times1=0$

得
$$F_A=\frac{q_1\times3\times1.5-q_2\times1\times0.5-F\times1}{3}$$
$$=\frac{5\times3\times1.5-20\times1\times0.5-50\times1}{3}=-12.5(\text{kN})(\downarrow)$$

由　$\sum F_y=0,\quad F_A-q_1\times3-q_2\times1+F_C-F=0$

得
$$F_C=-F_A+q_1\times3+q_2\times1+F$$
$$=-(-12.5)+5\times3+20\times1+50=97.5(\text{kN})(\uparrow)$$

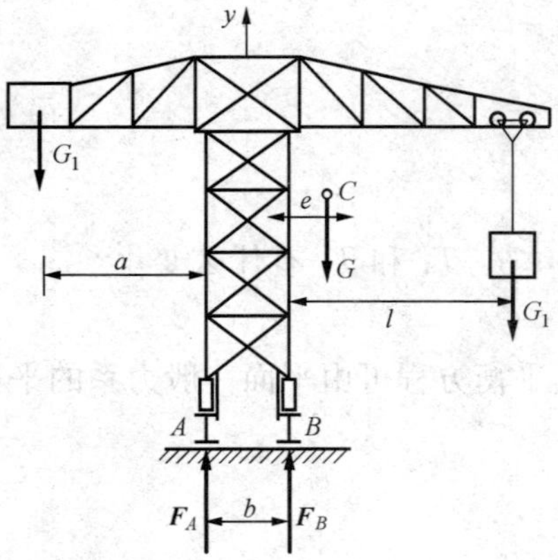

图 2-31

【例 2-18】　塔式起重机重 $G=600\text{kN}$，作用于 C 点，如图 2-31 所示。最大起重量 $G_1=250\text{kN}$，作用线距 B 轨的距离 $l=10\text{m}$，平衡锤重 G_2 作用线距 A 轨的距离 $a=6\text{m}$。

（1）欲使起重机在满载和空载时均不翻倒，求平衡锤重 G_2 的值；

（2）当平衡锤重 $G_2=400\text{kN}$ 时，求满载时轨道 A、B 对起重机轮子的反力大小（已知 $b=3\text{m}$，$e=1.5\text{m}$）。

解　取起重机为研究对象，画其受力图如图 2-31 所示。

（1）计算满载和空载时均不翻倒的平衡锤重 G_2。

满载（$G_1=250\text{kN}$）时，要使起重机不绕 B 点翻倒，作用在起重机上的力必须满足 $\sum M_B(\boldsymbol{F})=0$。在平衡的临界状态，$F_A=0$，平衡锤重 G_2 为允许的最小值 $G_{2\min}$。

由　$\sum M_B(\boldsymbol{F})=0,\quad G_{2\min}(a+b)-Ge-G_1l=0$

得
$$G_{2\min}=\frac{G_2e+Gl}{a+b}=\frac{600\times1.5+250\times10}{6+3}=378(\text{kN})$$

空载（$G_1=0$）时，要使起重机不绕 A 点翻倒，作用在起重机上的力必须满足 $\sum M_A(\boldsymbol{F})=0$。在平衡的临界状态，$F_B=0$，平衡锤重 G_2 为允许的最大值 $G_{2\max}$。

由 $$\sum M_A(\boldsymbol{F})=0,\quad G_{2\max}a-G(b+e)=0$$

得 $$G_{2\max}=\frac{G(b+e)}{a}=\frac{600\times(3+1.5)}{6}=450(\text{kN})$$

为保证起重机的安全，平衡锤重 G_2 的范围应是：$378\text{kN}<G_2<450\text{kN}$。

(2) 当平衡锤重 $G_2=400\text{kN}$，满载时起重机在 G、G_1、G_2、F_A、F_B 作用下处于平衡状态，应用平面平行力系平衡方程求 F_A、F_B 的大小。

由 $$\sum M_A(\boldsymbol{F})=0,\quad G_2a-G(b+e)+F_Bb-G_1(b+l)=0$$

得 $$F_B=\frac{G(b+e)+G_1(b+l)-G_2a}{b}$$
$$=\frac{600\times(3+1.5)+250\times(3+10)-400\times6}{3}=1183(\text{kN})(\uparrow)$$

由 $$\sum M_B(\boldsymbol{F})=0,\quad G_2(a+b)-F_Ab-Ge-G_1l=0$$

得 $$F_A=\frac{G_2\times(a+b)-G\times e-G_1\times l}{b}$$
$$=\frac{400\times(6+3)-600\times1.5-250\times10}{3}=67(\text{kN})(\uparrow)$$

单元四　物体系统的平衡问题

一、物体系统概念及静定和超静定的概念

（一）物体系统概念

在实际工程中，除了单个物体的平衡问题外，常遇到几个物体通过一定的约束形式联系在一起构成的整体，称为物体系统，简称物系。例如图 2 - 32（a）中三铰刚架，其左半刚

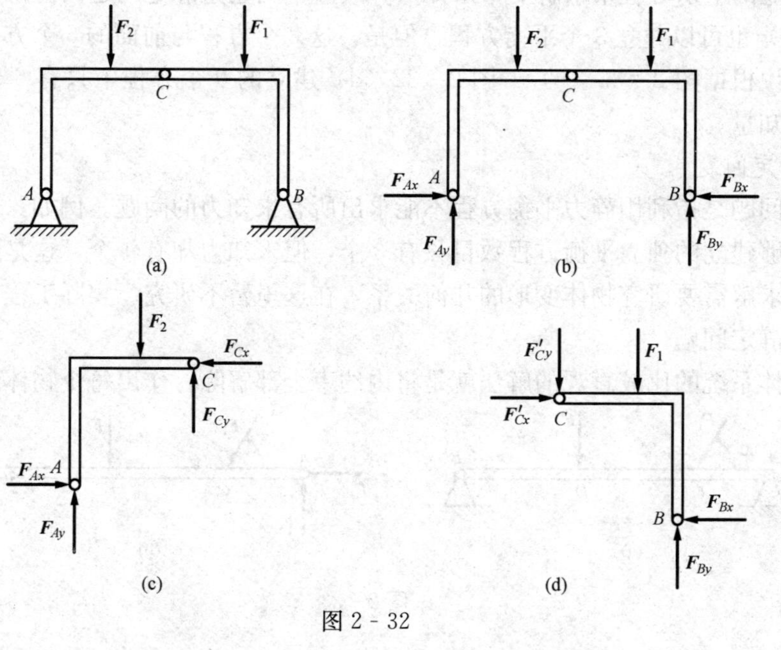

图 2 - 32

架和右半刚架通过铰 C 连在一起并支承在 A、B 两固定铰支座上组成一个物体系统。

研究物体系统平衡问题不仅要计算支座反力，而且需要计算系统内各部分之间的相互作用力。通常把系统内部相互之间的约束（联系）称为内部约束，例如图 2-32（a）中的 C 铰。而把系统与基础（支座）之间的约束（联系）称为外部约束（支座约束），例如图 2-32（a）中的 A、B 两固定铰支座。同一系统内部各物体之间的相互作用力称为内力（内约束反力），如图 2-32（a）中的 C 铰的约束反力，代表 AC、BC 两部分之间在 C 处的相互作用力。系统以外的物体作用在系统上的力，如支座反力、主动力等，图 2-32 中的 $\boldsymbol{F}_1$，$\boldsymbol{F}_2$，A、B 处支座反力称为外力。

当取物体系统整体作研究对象时，其受力图只反映系统以外物体对它的作用力，由于 C 铰约束未解除，故 C 铰的约束反力不能画出，如图 2-32（b）所示，此时 C 铰的约束反力为内力。如要计算出铰 C 的约束反力，必须将约束解除，将三铰刚架拆开，取 AC 或 CB 为研究对象，作受力图，此时原内力转化为外力作用在每一个半刚架上，如图 2-32（c）、图 2-32（d）所示。由此可知，内外力是相对的，取决于所选取的研究对象，称为内外力的相对性。C 铰处两半刚架的相互作用力，对三铰刚架整体而言就是内力而对左或右半刚架而言就成为外力了。

（二）静定和超静定的概念

物体系统平衡时，则组成物体系统的每一个物体都处于平衡状态。平面一般力系作用在物体上时，每个物体可建立 3 个独立的平衡方程，故由 n 个物体构成的物系，就能建立 $3n$ 个独立的平衡方程，求解 $3n$ 个未知量。

1. 静定问题

静定问题是指利用静力平衡方程就能求出所有未知力的问题。例如，在前面的平衡计算中所列举的所有例子，在这些例子中，能够建立的独立平衡方程数目刚好等于未知力数目。又如在图 2-32 中，未知力共有 6 个，分别根据图 2-32（c）、图 2-32（d）的平衡共可以建立 6 个独立的平衡方程来求解 6 个未知量，故这个问题是静定问题。值得注意的是，根据图 2-32（b）也可以建立 3 个平衡方程，但是，这 3 个方程与前面的 6 个方程不再是独立的了。也就是说根据图 2-32（b）～图 2-32（d）建立的 9 个方程中只有 6 个独立的，只能求解 6 个未知量。

2. 超静定问题

超静定问题是指利用静力平衡方程不能求出所有未知力的问题。例如，图 2-33 所示的例子中，能够建立的独立平衡方程数目只有 3 个，但未知力却有 4 个，这是超静定问题。超静定问题的求解需要研究物体变形的几何关系，在这里暂不研究。实际工程中的很多问题都可以简化为静定问题。

求解物体系统的比较直观的解法就是将内约束全部解除，作出每个物体的受力图，建立

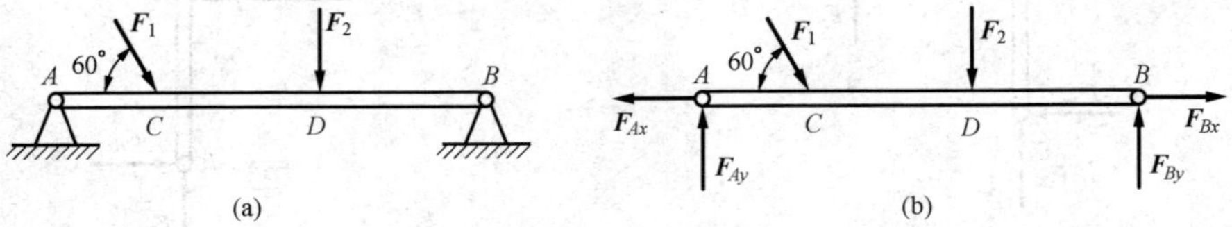

图 2-33

平衡方程，解联立方程求出未知量。但当未知量数目较多时，求解量就相当大，故物体系统平衡问题求解的关键是研究对象的恰当选取及求解顺序的确定。

二、静定物体系统的求解

物体系统的求解主要就是求解内外约束反力。一般的物体系统大致可分为两类，一类是具有附属部分（不能单独承受力的作用，依赖其他部分才能承受荷载的部分）的物体系统，其求解顺序为先求解附属部分，再求解另一部分（或整体），求出所要求的未知量。如图 2-34就应从 CD 开始求解。另一类是不具有附属部分的物体系统，一般先取整体为研究对象求解部分未知量，再取其他部分求解所要求的未知量，或者采取解联立方程的办法求解所要求的未知量。对于不具有以上两类特点的物体系统，只能具体分析，从符合可解条件的部分开始。

求解物体系统总的原则就是从符合可解条件的部分（或部分可解条件）先求解，逐次求解所有未知量，尽量做到一个方程求解一个未知量，避免求解联立方程。研究对象的受力图要画正确，注意作用力、反作用力关系，根据需要不一定画出全部的受力图。

【例 2-19】　如图 2-34（a）所示的多跨静定梁。已知 $F_1=30\text{kN}$，$F_2=20\text{kN}$，试求支座 A、B、D 及铰 C 的约束反力。

分析：此题是由两个物体构成的一个物系，因此有整体 AD 和 AC、CD 三个研究对象可供选择。若先取整体 AD 为研究对象，则有 4 个未知量。若先取 AC 为研究对象，则有 5 个未知量，若先取 CD 为研究对象，有 3 个未知量，因此，可从 CD 开始计算。

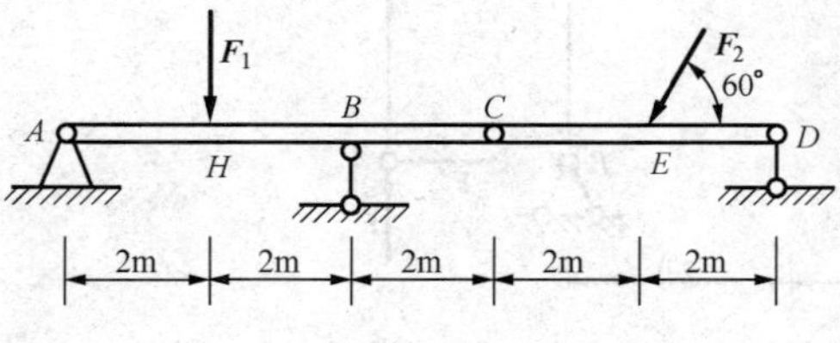

(a)

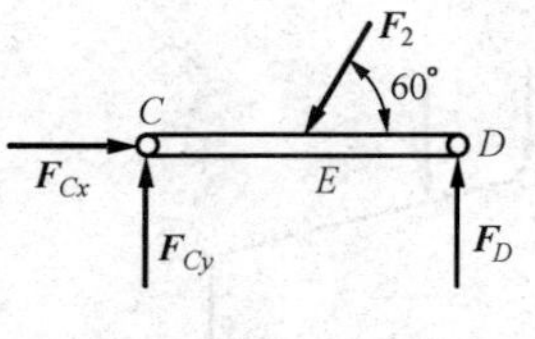

(b)

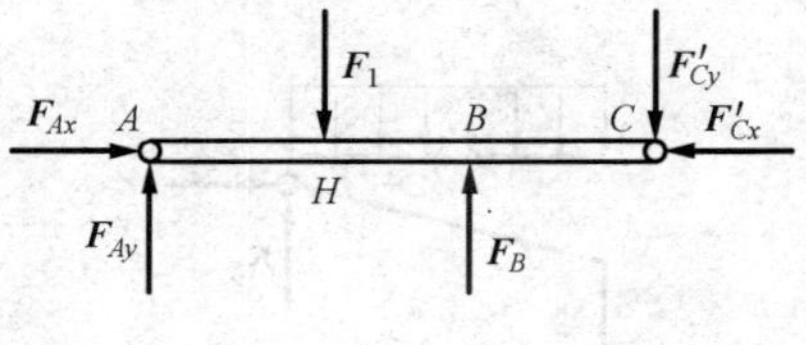

(c)

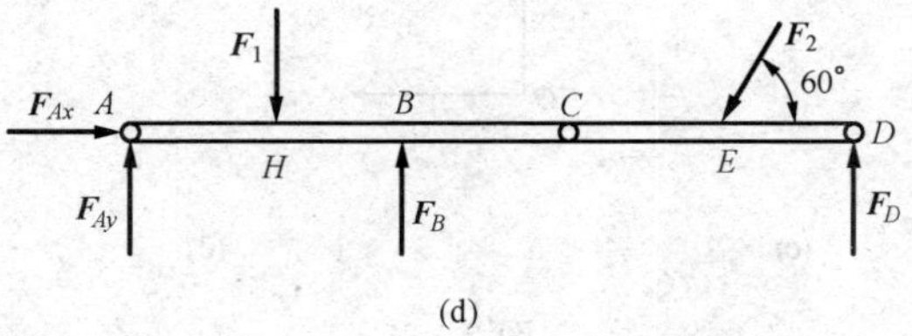

(d)

图 2-34

解　(1) 取 CD 为研究对象，画受力图如图 2-34（b）所示。

由　$\sum M_C(\boldsymbol{F})=0$，　$F_D\times 4-F_2\sin 60^\circ\times 2=0$

得　$F_D=8.66\text{kN}(\uparrow)$

由 $$\sum F_x=0,\quad F_{Cx}-F_2\cos60^\circ=0$$

得 $$F_{Cx}=10\text{kN}$$

由 $$\sum F_y=0,\quad F_{Cy}-F_2\sin60^\circ+F_D=0$$

得 $$F_{Cy}=8.66\text{kN}$$

(2) 取 AC 为研究对象，画受力图如图 2 - 34 (c) 所示。

由 $$\sum M_A(\boldsymbol{F})=0,\quad F_B\times4-F_1\times2-F'_{Cy}\times6=0$$

得 $$F_B=\frac{F_1\times2+F'_{Cy}\times6}{4}=\frac{30\times2+8.66\times6}{4}=27.99(\text{kN})(\uparrow)$$

由 $$\sum F_x=0,\quad F_{Ax}-F'_{Cx}=0$$

得 $$F_{Ax}=F'_{Cx}=10\text{kN}(\rightarrow)$$

由 $$\sum F_y=0,\quad F_{Ay}+F_B-F_1-F'_{Cy}=0$$

得 $$F_{Ay}=F_1+F'_{Cy}-F_B=30+8.66-27.99=10.67(\text{kN})(\uparrow)$$

第 (2) 步也可取整体为研究对象进行计算［受力图如图 2 - 34 (d) 所示］。

【例 2 - 20】 钢筋混凝土三铰刚架受荷载如图 2 - 35 (a) 所示，已知 $F=10\text{kN}$，$q=6\text{kN/m}$，求支座 A、B 及顶铰 C 处的约束反力。

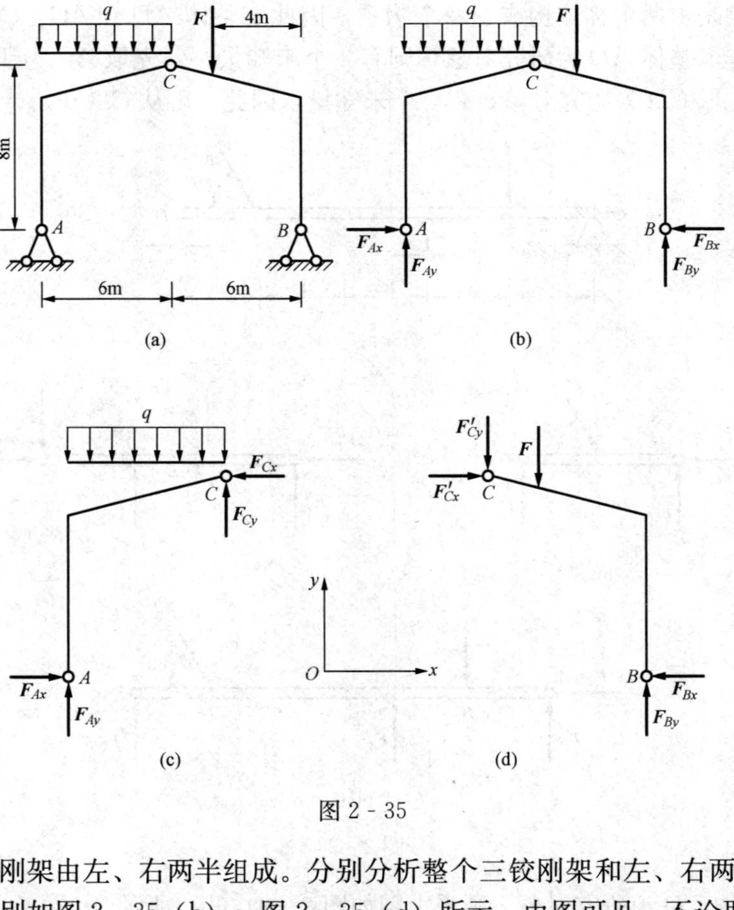

图 2 - 35

分析：三铰刚架由左、右两半组成。分别分析整个三铰刚架和左、右两半刚架的受力，画出其受力图分别如图 2 - 35 (b) ～图 2 - 35 (d) 所示。由图可见，不论取整个三铰刚架还是取左、右半刚架求解，均有 4 个未知力存在，总的未知力数目只有 6 个。因而可以取整体和左（或右）半刚架为研究对象，列出 6 个平衡方程，可以求解 6 个未知力；也可以分别取左、右半刚架为研究对象，列出 6 个平衡方程，求解 6 个未知力。这样要解联立方程组，计算较烦琐。从受力图中可以看出，三铰刚架整体虽然有 4 个未知力，但若分别以 A、B 为矩心建立力矩方程，可以方便地求出 F_{Ay} 和 F_{By}。然后再考虑一个半刚架的平衡，每个半刚架都只剩下 3 个未知力，整个三铰刚架就可以求解了。

解　(1) 取三铰刚架整体为研究对象，受力图如图 2-35 (b) 所示。

由　$\sum M_A(\boldsymbol{F}) = 0, \quad -q\times6\times3-F\times8+F_{By}\times12=0$

得　$F_{By}=\dfrac{q\times6\times3+F\times8}{12}=\dfrac{6\times6\times3+10\times8}{12}=15.67(\text{kN})(\uparrow)$

由　$\sum M_B(\boldsymbol{F}) = 0, \quad q\times6\times9+F\times4-F_{Ay}\times12=0$

得　$F_{Ay}=\dfrac{q\times6\times9+F\times4}{12}=\dfrac{6\times6\times9+10\times4}{12}=30.33(\text{kN})(\uparrow)$

由　$\sum F_x=0, \quad F_{Ax}-F_{Bx}=0$

得　$F_{Ax}=F_{Bx}$

(2) 取左半刚架为研究对象，受力图如图 2-35 (c) 所示

由　$\sum M_C(\boldsymbol{F}) = 0, \quad q\times6\times3+F_{Ax}\times8-F_{Ay}\times6=0$

得　$F_{Ax}=\dfrac{-q\times6\times3+F_{Ay}\times6}{8}=\dfrac{-6\times6\times3+F_{Ay}\times6}{8}=9.25(\text{kN})(\rightarrow)$

由　$\sum F_x=0, \quad F_{Ax}-F_{Cx}=0$

得　$F_{Cx}=F_{Ax}=9.25\text{kN}$

由　$\sum F_y=0, \quad F_{Ay}-q\times6+F_{Cy}=0$

得　$F_{Cy}=q\times6-F_{Ay}=36-30.33=5.67(\text{kN})$

则　$F_{Bx}=F_{Ax}=9.25\text{kN}(\leftarrow)$

【例 2-21】　由 3 根杆件组成的构架如图 2-36 (a) 所示。B、D、E 处均为铰链连接，A 处为固定端支座，在 C 处受到一荷载 $G=5\text{kN}$，各杆自重不计，试求支座 A 及铰链 B、D、E 处的约束反力。

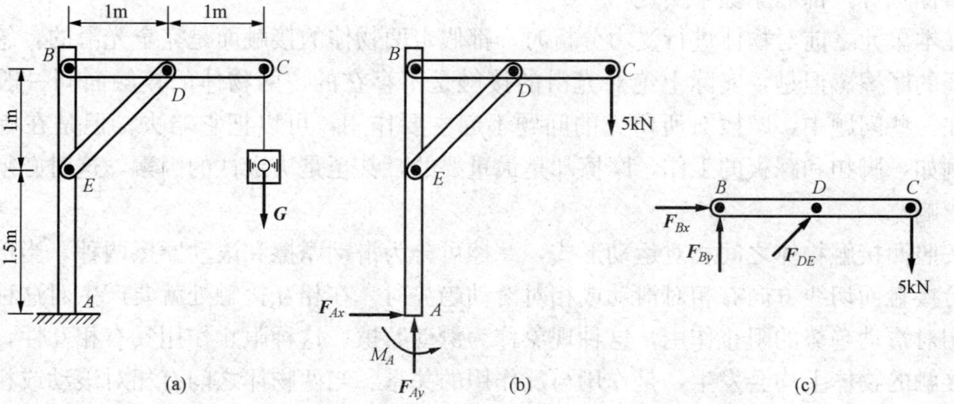

图 2-36

分析：构架由 AB、BC、DE 三根杆组成。由于 D、E 处为铰链，若不计杆重，则 DE 杆为二力杆约束，则构架可视为由 AB、BC 两根杆组成的系统，可列出 6 个独立的平衡方程，此时未知力数目也为 6 个，即固定端 A 处 3 个未知力和铰链 B 处的两个未知力以及二

力杆 DE 约束反力一个未知力，6 个未知力是可以利用 6 个独立的平衡方程求解的。

解　(1) 取整体为研究对象，画受力图如图 2-36 (b) 所示。

由
$$\sum F_x=0$$
得
$$F_{Ax}=0$$
由
$$\sum F_y=0,\quad F_{Ay}-5=0$$
得
$$F_{Ay}=5\text{kN}(\uparrow)$$
由
$$\sum M_A(\boldsymbol{F})=0,\quad M_A-5\times 2=0$$
得
$$M_A=10\text{kN}\cdot\text{m}(\circlearrowleft)$$

(2) 取 BC 杆为研究对象，画受力图如图 2-36 (c) 所示。

由
$$\sum M_B(\boldsymbol{F})=0,\quad -5\times 2+F_{DE}\times 1\times\sin 45^\circ=0$$
得
$$F_{DE}=\frac{10}{0.707}=14.14(\text{kN})(\text{压})$$

得正号表示假设方向正确，根据该方向和作用与反作用定理可以得出二力杆为一根压杆，D、E 铰的约束反力沿 DE 方位，二力杆 DE 受一对压力而平衡。

由
$$\sum F_x=0,\quad F_{Bx}+F_{DE}\times\cos 45^\circ=0$$
得
$$F_{Bx}=-F_{DE}\times\cos 45^\circ=-14.14\times 0.707=-10(\text{kN})$$
由
$$\sum F_y=0,\quad F_{By}+F_{DE}\times\sin 45^\circ-4=0$$
得
$$F_{By}=5-F_{DE}\times\cos 45^\circ=5-14.14\times 0.707=-5(\text{kN})$$

单元五　考虑摩擦时的平衡计算

摩擦是实际工程和生活中普遍存在的一种现象，即两相互接触物体之间由于接触面的不光滑而彼此阻碍相对运动。摩擦也可以理解为两相互接触物体之间的切向约束。物体相互间的运动（人的行走、带轮的传动等）或静止（脚扣和踩板在输电杆上的静止，挡土墙、水坝、摩擦桩等）都靠摩擦来实现。

在本单元之前对物体进行受力分析时，都假定两物体的接触面是完全光滑的，忽略了物体之间的摩擦。但是，实际上绝对光滑的接触是不存在的，两物体的接触面间一般都有摩擦。在一些问题中，摩擦对所研究的问题不起主要作用，可以把它略去。但是在有些问题中，例如，脚扣和踩板的工作，摩擦却是最重要的，甚至是决定性的因素，这时必须考虑摩擦的影响。

按照两接触物体之间相对运动形式，摩擦可分为滑动摩擦和滚动摩擦两种。当接触物体之间沿接触面切线方向有相对滑动或相对滑动趋势时，在相互接触处就要产生对这种相对滑动或相对滑动趋势的阻止作用，这种现象称为滑动摩擦。这种阻止作用具有相互性，在两个相互接触的物体上均会发生，是作用与反作用的关系。当两物体之间有相对滚动或相对滚动趋势时，物体间会产生对相对滚动或相对滚动趋势的阻止作用，这种现象称为滚动摩擦。

滑动摩擦根据物体接触表面的物理性质可分为干摩擦和湿摩擦。如果接触表面是干燥的，即为干摩擦，如挡土墙与地基之间的摩擦。如果两物体接触处加了润滑剂，则属于湿摩擦。

摩擦在工程和日常生活中都很重要。挡土墙、重力坝就是依靠墙、坝底与地基之间的摩擦力来防止滑动，保持静止。摩擦桩就是依靠桩身表面与土体间的摩擦力来稳定摩擦桩，支承基础上的荷载；带轮传动、车辆启动与制动，都要依靠摩擦来实现。但是，摩擦也会使机器消耗能量、磨损部件、发热、产生噪声、振动等，影响机器正常使用。研究摩擦就是要掌握其规律，利用其有利的一面，设法减少或消除其有害的一面。

一、滑动摩擦

（一）静摩擦力、最大静摩擦力和动摩擦力

当产生滑动摩擦时，在两物体接触面间阻碍物体相对滑动的力，称为滑动摩擦力，简称摩擦力。根据所阻碍的是相对滑动趋势还是相对滑动，可以把滑动摩擦力分为静（滑动）摩擦力和动（滑动）摩擦力。

为了解滑动摩擦力的性质，先做一试验，试验装置如图 2-37（a）所示。重量为 G 的物体 A 放在固定水平面上，绳子的一端与物体相连，另一端绕过滑轮与装有砝码的盘子相连。如果忽略绳重和滑轮阻力，则绳子对物体的拉力 $\boldsymbol{F}$ 的大小就等于盘子和砝码的重量。

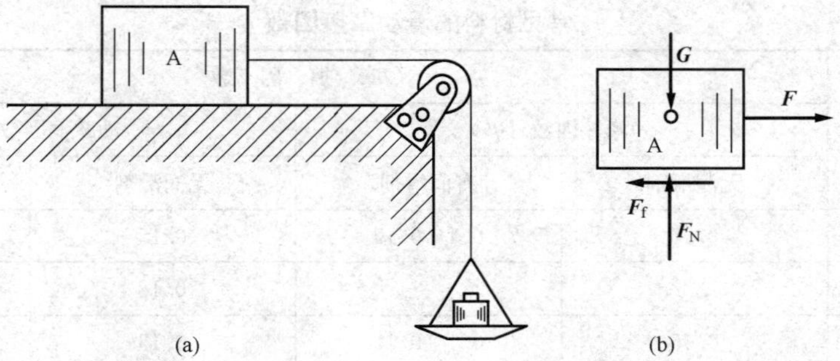

图 2-37

当 $F=0$ 时，物体没有沿接触面滑动的趋势。此时，物体在自重 $\boldsymbol{G}$ 与法向约束反力 $\boldsymbol{F}_N$ 作用下平衡，滑动摩擦力等于零。逐步增加砝码，当 F 不大时，物体保持不动。分析此时物体 A 受力情况，受力图如图 2-37（b）所示。主动力有重力 $\boldsymbol{G}$ 和绳的拉力 $\boldsymbol{F}$，拉力 $\boldsymbol{F}$ 有使物体沿水平面滑动的趋势，而物体保持不动，说明接触面的约束反力除法向反力 $\boldsymbol{F}_N$ 以外，还有切向的摩擦力 $\boldsymbol{F}_f$，此力是在物体尚未滑动产生的，称为静滑动摩擦力，简称静摩擦力。当拉力 F 增大时，静摩擦力也相应增大。当拉力达到某一临界值时，物体处于开始滑动的临界状态，这时静摩擦力达到最大值，称为最大静摩擦力 F_{fmax}。

可见，静摩擦力的大小是有一定范围的，即

$$0 \leqslant F_f \leqslant F_{fmax} \tag{2-17}$$

它可由物体的平衡条件（方程）求得，$F_f=F$。静摩擦力的方向始终与物体相对滑动趋势方向相反。

如果拉力 F 再有微小的增大，大于 F_{fmax}，物体就由静止变为滑动。滑动时沿接触面产生的摩擦力，称为动滑动摩擦力，简称动摩擦力，用 $\boldsymbol{F}'$ 表示。

（二）滑动摩擦定律

1. 静滑动摩擦定律

大量实验证明，最大静摩擦力的大小与两物体间的正压力（或法向反力）成正比，即

$$F_{fmax} = f_s F_N \tag{2-18}$$

这就是静滑动摩擦定律（又称库仑定律）。式中：f_s 称为静（滑动）摩擦因数，无量

纲，其大小与相互接触物体的材料、表面粗糙、湿度、温度等有关，其数值大小由试验确定，也可从工程手册中查到。

2. 动滑动摩擦定律

根据大量实验可以得出与静滑动摩擦定律相似的动滑动摩擦定律：动摩擦力的大小与两物体间的正压力（或法向反力）成正比，即

$$F' = fF_{\mathrm{N}} \tag{2-19}$$

式中：f 称为动（滑动）摩擦因数，无量纲，它与接触物体的材料及接触面情况有关，当速度不大时，可认为与运动速度无关。当两物体间的相对速度不大，精度要求不高时，f 略小于 f_s，可认为 $f=f_s$。

常见材料的滑动摩擦因数见表 2-2。摩擦定律中的 F_{N} 为两接触物体之间的正压力（法向约束反力），一般由法向平衡方程确定，不一定等于重力。

表 2-2　常见材料的滑动摩擦因数

材料名称	摩擦因数			
	静摩擦因数（f_s）		动摩擦因数（f）	
	无润滑剂	有润滑剂	无润滑剂	有润滑剂
钢—钢	0.15	0.1～0.12	0.15	0.05～0.10
钢—铸铁	0.3		0.18	0.05～0.15
钢—青铜	0.15	0.1～0.15	0.15	0.1～0.15
钢—橡胶	0.9		0.6～0.8	
铸铁—铸铁		0.18	0.15	0.07～0.12
铸铁—青铜			0.15～0.2	0.07～0.15
铸铁—皮革	0.3～0.5	0.15	0.6	0.15
铸铁—橡胶			0.8	0.5
青铜—青铜		0.1	0.2	0.07～0.10
木—木	0.4～0.6	0.10	0.2～0.5	0.07～0.15

（三）全反力、摩擦角和自锁现象

1. 全反力摩擦角

在考虑摩擦力的情况下，设物体在主动力 $\boldsymbol{F}$、$\boldsymbol{G}$、正压力（法向约束反力）$\boldsymbol{F}_{\mathrm{N}}$ 与静摩擦力（切向约束反力）$\boldsymbol{F}_{\mathrm{f}}$ 作用下处于平衡状态，此时把正压力 $\boldsymbol{F}_{\mathrm{N}}$ 与静摩擦力 $\boldsymbol{F}_{\mathrm{f}}$ 的合力 $\boldsymbol{F}_{\mathrm{R}}$ 称为全约束反力，简称全反力。全反力与支承面法线之间的夹角为 φ，如图 2-38（a）所示。当切向主动力增大时，在物体开始滑动之前，静摩擦力 $\boldsymbol{F}_{\mathrm{f}}$ 以及夹角 φ 也会随着增大，当 F 达到临界值时，物体处于临

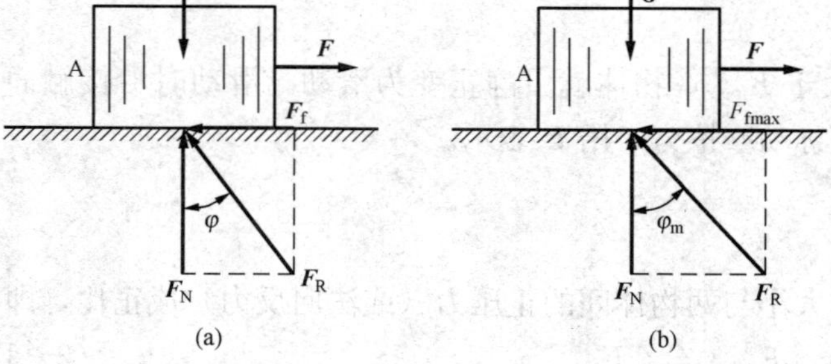

图 2-38

界平衡状态，这时静摩擦力 F_f 达到最大值 F_{fmax}，夹角 φ 也达到最大值 φ_m，如图 2-38（b）所示。这个夹角 φ_m 称为摩擦角，即全反力与接触面法线间夹角所能达到的最大值。

摩擦角 φ_m 的大小与最大静摩擦力 F_{fmax} 有关，它们之间的关系是

$$\tan\varphi_m = \frac{F_{fmax}}{F_N} = \frac{f_s F_N}{F_N} = f_s \tag{2-20}$$

即摩擦角的正切等于静摩擦因数。由此可见，f_s、φ_m 都是表示材料摩擦性质的物理量，二者中知道一个可求另一个。

利用摩擦角的概念，用斜面可测定两物体之间的摩擦因数。

先将要测定摩擦角的两种材料做成斜面和滑块，如图 2-39（a）所示，接触表面与实际情况符合。将滑块放置在斜面上，慢慢增大斜面倾角 α，直至滑块在自重作用下处于临界平衡状态，设此时斜面倾角为 α_m，同时全反力 $\boldsymbol{F}_R$ 与斜面法线夹角达到摩擦角 φ_m［见图 2-39（b）］。由于滑块此时平衡必须满足二力平衡条件，则重力和全反力必须等值、反向、共线，一起作用于滑块上，于是有

$$\alpha_m = \varphi_m$$

从而可从斜面倾角得出静摩擦因数

$$f_s = \tan\varphi_m = \tan\alpha_m \tag{2-21}$$

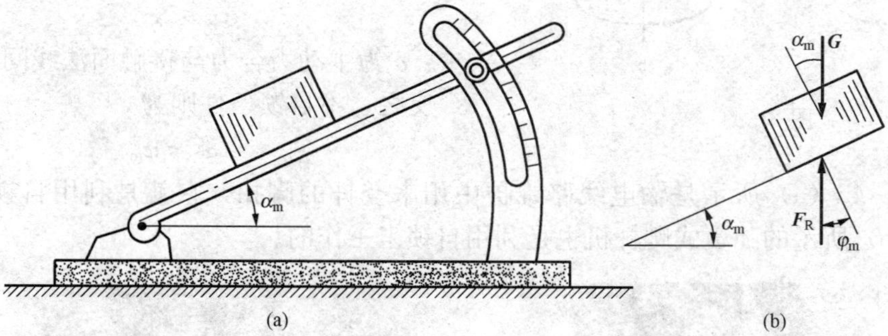

图 2-39

还可以分析，只要斜面的倾角 $\alpha \leqslant \alpha_m$，则不论重力 G 多大，都不能使滑块在斜面上滑动。

在堆放松散物质，如砂、土、煤或粮食等时，能够堆放的最大坡度角 α_m 称为休止角［见图 2-40（a）］，就是松散物质的摩擦角 φ_m。应用休止角可以计算一定面积场地能堆放松散物质的体积和重量。在铁道上，应使铁路路基的边坡坡角 α 小于土壤的休止角。

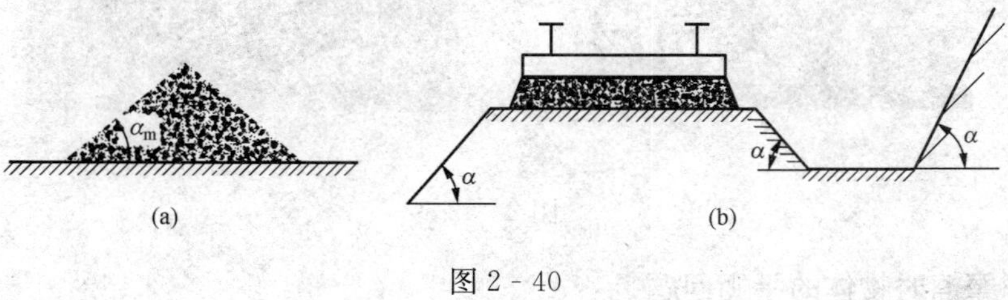

图 2-40

2. 自锁现象

分析可知，当物体处于临界平衡时，全反力作用线与支承面法线形成摩擦角，滑动趋势

方向改变，则全反力作用线的方位也随之改变。如果通过全反力作用点在不同的方位作出全反力的作用线，在平面内讨论摩擦时这些直线则形成一个扇形，如沿接触面各方向的摩擦因数都相同，在空间讨论摩擦时这些直线将形成一个锥面，称为摩擦锥。摩擦锥的顶角为 $2\varphi_m$。

由于静摩擦力可以在零到 F_{fmax} 之间变化，所以全反力与支承面法线夹角 φ 也会在零到摩擦角 φ_m 之间变化，即

$$0 \leqslant \varphi \leqslant \varphi_m \tag{2-22}$$

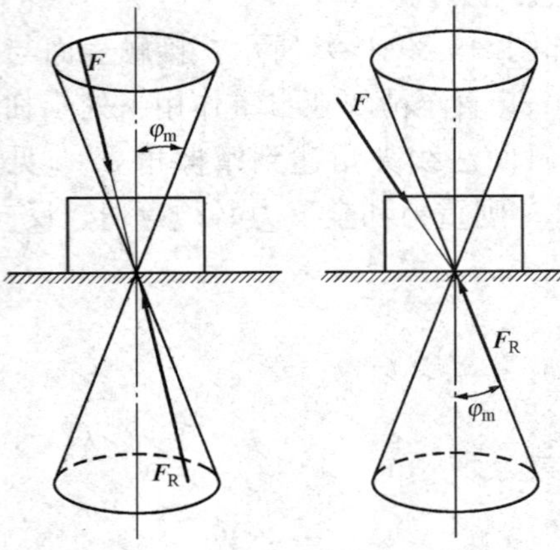

图 2-41

因此，全反力的作用线必在摩擦锥内。由二力平衡条件可知，如果作用于物体上的全部主动力的合力 $\boldsymbol{F}$ 的作用线在摩擦锥内［见图 2-41（a)］，则无论这个力多大，支承面总会产生一个全反力 $\boldsymbol{F}_R$ 与之平衡，使物体保持静止。这种现象称为自锁现象。反之，如果全部主动力的合力 $\boldsymbol{F}$ 的作用线在摩擦锥之外［见图 2-41（b)］，则无论这个力多小，物体都会发生运动，物体不会平衡。自锁条件可表示为

$$\alpha \leqslant \varphi_m$$

式中：α 为主动力合力与接触面法线间的夹角。

反之，不自锁条件则为

$$\alpha \geqslant \varphi_m$$

如图 2-42（a）所示是输电线路维护中用来登杆的脚扣，它就是利用自锁来工作的，图 2-42（b）所示的弹簧式爬杆机也是利用自锁来工作的。

(a)

(b)

图 2-42

二、考虑摩擦时物体的平衡问题

考虑摩擦和不考虑摩擦的平衡问题有相同之处，即均为平衡问题，仍采用平衡方程求解，但也要注意两种情况的特点。首先，考虑摩擦时物体的平衡问题时受力图中有摩擦力，

摩擦力的大小及方向与主动力有关，且大小和方向均具有可变性，静摩擦力不是任何时候都处于最大值；其次，由于静摩擦力的大小是一个范围，问题的求解结果也有可能是一个范围，$F_{fmax}=f_sF_N$ 一定要在物体处于临界平衡状态才能应用，因而在使用前应先判定问题处于何种平衡状态。

考虑摩擦时物体的平衡问题的类型及解法为：

(1) 已知物体受力，判定物体是否处于平衡状态。

求解方法：先算主动力在切线方向的投影代数和，再算最大静摩擦力 $F_{fmax}=f_sF_N$，将二者进行比较，代数和的绝对值小于或等于 F_{fmax} 则物体处于平衡状态，大于 F_{fmax} 则不平衡。

(2) 已知物体处于平衡状态，求解平衡问题［力的大小（范围）、方向、作用位置等］。

求解方法：首先判定物体处于何种平衡状态，若处于临界平衡状态，确定摩擦力方向，建立补充方程（摩擦定律），联合平衡方程一起求解，若处于一般的平衡状态，确定摩擦力方向，则只能利用平衡方程求解。求解结果可能是一个范围。

【例 2-22】　如图 2-43（a）和图 2-43（b）所示，物块 A 和 B 各重 $G=400$N，分别作用有力 $F=100$N，$\alpha=30°$。设物块与水平面间的摩擦因数 $f_s=0.22$。试分别求出物块 A 和 B 所受摩擦力的大小。

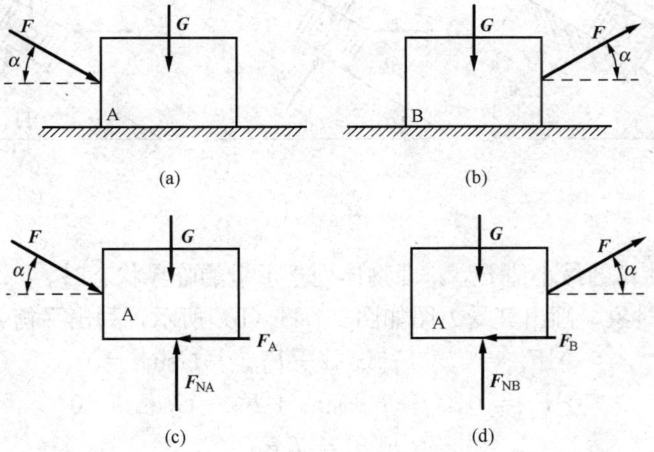

图 2-43

解　(1) 求 F_A。

研究物块 A，其受力图如图 2-43（c）所示，先求出其最大静摩擦力 F_{Afmax}。

由
$$\sum F_y=0,\quad F_{NA}-G-F\sin\alpha=0$$

得
$$F_{NA}=G+F\times\sin30°=400+100\times\sin30°=450\ (\text{N})$$
$$F_{Afmax}=f_sF_{NA}=0.22\times450=99(\text{N})$$

再求出主动力在水平轴上的投影，然后将所得的值与 F_{Afmax} 进行比较，确定出物块 A 是处于平衡或临界平衡状态还是运动状态，才能确定出摩擦力的大小。

$$F\cos\alpha=100\times\cos30°=86.6(\text{N})<F_{Afmax}$$

即物块 A 处于静平衡状态，于是

由
$$\sum F_x=0,\quad F\cos\alpha-F_A=0$$

得
$$F_A=F\cos\alpha=86.6\text{N}$$

(2) 求 F_B。

研究物块B，其受力图如图2-43（d）所示，同样可求出 F_B。

由 $$\sum F_y=0,\quad F_{NB}-G+F\sin\alpha=0$$

得 $$F_{NB}=G-F\times\sin30°=400-100\times\sin30°=350\text{ (N)}$$

$$F_{Bfmax}=f_sF_{NB}=0.22\times350=77(\text{N})$$

主动力在水平轴上的投影为

$$F\cos\alpha=100\times\cos30°=86.6(\text{N})>F_{Bfmax}$$

则物块B处于滑动状态。当两物体间的相对速度不大、精度要求不高时，滑动摩擦力 F'_B 近似等于其最大静摩擦力 F_{Bfmax}，故

$$F_B=F'_B=F_{Bfmax}=77\text{N}$$

比较上述两种情况的结果，可知，按图2-43（b）拉动物块比按图2-43（a）推动物块容易。

【例2-23】 重量 $G=500\text{N}$ 的物体，放置在斜面上，如图2-44（a）所示。已知物体与斜面间的静摩擦因数 $f_s=0.2$，斜面的倾角 $\alpha=30°$，α 大于摩擦角 φ_m，为使物体不滑动，在物体上加一水平力 $\boldsymbol{F}$，求该力的最大值和最小值。

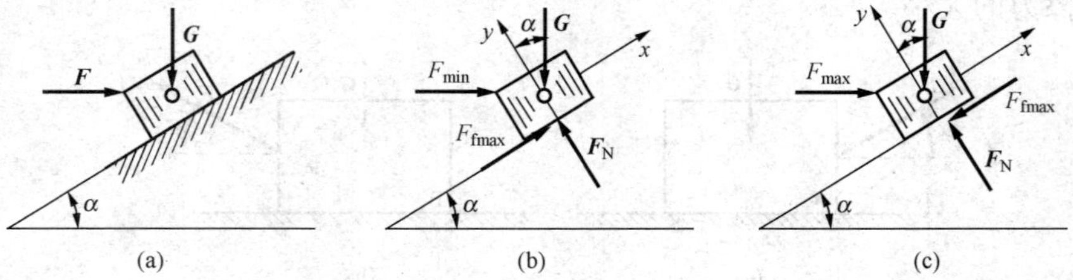

图2-44

解　（1）求力 $\boldsymbol{F}$ 的最小值 F_{min}，即物体处于下滑的临界状态时。

取物体为研究对象，画出其受力图如图2-44（b）所示，列出平衡方程如下

$$\sum F_x=0,\quad F_{min}\cos\alpha+F_{fmax}-G\sin\alpha=0 \tag{1}$$

$$\sum F_y=0,\quad -F_{min}\sin\alpha+F_N-G\cos\alpha=0 \tag{2}$$

$$F_{fmax}=f_sF_N \tag{3}$$

将式（2）代入式（3）可得

$$F_{fmax}=f_s(G\cos\alpha+F_{min}\sin\alpha) \tag{4}$$

将式（4）代入式（1）即得

$$F_{min}=\frac{\sin\alpha-f_s\cos\alpha}{\cos\alpha+f_s\sin\alpha}G$$

将已知值代入得

$$F_{min}=\frac{0.5-0.2\times0.866}{0.866+0.2\times0.5}\times500=169.15(\text{N})$$

（2）求力 $\boldsymbol{F}$ 的最大值 F_{max}，即物体处于上滑的临界状态时。

取物体为研究对象，画出其受力图如图2-44（c）所示，列出平衡方程如下：

$$\sum F_x=0,\quad F_{max}\cos\alpha-F_{fmax}-G\sin\alpha=0 \tag{5}$$

$$\sum F_y=0,\quad -F_{max}\sin\alpha+F_N-G\cos\alpha=0 \tag{6}$$

$$F_{fmax}=f_sF_N \tag{7}$$

将式（6）代入式（7）可得

$$F_{\text{fmax}} = f_s(G\cos\alpha + F_{\max}\sin\alpha) \tag{8}$$

将式（8）代入式（5）即得

$$F_{\max} = \frac{\sin\alpha + f_s\cos\alpha}{\cos\alpha - f_s\sin\alpha}G$$

将已知值代入得

$$F_{\max} = \frac{0.5 + 0.2\times0.866}{0.866 - 0.2\times0.5}\times500 = 439.43(\text{N})$$

综合以上计算，保持物体不滑动，力 F 的取值范围是

$$169.15\text{N} < F < 439.43\text{N}$$

【例 2-24】　图 2-45（a）是图 2-42 所示弹簧式爬杆机的计算简图（脚扣是相似的），若登杆人员重为 G，杆和爬杆机间的摩擦因数为 f_s，假设不计爬杆机的自重，求登杆人员能正常工作的最小距离 x。

解　取爬杆机为研究对象，为求登杆人员能正常工作的最小距离，只需求出爬杆机处于临界状态时的 x 即可，爬杆机处于临界状态时的受力图如图 2-45（b）所示。

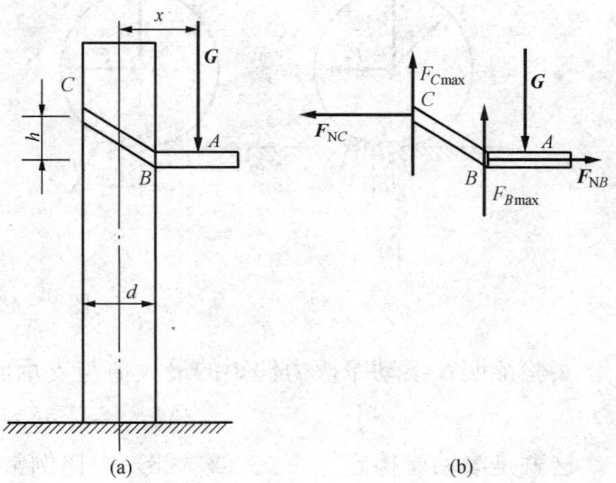

图 2-45

根据挡土墙不发生滑动的条件计算。

由 $\sum F_x = 0$，　$F_{NB} - F_{NC} = 0$

得　　$F_{NB} = F_{NC}$

由静摩擦定律 $F_{\max} = f_s F_N$ 得

$$F_{B\max} = f_s F_{NB}$$

$$F_{C\max} = f_s F_{NC}$$

即　$F_{B\max} = F_{C\max}$

由　$\sum F_y = 0$，$F_{C\max} + F_{B\max} - G = 0$

得

$$F_{B\max} = F_{C\max} = 0.5G$$

由

$$\sum M_C(\boldsymbol{F}) = 0$$

得

$$F_{B\max}d + F_{NB}h - G(0.5d + x) = 0$$

则

$$x = \frac{h}{2f_s}$$

三、滚动摩擦的概念

摩擦不仅在物体滑动时存在，物体滚动时也存在摩擦，由实践可知，滚动比滑动省力。因此在工程中，为了提高效率，减轻劳动强度，常利用滚动来代替滑动。

当物体滚动时，存在什么样的阻力，有什么特征，下面通过轮子的滚动来说明这些问题。

将一重为 G 的轮子放在地面上，在轮心 O 处作用水平拉力 $\boldsymbol{F}$，如图 2-46（a）所示。假设轮子与地面均为刚体，则接触点为 A。显然轮子上的力矩不平衡，只要有微小的拉力，轮子也会发生滚动，这与事实是不符的，只有拉力达到一定数值，轮子才开始滚动，这说明地面对轮子有阻止滚动的力偶存在，其原因是轮子和地面均不是刚体，而是变形体，在压力

作用下，轮子与支承面在接触处都会发生微小的变形。由于变形，轮子与支承面的接触处不再是一点而是一段弧线［见图 2-46（b）］。将这些平面分布约束反力简化，可得到一个作用在 B 点的全反力 $\boldsymbol{F}_R$，将作用在 B 点的全反力 $\boldsymbol{F}_R$ 分解为法向反力 $\boldsymbol{F}_N$ 和摩擦力 $\boldsymbol{F}_f$，$\boldsymbol{F}_N$ 的作用线偏离中心线的距离为 e［见图 2-46（c）］。再将法向反力 $\boldsymbol{F}_N$ 和摩擦力 $\boldsymbol{F}_f$ 向 A 点简化，就得到一个力 $\boldsymbol{F}_N$ 及一附加力偶 M［见图 2-46（d）］，此附加力偶就是滚动摩擦力偶，简称滚动摩擦。在向 A 点简化时，忽略力 $\boldsymbol{F}_f$ 对 A 点之矩，则滚动摩擦力偶矩的近似值为

$$M = F_N e$$

与静滑动摩擦力类似，滚动摩擦力偶矩 M 会随着主动力偶（$\boldsymbol{F}_N$，$\boldsymbol{F}_f$）的力偶矩的增大而增大。当力 F（相应有 F_f）增大到某一临界值时，轮子处于滚动的临界状态，这时滚动摩擦力偶矩达到其最大值 M_{max}，称为最大滚动摩擦力偶矩。如果力 F 再略微增大，轮子就开始滚动。因而，滚动摩擦力偶矩的大小 M 介于零与最大值之间，即

$$0 \leqslant M \leqslant M_{max}$$

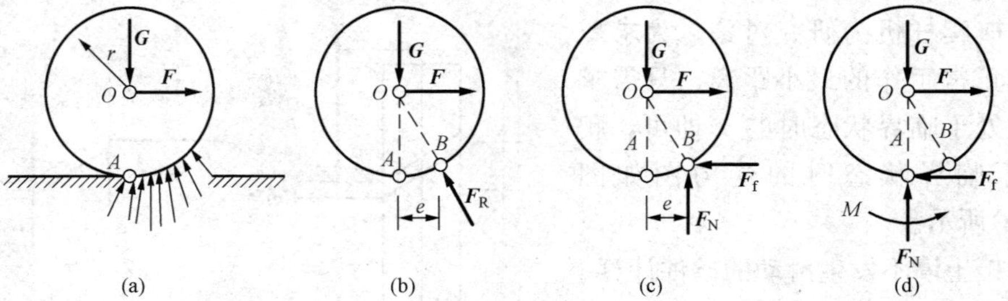

图 2-46

实验证明：滚动摩擦力偶矩的最大值与支承面的正压力（法向约束反力）成正比，即

$$M_{max} = F_N\delta = F_N e_{max} \qquad (2-23)$$

这就是滚动摩擦定律。式（2-23）中比例常数 $\delta = e_{max}$ 称为滚动摩擦因数，其取决于相互接触物体表面的材料及表面状况，可在相关工程手册中查取。常见材料间的滚动摩擦因数见表 2-3。

表 2-3　　常用材料间的滚动摩擦因数　　cm

材料名称	δ	材料名称	δ
铸铁与铸铁	0.005	有滚动轴承的料车与钢轨	0.009
钢质车轮与钢轨	0.005	无滚动轴承的料车与钢轨	0.021
木材与木材	0.05～0.08	钢质车轮与木面	0.15～0.25
木材与钢	0.03～0.04	轮胎与路面	0.2～1.0

在滚动发生后，滚动摩擦力偶矩近似等于 M_{max}。

经过实践知道，让轮子滚动比让其滑动省力。工程中为提高效率，降低劳动强度，常常利用滚动代替滑动。搬运重物时常在下面垫上滚杆就是用滚动代替滑动的实例。那么，为什么滚动比滑动省力呢？下面用例题说明。

【例 2-25】　已知轮子的半径 $r=50$cm，轴传来的竖向荷载 $G=2000$N，如图 2-47（a）所示。静摩擦因数 $f_s=0.5$，滚动摩擦因数 $\delta=0.25$cm。试求拉动此轮前进的水平力大小。

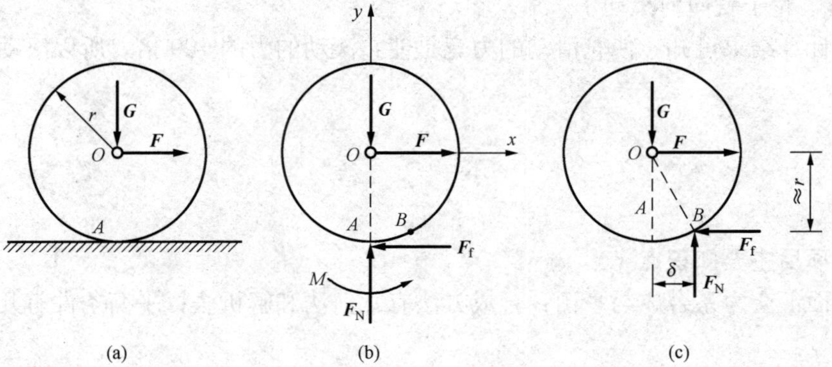

图 2-47

解　取轮子为研究对象，其受力图如图 2-47（b）所示，轮子受到的力 $\boldsymbol{G}$、$\boldsymbol{F}$、$\boldsymbol{F}_{\mathrm{N}}$、$\boldsymbol{F}_{\mathrm{f}}$，及滚动摩擦力偶矩 M 组成平面一般力系。

设轮子前进有滚动或滑动两种可能，下面分别讨论。

(1) 滚动。轮子处于将滚而未滚的临界状态时，滚动摩阻力偶矩达到其最大值 $M_{\max}$，即

$$M_{\max} = F_{\mathrm{N}}\delta$$

平衡方程为

$$\sum M_O(\boldsymbol{F}) = 0 \qquad M_{\max} - Fr = 0$$
$$\sum F_x = 0 \qquad F - F_{\mathrm{f}} = 0$$
$$\sum F_y = 0 \qquad F_{\mathrm{N}} - G = 0$$

解联立方程得

$$F = \frac{\delta}{r}G = \frac{0.25}{50} \times 2000 = 10(\mathrm{N})$$

F 也可由图 2-47（c）求出，只需对 B 点列力矩方程便可求得，即由

$$\sum M_B(\boldsymbol{F}) = 0 \qquad Fr - G\delta = 0$$

直接得出

$$F = \frac{\delta}{r}G = \frac{0.25}{50} \times 2000 = 10(\mathrm{N})$$

显然，只要施加略大于 10N 的拉力，就可以使轮子向前滚动。

(2) 滑动。受力图 2-47（b）所示，当轮子处于将滑而未滑的临界状态时，摩擦力达到最大值 F_{fmax}，即

$$F_{\mathrm{fmax}} = f_{\mathrm{s}}F_{\mathrm{N}}$$

由轮子的平衡，写出平衡方程

$$\sum F_x = 0 \qquad F - F_{\mathrm{fmax}} = 0$$
$$\sum F_y = 0 \qquad F_{\mathrm{N}} - G = 0$$

解联立方程得

$$F = f_{\mathrm{s}}F_{\mathrm{N}} = 0.5 \times 2000 = 1000(\mathrm{N})$$

即欲使轮子滑动，需加略大于 1000N 的拉力。事实上，这是不可能的，因为当拉力略

大于 10N 时，轮子就向前滚动了。

由上述计算结果可知，使轮滑动的力竟是使它滚动的力的 100 倍，所以滚动要比滑动省力得多。

小　　结

一、本项目主要知识点

（1）平面汇交力系合成与平衡：合成方法有几何法和解析法；平衡条件有几何条件和解析条件。

（2）平面力偶系的合成与平衡。

（3）平面一般力系的简化：简化结果一般为一个主矢和一个主矩。

（4）平面一般力系的平衡条件及平衡计算。

（5）有摩擦时的平衡计算：在画受力图时将摩擦力和其他力一并画出，平衡问题求解时与其他平面力系的求解方法相同，只是要注意建立摩擦关系。

二、本项目重点和主要公式

（1）本项目的重点是利用平衡方程求解平衡问题。

（2）平面汇交力系合成公式

$$\begin{cases} F_R = \sqrt{F_{Rx}^2 + F_{Ry}^2} = \sqrt{(\sum F_x)^2 + (\sum F_y)^2} \\ \tan\alpha = \left|\dfrac{F_{Ry}}{F_{Rx}}\right| = \left|\dfrac{\sum F_y}{\sum F_x}\right| \end{cases}$$

（3）平面力偶系的合成公式

$$M = \sum M$$

（4）平面一般力系的公式合成公式：

主矢
$$\begin{cases} F_R' = \sqrt{(\sum F_x)^2 + (\sum F_y)^2} \\ \tan\alpha = \left|\dfrac{\sum F_y}{\sum F_x}\right| \end{cases}$$

主矩
$$M_O = \sum M_O(\boldsymbol{F})$$

主矢和主矩均不为零时，进一步合成后合力作用位置　$d = \dfrac{|M_O|}{F_R'}$

（5）平面力系平衡方程：

平面汇交力系
$$\begin{cases} \sum F_x = 0 \\ \sum F_y = 0 \end{cases}$$

平面力偶系
$$\sum M = 0$$

平面平行力系
$$\begin{cases} \sum F_y = 0 \\ \sum M_O(\boldsymbol{F}) = 0 \end{cases}$$

平面一般力系
$$\begin{cases} \sum F_x = 0 \\ \sum F_y = 0 \\ \sum M_O(\boldsymbol{F}) = 0 \end{cases}$$

（6）有摩擦时的平衡问题。物体处于临界平衡状态时最大静摩擦力：$F_{fmax} = f_s F_N$。

思　考　题

2 - 1　已知四个力 $\boldsymbol{F}_1$、$\boldsymbol{F}_2$、$\boldsymbol{F}_3$ 和 $\boldsymbol{F}_4$ 交于一点，图 2 - 48 所示的两个力四边形表示的力学意义是什么？

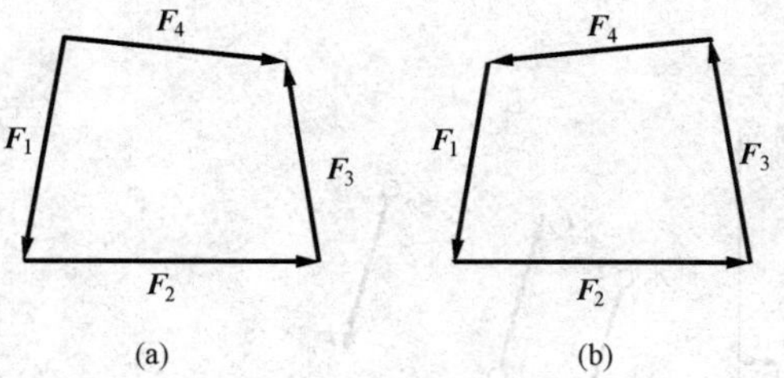

图 2 - 48

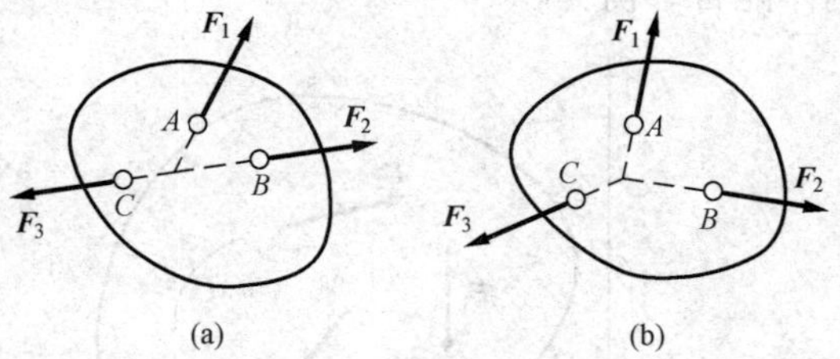

图 2 - 49

2 - 2　如图 2 - 49 所示，两个力系的三个力都汇交于一点，且各力大小均不为零，试问它们是否可能平衡？

2 - 3　用平面汇交力系的平衡方程求解平衡问题时，一般选择 x、y 轴是正交的，若选取的坐标轴 x、y 只是相交而不正交，是否也可以按照 $\sum F_x=0$、$\sum F_y=0$ 求解平面汇交力系的平衡问题？

2 - 4　一个不平衡的平面汇交力系，其中 $\sum F_y=0$，试确定合力的方位。

2 - 5　如图 2 - 50 所示，四个力作用在一物体的 A、B、C、D 四点上，设 $\boldsymbol{F}_1$ 与 $\boldsymbol{F}_3$，$\boldsymbol{F}_2$ 与 $\boldsymbol{F}_4$ 大小相等、方向相反，且作用线平行，该四个力所作的力多边形闭合，试问物体是否平衡。

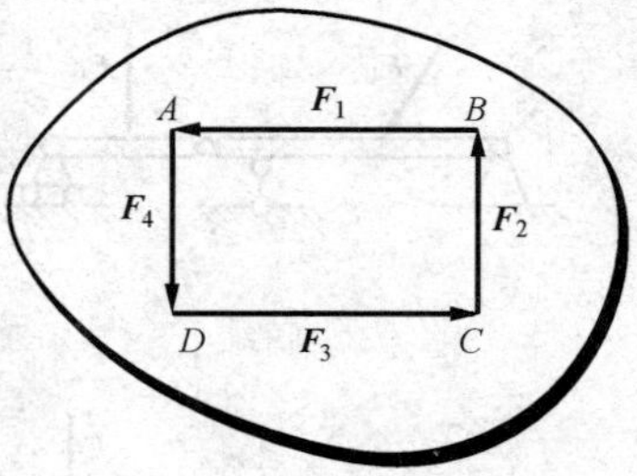

图 2 - 50

2 - 6　如图 2 - 51 所示三铰刚架，试求：

(1) 图 2 - 51 (a) 中支座反力 $\boldsymbol{F}_A$、$\boldsymbol{F}_B$ 的方向；

(2) 图 2 - 51 (b) 中支座反力 $\boldsymbol{F}_A$、$\boldsymbol{F}_B$ 的方向；

(3) 比较 (1)、(2) 所得的结果，说明力偶在其作用面内移转要注意什么？

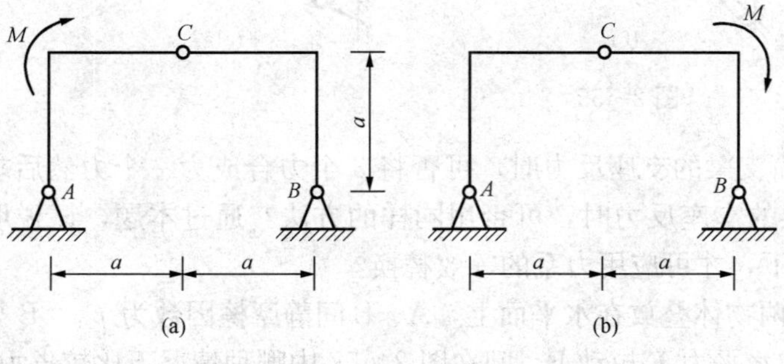

图 2 - 51

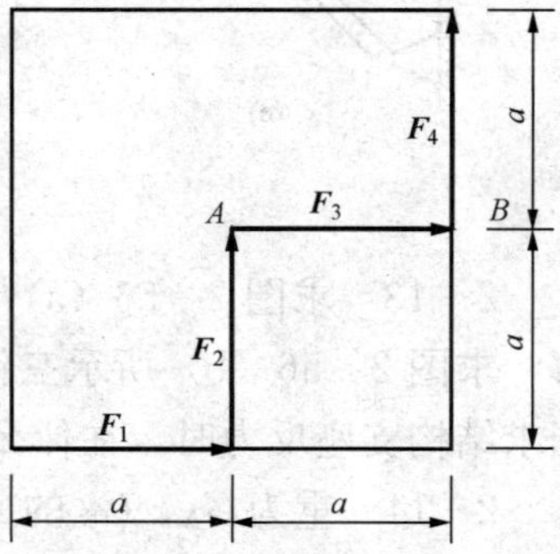

图 2 - 52

2 - 7　力系如图 2 - 52 所示，且 $F_1=F_2=F_3=F_4$。试问力系向 A 和 B 简化的结果分别是什么？两种结果是否等效？

2-8　设一平面一般力系向某一点简化得到一个合力，如另选适当的点为简化中心，力系能否简化为一力偶？为什么？

2-9　设一平面一般力系中有4个未知量，而平衡方程只有3个，能否再选择一坐标系或一矩心，列出投影方程或力矩方程，用这两组方程把未知量求出来？

2-10　图2-53所示力系作用于刚体，且满足 $\sum F_x=0$、$\sum M_A(\boldsymbol{F})=0$、$\sum M_B(\boldsymbol{F})=0$，刚体能否平衡？

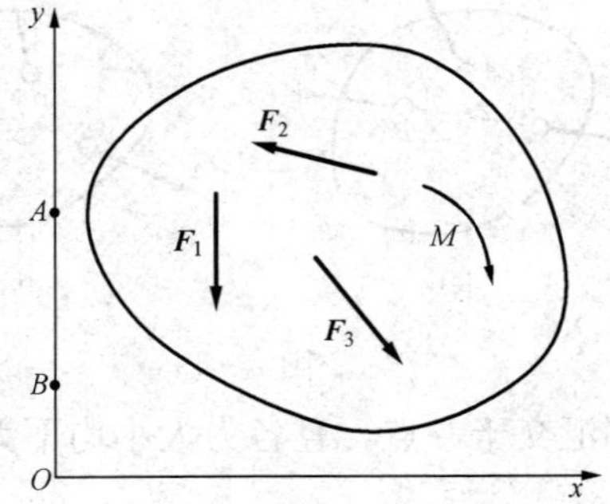

图2-53

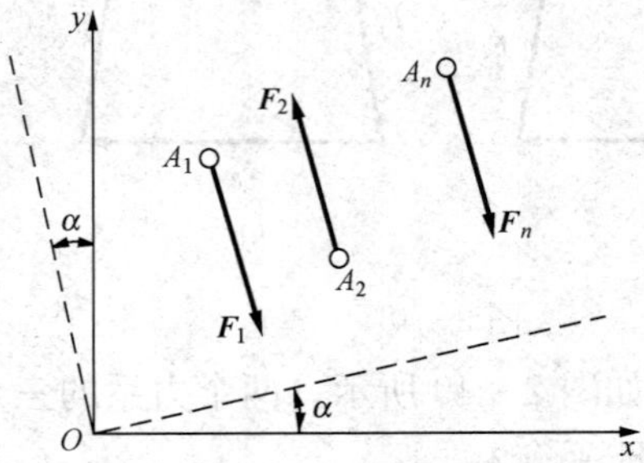

图2-54

2-11　如图2-54所示，如选择的坐标系的 y 轴不与各力平行，则平面平行力系的平衡方程是否可写出 $\sum F_x=0$，$\sum F_y=0$ 和 $\sum M_O(\boldsymbol{F})=0$ 三个独立的平衡方程？为什么？

2-12　图2-55所示各平衡问题是静定的还是超静定的？

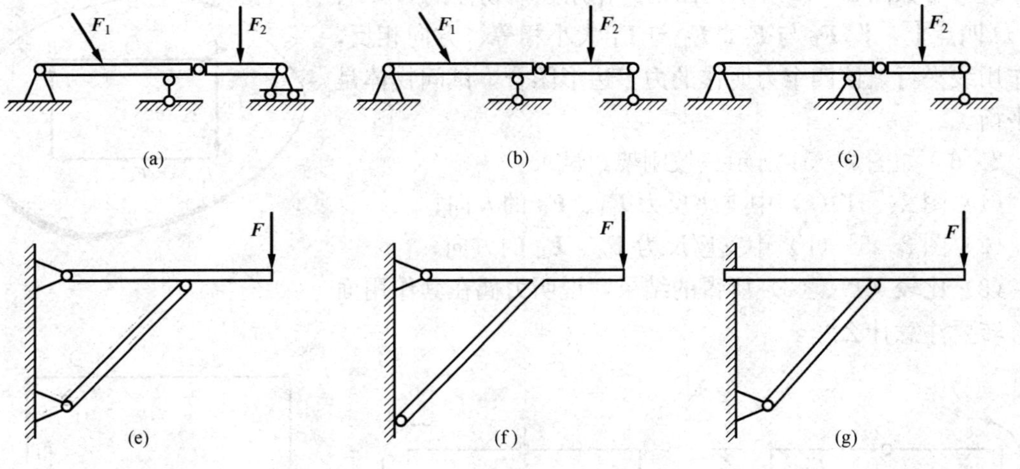

图2-55

2-13　求图2-56（a）所示简支梁的支座反力时，可否将3个力合成为一个力然后求解？求图2-56（b）所示三铰刚架的支座反力时，可否用同样的方法？通过本题，试说明当求结构支座反力时，在什么条件下，才可应用力系的等效替换？

2-14　重为 G_A、G_B 的A、B两物体叠放在水平面上，A、B间静摩擦因数为 f_{s1}，B与水平面间的静摩擦因数为 f_{s2}，施加水平力 $\boldsymbol{F}$ 拉动B，问在图2-57中哪种情况下比较省力？

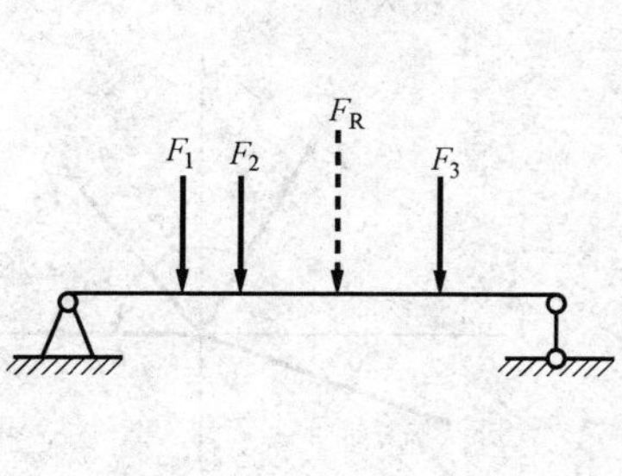

图 2 - 56

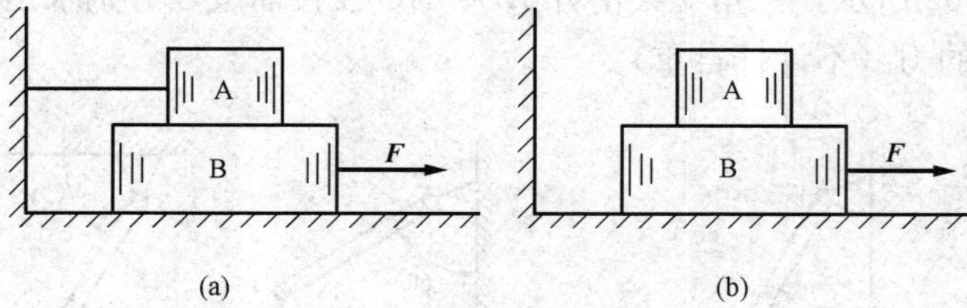

图 2 - 57

2 - 15　图 2 - 58 中两物体之间的静摩擦因数 $f_s = 0.2$，试分析各物体的运动状态，并求所受到的摩擦力大小和方向。

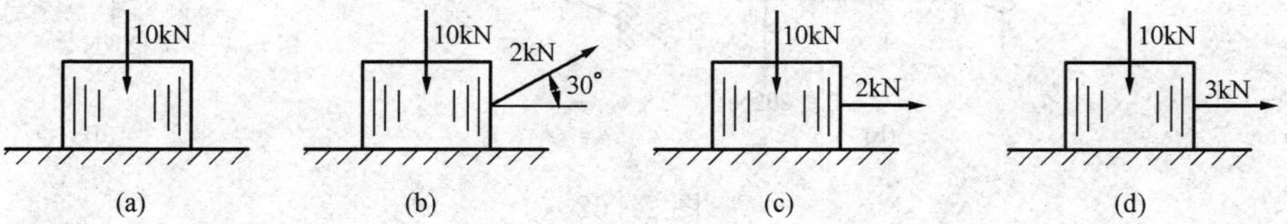

图 2 - 58

2 - 16　如图 2 - 59 所示物体重量都是 G，接触面间的静摩擦因数都是 f_s，要使物体向右滑动，问哪一种施力方式较为省力？为什么？如果所施加的力最小，α 角应等于多少？

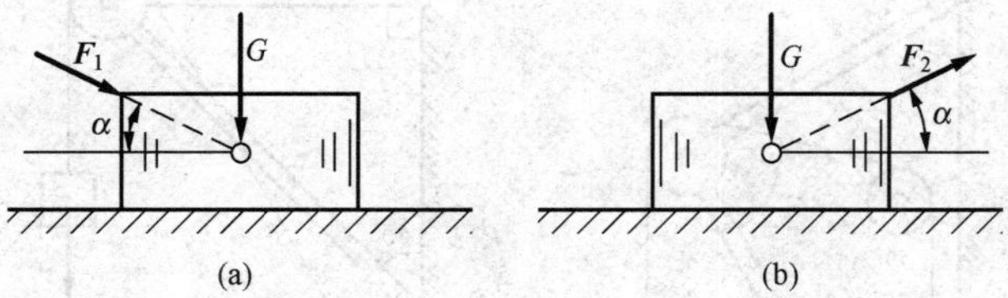

图 2 - 59

项　目　练　习

2 - 1　在物体的某平面上 A 点受 4 个力作用，大小、方向如图 2 - 60 所示。用几何法求其合力。

2 - 2　如图 2 - 61 所示，已知作用于物体上同一点的 4 个力：$F_1 = 20\text{kN}$，$F_2 = 30\text{kN}$，$F_3 = 25\text{kN}$，$F_4 = 40\text{kN}$。试用解析法计算合力。

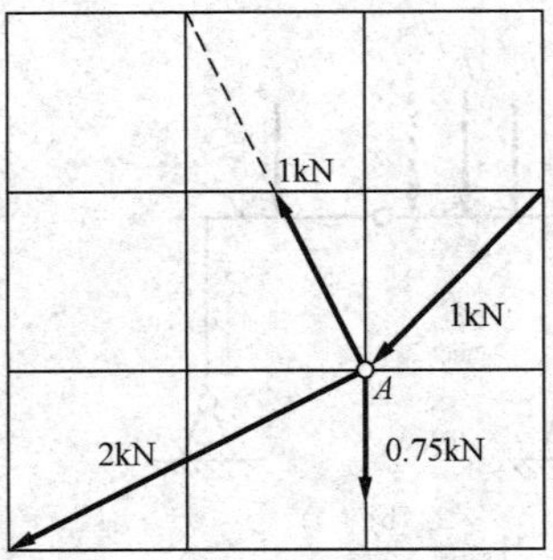

图 2 - 60

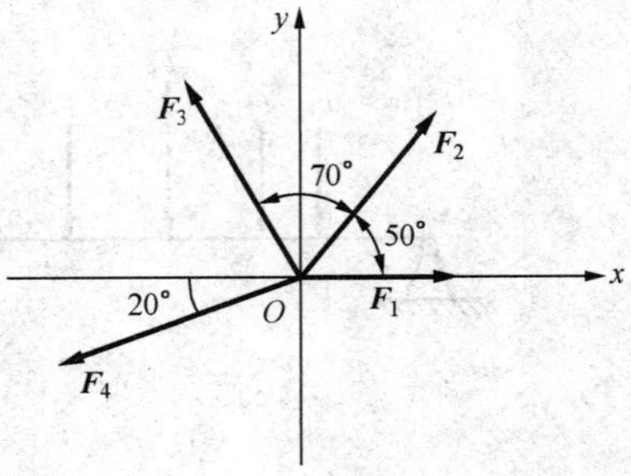

图 2 - 61

2 - 3　如图 2 - 62 所示，三角支架由杆 AB、AC 铰接而成，分别求出图 2 - 62 中 4 种情况下 AB、AC 所受的力（不计杆自重）。

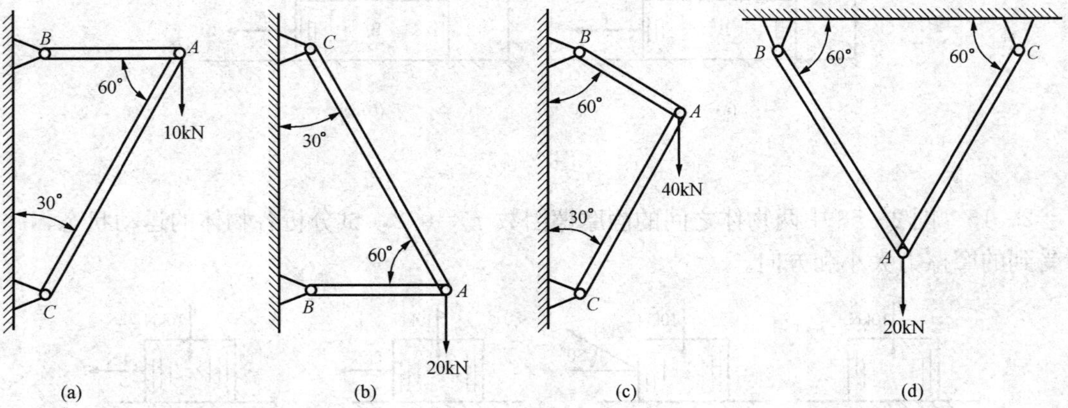

图 2 - 62

2 - 4　如图 2 - 63 所示，简易起重机用钢丝绳吊起重量 G=5kN 的重物，不计杆件自重、摩擦及滑轮大小，A、B、C 三处简化为铰链连接。求 AB 和 AC 所受的力。

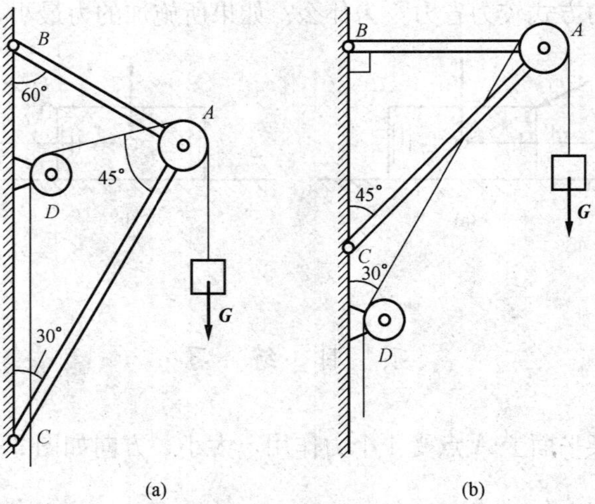

图 2 - 63

2-5 如图2-64所示，一物体受3个力偶作用，已知 $F_1=F_1'=80\text{kN}$，$F_2=F_2'=60\text{kN}$，$F_3=F_3'=70\text{kN}$，$d_1=80\text{cm}$，$d_2=40\text{cm}$，$d_3=50\text{cm}$。求其合力偶。

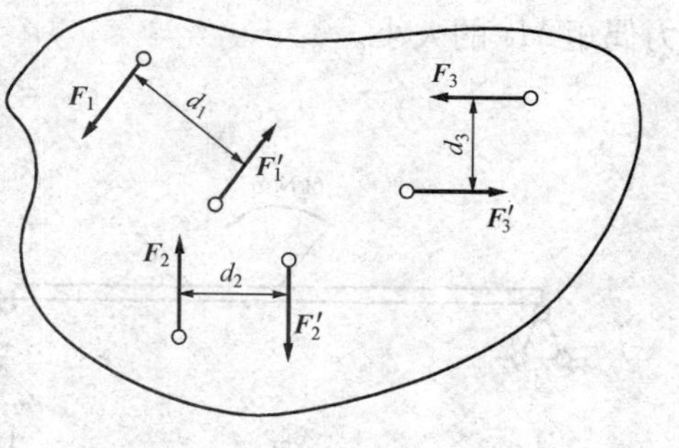

图2-64

2-6 各杆受力如图2-65所示，试求：

(1) 各杆所受的力偶矩；

(2) 各力偶分别对 A 点的矩；

(3) 各力偶分别对 B 点的矩；

(4) 各力偶分别在 y 轴上的投影。

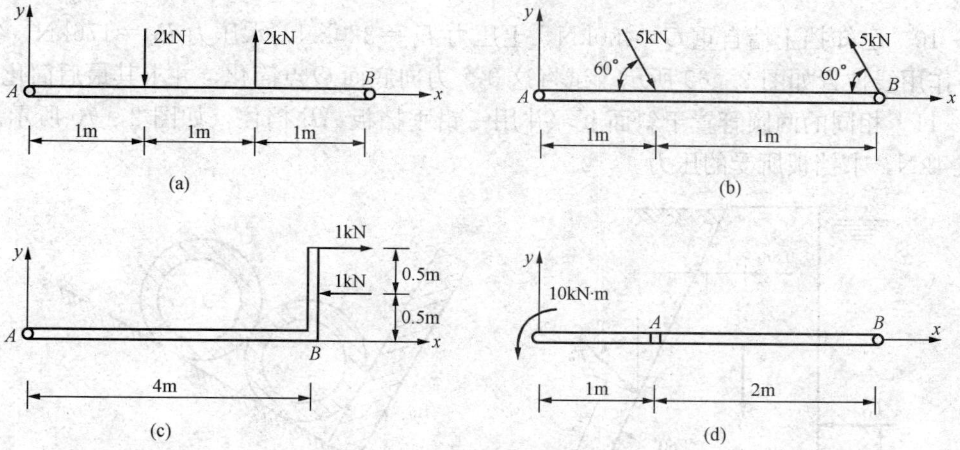

图2-65

2-7 一木板上装有直径为10mm的4个小滑轮 A、B、C、D。在滑轮上绕以绳索，并加拉力，如图2-66所示。已知 $F_1=200\text{N}$，$F_2=300\text{N}$，求作用在木板上4个力的合成结果。

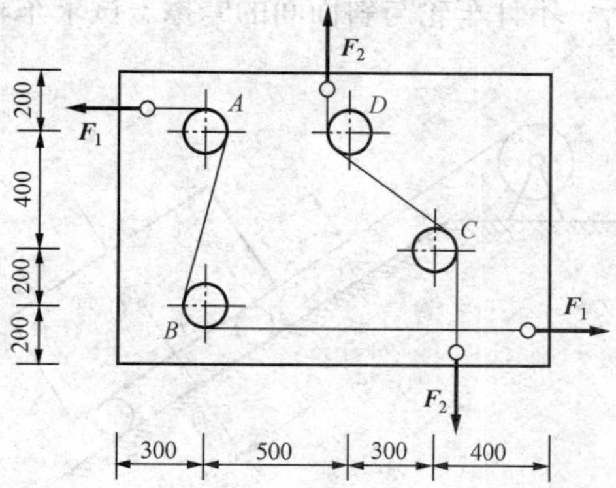

图2-66

2-8 简支梁如图2-67所示，求支座 A、B 处的反力。

2-9 铰链四连杆机构如图2-68所示，已知 $\overline{OA}=0.4\text{m}$，$\overline{O_1B}=0.6\text{m}$，作用在曲柄 OA 上的力偶矩 $M_1=2\text{kN}\cdot\text{m}$，不计杆重，若图示位置时处于平衡，求 AB 所受的力 F_{AB} 及

力偶矩 M_2 的大小。

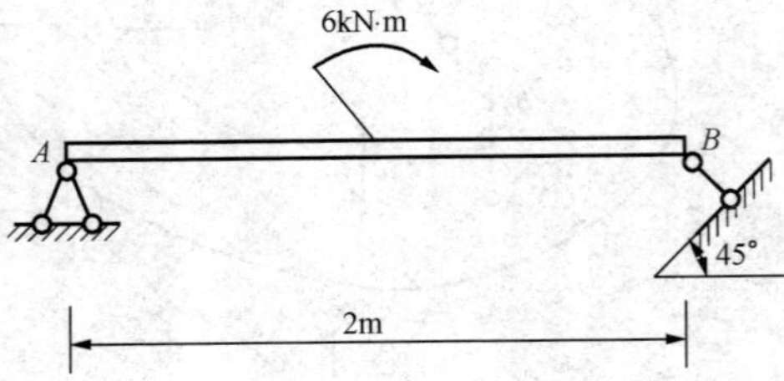

图 2-67

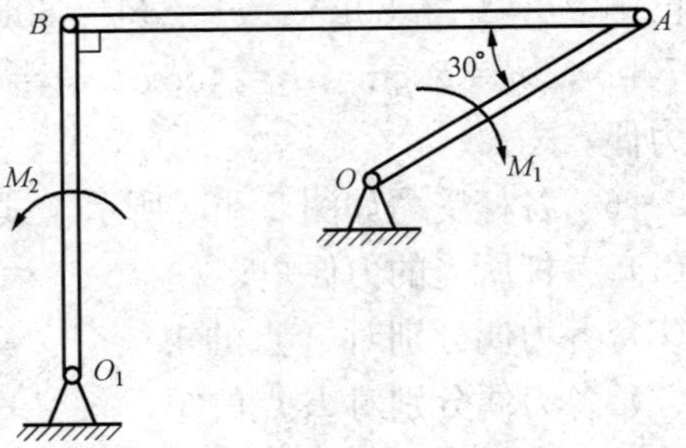

图 2-68

2-10　已知挡土墙自重 $G=400$kN，土压力 $F_P=320$kN，水压力 $F_Q=176$kN，各力的方向与作用线位置如图 2-69 所示。试将这 3 个力向底面 O 点简化，并求其最后简化结果。

2-11　相同的两圆管置于斜面上，并用一铅垂挡板 AB 挡住，如图 2-70 所示。每根圆管重 4kN，求挡板所受的压力。

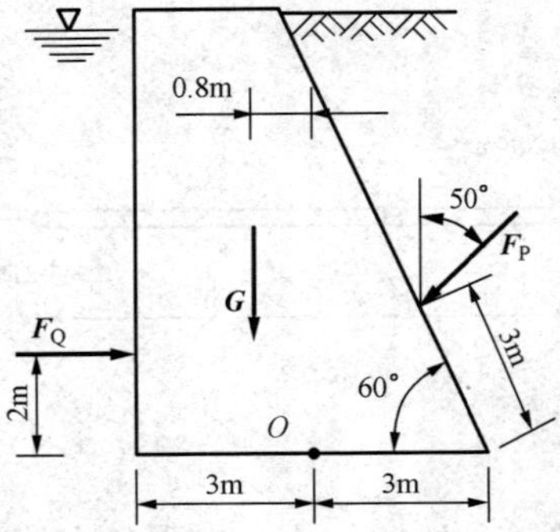

图 2-69

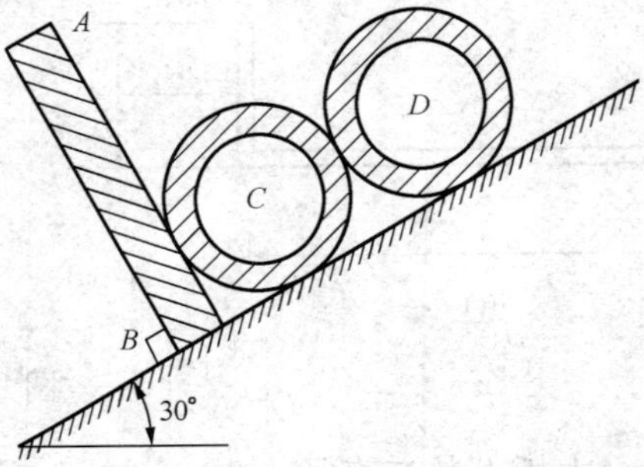

图 2-70

2-12　车厢重 G，由绕过绞车的钢索牵引沿斜面向上匀速运动，如图 2-71 所示。a、b、α 已知，钢索与斜面平行，不计车轮与斜面间的摩擦。试求车轮与斜面接触点 A、B 处的反力和钢索的拉力。

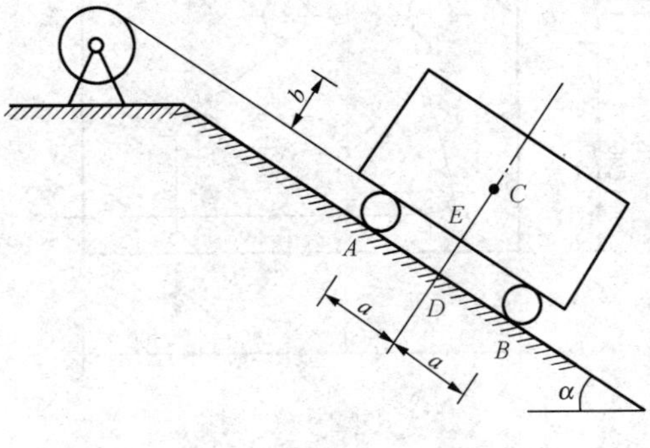

图 2-71

2-13　输电杆如图 2-72 所示，一端用混凝土砂浆固定于杯形基础中，若其上受力 $F=2$kN，荷载 $q=1$kN/m，自重 $G=40$kN，$a=0.1$m，$h=10$m，试求杆 A 端的约束反力。

2-14　如图2-73所示，变压器塔固定在支架A、B、C、D上。变压器塔总重力$G=20kN$，荷载$q=2kN/m$。为保证变压器塔平衡，试求A、B间的最小距离。

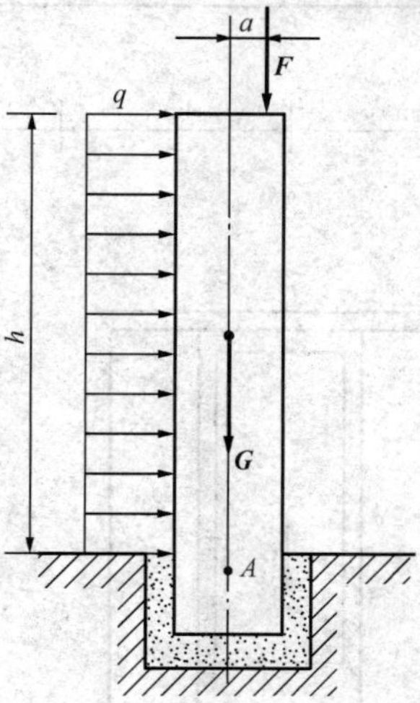

图2-72

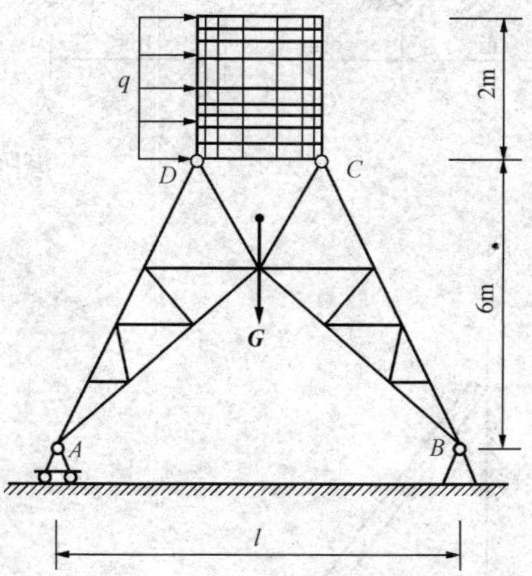

图2-73

2-15　试求图2-74中各梁的支座反力。已知$F=6kN$，$q=2kN/m$，$M=2kN\cdot m$，$a=1m$。

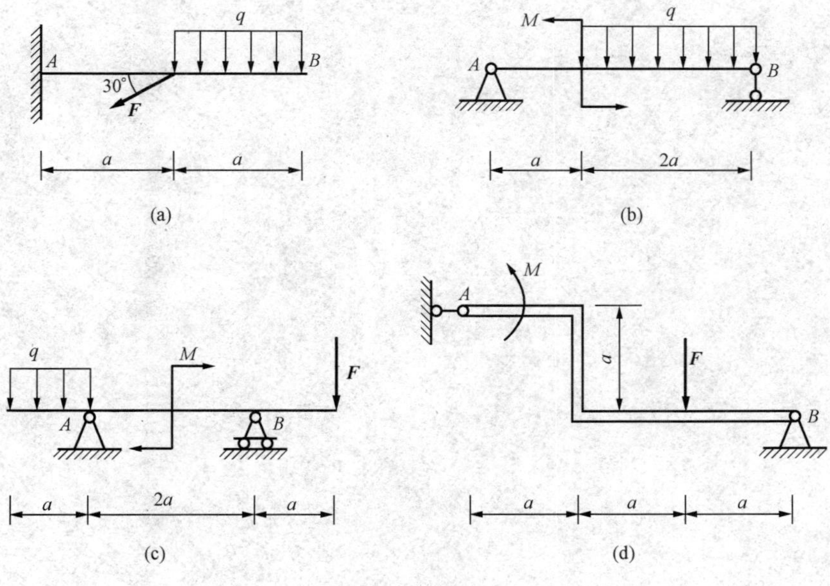

图2-74

2-16　求图2-75所示多跨静定梁支座反力及中间铰处的反力。

2-17　如图2-76所示，梯子AB重力为$G=200N$，靠在光滑墙上，梯子的长$l=3m$，已知梯子与地面间的静摩擦因数为0.3。今有一重为600N的人沿梯子向上爬，若$\alpha=60°$，求人能够达到的最大高度。

2-18　用逐渐增加的水平力F推一重力$G=500N$的衣橱，如图2-77所示。已知$h=1.3a$，$f_s=0.4$，问衣橱是先滑动还是先翻倒？调整h的值，使它只移不翻。

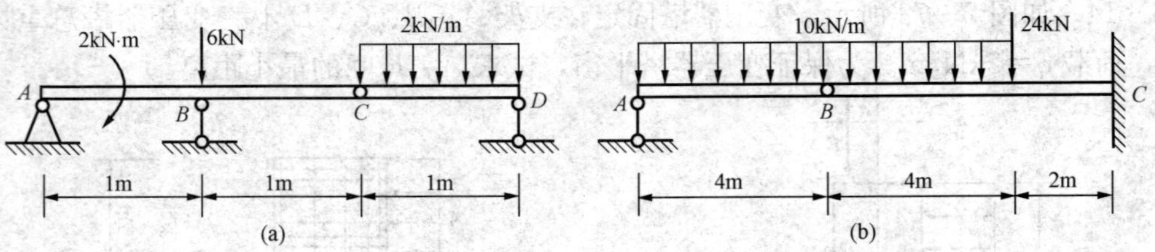

图 2-75

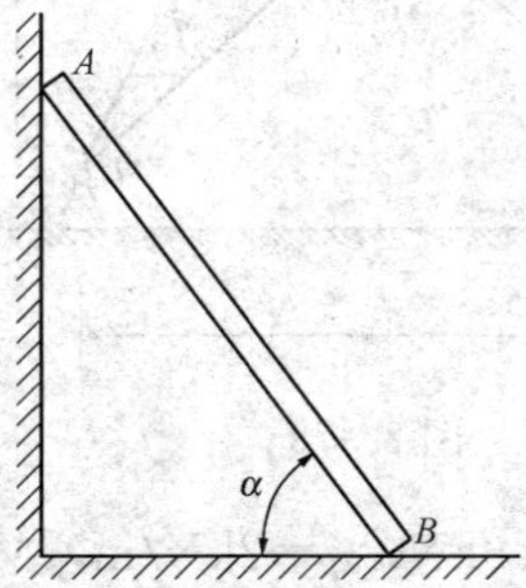

图 2-76

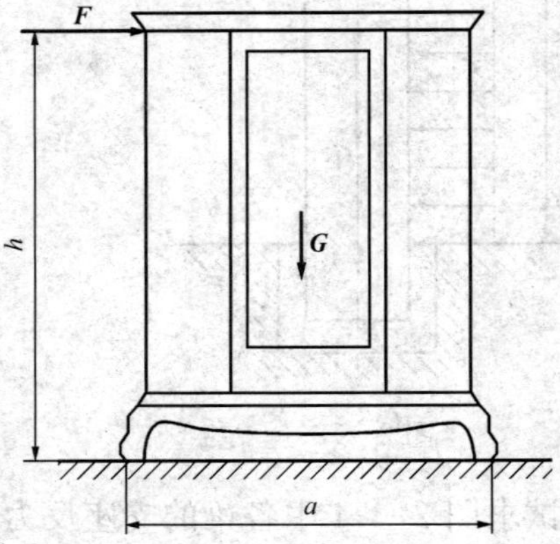

图 2-77

项目3　拉线、撑杆等轴向拉（压）杆的计算

学习目标

理解拉线、撑杆等轴向拉伸和压缩的概念及特点，掌握轴向拉压杆的内力计算并熟练绘制轴力图，掌握轴向拉压杆的应力计算以及变形计算，了解材料在拉伸和压缩时的力学性能，并理解材料的合理选用，熟练掌握轴向拉压杆的强度计算过程和计算方法。

典型任务——轴向拉压杆的计算

表3-1　典型任务分解表

架空输电线路的分合支架实例如图所示。已知：斜杆（撑杆）由2根（左右2根）50mm×50mm×5mm的等边角钢制成，与电线杆的角度为$\alpha=45°$，材料均为Q235钢，许用应力$[\sigma]=120MPa$。若支架上总荷载$F=10kN$，作用在距电线杆0.6m处，支架水平杆长为2m，外伸长度0.3m，完成下列任务	

任务分解

任务1	画出支架的计算简图
任务2	求每根斜杆（二力杆）横截面上的内力
任务3	求每根斜杆（二力杆）横截面上的应力
任务4	校核斜杆的强度是否足够
任务5	设计在此荷载作用下斜杆最经济的横截面尺寸
任务6	若斜杆的弹性模量$E=200GPa$，试计算其临界力
任务7	若要求稳定安全因数$n_{st}=2$，斜杆的稳定性是否满足要求

单元一　构件设计基本知识

一、变形的概念

前面在研究物体的平衡时，都忽略了物体的变形，把物体作为刚体来看待。在实际工程中，经常发生各种工程事故和安全事故，这些事故是怎么发生的呢？归根到底，都是因为物体受力以后发生的变形超过了一定的限度（甚至破坏）而引起的。虽然有时物体的变形很微小，但就是这样的小变形往往会造成很严重的事故，因此，物体的变形实际上是不能忽略的。那么，如何才能使实际工程中的物体在发生变形的同时正常地工作呢？这就是在构件设计中要解决的问题。

任何物体受力以后必然要发生变形，变形就是物体形状和尺寸的改变，包括弹性变形和塑性变形。

弹性变形是指外力消失变形即消失的变形。如图 3－1 所示，用一根很细的钢丝绳悬挂一个较轻的重物，钢丝绳会发生较小的伸长，如果去掉重物，钢丝绳又回到原长，这时钢丝绳发生的变形就是弹性变形。实际上这种弹性变形是一种理想的变形，自然界中并不存在这样的物体，只是工程中的有些材料（如金属、木材等），当外力不超过某一限度时，其变形在外力消失后，变形接近完全消失，可近似看成是理想的弹性变形。

塑性变形是指外力消失变形仍然保留下来的变形，也叫永久变形或残余变形。如图3－2所示，用一根很细的钢丝绳悬挂一个较重的重物，钢丝绳会发生较大的伸长，如果去掉重物，钢丝绳不能完全回到原长，这时钢丝绳就发生了塑性变形。这就是工程中起吊用的钢绳会越来越长的原因。

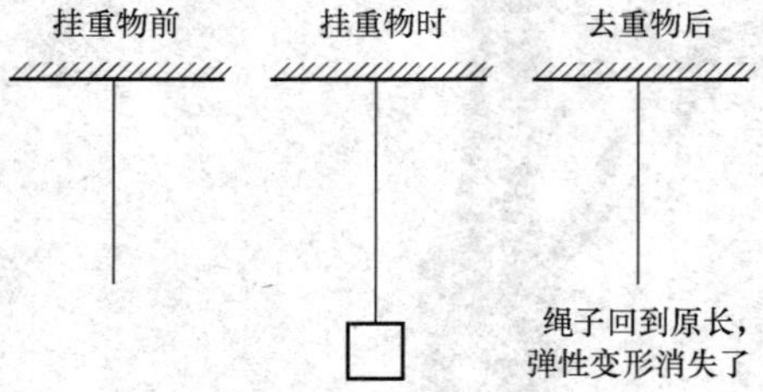

图 3－1

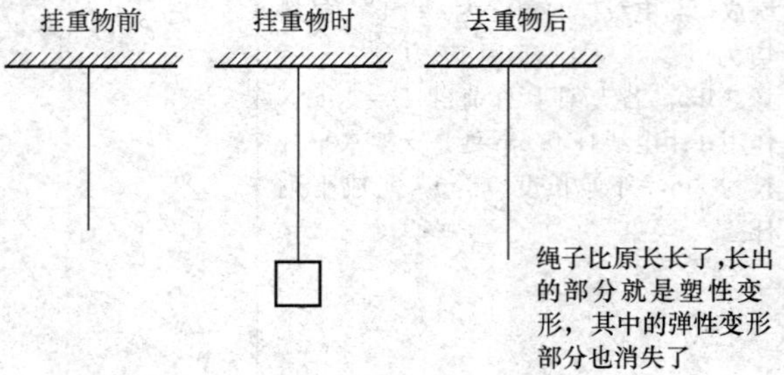

图 3－2

工程中的构件要正常工作，不能发生较大的弹性变形，往往更不允许发生塑性变形。

二、构件设计的对象

实际工程中的物体，其几何形状是多种多样的，要描述其大小，需要长、宽、高三个方向的尺寸，按照这三个方向尺寸的大小可以把物体分为三大类：杆件、板（壳）和块体。

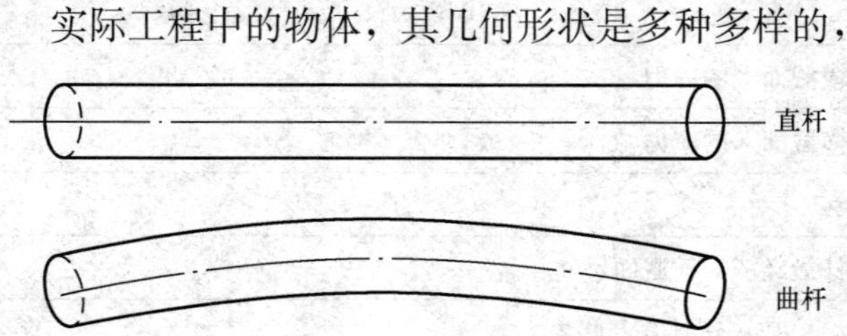

图 3－3　杆件

（1）杆件：某一个方向的尺寸远远大于另外两个方向的尺寸的构件。如图 3－3 所示，杆件轴线为直线的叫直杆，杆件轴线为曲线的叫曲杆。

（2）板（壳）：某两个方向的尺寸远远大于另外一个方向的尺寸的构件。中面为平面的叫板，如图 3-4（b）所示；中面为曲面的叫壳，如图 3-4（a）所示。

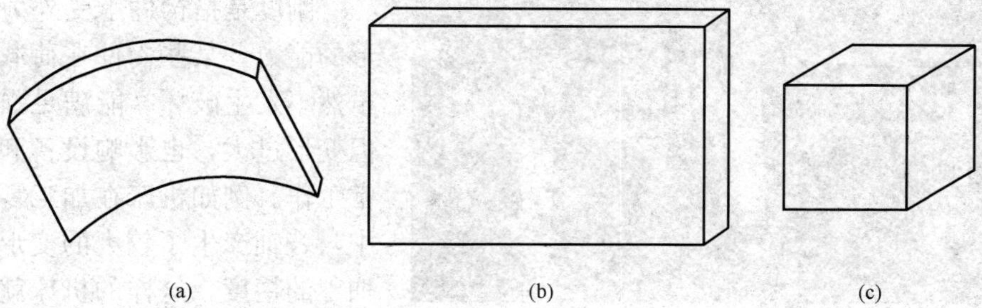

图 3-4

（3）块体：三个方向的尺寸差不多的构件。图 3-4（c）所示即为块体。

沿着杆件长度的方向称为纵向，垂直于杆件的长度的方向称为横向。垂直于长度方向的截面称为横截面，各横截面形心的连线称为杆件的轴线，如图3-5所示。

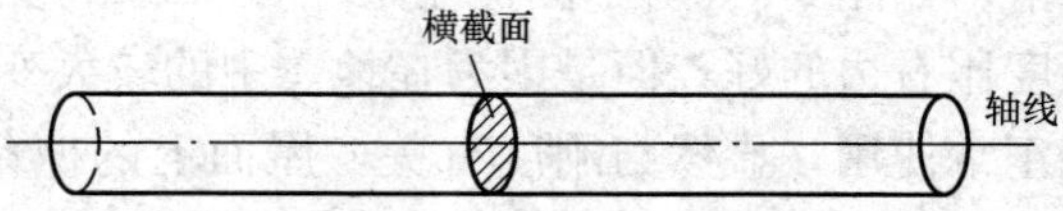

图 3-5

输电线路中的很多杆都是直杆，因此这里也只以直杆为研究对象。

三、作用在杆件上的外力与分类

作用在杆件上的外力是多种多样的，根据其作用面积的大小可以分为集中力、分布力、集中力偶三大类，如图 3-6 所示。

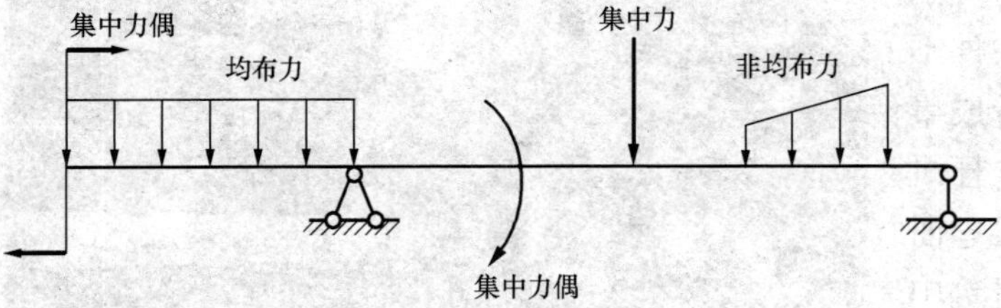

图 3-6

（1）集中力。力作用面相对于构件的尺寸而言很小，可以看成力是作用在一点。

（2）分布力。沿杆件的长度方向上分布的力。若沿杆件的长度方向上是均匀分布的力，则称为均匀分布力，简称均布力；若沿杆件的长度方向上不是均匀分布的力，则称为非均匀分布力，简称非均布力。

（3）集中力偶。集中作用在某处的力偶。

四、构件的承载能力

实际工程中的各种机械、设备和杆塔结构，都是由许多构件或零件组成的。这些构件的用途虽然不同，但工作时都会受到各种外力作用，为了保证结构能安全正常地工作，要求机械设备和结构中的每一个构件都应具有足够的承载能力。构件的承载能力由以下三个方面来衡量。

1. 强度

强度是指构件承受外力时抵抗破坏的能力。这种破坏包括断裂破坏和屈服破坏。强度有高低之分，如钢材的强度比木材高，因为在相同的荷载作用下，相同截面的木材比钢材更容易破坏。在荷载的作用下，构件不允许出现屈服、破损、断裂等现象。如图 3-7 所示的图片是“5·12”特大地震中受到破坏的房屋建筑，显然是强度问题造成的。各种工程事故的发生大部分都是因为构件在外力作用下，没有足够的抵抗破坏的能力而导致的。因此，构件的强度问题是构件设计时必须首先解决的问题。

图 3 - 7

2. 刚度

刚度是指构件承受外力时抵抗变形的能力。某些构件在荷载的作用下虽然不发生破坏（能满足强度要求），但变形过大，也影响设备和结构的正常工作。例如机床在加工零件的过程中，若轴产生了较大的变形，会影响加工的精度，这样的机床就不能使用了；楼板梁在荷载作用下产生的变形过大时，就会使下面的抹灰层开裂、脱落。如图 3 - 8 所示图片也是“5·12”特大地震中受到破坏的房屋建筑，左边那栋建筑的强度比右边的好，但是因为在地震中的较大变形而产生了表面灰层开裂、脱落，造成房屋不能正常使用，显然与刚度有关。屋面上的檩条变形过大时，就会引起屋面漏水。合格的构件，在荷载作用下产生的变形应该在允许的范围内，也就是说构件应具有足够的刚度。

3. 稳定性

图 3 - 8

稳定性是指构件承受外力时保持原有平衡状态的能力。实际工程中，某些受压的细长的杆件，虽然强度和刚度都能满足要求，但往往因为受到压力作用而产生弯曲，从而使构件不能正常工作，甚至发生折断，造成事故。例如在输电线路施工中，立杆机的抱杆必须考虑其受压时是否弯曲（失稳）。又如房屋建筑和桥梁建筑中的柱（受压），如果过细、过高就可能因失去稳定性而使整个建筑发生破坏。因此，对受压的直杆，要求具有保持原有直线平衡状态的能力，这就是压杆的稳定性要求。

构件的强度、刚度和稳定性统称为构件的承载能力。为提高构件的承载能力，可以通过选用优质材料和加大构件尺寸等办法来解决。但这样做成本增高，构件自重增大，造成浪费。构件设计的目的就是要合理地解决构件的承载能力问题。

构件设计的任务就是研究构件在外力作用下的内力、应力、变形，建立相应的强度、刚度和稳定性条件，在满足构件的强度、刚度和稳定性要求的前提下，为构件选择合理的材料、合适的截面形状和尺寸、确定允许的荷载，以保证构件安全经济地工作。当然，这里的安全是指一定程度的安全，经济也只是一定的安全程度基础上的相对经济。因此，对设计人员来说，设计的构件要在满足构件安全工作的基础上，适当地节约材料，降低构件的成本。任何物体在过大的力作用下都会因为发生变形而最终导致破坏，应该具体问题具体分析。

五、变形固体的基本假设

任何物体在力的作用下都会发生形状和尺寸的改变，在构件设计时，受力物体的这种几何形状和尺寸的变化是不能忽略的。因此，受力构件不能再看成刚体，而应该看成变形固体。这里将主要研究构件在弹性范围内的小变形。

为了便于在理论方面的研究，将实际中较为复杂的变形固体作如下基本假设。

1. 均匀连续性假设

假设组成变形固体的内部粒子是连续不断的、均匀的，而且物体内部各部分的力学性质完全相同。从微观来看，物体内部各粒子之间是有空隙的，各组成部分的力学性质也是不同的，但从宏观来看，这些差异是完全可以忽略不计的。由于构件设计的理论是建立在均匀连续性假设基础之上的，因此，在实际工程中，就要求施工人员或构件加工人员应该使构件材料尽量均匀、连续，以满足关于变形固体的均匀连续性假设，从而保证按照构件设计理论设计的构件的安全性。

2. 各向同性假设

假设变形固体沿各个方向的力学性能是相同的。从微观来看，实际物体沿不同的方向其力学性质并不相同，但是宏观研究中，很多物体的力学性质沿不同方向表现出的差别极小，因而可以看成是各向同性的，如钢材、塑料、搅拌和浇注很好的混凝土等。当然，实际工程中有一些材料是明显表现出各向异性的力学性质，如木材、纤维织品、纤维增强复合材料等，其纵向和横向的力学性能有很大差别。对这类材料，只能沿不同的方向分别考虑承载能力等问题。

均匀连续性假设和各向同性假设是对实际物体的一种科学的抽象，实践证明，根据这两个假设建立的理论，基本上符合构件在外力作用下的真实表现，因而这两个假设是适用的、正确的。

3. 小弹性变形假设

假设构件的变形和本身尺寸相比较是微小的，而且，外力在一定限度内，发生的是完全弹性变形。在研究构件的平衡和运动问题时，可以把这部分变形忽略不计。因此，在计算构件的变形之前，利用平衡方程计算构件的反力时，是以构件的原始尺寸来计算的。

六、内力与截面法、应力的概念

1. 内力

所谓内力，从广义上讲，是指物体内部各粒子之间的相互作用力。正因为这种内力的存在，物体才能“凝聚”在一起而成为一个整体。显然，即使无荷载作用时，这种相互作用力也是存在的，因而，这种内力也叫广义内力。

在荷载的作用下，物体内部粒子的排列发生了改变，粒子间相互的作用力也会发生改变。这种由于荷载作用而产生的粒子间作用力的改变量，称为附加内力。构件设计中所研究的正是这种附加内力，简称为内力。这种内力越大，变形也越大，当内力超过一定限度时，物体就会发生破坏。因此，杆件内力的计算及内力在杆件内的分布情况，是解决杆件强度、刚度和稳定性的基础。构件设计时通常研究的是杆件横截面上的内力。

2. 截面法

由于内力是“隐藏”在物体内部的，如果假想地用一个截面把物体“切开”，将物体分成两部分，“切开”处物体的内力就暴露出来了，取其中的某一部分来研究，画出其受力图，根据研究部分的平衡建立平衡方程，求出其内力，这种方法叫截面法。

3. 应力

对横截面大小相同的杆件而言，内力大的杆件易于被破坏，这是显而易见的。因而，内力大小是决定杆件是否会破坏的一个重要因素，但这不是决定性的因素。在同样大小的拉力作用下，横截面积大的杆件不易被拉断，而横截面积小的杆件很容易被拉断。这是因为，对于横截面积大的拉（压）杆件，横截面上各点处负担的内力较小。反之，横截面积小的，各点处负担的内力较大，因而易于破坏。杆件是否破坏，起决定作用的因素不是内力，而是内力在横截面上分布的密集程度（简称为集度）。横截面上一点内力的集度，称为该点的应力。

在不同的受力情况下，内力在横截面上分布的密集程度（应力）是不一样的，为了准确地描述内力在横截面上分布的情况，需要建立应力的概念。

如图 3 - 9（b）所示为一受力物体沿 m—m 截面切开后取出的左部分，现在截面 m—m 上围绕 o 点取一微小的面积 ΔA，设 ΔA 上的合力为 Δp，则 Δp 与 ΔA 之比称为 ΔA 上的平均应力，用 p_{m} 表示

$$p_{\mathrm{m}} = \frac{\Delta p}{\Delta A}$$

当 ΔA 趋于零时，平均应力 p_{m} 的极限称为 m—m 上 O 点的全应力，用 p 表示，即

$$p = \lim_{\Delta A \to 0} \frac{\Delta p}{\Delta A}$$

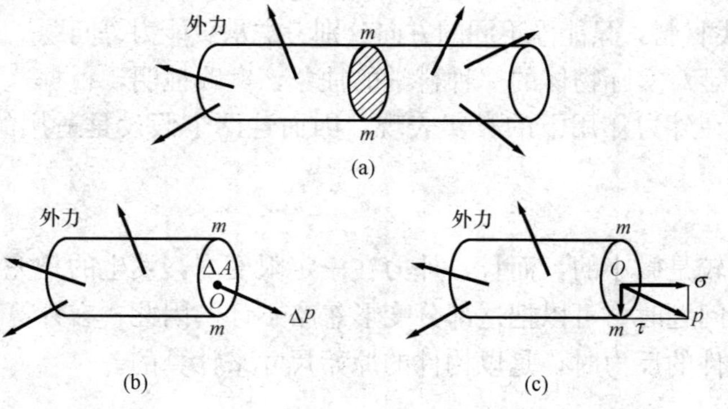

图 3 - 9

应力即为单位面积上的内力，它反映了内力在截面上分布的密集程度。应力分为正应力和切应力（也称为剪应力），它是截面上某点的全应力沿截面两个不同方向（法线方向和切线方向）的分量，如图 3 - 9（c）所示。

（1）正应力。沿着截面法线方向的应力，通常用 σ 表示。正应力会使两截面之间的距离发生变化。

（2）切应力。沿着截面切线方向的应力，通常用 τ 表示。切应力会使两截面之间发生相对的错动。

应力（包括正应力和切应力）的单位是为帕斯卡（Pascal），简称帕，用 Pa 表示。工程中常用的应力单位还有 kPa（千帕）、MPa（兆帕）和 GPa（吉帕），它们之间的关系为

$$1\mathrm{kPa} = 10^3\,\mathrm{Pa}$$
$$1\mathrm{MPa} = 10^6\,\mathrm{Pa} = 1\mathrm{N/mm^2}$$
$$1\mathrm{GPa} = 10^9\,\mathrm{Pa}$$

七、杆件变形的基本形式

由于杆件所受外力是很复杂的，因而杆件的变形也是多种多样的。分析各种变形的受力特点，可以把杆件的变形分为如下 4 种基本形式。

1. 轴向拉伸和压缩［见图 3 - 10（a）］

这种变形的主要特点是：所受外力与杆件的轴线重合。图 3 - 10（b）所示是输电线路

上的塔架（桁架），其中的所有杆件均简化为二力杆，也就是发生轴向拉压的杆件。图3－10（c）所示是常见的放置水管的柱，也是发生轴向压缩的杆件。另外，工程和生活中常用的绳索、输电线路中的拉线、撑杆、抱杆等都是发生轴向拉伸（或压缩）的杆件。

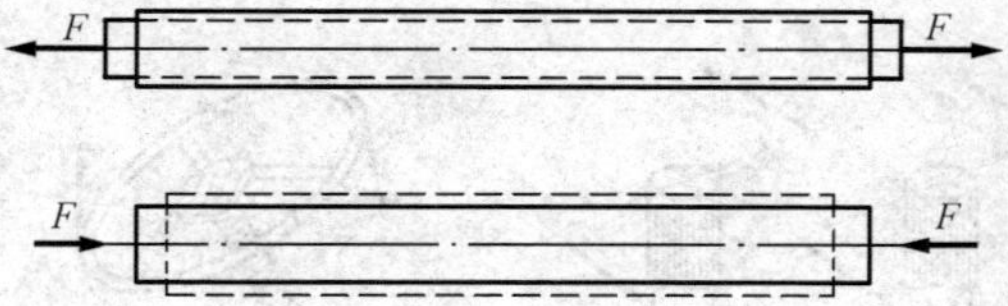

(a)

(b)

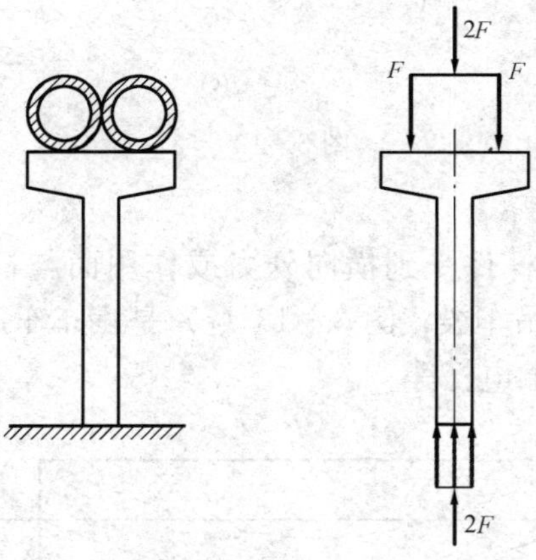

(c)

图3－10

2．剪切和挤压［见图3－11（a）］

这种变形的主要特点是：受到一对等值、反向、作用线相距很近的力作用。生活中常用剪刀来剪东西，这是最常见的剪切变形。图3－11（b）所示是工程中常见的铆钉连接（类似的还有螺栓连接、销钉连接等），其中的铆钉发生的就是剪切变形。

3．扭转［见图3－12（a）］

这种变形的主要特点是：杆件受到的力偶的作用面与杆件的轴线垂直。如图3－12（b）～图3－12（d）

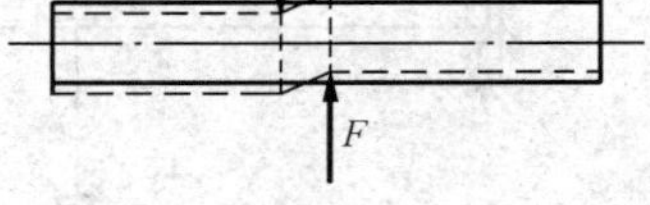

(a)

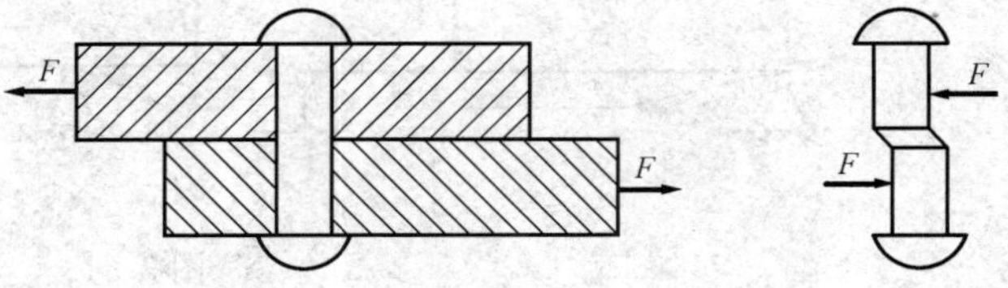

(b)

图3－11

中的皮带轮的轴以及工程中常见的其他转轴、生活中常用的改刀、汽车上的方向盘上的轴等。

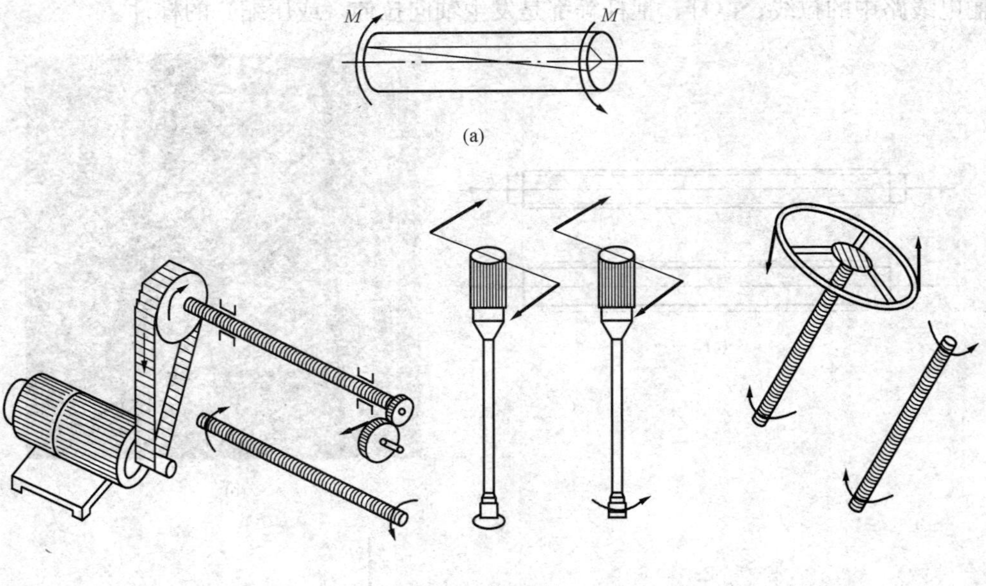

(a)　(b)　(c)　(d)

图 3 - 12

4. 弯曲［见图 3 - 13（a）］

这种变形的主要特点是：杆件受到横向外力或作用面与杆轴线共面的力偶作用。图 3 - 13（b）所示是常见的桥式吊车梁，图 3 - 13（c）是汽车车厢下的轮轴，以及房屋建筑中常见的梁、在风载作用下的输电杆等。

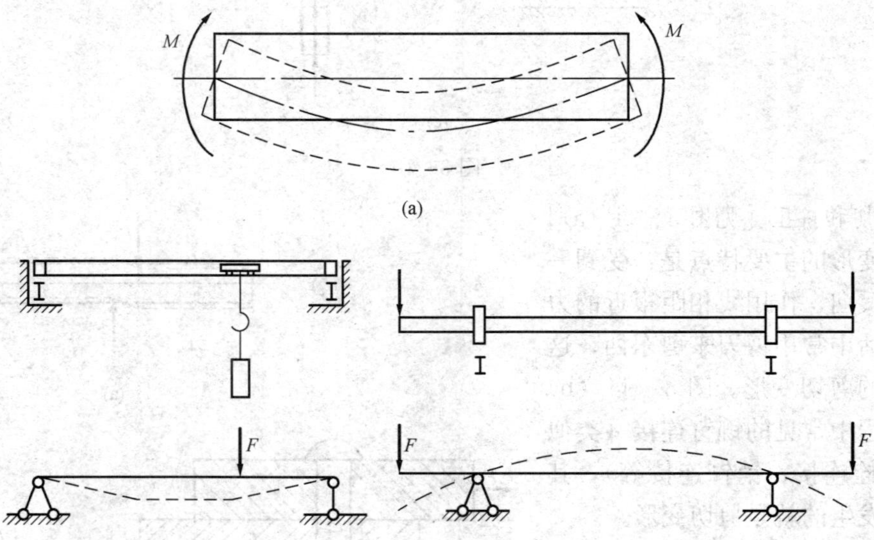

(a)　(b)　(c)

图 3 - 13

实际上，杆件的变形是很复杂的，但是各种复杂的变形都可以看成上述基本变形的组合。因此，4 种基本变形是本书的主要研究内容。

单元二　轴向拉压杆的内力及内力图

一、轴向拉压的受力特点

轴向拉伸和压缩简称为轴向拉压，其受力特点是外力（或外力的合力）与杆件的轴线重合。如图 3 - 14（a）所示为外力与杆件的轴线重合，图 3 - 14（b）所示为外力的合力与杆件的轴线重合。

当然，杆件上受到的外力还可以是很多个。

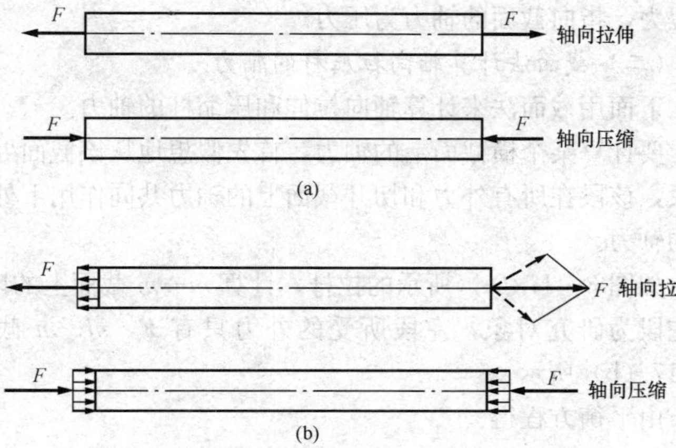

图 3 - 14

二、轴向拉压的变形特点

杆件发生轴向拉伸时，纵向伸长而横向缩小，如图 3 - 15（a）虚线所示。杆件发生轴向压缩时，纵向缩短而横向扩大，如图 3 - 15（b）虚线所示。

工程中有许多产生轴向拉伸和压缩变形的实例。例如图 3 - 16（a）所示，支架的拉杆和撑杆都是二力杆，均产生轴向拉伸或压缩变形。此外，如支撑管道的支柱产生轴向压缩变形，起吊和悬挂物体所用的绳索、输电线路中的拉线和导线以及撑杆、立杆中的抱杆等。工程中的很多柱、悬拉桥上的钢绳或拉杆、汽缸中的活塞杆、液压启闭器的活塞杆［见图 3 - 16（b）］等，都产生轴向拉压变形。

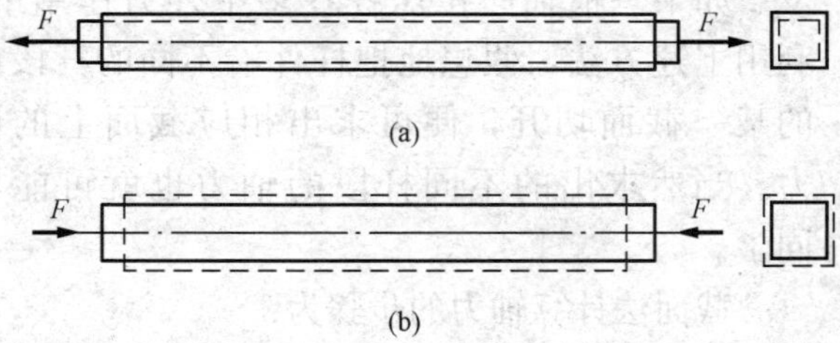

图 3 - 15

(a)　　(b)

图 3 - 16

三、轴向拉伸和压缩杆件的内力计算

（一）轴力的概念

由于轴向拉伸和压缩所受到的外力（或外力的合力）与杆件的轴线重合，用截面法计算其内力时，所取的研究段的外力与内力平衡，因此，轴向拉伸和压缩的内力与杆件的轴线重合，这种内力叫轴力，用 $\boldsymbol{F}_{\mathrm{N}}$ 表示。

一般规定，轴力是拉力时为正，轴力是压力时为负。画受力图时，箭头离开截面的轴力为拉力，指向截面的轴力为压力。

（二）截面法计算轴向拉压杆的轴力

下面用截面法来计算轴向拉伸和压缩杆的轴力。

要计算某个横截面上的轴力，首先假想地从该截面处将杆件切为两段，任取一段为研究对象，该段在所有外力和切开截面上的轴力共同作用下处于平衡状态，通过平衡方程求出杆件的轴力。

如图 3 - 17（a）所示的拉杆，计算 $m—m$ 截面上的内力。假想地将杆从 $m—m$ 处截开，选左段为研究对象，左段所受的外力只有 $\boldsymbol{F}$，$m—m$ 截面上的内力应该与 $\boldsymbol{F}$ 平衡，如图 3 - 17（b）所示。

由平衡方程得

$$-F+F_{\mathrm{N}}=0,\quad F_{\mathrm{N}}=F$$

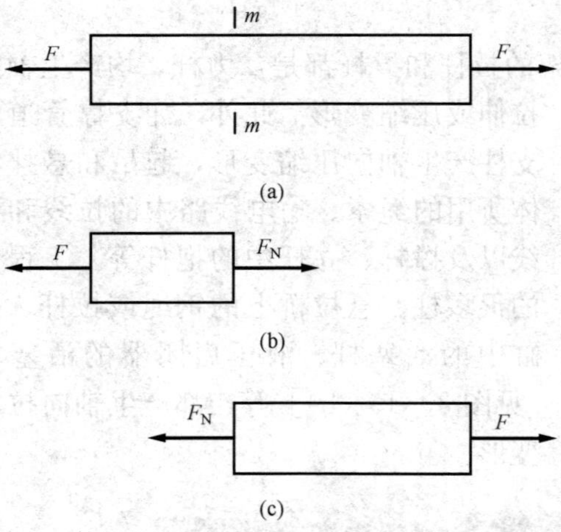

图 3 - 17

若选用右段分析，也可以得到相同的结果，如图 3 - 17（c）所示。

如果一根轴向拉压杆在多个外力作用下，利用上述方法，假想地把杆件沿不同的杆段内的某一截面切开，便可求出相应截面上的内力。当然求出的不同杆段的轴力也就可能不同了。

截面法计算轴力的步骤为：

（1）用一平面在所求内力处假想地将杆件切开，分为两部分。

（2）任取其中一部分为研究对象，画出受力图（轴力一般假设为正，即箭头离开截面的拉力）。

（3）利用平衡方程求出内力。

（三）轴力图

从上面的分析可知，杆件上不同截面的轴力可能是不同的，为了清楚地表达杆件上各截面的轴力随截面位置的变化情况，可以采用轴力图来表达杆件各截面的轴力随截面位置的变化的规律。用平行于杆轴线的坐标轴表示截面位置，垂直于杆轴线的坐标表示轴力的大小，标明“＋、－”符号，按一定比例绘出图形，该图形称为轴力图。

【例 3 - 1】 求图 3 - 18（a）中 1—1、2—2 截面上内力，并作出轴力图。已知：$F_1=6\mathrm{kN}$，$F_2=10\mathrm{kN}$，$F_3=4\mathrm{kN}$。

解 （1）求 1—1 截面上的轴力。从 1—1 截面处切开，取左段为研究对象，受力如图

3 - 18（c）所示，则

$$\sum F_x = 0,\quad F_1 + F_{N1} = 0$$

$$F_{N1} = -F_1 = -6\text{kN}(\text{压力})$$

（2）求 2—2 截面上的轴力。从 2—2 截面处切开，取右段为研究对象，受力如图 3 - 18（d）所示，则

$$\sum F_x = 0,\quad -F_{N2} + F_3 = 0$$

$$F_{N2} = -F_3 = 4\text{kN}(\text{拉力})$$

用截面法可求出任意截面的轴力。由此例很容易得出：AB 段内各截面的轴与 F_{N1} 相等，BC 段内各截面的轴力与 F_{N2} 相等。

（3）作出轴力图，如图 3 - 18（b）所示。

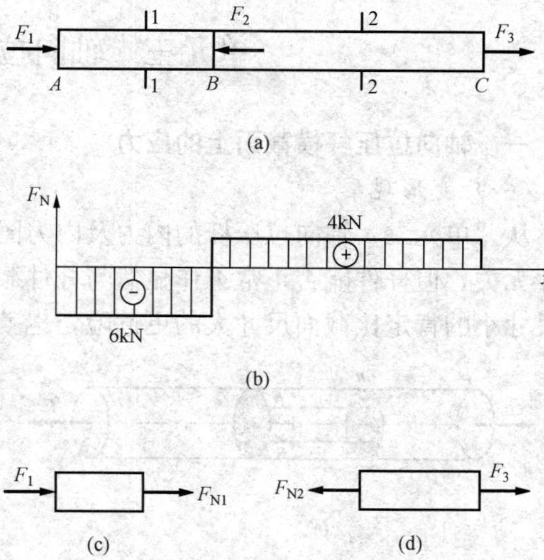

图 3 - 18

【例 3 - 2】　图 3 - 19（a）所示杆件，绘出轴力图。已知：F_1=70kN、F_2=20kN、F_3=10kN。

解　［例 3 - 1］表明，各截面轴力的大小仅与杆件上所受外力的大小和各外力的作用点有关，与截面面积的变化无关。EB 段仅在 E、B 两处作用有外力。虽然 EC 段和 CB 段截面有变化，但是 EB 段各截面的轴力是相等的。轴力图作图步骤如下：

（1）求截面 1—1、2—2、3—3 的轴力。

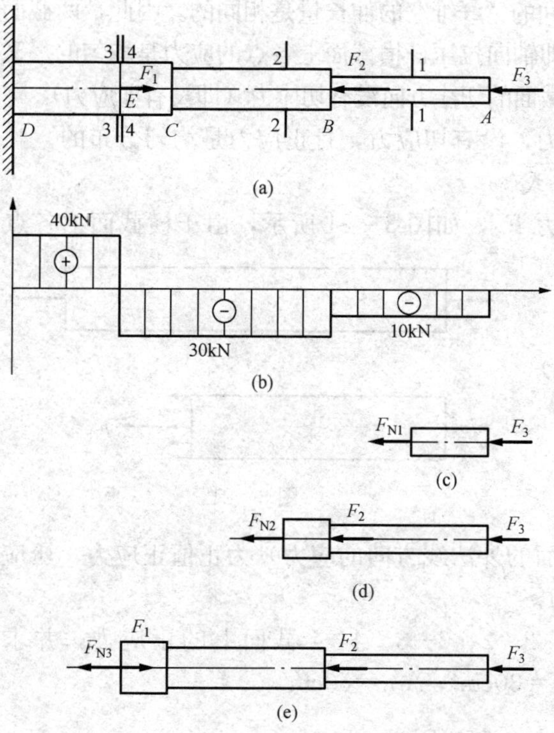

图 3 - 19

对图 3 - 19（c），有

$$\sum F_x = 0,\quad -F_{N1} - F_3 = 0$$

所以 $F_{N1} = -F_3 = -10(\text{kN})(\text{压力})$

对图 3 - 19（d），有

$$\sum F_x = 0, -F_{N2} - F_2 - F_3 = 0$$

所以　$F_{N2} = -F_2 - F_3$

$= -20 - 10 = -30(\text{kN})$（压力）

对图 3 - 19（e），有

$$\sum F_x = 0, -F_{N3} + F_1 - F_2 - F_3 = 0$$

所以　$F_{N3} = F_1 - F_2 - F_3$

$= 70 - 20 - 10$

$= 40(\text{kN})$（拉力）

（2）绘出轴力图，如图 3 - 19（b）所示。

请思考：

（1）为什么可以不求 4—4 截面的轴力？

（2）对于求各截面的轴力，若选择左段为研究对象应怎么计算？

单元三　轴向拉压杆的应力计算

一、轴向拉压杆横截面上的应力

（一）变形观察

从“单元二　轴向拉压杆的内力及内力图”可知，轴向拉压杆的轴力与杆件截面形状和尺寸无关，但杆件能否正常工作显然与杆件截面形状和尺寸有关。如果材料选定了，杆件截面尺寸小的肯定比截面尺寸大的更危险，也就是说，同样大小的轴力，在尺寸不同的截面上体现出来的应力是不相同的，那么对轴向拉压杆而言，其横截面上的应力是如何分布的呢？应力是看不见的，能够看见的是变形，下面通过一根轴向拉伸杆件的变形演示来分析其应力分布规律。

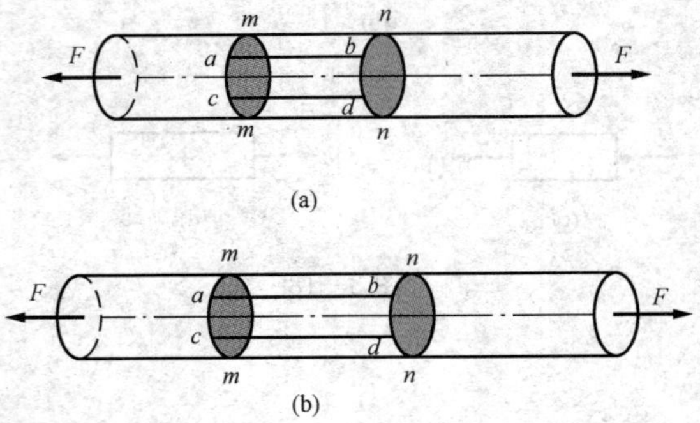

图 3 - 20

如图 3 - 20（a）所示的轴向拉伸杆件，在其表面画有两条平行的纵向线 ab 和 cd，以及两条平行横向线 mm 和 nn（代表两个横截面），通过观察发现，两条平行横向线在变形后仍然保持平行，且方位不变，形状也没改变，只是所代表的两个横截面变小了，当然两截面之间的距离变大了，如图 3 - 20（b）所示。

（二）轴向拉压杆横截面上的应力分布规律

由变形观察可知，轴向拉伸后，两截面之间的“纤维”的伸长量是相同的。因此，两截面之间的每一根“纤维”所受到的拉力是相同的，即轴向拉压杆横截面上各点的应力是均匀的。又由于两平行横向线并没有相对错动，因此，沿横截面的切线方向没有切应力（即没有剪应力）。

结论：轴向拉压杆的横截面上只有正应力，没有切应力，且正应力是均匀分布的。

（三）轴向拉压杆横截面上的应力计算公式

均匀分布的应力组成了轴向拉压杆的轴力 F_N，如图 3 - 21 所示，由于横截面上各点的正应力是相等的，所以有

$$\sigma A = F_N$$

因此
$$\sigma = \frac{F_N}{A} \tag{3 - 1}$$

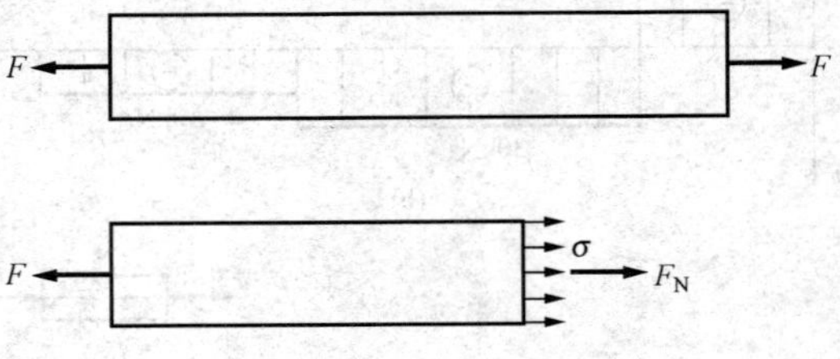

图 3 - 21

式中　F_N——该横截面上的轴力；

A——该横截面的面积；

σ——该横截面上的正应力。

正应力有正负之分，规定拉应力（沿截面的外法线方向的应力）为正值正应力，压应力（沿截面的内法线方向的应力）为负值正应力。

【例 3 - 3】　试计算图 3 - 19 中 1—1、2—2、3—3、4—4 截面上的正应力，并求出 $|\sigma|_{max}$。已知图 3 - 19 中，$A_{AB}=20cm^2$，$A_{BC}=30cm^2$，$A_{CD}=50cm^2$。

解
$$\sigma_{1-1} = \frac{F_{N1}}{A_{AB}} = \frac{-10\times10^3}{20\times10^2} = -5(\text{MPa})$$

$$\sigma_{2-2} = \frac{F_{N2}}{A_{BC}} = \frac{-30 \times 10^3}{30 \times 10^2} = -10(\text{MPa})$$

$$\sigma_{3-3} = \frac{F_{N3}}{A_{CD}} = \frac{40 \times 10^3}{50 \times 10^2} = 8(\text{MPa})$$

$$\sigma_{4-4} = \frac{F_{N4}}{A_{CD}} = \frac{-30 \times 10^3}{50 \times 10^2} = -6(\text{MPa})$$

$$|\sigma|_{\max} = 10\text{MPa}$$

【例3-4】 图3-22（a）所示圆截面直杆，直径$d=2$cm，求出各段的正应力及$|\sigma|_{\max}$。

解 （1）作轴力图，如图3-22（b）所示（过程略）。

（2）求各段的正应力。

$$\sigma_{AB} = \frac{F_{NAB}}{A} = \frac{-2 \times 10^3}{\frac{\pi d^2}{4}} = \frac{-2 \times 10^3}{\frac{3.14 \times 20^2}{4}} = -6.37(\text{MPa})$$

$$\sigma_{BC} = \frac{F_{NBC}}{A} = \frac{1 \times 10^3}{\frac{\pi d^2}{4}} = \frac{1 \times 10^3}{\frac{3.14 \times 20^2}{4}} = 3.18(\text{MPa})$$

$$\sigma_{CD} = \frac{F_{NCD}}{A} = \frac{-4 \times 10^3}{\frac{\pi d^2}{4}} = \frac{-4 \times 10^3}{\frac{3.14 \times 20^2}{4}} = -12.73(\text{MPa})$$

$$|\sigma|_{\max} = 12.73\text{MPa}$$

注意：在计算应力的过程中应特别注意单位的换算统一。长度单位用mm，力的单位用N，则应力的单位为MPa；长度的单位用m，力的单位用N，则应力的单位为Pa。

二、轴向拉压杆斜截面上的应力计算

轴向拉压杆有时不是沿横截面破坏，如铸铁在压缩时就是沿与轴线成大约45°的斜截面破坏。因此，轴向拉压杆的强度分析，还应考虑除横截面外的其他截面上的应力。如图3-23（a）所示的轴向拉压杆，为分析与横截面成α角的斜截面（n—n截面）上的应力，用一假想的截面将杆件从n—n处切开，取左段研究，其受力图如图3-23（b）所示。

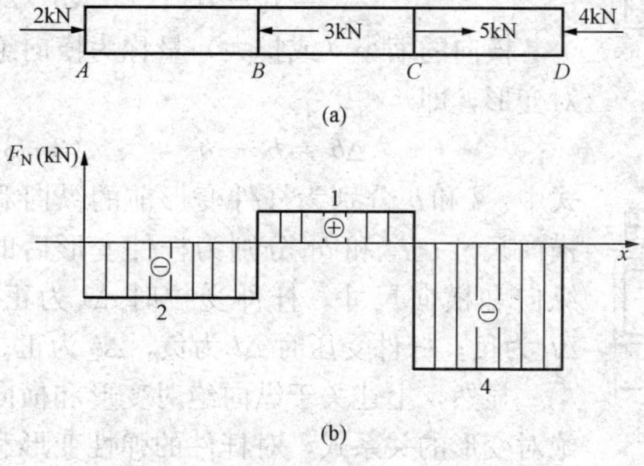

图3-22

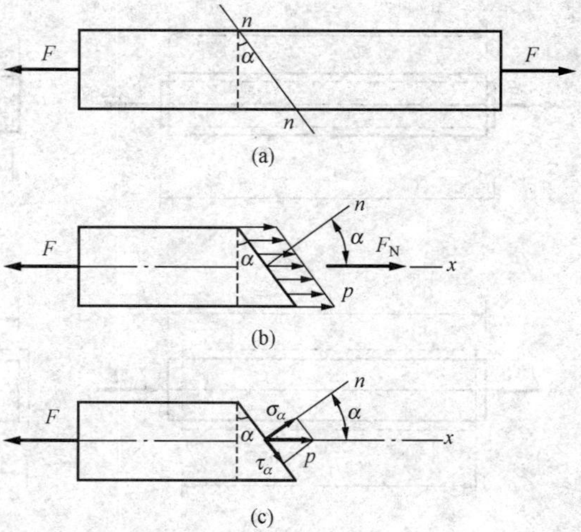

图3-23

由平衡方程可得

$$-F+F_N=0$$

即 $$F_N=F$$

如果斜截面面积为 A_α，则

$$pA_\alpha=F_N$$

即 $$p=\frac{F_N}{A_\alpha}$$

由于斜截面面积和横截面面积之间有 $A=A_\alpha\cos\alpha$（想一想这一关系是怎样得来的），所以

$$p=\frac{F_N}{A_\alpha}=\frac{F_N}{\dfrac{A}{\cos\alpha}}=\frac{F_N}{A}\cos\alpha=\sigma\cos\alpha$$

p 就是斜截面 n—n 上的全应力，如果将这一应力沿斜截面的法线和切线方向分解［见图 3-23（c）］可得此斜截面上的正应力（σ_α）和切应力（τ_α）

$$\sigma_\alpha=p\cos\alpha=\sigma\cos^2\alpha$$

$$\tau_\alpha=p\sin\alpha=\sigma\sin\alpha\cos\alpha=\frac{1}{2}\sigma\sin2\alpha$$

当 $\alpha=45°$时，$\sin2\alpha=1$，τ_α 为最大值，因此，轴向拉压杆沿 45°斜截面上的切应力是该处沿所有方向上的切应力的最大值。这也就是在铸铁压缩试验中其沿大约 45°斜截面破坏的原因。

单元四　轴向拉压杆的变形计算

一、绝对变形与相对变形

（一）绝对变形

前面介绍了轴向拉压的变形特点，即拉伸使杆件纵向伸长而横向缩小，压缩则使杆件的纵向缩短而横向扩大，如图 3-24 所示。

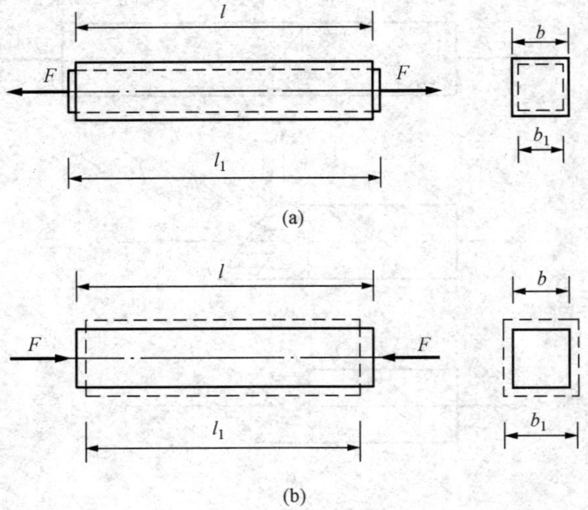

图 3-24

纵向的伸长（缩短）量称为纵向绝对变形，即

$$\Delta l=l_1-l \tag{3-2}$$

横向的缩小（或扩大）量称为横向绝对变形，即

$$\Delta b=b_1-b \tag{3-3}$$

式中：l 和 b 分别为杆件变形前的纵向和横向尺寸；l_1 和 b_1 分别为杆件变形后的纵向和横向尺寸。杆件受拉时 Δl 为正，Δb 为负；杆件受压时 Δl 为负，Δb 为正。

显然，上述关于纵向绝对变形和横向绝对变形的关系式，对杆件的弹性变形和塑性变形都适用。

（二）应变

绝对变形的大小反映了总的变形量，但无法说明杆件变形的强弱程度。例如，对于 Δl 均为 5mm 的两根不同长短的拉杆而言，如长杆长 2m，则这种变形就不十分显著，但对只有 2cm 长的短杆来说，5mm 的变形是相当大的。为了表明杆件变形的强弱程度，常用单位长度上的绝对变形来度量杆件变形的强弱程度，即用绝对变形除以原长，称为相对变形，也叫应变，用 ε 表示，它是无量纲的量。纵向应变定义为单位长度上的纵向绝对变形量，即

$$\varepsilon = \frac{\Delta l}{l} \tag{3-4}$$

横向应变定义为单位长度上的横向绝对变形量，即

$$\varepsilon' = \frac{\Delta b}{b} \tag{3-5}$$

拉伸时 ε 为正，ε' 为负；压缩时 ε 为负，ε' 为正。

实验表明 ε' 和 ε 的比值，对同一材料而言是一个常数

$$\left|\frac{\varepsilon'}{\varepsilon}\right| = \nu \tag{3-6}$$

ν 称为横向变形系数，又叫泊松比（由实验测定）。泊松比 ν 是无量纲的量。由于 ε' 和 ε 总是反号，所以式（3-6）又可写成

$$\varepsilon' = -\nu\varepsilon \tag{3-7}$$

二、胡克定律

上面关于杆件绝对变形的公式，必须要测量出其变形前后的尺寸，这在工程实际中一般是不可能的，特别是在设计阶段，如果要预计其变形，是办不到的。实验表明，发生轴向拉伸或压缩的杆件，当外力不超过一定范围时，其纵向绝对变形量 Δl 与杆件的横截面积 A 成反比，与杆件的轴力 F_N 和杆长 l 成正比，即

$$\Delta l \propto \frac{F_N l}{A}$$

引入比例常数 E，上式写成

$$\Delta l = \frac{F_N l}{EA} \tag{3-8}$$

式中：E 为材料的拉压弹性模量（简称弹性模量或弹模）。在其他条件不变的情况下，弹性模量 E 越大，杆件的绝对变形 Δl 越小，因此，弹性模量 E 是材料抵抗弹性变形的一个重要指标。不同材料的弹性模量是不同的，弹性模量 E 可由实验来测定。几种常见材料的弹性模量及泊松比见表 3-2。

表 3-2　几种常见材料的弹性模量和泊松比

材料名称	E（$\times 10^5$MPa）	ν	材料名称	E（$\times 10^5$MPa）	ν
低碳钢	2.0～2.1	0.25～0.33	混凝土	0.15～0.36	0.16～0.18
合金钢	1.9～2.1	0.24～0.33	木材（顺纹）	0.1～0.12	—
灰口铸铁	1.1～1.6	0.23～0.27			

式（3-8）中：EA 称为抗拉（压）刚度。EA 越大，杆件的绝对变形 Δl 越小，说明杆件抵抗变形的能力越强，即刚度越好。反之，EA 越小，杆件的绝对变形 Δl 越大，说明杆

件抵抗变形的能力越弱，即刚度越差。因此 EA 反映了杆件抵抗拉压变形的能力。

式（3 - 8）只有在杆件的变形属于弹性变形时才适用。

式（3 - 8）称为轴向拉（压）的胡克定律。将 $\sigma=\frac{F_N}{A}$，$\varepsilon=\frac{\Delta l}{l}$ 代入可得胡克定律的另一种表达形式

$$\sigma = E\varepsilon \tag{3-9}$$

式（3 - 9）表明，应力不超过某一限度时，应力与应变成正比。

由于 ε 没有量纲，故 E 和 σ 具有相同的量纲。E 的常用单位是 MPa、GPa。

【例 3 - 5】　阶梯杆 AC 受力如图 3 - 25（a）所示。$F_1=50\text{kN}$，$F_2=140\text{kN}$，$l_1=l_2=100\text{cm}$，$A_{BC}=5\text{cm}^2$，$A_{AB}=10\text{cm}^2$，$E=2\times10^5\text{MPa}$，试求 $|\sigma|_{max}$，并画出 $\boldsymbol{F}_N$ 图，计算 AC 的总变形。

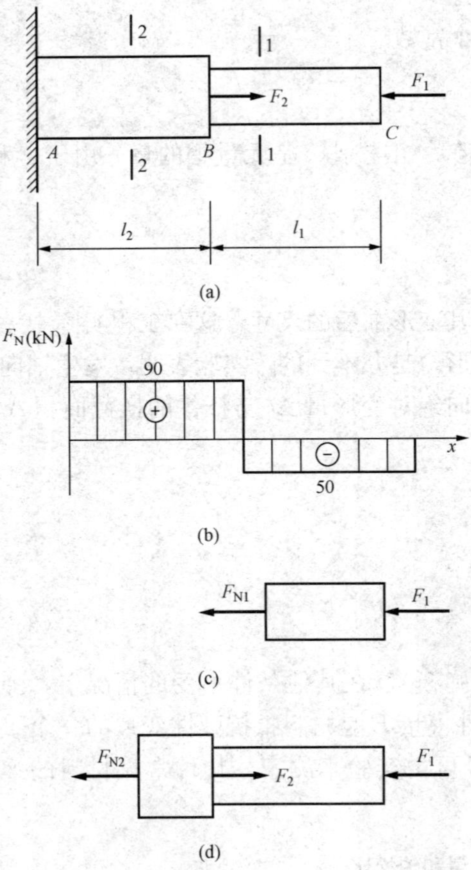

图 3 - 25

解　（1）求 1—1、2—2 截面上的轴力，绘 F_N 图。由图 3 - 25（c）可得

$$\sum F_x = 0, -F_{N1} - F_1 = 0$$

所以　$F_{N1}=-F_1=-50$（kN）

由图 3 - 25（d）可得

$$\sum F_x = 0, -F_{N2} + F_2 - F_1 = 0$$

所以　$F_{N2}=F_2-F_1=140-50=90$（kN）

因而可得到 F_N 图，如图 3 - 25（b）所示。

（2）AB 段的轴力均为 90kN，BC 段的轴力均为 -50kN。

$$\sigma_{AB} = \frac{F_{N2}}{A_{AB}} = \frac{90\times10^3}{1000} = 90(\text{MPa})（拉应力）$$

$$\sigma_{BC} = \frac{F_{N1}}{A_{BC}} = \frac{-50\times10^3}{500} = -100(\text{MPa})（压应力）$$

所以 $|\sigma|_{max}=100\text{MPa}$，发生在 BC 段。

（3）计算变形为

$$\Delta l = \Delta l_{AB} + \Delta l_{AC} = \frac{F_{N2}l_2}{EA_{AB}} + \frac{F_{N1}l_1}{EA_{BC}}$$

$$= \frac{90\times10^3\times1000}{2\times10^5\times1000} + \frac{-50\times10^3\times1000}{2\times10^5\times500}$$

$$= -0.05(\text{mm})（缩短）$$

注意：A_{AB} 为什么取 1000，A_{BC} 取 500，l_1 取 1000，l_2 取 1000？在计算过程中，单位换算应注意些什么？

单元五　材料在拉压时的力学性能的测定

在计算出杆件的应力以后，还是不能判断杆件是否能正常工作，例如，应力大小相同的钢拉杆和木拉杆，经验和常识告诉我们钢杆比木杆更安全，这是因为不同材料抵抗破坏和变

形的能力是不同的，在设计构件时必须合理选用材料。例如机床的床身应选用吸振性好、浇铸性好的铸铁，各种机械的轴、齿轮、建筑用钢筋等就应选用强度高的优质碳钢或合金钢，冲压成型的零件应选用可塑性好的塑性材料。总之，构件材料的选用应根据构件受力后的变形特点，结合材料的性能来综合确定。在强度、刚度和稳定性设计计算中，主要应考虑材料的力学性能。如材料的弹性极限、屈服极限、强度极限、拉压弹性模量 E、剪切弹性模量 G、泊松比 ν、材料的塑性和脆性等，这些都属于材料的力学性能。

材料的力学性能取决于组成材料的组成成分和内部结构组织，同时还与材料的工作温度、加载方式等工作条件有关。因此，设计构件时应充分考虑不同工作条件下材料的力学性能的不同。

工程中通常将材料分为塑性材料和脆性材料两大类。常见的塑性材料有低碳钢、铜、铝、金、银、橡胶等，常见的脆性材料有砖、石、混凝土、玻璃、铸铁等。这种分类是在常温下根据材料破坏前所发生的塑性变形的大小来划分的。

要认识材料的力学性能必须通过力学实验。材料拉压力学性能的实验是在常温和静载下通过万能试验机进行的。本单元主要介绍工程中最广泛使用的两种典型材料（低碳钢和铸铁）在拉伸和压缩时的力学性能。

一、试件介绍

材料的某些力学性能与试件的形状和尺寸有关，因此，用来进行试验的试件，必须按国家标准制成，称为标准试件。拉伸试件大都采用圆截面标准试件，如图 3-26（a）所示，在试件中部取一截面相同、长度为 l 的工作长度（l 称为标距），如图 3-26（c）所示，一般有 $l=10d$ 或 $l=5d$ 两种试件（d 为圆截面直径）。考虑失稳的因素，压缩试件比拉伸试件短得多，一般做成圆柱形，如图 3-26（b）所示，高度 $h=$（1～3）d（d 为圆柱直径）。混凝土压缩试件通常做成正方体。

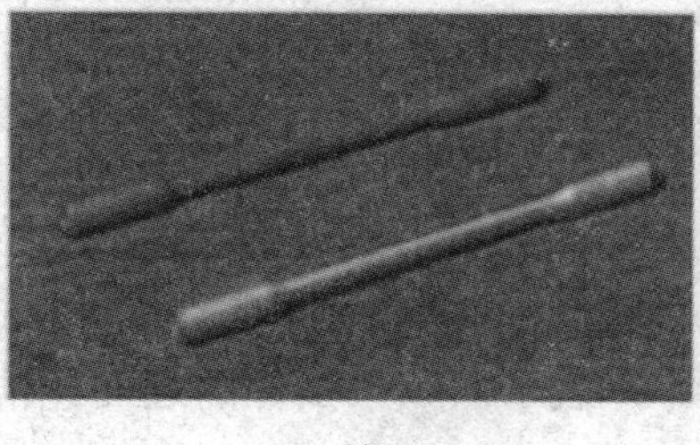

(a)

(b)

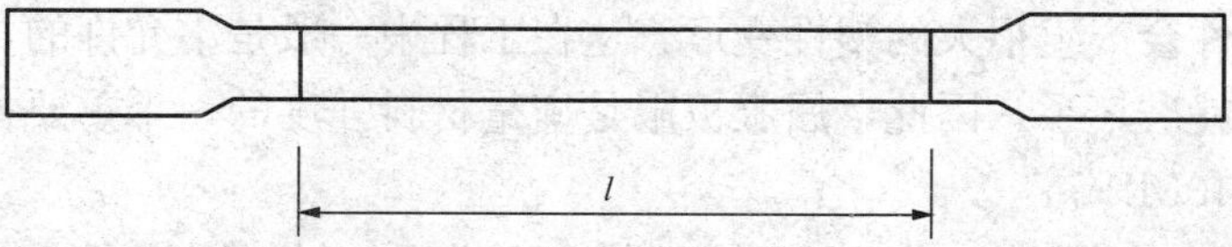

(c)

图 3-26

二、低碳钢和铸铁的拉伸

对于拉伸试验，用万能试验机的荷载读数装置能记录荷载，并自动绘出荷载 F 和伸长量 Δl 的关系图，如图 3-27（a）所示，该图称为试件的拉伸图。为了消除试件尺寸的影响，反映材料的力学性能，将 $\Delta l/l=\varepsilon$ 作为图形的横坐标，$F/A=\sigma$ 作为图形的纵坐标，得到材

料的 σ—ε 曲线，称为材料的应力—应变图，如图 3-27（b）所示，并用该曲线来分析材料的力学性能。

（一）低碳钢的拉伸试验

1. 低碳钢拉伸的 4 个阶段

如图 3-27（b）所示为低碳钢拉伸时的 σ—ε 曲线。整个拉伸过程可分 4 个阶段。

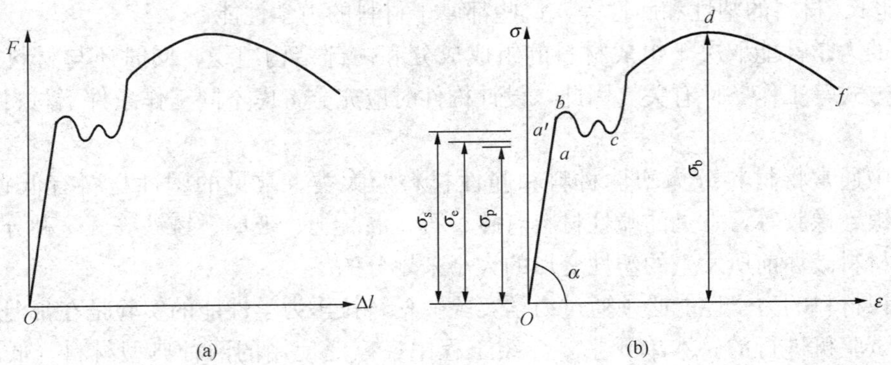

图 3-27

（1）弹性阶段（O—a'段）。此阶段中应变很小，卸载后应力与应变的变化按 $a'O$ 回到原点，说明只产生弹性变形。a'对应的应力称为弹性极限，用 σ_e 表示。

弹性极限是构件发生弹性变形时的最大应力，它是材料的一个重要的力学性质。如果应力没有超过这一极限，构件的变形几乎全是弹性变形，如果应力超过这一极限，构件将发生明显的塑性变形。

在 Oa'段中，Oa 是直线段。在这一阶段，应力与应变成正比，即满足胡克定律。经过 a 点以后不再是直线。a 处所对应的直线段的最大应力称为比例极限，用 σ_p 表示。a 和 a'相隔极近，实际应用中认为 σ_p 和 σ_e 是相等的。

Oa 与 ε 轴夹角为 α，显然，$\tan\alpha=\dfrac{\sigma}{\varepsilon}=E$。所以，$Oa$ 段的斜率就是材料的弹性模量 E。

（2）屈服阶段（b—c 段）。该段的应力—应变图成水平波动状，这说明拉力达到一定数值后，变形急剧增长，而应力却变化不大，仿佛材料丧失了抵抗变形的能力，这种现象称为屈服。屈服阶段中的最小应力叫屈服极限，用 σ_s 表示。如果试件的表面光洁度很高，会在试件表面看到与轴线大约成 45°的滑移条纹。

在屈服阶段构件会产生很大的塑性变形，这在工程中一般是不允许的，工程中一般认为构件发生屈服时也就破坏了，因此，屈服极限是衡量材料强度的一个重要指标。低碳钢的屈服极限 $\sigma_s=220\sim240$MPa。

（3）强化阶段（c—d 段）。经过屈服，曲线又上升了。材料恢复了抵抗变形的能力，这种现象称为强化。强化阶段中的最大应力称为强度极限，用 σ_b 表示。

强度极限是材料断裂破坏时所能承受的最大应力。这一极限是衡量构件是否发生断裂破坏的依据。因此，强度极限是衡量强度的另一个重要的指标。低碳钢的强度极限大约为 400MPa。

（4）颈缩阶段（d—f 段）。达到颈缩阶段，试件中某一局部的截面积显著减小，即产生所谓的颈缩现象，最后从颈缩处拉断。

工程中，其他塑性材料在拉伸时所表现出来的应力—应变曲线与低碳钢拉伸时很相似，只是有些材料的屈服现象不是很明显。工程上规定，试件发生0.2%的塑性应变时的应力值为材料的名义屈服应力，以$\sigma_{0.2}$表示。

2. 塑性材料的强度指标

塑性材料的屈服极限σ_s和强度极限σ_b是衡量其强度大小的依据，是塑性材料的重要强度指标。

3. 材料的塑性指标

试件断裂后，弹性变形消失，残留下塑性变形。材料塑性变形的程度常用延伸率δ和截面收缩率ψ来度量，即

$$\left.\begin{aligned}\delta=\frac{l_1-l}{l}\times100\%\\ \psi=\frac{A-A_1}{A}\times100\%\end{aligned}\right\}\qquad(3-10)$$

式中 l——试件标距原长；

l_1——拉断后标距间的长度；

A——试件原来的横截面积；

A_1——断口处的截面积。

δ、ψ是材料重要的塑性指标。工程中将$\delta=5\%$作为分界线，$\delta>5\%$的材料称为塑性材料，$\delta<5\%$的材料称为脆性材料。低碳钢的$\delta=20\%\sim30\%$，所以低碳钢是塑性材料。铸铁、混凝土等没有明显的塑性变形，是脆性材料。

（二）铸铁的拉伸试验

铸铁拉伸时的σ—ε曲线如图3-28所示。从图3-28可知，铸铁不能承受太大的拉力，曲线中也无直线段，只能近似地应用胡克定律。从拉伸开始，直至拉断，铸铁不会产生显著的变形，也无屈服现象发生。铸铁是脆性材料，其强度指标为试件拉断时的应力σ_b——强度极限。

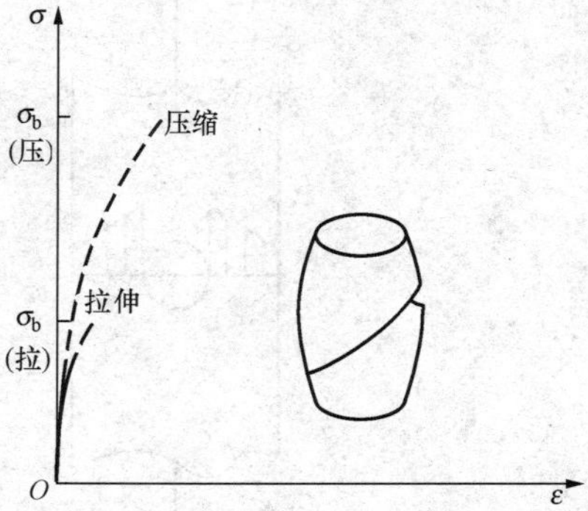

图3-28

三、材料压缩时的力学性能

（一）低碳钢的压缩试验

低碳钢压缩时σ—ε曲线如图3-29所示。虚线代表低碳钢拉伸的σ—ε曲线。从两曲线的比较可以看出，屈服阶段以前，两条曲线基本重合，因而两者的σ_p和σ_s大致是相等的。屈服后，试件呈鼓状，越压越扁，没有强度极限。

（二）铸铁的压缩试验

图3-28中虚线为铸铁的压缩曲线，实线为铸铁的拉伸曲线。从两曲线比较可以看出，铸铁压缩的强度极限σ_b比拉伸时大得多。铸铁受压破坏时断口与轴线成45°。

低碳钢是典型的塑性材料，铸铁是典型的脆性材料。下面通过对两者试验的分析，对塑性材料和脆性材料的力学性能进行比较。

1. 强度方面

对塑性材料，屈服极限σ_s是重要的强度指标，塑性材料的抗拉能力和抗压能力是相等

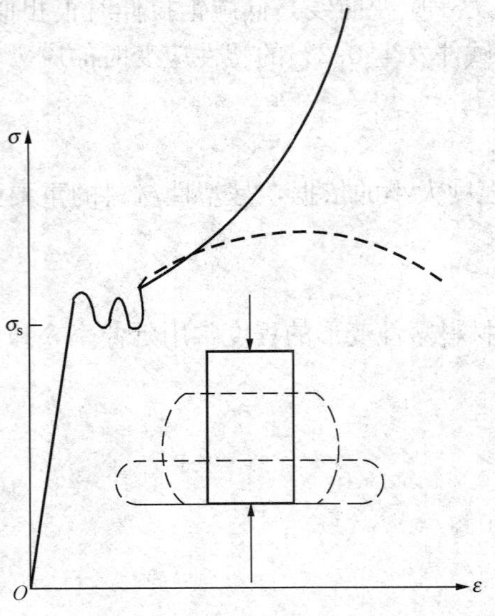

图 3 - 29

的。对于脆性材料，无屈服极限，强度极限 σ_b 是其唯一的强度指标。脆性材料压缩时的强度极限远大于拉伸时的强度极限，所以脆性材料的抗压能力远强于抗拉能力。工程中一般不用脆性材料作为拉伸构件。

2. 变形方面

由于屈服现象的出现，塑性材料在破坏前有显著的变形，而脆性材料在很小变形的情况下即发生破坏。因此，脆性材料造成的事故具有突发性。

3. 应力集中的影响

试验表明，杆件由于外形的突然变化，将引起局部应力急剧增大，这种现象称为应力集中。图 3 - 30（a）所示为带孔的拉板，有应力集中现象，孔周围的应力分布也不均匀，而是孔边的应力增大，而稍远地区的应力迅速减小，并趋于均匀，应力集中对塑性材料的影响并不十分显著。这是因为当孔边应力达到屈服极限时，此处应力不再增加，荷载的增加使其余点的应力继续增大，直到全部达到屈服极限，见图 3 - 30（b）、图 3 - 30（c）。对于脆性材料，因为不会出现屈服现象，因而构件会首先从小孔边缘破坏。在强度计算时，脆性材料应考虑应力集中的影响。

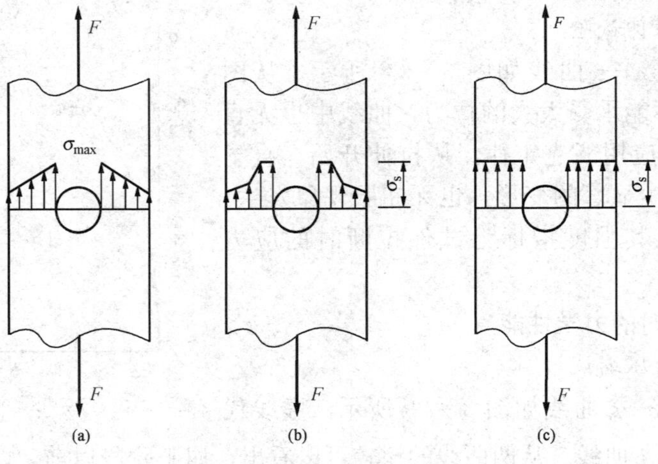

图 3 - 30

单元六　拉线、撑杆等轴向拉（压）杆的计算

一、极限应力、工作应力、许用应力和安全因数

1. 极限应力

极限应力指材料失效时的应力，用 σ_{lim} 表示。

当构件内某一点达到某一应力时，该构件将不能安全、正常地工作（甚至破坏），这个应力称为危险应力或极限应力。塑性材料在屈服时，将产生显著的变形，一般就认为丧失了正常的工作能力。因此，塑性材料的极限应力是屈服极限 σ_s，脆性材料的极限应力是强度极限 σ_b。

2. 工作应力

工作应力指构件在工作时其截面上的真实应力，用 σ 表示。

3. 许用应力

许用应力指为保证构件安全工作，材料许可承担的最大应力，用 $[\sigma]$ 表示。它与材料本身的极限应力和人们对构件安全程度的要求有关。

许用应力的值比极限应力值小。通常将极限应力除以一个大于 1 的数得到的应力作为许用应力，这个大于 1 的数称为安全因数，用 n 表示，即

$$[\sigma]=\frac{\sigma_{\lim}}{n} \tag{3-11}$$

安全因数 n 反映了构件的安全程度，它反映了人们对构件工作时可靠性程度的要求。

对于塑性材料　　$[\sigma]=\frac{\sigma_s}{n_s}$

对于脆性材料　　$[\sigma]=\frac{\sigma_b}{n_b}$

其中：n_s 和 n_b 分别是塑性材料和脆性材料的安全因数。

4. 安全因数

安全因数指为保证构件具有一定安全储备而选取的一个大于 1 的系数。

安全因数越大，构件的安全储备越多，构件也就越安全，其代价就是要使构件尺寸越大，也就是要使用更多的材料或选用更好的材料，即越不经济。反之，安全因数越小，构件的安全储备越少，构件也就越不安全，所用材料也相对节约。因此，选取安全因数时，应根据实际情况，综合考虑。安全因数既不能选得过大，以免造成浪费；也不能选得过小，以免造成事故。

安全因数的选择是一个十分重要而复杂的问题。安全因数选择过大会造成材料的浪费，选择过小安全性较差。因此，安全因数的选取必须慎重而全面地考虑各方面的因素。

一般情况下，选取安全因数时应综合考虑以下几个方面的因素：构件的重要性、计算精度、材质、构件的工作环境、其他意外因素。力学计算比较精确地接近实际情况的，材质好、塑性好的材料，构件工作环境较好，不太重要的构件，其他意外因素极少发生的构件，安全因数可以小一些。反之，安全因数就应该选取大一些。实际工程中，可参照相关工程手册确定。

对塑性材料，一般取 $n_s=1.3\sim2.0$；对脆性材料，一般取 $n_b=2.0\sim3.5$。

二、拉线、撑杆等轴向拉压杆的强度条件

如果构件的工作应力超过危险应力，构件就会受到破坏；如果工作应力略小于危险应力，在理论上来说构件虽然不会破坏，但这是很危险的。因此，为了保证杆件工作时安全可靠，其最大工作应力不能超过材料在保证正常工作条件下的限度值——许用应力。在我们研究的问题中，许用应力一般是已知的。

（1）强度条件

$$\sigma = \frac{F_N}{A} \leqslant [\sigma] \tag{3-12}$$

式中　$[\sigma]$ ——许用正应力。

（2）强度计算。根据上面的强度条件，可以进行 3 个方面的强度计算：

1）强度校核。已知构件的许用应力、构件的形状和尺寸、构件所承受的荷载，校核$\sigma=\frac{F_N}{A}\leqslant[\sigma]$是否成立。如果成立，说明构件的强度足够；如果不成立，说明构件的强度不够。

2）截面设计。已知构件的许用应力、构件所承受的荷载，为构件选择合理的截面形状或尺寸。可按下式选择截面积

$$A \geqslant \frac{F_N}{[\sigma]}$$

3）确定许可荷载。已知构件的许用应力、构件的形状和尺寸，确定构件所能承受的荷载。可按下式确定许可荷载

$$F_N \leqslant A[\sigma]$$

在强度计算中，如果最大工作应力超过了许用应力，只要超过值不大于 5%，设计规范是允许的，在工程中也是可以用的。

实际上，对于轴向拉压杆的设计，主要就是根据其强度条件来进行，当然也应考虑其变形要求，同时，对于轴向受压杆件还应该考虑其稳定性，这在“单元七　轴向压杆的稳定性计算”中讨论。

三、强度计算举例

图 3 - 31

【例 3 - 6】　如图 3 - 31（a）所示的篮球板的钢拉杆，已知 $[\sigma]=100\text{MPa}$，若 $F=5\text{kN}$，直径 $d=14\text{mm}$。

（1）试校核此杆的强度。

（2）如果把此杆改为如图 3 - 32 所示的矩形截面，设矩形截面的高是宽的 4 倍，即 $h=4b$，求矩形截面的高和宽。

（3）若此杆用等边角钢，试选择其型号。

解　（1）校核杆的强度。

根据杆的受力情况容易得到最大轴力为

$$F_{N\max} = F = 25\text{kN}$$

截面积为

$$A = \frac{\pi d^2}{4} = \frac{3.14\times(14\times10^{-3})^2}{4} = 154\times10^{-6}(\text{m}^2)$$

由 $\sigma=\frac{F_N}{A}$ 得

$$\sigma = \frac{F_{N\max}}{A} = \frac{5\times10^3}{154\times10^{-6}} = 32.4\times10^6(\text{Pa}) = 32.4\text{MPa} < [\sigma]$$

所以此杆满足强度要求。

图 3 - 32

（2）设计矩形截面的高和宽。

由上述校核强度可知，其工作应力还比许用应力小许多，即材料没有得到充分利用，故这里可以根据强度条件重新设计。

由 $\sigma=\dfrac{F_N}{A}\leqslant[\sigma]$ 得

$$\frac{5\times10^3}{A}\leqslant100$$

$$A\geqslant\frac{5\times10^3}{100}=50(\text{mm}^2)$$

由于矩形截面的面积为

$$A=bh=b4b=4b^2$$

所以 $$b\geqslant\sqrt{\frac{50}{4}}=3.54\ (\text{mm})$$

故可取 $b=4\text{mm}$，则 $h=4b=16\text{mm}$。

（3）若此杆用等边角钢，试选择其型号。

由（2）中计算出的截面积 $A\geqslant50\text{mm}^2$，查型号表，选择 3 号等边角钢。

【例 3 - 7】 如图 3 - 33（a）所示，AC、CD 为圆截面钢杆，$[\sigma]=120\text{MPa}$，AB 杆直径 $d_1=26\text{mm}$，DC 杆直径 $d_2=18\text{mm}$，荷载 $F=80\text{kN}$，试校核 AB、CD 杆的强度。其中 F 力作用点距离 A 点为 1m，距离 C 点为 2m。

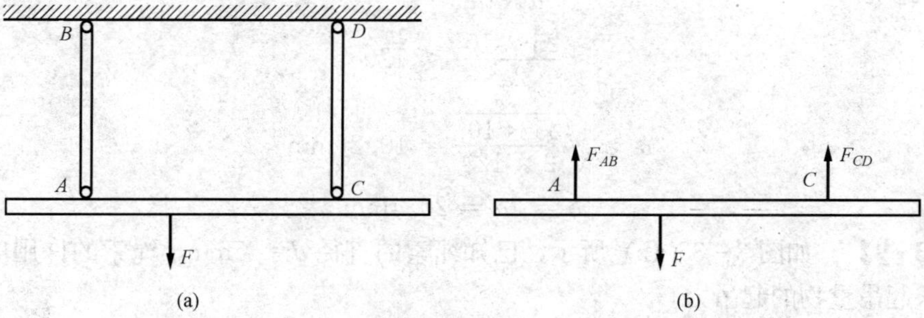

图 3 - 33

解 （1）求 AB、CD 杆的轴力。

取 AC 为研究对象，受力如图 3 - 33（b）所示，其中 $\boldsymbol{F}_{AB}$ 和 $\boldsymbol{F}_{CD}$ 是两杆分别对 AC 梁的约束反力，AB 与 CD 杆的轴力也分别等于 F_{AB} 和 F_{CD}。

由 $\sum M_C=0$ 得 $$F\times2-F_{AB}\times3=0$$

所以 $$F_{AB}=53.33\text{kN}$$

由 $\sum M_A=0$ 得 $$-F\times1+F_{CD}\times3=0$$

所以 $$F_{CD}=26.67\text{kN}$$

(2) 校核两杆的强度。

$$\sigma_{AB}=\frac{F_{NAB}}{A_{AB}}=\frac{F_{AB}}{\frac{\pi d_1^2}{4}}=\frac{53.33\times10^3\times4}{\pi\times26^2}=100.39(\text{MPa})<[\sigma]=120\text{MPa}$$

所以 AB 杆的强度足够。

$$\sigma_{CD}=\frac{F_{NCD}}{A_{CD}}=\frac{F_{CD}}{\frac{\pi d_2^2}{4}}=\frac{26.67\times10^3\times4}{\pi\times18^2}=104.8(\text{MPa})<[\sigma]=120\text{MPa}$$

所以 CD 杆的强度也足够。

【例 3 - 8】 图 3 - 34 所示拉杆为矩形截面，$b=2a$，材料的许用应力 $[\sigma]=120\text{MPa}$，拉力 $F=25\text{kN}$，试确定 a、b 之值。

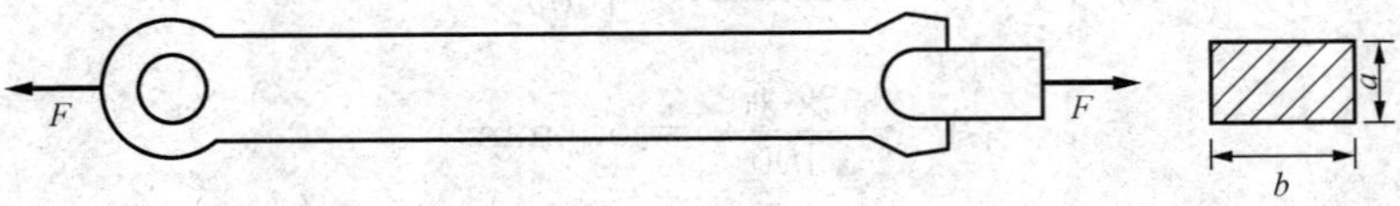

图 3 - 34

解 (1) 计算轴力。

由截面法容易得到 $F_N=F=25\text{kN}$。

(2) 由强度条件确定 a、b 的值。

由 $$\sigma=\frac{F_N}{A}\leqslant[\sigma]$$

得 $$\frac{F_N}{ab}\leqslant[\sigma]$$

因 $$b=2a$$

所以 $$\frac{F_N}{a\times2a}\leqslant[\sigma]$$

$$\frac{25\times10^3}{2a^2}\leqslant120$$

$$a\geqslant\sqrt{\frac{25\times10^3}{2\times120}}=10.2(\text{mm})$$

$$b=2a=20.4\text{mm}$$

【例 3 - 9】 如图 3 - 35 (a) 所示，已知绳索的直径 $d=35\text{mm}$，绳索的许用应力 $[\sigma]=10\text{MPa}$，求起吊重物的起吊力 G。

解 (1) 计算绳索的拉力。

取重物的研究对象，受力情况如图 3 - 35 (b) 所示。

$$\sum F_x=0,\ F_{T1}\cos45°-F_{T2}\cos45°=0,\ F_{T1}=F_{T2}$$
$$\sum F_y=0,\ F_{T1}\sin45°+F_{T2}\sin45°-G=0$$

则 $$F_{T1}=F_{T2}=\frac{G}{2\sin45°}=\frac{G}{\sqrt{2}}$$

绳的拉力（轴力）为 $$F_{N1}=F_{N2}=\frac{G}{\sqrt{2}}$$

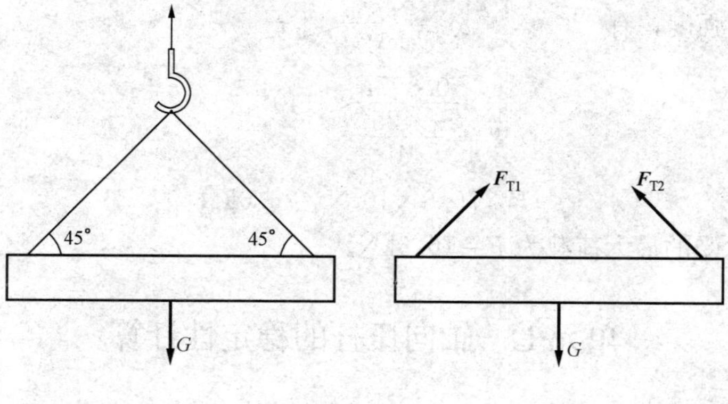

图 3 - 35

（2）利用强度条件计算 G。

由 $\sigma=\dfrac{F_N}{A}\leqslant[\sigma]$ 得 $\dfrac{\frac{G}{\sqrt{2}}}{\frac{\pi d^2}{4}}\leqslant[\sigma]$

所以 $$G\leqslant\frac{[\sigma]\pi d^2\times\sqrt{2}}{4}=\frac{10\times\pi\times35^2\times\sqrt{2}}{4}=13.61\times10^3(\text{N})=13.6\text{kN}$$

即最大起吊重力应小于13.6kN。

输电杆路维护中使用的踩板和［例3 - 9］是完全相似的。

【例3 - 10】 图3 - 36（a）所示结构，AB、AC 均为圆截面钢杆，AB 杆的直径是 $d_2=25\text{mm}$，AC 杆的直径是 $d_1=30\text{mm}$，钢杆的许用应力是 $[\sigma]=140\text{MPa}$。求该结构能够承受的最大荷载 F。

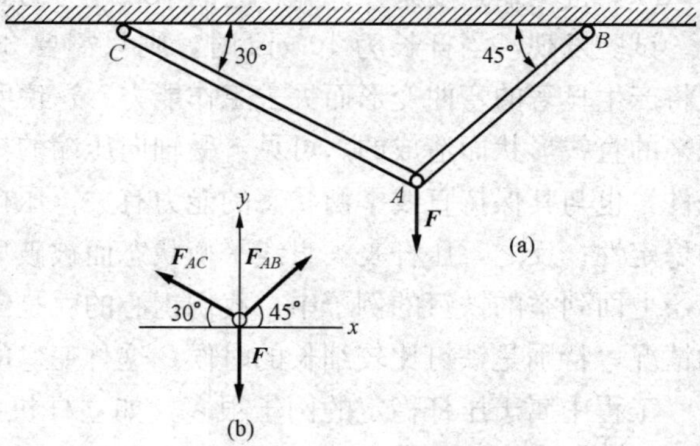

图 3 - 36

解　A 点受力情况如图3 - 36（b）所示，则

$$\sum F_x=0,-F_{AC}\cos30^\circ+F_{AB}\cos45^\circ=0$$
$$\sum F_y=0,F_{AC}\sin30^\circ+F_{AB}\sin45^\circ-F=0$$

解得 $$F_{AC}=0.73F,\ F_{AB}=0.897F$$

所以 AC 杆和 AB 杆的轴力分别为

$$F_{NAC}=F_{AC}=0.73F,F_{NAB}=F_{AB}=0.897F$$

保证 AC 杆的强度，有 $$\sigma_{AC}=\frac{F_{NAC}}{A_{AC}}\leqslant[\sigma]$$

即 $$\frac{0.73F}{\frac{\pi\times30^2}{4}}\leqslant140$$

所以 $$F\leqslant135.6\times10^3\text{N}=135.6\text{kN}$$

保证 AB 杆的强度，有 $\sigma_{AB}=\frac{F_{NAB}}{A_{AB}}\leqslant[\sigma]$

即 $$\frac{0.897F}{\frac{\pi\times25^2}{4}}\leqslant140$$

所以 $F\leqslant76.6\times10^3\text{N}=76.6\text{kN}$

所以结构能承受的最大荷载为 $F=76.6\text{kN}$。

单元七 轴向压杆的稳定性计算

一、压杆稳定的概念

粗短的杆在轴向压力作用下，当应力达到屈服极限或强度极限时，将发生屈服破坏或断裂破坏。这种破坏是由于强度不足而引起的，只要压杆满足强度条件，就能正常工作。这个结论对粗短杆是正确的。

在实际生活中，经常会碰到这样一种现象：用铁锤将铁钉打入木板时，铁锤沿着铁钉的轴线方向敲击，最初的时候人们总会小心翼翼的（在担心什么?），到最后却大胆地用力敲击，这是为什么?

又如，一根宽 3cm、厚 5mm、长 30cm 的矩形截面的木杆，设其许用应力 $[\sigma]=40\text{MPa}$，按压缩强度条件计算，它的承载能力为 $F\leqslant A[\sigma]=5\times30\times40\times10^{-3}=6$（kN）。

试验发现，当杆长为 100cm 时，则只需要 30N 的压力，杆就会变弯；压力若再增大，杆将产生显著的弯曲变形而失去工作能力。这说明细长压杆丧失工作能力是由于它不能保持原来的直线形状而造成的。可见，受轴向压缩的杆的承载能力并不完全取决于它的压缩强度条件，也与其保持直线平衡状态的能力有关。压杆保持原有直线平衡状态的能力，称为压杆的稳定性；反之，压杆丧失直线平衡状态而被破坏的现象，称为丧失稳定或失稳。

上面列举的铁钉的例子中，我们担心的就是铁钉可能会变弯。事实上，经常会遇到这样的情况，特别是铁钉比较细长的时候。这种变弯的现象就是失稳现象。

工程中属于压杆稳定的例子很多，如立杆机的抱杆、图 3-37（a）所示结构、螺旋千斤顶、支架中的撑杆等。对这些压杆，必须保证它们具有足够的稳定性，否则会造成严重的事故。图 3-37（b）所示是钢筋混凝土柱中的钢筋产生的失稳现象。

(a) (b)

图 3-37

二、压杆的临界力和临界应力

（一）压杆临界力

压杆的临界力是指轴向受压杆件保持直线平衡所能承受的最大轴向压力，用 F_{cr} 表示。杆内应力不超过材料的比例极限时，根据弯曲变形理论可以推导出杆的临界力大小为

$$F_{cr}=\frac{\pi^2EI}{(\mu l)^2} \tag{3-13}$$

式中 μ——长度系数（与压杆件两端的约束有关）；

l——压杆的长度；

I——压杆横截面对弯曲时的中性轴的惯性矩（其值可查看知识储备进行计算或查工程手册）；

EI——抗弯刚度。

式（3-13）称为计算压杆临界力的欧拉公式。

式（3-13）表明，压杆的临界力 F_{cr} 与其抗弯刚度 EI 成正比，与杆长 l 的二次方成反比。也就是说，压杆越细长，其临界力越小，压杆越容易失稳。又由于压杆总是容易在抗弯能力最小的纵向平面内失稳，因此，当杆端两个方向的约束相同时，例如球形铰支座的情况，式（3-13）中的 I 应以截面的最小惯性矩 I_{min} 代入。所以临界力 F_{cr} 与材质的种类、截面的形状和尺寸、杆件的长度和两端的支座情况等方面的因素有关。不同支承情况的长度因数见表3-3。

表3-3　　不同支承情况的长度系数

拉杆端约束情况	两端铰支	一端固定一端自由	两端固定	一端固定一端铰支
挠度曲线形状	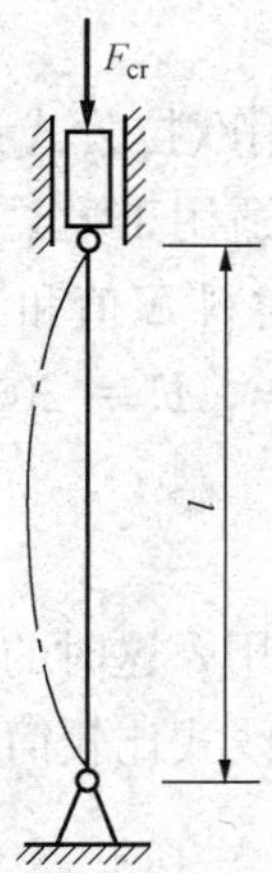	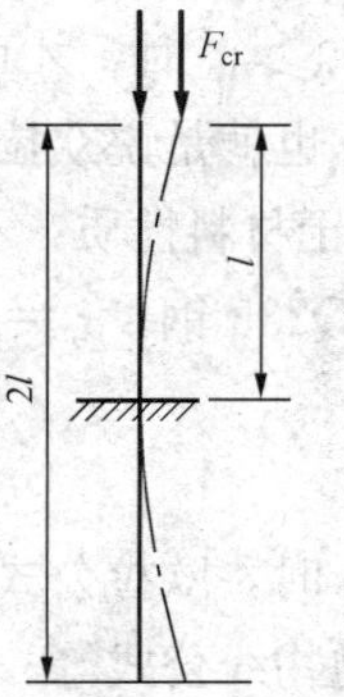	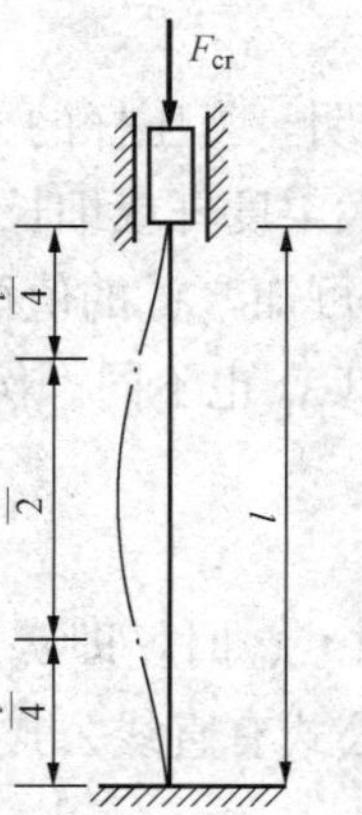	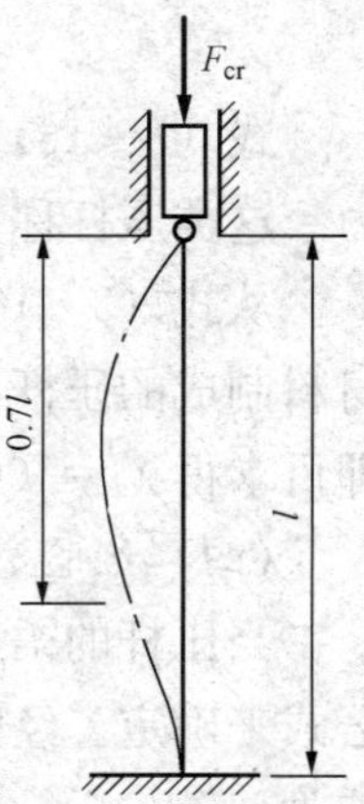
μ	1	2	0.5	0.7

（二）临界应力

将临界力 F_{cr} 除以压杆的横截面面积 A 得到当压力达到临界值时压杆横截面上的应力，即临界应力，用 σ_{cr} 表示，即

$$\sigma_{cr}=\frac{F_{cr}}{A}=\frac{\pi^2E}{(\mu l)^2}\frac{I}{A} \tag{3-14}$$

式（3-14）中，若令 $i=\sqrt{\frac{I}{A}}$（i 是一个与截面形状、尺寸有关的量，称为截面的惯性半径），则

$$\sigma_{cr}=\frac{\pi^2 E}{(\mu l)^2}i^2=\frac{\pi^2 E}{\left(\frac{\mu l}{i}\right)^2}$$

若令 $\lambda=\frac{\mu l}{i}$，则

$$\sigma_{cr}=\frac{\pi^2 E}{\lambda^2} \tag{3-15}$$

式（3-15）就是计算压杆临界应力的欧拉公式。

式（3-15）中，$\lambda=\frac{\mu l}{i}$ 称为压杆的长细比，又称为压杆的柔度，它是一个无量纲的量。由此可知，柔度 λ 越大，杆件越细长，其临界应力越低，压杆越容易失稳；反之，λ 越小，其临界应力越大，杆件越不容易失稳。所以柔度 λ 是压杆稳定计算中的一个重要参数。

（三）欧拉公式的应用范围

因为欧拉公式是在材料服从胡克定律的条件下导出的，因此欧拉公式只能在压杆的临界应力 σ_{cr} 不超过材料的比例极限 σ_p 时才能应用，即

$$\sigma_{cr}=\frac{\pi^2 E}{\lambda^2}\leqslant\sigma_p$$

由此可求得对应于 $\sigma_{cr}=\sigma_p$ 的柔度值 λ_p 为

$$\lambda_p=\pi\sqrt{\frac{E}{\sigma_p}} \tag{3-16}$$

式（3-16）表明，当压杆的柔度 $\lambda\geqslant\lambda_p$ 时，才可以应用欧拉公式计算临界力或临界应力。这类压杆称为大柔度杆或细长杆，也就是说欧拉公式只适用于大柔度杆。

从式（3-16）可知，λ_p 的值取决于材料性质，不同的材料 E 值和 σ_p 值不同，所以不同材料制成的压杆，其 λ_p 也不同。例如 Q235 钢，$\sigma_p=200\text{MPa}$，$E=200\text{GPa}$，由式（3-16）即可求得 $\lambda_p=100$。

（四）经验公式

当压杆的柔度 $\lambda<\lambda_p$ 时，即 $\sigma_{cr}>\sigma_p$ 时，欧拉公式不再适用，这时的临界应力值可用经验公式来确定。经验公式有直线公式和抛物线公式等。其中直线式比较简单且应用方便，其形式为

$$\sigma_{cr}=a-b\lambda \tag{3-17}$$

式（3-17）中，a、b 是与材料性质有关的常数，其单位为 Pa 或 MPa。

式（3-17）的适用范围是 $\lambda_s<\lambda<\lambda_p$，即中柔度杆或中长杆。

表 3-4 给出了几种材料的 a、b 和 λ_p 值。其他材料的 λ_p 可以查有关手册。一些常用材料的 λ_s 值也列于表 3-4 中。

柔度小于 λ_s 的压杆称为小柔度杆或短粗杆。这类杆件通常只需要考虑其压缩时的强度即可，不需要考虑其稳定性。

表 3-4 常用材料 a、b、λ_p、λ_s 值

材 料	a (MPa)	b (MPa)	λ_p	λ_s
Q235、10、25 钢	304	1.12	100	61.6
35 钢	461	2.57	100	60
45、55 钢	578	3.74	100	60
铸 铁	332.2	1.45	80	
松 木	28.7	0.19	110	40

【例 3-11】 有一长 $l=300$mm，截面宽 $b=2$mm，高 $h=10$mm 的压杆。两端铰接，压杆材料为 Q235，$E=200$GPa。试计算压杆的临界应力和临界力。

解 （1）计算惯性半径 i。

因采用矩形截面，如果失稳必在刚度较小的平面内产生微弯曲，故应求出最小惯性半径

$$i_{\min}=\sqrt{\frac{I_{\min}}{A}}=\sqrt{\frac{hb^3}{12}\times\frac{1}{bh}}=\frac{b}{\sqrt{12}}=\frac{2}{\sqrt{12}}=0.577(\text{mm})$$

（2）求柔度 λ。

$$\lambda=\frac{\mu l}{i},\mu=1(\text{两端铰接})$$

故
$$\lambda=\frac{1\times300}{0.577}=520>\lambda_p=100$$

属于大柔度杆，故采用欧拉公式计算临界应力 σ_{cr}。

（3）计算临界应力 σ_{cr}。

$$\sigma_{cr}=\frac{\pi^2E}{\lambda^2}=\frac{\pi^2\times200\times10^3}{520}=7.3(\text{MPa})$$

（4）计算临界力 F_{cr}。

$$F_{cr}=\sigma_{cr}A=7.3\times2\times10=146(\text{N})$$

三、压杆的稳定性计算

为了保证压杆具有足够的稳定性，不仅要使压杆所承受的工作压力小于临界力 F_{cr} 或压杆工作应力小于临界应力 σ_{cr}，并具有一定的安全储备，即

$$F\leqslant\frac{F_{cr}}{n_{st}}\text{ 或 }\sigma=\frac{F_N}{A}\leqslant\frac{\sigma_{cr}}{n_{st}}\text{ 或 }\sigma=\frac{F_N}{A}\leqslant[\sigma_w] \tag{3-18}$$

式中 F、σ——压杆的工作压力、工作应力；

F_{cr}、σ_{cr}——压杆的临界力、临界应力；

n_{st}——稳定安全因数。

由于压杆存在初曲率和荷载偏心等不利因素的影响。n_{st} 的值一般比强度安全因数要大些，并且 λ 越大，n_{st} 值也越大。在静荷载下，对于钢材 $n_{st}=1.8\sim3.0$，对于铸铁 $n_{st}=4.5\sim5.5$，对于木材 $n_{st}=2.5\sim3.5$。在实际工作中，具体取值可从有关设计手册中查到。

应当指出，在稳定计算中，压杆的横截面面积 A 均采用毛截面面积计算，即当压杆在局部有横截面削弱（如钻孔、开口等）时，可不予考虑。因为压杆的稳定性取决于整个杆件的弯曲刚度，而局部的截面削弱对整个杆件的整体刚度来说影响甚微。但是，对截面的削弱

处，则应当进行强度校核。

【例 3-12】 图 3-38（a）所示是输电线路施工中外拉线悬浮抱杆起吊塔件时的简图，已知：抱杆长度 $l=10\text{m}$，抱杆横截面对中性轴的惯性矩 $I_z=1700\text{cm}^4$，截面面积 $A=56\text{cm}^2$，材料是 A3 钢，$\lambda_p=100$，$\lambda_s=60$，弹性模量 $E=200\text{GPa}$，承受的轴向压力 $F=80\text{kN}$，稳定安全因数 $n_{st}=3$。试校核抱杆的稳定性。

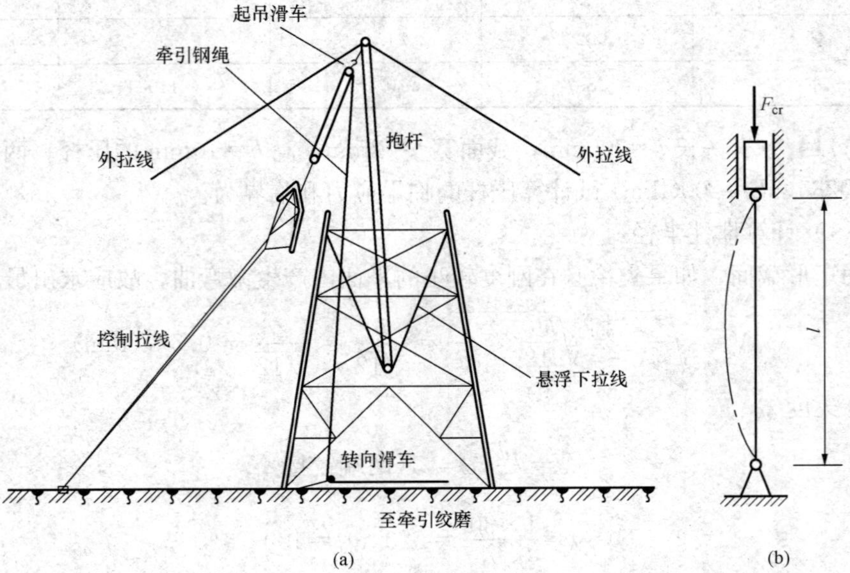

图 3-38

解 （1）计算临界力。

$$i=\sqrt{\frac{I_z}{A}}=\sqrt{\frac{1700}{56}}=5.51(\text{cm})$$

对图 3-38（a）所示抱杆可简化为两端铰支的压杆，如图 3-38（b）所示，因此 $\mu=1$，则

$$\lambda=\frac{\mu l}{i}=\frac{1\times10\times10^3}{5.51\times10}=181.5$$

因 $\lambda>\lambda_p$，故此压杆属大柔度杆（细长杆），即利用欧拉公式计算临界应力。

抱杆的临界应力为

$$\sigma_{cr}=\frac{\pi^2E}{\lambda^2}=\frac{\pi^2\times200\times10^3}{181^2}=60.2(\text{MPa})$$

（2）校核稳定性。

抱杆的稳定许用应力为

$$[\sigma_w]=\frac{\sigma_{cr}}{n_{st}}=\frac{60.2}{3}=20.07(\text{MPa})$$

压杆的轴力为

$$F_N=F=80\text{kN}$$

抱杆的工作应力为

$$\sigma=\frac{F_N}{A}=\frac{80\times10^3}{56\times10^2}=14.3(\text{MPa})$$

$$\sigma < [\sigma_{w}]$$

因此结论是：抱杆是稳定的。

在压杆的稳定性设计中，截面尺寸的设计相对复杂一些，一般采用试算法。在使用时可查阅有关书籍。

四、提高压杆稳定性的措施

提高压杆的稳定性的关键在于提高临界应力 σ_{cr}。σ_{cr} 与其柔度 λ 和材料的性质有关。λ 越小 σ_{cr} 越大，材料强度越高的 σ_{cr} 越大。因此，可以从以下两方面来考虑。

（一）减小柔度 λ

柔度 $\lambda=\frac{\mu l}{i}$ 综合反映了压杆的长度、约束情况和截面形状尺寸等因素对压杆稳定性的影响。

1. 改善约束条件、减小压杆长度

根据欧拉公式可知，压杆的临界力与其计算长度的二次方成反比，而压杆的计算长度又与其约束条件有关。因此，改善约束条件，可以减小压杆的长度系数和计算长度，从而增大临界力。在相同条件下，从表 3－3 可知，自由端最不利，铰支座次之，固定支座最有利。

减小压杆长度的另一种方法是在压杆的中间增加支承，把一根压杆变为两根甚至几根。

2. 选择合理的截面形状

压杆的临界力与其横截面的惯性矩成正比。因此，在截面面积一定时，应该选择截面惯性矩较大的截面形状，且当杆端各方向约束相同时应尽可能使杆截面在各方向的惯性矩相等。如图 3－39 所示的两种压杆截面，在面积相同的情况下，空心截面［见图 3－39（b）］要比实心截面［见图 3－39（a）］合理，因为空心截面的惯性矩大。由槽钢制成的压杆，有两种摆放形式，如图 3－40 所示，图 3－40（b）比图 3－40（a）合理，因为图 3－40（a）中截面对竖轴的惯性矩比另一方向小很多，降低了杆的临界力。

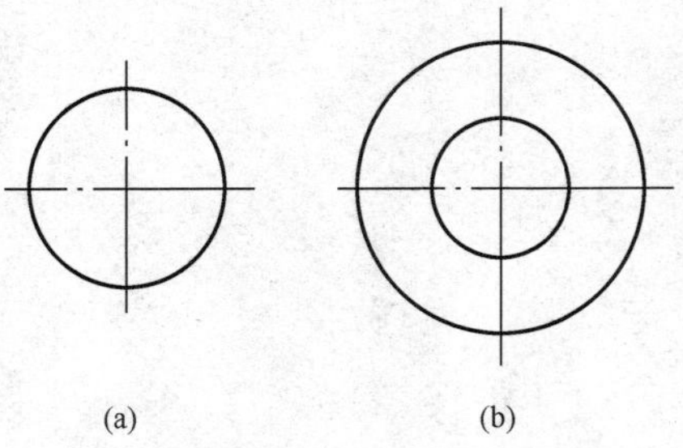

图 3－39

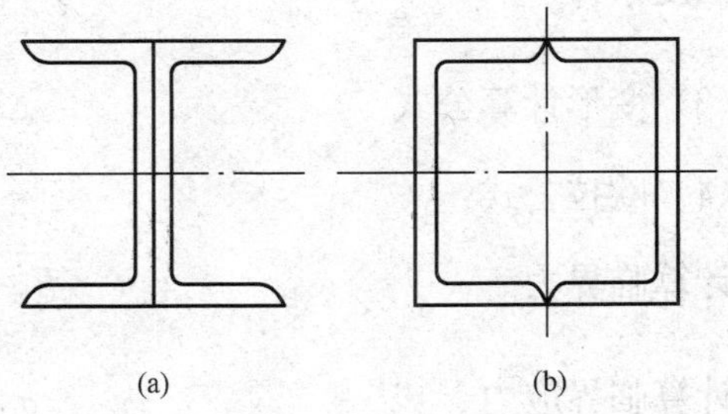

图 3－40

（二）合理选择材料

对于大柔度杆，临界应力与材料的弹性模量 E 成正比。因此钢压杆比铜、铸铁或铝制压杆的临界荷载高。但各种钢材的 E 基本相同，所以对大柔度杆，选用优质钢材与低碳钢并无多大差别。对中柔度杆，材料的屈服极限 σ_{s} 和比例极限 σ_{p} 越高，临界应力就越大，这时选用优质钢材会在一定程度上提高压杆的承载能力。至于小柔度杆，只考虑强度问题，优质钢材的强度高，其承载能力的提高是显然的。

最后尚需指出，对于压杆，除了可以采取上述几方面的措施以提高其承载能力外，在可能的条件下，还可以从结构方面采取相应的措施。例如，将结构中的压杆转换成拉杆，这样就可以从根本上避免失稳问题。

小　　结

一、本项目主要知识点

(1) 轴向拉伸和压缩的内力和应力计算，轴力图的绘制。

1) 轴向拉伸和压缩杆件横截面上只有正应力，没有切应力。

2) 轴向拉伸和压缩杆件斜截面上既有正应力也有切应力。

正应力　$$\sigma_\alpha=\sigma\cos^2\alpha$$

切应力　$$\tau_\alpha=\frac{1}{2}\sigma\sin2\alpha$$

(2) 许用应力和安全因数的概念。

(3) 轴向拉伸和压缩杆件的强度条件计算。利用这一强度条件可以进行强度校核、截面设计、确定许可荷载。

(4) 轴力和变形之间的关系——胡克定律。

(5) 重点介绍了以低碳钢和铸铁为代表的材料在拉伸和压缩时的力学性能。特别是低碳钢在拉伸时的4个阶段。

(6) 简要介绍了压杆的稳定性问题的解题方法和思路。

二、本项目重点和主要公式

(1) 轴向拉伸和压缩的内力和应力计算，轴力图的绘制。

应力计算公式　$$\sigma=\frac{F_N}{A}$$

(2) 轴向拉伸和压缩杆件的强度条件。

强度条件　$$\sigma=\frac{F_N}{A}\leqslant[\sigma]$$

(3) 变形计算公式　$$\Delta l=\frac{F_N l}{EA}$$

(4) 欧拉公式：

计算临界力　$$F_{cr}=\frac{\pi^2 EI}{(\mu l)^2}$$

计算临界应力　$$\sigma_{cr}=\frac{\pi^2 E}{\lambda^2}$$

(5) 稳定性条件　$$\sigma=\frac{F_N}{A}\leqslant[\sigma_w]$$

思　考　题

3-1　试判定图3-41中哪些杆件发生轴向拉伸或压缩变形。

3-2　内力和应力有什么区别和联系？

3-3　极限应力和许用应力有什么区别和联系？

3-4 已知A3钢的比例极限σ_p=200MPa，E=200GPa，现有一A3钢试件，拉伸到ε=0.003，能否确定其应力为$\sigma = E\varepsilon = 200\times10^9\times0.003 = 600$MPa?

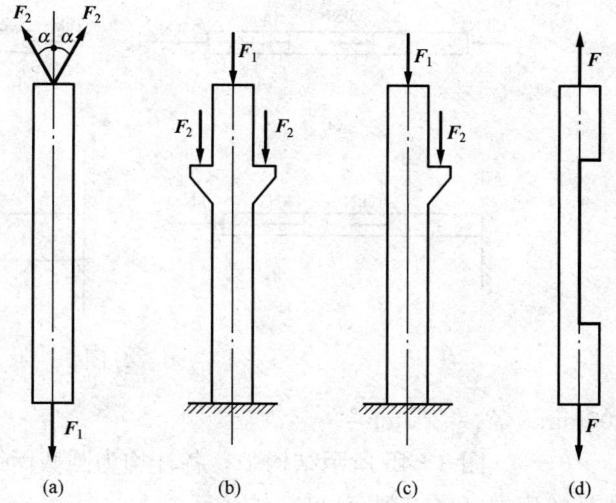

图3-41

3-5 选取安全因数时主要应考虑哪些因素?

3-6 若两轴向拉压杆的横截面面积A、长度l和荷载F都相同，但所用的材料不同，问两杆的应力和变形是否相同?

3-7 什么叫强度？什么叫刚度？什么叫稳定性?

3-8 构件的承载能力应从哪些方面来衡量?

3-9 胡克定律的适用条件是什么?

3-10 两根相同材料制成的拉杆如图3-42所示。它们的绝对变形是否相同?

3-11 如图3-43所示结构中，若杆2选用低碳钢，杆1选用铸铁，是否合理？为什么?

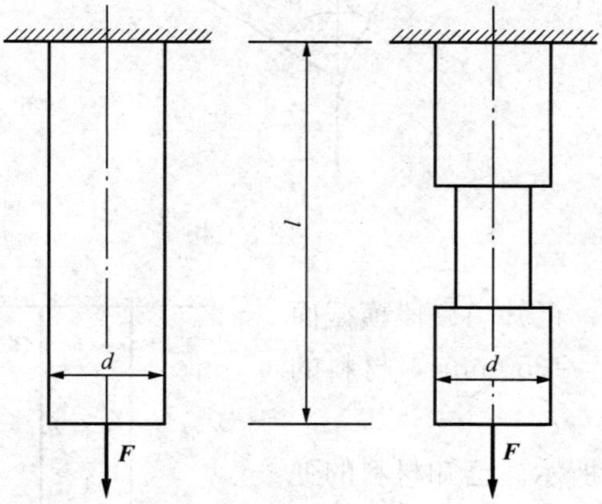

图3-42

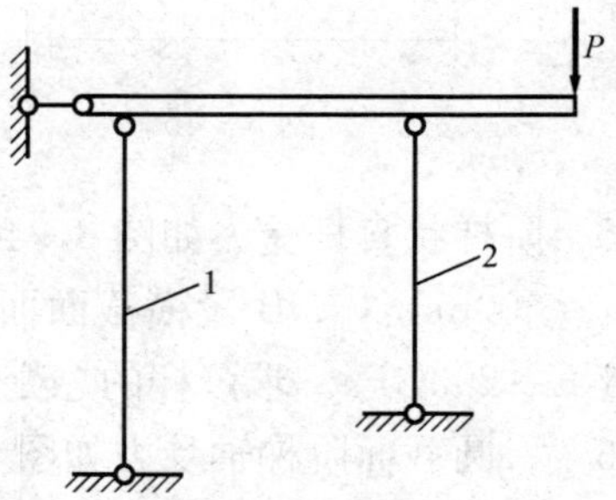

图3-43

3-12 压杆属于细长杆，中长杆还是短粗杆，是根据压杆的（　　）来判断的。

A. 长度；　　B. 横截面尺寸；　　C. 临界应力；　　D. 柔度。

3-13 压杆的柔度与哪些因素有关?

项　目　练　习

3-1 画出图3-44所示各杆的轴力图。

3-2 求图3-44所示各杆中绝对值最大的应力。已知各截面积为A_1=400mm^2，A_2=

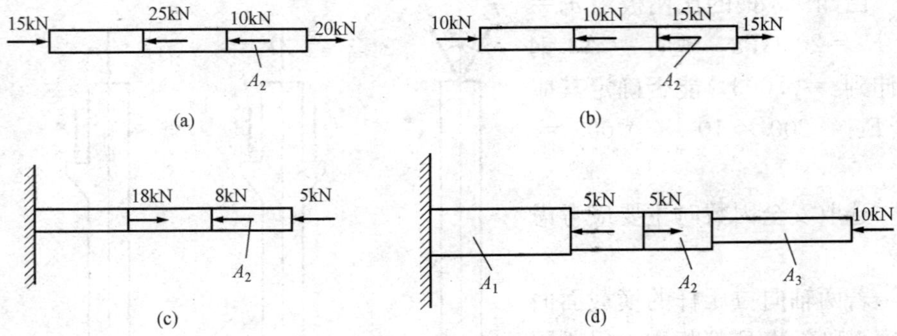

图 3 - 44

300mm^2，A_3＝200mm^2。

3 - 3　图 3 - 45 所示结构中，各杆均为圆截面钢杆，直径均为 3cm，力 F＝20kN，试求各杆的应力（要求判定出拉、压）。

3 - 4　图 3 - 46 所示结构，已知 F＝18kN，α＝30°，β＝45°，横截面积 A_{AC}＝300mm^2，A_{AB}＝350mm^2。试求各杆横截面上的应力。

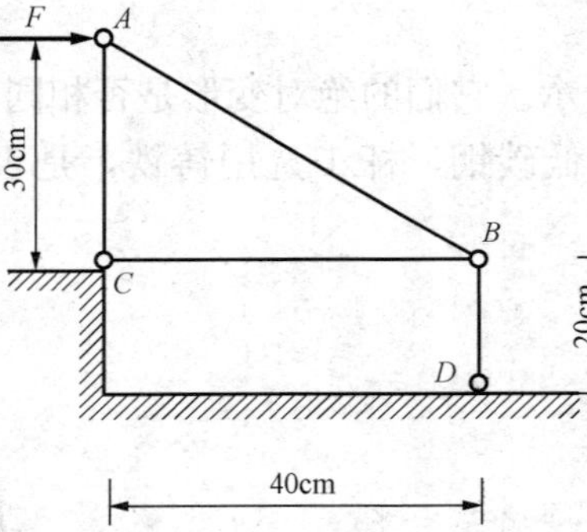

图 3 - 45

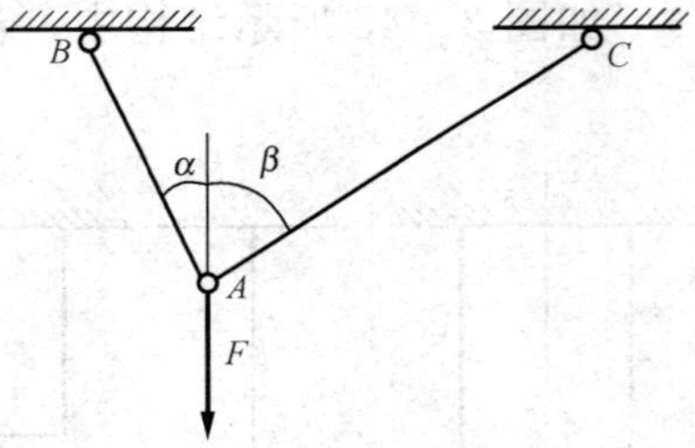

图 3 - 46

3 - 5　阶梯状直杆受力如图 3 - 47 所示。已知 AD 段横截面面积 A_{AD}＝500mm^2，DB 段横截面面积 A_{DB}＝250mm^2，材料的弹性模量 E＝200GPa。求该杆的总变形量 Δl_{AB}。

3 - 6　一圆截面阶梯轴受力如图 3 - 48 所示。已知材料的弹性模量 E＝200GPa，求各段的应力及应变（d_{AC}＝40mm，d_{BC}＝20mm）。

3 - 7　图 3 - 49 所示阶梯状直杆，A_{AB}＝200mm^2，A_{BC}＝300^2，A_{CD}＝400mm^2，a＝0. 5m，E＝200GPa。

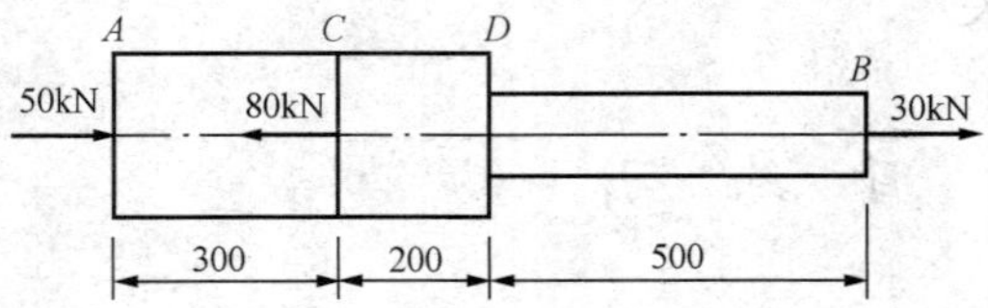

图 3 - 47

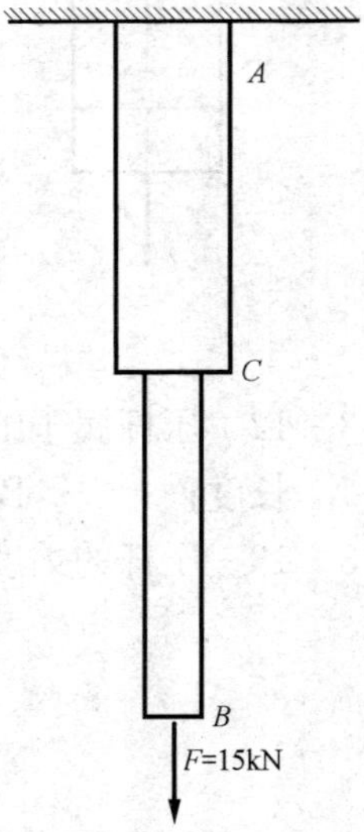

图 3 - 48

（1）画出轴力图；

（2）求全杆绝对值最大的正应力；

（3）计算杆的总变形。

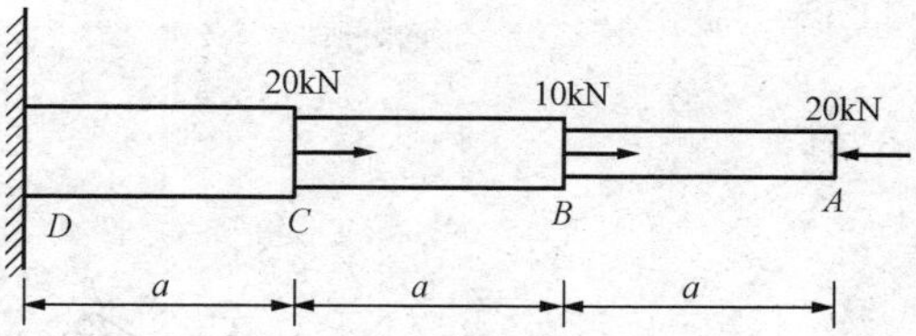

图 3-49

3-8 拉伸试验时，如图 3-50 所示矩形截面杆，每增加 3kN 拉力，测得轴向应变 $\varepsilon=120\times10^{-6}$，横向应变 $\varepsilon'=-38\times10^{-6}$。截面宽 $b=29$mm，高 $h=4.1$mm，求材料的弹性模量 E 及泊松比 ν。

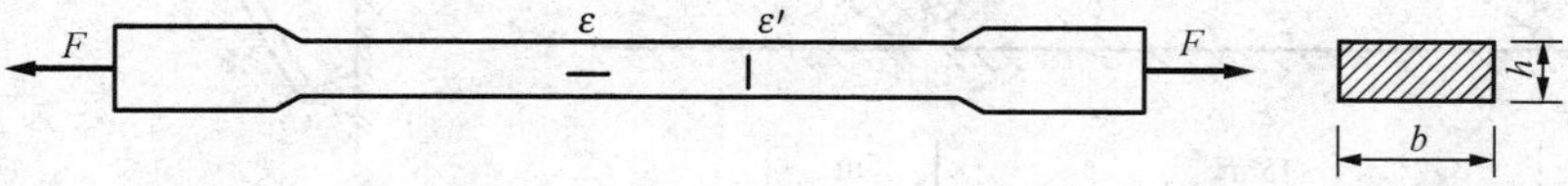

图 3-50

3-9 如图 3-51 所示，构架上悬挂的物体重 $G=60$kN，支杆 AB 为正方形截面木质杆，截面边长 $a=0.2$m，木质的许用应力 $[\sigma]=10$MPa。问支杆 AB 是否安全。

3-10 支架 ABC 在 B 处挂有重物。如图 3-52 所示，重物重 $G=25$kN，AB 和 BC 均为铸铁，其许用拉应力 $[\sigma_t]=30$MPa，许用压应力 $[\sigma_c]=90$MPa。试设计 AB 和 BC 杆的横截面积。

3-11 图 3-53 所示是输电线路上通常使用的 UT 拉线环，若 U 形环拉线直径 $d=10$mm，材料的许用应力 $[\sigma]=160$MPa，试求拉线能承受的最大拉力 F。

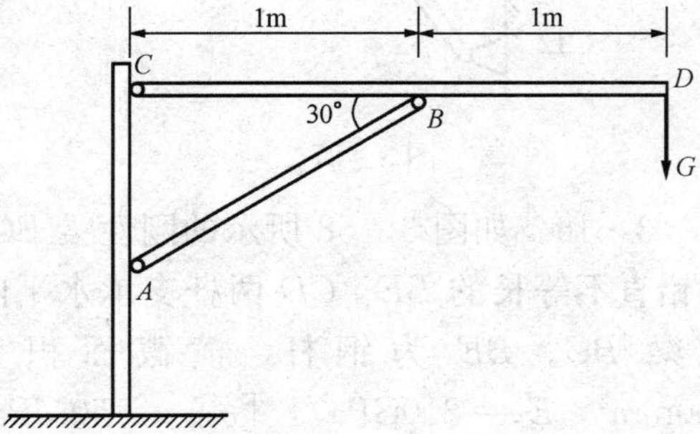

图 3-51

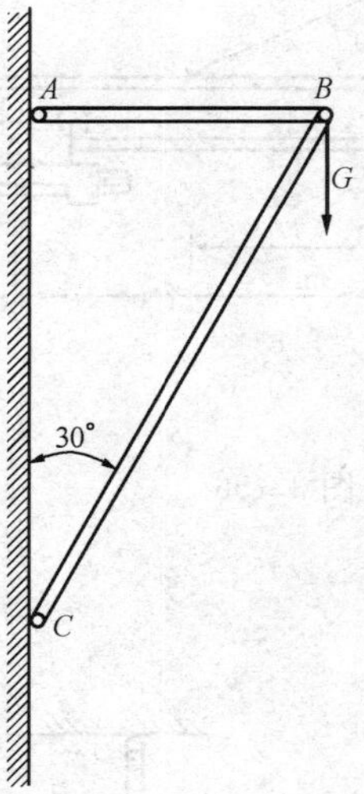

图 3-52

图 3-53

3-12 图 3-54 所示起重机钢绳横截面积为 500mm²，许用应力 $[\sigma]=80$MPa，试根据钢丝绳的强度求起重机能允许起吊的重量 G。

3-13 如图 3-55 所示的结构，AB 为圆截面钢杆，AC 为正方形截面铸铁杆。钢杆的许用应力 $[\sigma]=120$MPa，铸铁的许用拉应力 $[\sigma_t]=30$MPa，许用压应力 $[\sigma_c]=100$MPa，钢杆的直径 $d=10$mm，铸铁杆截面的边长 $a=10$mm。求该结构能够承受的最大荷载 F。

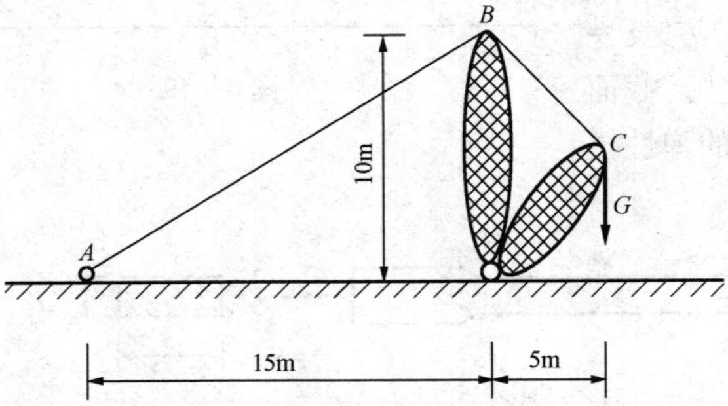

图 3 - 54

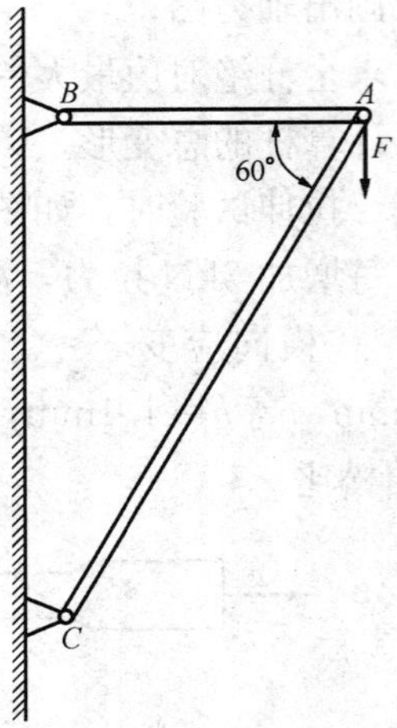

图 3 - 55

3 - 14　某悬臂吊车如图 3 - 56 所示，最大起重荷载 $G=20kN$，杆 BC 为圆截面钢杆，许用应力 $[\sigma]=120MPa$。试按图示位置设计 BC 杆的直径 d。

3 - 15　三脚架结构如图 3 - 57 所示。已知杆 AB 为钢杆，其横截面面积 $A_1=600mm^2$，许用应力 $[\sigma_1]=140MPa$；杆 BC 为木杆，横截面积 $A_2=3\times10^4mm^2$，许用应力 $[\sigma_2]=3.5MPa$。试求许用荷载 $[G]$。

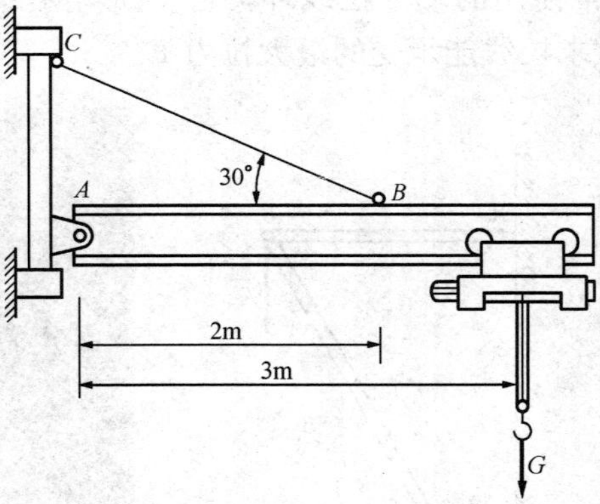

图 3 - 56

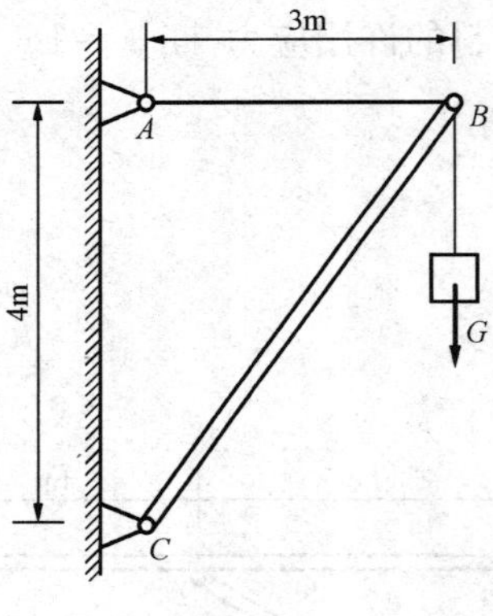

图 3 - 57

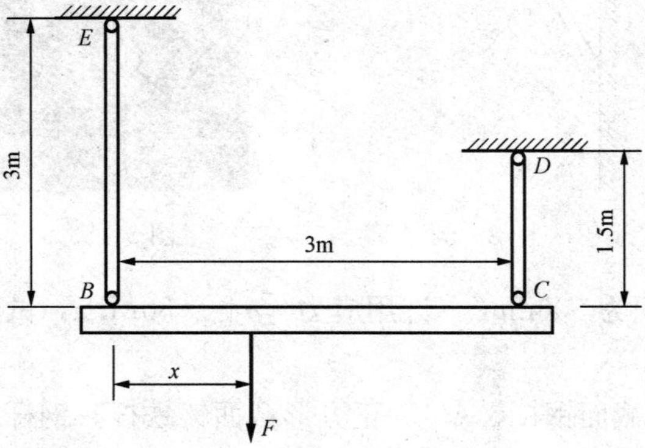

图 3 - 58

3 - 16　如图 3 - 58 所示的刚性梁 BC，用铅直不等长的 BE、CD 两杆支承水平刚性梁 BC。BE 为钢杆，横截面积为 $200mm^2$，$E_F=210GPa$，$[\sigma]_F=160MPa$；CD 为铝杆，横截面积为 $400mm^2$，$E_A=70GPa$，$[\sigma]_A=80MPa$。试问：

（1）F 作用于何处才能使梁 BC 保持水平？

（2）为保证结构的强度，F 为何值？

项目4 连接件的计算

学习目标

了解剪切和挤压的概念，理解工程中常用的连接件发生的变形情况，掌握剪切面和挤压面的判定，掌握连接件的剪切和挤压的实用计算公式和实用计算方法。

典型任务——连接件的计算

表4-1 典型任务分解表

<table>
<tr><td>如图（a）所示，是某铁索桥的拉杆和铁索上的夹板使用的螺栓连接，图（b）是其连接处的放大后的图形。桥梁检修工人发现螺栓出现了严重的变形，如不及时更换，可能会因螺栓断裂而导致严重的事故。此螺栓应如何设计？</td><td>
(a)
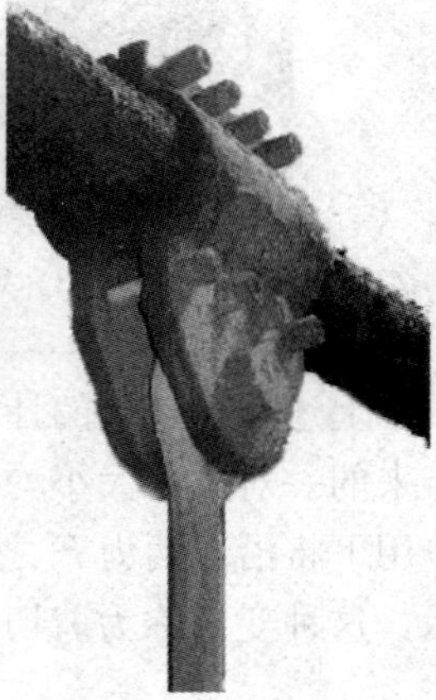
(b)</td></tr>
<tr><td colspan="2">任务分解</td></tr>
<tr><td>任务1</td><td>画出连接件的计算简图</td></tr>
<tr><td>任务2</td><td>分析螺栓、拉杆和固定板的受力情况</td></tr>
<tr><td>任务3</td><td>分析剪切面和挤压面</td></tr>
<tr><td>任务4</td><td>考虑螺栓的正常工作，设计螺栓直径</td></tr>
<tr><td>任务5</td><td>如何考虑固定板的正常工作</td></tr>
<tr><td>任务6</td><td>如何考虑拉杆的正常工作</td></tr>
<tr><td>任务7</td><td>综合考虑连接件的正常工作，螺栓直径如何选取</td></tr>
</table>

单元一 连接件的特点及实例

一、连接件的工程实例

在实际工程中经常需要将一些单个的物体连接起来，以满足工程上的使用需要，常见的连接有：

(1) 螺栓连接件（销钉连接、铆钉连接等）。如图 4-1 (a) 所示，输电线路中的塔架上利用螺栓将横杆和斜杆的两端连接在主杆的固定板上，以增强塔架的整体刚度和安全性；如图 4-1 (b) 所示是输电线路施工和维护时用来剪断导线等用的钳子，连接处用的螺栓。销钉连接、铆钉连接与螺栓连接是相似的。

(a) (b)

图 4-1

上述螺栓连接的计算简图如图 4-2 (a) 所示，取螺栓为研究对象，螺栓受到上、下板传来的一对力，大小均等于 F，且作用线相隔很近，如图 4-2 (b) 所示。螺栓在两力 F 的作用下将沿着两力 F 之间的某截面 m—m 发生相对错动，如图 4-2 (c)、图 4-2 (d) 所示，这种变形称为剪切。发生相对错动的 m—m 截面称为剪切面。显然，此时螺栓的剪切面

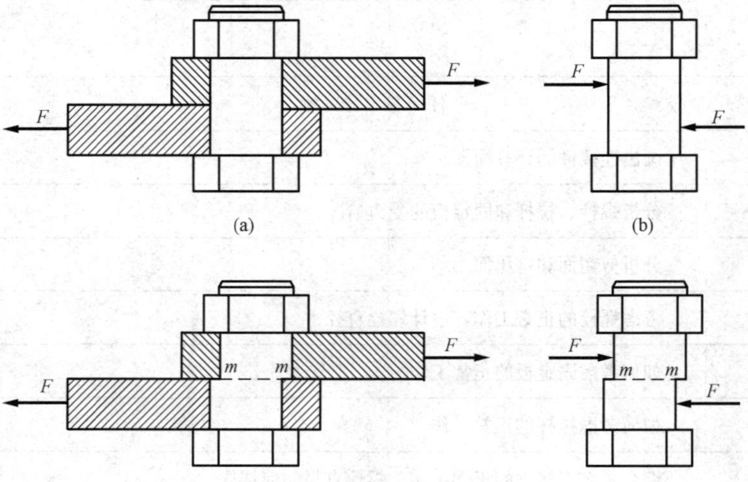

图 4-2

项目4

为圆形。

图 4 - 3（a）所示是工程中常用的起吊装置，连接处采用销钉连接；图 4 - 3（b）所示是实际工程中常用的拉杆，杆与固定铰支座处用螺栓连接；图 4 - 3（c）所示是水电站的弧形闸门与固定铰支座用销钉连接。

(a)　(b)　(c)

图 4 - 3

图 4 - 4 所示是实际工程中常用的固定铰支座——螺栓连接。

图 4 - 5 所示是输电线路中常用的绝缘子上使用的销钉连接。

图 4 - 6 所示是工程上常见的支架中的撑杆与其他物体之间使用的螺栓连接（斜撑杆就是二力杆）。

（2）键连接件。如图 4 - 7（a）所示，是机械工程中通常用来连接轮毂和轮轴的键，图 4 - 7（b）是其剖面图。分析键的受力，键上下部分分别受到轮毂和轮轴的作用力，这两组力使键沿 $m—m$ 截面错动。剪切面为矩形，如图 4 - 7（c）所示。

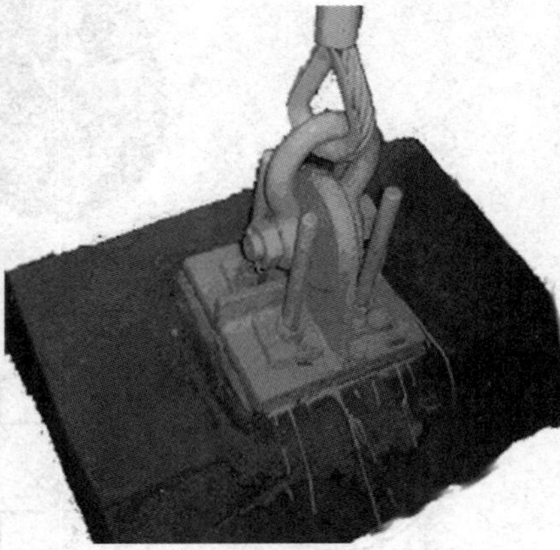

图 4 - 4

图 4 - 5

（3）榫头连接。如图 4 - 8（a）所示，为工程和生活常用的榫头连接。

图 4－6

(4) 焊接。如图 4－9 所示，焊缝处也会发生剪切变形。

上面所分析的连接件均会发生剪切变形。由此可见，剪切变形是工程和生活中一种最常见的基本变形。生活中常用剪刀来剪东西（见图 4－10），前面学习的工程上常见约束中的铰、固定铰支座、可动铰支座中的连接件、榫头连接、键连接、焊缝，建筑工程中的柱对基础的作用力使基础也会发生剪切变形等。在这些连接中，接头处如果发生破坏，将造成工程事故，甚至影响整个结构的正常工作，因此，它们的计算在整个结构设计中占有重要地位。图 4－11 所示是一辆公共汽车使路面发生剪切破坏的实例，如果车辆行进中发生这样的事故，后果是可想而知的，建筑工程中的柱对基础的作用力使基础的破坏与此类似。

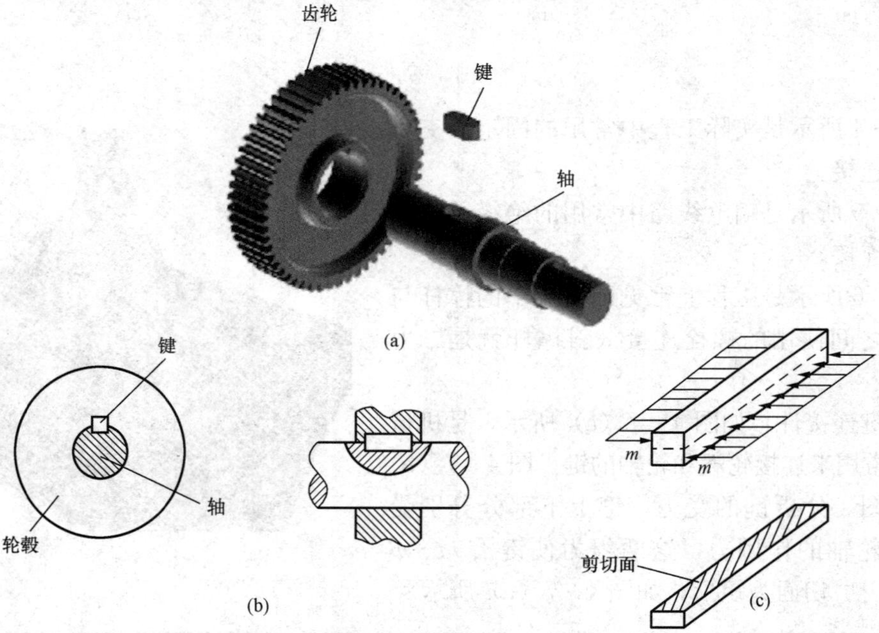

图 4－7

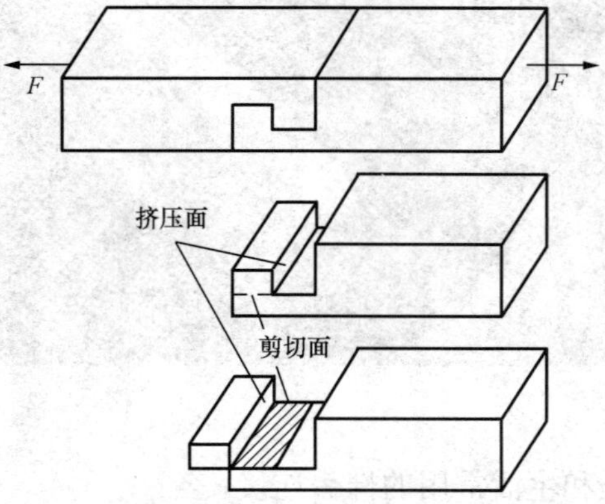

图 4－8

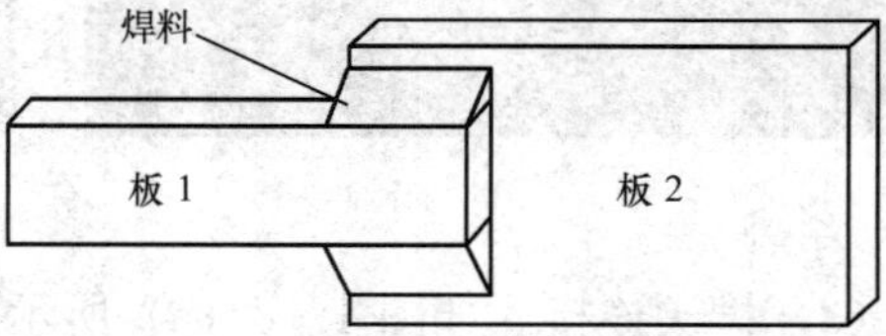

图 4－9

图 4 - 10

图 4 - 11

二、剪切的受力特点

分析上面的工程实例可知，连接件受到等值、反向、作用线相距很近的两个力作用。这就是剪切的受力特点，如图 4 - 12（a）所示。

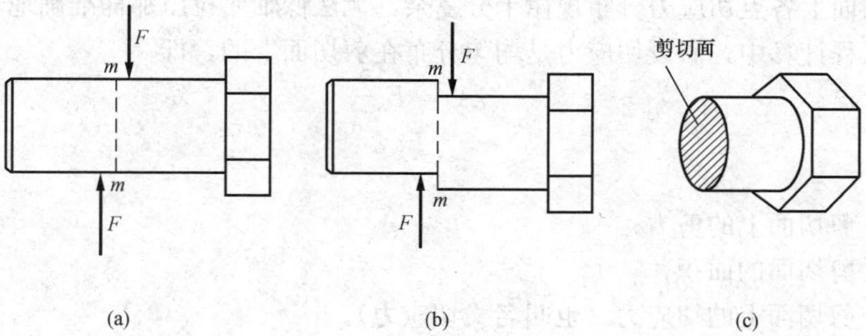

图 4 - 12

三、剪切的变形特点

构件沿两力作用线之间的某截面发生相对错动，这就是剪切的变形特点，如图 4 - 12（b）所示。两力作用线之间相对错动的面，称为剪切面，如图 4 - 12（c）所示。这种只有一对剪切面的剪切变形又叫单剪，若连接件有两对剪切面，称为双剪。分析清楚了剪切的受力特点和变形特点后很容易得到其剪切面，图 4 - 12 中的剪切面为螺栓的横截面，显然是圆形。

单元二　连接件的实用设计

一、连接件的剪切实用计算

对连接件进行剪切的强度计算时，必须首先分析剪切面上的内力。下面以铆钉为例（螺栓、销钉是相似的），用截面法进行分析。图 4 - 13 所示剪切面上的内力必须与外力 F 平行，所以剪切面上的内力是与剪切面相切的一个力，该力称为剪力，用 F_s 表示，如图 4 - 13（b）所示。

根据平衡条件 $\sum F_x=0$ 得

$$F_s - F = 0$$
$$F_s = F$$

同理，可以分析其他连接件的剪力。

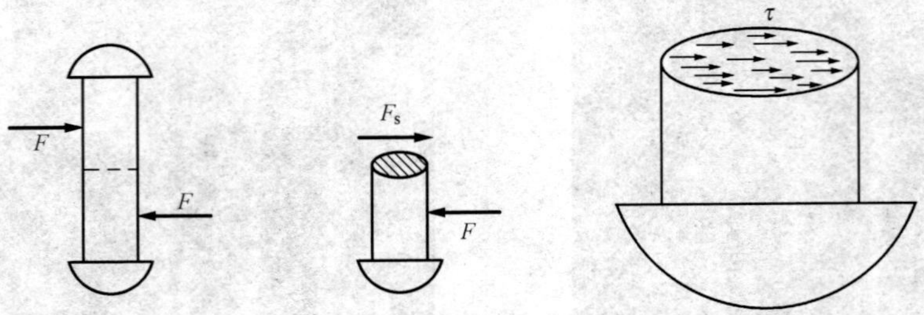

(a)　(b)　(c)

图 4 - 13

剪力 F_s 由剪切面上的分布内力即应力组成。这种应力与剪切面相切，称为切应力（或剪应力），用 τ 表示，如图 4 - 13（c）所示。其单位与正应力相同。

由于剪切面上各点切应力分布规律十分复杂，无法像轴向拉压那样准确地求出各点的应力大小。在工程计算中，假设切应力是均匀分布在剪切面上的，即

$$\tau A = F_s$$

则

$$\tau=\frac{F_s}{A} \tag{4-1}$$

式中　F_s——剪切面上的剪力；

A——剪切面的面积；

τ——剪切面上的切应力（也叫名义切应力）。

式（4 - 1）计算的应力在工程中是实用的，因此这种计算也叫实用计算。

与轴向拉压的强度条件的建立一样，剪切的强度条件也应该是工作应力不超过许用应力，即

$$\tau \leqslant [\tau]$$

所以，剪切的强度条件为

$$\tau = \frac{F_s}{A} \leqslant [\tau] \tag{4-2}$$

式中　$[\tau]$——材料的许用切应力。

许用切应力 $[\tau]$ 的大小可在工程手册中查到或通过剪切试验得到。它是通过相应的剪切试验确定出剪切强度极限 τ_b 除以安全因数 n 后得到的，即 $[\tau]=\frac{\tau_b}{n}$。其中的极限应力 τ_b 是通过试验测定出试件剪切破坏时的最大剪力 F_b 后利用公式 $\tau_b=\frac{F_b}{A}$ 计算出来的，它实际上也是名义应力。因此，上述的剪切强度条件才得以实用。

根据上述剪切强度条件可进行三个方面的强度计算：

(1) 强度校核。校核 $\tau=\frac{F_s}{A}\leqslant[\tau]$ 是否成立。若成立，则强度足够；若不成立，则强度不够。

(2) 截面设计。由 $\frac{F_s}{A}\leqslant[\tau]$ 得 $A\geqslant\frac{F_s}{[\tau]}$，计算出连接件的面积，从而根据剪切面的形状

确定其尺寸。

(3) 确定许可荷载。由$\frac{F_s}{A} \leqslant [\tau]$得$F_s \geqslant [\tau]A$，计算出连接件的剪力，根据剪力与荷载的关系确定其能承受的许可荷载。

下面举例说明剪切的强度计算过程。

【例 4-1】 如图 4-14 (a) 所示，是某铁索桥的拉杆和铁索上的夹板所用的螺栓连接，其计算简图如图 4-14 (b) 所示。若已知外力 $F=160$kN，螺栓的直径 $d=30$mm，螺栓的许用切应力 $[\tau]=60$MPa，试校核此螺栓的剪切强度。

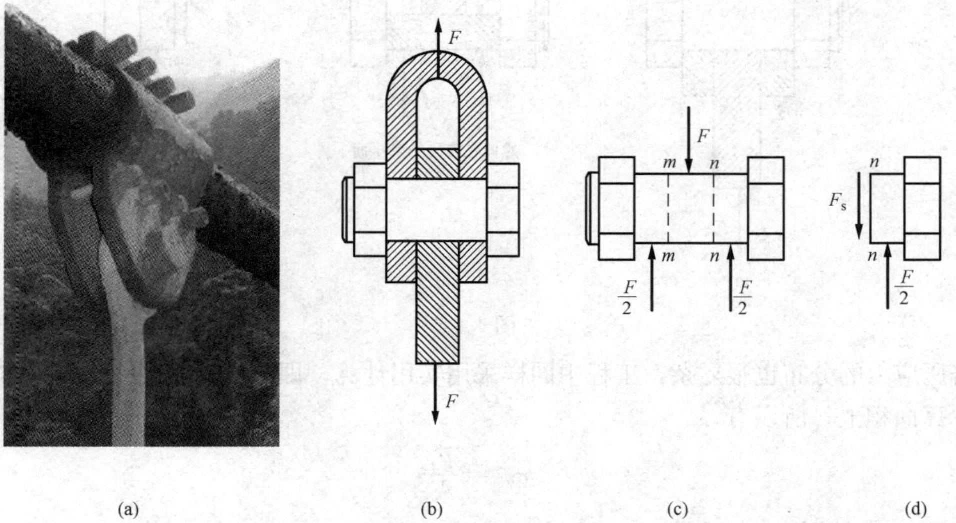

图 4-14

解 由图 4-14 (b)，取螺栓为研究对象，所受外力的情况为中板处的 F，以及夹板部分构件传递给螺栓的力$\left(\text{其大小各为}\frac{F}{2}\right)$，螺栓有两对剪切面 m—m 和 n—n（这种具有两对剪切面的剪切称为双剪），如图 4-14 (c) 所示。用截面法分析剪切面上的剪力，如图4-14 (d) 所示。

显然

$$F_s=\frac{F}{2}$$

所以

$$\tau=\frac{F_s}{A}=\frac{\frac{F}{2}}{\frac{\pi d^2}{4}}=\frac{80\times10^3}{\frac{\pi}{4}\times30^2}=113.2(\text{MPa})>[\tau]=60\text{MPa}$$

所以螺栓的剪切强度不够。

为了让此连接处能正常工作，必须重新选择螺栓，这也就是本项目前面提到的典型任务的主要任务之一。

二、连接件的挤压实用计算

连接件在发生剪切变形的同时，常常伴随着挤压。所谓挤压，是指在剪切变形中传递力的接触面发生的局部受压现象。连接件在传递力的接触面上受到压力作用，这种压力如果较大，可能会使接触表面压溃或产生较大的塑性变形，从而使连接件发生松动而不能正常工作。接触面上的这种压力称为挤压力，用 F_{bs} 来表示。连接件和被连接件间的接触面称为挤压面，如图 4-15（b）所示。挤压面上的应力称为挤压应力，用 σ_{bs} 来表示。

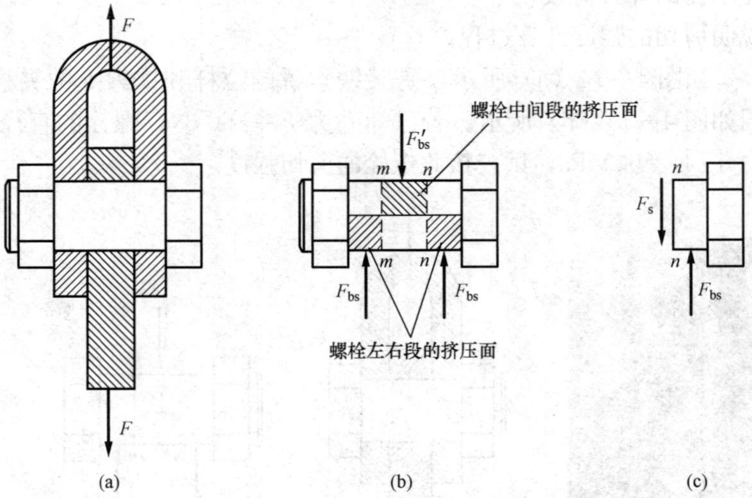

图 4-15

挤压应力的分布也很复杂，工程中同样采用实用计算，即假设挤压应力均匀分布在挤压面的计算面积上，所以有

$$\sigma_{bs}=\frac{F_{bs}}{A_{bs}} \tag{4-3}$$

式中 F_{bs}——挤压力；

A_{bs}——挤压面的计算面积（挤压面的最大正投影面面积）。

图 4-16（a）是图 4-16（b）的下部分，图 4-16（a）中的阴影部分的右半部分半圆柱面是真实的挤压面，阴影部分是其挤压面的最大正投影，图 4-16（c）所示是挤压应力的分布（十分复杂），实用计算中认为挤压应力是均匀分布在挤压面的计算面积上，如图 4-16（d）所示。

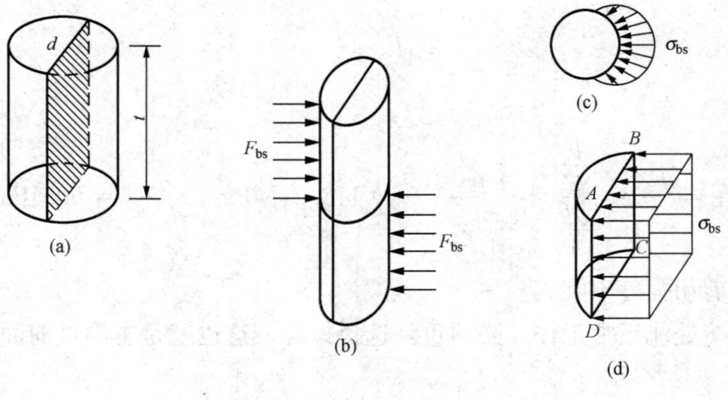

图 4-16

若挤压面为平面，则挤压面的计算面积等于挤压面的真实面积；若挤压面为曲面（如本例中为圆柱面），则挤压面的计算面积等于此曲面的最大正投影面面积，如本例中为通过直

径的投影面面积，见图 4－16（a），$A_{bs}=td$。

挤压的强度条件为

$$\sigma_{bs}=\frac{F_{bs}}{A_{bs}}\leqslant[\sigma_{bs}] \qquad (4-4)$$

式中　$[\sigma_{bs}]$——许用挤压应力，其值可查有关手册得到。

由上述强度条件可进行三个方面的强度计算：强度校核，截面设计，确定许可荷载。

这三个方面的强度计算与前面学过的轴向拉压、剪切的强度计算方法和过程是完全相似的。

由于剪切常常伴随有挤压，因此，在连接件的计算中一般应同时考虑剪切和挤压两个方面的强度问题。

【例 4－2】　图 4－17 中，已知轴的直径 $d=50$mm，传递的力矩 $M=300$N·m，键的尺寸 $b=14$mm，键长 $l=80$mm，键高 $h=10$mm。键为钢材所制，许用切应力 $[\tau]=60$MPa，许用挤压应力 $[\sigma_{bs}]=200$MPa。试校核键的强度。

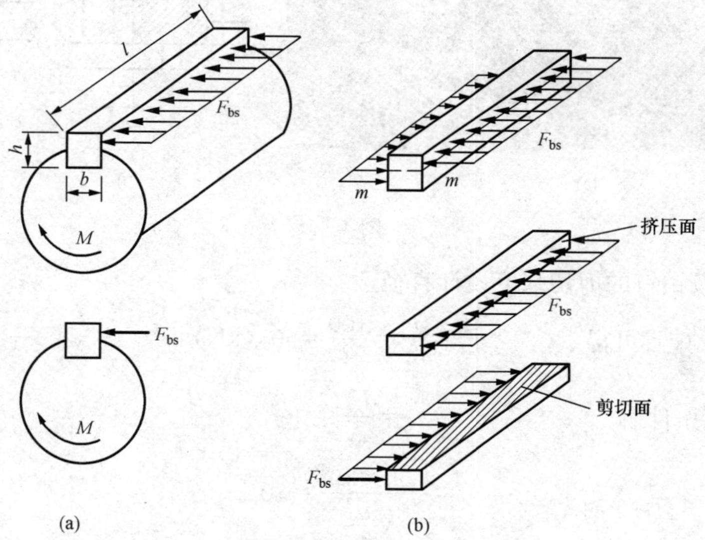

图 4－17

解　(1) 计算 F_{bs}。

由图 4－17（a）可得

$$M=F_{bs}\frac{d}{2}$$

则
$$F_{bs}=\frac{2M}{d}=\frac{2\times300\times10^3}{50}=12\,000(\text{N})$$

(2) 校核键的剪切强度。

$$F_s=F_{bs}=12\,000\text{N}$$

$$A=bl=14\times80=1120(\text{mm})^2$$

$$\tau=\frac{F_s}{A}=\frac{12\,000}{1120}=10.7(\text{MPa})<[\tau]=60\text{MPa}$$

所以键的剪切强度足够。

(3) 校核键的挤压强度。

挤压力 $$F_{bs}=12\,000\text{N}$$

挤压面积 $$A_{bs}=\frac{h}{2}l=\frac{10}{2}\times 80=400\text{mm}^2$$

$$\sigma_{bs}=\frac{F_{bs}}{A_{bs}}=\frac{12\,000}{400}=30\text{MPa}<[\sigma_{bs}]=200\text{MPa}$$

所以挤压强度足够。

因此，键的剪切和挤压强度足够。

【例 4-3】 图 4-18（a）所示是架空输电线路中的拉线上使用的销钉连接件，图 4-18（b）是其计算简图。已知 $\delta=15\text{mm}$，销钉的许用切应力 $[\tau]=80\text{MPa}$，销钉和销钉孔的许用挤压应力 $[\sigma_{bs}]=200\text{MPa}$，拉力 $F=100\text{kN}$。试确定销钉的直径 d。

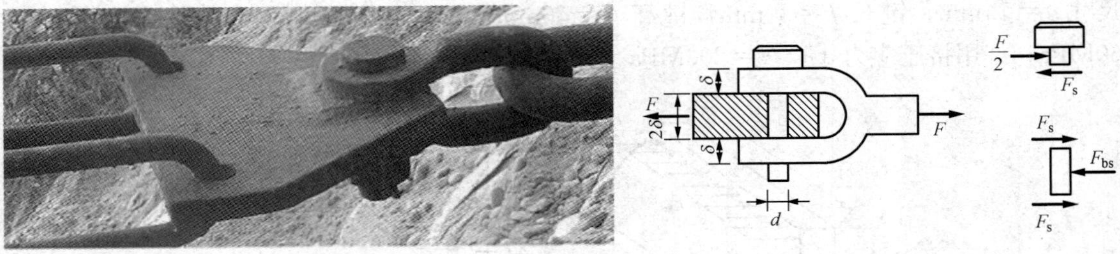

(a)　(b)　(c)

图 4-18

解　(1) 按销钉的剪切强度设计直径。

由图 4-18（c）可得 $$F_s=\frac{F}{2}=\frac{100}{2}=50\ (\text{kN})$$

由剪切强度条件 $$\tau=\frac{F_s}{A}\leqslant[\tau]$$

得 $$\frac{50\times 10^3}{\frac{\pi d^2}{4}}\leqslant 80$$

所以 $$d\geqslant 28.2\text{mm}$$

(2) 按销钉的挤压强度设计直径。

这里按销钉的中间段的挤压强度计算，有

$$F_{bs}=F=100\text{kN},A_{bs}=2\delta d=30d$$

由挤压强度条件 $$\sigma_{bs}=\frac{F_{bs}}{A_{bs}}\leqslant[\sigma_{bs}]$$

得 $$\frac{100\times 10^3}{30\times d}\leqslant 200$$

所以 $$d\geqslant 16.67\text{mm}$$

综上所述，所取销钉直径 $d\geqslant 28.2\text{mm}$。

思考：按销钉挤压的强度计算时，可否用销钉的上部挤压处或下部挤压处 $F_{bs}=\frac{F}{2}$ 的挤压来进行强度设计？

小　　结

一、本项目知识点

（1）剪切和挤压的受力特点。

（2）剪切面和挤压面确定。

（3）剪切和挤压的实用计算公式及强度条件。

（4）连接件的实用设计。

二、本项目重点和主要公式

（1）剪切面和挤压面确定。

（2）剪切的实用计算公式

$$\tau = \frac{F_s}{A}$$

（3）挤压的实用计算公式

$$\sigma_{bs} = \frac{F_{bs}}{A_{bs}}$$

（4）剪切强度条件

$$\tau = \frac{F_s}{A} \leqslant [\tau]$$

（5）挤压强度条件

$$\sigma_{bs} = \frac{F_{bs}}{A_{bs}} \leqslant [\sigma_{bs}]$$

思　考　题

4-1　剪切变形的受力特点和变形特点是什么？

4-2　挤压变形的受力特点和变形特点是什么？

4-3　试分析图 4-19 所示连接件的剪切面和挤压面。

4-4　在图 4-19（a）中，用哪里的挤压面进行强度计算？为什么？

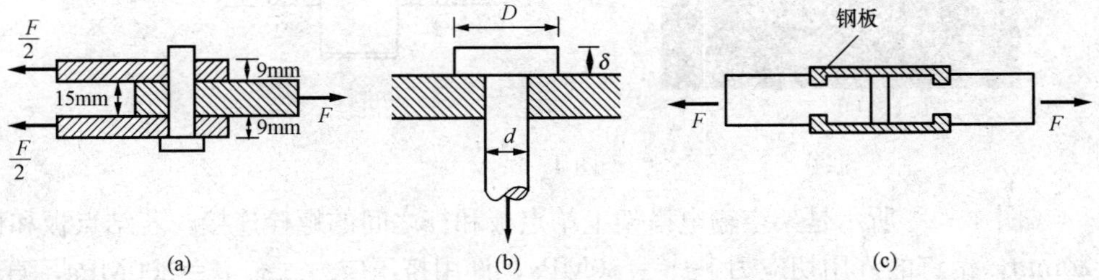

图 4-19

4-5　什么是剪切面？剪切面是否可以是曲面？

4-6　什么是挤压面？挤压面是否可以是曲面？

项　目　练　习

4 - 1　图 4 - 20 所示是输电线路中使用的剪钳，若被剪拉线为 $d=3\text{mm}$ 的 6 股钢绳，钢绳的抗剪强度 $\tau_b=320\text{MPa}$，试计算剪断力 F。

4 - 2　图 4 - 21 所示输电线路维护和施工中使用的滑车的销钉连接，受拉力 F 作用。已知材料的许用切应力 $[\tau]=60\text{MPa}$，销钉直径 $d=20\text{mm}$，求 F 最大值。

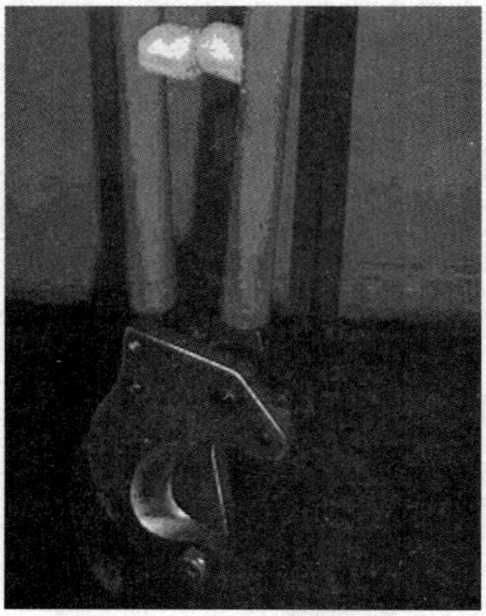

图 4 - 20

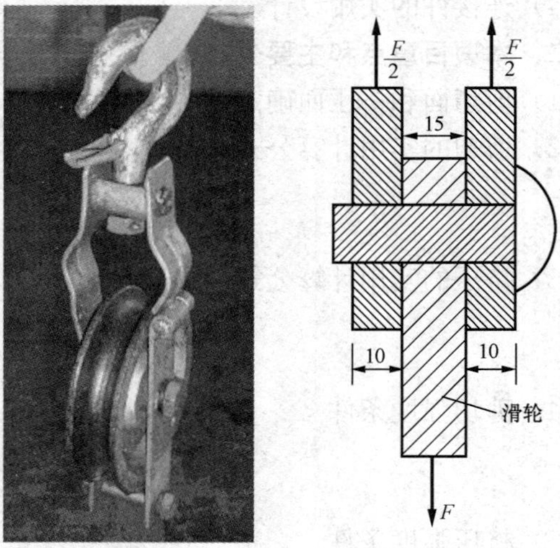

(a)　(b)

图 4 - 21

4 - 3　如图 4 - 22 (a) 所示是输电线路中的绝缘子用的销钉连接，计算简图如图 4 - 22 (b) 所示，销钉的剪切强度极限 $\tau_b=340\text{MPa}$，安全因数 $n=2.5$，试设计销钉直径 d。

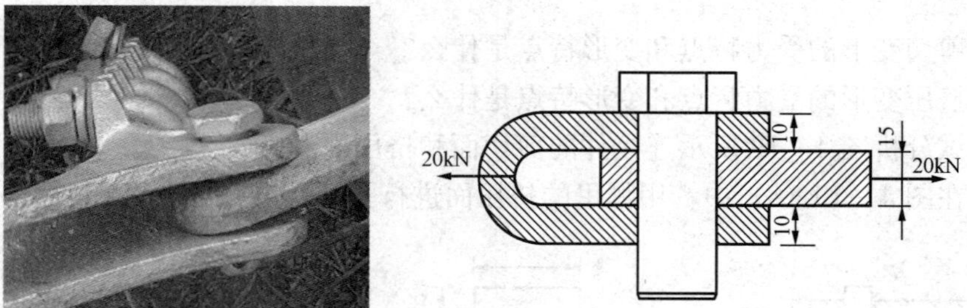

(a)　(b)

图 4 - 22

4 - 4　图 4 - 23 所示是架空输电塔架上结点板和杆之间的螺栓连接，若结点板和杆分别厚 $t=20\text{mm}$，销钉的许用切应力 $[\tau]=80\text{MPa}$，许用挤压应力 $[\sigma_{bs}]=200\text{MPa}$，直径 $d=30\text{mm}$。考虑剪切和挤压强度，问连接件能够承受多大的力 F？

4 - 5　矩形截面的木拉杆的榫接头如图 4 - 24 所示。已知轴向拉力 $F=40\text{kN}$，截面宽度 $b=250\text{mm}$，木材的顺纹许用挤压应力 $[\sigma_{bs}]=10\text{MPa}$，顺纹许用切应力 $[\tau]=1\text{MPa}$。求接头处所需的尺寸 t 和 a。

图 4-23

4-6　图 4-25 所示是输电线路施工和维护过程中，拧紧螺母时螺栓的受力情况及尺寸图形，已知连接构件中 $D=2d=32\text{mm}$，$h=12\text{mm}$，螺栓的许用应力 $[\sigma]=120\text{MPa}$，$[\tau]=70\text{MPa}$，$[\sigma_{bs}]=170\text{MPa}$。试求拧紧螺母时的所允许的最大拉力 $[F]$。

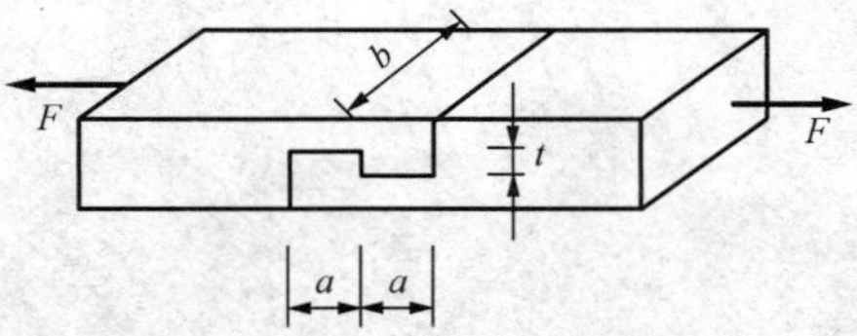

图 4-24

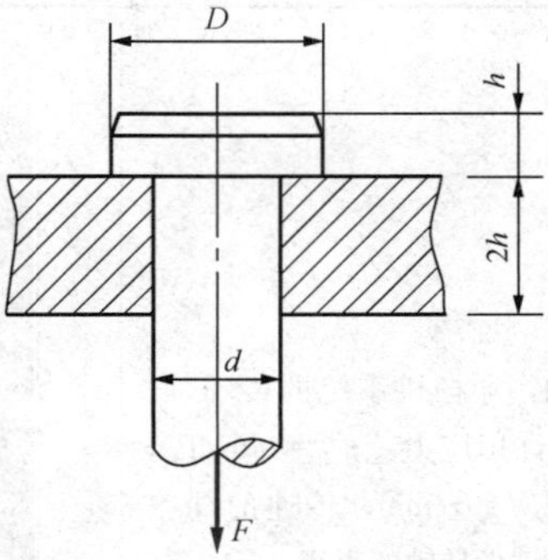

图 4-25

4-7　两块厚度 $\delta=6\text{mm}$ 的钢板用 3 个铆钉连接，如图 4-26 所示。若 $F=50\text{kN}$，许用切应力 $[\tau]=100\text{MPa}$、许用挤压应力 $[\sigma_{bs}]=280\text{MPa}$，求铆钉的直径 d。

4-8　如图 4-27 所示，轴的直径 $d=80\text{mm}$，键宽 $b=16\text{mm}$、高 $h=14\text{mm}$、长 $l=120\text{mm}$。键的许用切应力 $[\tau]=80\text{MPa}$，许用挤压应力 $[\sigma_{bs}]=200\text{MPa}$，轴通过键传递的转矩 $M=2.5\text{kN}\cdot\text{m}$。试校核键的强度。

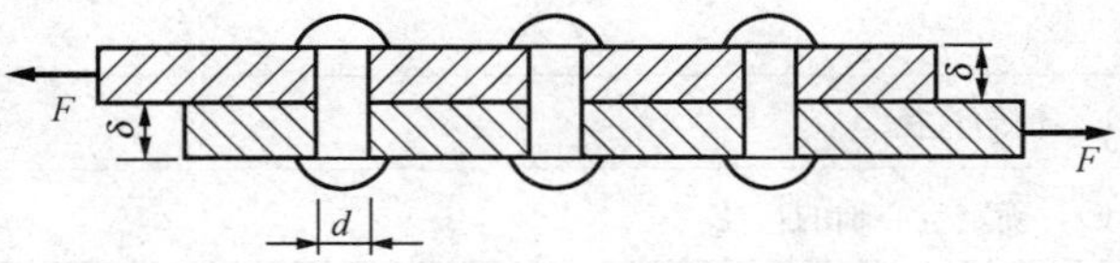

图 4-26

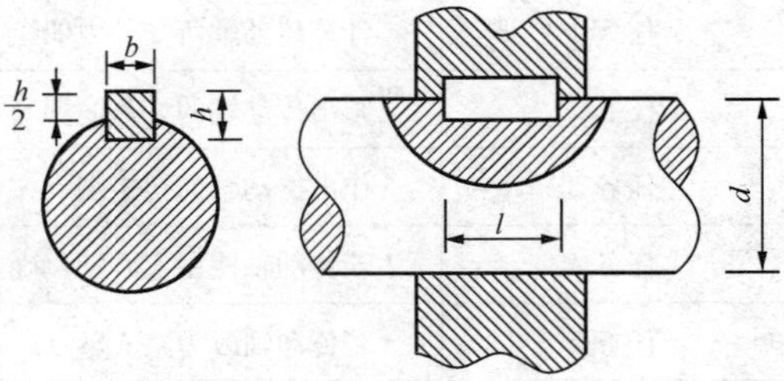

图 4-27

项目5　扭转圆轴的计算

学习目标

了解扭转的概念和特点，掌握扭矩的计算和扭矩图的会制，掌握扭转的应力计算和变形计算，熟练掌握利用扭转圆轴强度条件和刚度条件进行设计计算。

典型任务——轴的设计

表 5-1　　典型任务分解表

如图所示，卷扬机系统的传动轴，若已知轴的许用应力 $[\tau]=40$MPa，轴的转速 $n=60$r/min，传递的功率 $P=60$kW。试设计轴的直径	

任　务　分　解

任务 1	计算传动轴所受外力偶矩
任务 2	画出传动轴的计算简图
任务 3	作出传动轴的扭矩图
任务 4	若传动轴使用实心轴，确定实心轴的直径
任务 5	若传动轴改为空心轴（$\alpha=0.6$），确定空心轴的直径
任务 6	计算空心轴与实心轴的重量比，由其重量比可得出什么结论
任务 7	从受切应力情况分析，空心轴与实心轴哪种截面更为合理
任务 8	工程中，什么情况下采用空心轴结构

单元一　扭转的内力和扭矩图

一、圆轴扭转的概念与实例

（一）扭转的概念

扭转是一种工程和生活中常见的基本变形形式。通常把主要发生扭转变形的杆件称为轴。在日常生活中和工程实际中受扭的杆件很多，例如开锁的钥匙、钻探机的钻杆［见图 5 - 1（a）］、各种机械的传动轴、汽车方向盘的转向轴［见图 5 - 1（b）］等。

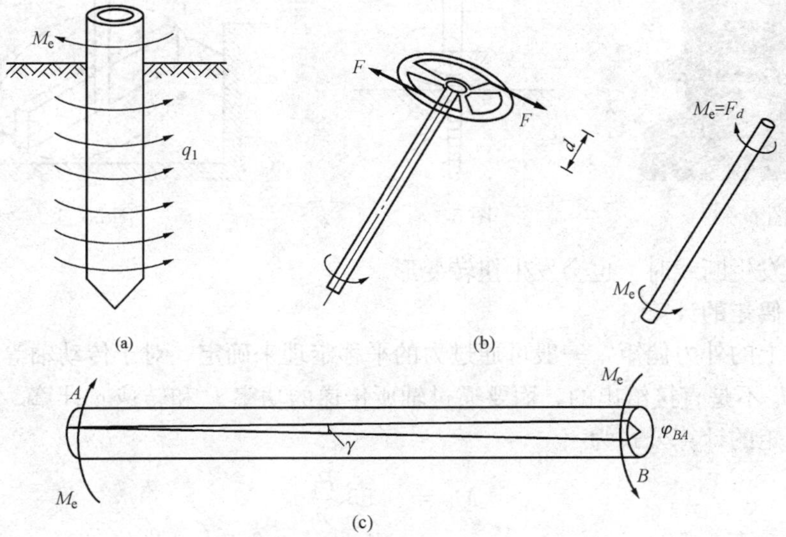

图 5 - 1

扭转的受力特征是：受到一对大小相等、转向相反、作用面与杆轴线垂直的力偶 M_e 作用。其变形特征是：杆件各截面绕杆轴线发生相对转动而产生角位移，该角位移称为扭转角，用 φ 表示。图 5 - 1（c）中的 φ_{BA} 表示 B 截面相对于 A 截面发生的扭转角。

扭转就是指杆件受到作用面与杆轴线垂直的力偶作用时发生的横截面绕杆轴线相对转动的变形。这里主要讨论发生扭转变形的圆轴。

（二）扭转的实例

图 5 - 2 所示是闸门起吊时常用的卷扬机的轴，主要发生的就是扭转变形。

图 5 - 3 所示是水力发电时的水轮机轴，主要发生的也是扭转变形。

图 5 - 4 所示的攻丝锥、图 5 - 5 所示的搅拌机的机轴等，都是发生生扭转变形的实例。

图 5 - 2

图 5 - 3

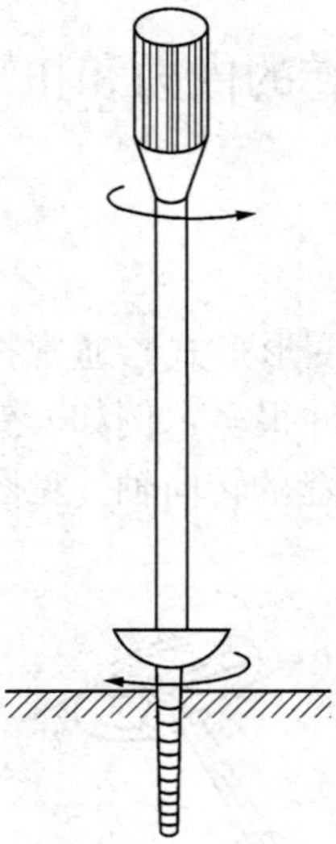

图 5 - 4

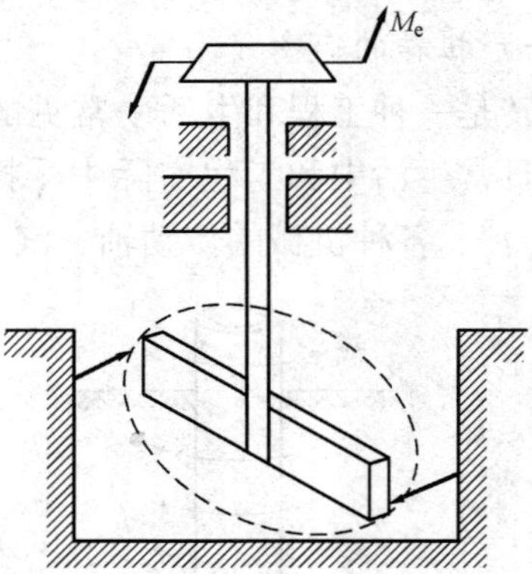

图 5 - 5

输电杆在发生断线时，也会发生扭转变形。

二、外力偶矩的计算

作用在轴上的外力偶矩，一般可通过力的平移定理来确定。对于传动轴等传动构件，通常外力偶矩 M_e 不是直接给出的，而要通过轴所传递的功率 P 和转速 n 计算。由理论推导可以得到外力偶矩的计算公式为

$$M_e = 9.55\frac{P_k}{n} \tag{5-1}$$

式中　M_e——外力偶矩，kN·m；

P_k——轴传递的功率，kW；

n——轴的转速，r/min。

工程中，当功率 P 的单位为马力时，根据 1 马力＝0.7353kW，可得

$$M_e = 7.02\frac{P_p}{n} \tag{5-2}$$

式中　M_e——外力偶矩，kN·m；

P_p——轴传递的功率，马力；

n——轴的转速，r/min。

由式（5 - 1）和式（5 - 2）可以看出，轴所承受的外力偶矩与所传递的功率成正比，在传递同样大的功率时，低速轴所受的外力偶矩比高速轴大，因此，在传动系统中，低速轴的直径要比高速轴的直径大一些。

三、扭矩计算

（一）截面法计算扭矩

杆件在外力偶的作用下发生扭转变形时，其横截面上必然有相应的内力。下面用一个例子来分析说明。

如图 5 - 6 所示，轴在一对大小相等、转向相反的外力偶 M_e 作用下产生扭转变形并处于平衡状态，此时横截面上的内力仍用截面法来研究。假想用一个截面在轴的任意位置 n—n

处垂直地将轴截开分成两段，取左段为研究对象。由于此段杆上只有一个外力偶，根据力偶只能和力偶平衡的性质可知，$n—n$ 截面上必有一个力偶，且与外力偶平行（作用面垂直于杆轴），其受力如图 5 - 6（b）所示。

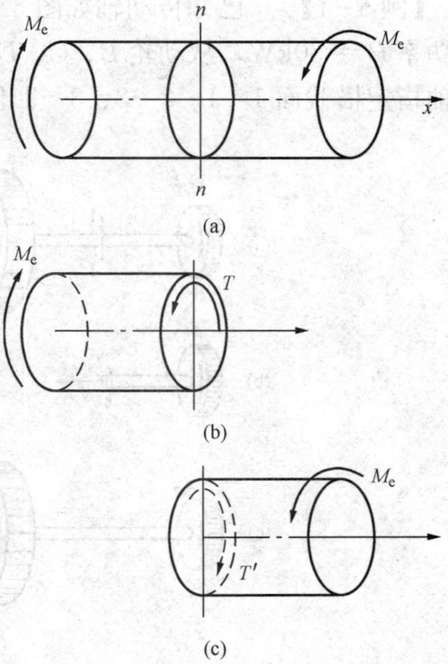

图 5 - 6

由力偶平衡方程$\sum M = 0$，则

$$T - M_e = 0,\ T = M_e$$

由此得左段 $n—n$ 截面内力偶矩，大小为 $T = M_e$。取右段轴为研究对象也可得出同样的结果。可见，轴发生扭转变形时，其横截面上的内力是一个作用在横截面平面内的力偶，其力偶矩为 T，称为截面上的扭矩。取截面左边和右边部分为研究对象所求得的扭矩，数值相等而方向相反，因为它们是作用与反作用的关系。

如果轴上受到多个外力偶作用，则应分段计算轴的扭矩。

（二）扭矩计算及正负号规定

扭矩是一个代数量，为了使截面法计算时取左段或取右段得到的同一截面上的扭矩不仅数值相等，而且正负号相同，对扭矩正负号规定如下。

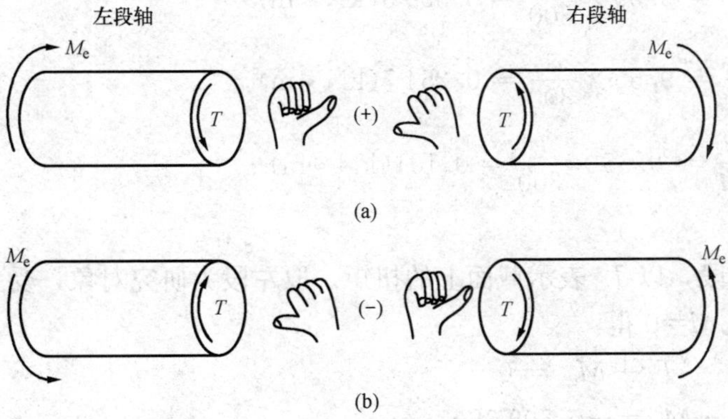

图 5 - 7

1. 扭矩正负号规定

以右手自然握轴，四指弯曲的方向与扭矩的转向一致，则大拇指的指向与截面外法线方向一致时，扭矩取正号，如图 5 - 7(a)所示；反之，大拇指的指向与截面外法线方向相反时，扭矩取负号，如图 5 - 7（b）所示。

在用截面法计算扭矩时，通常把扭矩假设为正方向。注意：扭矩的正和负不是计算出来的，而是为了区别两个不同方向的扭矩而规定的。

2. 扭矩大小的计算

扭矩大小的计算可以用截面法，也可以用下面的简便方法计算

扭矩大小 = 截面左侧（或右侧）所有外力偶矩的代数和

如 $n—n$ 截面上的扭矩为

$$T_{n—n} = \sum M_e^{n—n左} = \sum M_e^{n—n右}$$

若用截面法计算，则假想从截面处切开，取研究对象，画受力图，列平衡方程，计算扭矩。显然，这种方法直观清晰，但很烦琐，特别是要计算很多个截面的扭矩时，工作量就很大。

【例 5-1】　已知传动轴如图 5-8（a）所示，其转速为 $n=300\text{r/min}$，主动轮 A 的输入功率 $P_1=30\text{kW}$，从动轮 B、C、D 的输出功率分别为 $P_2=16\text{kW}$、$P_3=8\text{kW}$、$P_4=6\text{kW}$，求轴指定横截面 1—1、2—2、3—3 上的扭矩。

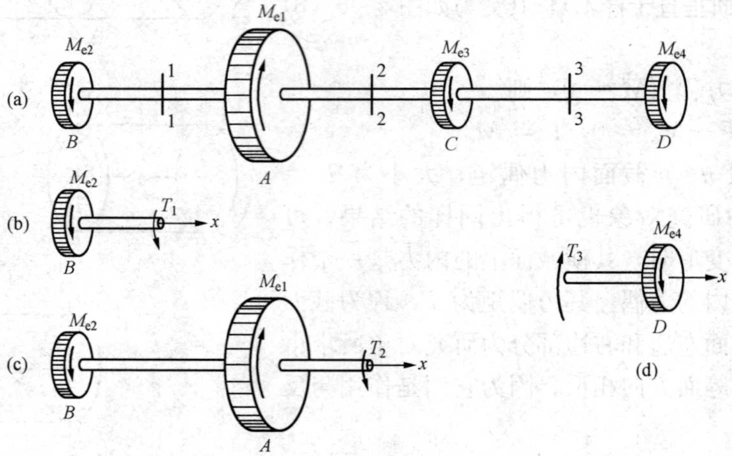

图 5-8

解　（1）根据转速 n 和各轮的功率 P 值，计算各轮上的外力偶矩。

$$M_{e1}=9.55\frac{P_1}{n}=9.55\times\frac{30}{300}=0.955(\text{kN}\cdot\text{m})$$

$$M_{e2}=9.55\frac{P_2}{n}=9.55\times\frac{16}{300}=0.509\,3(\text{kN}\cdot\text{m})$$

$$M_{e3}=9.55\frac{P_3}{n}=9.55\times\frac{8}{300}=0.254\,7(\text{kN}\cdot\text{m})$$

$$M_{e4}=9.55\frac{P_4}{n}=9.55\times\frac{6}{300}=0.191(\text{kN}\cdot\text{m})$$

（2）计算指定截面的扭矩。

用假想截面将轴从 1—1 截为两段，以 T_1 表示截面上的扭矩。取左段为研究对象，受力如图 5-8（b）所示。由平衡方程 $\sum M=0$ 得

$$T_1+M_{e2}=0$$

则
$$T_1=-M_{e2}=-0.509\,3\text{kN}\cdot\text{m}$$

同理，用假想截面将轴从 2—2 截开，以 T_2 表示截面上的扭矩，取左段为研究对象，受力如图 5-8（c）所示。由平衡方程 $\sum M=0$ 得

$$T_2+M_{e2}-M_{e1}=0$$

则
$$T_2=-M_{e2}+M_{e1}=-0.509\,3+0.955=0.445\,7\ (\text{kN}\cdot\text{m})$$

用假想截面将轴从 3—3 将截开，以 T_3 表示截面上的扭矩，取右段为研究对象，受力如图 5-8（d）所示。由平衡方程 $\sum M=0$ 得

$$T_3-M_{e4}=0$$

则
$$T_3=M_{e4}=0.191\text{kN}\cdot\text{m}$$

思考：在上面的计算过程中，受力图上各截面的扭矩均假设为正方向，计算结果的正负说明了什么？

四、扭矩图的绘制

从［例5-1］的计算可以发现，不同截面上的扭矩是随截面位置变化的，为了直观地表示扭矩沿轴线（截面位置）变化的规律，以便于确定轴的危险截面的位置，常用与杆轴线平行的 x 坐标表示横截面的位置，以与杆轴垂直的坐标表示相应横截面的扭矩，建立 $T—x$ 坐标系，将各段截面上的扭矩按比例标在 $T—x$ 坐标系中，正值扭矩画在 x 轴上方，负值扭矩画在 x 轴下方，这种图形称为扭矩图。

【例5-2】　图5-9所示传动轴，各轮受到的外力偶如图5-9所示，试作出轴的扭矩图。

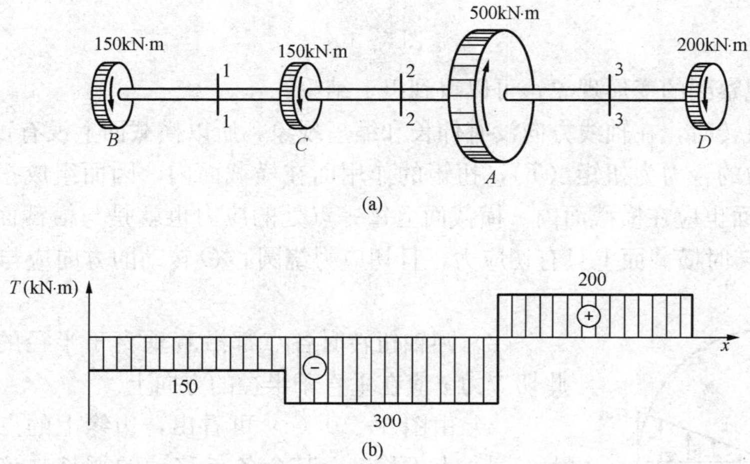

图5-9

解　(1) 计算各段的扭矩。

在 BC 段内任意求一截面1—1的扭矩，取左端为研究对象，可得

$$T_1 = -150\text{kN}\cdot\text{m}$$

在 CA 段内任意求一截面2—2的扭矩，取左端为研究对象，可得

$$T_2 = -(150+150) = -300(\text{kN}\cdot\text{m})$$

在 AD 段内任意求一截面3—3的扭矩，取右端为研究对象，可得

$$T_3 = 200\text{kN}\cdot\text{m}$$

(2) 作出扭矩图。

根据上述扭矩作出扭矩图，如图5-9 (b) 所示。

单元二　扭转圆轴的计算

一、圆轴扭转时横截面上的应力

1. 圆轴扭转时横截面上的应力的分布规律

首先，观察圆轴发生扭转变形时的试验现象。例如图5-10所示受扭圆轴，为了观察其变形情况，在其表面画上平行于轴线的纵向线和代表横截面的圆周线，如图5-10 (a) 所示。施加外力偶 M_e 后，产生扭转变形。扭转后各圆周都绕轴线转动了不同的角度，但圆周线间的间距不变，且保持原来的大小及形状。各纵向线倾斜了一个相同的角度 γ，如图

5 - 10（b）所示。取1—1截面来分析，该截面上Oa线上各点变形后至Oa'的直线上。φ为1—1截面相对于端部截面的扭转角，如图5 - 10（c）所示。

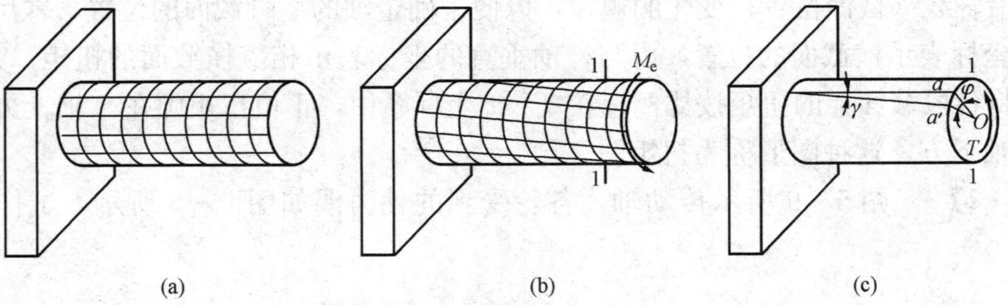

图5 - 10

分析以上观察到的变形现象，可以得到以下结论：

（1）圆轴扭转时，在轴线方向没有伸长和缩短现象，所以横截面上没有正应力。由于横截面上分布内力的合力为扭矩（T），扭矩的作用面在横截面内，因而组成扭矩的分布内力（应力）的作用面也应在横截面内。横截面上每一点处的应力也就是与横截面相切的切应力τ，所以圆轴扭转时横截面上只有切应力，且切应力绕圆心O转动的方向应与扭矩T的转向一致。

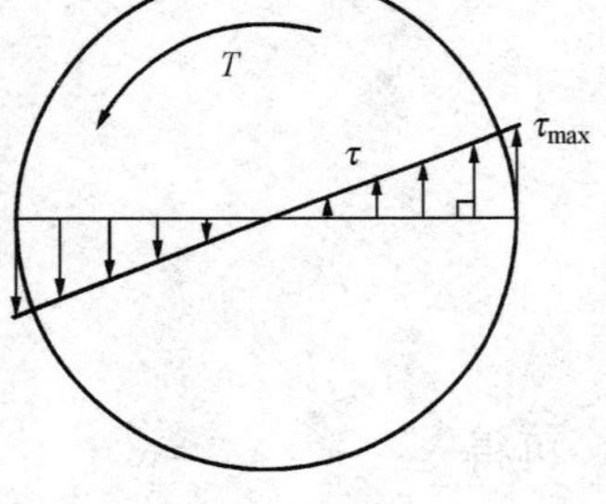

图5 - 11

（2）圆轴扭转时各点都沿着垂直于半径的方向移动，因此切应力τ应在垂直于半径的方向上。

（3）由图5 - 10（c）可看出，边缘上的点a移动弧长最大，圆心点不移动，其余各点移动的弧长与该点到轴心的距离成正比，所以轴心处切应力为零。圆外表面处切应力最大，切应力成线性分布（从理论上可以推证）。

综上所述，圆轴扭转时横截面上只有切应力τ，其分布规律如图5 - 11所示。最大切应力τ_{max}发生在周边的各点上。

2. 圆轴扭转切应力的计算公式

通过理论分析导出扭转圆轴横截面上任一点切应力的计算公式为

$$\tau_\rho = \frac{T\rho}{I_P} \tag{5 - 3}$$

式中　τ_ρ——横截面上一点的切应力；

T——该截面上扭矩；

ρ——该点到圆心的距离；

I_P——截面对圆心的极惯性矩，这是一个与截面形状和尺寸有关的几何量。

对实心圆轴

$$I_P = \frac{\pi D^4}{32}$$

式中　D——实心圆轴直径。

对空心圆轴

$$I_P = \frac{\pi D^4}{32} - \frac{\pi d^4}{32} = \frac{\pi D^4}{32}(1-\alpha^4)$$

$$\alpha = \frac{d}{D}$$

式中　D——外径；

d——内径。

【例 5-3】　圆轴直径 $D=100\text{mm}$，传递扭矩 $T=2\text{kN}\cdot\text{m}$，试计算距圆心 40mm 处 A 点的应力。

解
$$T=2\text{kN}\cdot\text{m}=2\times10^6\text{N}\cdot\text{mm}$$

$$\rho = 40\text{mm}$$

$$I_P = \frac{\pi D^4}{32} = \frac{3.14\times100^4}{32} = 0.098\times10^8(\text{mm}^4)$$

所以由 $\tau_\rho=\dfrac{T\rho}{I_P}$ 得

$$\tau_\rho = \frac{T\rho}{I_P} = \frac{2\times10^6\times40}{0.098\times10^8} = 8.16(\text{MPa})$$

3. 圆轴扭转时的最大切应力

在轴的设计中，并不关心任意一点的切应力，而是关心最大的切应力，因为这些点是最危险的点，只要这些点能满足工作要求，其余的点自然能满足工作要求。圆轴扭转时最大切应力发生在扭矩最大截面的周边上（圆轴的外表面），根据式（5-3）可得

$$\tau_{\max} = \frac{T_{\max}R}{I_P} = \frac{T_{\max}}{\dfrac{I_P}{R}}$$

令
$$W_P=\frac{I_P}{R}$$

则
$$\tau_{\max}=\frac{T_{\max}}{W_P} \tag{5-4}$$

式中　W_P——抗扭截面系数，量纲为［长度］^{3}。

对于实心圆截面

$$W_P = \frac{I_P}{R} = \frac{\pi D^4/32}{D/2} = \frac{\pi D^3}{16}$$

对于空心圆截面

$$W_P = \frac{I_P}{R} = \frac{\pi D^4(1-\alpha^4)/32}{D/2} = \frac{\pi D^3}{16}(1-\alpha^4)$$

式中　α——内外径之比，$\alpha=\dfrac{d}{D}$。

二、扭转圆轴的变形计算

从前面的变形观察可知，扭转圆轴的圆周线（横截面）会绕杆轴线转过一个角度，显然，横截面转过的角度越大，表明杆件变形也就越大。

1. 扭转角

扭转圆轴两横截面间相对转过的角度称为扭转角，用 φ 表示。理论推导可得，若扭转圆轴用同一材料制成，且两截面之间的扭矩、截面尺寸为常数，则扭转角的计算式为

$$\varphi = \frac{Tl}{GI_P} \tag{5-5}$$

式中　φ——两截面间的相对扭转角，rad；

T——截面的扭矩，N·m；

l——两截面间的距离，m；

G——切变模量，Pa；

I_P——截面对圆心的极惯性矩，m^4。

式（5-5）表明，在扭矩一定时，l 段内两截面间的相对扭转角 φ 与 GI_P 成反比。GI_P 越大 φ 值越小，GI_P 越小 φ 值越大。GI_P 反映了圆轴抵抗扭转变形的能力，称为抗扭刚度。

2. 单位扭转角

扭转角表示的是两横截面之间相对转过的角度，显然，其大小与两截面间的位置有关。有些时候，扭转角还不能清楚地表达轴的变形程度，如图 5-12 所示，圆轴的 A、B 两截面间的相对转角等于零，那么圆轴是不是就没有变形呢？在工程中，为了对轴的变形能够更清晰准确地描述，引入了单位扭转角的概念，所谓单位扭转角就是指单位长度上的扭转角，用 θ 表示。

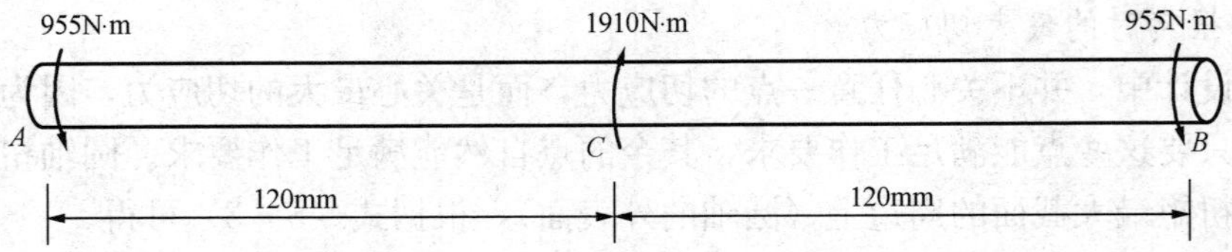

图 5-12

扭转角的计算公式为

$$\theta = \frac{\varphi}{l} = \frac{T}{GI_P} \tag{5-6}$$

式（5-6）中，T、G、I_P 的单位与式（5-5）相同，θ 的单位为 rad/m，工程上常用（°）/m，故式（5-6）也可以写成

$$\theta = \frac{T}{GI_P}\frac{180°}{\pi} \tag{5-7}$$

三、圆轴扭转时的设计

（一）强度条件

为了保证受扭圆轴具有足够的强度，其最大切应力不能超过其材料的许用切应力 $[\tau]$，即

$$\tau_{max} = \frac{T_{max}}{W_P} \leqslant [\tau] \tag{5-8}$$

式（5-8）即为圆轴扭转的强度条件，其中许用切应力 $[\tau]$ 可从有关手册中查出（或通过试验测定出材料的剪切强度极限除以安全因数得到）。一般情况下，它与材料的许用拉应力 $[\sigma]$ 存在下列关系：

对于塑性材料　　$[\tau] = (0.5 \sim 0.6)[\sigma]$

对于脆性材料　　$[\tau] = (0.8 \sim 1.0)[\sigma]$

由上述强度条件，可解决扭转圆轴的三类问题。

1. 强度校核

已知扭转圆轴的许用应力 $[\tau]$、截面形状和尺寸、受到的荷载（外力偶），计算出最大切应力与许用切应力比较，检查构件是否满足扭转强度要求。

2. 截面设计

已知许用切应力 [τ] 和荷载（即可求出 T_{max}），根据扭转强度条件计算截面的尺寸。

3. 确定许可荷载

已知许用切应力 [τ]、截面形状和尺寸，根据扭转强度条件确定许可荷载。

（二）刚度条件

受扭圆轴在满足强度条件的同时，有些构件通常还有较高的刚度要求，特别是精密机床的轴，变形过大时，会影响加工精度。刚度条件可按下式要求

$$\theta = \frac{T}{GI_P} \times \frac{180^\circ}{\pi} \leqslant [\theta] \tag{5-9}$$

利用刚度条件也可解决扭转圆轴刚度方面的三类计算问题，即刚度校核、截面设计和许可荷载的确定。

【例 5-4】　图 5-13（a）的受扭圆轴，已知轴的许用切应力 [τ] =60MPa，直径 d=60mm，试校核该轴的强度。

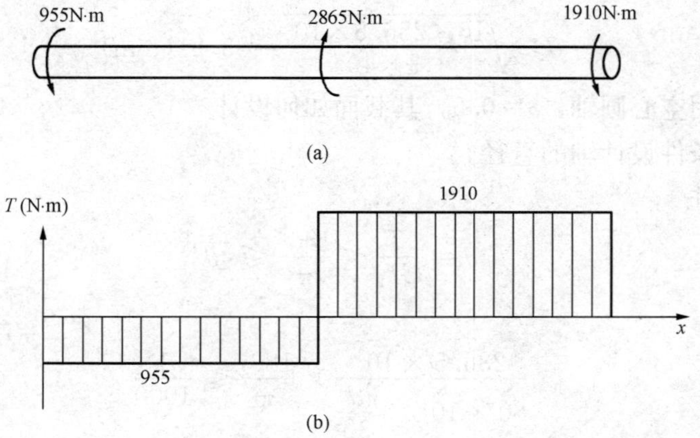

图 5-13

解　（1）作扭矩图，如图 5-13（b）所示。

由扭矩图可得

$$T_{max} = 1910\text{N} \cdot \text{m}$$

（2）校核强度。

$$\tau_{max} = \frac{T_{max}}{W_P} = \frac{1910 \times 10^3}{\frac{\pi d^3}{16}} = \frac{1910 \times 10^3}{\frac{3.14 \times 60^3}{16}} = 45.1(\text{MPa}) < [\tau] = 60\text{MPa}$$

所以，此扭转圆轴的强度足够。

【例 5-5】　图 5-14（a）所示的某机器传动轴，已知许用切应力 [τ] =40MPa，材料的切变模量 G=80GPa，[θ] =1（°）/m，试按强度条件和刚度条件设计轴的直径。

解　（1）作扭矩图，如图 5-14（b）所示。

（2）按强度条件设计轴的直径。

由强度条件 $\tau_{max} = \frac{T_{max}}{W_P} \leqslant [\tau]$ 得

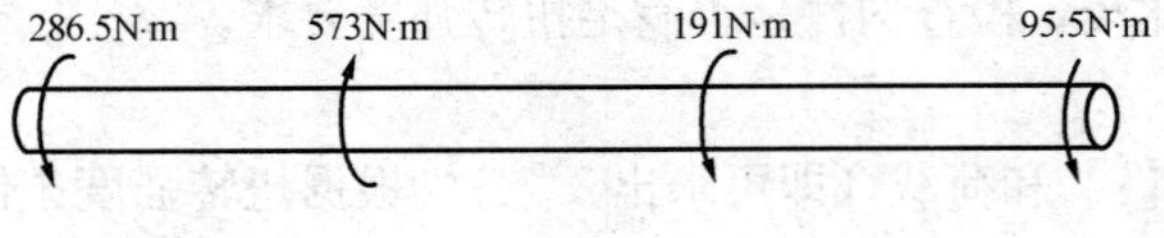

(a)

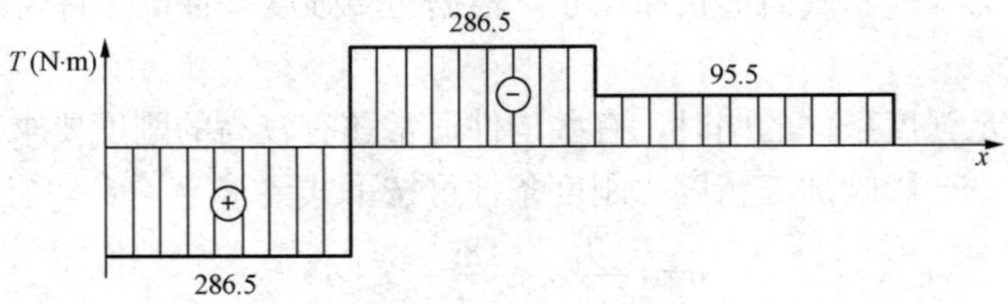

(b)

图 5 - 14

$$\frac{286.5\times10^3}{\frac{\pi d^3}{16}}\leqslant 40$$

所以
$$d\geqslant\sqrt[3]{\frac{16\times286.5\times10^3}{\pi\times40}}=33.2\ (\text{mm})$$

思考：若采用空心圆轴，$\alpha=0.5$，其截面如何设计？

(3) 按刚度条件设计轴的直径。

根据刚度条件

$$\theta=\frac{T}{GI_{\text{P}}}\times\frac{180^\circ}{\pi}\leqslant[\theta]$$

得

$$\frac{286.5\times10^3}{80\times10^3\times\frac{\pi d^4}{32}}\times\frac{180^\circ}{\pi}\leqslant\frac{1}{1000}$$

满足刚度条件的直径为

$$d\geqslant\sqrt[4]{\frac{32\times286.5\times10^3\times180\times1000}{80\times10^3\times\pi}}=38(\text{mm})$$

小　　结

一、本项主要知识点

(1) 扭转圆轴的内力——扭矩的计算，扭矩图的绘制。

(2) 扭转圆轴的切应力计算、扭转角的计算。

(3) 扭转圆轴的强度条件和刚度条件。

(4) 利用强度条件和刚度条件设计扭转圆轴。

二、本项目重点和主要公式

(1) 本项目重点：扭矩的计算和扭矩图的绘制，利用强度条件和刚度条件设计扭转圆轴。

(2) 圆轴的切应力计算公式：

1）任意一点的切应力

$$\tau_\rho = \frac{T\rho}{I_P}$$

2）最大切应力

$$\tau_{max} = \frac{T_{max}}{W_P}$$

（3）扭转圆轴的变形计算公式：

1）扭转角公式

$$\varphi = \frac{Tl}{GI_P}$$

2）单位扭转角公式

$$\theta = \frac{T}{GI_P}$$

（4）扭转圆轴的强度条件

$$\tau_{max} = \frac{T_{max}}{W_P} \leqslant [\tau]$$

（5）扭转圆轴的刚度条件

$$\theta = \frac{T}{GI_P} \times \frac{180°}{\pi} \leqslant [\theta]$$

思　考　题

5-1　扭转圆轴的受力特点和变形特点是什么？

5-2　圆轴扭转时横截面上的切应力是如何分布的？最大切应力发生在哪里？

5-3　试分析图5-15中所示圆轴扭转切应力分布是否正确？为什么？（图中 T 为该截面的扭矩）

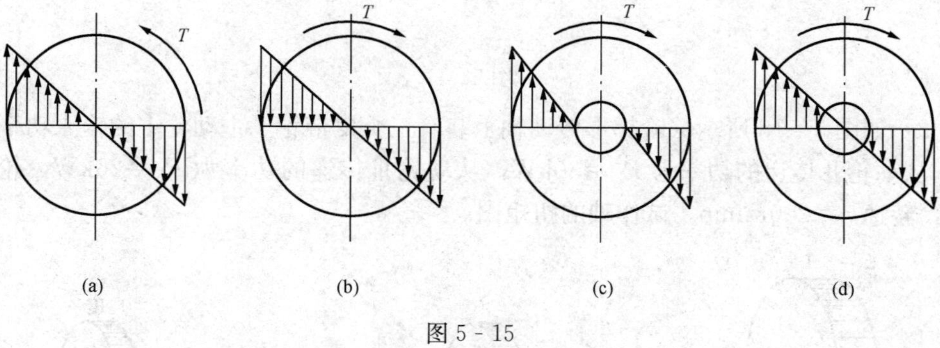

图5-15

5-4　几何参数和所受扭矩都相同，但材料不同的两个圆轴，它们的最大切应力是否相同？扭转角是否相同？

5-5　由空心圆轴的极惯性矩 $I_P = \frac{\pi D^4}{32} - \frac{\pi d^4}{32}$，能否推出其抗扭截面模量 $W_P = \frac{\pi D^3}{16} - \frac{\pi d^3}{16}$？为什么？

5 - 6　一般减速箱中的低转速轴均比高转速轴的直径粗，试解释其原因。

5 - 7　若将圆轴的直径增大一倍，其他条件不变，试问最大切应力和扭转角有何变化？

5 - 8　从力学角度分析，为什么说空心圆轴比实心圆轴更为合理？

5 - 9　对于阶梯形圆轴，是否扭矩最大的截面就是危险截面？为什么？

5 - 10　试分析图 5 - 16 中圆轴上的三个轮子如何布置比较合理？

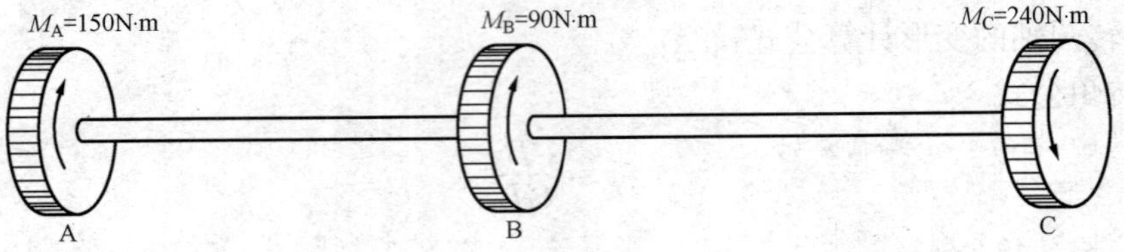

图 5 - 16

项　目　练　习

5 - 1　试用截面法求图 5 - 17 所示各轴指定截面 1—1、2—2、3—3 上的扭矩，并作扭矩图。

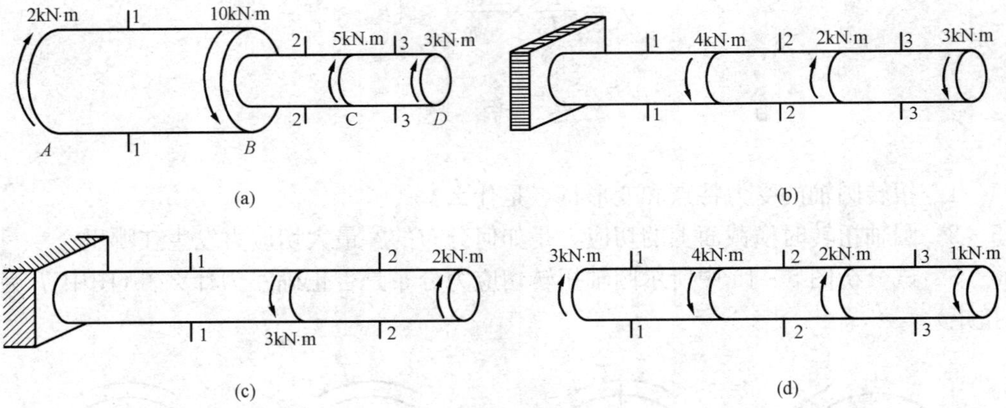

图 5 - 17

5 - 2　如图 5 - 18 所示一阶梯形传动轴上装有三个皮带轮。主动轮Ⅰ的输入功率为 $P_1 = 50kW$，从动轮Ⅱ传递的功率为 $P_2 = 30kW$，从动轮Ⅲ传递的功率为 $P_3 = 20kW$，轮轴作匀速转动，转速 $n = 200r/min$。试作轴的扭矩图。

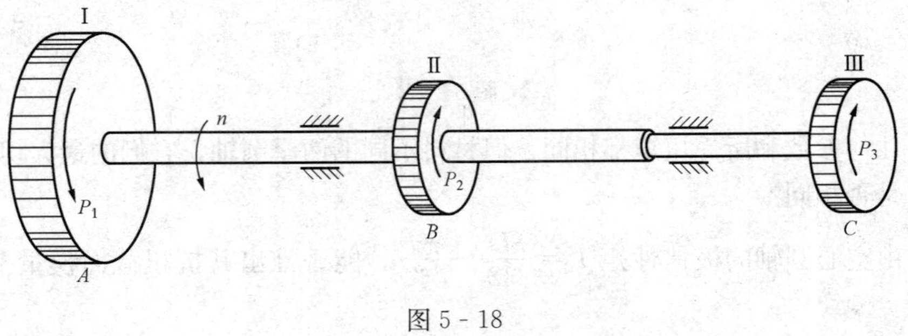

图 5 - 18

5-3　如图5-19所示的传动轴，转速 $n=300\text{r/min}$，主动轮Ⅱ的输入功率为 $P_2=70\text{kW}$，从动轮Ⅰ和Ⅲ的输出功率为 $P_1=P_3=20\text{kW}$，从动轮Ⅳ的输出功率为 $P_4=30\text{kW}$。

（1）试作轴的扭矩图；

（2）若将轮Ⅱ和轮Ⅲ的位置互换，试作出其扭矩图，并比较扭矩图有何变化。

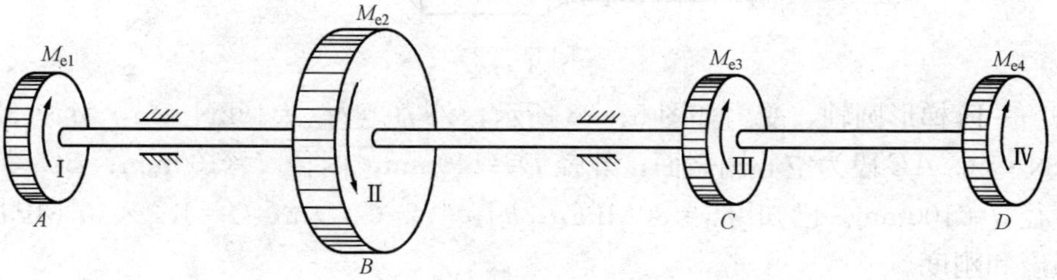

图5-19

5-4　直径 $d=50\text{mm}$ 的实心圆轴，其扭矩 $T=4.3\text{kN}\cdot\text{m}$，试求距轴心2cm处的切应力，并求横截面上的最大切应力。

5-5　圆轴的直径 $d=50\text{mm}$，转速 $n=120\text{r/min}$。若该轴横截面的最大切应力 $\tau_{max}=60\text{MPa}$，问圆轴传递的功率 P 多大?

5-6　如图5-20所示的传动轴，主动轮Ⅰ传递力偶矩1.2kN·m，从动轮Ⅱ传递力偶矩0.4kN·m，从动轮Ⅲ传递力偶矩0.8kN·m。已知轴的直径 $d=40\text{mm}$，各轮间距 $l=500\text{mm}$，材料的切变模量 $G=80\text{GPa}$。

（1）合理布置各轮的位置；

（2）试求轴在合理位置时的最大切应力和最大扭转角。

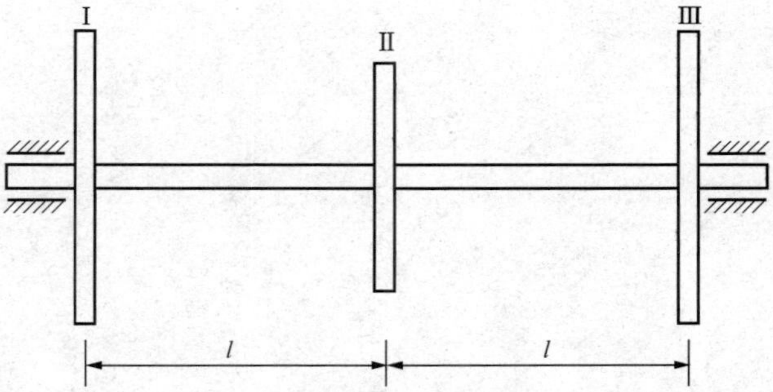

图5-20

5-7　桥式起重机的传动轴如图5-21所示。若传动轴传送的力偶矩 $M_e=1.2\text{kN}\cdot\text{m}$，材料的许用切应力 $[\tau]=40\text{MPa}$，切变模量 $G=80\text{GPa}$，单位长度的许用扭转角 $[\theta]=1\ (^\circ)\ /\text{m}$。试确定轴的直径。

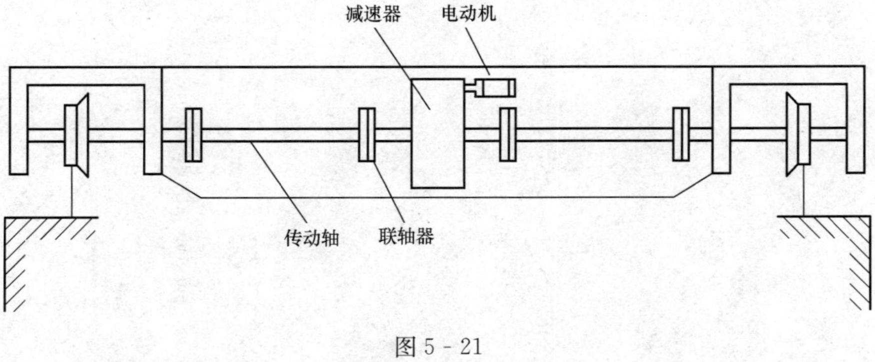

图5-21

5-8　如图5-22所示，直径为 d_1 的实心圆轴与内外径之比为 $d_2/D_2=0.6$ 的空心圆轴通过牙嵌连接，已知转速 $n=100\text{r/min}$，传递的功率 $P=8.5\text{kW}$，许用切应力 $[\tau]=80\text{MPa}$，

试求两根轴的直径。

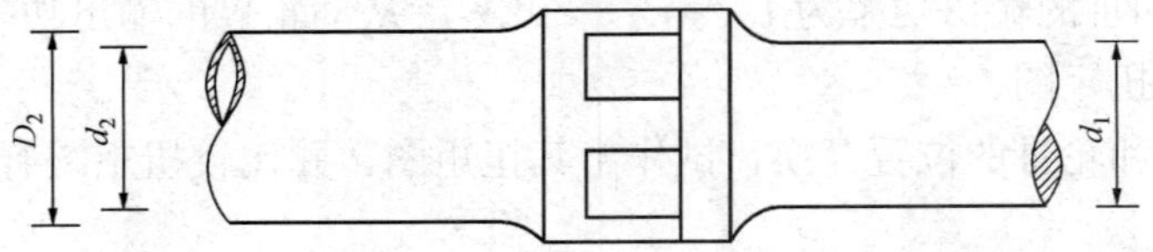

图 5-22

5-9　一阶梯形圆轴，受力如图 5-23 所示，外力矩 $M_A=18\text{kN}\cdot\text{m}$，$M_B=32\text{kN}\cdot\text{m}$，$M_C=14\text{kN}\cdot\text{m}$。$AE$ 段为空心圆截面，外径 $D=140\text{mm}$，内径 $d=100\text{mm}$；BC 段为实心圆截面，直径 $d=100\text{mm}$。已知$[\tau]=80\text{MPa}$，$[\theta]=1.2$（°）/m，$G=1.2\times10^5\text{MPa}$。试校核此轴的强度和刚度。

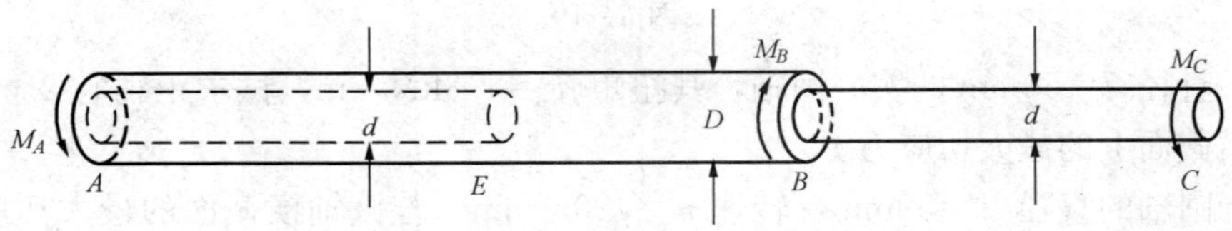

图 5-23

项目6 平面弯曲梁的设计

学习目标

了解弯曲变形的概念，掌握弯曲变形梁的内力计算方法，熟练掌握剪力图和弯矩图的绘制，掌握梁的正应力计算公式，基本掌握梁的切应力计算公式，掌握平面弯曲梁的设计思路和方法，了解梁的变形的概念及简单计算，了解提高梁的强度和刚度的措施。

典型任务——输电杆滚动装卸时强度计算

表6-1 典型任务分解表

如图所示是输电杆滚动装卸法的透视图，试完成下列任务	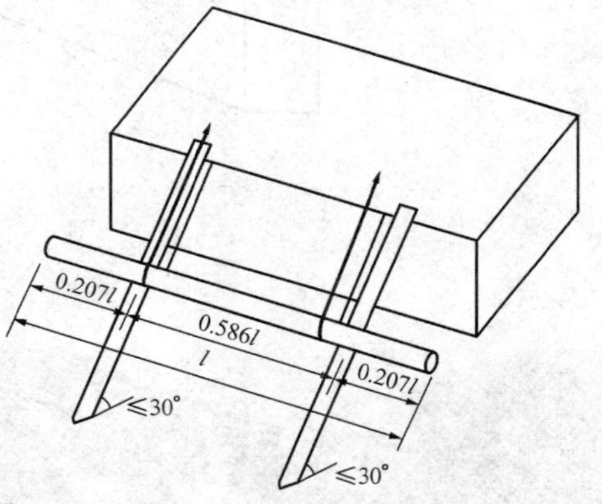

任务分解

任务1	画出输电杆的计算简图
任务2	画出输电杆的受力图
任务3	画出输电杆的剪力图和弯矩图
任务4	分析判断这种装卸方式是否合理
任务5	若输电杆为外径 D=300mm、内径 d=200mm 的等径杆，杆长15m，输电杆容重3000kg/m³，材料的许用正应力[σ]=30MPa，试校核输电杆装卸时的正应力强度
任务6	若在装卸时，支承在输电杆的两端，试校核输电杆的正应力强度
任务7	通过任务5和任务6的计算，评判哪种方式更合理，主要依据是什么

单元一　梁的内力计算

一、平面弯曲的概念与实例

（一）弯曲的工程实例

工程中的一些杆件，在通过杆轴线的面内，受到力偶或垂直于杆轴线的外力（即横向力）作用时，杆件的横截面要发生绕截面内的某轴的相对转动，杆件的轴线将由直线弯成曲线，这种变形称为弯曲变形，如图 6 - 1 所示。以弯曲变形为主要变形的杆件通常称为梁。

梁是工程中应用非常广泛的一种构件。例如图 6 - 2（a）所示的桥式吊车梁，其简图如图 6 - 2（b）所示，力学计算简图如图 6 - 2（c）所示；以及阳台挑梁（见图 6 - 3）、火车轮轴（见图 6 - 4）等。

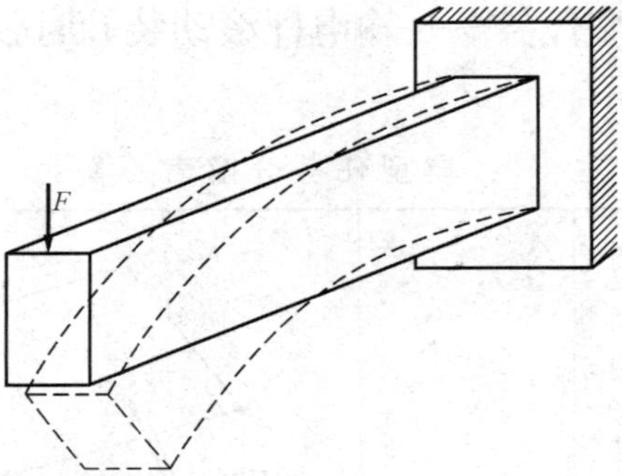

图 6 - 1

(a)

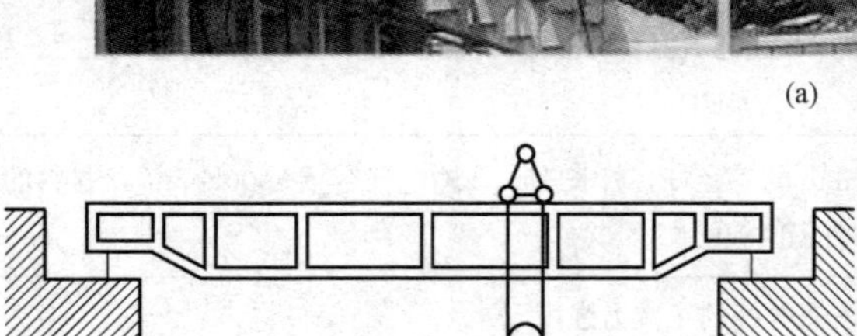

(b)

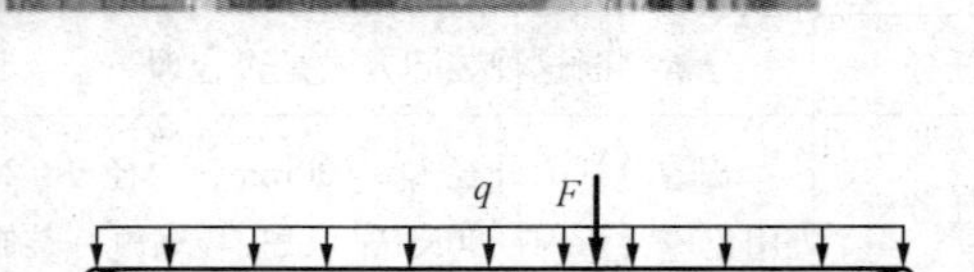

(c)

图 6 - 2

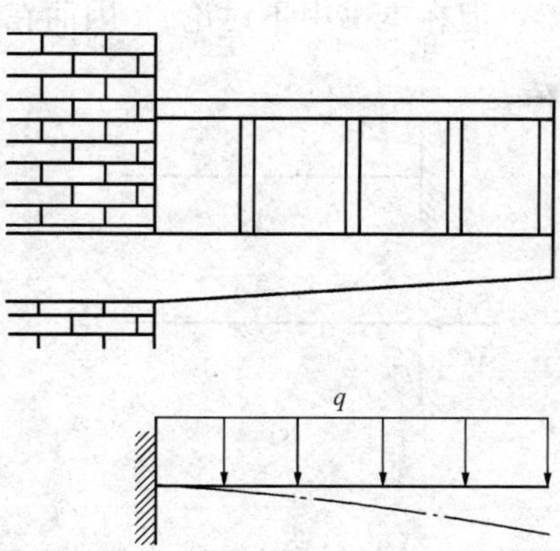

图 6－3

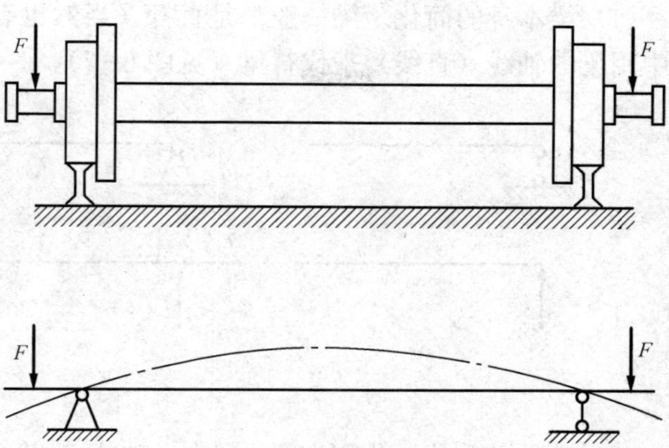

图 6－4

（二）梁的平面弯曲的概念

工程中最常见的梁的横截面通常都采用对称形状，如矩形、圆形、工字形及 T 形等，其横截面都具有一条对称轴，如图 6－5 所示。各横截面的对称轴所组成的平面称为梁的纵向对称面，如图 6－6 所示。如果作用在梁上的所有外力都在梁的纵向对称面内，则梁的轴线将在此纵向对称面内弯曲成一条曲线，这种弯曲称为平面弯曲。

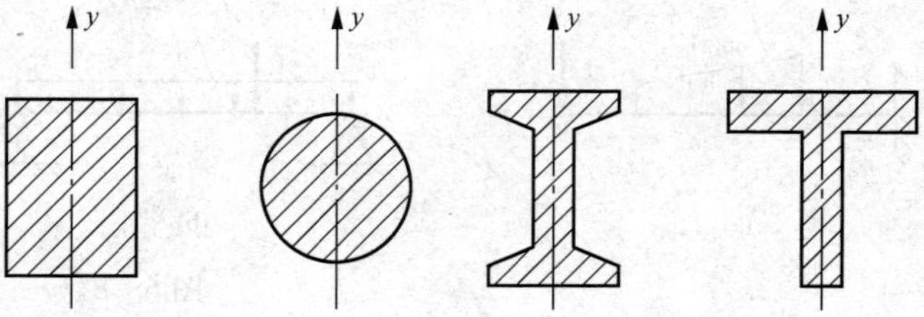

图 6－5

这里主要研究直梁在平面弯曲时横截面上的内力。

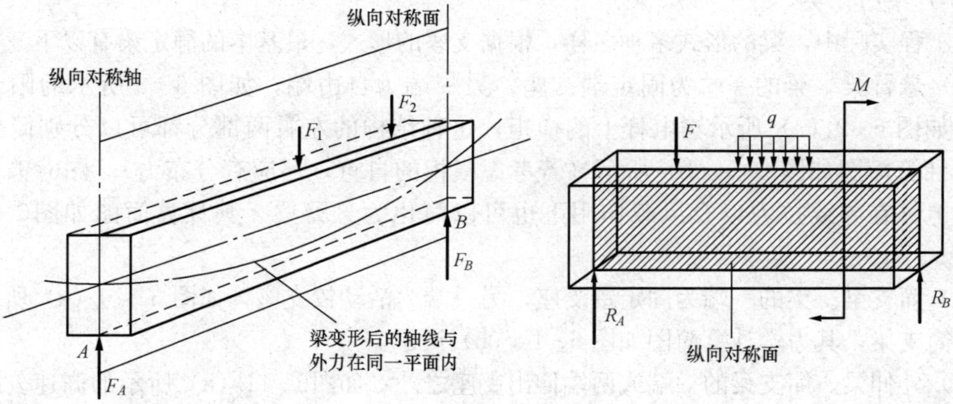

图 6－6

二、梁的计算简图及分类

（一）梁的计算简图

在进行梁的内力计算时，必须对其几何形状、荷载和支座进行合理的简化，抓住主要因素，忽略次要因素，将实际杆件简化成既能尽量反映实际情况又便于进行力学计算的简图。主要从以下三方面进行简化：

(1) 梁本身的简化。梁一般都是直杆（当然也有曲梁，但在本书中不讨论），因而在计算中用梁的轴线（直线）来代替梁（见图 6-7）。

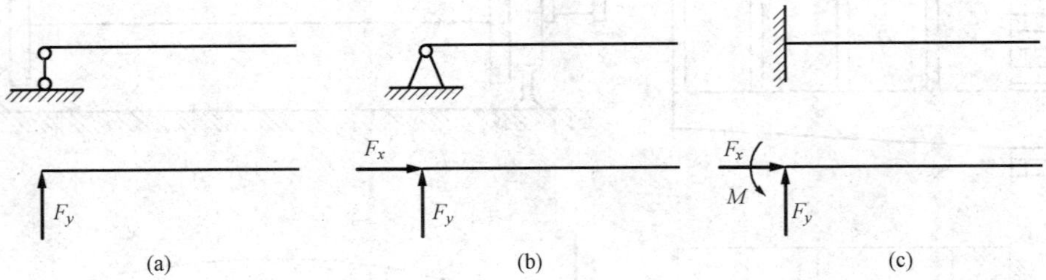

图 6-7

(2) 荷载的简化。作用在梁上的外力包括荷载和支座反力，通常可以简化为集中力 F、分布荷载 q（包括均匀分布力和非均匀分布的）及集中力偶 M 三种形式，并直接作用于梁的轴线上，如图 6-8 所示。

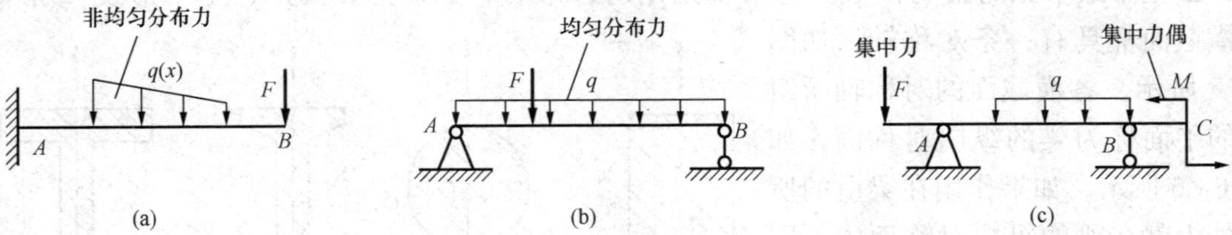

图 6-8

(3) 支座的简化。根据支座对梁约束的不同特点，支座可简化为三种形式：活动铰链支座［见图 6-7 (a)］、固定铰链支座［见图 6-7 (b)］和固定端支座［见图 6-7 (c)］。其反力的画法如图 6-8 所示。

(二) 梁的分类

在工程实际中，梁的形式多种多样，根据支座的形式，最基本的静定梁有以下三类：

(1) 悬臂梁。梁的一端为固定端支座，另一端为自由端，如图 6-3 所示的阳台的挑梁，又如图 6-9 (a) 所示输电杆上的横担，这种结构的左右两部分都可以分别简化为悬臂梁，计算简图如图 6-9 (b) 所示（若考虑横担的自重，还应有分布力）。图6-9 (c) 所示的输电杆在导线拉力以及风载作用下也可以简化为悬臂梁，其计算简图如图6-9 (d) 所示。

(2) 简支梁。梁的一端为固定铰支座，另一端为活动铰支座，如图 6-10 (a) 所示变电站中的简支梁，其力学计算简图如图 6-10 (b) 所示。

(3) 外伸梁。简支梁的一端或两端伸出支座之外，如图6-11 (a) 所示的高速公路或桥梁下的支撑梁，其计算简图如图 6-11 (b) 所示。图 6-11 (c) 所示的变电站中外伸梁的计算简图如图 6-11 (d) 所示。

除了上述三种基本的静定梁外，工程中还有多跨静定梁、单跨超静定梁和多跨超静定梁（连续梁）等。这里主要讨论三种基本的静定梁。

三、梁的内力计算

(一) 截面法求梁的内力——剪力与弯矩

要对梁进行设计，首先必须确定梁在荷载作用下任意一截面上的内力。计算梁内力的基

(a)　(b)

(c)　(d)

图 6 - 9

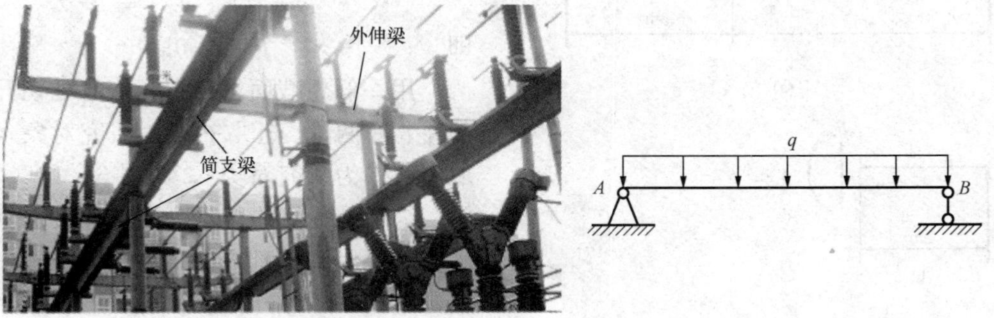

(a)　(b)

图 6 - 10

本方法仍然是截面法。

如图 6 - 12（a）所示的简支梁，求任意一横截面 $m—m$ 上的内力。

由梁的静力平衡条件，可求出梁在荷载作用下的支座反力 F_{Ay} 和 F_B，再用截面法计算 $m—m$ 截面的内力。

取梁 AB 为研究对象，其受力如图 6 - 12（a）所示，建立平衡方程

由 $\sum M_A=0$ 得

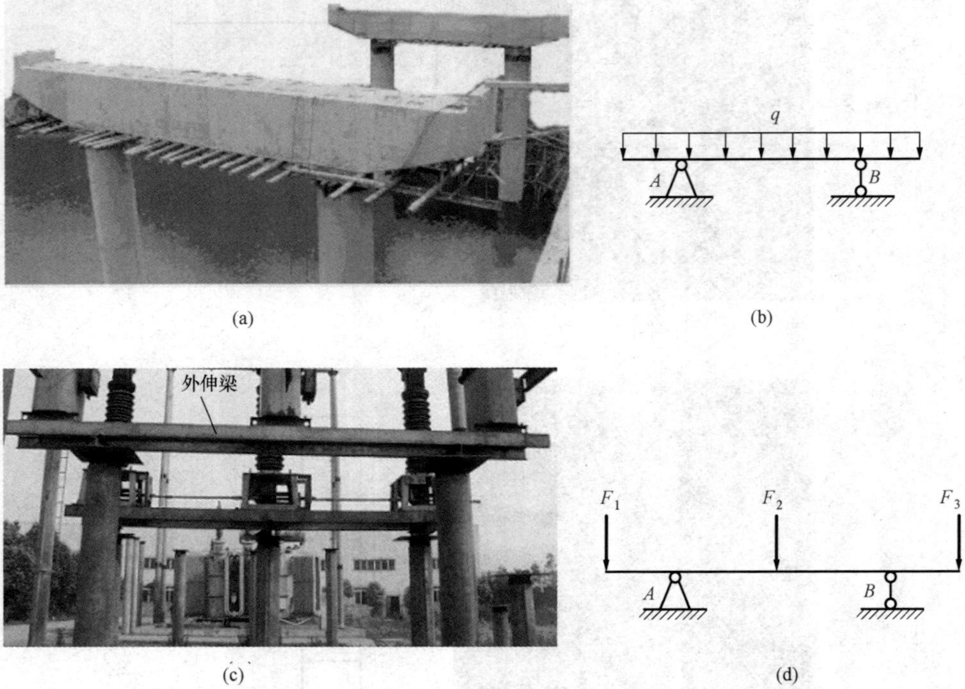

图 6-11

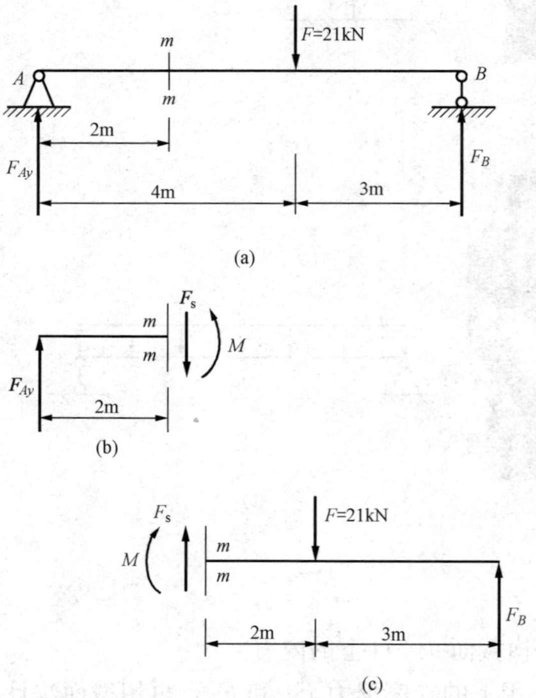

图 6-12

$$F_B \times 7 - F \times 4 = 0$$

即 $$F_B \times 7 - 21 \times 4 = 0$$

$$F_B = 12\text{kN}$$

由 $\sum F_y = 0$ 得

$$F_{Ay} + F_B - 21 = 0$$

即 $$F_{Ay} = 9\text{kN}$$

用一假想截面将梁在 m—m 处切开，分为左、右两段。任取一段为研究对象（例如取左段作为研究对象），如图 6-12（b）所示，因梁是平衡的，所以左部分梁也应处于平衡，要保持该部分梁的平衡，m—m 截面上必定有一个作用线与 $\boldsymbol{F}_{Ay}$ 平行而指向与 $\boldsymbol{F}_{Ay}$ 相反的内力，这个内力沿着梁的横截面方向，所以称为剪力，用 F_s 表示。

对该左段梁建立平衡方程

由 $\sum F_y = 0$ 得

$$F_{Ay} - F_s = 0$$

即 $$F_s = F_{Ay} = 21\text{kN}$$

又由图 6-12（b）可知，左段梁上的 $\boldsymbol{F}_{Ay}$ 与 $\boldsymbol{F}_s$ 实际上构成一个顺时针的力偶，根据力偶只能和力偶平衡的性质可知，在 m—m 截面上必然有一个内力偶，这个内力偶称为梁横截面上的弯矩，用M表示。

现以横截面m—m的形心O为矩心（此处的O为所求内力横截面的形心，以后相同），对该段梁建立力矩平衡方程。

由$\sum M_O(\boldsymbol{F})=0$得

$$-F_{Ay}\times 2+M=0$$

即

$$M=42\text{kN}\cdot\text{m}$$

由于水平方向的外力为零，因此由$\sum F_x=0$可知，梁横截面上法线方向的内力为零。

如果取右段为研究对象，同样可以求得横截面m—m上的内力F_s和M，这里求出的F_s和M与前面求出的F_s和M分别是大小相等、方向相反，如图6-12（c）所示。

一般情况下，梁的内力通常有剪力和弯矩。有些情况下，梁的内力也会只有弯矩，而剪力等于零。如果梁承受的外力（包括荷载和支座反力）不垂直于杆的轴线时，梁的内力还会有轴力，但这不是这里讨论的单纯的弯曲了。

（二）剪力、弯矩的正负规定

在上述分析中，取左段和取右段计算出的剪力和弯矩分别是等值、反向的，为了在计算梁的内力时，无论取左段梁还是取右段梁来研究得到的同一横截面上的剪力F_s和弯矩M不仅大小相等，而且正负号一致，对梁的剪力和弯矩的正负号作如下规定：

（1）剪力的正负号规定。梁横截面上的剪力对其所在梁段内任一点之矩为顺时针方向时为正，如图6-13（a）所示；反之为负，如图6-13（b）所示。

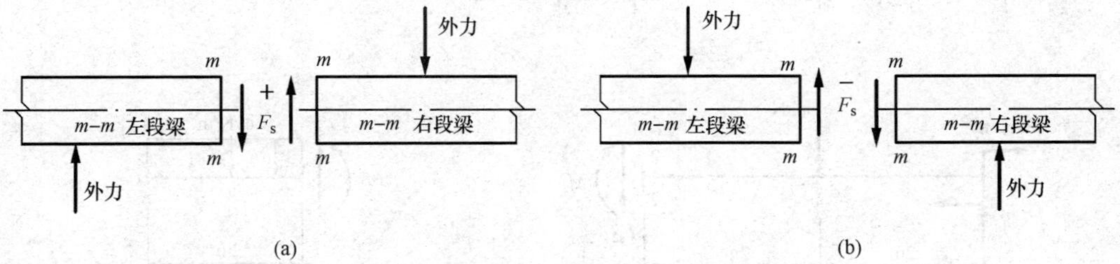

图6-13

（2）弯矩的正负号规定。梁横截面上的弯矩使梁段上该截面处产生上部受压、下部受拉的弯曲变形时为正，如图6-14（a）所示；反之为负，如图6-14（b）所示。对于竖直方向的杆，可以将其顺时针方向旋转90°来判定其正负。

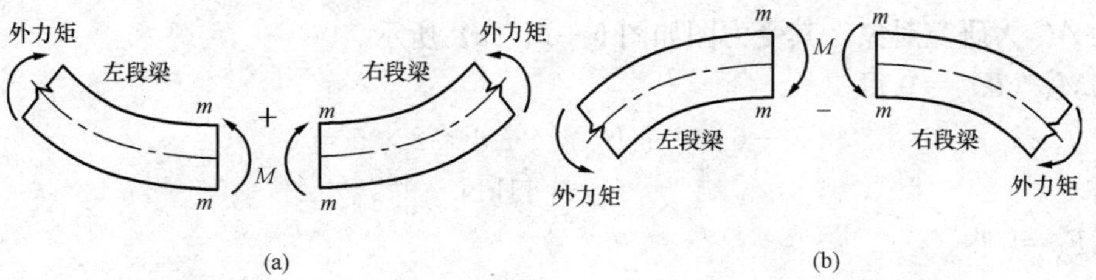

图6-14

根据上述正负号规定，在图6-12（b）、图6-12（c）所示的两种情况中，横截面m—m上的剪力和弯矩均为正。

计算弯曲梁的内力时要注意以下几点：

(1) 在用截面法计算弯曲梁内力时，剪力、弯矩的方向一般假设成正方向。若计算结果为正，说明内力的方向假设正确，同时，按照内力的正负规定，此内力也是正的；若计算结果为负，说明内力的方向假设反了，同时，按照内力的正负规定内力也就是负的。也就是说这样计算出的结果的正负和内力的正负规定是一致的。

(2) 为准确地表示梁的内力，可以用内力符号加双下标来表示。如 F_{sAB} 表示 AB 段杆 A 端的剪力，F_{sBA} 表示 AB 段杆 B 端的剪力；M_{AB} 表示 AB 段杆 A 端的弯矩，M_{BA} 表示 AB 段杆 B 端的弯矩。

(3) 从弯曲梁的内力计算结果判断出梁的变形情况。若弯矩为正，则梁在该截面处下部受拉、上部受压；反之，若弯矩为负，则梁在该截面处下部受压、上部受拉。这对于后面确定梁的正应力的正负是很有用的。

下面举例说明用截面法计算梁的指定截面处的剪力和弯矩的过程和方法。

【例 6-1】 外伸梁受载如图 6-15 (a) 所示，试求横截面 1—1、2—2、3—3 上的剪力和弯矩。

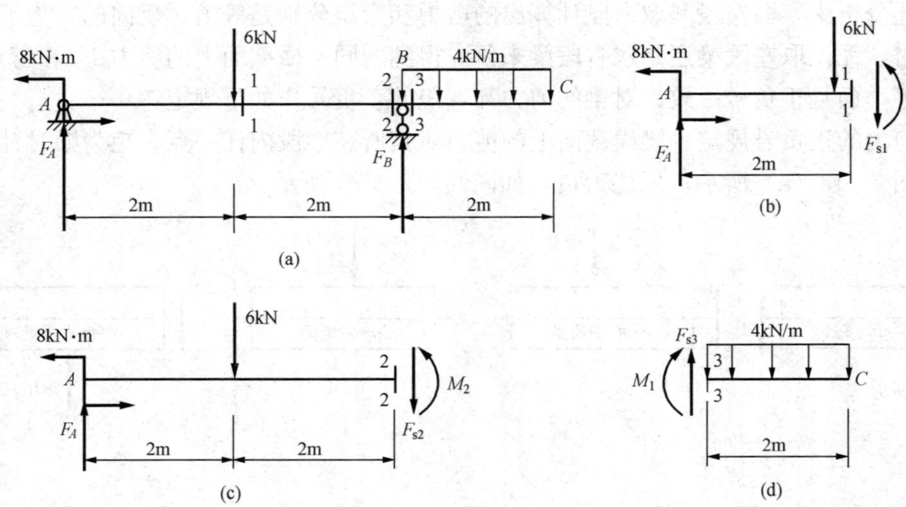

图 6-15

解 (1) 计算梁的支座反力。一般情况下，对于简支梁和外伸梁，在计算内力前均需先计算出梁的支座反力，而对于悬臂梁，则可不计算支座反力。

取梁 AC 为研究对象，其受力图如图 6-15 (a) 所示。

由 $\sum M_A(F)=0$ 得

$$8-6\times2+F_B\times4-4\times2\times5=0$$

则
$$F_B=11\text{kN}$$

由 $\sum F_y=0$ 得

$$F_A+F_B-6-4\times2=0$$

则
$$F_A=3\text{kN}$$

(2) 求横截面 1—1 上的剪力和弯矩。假想地沿截面 1—1 把梁切开成两段，因左段梁受力较简单，故取左段为研究对象，并把截面上的剪力 F_{s1} 和弯矩 M_1 均假设为正方向，受力图如图 6-15 (b) 所示。

由$\sum F_y=0$得

$$F_A-6-F_{s1}=0$$

则 $$F_{s1}=F_A-6=-3\text{kN}$$

由$\sum M_O(F)=0$得

$$8-F_A\times 2+6\times 0+M_1=0$$

则 $$M_1=-8+F_A\times 2=-8+3\times 2=-2(\text{kN}\cdot\text{m})$$

计算结果剪力F_{s1}为负，表明F_{s1}的实际方向与假设方向相反，即F_{s1}为负剪力；弯矩M_1也为负，说明梁在弯曲时此处上部受拉、下部受压。

(3) 求横截面2—2上的剪力和弯矩。取截面2—2左段梁为研究对象，把截面上的剪力F_{s2}和弯矩M_2均假设为正方向，受力图如图6-15（c）所示。

由$\sum F_y=0$得

$$F_A-6-F_{s2}=0$$

则 $$F_{s2}=F_A-6=-3\text{kN}$$

由$\sum M_O(F)=0$得

$$8-F_A\times 4+6\times 2+M_2=0$$

则 $$M_2=-8+F_A\times 4-6\times 2=-8+3\times 4-6\times 2=-8(\text{kN}\cdot\text{m})$$

(4) 求横截面3—3上的剪力和弯矩。受力图如图6-15（d）所示。

由$\sum F_y=0$得

$$F_{s3}-4\times 2=0$$

则 $$F_{s3}=4\times 2=8(\text{kN})$$

由$\sum M_O(F)=0$得

$$-4\times 2\times 1-M_3=0$$

则 $$M_3=-4\times 2\times 1=-8(\text{kN}\cdot\text{m})$$

从本例的计算过程可知，用截面法每计算一个截面的内力都要选取一个研究对象，画出其受力图，然后列平衡方程，这是很烦琐的。因此，由上面的计算，可以总结出由外力直接计算梁任意一截面上内力的结论：

1) 梁任意一横截面上的剪力F_s等于该截面左边（或右边）梁段上所有横向外力的代数和（"外力左上右下，剪力为正"，反之为负）

$$F_s=\sum F_{左}=\sum F_{右} \tag{6-1}$$

2) 梁任意一横截面上的弯矩M等于该截面左边（或右边）梁段上所有外力对该截面形心之矩的代数和（"外力左顺右逆，弯矩为正"，反之为负）

$$M=\sum M_O(F_{左})=\sum M_O(F_{右}) \tag{6-2}$$

利用这两个结论可以直接根据横截面左边或右边梁段上的外力来计算该截面上的剪力和弯矩，而不必每计算一个截面的内力都取一个研究对象，画受力图，列平衡方程。下面举例说明利用上面的结论来计算梁的内力。

【例6-2】 悬臂梁受载如图6-16所示，试求横截面1—1、2—2、3—3、4—4上的剪力和弯矩。

解 (1) 求1—1截面上的剪力和弯矩。

由上面的结论可知1—1截面上的剪力等于1—1截面右边梁段上所有横向外力的代数和

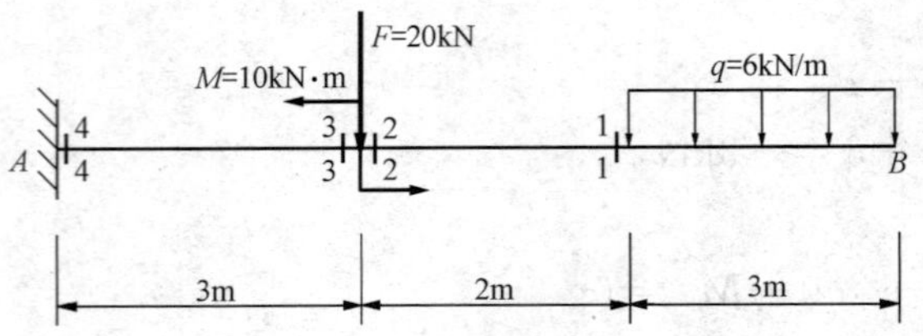

图 6 - 16

(因为左段梁上有支座，如果研究左段梁，则需首先求出支座反力)，1—1 截面右段梁上只有一个均布力 q，所以有

$F_{s1}=q\times 3=6\times 3=18$ (kN)（由“左上右下，剪力为正”知道其值为正，以下相同）

1—1 截面上的弯矩等于 1—1 截面右边梁段上所有外力对 1—1 截面形心之矩的代数和，所以有

$M_1=-q\times 3\times 1.5=-27$ (kN·m)（由“左顺右逆，弯矩为正”知道其值为负，以下相同）

(2) 求 2—2 截面上的剪力和弯矩。

$$F_{s2}=q\times 3=6\times 3=18(\text{kN})$$

$$M_2=-q\times 3\times(2+1.5)=-63(\text{kN}\cdot\text{m})$$

(3) 求 3—3 截面上的剪力和弯矩。

$$F_{s3}=F+q\times 3=20+6\times 3=38(\text{kN})$$

$$M_3=M-F\times 0-q\times 3\times(2+1.5)=-53(\text{kN}\cdot\text{m})$$

(4) 求 4—4 截面上的剪力和弯矩。

$$F_{s4}=F+q\times 3=20+6\times 3=38(\text{kN})$$

$$M_4=M-F\times 3-q\times 3\times(3+2+1.5)=-167(\text{kN}\cdot\text{m})$$

从本例的计算可知，利用上面关于剪力和弯矩计算的结论来计算梁的内力是相当简洁的。

对于简支梁和外伸梁只需首先求出支座反力，然后利用上面的结论，便可很容易求出其内力。

计算梁的内力的步骤为：①计算支座反力（对于悬臂梁，可以不计算支座反力）；②利用结论（或截面法）计算指定截面的剪力，并确定正负；③利用结论（或截面法）计算指定截面的弯矩，并确定正负。

单元二　用基本方法作梁的内力图

一、剪力方程和弯矩方程

从前面的计算可以看出，梁上的剪力和弯矩一般是随截面位置而变化的。

如果沿梁的轴线方向建立坐标轴 x 轴，用 x 表示梁的横截面的位置，则梁上各横截面的剪力和弯矩便是 x 的函数，即

$$F_s=F_s(x)\text{——剪力方程}$$

$$M=M(x)\text{——弯矩方程}$$

在列剪力方程和弯矩方程时，可以根据方便的原则，取梁的左端或右端为坐标原点并根据梁上荷载的分布情况进行分段。一般情况下，集中力（包括支座反力）的作用点、集中力偶的作用点和分布荷载的起点、终点均为分段点。

【例 6 - 3】　悬臂梁受载如图 6 - 17 所示，试列出其剪力方程和弯矩方程。

解　对于图 6-17 所示的梁，显然应分成 3 段：AC 段、CD 段、DB 段。

对于 DB 段，以 B 为 x 的原点，向左为 x 轴的正方向（即 $0<x<3$），DB 段上任意截面上的剪力（剪力方程）和弯矩（弯矩方程）分别为

$$F_s(x)=q\times x=4x$$

$$M(x)=-q\times x\times \frac{x}{2}=-2x^2$$

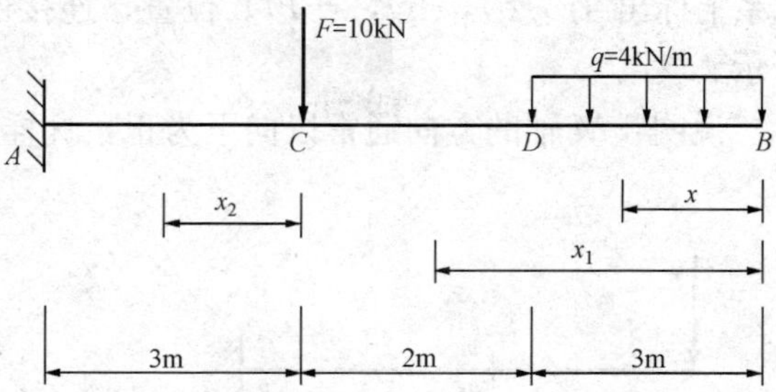

图 6-17

对于 CD 段，以 B 为 x_1 的原点（即 $3<x_1<5$），CD 段上任意截面上的剪力（剪力方程）和弯矩（弯矩方程）分别为

$$F_s(x_1)=q\times 3=12$$

$$M(x_1)=-q\times 3\times (x_1-1.5)=-12x_1+18$$

对于 AC 段，以 C 为 x_2 的原点（即 $0<x_2<3$），AC 段上任意截面上的剪力（剪力方程）和弯矩（弯矩方程）分别为

$$F_s(x_2)=F+q\times 3=22$$

$$M(x_2)=-F\times x_2-q\times 3\times (x_2+2+1.5)=-22x_2-42$$

本例说明：x 的原点可以根据情况任意选取，相应的取值范围应该包括相应梁段。

二、用基本方法作梁的剪力图和弯矩图

上面列出的剪力方程和弯矩方程反映了梁各截面上的内力随截面位置变化的关系，由这些方程便很容易求出梁的任意截面上的内力，但这种表达还不够直观，梁各截面的剪力和弯矩沿梁轴线的变化情况可用图形来更直观地表示。以平行于梁轴线的坐标 x 表示横截面位置，以垂直于梁轴线的坐标表示相应横截面上的剪力值或弯矩值，按剪力方程和弯矩方程绘出相应的图形，分别称为剪力图和弯矩图，这也是作梁的内力图的基本方法。

由于剪力图和弯矩图直观地反映了梁上各截面的剪力和弯矩，因此，可以很方便地确定梁的最大内力的数值及其所在的横截面位置（即梁的危险截面的位置），为梁的设计提供依据。

【例 6-4】　如图 6-18（a）所示的悬臂梁，在自由端 B 处受集中力 F 作用。试绘制其剪力图和弯矩图。

解　(1) 建立剪力方程和弯矩方程。

以梁左端点 B 为坐标原点，由前面剪力和弯矩计算的结论可得（以 x 截面的左段为研究对象）

$$F_s(x)=-F \quad (0<x<l) \tag{1}$$

$$M(x)=-Fx \quad (0\leqslant x\leqslant l) \tag{2}$$

(2) 画剪力图（F_s 图）。

式 (1) 表明，梁 AB 各个截面上的剪力均等于 $-F$，所以剪力图是一条平行于 x 轴的水平线，因为是负剪力，剪力图画在 x 轴的下方，如图 6-18（b）所示。

(3) 画弯矩图（M 图）。

式 (2) 表明，梁 AB 的弯矩是 x 的一次函数，即梁 AB 的弯矩图是一条斜直线。因此，只要求出两个点的弯矩值就可以画出弯矩图。当 $x=0$ 时，$M_{AB}=0$；$x=l$ 时，$M_{BA}=-Fl$ 在坐

标系上标出（0，0），（l，$-Fl$）位置，连接两点就得到 AB 梁的弯矩图，如图 6-18（c）所示。

说明：M 轴的方向通常以向下为正，这样画出的弯矩图正好在杆件受拉一侧。

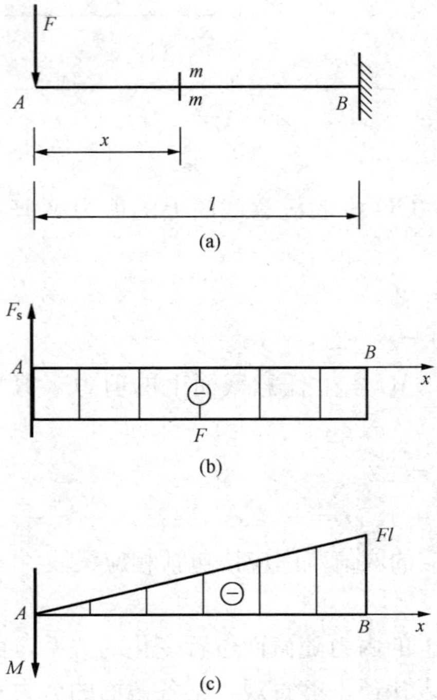

图 6-18

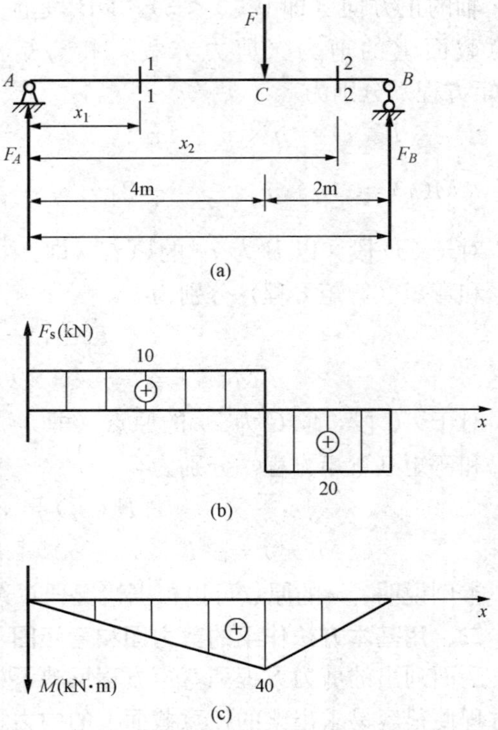

图 6-19

【例 6-5】　简支梁 AB 在 C 截面处受集中力 $F=30\text{kN}$ 作用，如图 6-19（a）所示。试作其剪力图和弯矩图。

解　(1) 计算支座反力。

简支梁 AB 的受力图如图 6-19（a）所示。

由 $\sum M_A(F)=0$ 得

$$F_B\times 6-F\times 4=0$$

则

$$F_B\times 6-30\times 4=0$$

$$F_B=20\text{kN}$$

由 $\sum F_y=0$ 得

$$F_A+F_B-F=0$$

则

$$F_A+F_B-30=0$$

$$F_A=10\text{kN}$$

(2) 建立剪力方程和弯矩方程。

支座和外力 F 将梁分成 AC 和 CB 两段。

在 AC 段内，在距 A 端为 x_1 处截取左段梁为研究对象，列出剪力方程和弯矩方程

$$F_s(x_1)=F_A=10\text{kN}\qquad(0<x_1<4)\tag{1}$$

$$M(x_1)=F_A\times x_1=10x_1\qquad(0\leqslant x_1\leqslant 4)\tag{2}$$

在 CB 段内，在距 A 端 x_2 处截取左段梁为研究对象，列出剪力方程和弯矩方程

$$F_s(x_2) = F_A - F = 10 - 30 = -20(\text{kN}) \quad (4 < x_2 < 6) \tag{3}$$

$$\begin{aligned} M(x_2) &= F_A \times x_2 - F \times (x_2 - 4) \\ &= 10 \times x_2 - 30 \times (x_2 - 4) = 120 - 20x_2 \quad (4 \leqslant x_2 \leqslant 6) \end{aligned} \tag{4}$$

(3) 分段绘制剪力图和弯矩图。

由剪力方程（1）、（3）可知，两段梁的剪力图均为水平线。由弯矩方程（2）、（4）可知，两段梁的弯矩图均为斜直线，但两直线的斜率不同。各主要控制点的剪力、弯矩值为：

当 $x_1=0$ 时，$F_{sAC}=10\text{kN}$　$M_{AC}=0\text{kN}\cdot\text{m}$

　$x_1=4$ 时，$F_{sCA}=10\text{kN}$　$M_{CA}=40\text{kN}\cdot\text{m}$

当 $x_2=4$ 时，$F_{sCB}=-20\text{kN}$　$M_C=40\text{kN}\cdot\text{m}$

　$x_2=6$ 时，$F_{sBA}=-20\text{kN}$　$M_B=0\text{kN}\cdot\text{m}$

由上面各控制点的值作出剪力图和弯矩图，如图 6-19（b）、图 6-19（c）所示。

由图 6-19（b）可知，在向下的集中力 F 作用的 C 处，剪力图的数值由正突变为负，突变值等于集中力 F 的数值。

为了简便，在剪力图和弯矩图中可不必建立坐标系，而在剪力图旁注明“F_s 图”，在弯矩图旁注明“M 图”，并标明正负即可。弯矩图只要画在受拉一侧即可，而不用标正负。有时剪力图、弯矩图中的竖线阴影线也可省略。

若简支梁的中点有集中力 F 作用，如图 6-20（a）所示，其剪力图、弯矩图分别如图 6-20（b）、图 6-20（c）所示。

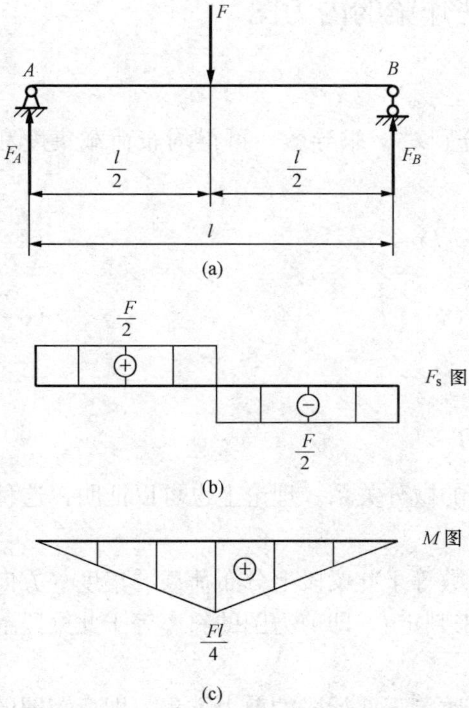

图 6-20

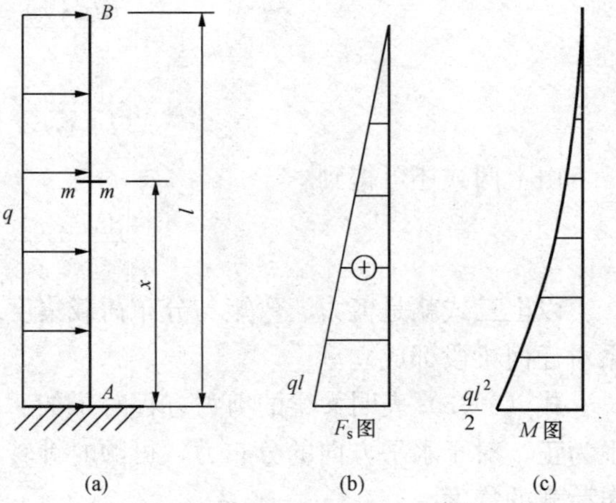

图 6-21

【例 6-6】　一输电杆在风载 q 作用下，如图 6-21（a）所示，试作出其剪力图和弯

矩图。

解　(1) 建立剪力方程和弯矩方程。

$$F_s(x) = q(l-x) \qquad (0 < x < l)$$

$$M(x) = -q \times (l-x) \times \frac{l-x}{2} = -\frac{q(l-x)^2}{2} \qquad (0 \leqslant x \leqslant l)$$

(2) 绘制剪力图和弯矩图。

由剪力方程可知，剪力图是一条斜直线。

当 $x=0$ 时，$F_{sAB}=ql$；当 $x=l$ 时，$F_{sBA}=0$。连接两点得到的直线就是输电杆 AB 的剪力图，如图 6－21（b）所示。

由弯矩方程可知，弯矩图是一条二次抛物线，至少要计算出 3 个点的弯矩值才能大致绘出（在本例中，由弯矩方程可知，二次抛物线的顶点在 $x=l$ 处，即抛物线在 $x=l$ 处应该与 x 轴相切）。当 $x=0$ 时，$M_{AB}=-\frac{ql^2}{2}$；$x=l$ 时，$M_{BA}=0$。由上面两处的弯矩便可以画出其弯矩图，如图 6－21（c）所示。

通过上面的例子可知，列剪力方程和弯矩方程来作梁的剪力图和弯矩图时，若梁被荷载和支座分成很多段，就要分段列相应的剪力方程和弯矩方程，如果梁段很多，就显得比较烦琐。从上面的作图可知，列剪力方程和弯矩方程的目的就是为了确定图形的形状以及计算各分段点和极值点的内力值（这些点通常称为控制点）。下面将介绍利用剪力、弯矩和荷载集度之间的微分关系得出的有关结论来直接作梁的剪力图和弯矩图。

单元三　利用简便方法作梁的内力图

一、剪力、弯矩和荷载集度之间的微分关系

在前面的例子中，若将剪力方程和弯矩方程分别对 x 求导数，可得均布荷载集度和剪力方程、弯矩方程之间的关系

$$\frac{dF_s(x)}{dx} = -q(x) \qquad (6-3)$$

$$\frac{dM(x)}{dx} = F_s(x) \qquad (6-4)$$

由上两式还可得到

$$\frac{dM^2(x)}{dx^2} = -q(x) \qquad (6-5)$$

以上三式就是剪力、弯矩与分布荷载集度之间的微分关系。理论上也可以证明，这种关系对任何梁段都成立。

式（6－3）表明：梁的剪力方程对 x 的一阶导数等于此梁段上分布荷载的集度（方向向上为正，对于水平方向的分布力，可顺时针转 90°来判定），即剪力图的斜率等于此梁段上分布荷载的集度。

式（6－4）表明：梁的弯矩方程对 x 的一阶导数等于此梁段的剪力方程，即弯矩图的斜率等于此梁段上的剪力。

由上面三式，可进一步得出剪力图和弯矩图的特征和规律如下：

(1) 在无荷载作用的杆段［称为无载段，也即 $q(x)=0$ 的杆段］。由 $\frac{\mathrm{d}F_s(x)}{\mathrm{d}x}=-q(x)=0$ 可知，$F_s(x)$ 是常数，故剪力图为平行于 x 轴的直线（由此结论可知，要画此段杆的剪力图，只要计算出此段杆中任意一截面上的剪力即可）。又由 $\frac{\mathrm{d}M(x)}{\mathrm{d}x}=F_s(x)=$ 常数可知，弯矩 $M(x)$ 为 x 的一次函数，故弯矩图为斜直线（由此结论可知，要画此段杆的弯矩图，只要计算出此段杆的两端面处的弯矩就行了。此弯矩图斜直线的斜率就是此段杆的剪力值）。特例：若 $\frac{\mathrm{d}M(x)}{\mathrm{d}x}=F_s(x)=$ 常数 $=0$，则弯矩图为平行线（此段杆就是发生纯弯曲的杆段）。

(2) 在有均布荷载作用的杆段［称为均载段，即 $q(x)=$ 常数 $\neq 0$］，由 $\frac{\mathrm{d}F_s(x)}{\mathrm{d}x}=-q(x)=$ 常数 $\neq 0$ 可知，该梁段 $F_s(x)$ 为 x 的一次函数，而弯矩 $M(x)$ 为 x 的二次函数，故剪力图是斜直线（由此结论可知，要画此段杆的剪力图，只要计算出此段杆的两端面处的剪力就行了），而弯矩图是抛物线（由此结论可知，要画此段杆的弯矩图，需要计算出此段杆中三处的弯矩，一般要计算此段杆的两端的弯矩和顶点的弯矩或中点的弯矩，顶点在剪力 $F_s(x)=0$ 处）。

(3) 均载段的弯矩的极值（抛物线的顶点）。由 $\frac{\mathrm{d}M(x)}{\mathrm{d}x}=F_s(x)$ 可知，若某截面上的剪力 $F_s(x)=0$，则该截面上的弯矩 $M(x)$ 必为极值［由 $F_s(x)=0$ 可求出顶点位置，从而计算出顶点的弯矩值］。

(4) 在集中力作用处剪力图出现突变，突变值等于此集中力的大小；在集中力偶作用处弯矩图出现突变，突变值等于此集中力偶的大小。

为使用方便，将以上规律和剪力图、弯矩图的特征列于表 6-2 中。

表 6-2　　F_s、M 图特征表

<table>
<tr><td rowspan="2">梁上荷载情况</td><td colspan="3">无载段 $q(x)=0$</td><td colspan="2">均载段</td><td>集中力作用处</td><td>集中力偶作用处</td></tr>
<tr><td colspan="3"> </td><td>$q>0$ 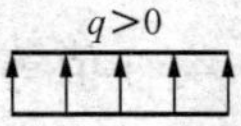</td><td>$q<0$ 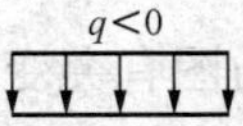</td><td>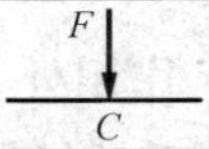</td><td>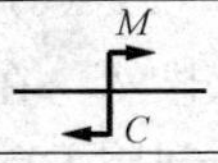</td></tr>
<tr><td rowspan="2">F_s 图特征</td><td colspan="3">水平线</td><td colspan="2">倾斜线 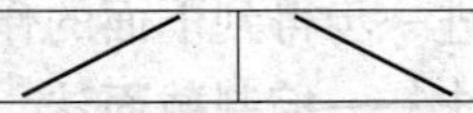</td><td rowspan="2">产生突变 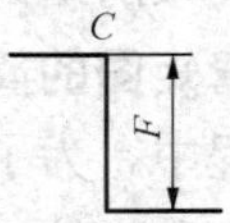</td><td rowspan="2">无变化</td></tr>
<tr><td colspan="3">任意求一个截面的剪力值即可画出剪力图</td><td colspan="2">求出此段杆两端的剪力值即可画出剪力图</td></tr>
<tr><td rowspan="3">M 图特征</td><td>$F_s>0$</td><td>$F_s<0$</td><td>$F_s=0$</td><td colspan="2">二次抛物线，$F_s=0$ 处有极值</td><td>在 C 处有转折角</td><td>产生突变</td></tr>
<tr><td></td><td></td><td> </td><td></td><td></td><td rowspan="2">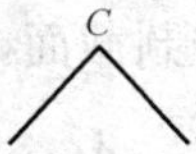</td><td rowspan="2">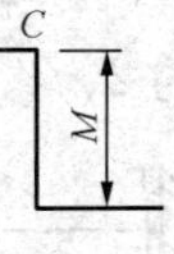</td></tr>
<tr><td colspan="3">求出此段杆两端的弯矩值即可画出弯矩图</td><td colspan="2">求出此段杆两端及顶点的弯矩值即可画出弯矩图</td></tr>
</table>

【例 6-7】　图 6-22 (a) 所示的悬臂梁，在自由端 B 处受集中力偶 $M=Fl$ 作用，中点

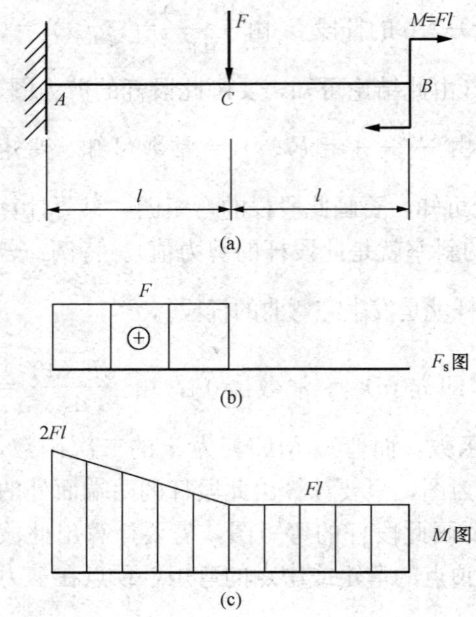

图 6 - 22

受一集中力作用，试绘制其梁的剪力图和弯矩图。

解　由上面的结论可知：AC 段为无载段，剪力图为平行线，弯矩图为斜直线（由于此梁为悬臂梁，在计算任意截面上的剪力和弯矩时都可以该截面的右段杆来计算，故不需要计算约束反力，以后不再说明）。

AC 段中任意一个截面的剪力为

$$F_{sAC} = F$$

由此可画出 AC 段的剪力图，如图 6 - 22（b）所示。

AC 段两端的弯矩为

$$M_{AC} = -Fl + (-M) = -2Fl\text{（上侧受拉）}$$

$$M_{CA} = -M = -Fl$$

由此两弯矩值可画出 AC 段的弯矩，如图 6 - 22（c)所示。

CB 段也为无载段，剪力图为平行线，弯矩图为斜直线。

CB 段中任意一个截面的剪力为

$$F_{sCB} = 0$$

由此可画出 CB 段的剪力图，如图 6 - 22（b）所示。

CB 段两端的弯矩为

$$M_{CB} = -M = -Fl$$

$$M_{BC} = -M = -Fl$$

由此两弯矩值可画出 AC 段的弯矩，此段杆两端弯矩值相同，故其弯矩图为平行线，如图 6 - 22（c）所示。

显然，在集中力 F 作用处，剪力图有突变，突变值等于此处集中力的大小 F。

利用上面的微分关系的结论，不仅可以作梁的内力图，也可以用来检查梁的内力图是否正确。由上面的微分关系的结论可以进一步得到下面的作剪力图和弯矩图的简便方法。

二、作剪力图和弯矩图的简便方法——控制截面法

在上面的作图过程中，为了准确地作出各段杆的剪力图和弯矩图而计算的数值称为控制点。计算这些值的截面称为控制截面。而这些控制截面的剪力值和弯矩值的计算均可由前面关于指定截面上内力计算的结论直接计算。

各控制截面位置的确定如下：

（1）梁段的两端，取左端偏右（如图 6 - 23 中的 1、3、5 处）、右端偏左（如图 6 - 23 中的 2、4、6 处）为控制截面，如图 6 - 23 所示。

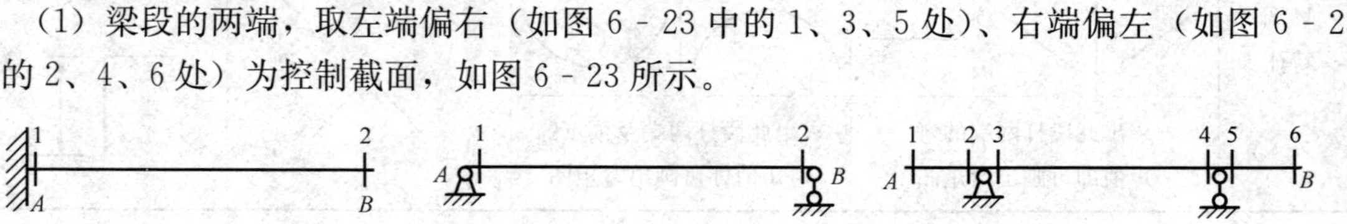

图 6 - 23

(2) 梁上集中力、集中力偶作用处，取偏左、偏右两控制截面，如图 6-24 所示。

(3) 分布荷载作用处取起点和止点，如图 6-25 所示。

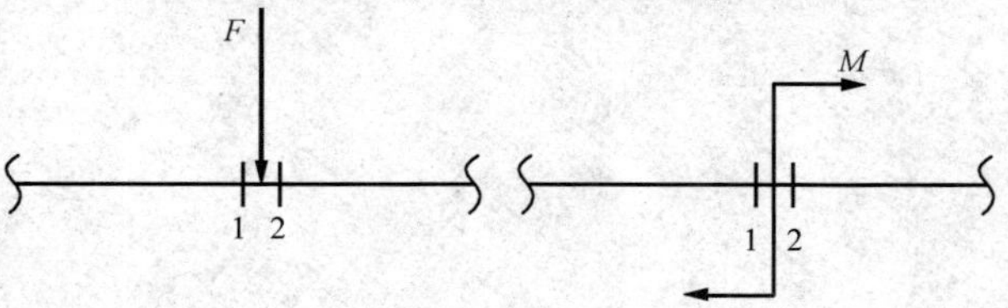

图 6-24

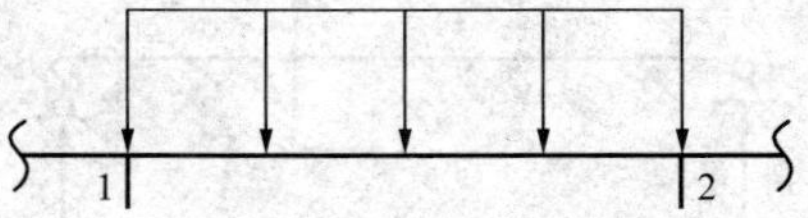

图 6-25

(4) 特殊点，如均载段上剪力图中 $F_s=0$ 时的位置，弯矩将出现极值。

上述中的偏左、偏右两点间的位置实际上无限接近，因此绘图时，两控制截面的数值在同一截面处画出。

在计算中，为了清楚地表示各处的内力，可使用双下标，如 M_{AC} 表示 AC 段杆 A 端的弯矩，M_{CA} 表示 AC 段杆 C 端的弯矩，F_{sAC} 表示 AC 段杆 A 端的剪力，F_{sCA} 表示 AC 段杆 C 端的剪力等。

【例 6-8】 简支梁 AB 受力如图 6-26 (a) 所示，试作此梁的剪力图和弯矩图。

解 (1) 计算支座反力。

取 AB 梁为研究对象，其受力图如图 6-26 (a) 所示。

由 $\sum M_A(F)=0$ 得

$$-F\times 2-M+F_B\times 6=0$$

则

$$F_B=10\text{kN}$$

由 $\sum M_B(F)=0$ 得

$$F\times 4-M+F_B\times 6=0$$

则

$$F_B=15\text{kN}$$

(2) 计算控制点的值。

此梁被荷载和支座分为 AC 段、CD 段、DB 段三段。三段均为无载段，故其剪力图分别为三段平行线，每一段中任意计算一个截面的剪力即可作出其剪力图；而三段杆的弯矩图分别为三条斜直线，每一段杆只需计算出两端的弯矩值即可作出其弯矩图。

其控制点的值如下：

AC 段

$$F_{sAC}=F_A=15\text{kN}$$
$$M_{AC}=0$$
$$M_{CA}=F_A\times 2=30\text{kN}\cdot\text{m}$$

CD 段

$$F_{sCD}=F_A-25=-10\text{kN}$$
$$M_{CD}=F_A\times 2-F\times 0=30\text{kN}\cdot\text{m}$$
$$M_{DC}=F_A\times 4-F\times 2=10\text{kN}\cdot\text{m}$$

DB 段

$$F_{sDB}=F_A-25=-10\text{kN}$$
$$M_{DB}=F_A\times 4-F\times 2-M=20\text{kN}\cdot\text{m}$$
$$M_{BD}=F_B\times 0=0$$

(3) 作剪力图和弯矩图。

由以上控制点的值和结论作剪力图和弯矩图，如图 6-26 (b) 和图 6-26 (c) 所示。从

图中可以看出 C 处截面上的剪力发生突变，突变值等于该处集中力的大小；D 处截面上的弯矩发生突变，突变值等于该处集中力偶矩的大小。

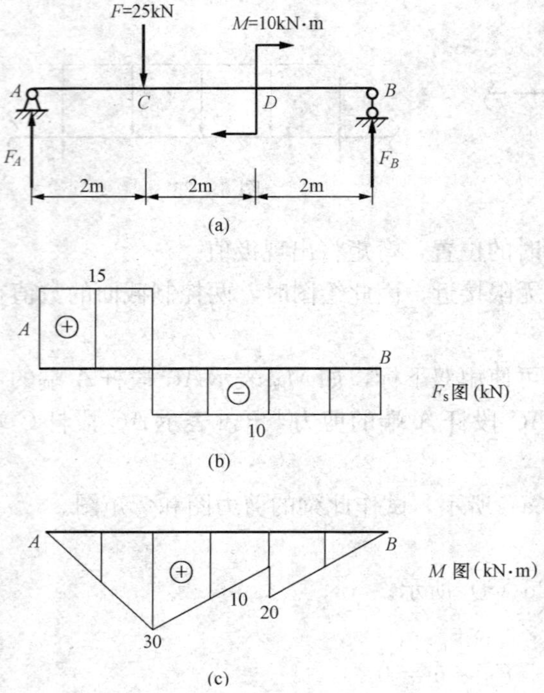

图 6 - 26

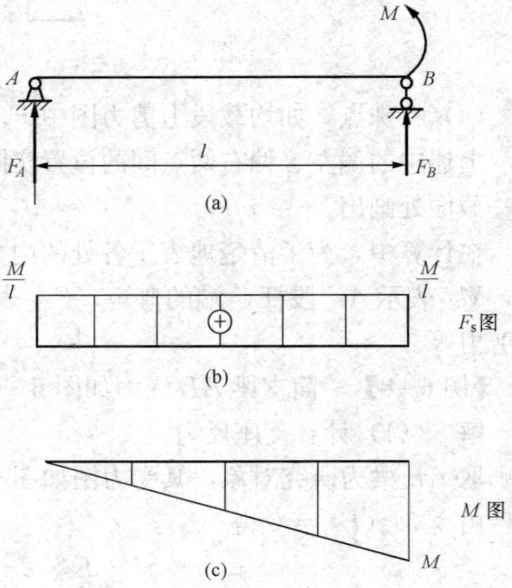

图 6 - 27

【例 6 - 9】 简支梁 AB 在梁端 A 处受集中力偶 M 作用，如图 6 - 27（a）所示。试作该梁的剪力图和弯矩图。

解（1）计算支座反力。

AB 梁的受力图如图 6 - 27（a）所示，由 $\sum M_A(F)=0$ 得

$$M+F_B\times l=0$$

即

$$F_B=-\frac{M}{l}$$

说明：由于在计算梁的某截面上的剪力和弯矩时，可以根据该截面的左段梁或右段梁上的处力来计算，因此，可以不必计算出全部约束反力，而只需计算出求内力时所研究段上的反力即可。故本例中只求出了 B 处的反力，当然也可以只求 A 处的反力。

（2）求控制截面上内力值。

由于本例中的梁只有 AB 一段，且为无载段，故 AB 段的剪力图为一条平行线（只要计算出其上任意一个截面的剪力值即可），弯矩图为一条斜直线（只要计算出此段杆两端的弯矩值即可）。

$$F_{sAB}=-F_B=\frac{M}{l}$$

$$M_{AB}=F_A\times 0=0, M_{BA}=F_B\times 0+M=M$$

（3）绘制剪力图和弯矩图。

由上面控制点的值作出梁的剪力图和弯矩图，如图 6 - 27（b）和图 6 - 27（c）所示。

【例 6 - 10】　图 6 - 28（a）所示的变电站中横梁的计算简图如图 6 - 28（b）所示，试作该梁的剪力图和弯矩图。

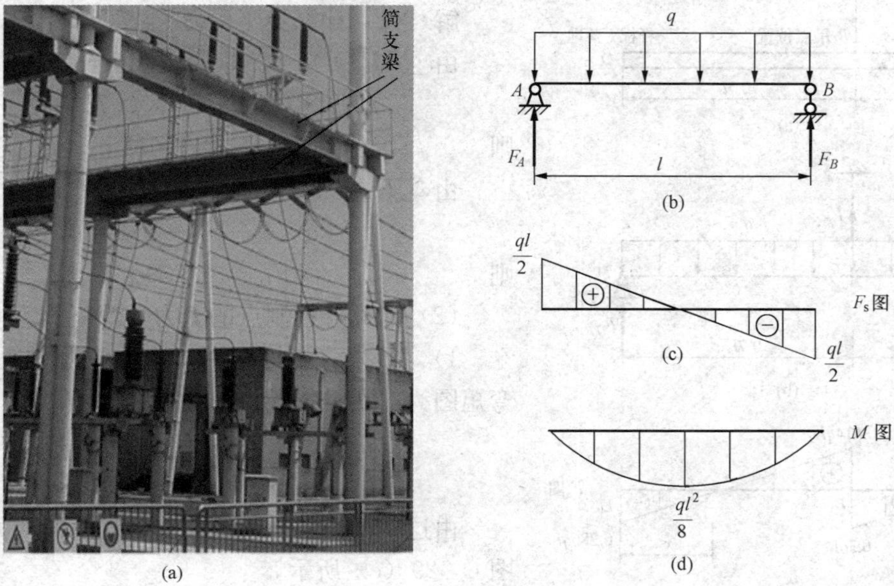

图 6 - 28

解　(1) 计算支座反力。

根据对称关系（或列平衡方程计算）可得

$$F_A = F_B = \frac{ql}{2}$$

(2) 求控制截面上内力值。

由于本例中的梁只有 AB 一段，且为均载段，故 AB 段的剪力图为一条斜直线（只要计算出其两端的剪力值即可），弯矩图为一条抛物线（要计算出此段杆两端和顶点的弯矩值才能画出其弯矩图）。

$$F_{sAB} = F_A = \frac{ql}{2}$$

$$F_{sBA} = -F_B = -\frac{ql}{2}$$

$$M_{AB} = F_A \times 0 = 0$$

$$M_{BA} = F_B \times 0 = 0$$

顶点在剪力等于零处，可根据上面的剪力值先画出剪力图，由剪力图中的比例关系，可知弯矩图的顶点在中点，即距端为$\frac{l}{2}$处，有

$$M_{顶} = F_A \times \frac{l}{2} - q \times \frac{l}{2} \times \frac{l}{4} = \frac{ql^2}{8}$$

(3) 作剪力图和弯矩图。

根据上面求出的各值，绘出梁的剪力图和弯矩图，分别如图 6 - 28（c）和图 6 - 28（d）所示。

【例 6 - 11】　如图 6 - 29（a）所示，是输电线路施工中，等径输电杆杆根落地，一点起

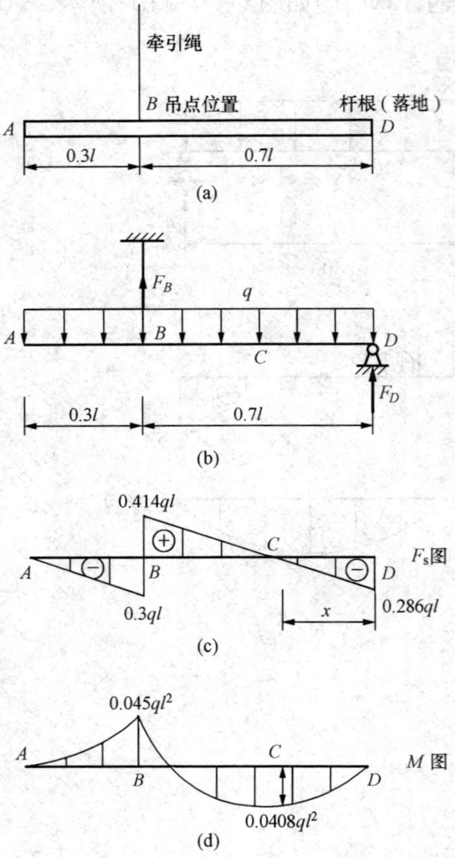

图 6 - 29

吊的吊点布置图，其力学计算简图如图 6 - 29（b）所示，试作出其剪力图、弯矩图。

解　(1) 计算支座反力。

由 $\sum M_D(F)=0$ 得

$$q\times l\times 0.5l-F_B\times 0.7l=0$$

则
$$F_B=0.714ql$$

由 $\sum F_y=0$ 得

$$-q\times l+F_B+F_D=0$$

则
$$F_D=0.286ql$$

(2) 计算各控制点的剪力、弯矩值。

1）AB 段：有均布力作用，剪力图为斜直线，弯矩图为二次抛物线。

$$F_{sAB}=0$$

$$F_{sBA}=-q\times 0.3l=-0.3ql$$

由这两截面的剪力值作出 AB 段的剪力图，如图 6 - 29（c）所示。

$$M_{AB}=0$$

$$M_{BA}=-q\times 0.3l\times 0.15l=-0.045ql^2$$

由剪力图知 AB 段弯矩图顶点在 A 点，即抛物线在 A 处与杆轴线相切，故只计算两点的弯矩即可，弯矩图如图 6 - 29（d）所示。

2）BD 段：有均布力作用，剪力图为斜直线，弯矩图为二次抛物线。

$$F_{sBD}=-q\times 0.3l+F_B=-0.3ql+0.714ql=0.414ql$$

$$F_{sDB}=-F_D=-0.286ql$$

由这两截面的剪力值作出 DB 段的剪力图，如图 6 - 29（c）所示。

$$M_{BD}=-q\times 0.3l\times 0.15l+F_B\times 0=-0.045ql^2$$

$$M_{DB}=F_D\times 0=0$$

由剪力图知 BD 段弯矩图顶点在 C 点（剪力为零处），C 点位置确定如下：

设 DB 段剪力图中剪力为零的点距 D 点的距离为 x，有

$$\frac{0.286ql}{0.414ql}=\frac{x}{0.7l-x}$$

$$x=0.286l$$

顶点的弯矩为

$$M_C=F_D\times 0.286l-q\times 0.286l\times 0.143l=0.0409ql^2$$

因此 BD 点的弯矩图如图 6 - 29（d）所示。

三、用叠加法作梁的剪力图和弯矩图

在小变形的情况下，结构在几个荷载共同作用下所产生的反力、内力、应力、变形等，等于每一个荷载单独作用时所产生的相应量的叠加，这就是叠加原理。

如图 6 - 30（a）所示，输电杆同时承受均布力 q（风载）和集中力 F（导线拉力）作用，其剪力和弯矩应该等于均布力 q 和集中力 F 单独作用的叠加，故可以分成图 6 - 30（b）和图 6 - 30（c）所示两种情况的叠加。图 6 - 30（b）的剪力图和弯矩图分别如图 6 - 30（e）和图 6 - 30（h）所示；图 6 - 30（c）的剪力图和弯矩图分别如图 6 - 30（f）和图 6 - 30（i）所示；叠加后的剪力图和弯矩图分别如图 6 - 30（d）和图 6 - 30（g）所示。

应该注意，两个弯矩、剪力图的叠加并非是两图形的简单拼合，而是指两图中对应的内力值相叠加。这样，同侧的内力值应相加，异侧的内力值应相减。

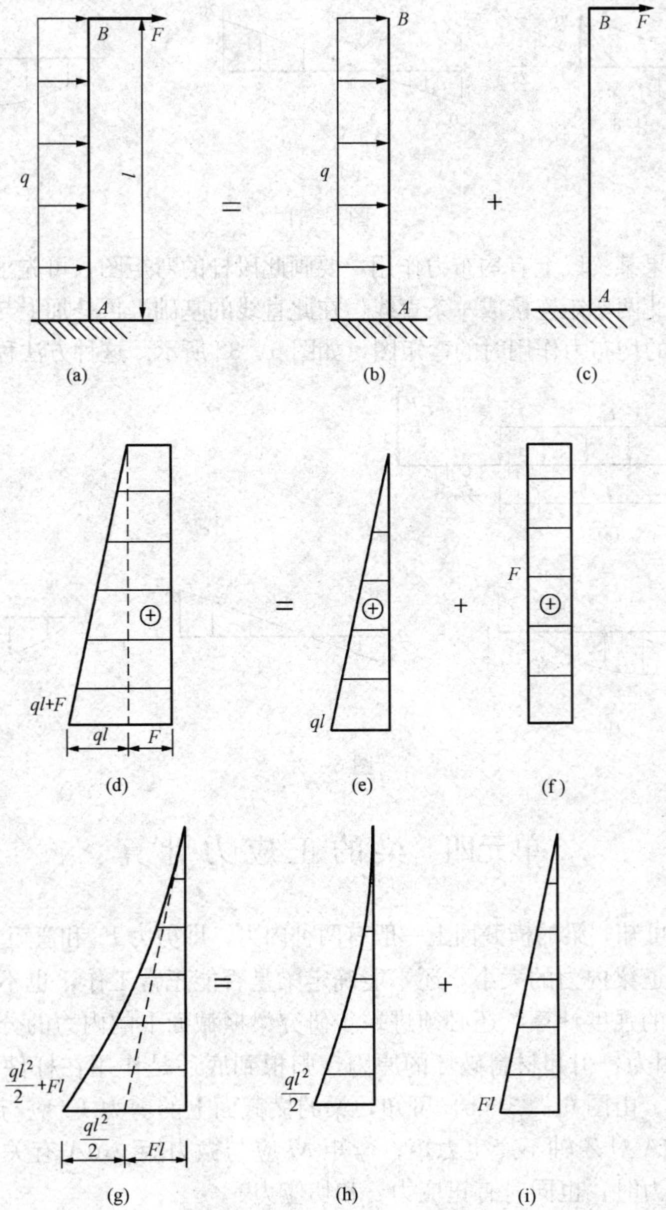

图 6 - 30

【例 6 - 12】　试用叠加法作图 6 - 31（a）所示简支梁的弯矩图。

解　先将图 6 - 31（a）所示简支梁分成由两力偶作用下的图 6 - 31（b）和均布力单独作

用下的图 6-31（c）所示，分别作出它们的弯矩图，如图 6-31（e）和图 6-31（f）所示，然后叠加，即为简支梁在三个荷载共同作用下的弯矩图，如图 6-31（d）所示。

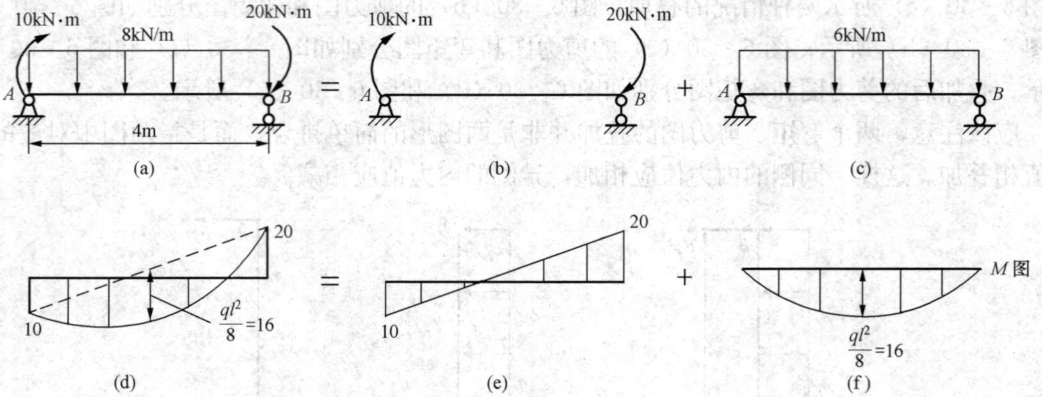

图 6-31

此例表明，如果某梁段上有均布力作用，要画此段杆的弯矩图，可先求出此段杆两端的弯矩（M_1、M_2），由此两弯矩连接成一条直线，在此直线的基础上再叠加上与此段杆同跨度的简支梁全梁承受相同的均布力作用时的弯矩图，如图 6-32 所示。这种方法称为区段叠加法。

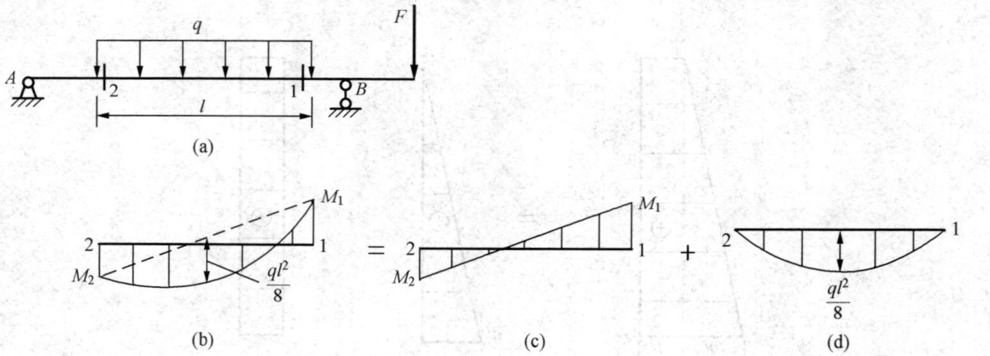

图 6-32

单元四　梁的正应力计算

从前面的学习可知，梁的横截面上一般有两种内力，即剪力 F_s 和弯矩 M，如图 6-33（a）所示。但是仅仅知道梁内力的大小，还不能确定梁是否能正常工作，也不能设计出梁的截面尺寸。为了进行梁的强度计算，还必须进一步研究梁横截面上的内力的分布规律（应力的分布规律及大小）。因为，引起材料破坏的原因，归根到底还是作用在杆件上的工作应力超过了材料的极限应力。由图 6-33（b）可知，梁的横截面上的剪力 F_s 应与截面上微剪力 τdA 有关，而微剪力 τdA 对 Z 轴不产生力矩；弯矩 M 应与微力矩 $y\sigma dA$ 有关。因此在梁横截面上同时有弯矩和剪力时，也同时有正应力 σ 和切应力 τ。

一、纯弯曲时梁的正应力计算

为了使研究的问题简单，首先分析如图 6-34（a）所示的承受两个集中荷载 F 作用的简支梁，其荷载和梁的支座反力都作用在梁的纵向对称平面内，其剪力图和弯矩图分别如图

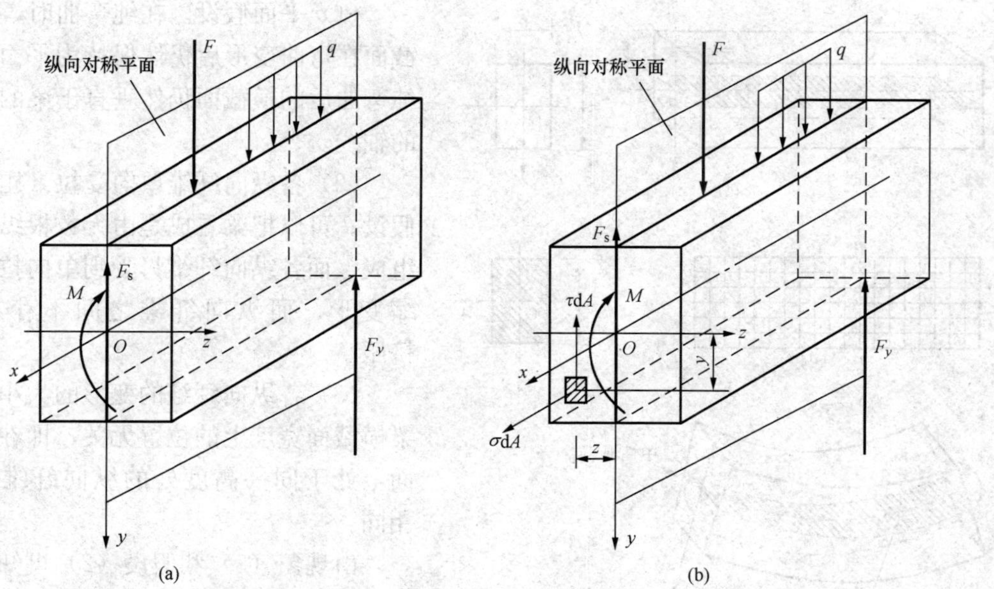

图 6 - 33

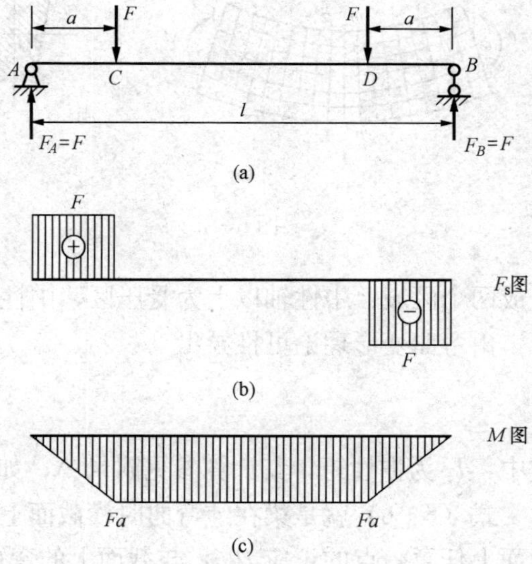

图 6 - 34

6 - 34（b）、图 6 - 34（c）所示。由图 6 - 34 可知，梁的中段 CD 段的各个横截面上，没有剪力，只有弯矩，且弯矩等于常用量 Fa，通常把这种横截面上只有弯矩而无剪力作用的弯曲叫纯弯曲。至于梁的 AC 段和 DB 段，在它们的各个横截面上既有弯矩 M 又有剪力 F_s 作用，通常把这种弯曲叫横力弯曲（或剪力弯曲或非纯弯曲）。

下面以矩形截面梁，如图 6 - 35（a）为例，研究梁在纯弯曲时横截面上的正应力计算，进而推广应用到其他截面形状的梁发生横力弯曲时横截面的正应力计算。

（一）梁发生纯弯曲时正应力的计算公式

通过对矩形截面橡皮模型梁在纯弯曲时的试验可以观察到其变形：

（1）所有纵向线（如图 6 - 35 中的 1—1 线、2—2 线）都弯成了曲线，并仍旧与弯曲了的梁轴线（挠曲轴）保持曲线平行，但靠近梁下边缘（凸边）的纵向线伸长了，靠近梁上边缘（凹边）的纵向线缩短了，如图 6 - 35（b）、图 6 - 35（d）所示。

（2）所有横向线（如图 6 - 35 中的 m—n 线、p—q 线）仍保持为直线，只是倾斜了一个角度，且仍与弯成曲线的纵向线保持垂直，即各个小方格的直角在梁弯曲变形后仍为直角，如图 6 - 35（b）、图 6 - 35（d）所示。

（3）矩形截面梁的上部变宽，下部变窄，如图 6 - 35（d）所示。

根据述观察到的现象，通过判断和推理，对纯弯曲的梁，可作出如下的假设：

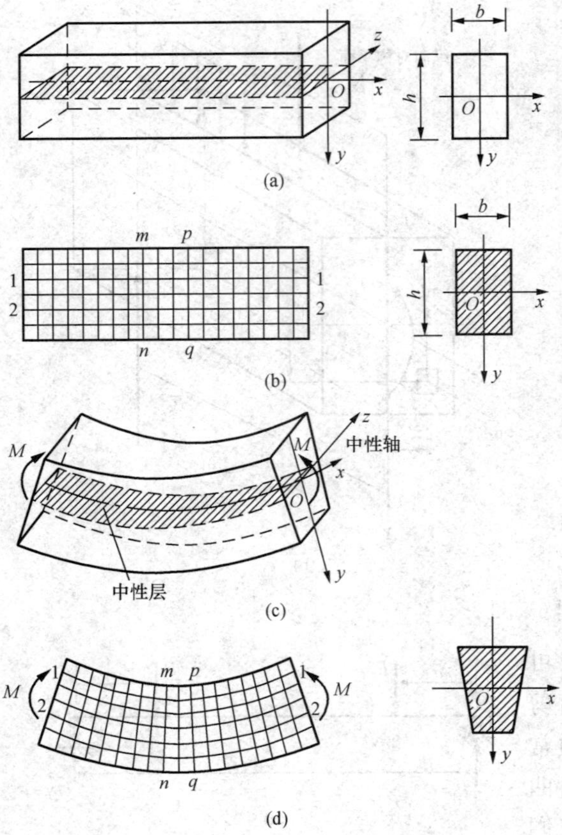

图 6 - 35

(1) 平面假设。在纯弯曲时，梁的横截面在弯曲变形后仍然保持为平面，且梁纯弯曲后的横截面仍然垂直于梁的弯曲后的轴线。

(2) 各纵向纤维单向受拉（压）变形假设。可以把梁看成是由无数根纵向纤维组成，而各纵向纤维只受到单向拉伸或压缩变形，而纵向纤维之间不存在相互挤压。

(3) 各纵向纤维的变形的大小与它在梁横截面宽度上的位置无关，即在梁横截面上处于同一高度处的纵向纤维变形都相同。

由现象（3）和假设（2）可知，梁的上部纵向线缩短，截面变宽，表明梁的上部各纤维受到压缩变形；梁的下部纵线伸长，截面变窄，表明梁的下部各纤维受到拉伸变形。从上部各层纤维缩短到下部各层纤维伸长的连续变形中，必然有一层纤维既不缩短也不伸长，这层纤维称为中性层，中性层与横截面的交线称为中性轴，如图 6 - 35（c）所示。中性轴将梁横截面分成两个区域：中性轴以上为受压区，中性轴以下为受拉区。

由弯曲变形理论可推导出

$$\sigma = \frac{M}{I_z} y \qquad (6-6)$$

式中：I_z 为惯性矩，其计算参见附录 A，如果是型钢，可查型钢表。

式（6 - 6）就是梁在纯弯曲时横截面上任意一点处正应力的计算公式。由此可知：梁横截面上任意一点的正应力 σ，与截面上的弯矩 M 和该点到中性轴的距离 y 成正比，而与截面对中性轴的惯性矩 I_z 成反比。

在应用式（6 - 6）计算梁横截面上任意一点的正应力时，应注意应力的正负，在计算时只将 M 和 y 的绝对值代入公式，而正应力的性质（拉应力或压应力）则由弯矩 M 的正负号及所求点的位置来判断。当 M 为正时，中性轴以上各点为压应力，σ 则取负值；中性轴以下各点为拉应力，σ 则取正值，如图 6 - 36（a）所示。当弯矩 M 为负时则相反，如图 6 - 36（b）所示。

（二）弯曲梁的正应力公式的适用条件

(1) 正应力计算公式（6 - 6）的适用条件是：①纯弯曲梁；②梁的最大正应力 σ 不超过材料的比例极限 σ_p，即梁处于弹性变形范围内。

(2) 式（6 - 6）适用于横截面有纵向对称轴的梁（发生平面弯曲的梁均适用），如圆形、工字形、T形、圆环形等，如图 6－37 所示。

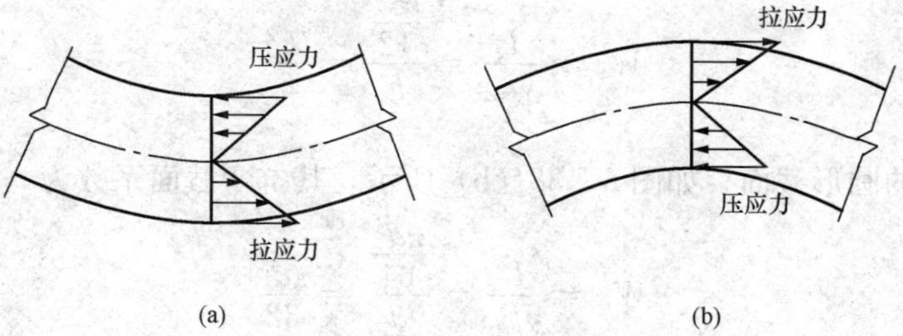

图 6－36

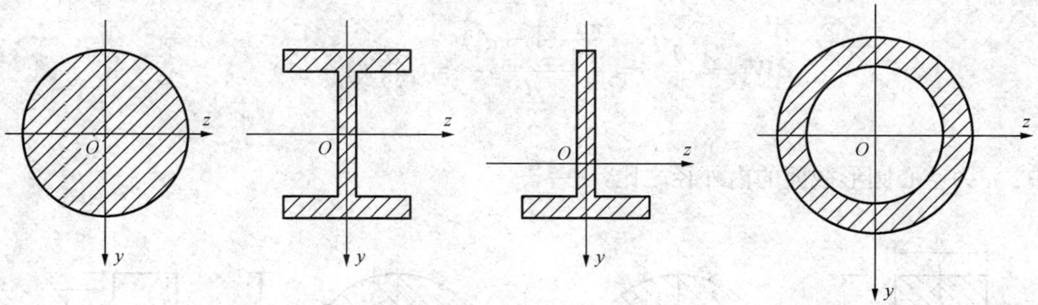

图 6－37

(3) 剪切弯曲是弯曲问题中最常见的情况，在这种情况下，梁横截面上不仅有正应力，还有切应力。由于切应力的存在，梁的横截面将会发生翘曲，此外，在与中性层平行的纵截面之间，还会有横向力引起的挤压应力。它们都会对正应力有一定的影响。理论分析证明，当梁的跨度 l 与横截面高度 h 之比 $\frac{l}{h}$ 大于 5 时，上述切应力对正应力的影响甚小，可以忽略不计。在工程中常见梁的 $\frac{l}{h}$ 值一般都远大于 5，所以式（6－6）在一般情况下也可以用于剪切弯曲时横截面上各点正应力的计算。

二、梁的危险截面和梁的最大应力

在进行梁的设计时，必须找出梁的危险截面和梁的最大正应力。对于等截面直梁，弯矩最大的截面就是梁的危险截面，危险截面上离中性轴最远的点就是梁的危险点。对于关于中性轴不对称的脆性材料做成的梁，危险点既有可能在最大正弯矩所在的截面，也有可能在最大负弯矩所在的截面。

对于中性轴是截面对称轴的梁，如图 6－38 所示，其最大正应力为

$$\sigma_{\max} = \frac{M_{\max}}{I_z} y_{\max}$$

令

$$W_z = \frac{I_z}{y_{\max}}$$

则

$$\sigma_{\max} = \frac{M_{\max}}{W_z} \tag{6-7}$$

式中：W_z 称为抗弯截面系数，它是一个与截面形状和尺寸有关的几何量，其常用单位是 m^3 或 mm^3。W_z 越大，$\sigma_{\max}$ 就越小，因此，W_z 反映了截面形状及尺寸对梁的强度的影响。

对截面高为 h、宽为 b 的矩形截面，如图 6 - 38（a）所示，其抗弯截面系数为

$$W_z=\frac{I_z}{y_{\max}}=\frac{\frac{bh^3}{12}}{\frac{h}{2}}=\frac{bh^2}{6} \tag{6-8}$$

对直径为 d 的圆形截面，如图 6 - 38（b）所示，其抗弯截面系数为

$$W_z=\frac{I_z}{y_{\max}}=\frac{\frac{\pi d^4}{64}}{\frac{d}{2}}=\frac{\pi d^3}{32} \tag{6-9}$$

对于空心圆形截面，如图 6 - 38（c）所示，其抗弯截面系数为

$$W_z=\frac{I_z}{y_{\max}}=\frac{\frac{\pi d^4}{64}(1-\alpha^4)}{\frac{d}{2}}=\frac{\pi d^3}{32}(1-\alpha^4) \tag{6-10}$$

其中：α 为空心圆形截面的内外径之比，$\alpha=\frac{d}{D}$。

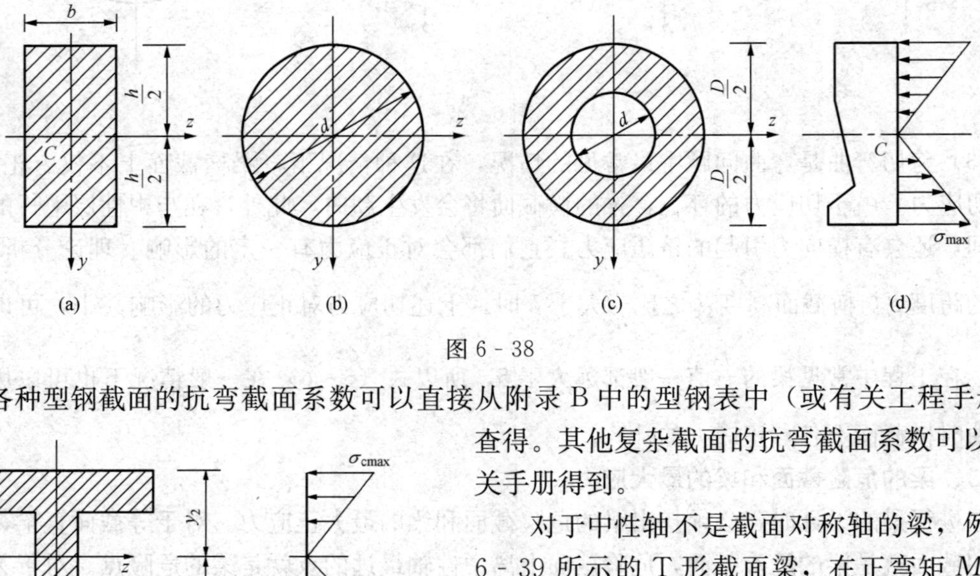

图 6 - 38

各种型钢截面的抗弯截面系数可以直接从附录 B 中的型钢表中（或有关工程手册中）查得。其他复杂截面的抗弯截面系数可以查相关手册得到。

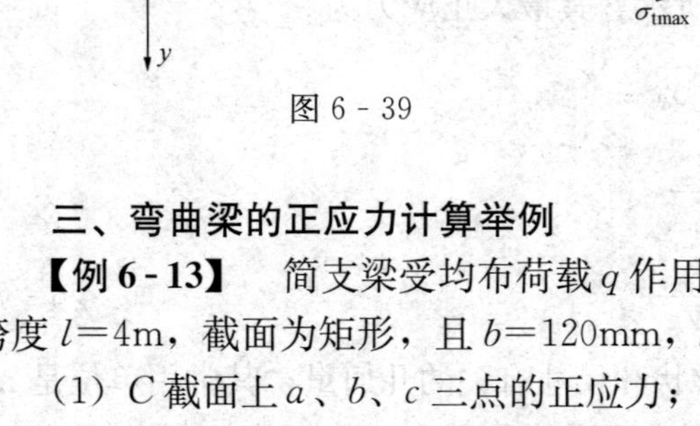

图 6 - 39

对于中性轴不是截面对称轴的梁，例如图 6 - 39 所示的 T 形截面梁，在正弯矩 M 作用下，梁的下边缘各点产生最大拉应力 σ_{tmax}，上边缘各点产生最大压应力 σ_{cmax}，其值分别为

$$\sigma_{\mathrm{tmax}}=\frac{My_1}{I_z}$$

$$\sigma_{\mathrm{cmax}}=\frac{My_2}{I_z}$$

三、弯曲梁的正应力计算举例

【例 6 - 13】 简支梁受均布荷载 q 作用，如图 6 - 40（a）所示。已知 $q=10\mathrm{kN/m}$，梁的跨度 $l=4\mathrm{m}$，截面为矩形，且 $b=120\mathrm{mm}$，$h=180\mathrm{mm}$。试求：

（1）C 截面上 a、b、c 三点的正应力；

（2）梁的最大正应力 $\sigma_{\max}$ 及其位置。

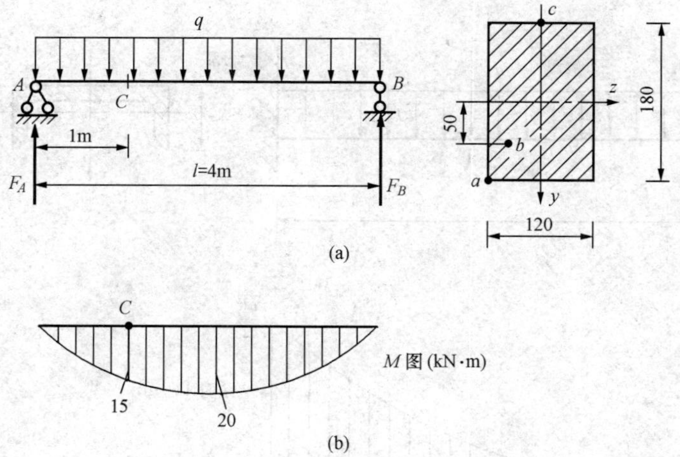

图 6 - 40

解　(1) 求 C 截面上指定点的应力。

先求出支座反力，由对称性及 $\sum F_y=0$ 得

$$F_A=F_B=\frac{ql}{2}=\frac{10\times 4}{2}=20\text{kN}(\uparrow)$$

再计算 C 截面的弯矩为

$$M_C=F_A\times 1-q\times 1\times 0.5=20\times 1-10\times 1\times 0.5=15(\text{kN}\cdot\text{m})$$

由附录 A 的单元二得矩形截面对中性轴 z 的惯性矩

$$I_z=\frac{1}{12}bh^3=\frac{1}{12}\times 120\times 180^3=58.3\times 10^6(\text{mm}^4)$$

由式 (6 - 6) 计算各指定点的正应力如下

$$\sigma_a=\frac{M_C y_a}{I_z}=\frac{15\times 10^6\times 90}{58.3\times 10^6}=23.15(\text{MPa})(\text{拉应力})$$

$$\sigma_b=\frac{M_C y_b}{I_z}=\frac{15\times 10^6\times 50}{58.3\times 10^6}=12.88(\text{MPa})(\text{拉应力})$$

$$\sigma_c=\frac{M_C y_c}{I_z}=\frac{15\times 10^6\times(-90)}{58.3\times 10^6}=-23.15(\text{MPa})(\text{压应力})$$

(2) 求梁的最大正应力 $\sigma_{\max}$ 及其位置。

绘出该梁的弯矩图如图 6 - 40 (b) 所示。由图 6 - 40 (b) 可知，最大弯矩发生在梁的跨中截面，其值为

$$M_{\max}=\frac{1}{8}ql^2=\frac{1}{8}\times 10\times 4^2=20(\text{kN}\cdot\text{m})$$

梁的最大正应力发生在最大弯矩 $M_{\max}$ 所在截面的上、下边缘处。由梁的变形情况（或弯矩的正负）可以判定，最大拉应力发生在跨中截面的下边缘处，最大压应力发生在跨中截面的上边缘处。其最大正应力的值为

$$\sigma_{\max}=\frac{M_{\max}y_{\max}}{I_z}=\frac{20\times 10^6\times 90}{58.3\times 10^6}=33.38(\text{N/mm}^2)=33.38\text{MPa}$$

【例 6 - 14】　悬臂梁受均布荷载作用，已知 $q=3\text{kN/m}$，梁长 $l=2\text{m}$，该梁由 20a 型槽钢平置制成，如图 6 - 41 (a) 所示，试计算梁的最大拉应力 σ_{tmax} 和最大压应力 σ_{cmax} 以及它们

发生的位置。

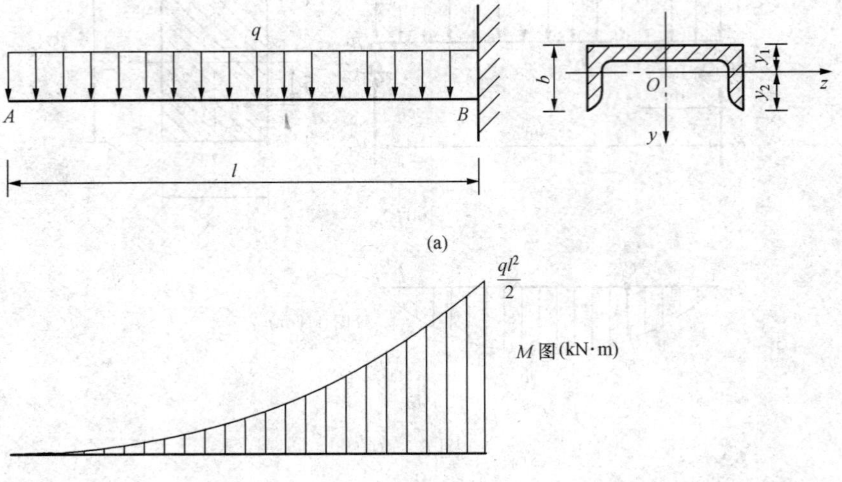

图 6-41

解　(1) 作梁的弯矩图如图 6-41 (b) 所示。由图 6-41 (b) 可知，最大弯矩（绝对值最大的弯矩）发生在靠近固定端的截面上，其值为

$$|M|_{\max}=\frac{1}{2}ql^2=\frac{1}{2}\times 3\times 2^2=6(\mathrm{kN\cdot m})$$

(2) 查附录表 B-4 热轧普通槽钢表得 20a 型槽钢截面的有关几何数据为

$$I_z=128.0\mathrm{cm}^4=128.0\times 10^4\mathrm{mm}^4$$

$$y_1=2.01\mathrm{cm}=20.1\mathrm{mm}$$

$$y_2=b-y_1=73-20.1=52.9(\mathrm{mm})$$

(3) 计算最大拉应力和最大压应力。

最大拉应力发生在靠近固定端截面处的上边缘各点，其值为

$$\sigma_{\mathrm{tmax}}=\frac{|M|_{\max}y_1}{I_z}=\frac{6\times 10^6\times 20.1}{128.0\times 10^4}=94.2(\mathrm{MPa})$$

最大压应力发生在靠近固定端截面处的下边缘各点上，其值为

$$\sigma_{\mathrm{cmax}}=-\frac{|M|_{\max}y_2}{I_z}=-\frac{6\times 10^6\times 52.9}{128.0\times 10^4}=-248.0(\mathrm{MPa})$$

单元五　梁的切应力计算

在剪力弯曲时，梁的横截面上同时有弯矩 M 和剪力 F_s 两种内力，因而横截面上除了正应力 σ 以外，必然还有切应力 τ。下面讨论切应力的计算。

一、矩形截面梁的切应力计算公式

根据理论分析和推导可得出

$$\tau=\frac{F_sS_z^*}{I_zb}\qquad(6-11)$$

式中　F_s——横截面上的剪力；

I_z——横截面对中性轴的惯性矩；

b——横截面的中性轴处截面宽度；

S_z^*——所求切应力作用点处的水平横线以下（或以上）部分截面积 A^* 对中性轴的面积矩。

式（6－11）就是矩形截面梁横截面上任意一点的切应力计算公式。

剪力 F_s 和面积矩 S_z^* 均为代数量，但在应用式（6－11）计算切应力 τ 时，F_s 与 S_z^* 均可以绝对值代入，切应力的方向可根据剪力的方向来确定。

式（6－11）虽然是从矩形截面梁推导出来的，但对于其他截面形状的梁也是适用的。

对于同一横截面上不同的点，在式（6－11）中 F_s、I_z 和 b 均为常量，只有面积矩 S_z^* 随所求应力的点到中性轴的距离 y 的不同而变化。对于图 6－42（a）所示的矩形截面，有

$$S_z^* = A^* y_O = b\left(\frac{h}{2}-y\right)\left[y+\left(\frac{h}{2}-y\right)\Big/2\right]=\frac{b}{2}\left(\frac{h^2}{4}-y^2\right)$$

所以由式（6－11）得

$$\tau=\frac{6F_s}{bh^3}\left(\frac{h^2}{4}-y^2\right)$$

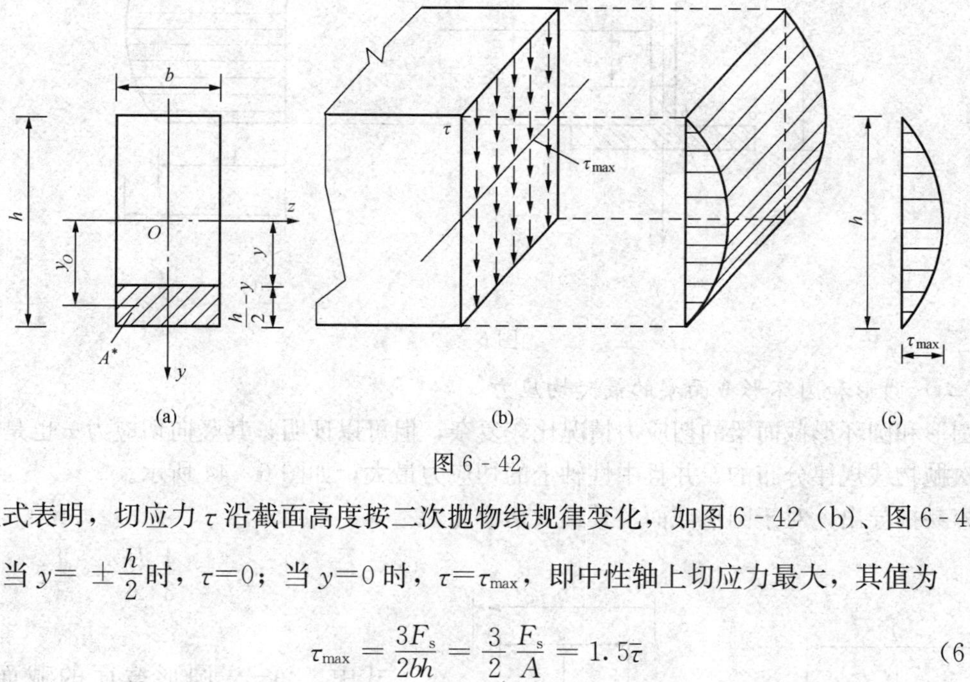

图 6－42

上式表明，切应力 τ 沿截面高度按二次抛物线规律变化，如图 6－42（b）、图 6－42（c）所示。当 $y=\pm\frac{h}{2}$时，$\tau=0$；当 $y=0$ 时，$\tau=\tau_{max}$，即中性轴上切应力最大，其值为

$$\tau_{max}=\frac{3F_s}{2bh}=\frac{3}{2}\frac{F_s}{A}=1.5\bar{\tau} \quad (6-12)$$

其中：$\bar{\tau}=\frac{F_s}{A}$为横截面上的平均切应力，故矩形截面上的最大切应力为其平均切应力的 1.5 倍。

二、工程中常用截面的最大切应力计算

（一）工字形截面梁的切应力

工字形截面梁由腹板和翼缘组成。翼缘和腹板上均存在着竖向切应力，而翼缘上还存在与翼缘长边平行的水平切应力。经理论分析和计算表明，横截面上剪力的 95%～97%由腹板分担，而翼缘仅承担了剪力的 3%～5%，并且翼缘上的切应力情况又比较复杂，为了满

足实际工程计算和设计的需要，现仅分析腹板上的切应力，如图 6－43 所示。

由于腹板是一狭长矩形，腹板上的切应力计算公式仍可用式（6－11）计算，所以有

$$\tau=\frac{F_s S_z^*}{I_z d}$$

对于工字形型钢截面，其 $S_{z\max}^*/d$ 的数值可直接从表 B－3 中查得。

一般情况下，由于腹板的厚度 d 与翼缘的宽度 b 比较起来是很小的，对 $\tau_{\max}$ 和 $\tau_{\min}$ 的计算式进行比较，可以看出，腹板上的切应力 $\tau_{\max}$ 与 $\tau_{\min}$ 的大小没有显著的差别，并且 τ 近似于均匀分布。所以，腹板上的最大切应力也可以近似地用下面的公式计算，即

$$\tau_{\max}=\frac{F_s}{h_1 d} \tag{6-13}$$

式（6－13）就是工字形截面最大切应力的实用计算公式，在工程设计中是偏于安全的。

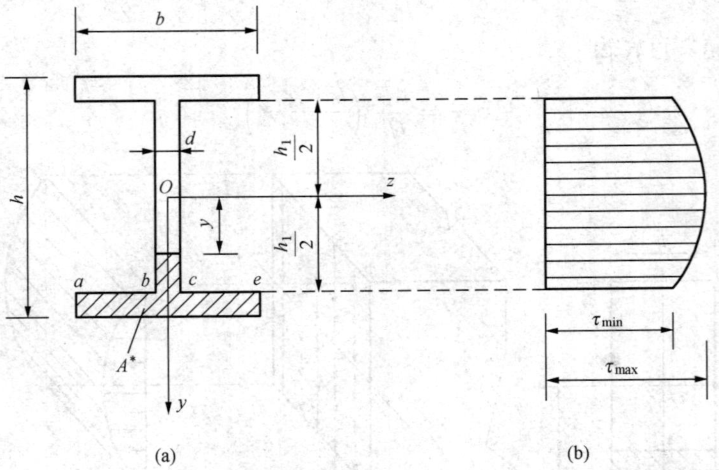

图 6－43

（二）圆形和圆环形截面梁的最大切应力

圆形和圆环形截面梁的切应力情况比较复杂，但可以证明，其竖向切应力 τ 也是沿梁高按二次抛物线规律分布的，并且中性轴上的切应力最大，如图 6－44 所示。

容易推导出，对于圆形截面，其最大切应力为

$$\tau_{\max}=\frac{4}{3}\frac{F_s}{A}=\frac{4}{3}\bar{\tau} \tag{6-14}$$

式中　A——圆形截面的截面面积，$A=\frac{\pi d^2}{4}$；

F_s——横截面上的剪力。

可见，圆形截面梁横截面上的最大切应力为其平均切应力的 4/3 倍。

对于圆环形截面，其最大切应力为

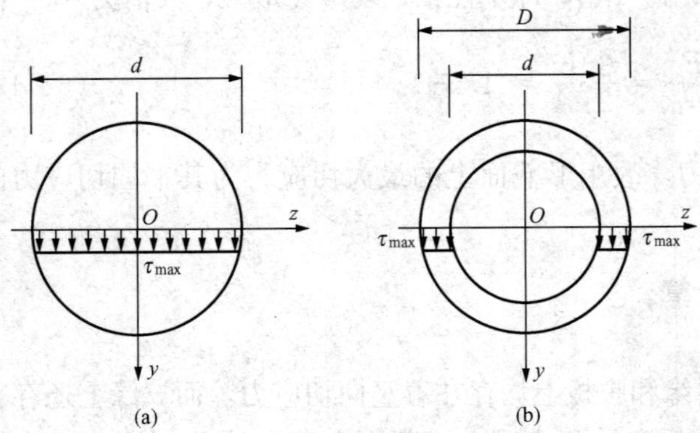

图 6－44

$$\tau_{\max}=2\frac{F_s}{A}=2\bar{\tau} \tag{6-15}$$

式中 A——圆环形截面的截面面积。

故薄壁圆环形梁横截面上的最大切应力为其平均切应力 $\bar{\tau}$ 的2倍。

三、弯曲梁的切应力计算举例

【例6-15】 一简支梁承受均布荷载 q 作用，如图6-45（a）所示，其横截面为矩形，$b=100$mm，$h=200$mm。已知 $q=6$kN/m，跨度 $l=8$m，试求：

（1）截面 $A_{右}$ 上距中性轴 $y_1=50$mm处 k 点的切应力；

（2）比较矩形截面梁的最大正应力和最大切应力；

（3）若用32a工字形钢梁，计算其最大切应力；

（4）计算工字形梁截面 $A_{右}$ 上腹板与翼缘交点处 m 点（在腹板上）的切应力，如图6-45（e）所示。

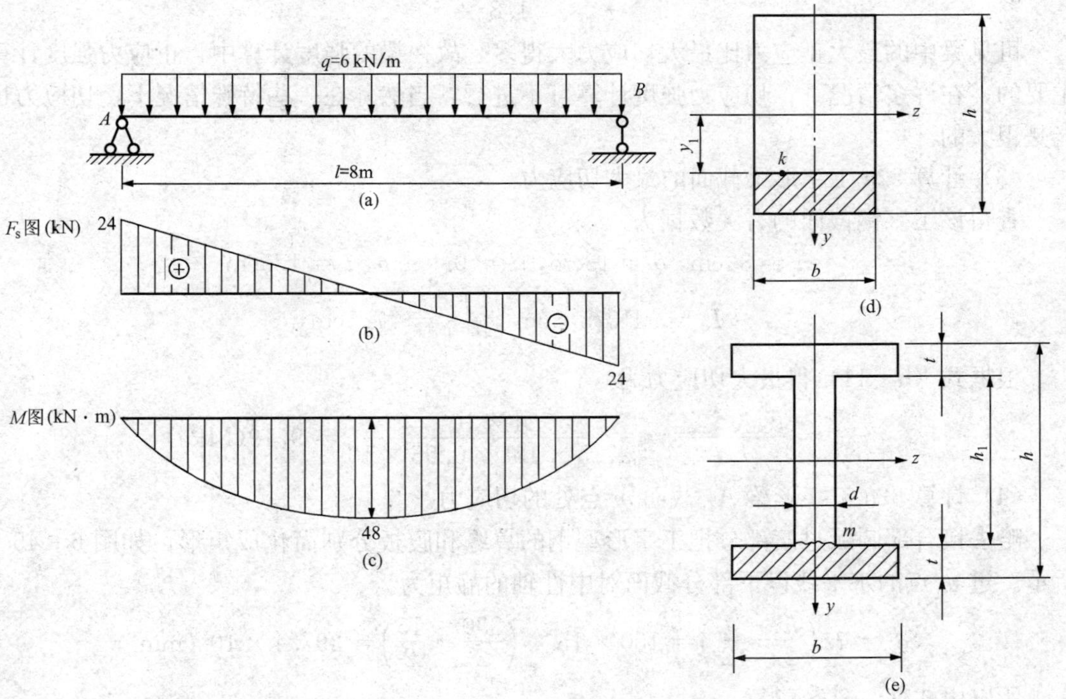

图6-45

解 （1）计算 $A_{右}$ 截面上 k 点的切应力。

绘出梁的剪力图 F_s 和弯矩图 M，分别如图6-45（b）、图6-45（c）所示，$A_{右}$ 截面的剪力为

$$F_{sA右}=24\text{kN}$$

计算 I_z 及 S_z^* 为

$$I_z=\frac{bh^3}{12}=\frac{100\times200^3}{12}=66.7\times10^6(\text{mm}^4)$$

$$S_z^*=100\times50\times75=375\times10^3(\text{mm}^3)$$

由式（6-11）得 k 点的切应力为

$$\tau_k=\frac{F_{sA右}S_z^*}{I_zb}=\frac{24\times10^3\times375\times10^3}{66.7\times10^6\times100}=1.349(\mathrm{MPa})$$

（2）比较梁中的最大正应力 σ_{max} 和最大切应力 τ_{max}。

梁中的最大剪力和最大弯矩分别为 $F_{smax}=24\mathrm{kN}$（在 A 支座右侧截面处或 B 支座左侧截面处），$M_{max}=48\mathrm{kN\cdot m}$（在梁的跨中截面处）。

最大正应力发生在梁的跨中截面的上、下边缘处，其值为

$$\sigma_{max}=\frac{M_{max}}{W_z}=\frac{48\times10^6}{\frac{1}{6}\times100\times200^2}=72(\mathrm{MPa})$$

最大切应力发生在支座附近截面的中性轴上，其值为

$$\tau_{max}=\frac{3}{2}\frac{F_{smax}}{A}=\frac{3}{2}\times\frac{24\times10^3}{100\times200}=1.8(\mathrm{MPa})$$

故
$$\frac{\sigma_{max}}{\tau_{max}}=\frac{72}{1.8}=40$$

可见梁中的最大正应力比最大切应力大得多，故在梁的强度计算中，正应力强度计算是主要的，在许多情况下，切应力强度计算可不进行，当然，在一些特殊情况下，切应力也可能是很大的。

（3）计算 32a 工字形梁截面的最大切应力。

查得该工字钢截面的有关数据为

$$h=32\mathrm{cm},\ b=13\mathrm{cm},\ d=0.95\mathrm{cm},\ t=1.5\mathrm{cm}$$

$$I_z=11\,075.5\mathrm{cm}^4,\ \frac{I_z}{S_z^*}=27.5\mathrm{cm}$$

根据式（6－11）得最大切应力为

$$\tau_{max}=\frac{F_{smax}S_{zmax}^*}{I_zd}=\frac{24\times10^3}{27.5\times10^1\times0.95\times10}=9.19(\mathrm{MPa})$$

（4）计算 32a 工字形梁 $A_{右}$ 截面 m 点处的切应力。

略去接合部圆弧过渡部分把工字形型钢的翼缘和腹板分别简化成矩形，如图 6－45（e）所示。过 m 点的水平线以下部分截面对中性轴的静矩为

$$S_z^*=bt\left(\frac{h}{2}-\frac{t}{2}\right)=130\times15\times\left(\frac{230}{2}-\frac{15}{2}\right)=297.4\times10^3(\mathrm{mm}^3)$$

所以由式（6－12）得

$$\tau_{max}=\frac{F_sS_z^*}{I_zd}=\frac{24\times10^3\times297.4\times10^3}{11\,075.5\times10^4\times0.95\times10}=6.78(\mathrm{MPa})$$

单元六　弯曲杆件（梁）的初步设计

一、梁的强度条件

（一）梁的正应力强度条件

为了保证梁能安全经济地工作，必须使梁内的最大正应力不超过材料的许用正应力 $[\sigma]$，这就是梁的正应力强度条件。根据此强度条件就能对梁进行初步设计计算。分两种情况表达如下：

(1) 若材料的抗拉和抗压能力相同，其正应力强度条件为

$$\sigma_{\max}=\frac{M_{\max}}{W_z}\leqslant[\sigma] \tag{6-16}$$

(2) 若材料的抗拉和抗压能力不同，应分别对最大拉应力和最大压应力建立强度条件，即

$$\left.\begin{aligned}\sigma_{\mathrm{tmax}}=\frac{M_{\max}}{W_z}\leqslant[\sigma_{\mathrm{t}}]\\ \sigma_{\mathrm{cmax}}=\frac{M_{\max}}{W_z}\leqslant[\sigma_{\mathrm{c}}]\end{aligned}\right\} \tag{6-17}$$

值得注意的是：式 (6 - 17) 的两式中的 $M_{\max}$ 不一定是同一截面上的最大弯矩，即其中一个可能是最大正弯矩，另一个可能是最大负弯矩。

(二) 梁的切应力强度条件

在上面梁的正应力计算的同时，为了使梁的工作能更安全经济，往往也应考虑其最大切应力不超过材料的许用切应力 $[\tau]$，这就是梁的切应力强度条件。根据此强度条件就能对梁进行进一步的设计计算。在大多数情况下，只需根据正应力进行设计后，对切应力进行校核就行了。

在进行梁的强度计算时，必须同时满足正应力强度条件和切应力强度条件。但两者有主次，一般情况下，梁的强度计算由正应力强度条件控制。因此，在设计梁的截面时，一般都是先按正应力强度条件设计截面，在确定好截面尺寸后，再按切应力强度条件进行校核。工程中，按正应力强度条件设计的梁，切应力强度条件大多可以满足，因而就不一定需要对切应力进行强度校核。但是在遇到下列几种特殊情况的梁时，梁的切应力强度条件就可能起控制作用，就必须注意校核梁内的切应力。

(1) 梁的跨度较短，或在支座附近作用有较大的集中荷载时，此时梁的最大弯矩较小而剪力却很大。

(2) 在铆接或焊接的组合型截面（例如工字形）钢梁中，如果其横截面的腹板厚度与高度之比，较一般型钢截面的相应比值为小。

(3) 由于木材在顺纹方向的抗剪强度比较差，同一品种木材在顺纹方向的许用切应力 $[\tau]$ 常比其许用正应力 $[\sigma]$ 要低很多，所以木材在横力弯曲时可能因为中性层上的切应力过大而使梁沿其中性层发生剪切破坏。

梁的切应力强度条件为

$$\tau_{\max}=\frac{F_{\mathrm{smax}}S_{z\max}^{*}}{I_z d}\leqslant[\tau] \tag{6-18}$$

针对几种简单截面梁，其切应力强度条件也可以采用下面的简单公式：

矩形截面梁

$$\tau_{\max}=\frac{3}{2}\frac{F_{\mathrm{s}}}{A}\leqslant[\tau] \tag{6-19}$$

圆形截面梁

$$\tau_{\max}=\frac{4}{3}\frac{F_{\mathrm{s}}}{A}\leqslant[\tau] \tag{6-20}$$

薄壁圆环形截面

$$\tau_{max} = 2\frac{F_s}{A} \leqslant [\tau] \tag{6-21}$$

对工字形型钢梁

$$\tau_{max} = \frac{F_{smax}}{hd} \leqslant [\tau] \tag{6-22}$$

二、弯曲梁的强度计算三类问题

根据梁的正应力强度条件，可以解决梁的三个方面的强度计算问题：

（1）强度校核。在已知梁的材料、横截面的形状和尺寸（即已知 $[\sigma]$、W_z）以及梁上所受荷载（即能求出梁的 M_{max}）的情况下，验算梁是否满足正应力强度条件，即式（6-16）或式（6-17），若条件满足，则梁的正应力强度是足够的，否则，梁的正应力强度是不够。

（2）设计截面尺寸。当已知梁上所受的荷载和梁所使用材料时（即已知梁许用正应力 $[\sigma]$、并能根据梁上的荷载求出 M_{max}），可以根据强度条件，即式（6-16）或式（6-17），计算梁所需的抗弯截面系数

$$W_z \geqslant \frac{M_{max}}{[\sigma]}$$

然后根据梁的横截面形状进一步确定出截面的尺寸。如横截面是圆形，可求出其圆截面的直径 d；如横截面是矩形，则可计算出梁截面的 h 与 b 的数值；对于型钢，可根据计算出的 W_z 查表（或手册）确定其型号；对于其他形状的截面，根据 W_z 与截面尺寸间的关系，也可以求出相应的截面尺寸。

（3）确定许可荷载。已知梁的材料和截面尺寸（即已知 $[\sigma]$、W_z），则可先根据梁的强度条件计算出梁所能承受的最大弯矩，即

$$M_{max} \leqslant W_z[\sigma]$$

然后由 M_{max} 与荷载之间的关系计算出梁的许可荷载。例如，受均布荷载 q 作用的简支梁，其跨中最大弯矩 $M_{max}=\frac{1}{8}ql^2$，在由强度条件求出梁的 M_{max} 和已知梁的跨度 l 的前提下，进而可以确定出梁上所能承受的许可均布荷载 $[q]$ 等。

根据梁的切应力强度条件也可进行上述三个方面的强度计算。

三、梁的初步设计举例

【例 6-16】　一矩形截面简支木梁，受均布荷载 q=2kN/m，如图 6-46（a）所示，已知 l=6m，b=140mm，h=210mm，木材的许用正应力 $[\sigma]$ =10MPa，试校核此梁的强度。

解　首先绘出梁的弯矩图（M 图），如图 6-46（b）所示，由 M 图可知，梁的最大弯矩发生在跨中截面上，其最大弯矩为

$$M_{max} = \frac{1}{8}ql^2 = \frac{1}{8}\times 2\times 6^2 = 9(\text{kN}\cdot\text{m})$$

矩形截面的抗弯截面系数为

$$W_z = \frac{1}{6}bh^2 = \frac{1}{6}\times 140\times 210^2 = 1.029\times 10^6(\text{mm}^3)$$

其最大正应力发生在最大弯矩所在的跨中截面的上、下边缘处的各点上，其值为

$$\sigma_{max} = \frac{M_{max}}{W_z} = \frac{9\times 10^6}{1.029\times 10^6}$$

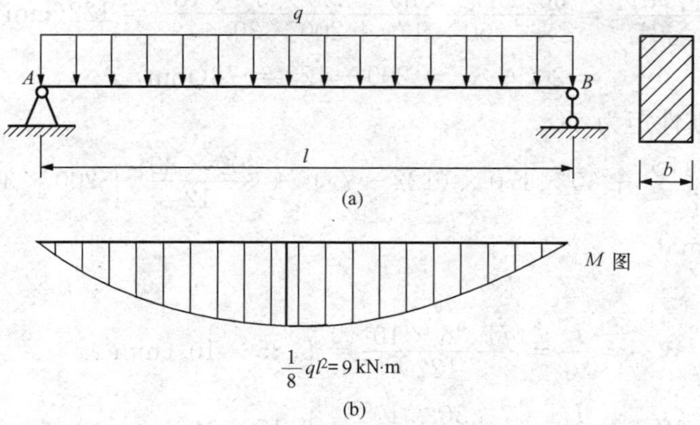

图 6-46

$$=8.75(\text{N/mm}^2)=8.75\text{MPa}<[\sigma]$$

则该简支梁满足强度要求。

思考：若将此梁平放，梁的强度有何变化？

【例 6-17】　图 6-47（a）所示为变电站中使用的钢筋混凝土简支梁，其计算简图、截面尺寸如图 6-47（b）所示。若已知材料的许用拉应力 $[\sigma_t]=33\text{MPa}$，许用压应力 $[\sigma_c]=80\text{MPa}$，试校核该梁的正应力强度。

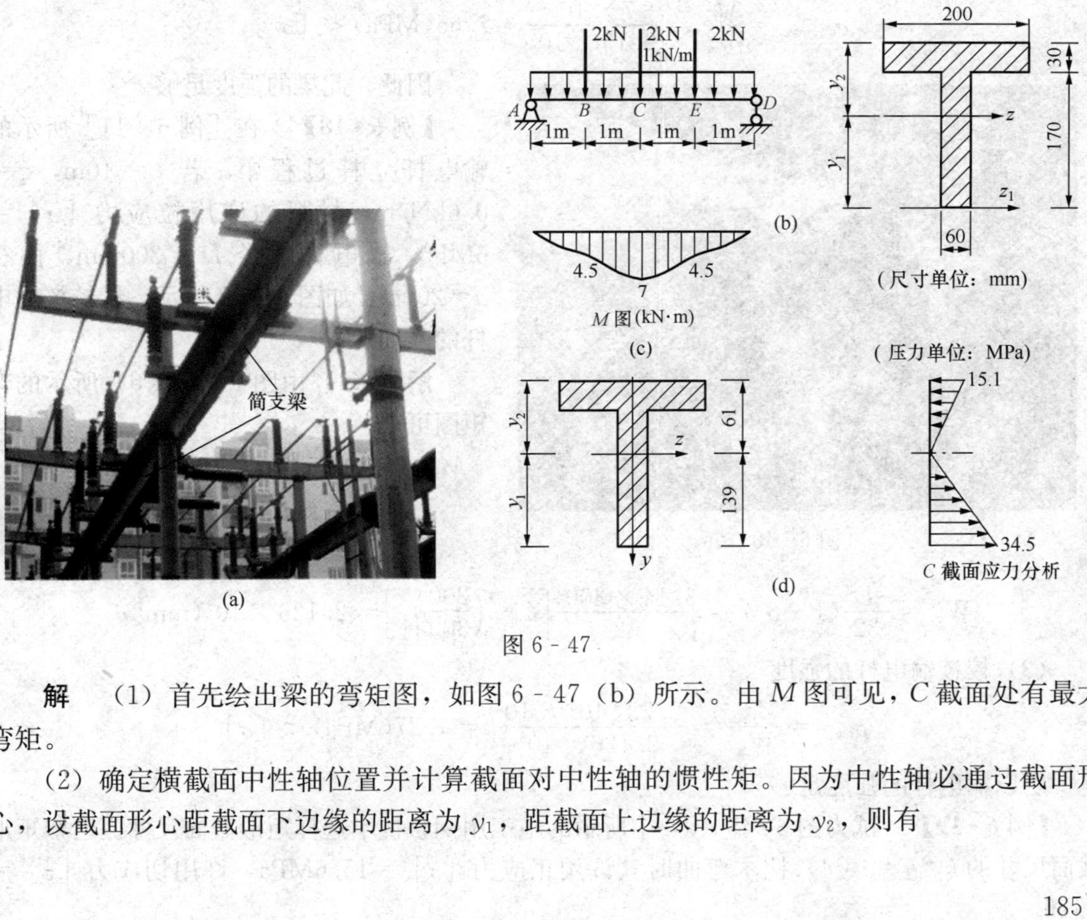

图 6-47

解　(1) 首先绘出梁的弯矩图，如图 6-47（b）所示。由 M 图可见，C 截面处有最大弯矩。

(2) 确定横截面中性轴位置并计算截面对中性轴的惯性矩。因为中性轴必通过截面形心，设截面形心距截面下边缘的距离为 y_1，距截面上边缘的距离为 y_2，则有

$$y_1=\frac{\sum A_i y_i}{\sum A_i}=\frac{60\times170\times85+200\times30\times185}{60\times170+200\times30}=122(\text{mm})$$

$$y_2=200-y_1=200-122=78(\text{mm})$$

截面对中性轴的惯性矩为

$$I_z=I_z^1+I_z^2=\frac{60\times170^3}{12}+60\times170\times(122-75)^2+\frac{200\times30^3}{12}+200\times30\times(78-15)^2$$

$$=71.36\times10^6(\text{mm}^4)$$

抗弯截面系数为

$$W_{z1}=\frac{I_z}{y_1}=\frac{71.36\times10^6}{122}=5.85\times10^5(\text{mm}^3)$$

$$W_{z2}=\frac{I_z}{y_2}=\frac{71.36\times10^6}{78}=9.15\times10^5(\text{mm}^3)$$

（3）强度校核。

由于材料的抗拉和抗压性能不同，且横截面关于中性轴不对称，所以对梁的最大拉应力和最大压应力应分别进行强度校核。

进行C截面处强度校核（最大正弯矩所在截面），由于该截面的弯矩为正值，因此，最大拉应力$\sigma_{C,\text{tmax}}$发生在截面的下边缘各点，最大压应力$\sigma_{C,\text{cmax}}$发生在截面上边缘各点，且

$$\sigma_{C,\text{tmax}}=\frac{M_C}{W_{z1}}=\frac{7\times10^6}{5.85\times10^5}=11.97(\text{MPa})<[\sigma_t]$$

$$\sigma_{C,\text{cmax}}=\frac{M_C}{W_{z2}}=\frac{7\times10^6}{9.15\times10^5}=7.65(\text{MPa})<[\sigma_c]$$

因此，此梁的强度足够。

图 6-48

【例 6-18】　在［例 6-11］所示的输电杆立杆过程中，若 $l=10\text{m}$，$q=0.6\text{kN/m}$，材料的许用拉应力 $[\sigma]=6\text{MPa}$，输电杆外径 $D=300\text{mm}$，内径 $d=200\text{m}$，如图 6-48 所示。试校核输电杆的强度。

解　（1）由图 6-29（d）所示的弯矩图可得

$$M_{\max}=0.045ql^2=0.045\times0.6\times10^2=2.7(\text{kN}\cdot\text{m})$$

（2）计算抗弯截面系数 W_z

$$W_z=\frac{\pi D^3}{32}(1-\alpha^4)=\frac{3.14\times300^3}{32}\left[1-\left(\frac{200}{300}\right)^4\right]=2.126\times10^6(\text{mm}^4)$$

（3）校核输电杆的强度

$$\sigma_{\max}=\frac{M_{\max}}{W_z}=\frac{2.7\times10^3\times10^3}{2.126\times10^6}=1.27(\text{MPa})<[\sigma]$$

所以输电杆的强度足够。

【例 6-19】　试为图 6-49（a）中所示的施工用钢轨枕木选择矩形截面尺寸。已知矩形截面尺寸的 $b:h=3:4$，枕木弯曲时其许用正应力 $[\sigma]=15.6\text{MPa}$，许用切应力 $[\tau]=$

1.7MPa，钢轨传给枕木的压力 $F=49\text{kN}$。

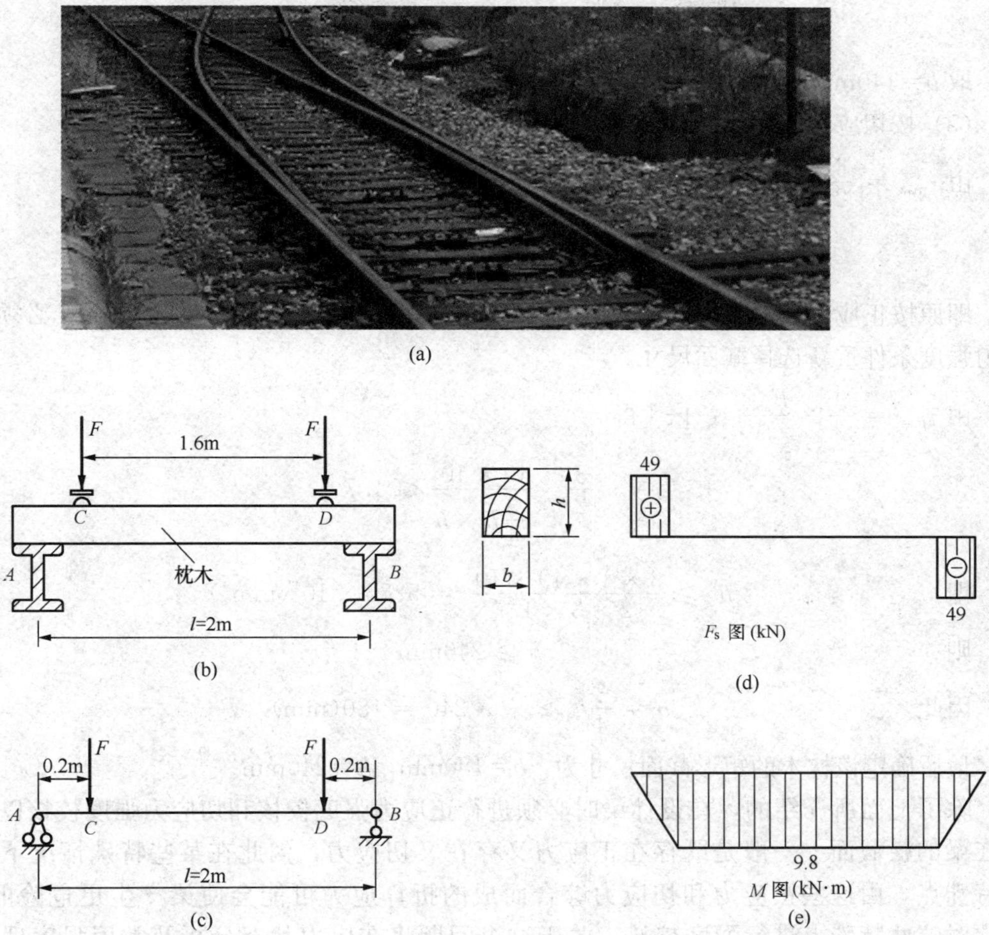

图 6 - 49

解　(1) 绘出枕木的计算简图，如图 6 - 49 (b) 所示，并作出枕木的剪力图 F_s 和弯矩图 M，分别如图 6 - 49 (d)、图 6 - 49 (e) 所示，由内力图可知，梁的最大弯矩和最大剪力分别为

$$M_{max}=49\times0.2=9.8(\text{kN}\cdot\text{m})(\text{发生在 } CD \text{ 段})$$

$$F_{smax}=F=49\text{kN}(\text{发生在 } AC \text{ 段和 } DB \text{ 段})$$

(2) 根据正应力强度条件选择截面尺寸。

由强度条件　$\sigma_{max}=\dfrac{M_{max}}{W_z}\leqslant[\sigma]$ 得

$$\sigma_{max}=\frac{9.8\times10^6}{\dfrac{\left(\dfrac{3}{4}h\right)h^2}{6}}\leqslant15.6\text{MPa}$$

因此　$$h^3\geqslant\frac{9.8\times10^6\times6\times4}{3\times15.6}=5.03\times10^6(\text{mm}^3)$$

$$h\geqslant172\text{mm}$$

取 $h=180\text{mm}$，则

$$b=\frac{3}{4}h=\frac{3}{4}\times180=135(\text{mm})$$

取 $b=140\text{mm}$。

（3）按切应力强度条件校核。

由 $\tau_{\max}=\frac{3}{2}\times\frac{F_{s\max}}{A}$ 得

$$\tau_{\max}=\frac{3}{2}\times\frac{49\times10^3}{140\times180}=2.92(\text{MPa})>[\tau]=1.7\text{MPa}$$

即原按正应力强度条件设计的截面尺寸不能够满足切应力强度条件，因此，必须根据切应力强度条件重新选择截面尺寸。

由 $\tau_{\max}=\frac{3}{2}\times\frac{F_{s\max}}{A}\leqslant[\tau]$ 得

$$\frac{3}{2}\times\frac{49\times10^3}{\frac{3}{4}h\times h}\leqslant1.7$$

即
$$h^2\geqslant\frac{3\times4\times49\times10^3}{2\times3\times1.7}=5.76\times10^4(\text{mm}^2)$$

则
$$h\geqslant240\text{mm}$$

因此
$$b=\frac{3}{4}h\geqslant\frac{3}{4}\times240=180(\text{mm})$$

最后确定该枕木的矩形截面尺寸为：$b=180\text{mm}$，$h=240\text{mm}$。

除了上面所介绍的，在设计梁时必须进行正应力强度校核和切应力强度校核以外，由于在梁的横截面上一般是既存在正应力又存在又切应力，因此在某些特殊情况下，在某些特殊点，由这些正应力和切应力综合而成的折算应力可能会使梁产生更危险的情况，必须对这些特殊点进行强度校核。关于这个问题将在应力状态分析及常用强度理论中作进一步介绍。

单元七　梁的合理设计

在前面所述的设计中，虽然考虑了梁的正应力和切应力强度，但是没有考虑梁的变形对梁正常工作的影响，同时也没有考虑如何使梁更合理地工作的问题。本单元将重点考虑这些问题。

一、弯曲梁的变形

为了保证梁的正常工作，除了满足强度方面的要求外，还要求梁必须要有足够的刚度，也就是要求梁的变形必须在允许的范围内，否则就不能保证梁正常工作。例如起重机大梁在起吊重物后弯曲变形过大，会使起重机运行时产生振动；转动机械的轴若变形过大，会使传动不平稳，造成轴承的磨损，降低使用寿命；又如房屋建筑中的楼板梁，若弯曲变形过大，会使下面的抹灰层开裂、脱落。因此，梁要正常工作，必须考虑其变形问题。

1. 梁的挠曲线方程

如图 6 - 50 所示，设悬臂梁 AB 受集中力 F 作用。在平面弯曲的情况下，梁的轴线 AB

变形后弯成一条光滑连续的平面曲线 AB_1，此曲线称为梁的挠曲线。选取图 6 - 50 所示的坐标系，则挠曲线 AB_1 的形状可表示成 x 的函数 $\omega = f(x)$，此式称为梁的挠曲线方程。

2. 梁的挠度和转角

梁的轴线 AB 弯成曲线 AB_1 后，梁的各横截面将产生两种位移：

(1) 挠度 ω。梁轴线上任一点（即横截面形心）变形后沿垂直于梁轴线方向上的线位移，称为该截面的挠度，用 ω 表示，如图 6 - 50 中 CC_1 即为 C 截面的挠度。挠度 ω 规定向上为正，向下为负。事实上，由于中性层在变形后长度不变，C 点除沿 ω 方向的位移 CC_1 外，还有沿 x 方向的线位移。但在小变形下，沿 x 方向的位移可以忽略不计。

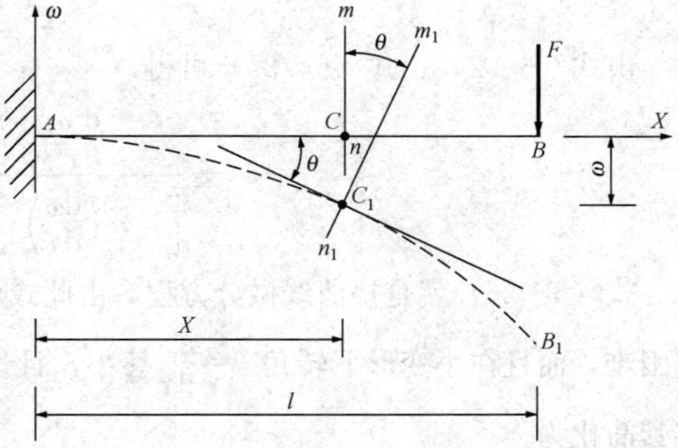

图 6 - 50

(2) 转角 θ。梁任一横截面相对其原来位置绕中性轴转动的角位移称为该截面的转角，用 θ 表示，如图 6 - 50 中 θ 即为 C 截面的转角。转角 θ 规定逆时针转向为正，顺时针转向为负。根据平面假设，梁变形前横截面垂直于轴线 AB，变形后横截面垂直于挠曲线 AB_1。因此，弯曲后梁各横截面均要转动一个角度。

(3) 挠度和转角的关系。在图 6 - 50 中，过 C_1 点作挠曲线的切线，显然该切线与 x 轴的夹角即为 C 截面的转角 θ。由微分知识可知，过挠曲线上任意点的切线与 x 轴夹角的正切就是挠曲线上该点的切线的斜率，即

$$\tan\theta = \frac{\mathrm{d}\omega}{\mathrm{d}x} = \omega'$$

由于挠曲线非常平坦（小变形），θ 角很小，故有 $\tan\theta \approx \theta$，因此有

$$\theta = \frac{\mathrm{d}\omega}{\mathrm{d}x} = \omega'$$

这表明，梁任意一横截面的转角等于挠曲线在该截面形心处的切线的斜率。因此，计算梁的挠度和转角的关键在于建立梁的挠曲线方程。

3. 梁的挠曲线近似微分方程

梁的挠曲线和梁受到的力、梁的截面形状等因素有关。因此，为了得到挠曲线方程，必须建立变形与受到的力之间的关系。

由推导纯弯曲梁的正应力公式时有

$$\frac{1}{\rho} = \frac{M}{EI_z} \tag{6 - 23}$$

式 (6 - 23) 表达了纯弯曲时梁的变形与受力之间的关系，式中的 ρ 就是梁的挠曲线的曲率半径。在横力弯曲时梁横截面上除弯矩外，还有剪切力。但对于细长梁，剪力 F_s 对变形的影响很小，可忽略不计，式 (6 - 23) 仍然成立。但这时弯矩 M 和曲率 ρ 均随截面位置坐标 x 而变化，故式 (6 - 23) 应改写成

$$\frac{1}{\rho(x)} = \frac{M(x)}{EI_z} \tag{6 - 24}$$

式（6 - 24）即为梁弯曲时挠曲线的曲率方程。

由高等数学可知，平面曲线 $\omega = f(x)$ 任意点的曲率为

$$\frac{1}{\rho(x)} = \pm \frac{\frac{d^2\omega}{dx^2}}{\left[1+\left(\frac{d\omega}{dx}\right)^2\right]^{\frac{3}{2}}} \tag{6 - 25}$$

由式（6 - 24）、式（6 - 25）可得

$$\pm \frac{\frac{d^2\omega}{dx^2}}{\left[1+\left(\frac{d\omega}{dx}\right)^2\right]^{\frac{3}{2}}} = \frac{M(x)}{EI_z} \tag{6 - 26}$$

式（6 - 26）就是挠曲线微分方程，由此式可求得梁的挠曲线方程。但因式（6 - 26）求解困难，而且在小变形下转角 $\theta=\frac{d\omega}{dx}$ 甚小，且远小于 1，故可将该式分母中的 $\left(\frac{d\omega}{dx}\right)^2$ 略去，将其简化为

$$\pm \frac{d^2\omega}{dx^2} = \frac{M(x)}{EI_z} \tag{6 - 27}$$

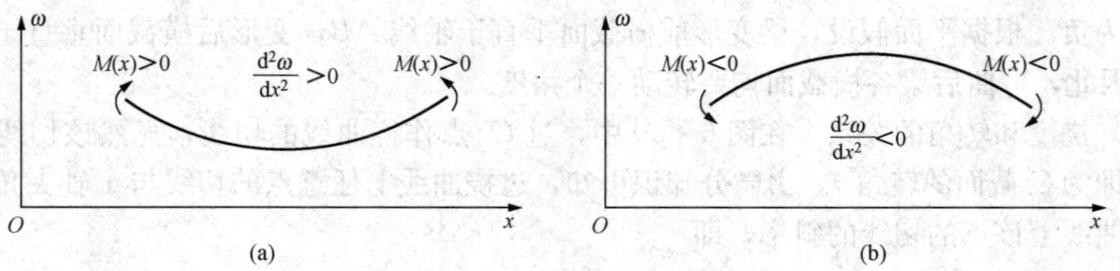

图 6 - 51

至于式（6 - 27）左边的正负号，可由坐标系的选择和弯矩的正符号规定来确定。在选定坐标 ω 向上为正，以及“下凸弯曲正弯矩，上凸弯曲负弯矩”，如图 6 - 51（a）、图 6 - 51（b)的符号规定下，$\left(\frac{d\omega}{dx}\right)^2$ 与 $M(x)$ 的正负号始终一致。因此，式（6 - 27）两边应取相同的符号，因此有

$$\frac{d^2\omega}{dx^2} = \frac{M(x)}{EI_z} \quad \text{或} \quad \omega'' = \frac{M(x)}{EI_z} \tag{6 - 28}$$

式（6 - 28）称为梁的挠曲线近似微分方程。结合边界条件（约束条件）和变形连续光滑条件解此近似微分方程，即可得出梁的转角方程和挠曲线方程，从而求得梁的挠度和转角。

4. 梁在简单荷载作用下的变形计算

对于等截面直梁，其抗弯刚度 EI_z 为常量，梁的挠曲线微分方程即式（6 - 28）可改写成

$$\theta = \omega' = \frac{1}{EI_z}\int M(x)dx + C$$

$$\omega = \frac{1}{EI_z}\int\left[\int M(x)dx\right]dx + Cx + D$$

在选定的坐标系中，如果求出了梁的弯矩方程 $M(x)$，并知道梁的边界条件和连续光滑条件，进而可以用二次积分法确定梁的转角方程和挠度方程，从而便可以确定梁任意截面的转角和挠度，这就是用积分法求梁的变形的方法。下面举例说明其过程和方法，其余从略，只把用积分法求出的梁在常见荷载作用下的变形结果列在附录 C 中，使用时可直接查寻。

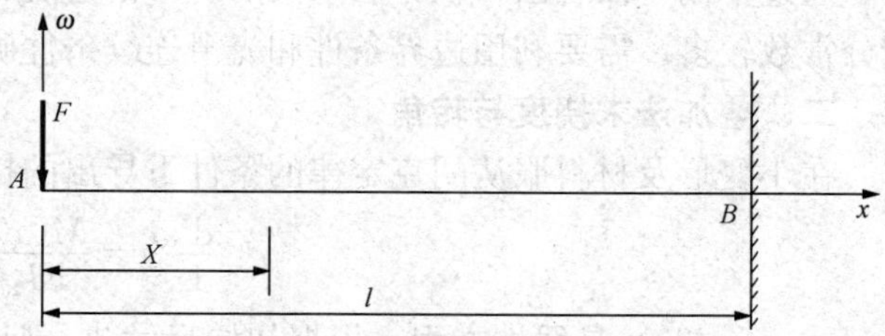

图 6 - 52

【例 6 - 20】　试求图 6 - 52 所示的悬臂梁 A 点的挠度 ω_A 和转角 θ_A。

解　（1）弯矩方程为

$$M(x)=-Fx$$

（2）列挠曲线的近似微分方程。

由 $\omega''=\dfrac{M(x)}{EI_z}$ 得

$$\omega''=\frac{-Fx}{EI_z}$$

（3）列积分求挠曲线方程。

$$\theta=\omega'=\int\frac{-Fx}{EI_z}\mathrm{d}x+C=-\frac{Fx^2}{2EI_z}+C \tag{1}$$

$$\omega=\int\left(-\frac{Fx^2}{2EI_z}+C\right)\mathrm{d}x+D=-\frac{Fx^3}{6EI_z}+Cx+D \tag{2}$$

（4）由边界条件（约束条件）确定积分常数 C、D。

边界条件为：$x=l$ 处，$\omega_B=0$，$\theta_B=0$。

将上述边界条件分别代入式（1）、式（2）得

$$\theta_B=-\frac{Fl^2}{2EI_z}+C=0$$

$$\omega_B=-\frac{Fl^3}{6EI_z}+Cl+D=0$$

由此解得

$$C=\frac{Fl^2}{2EI_z}$$

$$D=\frac{Fl^3}{6EI_z}-\frac{Fl^2}{2EI_z}l=-\frac{Fl^3}{3EI_z}$$

所以转角方程和挠曲线方程为

$$\theta=-\frac{Fx^2}{2EI_z}+\frac{Fl^2}{2EI_z}$$

$$\omega=-\frac{Fx^3}{6EI_z}+\frac{Fl^2}{2EI_z}x-\frac{Fl^3}{3EI_z}$$

（5）求 A 点的挠度 ω_A 和转角 θ_A。

A 点即 $x=0$ 处，将 $x=0$ 代入上面的转角方程和挠曲线方程得

$$\theta_A=\frac{Fl^2}{2EI_z}\text{（逆时针）}$$

$$\omega_A = -\frac{Fl^3}{3EI_z}(\downarrow)$$

通过本例可以看出，积分法求梁的变形的过程是比较烦琐的，特别是梁段较多的时候，积分常数较多，需要利用边界条件和光滑连续条件确定这些积分常数，计算更为烦琐。

二、叠加法求挠度与转角

在小变形及材料服从胡克定律的条件下导出的挠曲线近似微分方程式为

$$\frac{d^2\omega}{dx^2} = \frac{M(x)}{EI_z} \tag{6-29}$$

式（6-29）是线性方程。根据初始尺寸进行计算，弯矩 $M(x)$ 与外力之间也呈线性关系。因此，挠度 ω 及转角 θ 与外力之间亦存在线性关系。当梁上同时作用有多个荷载时，这些荷载共同作用引起的变形，等于各荷载单独作用所引起变形的叠加，这就是梁变形的叠加原理。根据叠加原理，为求多个荷载同时作用下所引起的挠度及转角，可先计算各荷载单独作用时产生的挠度及转角，然后进行叠加。

在工程中，为了计算复杂荷载下梁的挠度和转角，可先利用叠加法直接使用附录C中的结果，这就大大加快了计算进度。

下面举例，说明用叠加法计算梁的变形的过程。

【例6-21】 如图6-52（a）所示的简支梁承受均布力 q 和集中力 F 作用，试用叠加法求其跨中挠度 ω_C 和两支座处截面的转角 θ_A 和 θ_B。设该梁截面抗弯刚度 EI 为常数。

解 梁的荷载可分解为图6-52（b）、图6-52（c）所示两种单一荷载作用的叠加，则按叠加原理有

$$\theta_A = \theta_{Aq} + \theta_{AF}$$
$$\theta_B = \theta_{Bq} + \theta_{BF}$$
$$\omega_C = \omega_{Cq} + \omega_{CF}$$

其中：θ_{Aq} 表示分布荷载 q 单独作用时在 A 截面处所产生的转角；θ_{AF} 表示集中荷载 F 单独作用时在 A 截面处所产生的转角。其他位移量右下方双足标含义与上相仿。

查附录C得

$$\theta_{Aq} = -\frac{ql^3}{24EI} \quad \theta_{Bq} = \frac{ql^3}{24EI} \quad \omega_{Cq} = -\frac{5ql^4}{384EI}$$
$$\theta_{AF} = -\frac{Fl^2}{16EI} \quad \theta_{BF} = \frac{Fl^2}{16EI} \quad \omega_{CF} = -\frac{Fl^3}{48EI}$$

则两种荷载共同作用下有

$$\theta_A = -\frac{ql^3}{24EI} - \frac{Fl^2}{16EI} = -\frac{ql^3}{24EI} - \frac{ql^3}{16EI} = -\frac{5ql^3}{48EI}$$

$$\theta_B = -\theta_A = \frac{5ql^3}{48EI}$$

$$\omega_C = -\frac{5ql^4}{384EI} + \left(-\frac{Fl^3}{48EI}\right) = -\frac{5ql^4}{384EI} - \frac{ql^4}{48EI} = -\frac{13ql^4}{384EI}(\downarrow)$$

【例6-22】 应用叠加法计算图6-53所示悬臂梁 C 截面的挠度 ω_C 和转角 θ_C。设 EI 为常数已知。

解 图6-53（a）所示的悬臂梁，可分解为图6-53（b）和图6-53（c）两种情况的叠加，显然

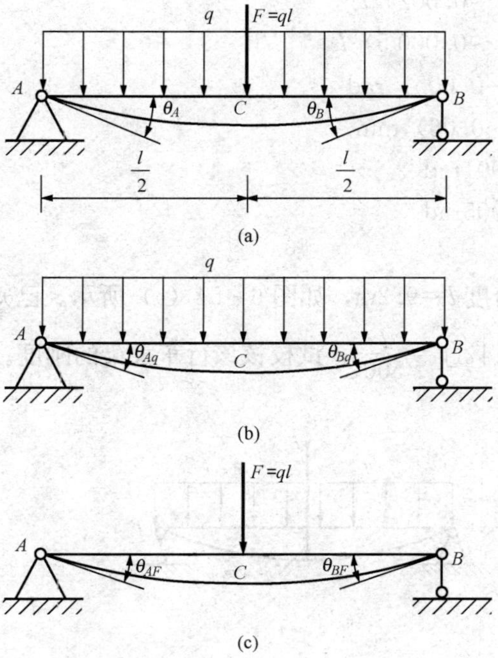

图 6-52

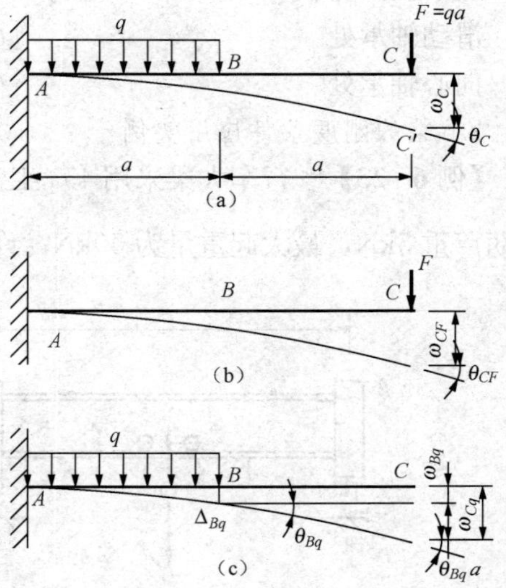

图 6-53

$$\omega_C = \omega_{CF} + \omega_{Cq} = \omega_{CF} + \omega_{Bq} + \theta_{Bq}a \qquad (1)$$

$$\theta_C = \theta_{CF} + \theta_{Cq} = \theta_{CF} + \theta_{Bq} \qquad (2)$$

从附录C查得

$$\theta_{CF} = -\frac{qa(2a)^2}{2EI} = -\frac{2qa^3}{EI}, \omega_{CF} = -\frac{qa(2a)^3}{3EI} = -\frac{8qa^4}{3EI}$$

$$\theta_{Bq} = -\frac{qa^3}{6EI}, \omega_{Bq} = -\frac{qa^4}{8EI}$$

代入式（1）、式（2）可得C截面挠度和转角为

$$\omega_C = -\frac{8qa^4}{3EI} - \frac{qa^4}{8EI} - \frac{qa^3}{6EI}a = -\frac{71qa^4}{24EI}(\downarrow)$$

$$\theta_C = \theta_{Cp} + \theta_{Bq} = -\frac{2qa^3}{EI} - \frac{qa^3}{6EI} = -\frac{13qa^3}{6EI}$$

输电杆在风载和导线拉力作用下的变形计算与本例相似。

三、梁的刚度条件及其应用

根据梁的强度条件设计了梁的截面以后，常需进一步按梁的刚度条件检查梁的变形是否在允许的范围以内，以便保证梁的正常工作。

1. 梁的刚度条件

控制梁的过度变形，主要是控制梁的最大挠度 $\omega_{\max}$ 和最大转角 $\theta_{\max}$ 在规定的范围内。梁的刚度条件为

$$\left.\begin{array}{l}\theta_{\max} \leqslant [\theta] \\ \omega_{\max} \leqslant [\omega]\end{array}\right\}$$

式中：$[\theta]$ 为许用转角，$[\omega]$ 为许用挠度，它们的数值应根据构件的工程用途，从有关设计规范中查取。如在机械工程中，对轴的许用转角和许用挠度有如下规定：

起重机大梁　$[\omega]=(0.001\sim0.002)\ l$

普通机床主轴　$[\omega]=(0.0001\sim0.0005)\ l$

$[\theta]=(0.001\sim0.005)$ rad

发动机凸轮轴　$[\omega]=(0.05\sim0.06)$ mm

滑动轴承处　$[\theta]=0.001$rad

向心轴承处　$[\theta]=0.005$rad

2. 梁的刚度条件应用实例

【例 6-23】 行车大梁采用 45a 工字钢，跨度 $l=9.2$m，如图 6-54（a）所示。已知电动葫芦重 5kN，最大起重量为 50kN，许用挠度 $[\omega]=\dfrac{l}{500}$，试校核该行车大梁的刚度。

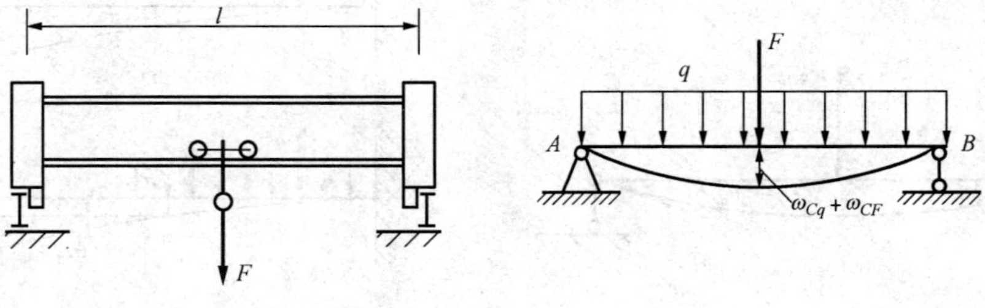

图 6-54

解 将行车大梁简化为图 6-54（b）所示的简支梁。梁的自重为均布荷载 q，起重量和电动葫芦自重为集中力 F。当电动葫芦处于梁中点时，梁的变形最大。

（1）利用叠加法求变形。查表 B-3 中的型钢表得

$$q=80.4\text{kg/m}\times9.8\text{m/s}^2=788\text{N/m}$$

$$I_z=32\,240\text{cm}^4$$

又 $E=200$GPa，$F=50+5=55$（kN），查梁的变形计算表（见附录 C）得

$$\omega_{CF}=-\frac{Fl^3}{48EI_z}=-\frac{55\times10^3\times9.2^3}{48\times200\times10^9\times32\,240\times10^{-8}}=-1.38\times10^{-2}(\text{m})$$

$$\omega_{Cq}=-\frac{5ql^4}{348EI_z}=-\frac{5\times788\times9.2^4}{384\times200\times10^9\times32\,240\times10^{-8}}=-1.14\times10^{-3}(\text{m})$$

$$\omega_{C\max}=\omega_{CF}+\omega_{Cq}=-1.38\times10^{-2}-1.14\times10^{-3}=-1.49\times10^{-2}(\text{m})(\downarrow)$$

（2）校核刚度。梁的许用挠度为

$$[\omega]=\frac{l}{500}=\frac{9.2}{500}=1.84\times10^{-2}(\text{m})$$

$$\omega_{C\max}=1.49\times10^{-2}\text{m}<[\omega]=1.84\times10^{-2}\text{m}$$

故梁符合刚度要求。

四、梁的合理设计

要使梁的设计合理，不仅要使梁满足强度、刚度要求，还要使梁的设计最经济，即从力学的角度考虑要使梁的用料最少，或者说，用相等的材料使梁的安全性越高。当然，实际工程中还要综合考虑很多因素。

1. 采用合理的截面形状

例如采用工字形、箱形及圆环截面等截面，可提高惯性矩 I，从而提高梁的刚度；与此

同时，W_z 与截面面积 A 的比值 $\frac{W_z}{A}$ 也越大，提高了梁的强度。又如矩形截面竖放比平放更合理，如图 6－55 所示。

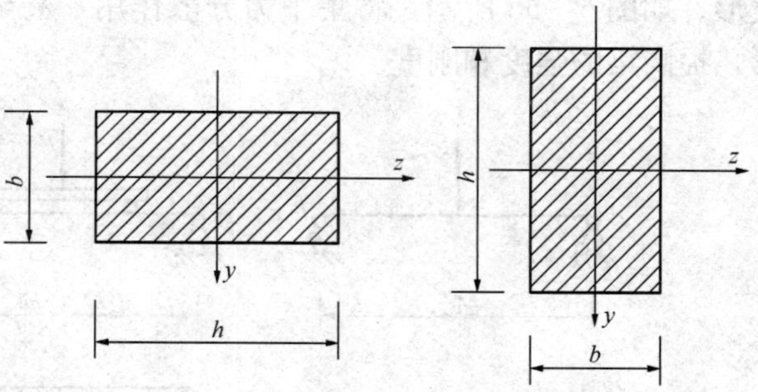

图 6－55

2. 减小梁的跨度

梁的变形与其跨度的 n 次幂成正比。设法减小梁的跨度，将会有效地减小梁的变形。如均布荷载作用下的简支梁，在跨中的最大挠度为 $\omega=\frac{5ql^4}{384EI}$，如图 6－56 (a)所示，若在跨中增加一支座，如图 6－56（b）所示，则梁的最大挠度约为原梁的 $\frac{1}{38}$（这种情况下的变形计算已经是超静定问题了，这里只是用来作比较），即 $\omega_1=\frac{1}{38}\omega$。

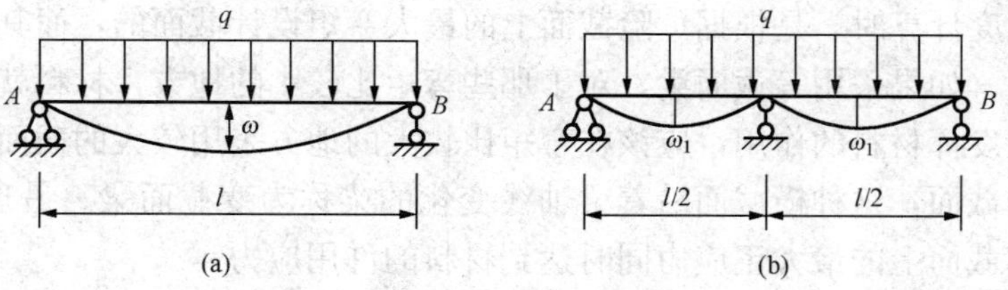

图 6－56

如果条件许可，可以将简支梁的支座向中间适当移动，将简支梁变成外伸梁，如图 6－57（a）、图 6－57（b）所示。这样一方面减小了梁的跨度，从而减小跨中最大挠度；另一方面在梁外伸部分的荷载作用下，使梁跨中产生向上的挠度，如图 6－57（c）所示，从而使梁中段在荷载作用下产生的向下的挠度被抵消一部分，减小了跨中的最大挠度值，如图 6－57 (d)所示。

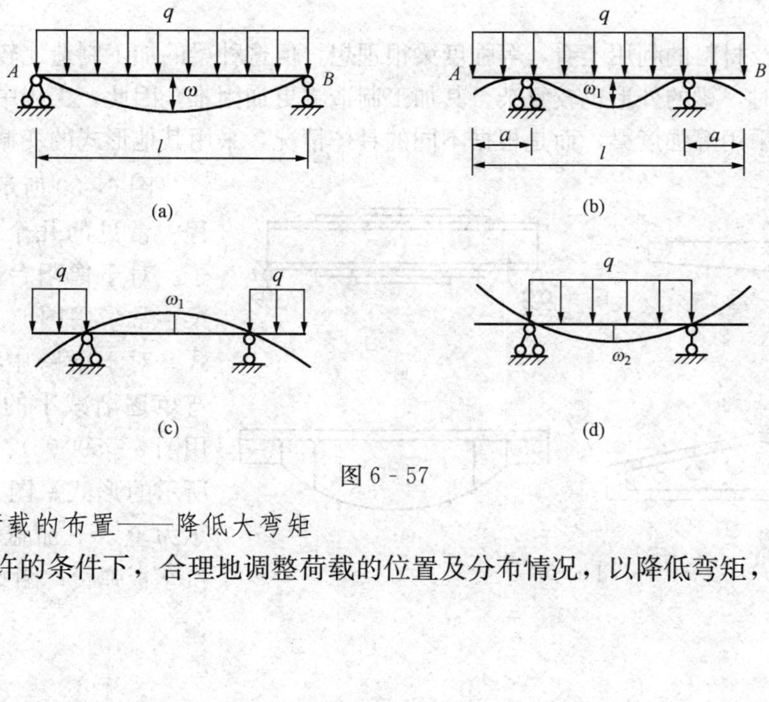

图 6－57

3. 改善荷载的布置——降低大弯矩

在结构允许的条件下，合理地调整荷载的位置及分布情况，以降低弯矩，从而减少梁的变形。如图 6-58 所示，将集中力分散作用，甚至改为分布荷载，就能降低弯矩，减小变形，提高梁的强度和刚度。

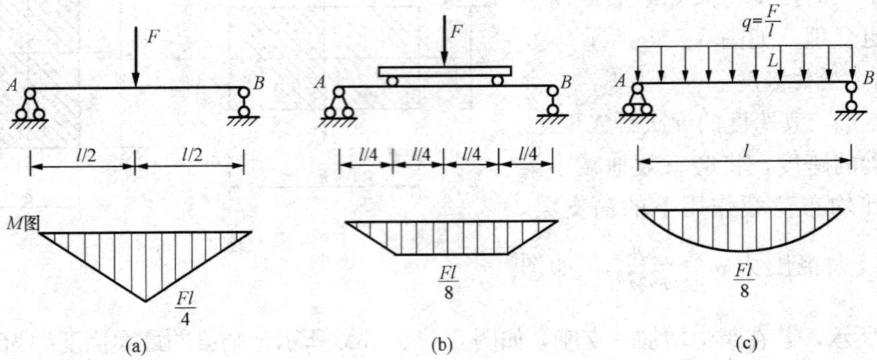

图 6-58

4. 采用变截面梁

进行梁的强度计算时，是根据危险截面上的最大弯矩设计截面的，而其他截面上的弯矩都小于最大弯矩，如果采用等截面梁，对于那些弯矩比较小的地方，材料就没有充分发挥作用，要想更好地发挥材料的作用，应该在弯矩比较大的地方采用较大的截面，在弯矩较小的地方采用较小的截面，这种横截面沿着梁轴线变化的梁称为变截面梁。最理想的变截面梁，是使梁内各个横截面上的最大正应力同时达到材料的许用应力。

由

$$\sigma_{\max} = \frac{M(x)}{W_z(x)} = [\sigma]$$

得

$$W_z(x) = \frac{M(x)}{[\sigma]} \qquad (6-30)$$

式中 $M(x)$ ——梁内任一截面上的弯矩；

$W(x)$ ——该截面的抗弯截面系数。

这样，各个截面的大小将随截面上的弯矩而变化。按式（6-30）设计出的变截面梁称为等强度梁。

从强度以及材料的利用上看，等强度梁很理想，但这种梁的加工制造比较困难，当梁上荷载比较复杂时，梁的外形也较复杂，其加工制造将更加困难。因此，工程中，特别是建筑工程中，很少采用等强度梁，而是根据不同的具体情况，采用其他形式的变截面梁。

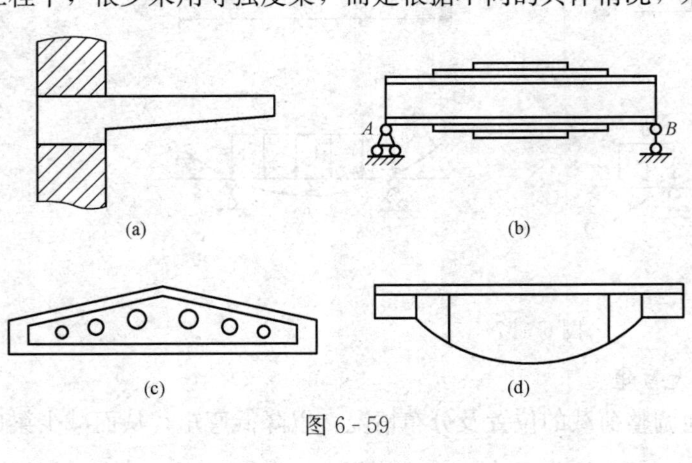

图 6-59

图 6-59 所示的梁是土木工程中常见的几个变截面梁的例子。对于像阳台或雨篷的悬臂梁，常采用图 6-59（a）的形式。对于梁跨中弯矩大、两边弯矩逐渐减小的简支梁，常采用图 6-59（c）、图 6-59（d）所示的形式。图 6-59（b）所示为上、下加盖板的钢梁，如汽车板弹簧；图 6-59（c）所示

为屋盖上的薄腹梁，中间截面较高而两端截面则较低，中间有预留孔洞以减轻梁的重量。一般情况下，考虑到便于布置，梁的宽度 b 可以保持不变，仅变化截面高度 h 即可。

5. 合理利用材料

例如，工程中常用的钢筋混凝土构件，常在受拉区域加入钢筋，以承担构件弯曲时所产生的拉应力，因为混凝土的抗拉能力低，所以在受拉区（例如梁的下边缘）加入抗拉能力强的钢筋以充分发挥钢筋分抗拉作用，如图 6-60 所示。由于混凝土的抗压能力强，所以受压区的压应力仍然由混凝土来担当。因此，钢筋混凝土构件在合理使用材料方面是最优越的。

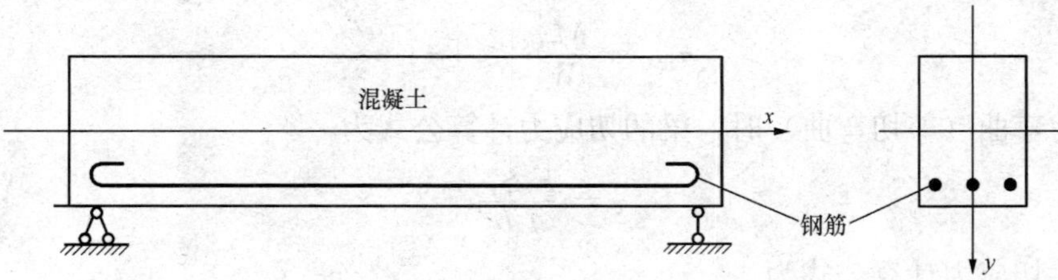

图 6-60

小　　结

一、本项目主要知识点

(1) 平面弯曲的概念及特点，纯弯曲的特点。

(2) 弯曲梁的内力（即剪力和弯矩）的计算。

(3) 梁的剪力图和弯矩图的绘制。

(4) 梁的正应力计算，正应力强度条件及正应力强度计算。

(5) 梁的切应力计算，切应力强度条件及简单计算。

(6) 梁的变形的概念及变形计算。

二、项目重点内容和主要公式

(1) 剪力和弯矩的计算。

1) 梁任一横截面上的剪力 F_s 的大小，等于该截面左边（或右边）梁段上所有横向外力的代数和，其中外力绕截面形心呈顺时针转动时，产生正剪力，反之产生负剪力。可用下式表示

$$F_s = \sum F_{左} = \sum F_{右}$$

2) 梁任一横截面上的弯矩 M 的大小，等于该截面左边（或右边）梁段上所有外力对该截面形心之矩的代数和。其中外力对梁截面形心 O 之矩同样使梁段上部受压、下部受拉时，产生正弯矩，反之产生负弯矩。可用下式表示

$$M = \sum M_O(F_{左}) = \sum M_O(F_{右})$$

(2) 剪力图和弯矩图的绘制。

1) 根据剪力方程和弯矩方程绘图。

2) 依据内力规律，用控制截面法绘图。

3) 应用剪力图和弯矩图的特征和规律绘图。

4) 用叠加法作图。

(3) 平面弯曲梁横截面上正应力的计算公式为

$$\sigma = \frac{My}{I_z}$$

(4) 梁的最大正应力发生在弯矩绝对值最大的横截面上且离中性轴最远的边缘处，计算公式为

$$\sigma_{\max} = \frac{M_{\max} y_{\max}}{I_z} = \frac{M_{\max}}{W_z}$$

(5) 梁的正应力强度条件为

$$\sigma_{\max} = \frac{M_{\max}}{W_z} \leqslant [\sigma]$$

(6) 横力弯曲（剪切弯曲）时，梁的切应力计算公式为

$$\tau = \frac{F_s S_z^*}{I_z b}$$

梁的最大切应力计算公式为

$$\tau_{\max} = \frac{F_s S_{z\max}^*}{I_z b}$$

矩形截面梁最大切应力计算公式为

$$\tau_{\max} = \frac{3}{2}\frac{F_s}{A}$$

圆形截面梁最大切应力计算公式为

$$\tau_{\max} = \frac{4}{3}\frac{F_s}{A}$$

(7) 梁的切应力强度条件为

$$\tau_{\max} \leqslant [\tau]$$

思　考　题

6-1　什么叫弯曲变形？平面弯曲有什么特点？什么叫纯弯曲？

6-2　一般情况下，弯曲梁的内力有哪些？其正、负分别如何确定？

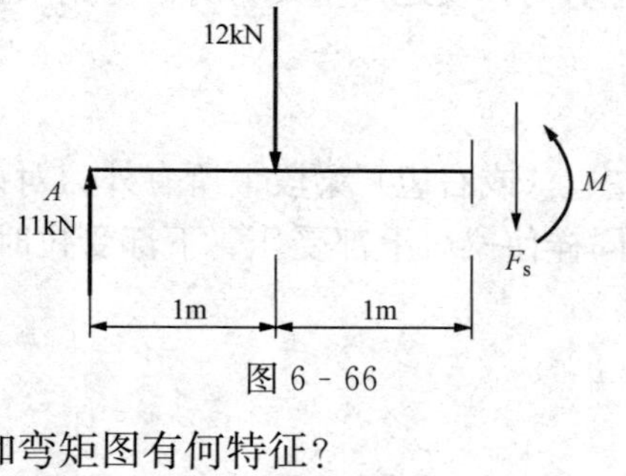

图 6-66

6-3　某梁段的受力图如图 6-66 所示，截面上的剪力和弯矩的方向是假定的，请回答下列问题：

(1) 图中假设的剪力、弯矩是正还是负？

(2) 由该梁段的平衡方程求得 $F_s=-1\text{kN}$，$M=+10\text{kN}\cdot\text{m}$，梁段在该截面上 F_s、M 的实际方向和转向应该怎样？

6-4　发生弯曲变形的梁，对于无载段，其剪力图和弯矩图有何特征？

6-5　发生弯曲变形的梁，对于均载段，其剪力图和弯矩图有何特征？

6-6　在集中力、集中力偶作用处剪力图和弯矩图有何特征？

6-7　如何确定均载段杆的弯矩的极值？弯矩图上的极值是否就是梁内的最大弯矩？

6-8　什么叫中性层？什么叫中性轴？如何确定中性轴的位置？

6-9　梁发生平面弯曲时，横截面上的正应力是怎样分布的？

6-10　考虑梁的正应力，如何确定梁的危险截面？何谓梁的危险点？

6-11　合理选择梁截面的原则是什么？

6-12　对图6-67所示的受弯构件的截面，假设高度 h 都相同，为什么工字形截面梁比矩形截面梁合理？而矩形截面梁又比圆形截面梁合理？圆环截面的情况又如何（α＝内径/外径）？

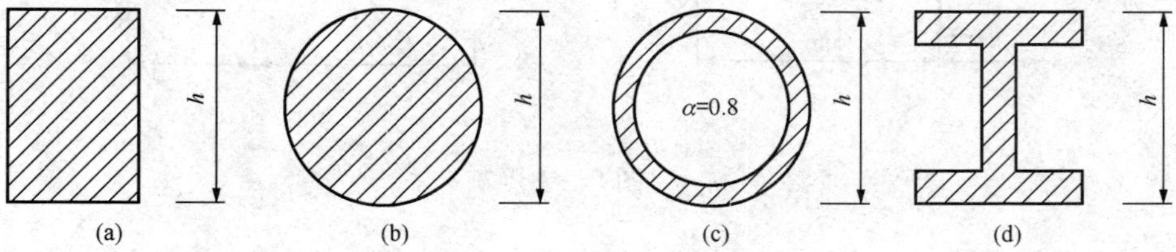

图6-67

6-13　材料的抗拉与抗压性能相同时，应如何选择梁的截面形状？若材料的抗拉与抗压能力不同，又应该如何选择梁的截面形状？

6-14　降低梁的最大弯矩，有哪些工程措施？

项　目　练　习

6-1　求图6-68所示各梁指定截面上的剪力和弯矩。

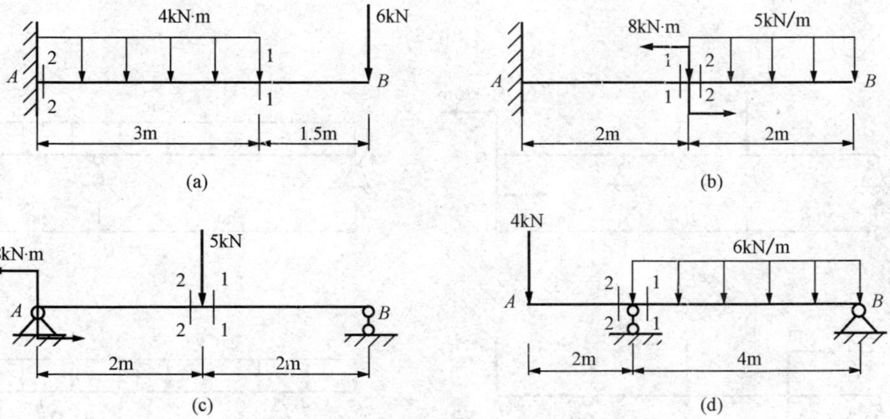

图6-68

6-2　试作图6-69所示悬臂梁的剪力图和弯矩图。

6-3　试作图6-70所示简支梁的剪力图和弯矩图。

6-4　试作图6-71所示外伸梁的剪力图和弯矩图。

6-5　试用叠加法绘制图6-72所示各梁的剪力图和弯矩图。

6-6　图6-73所示为一简支梁，试求其截面 C 上 a、b、c、d 四点的正应力的大小，并说明是拉应力还是压应力。

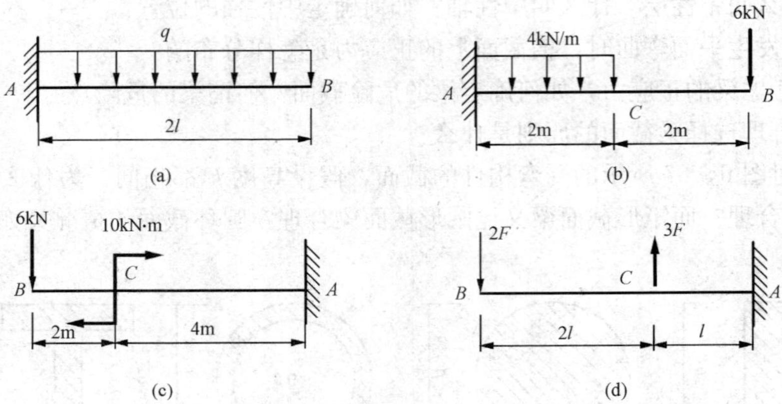

图 6 - 69

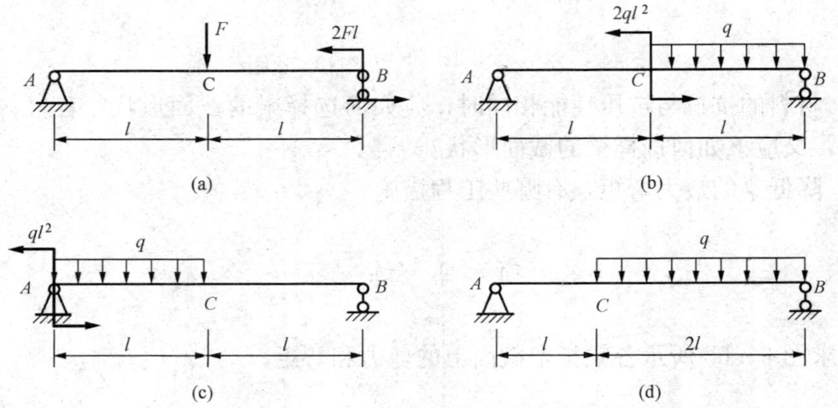

图 6 - 70

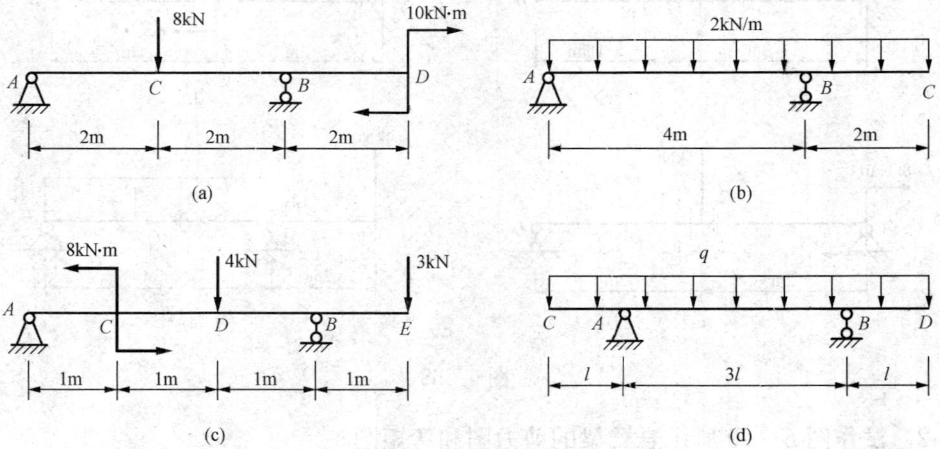

图 6 - 71

6 - 7　试求图 6 - 74 所示各梁的最大正应力及其所在的位置。

6 - 8　简支梁受力和尺寸如图 6 - 75 所示，材料的许用应力 $[\sigma]$ =160MPa。试按正应力强度条件设计三种形状截面尺寸：①圆形截面直径 d；② $h/b=2$ 矩形截面的 b、h；③工

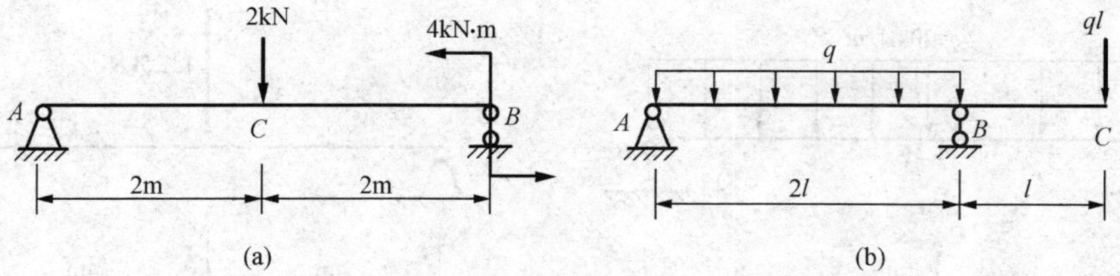

图 6 - 72

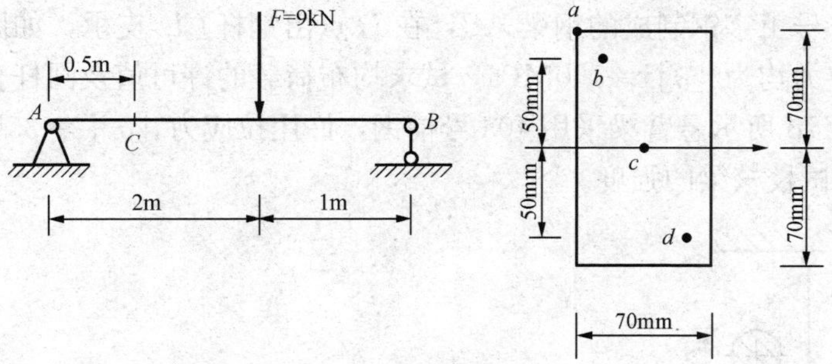

图 6 - 73

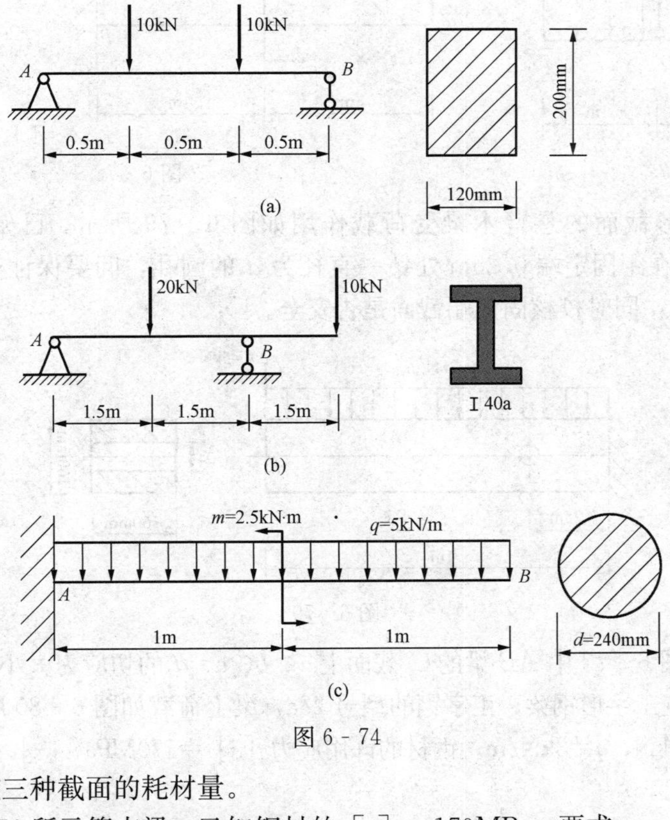

图 6 - 74

字形截面。并比较三种截面的耗材量。

6 - 9　图 6 - 76 所示简支梁，已知钢材的 $[\sigma]=170\text{MPa}$，要求：

（1）选择 $h/b=1.5$ 的矩形截面；

（2）选择工字钢的型号；

（3）比较两种截面耗用钢材的情况。

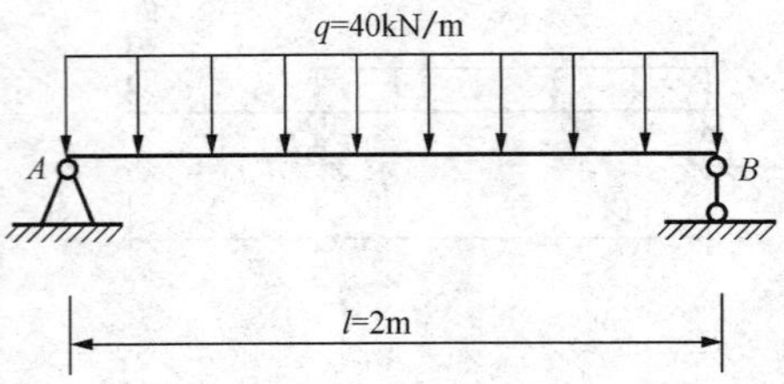

图 6-75

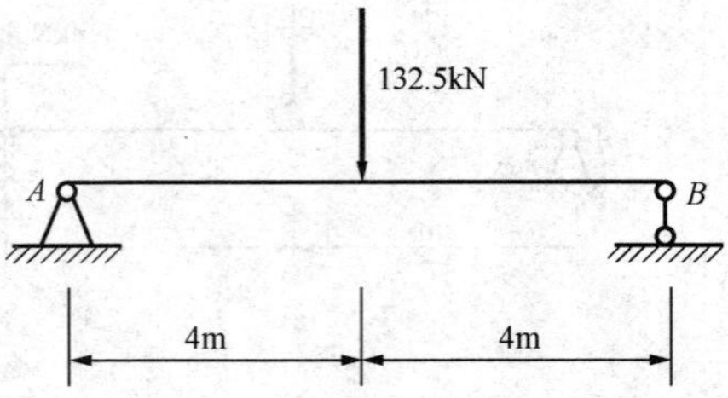

图 6-76

6-10　由 10 号工字钢制成的钢梁 AB，在 D 点由钢杆 CD 支承，如图 6-77 所示。已知梁和杆的许用应力均为 $[\sigma]=160\text{MPa}$，试求均布荷载的许可值及圆杆直径 d。

6-11　图 6-78 所示悬臂梁采用 40a 号槽钢，许用拉应力 $[\sigma_t]=35\text{MPa}$，许用压应力 $[\sigma_c]=120\text{MPa}$。试校核梁的强度。

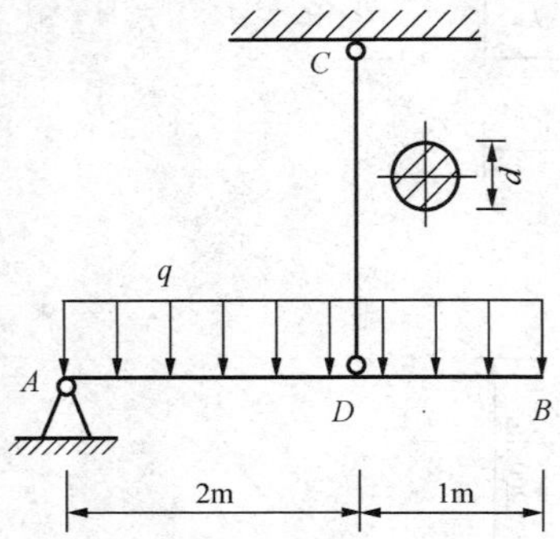

图 6-77

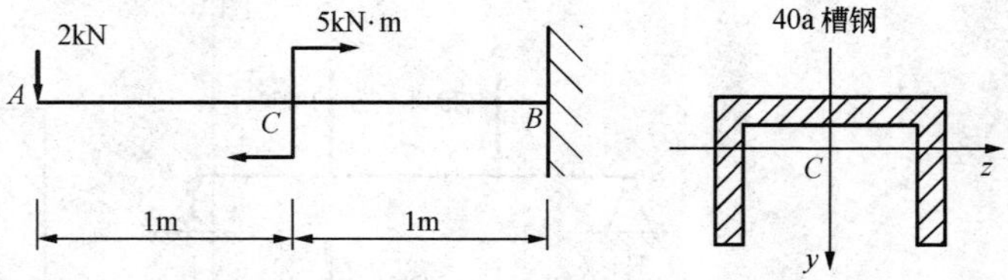

图 6-78

项目6

6-12　一方形截面的悬臂木梁受荷载作用如图 6-79 所示。已知木材的许用应力 $[\sigma]=10\text{MPa}$。如在距固定端 0.25m 处钻一直径为 d 的圆孔，问要保证梁的强度，孔的直径 d 最大可达多少，同时校核固定端截面是否安全。

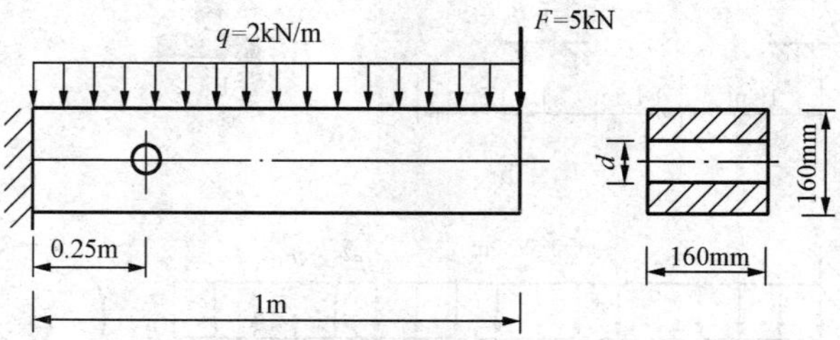

图 6-79

6-13　试求图 6-73 中 AB 梁的 C 截面上 a、b、c、d 的切应力大小和方向。

6-14　一简支工字形钢梁，工字钢的型号 28a，梁上荷载如图 6-80 所示，已知 $l=6\text{m}$，$F_1=60\text{kN}$，$F_2=40\text{kN}$，$q=8\text{kN/m}$。钢材的许用应力 $[\sigma]=170\text{MPa}$，$[\tau]=100\text{MPa}$，试校核梁的强度。

6-15　一矩形截面木梁，其截面尺寸及荷载如图 6-81 所示。已知 $q=1.5\text{kN/m}$，$[\sigma]=10\text{MPa}$，$[\tau]=2\text{MPa}$，试校核该梁的正应力强度和切应力强度。

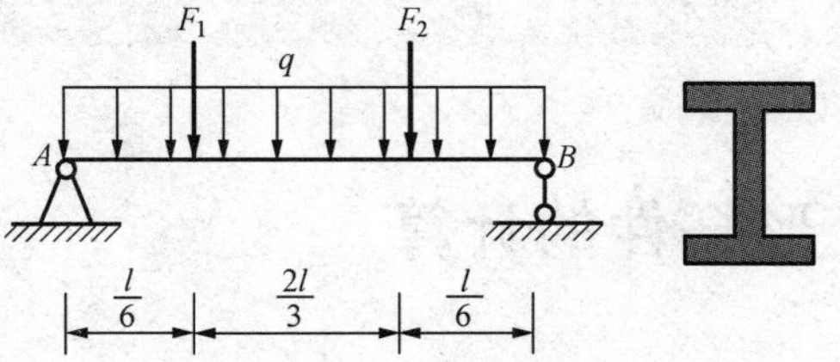

图 6 - 80

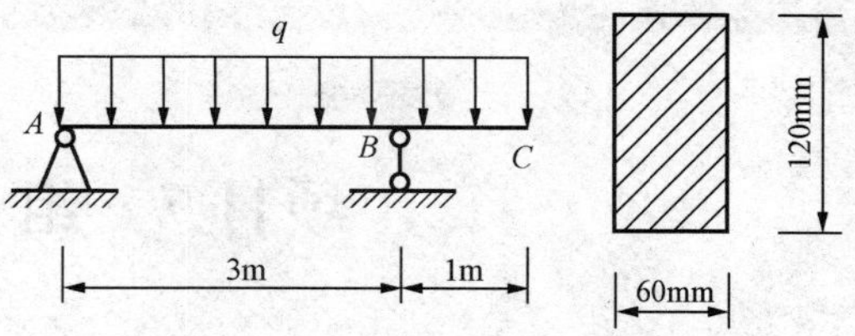

图 6 - 81

6 - 16　图 6 - 82 所示为某施工支架上钢梁的计算简图。如果钢梁由两个槽钢所组成，材料为 Q235 号钢。其许用应力 [σ] =170MPa，[τ] =100MPa，问在不计梁的自重时应该选用多大的槽钢?

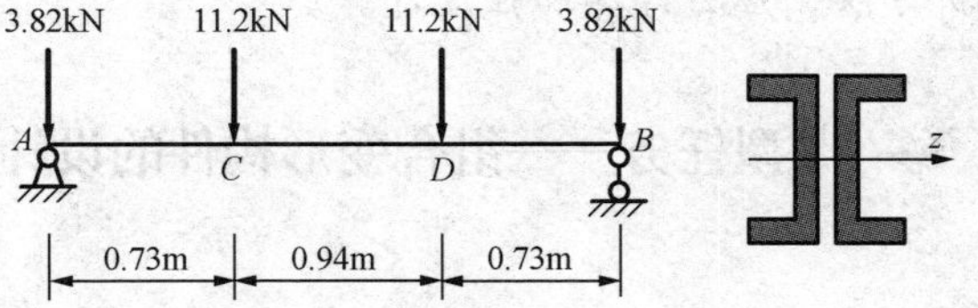

图 6 - 82

6 - 17　试用叠加法求图 6 - 83 所示各梁中指定截面的挠度和转角，设各梁中的抗弯刚度 EI_z 为常量。

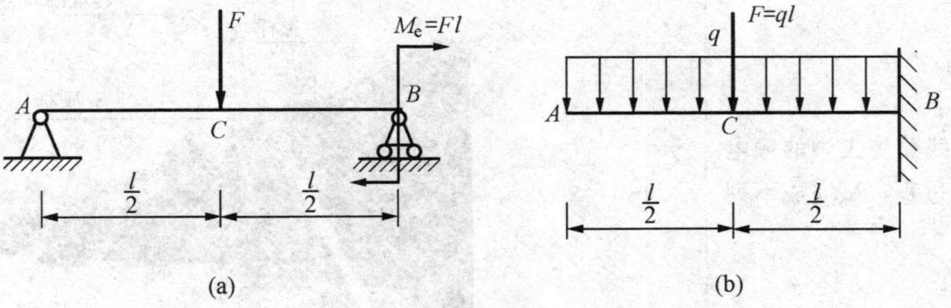

图 6 - 83

6 - 18　图 6 - 84 为简化后的电机轴的受载情况（只考虑了弯曲的情形）。已知轴材料的 E=200GPa，直径 d=130mm，定子与转子间的空隙（即轴的许用挠度）[ω] =0.35mm，试校核该轴的刚度。

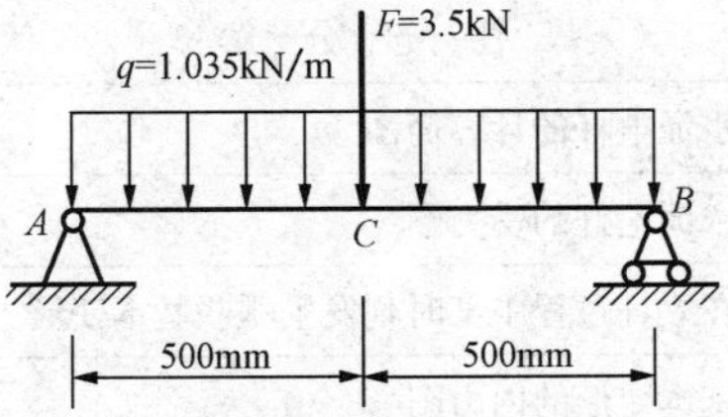

图 6 - 84

项目7 组合变形杆件的计算

学习目标

了解应力状态的概念，理解平面应力状态分析的方法，掌握主应力计算和主平面的确定，理解常用强度理论的内容，了解组合变形的概念及种类，掌握拉压与弯曲的组合和弯曲与扭转的组合的应力分析方法、应力计算和强度计算。

典型任务——组合变形构件的设计

表7-1　　典型任务分解表

如图所示是输电线路施工中的输电杆的单点起吊立杆过程，试完成下列任务	

任务分解

任务1	绘制图示水泥电杆的计算简图
任务2	试画图示水泥电杆的受力图
任务3	分析电杆在立杆过程中某时刻发生哪些基本变形
任务4	绘制每种基本变形的内力图
任务5	应用强度理论对水泥电杆进行计算

在前面几个项目中讨论的都是构件在单一变形（基本变形）情况下的强度和刚度问题，而实际工程中所遇到的构件［如图7-1（a）所示的发电机的机墩和图7-1（b）所示的曲柄手摇钻］在外力作用下通常会同时存在两种或两种以上的基本变形。对于这类构件是否还能按前面的强度条件计算保证构件安全呢？

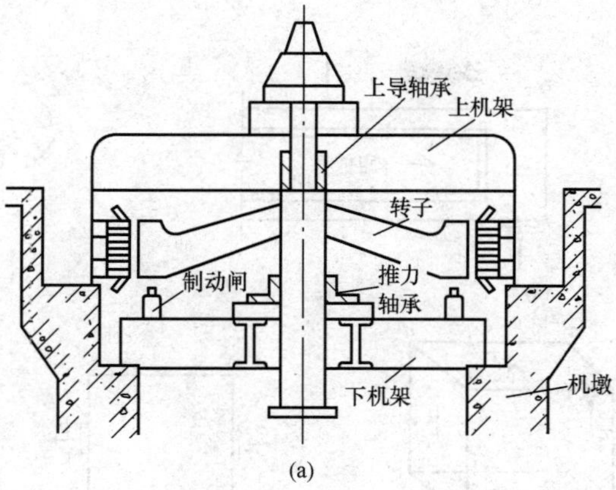

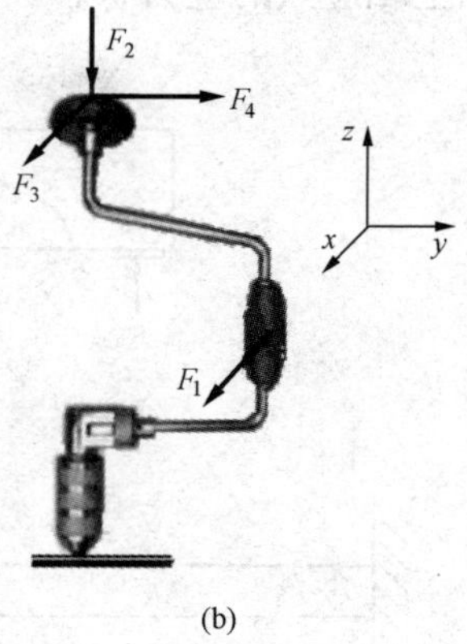

图 7-1

在前面的轴向拉压杆的计算、扭转圆轴的计算和弯曲梁的计算等各项目中，构件的强度条件为$\sigma_{max}\leqslant[\sigma]$或$\tau_{max}\leqslant[\tau]$，其中材料的许用应力$[\sigma]$或$[\tau]$是应用直接试验方法（如拉伸实验或扭转实验）测得材料的相应极限应力除以安全因数求得的，没有也无须考虑材料失效（断裂或屈服）的原因。此外，从前述内容可知，在受力构件的同一截面上各点的应力一般是不同的，即使是同一点处的应力，其不同方位截面上的应力一般也不同。对于轴向拉压杆和纯弯曲梁中的正应力，由于构件危险点处横截面上的正应力是通过该点各方位截面上正应力的最大值，且该截面仅受正应力作用，故将其与材料在单纯发生轴拉压时的许用应力相比较来建立强度条件。同样，对于扭转圆轴和弯曲梁而言，也是由于构件危险点处横截面上的切应力是通过该点各方位截面上切应力的最大值，且该点在横截面上仅受切应力作用，从而与纯剪状态下许用切应力比较而建立起的强度条件。一般情况下，受力构件内的一点处既有正应力又有切应力，如图 7-1 所示情况。若需对这类点的应力进行强度计算，则不能单纯地分别按正应力或切应力来建立强度条件，而需综合考虑正应力和切应力的影响，建立相应的强度条件进行强度计算，以确保结构安全。

单元一　平面应力状态分析的解析法

一、一点应力状态的概念

各种基本变形的应力公式都是建立在计算横截面上的应力的基础上，但构件破坏经常发生于斜截面上，如混凝土梁弯曲破坏时常以出现斜裂缝为标志，如图 7-2（a）所示。因此，有必要研究斜截面上的应力。同一斜面上各点应力是不同的，所以应以点为研究对象。受力构件内一点处不同方位截面上的应力的集合，称为一点的应力状态。为了研究一点的应力状态，可以围绕所研究的点，切取一边长趋于零的微小正六面体作为研究对象，这个微小的正六面体，称为该点的单元体。例如，研究图 7-2（b）所示矩形截面悬臂梁内 K 点处的应力状态，围绕 K 点取出一个单元体，如图 7-2（c）所示。由于单元体十分微小，故可以认为单元体各面上的应力都是均匀分布的，大小等于所研究点在对应截面上的应力，而且在互相平行的截面［如图 7-2（c）中两侧面或前、后面］上的应力大小也应相等。这样，单元体上各个面上的应力，就是构件相应截面在该点处的应力。单元体的应力状态，也就代表了确定截面上相应点的应力状态。

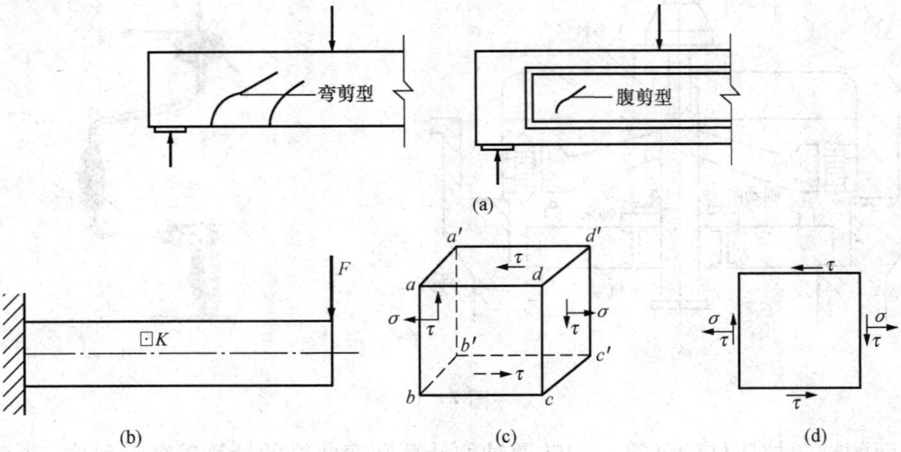

图 7-2

单元体上只有正应力没有切应力的平面称为主平面；主平面上的正应力称为主应力。

二、应力状态的分类

为了便于分析和研究，通常根据单元体上主应力的情况，把应力状态分为如下 3 类：

(1) 单向应力状态。当单元体上只有一对主应力不为零时，称为单向应力状态［见图 7-3 (a) 和图 7-3 (d)］。例如，拉、压杆及纯弯曲变形直梁上各点（中性层上的点除外）的应力状态，都属于单向应力状态。

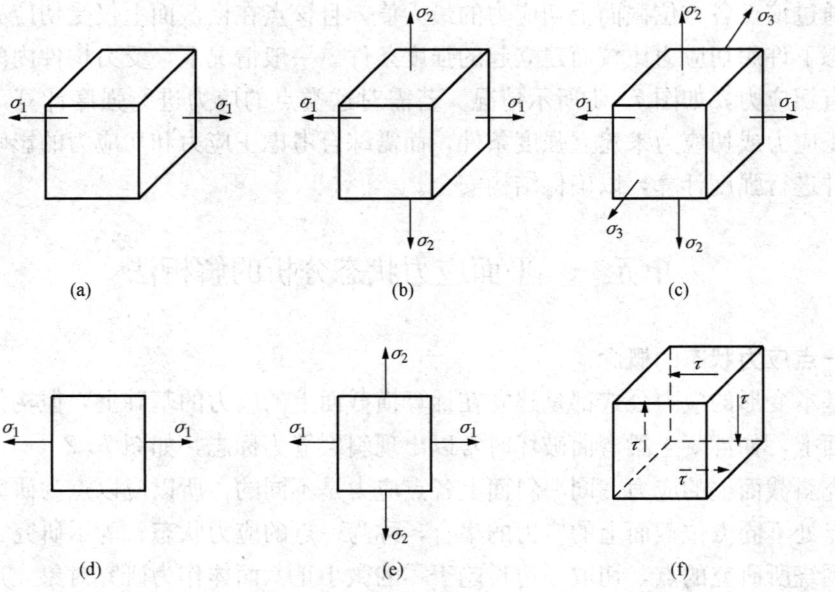

图 7-3

(2) 双向应力状态。当单元体上有两对主应力不为零时，称为双向应力状态［见图 7-3 (b) 和图 7-3 (e)］。

(3) 三向应力状态。当单元体上三对主应力均不为零时，称为三向应力状态［见图 7-3 (c)］。

在应力状态中，有时会遇到一种特例，即单元体的四个侧面上只有切应力而无正应力[见图7-3（f）]，这种应力状态称为纯剪切应力状态。

三向应力状态又称空间应力状态，所有应力分量位于同一平面的应力状态称为平面应力状态。双向、单向及纯剪切应力状态属于平面应力状态，处于平面应力状态的单元体可以简化为平面简图来表示，如图7-2（d）、图7-3（d）、图7-3（e）所示。单向应力状态也称为简单应力状态，双向应力状态和空间应力状态也称为复杂应力状态。

研究应力状态的方法主要有解析法和图解法两种，本单元主要介绍用解析法平面应力状态进行分析的方法和过程。

三、平面应力状态的应力分析

平面应力状态的普遍形式如图7-4（a）所示，即在两对平面上分别有正应力（σ_x、σ_y）和切应力（τ_x、τ_y）。现研究在普遍形式的平面应力状态下，根据单元体各面上已知的应力分量来确定其任一斜截面上的未知应力分量，并从而确定该点处的最大正应力和所在截面的方位。

（一）解析法求解斜截面上的应力

已知一平面应力状态单元体上的应力为σ_x、τ_x和σ_y、τ_y，如图7-4（a）所示。如前所述，由于前后两平面上没有应力，可将该单元体用平面图形来表示，如图7-4（b）所示。为求得该单元体与前后两平面垂直的任一斜截面上的应力，可应用截面法。习惯上常用α表示斜截面$e—f$的外法线n与x轴正向间的夹角，如图7-4（b）所示，所以又把这个斜截面简称为α截面，并且规定：从x轴正向到斜截面外法线n逆时针转向的方位角α为正。α截面上的应力用σ_α和τ_α表示。对正应力σ_α，规定拉应力为正，压应力为负；对切应力τ_α，则以其对单元体内任一点的矩为顺时针转向为正，反之为负。

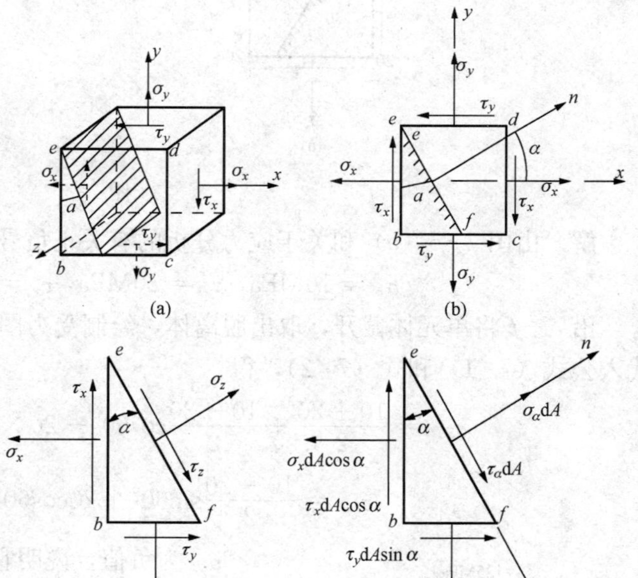

图7-4

假想用一平面沿$e—f$将单元体截开，取bef为脱离体，如图7-4（c）所示。设斜截面$e—f$的面积为dA，斜截面上的应力σ_α和τ_α均为正值。考虑作用在单元体各面上的力的平衡，对于斜截面的法线n和切线t两参考轴[见图7-4（d）]列出平衡方程。

由$\sum F_n=0$，得

$$\sigma_\alpha dA+\tau_x dA\cos\alpha\sin\alpha-\sigma_x dA\cos\alpha\cos\alpha+\tau_y dA\sin\alpha\cos\alpha-\sigma_y dA\sin\alpha\sin\alpha=0$$

由$\sum F_t=0$，得

$$\tau_\alpha dA - \tau_x dA\cos\alpha\cos\alpha - \sigma_x dA\cos\alpha\sin\alpha +$$
$$\tau_y dA\sin\alpha\sin\alpha + \sigma_y dA\sin\alpha\cos\alpha = 0$$

由切应力互等定律可知，τ_x、τ_y 在数值上是相等的，其指向如图 7-4（c）所示。则代入以上两式整理即可得任一斜截面 α 截面上的应力分量为

$$\sigma_\alpha = \frac{\sigma_x + \sigma_y}{2} + \frac{\sigma_x - \sigma_y}{2}\cos 2\alpha - \tau_x \sin 2\alpha \tag{7-1}$$

$$\tau_\alpha = \frac{\sigma_x - \sigma_y}{2}\sin 2\alpha + \tau_x \cos 2\alpha \tag{7-2}$$

式（7-1）和式（7-2）就是图 7-4（a）所示平面应力状态下，任一 α 截面上的应力 σ_α 和 τ_α 的解析法计算公式。应用时要注意应力和方位角的正负号规定。

【例 7-1】　图 7-5（a）所示为一平面应力情况（应力单位为 MPa），试求与 x 轴成 30° 角的斜截面上的应力。

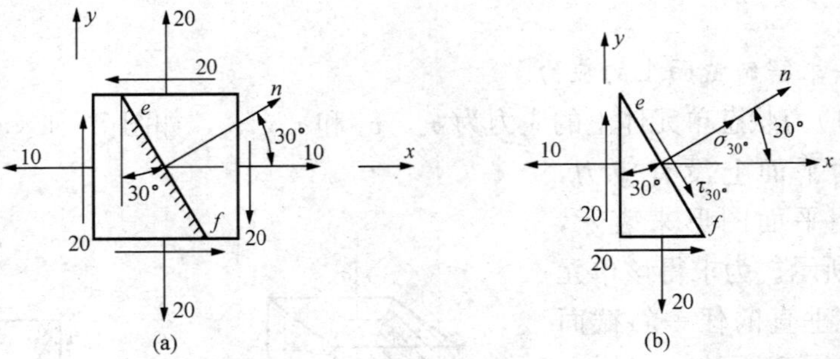

图 7-5

解　由图 7-5（a）和关于应力分析的有关正负号规定，有

$$\sigma_x = 10\text{MPa},\ \sigma_y = 20\text{MPa},\ \tau_x = 20\text{MPa},\ \alpha = 30°$$

沿 e—f 将单元体截开，取出脱离体，绘制受力图如图 7-5（b）所示，将上述数值直接代入公式（7-1）和式（7-2），得

$$\sigma_{30°} = \frac{10+20}{2} + \frac{10-20}{2}\cos 60° - 20 \times \sin 60° = -4.82(\text{MPa})$$

$$\tau_{30°} = \frac{10-20}{2}\sin 60° + 20\cos 60° = 5.67(\text{MPa})$$

$\sigma_{30°}$ 为负值，说明它与图 7-5（b）所设的应力方向相反，即为压应力。$\tau_{30°}$ 为正值，说明它与图 7-5（b）所假设的方向相同，为正切应力。

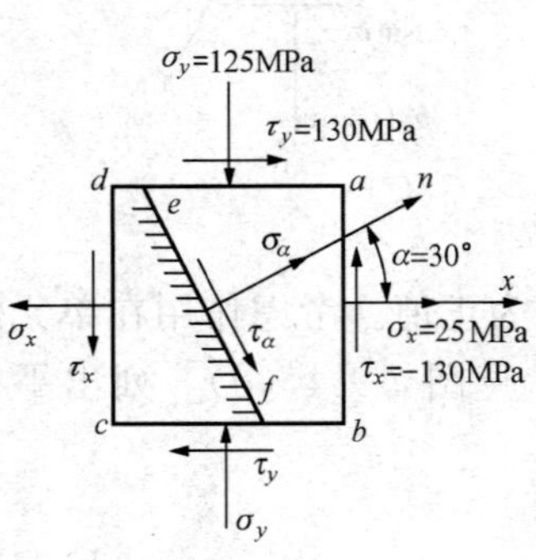

图 7-6

【例 7-2】　试用解析法求图 7-6 所示的单元体在 α = 30°的斜截面上的应力。

解　根据平面应力状态分析的解析法中应力正负号的规定，对照图 7-6，有

$$\sigma_x = 25\text{MPa},\ \sigma_y = -125\text{MPa},\ \tau_x = -130\text{MPa},\ \alpha = 30°$$

直接代入式（7-1）和式（7-2），即可求得求 α 截面上的应力为

$$\sigma_\alpha=\frac{\sigma_x+\sigma_y}{2}+\frac{\sigma_x-\sigma_y}{2}\cos2\alpha-\tau_x\sin2\alpha$$

$$=\frac{25+(-125)}{2}+\frac{25-(-125)}{2}\cos60^\circ-(-130)\sin60^\circ$$

$$=-50+\frac{150}{4}-(-130)\frac{\sqrt{3}}{2}$$

$$=100(\text{MPa})$$

$$\tau_\alpha=\frac{\sigma_x-\sigma_y}{2}\sin2\alpha+\tau_x\cos2\alpha$$

$$=\frac{25-(-125)}{2}\sin60^\circ+(-130)\cos60^\circ$$

$$=75\frac{\sqrt{3}}{2}-65=0$$

【例7-3】　如图7-7（a）所示矩形截面简支梁，试求在a点处$\alpha=-30^\circ$的斜截面上应力的大小和方向。

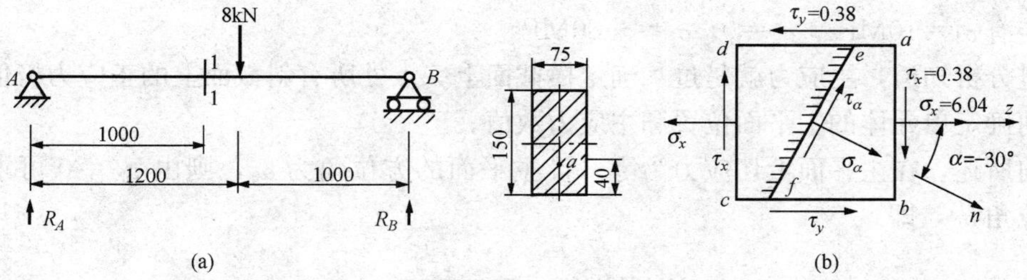

图7-7

解　(1) 计算1—1截面上的内力。

由$\sum M_B(F)=0$得支座反力$R_A=\frac{40}{11}$kN，所以截面1—1上的内力为

$$F_{s_{1-1}}=\frac{40}{11}\text{kN}$$

$$M_{1-1}=\frac{40}{11}\text{kN}\cdot\text{m}$$

(2) 计算截面1—1上a点处的正应力σ_x、σ_y和切应力τ_x、τ_y。

$$I_z=\frac{bh^3}{12}=\frac{75\times150^3}{12}=21.09\times10^6(\text{mm}^4)$$

$$\sigma_x=\frac{M}{I_z}y=\frac{\frac{40}{11}\times10^3}{21.09\times10^{-6}}\times35\times10^{-3}\text{Pa}=6.04\text{MPa}$$

根据梁受纯弯曲时纵向纤维各层之间相互不挤压的假定，可以近似地认为$\sigma_y=0$。

$$\tau_x=\frac{F_sS_z^*}{I_zb}=\frac{\frac{40}{11}\times10^3\times75\times40\times\left(\frac{150}{2}-20\right)\times10^{-9}}{21.09\times10^{-6}\times75\times10^{-3}}\text{Pa}=0.38\text{MPa}$$

$$\tau_y=-\tau_x=-0.38\text{MPa}$$

在a点处取出单元体，并且将σ_x、σ_y、τ_x、τ_y的代数值表示在单元体上，如图7-7（b）所示，将其代入式（7-1）和式（7-2）得

$$\sigma_{-30^\circ}=\frac{6.04+0}{2}+\frac{6.04-0}{2}\cos(-60^\circ)-0.38\times\sin(-60^\circ)=4.86(\text{MPa})$$

$$\tau_{-30^\circ}=\frac{6.04-0}{2}\sin(-60^\circ)+0.38\cos60^\circ=-2.43(\text{MPa})$$

其方向如图 7 - 7（b）所示。

（二）受力构件内一点处的最大应力

通过上面介绍的解析法可知，对于构件上处于平面应力状态下的任意一点，只要知道作用在通过这点的 x 截面和 y 截面上的应力 σ_x、τ_x、σ_y、τ_y，就能计算出通过这点的任意斜截面上的应力 σ_α、τ_α。但是为了对处在平面应力状态下的构件的危险点进行强度计算，需要求出该危险点处的最大正应力 σ_{max} 和最大切应力 τ_{max} 的数值和它们所在的方位。这里主要介绍求解最大正应力 σ_{max} 和最大切应力 τ_{max} 的方法。

1. 主应力和主平面

可以证明，受力构件上的任意点，均有三对相互垂直的主平面，因而就有三对相应的主应力。主应力按其代数值的大小编号按序排列，分别用符号 σ_1、σ_2、σ_3 表示，并规定 $\sigma_1\geqslant\sigma_2\geqslant\sigma_3$。例如，某单元体上的 3 个主应力值为－80MPa（压应力）、10MPa（拉应力）、0，则按规定有 $\sigma_1=10\text{MPa}$，$\sigma_2=0$，$\sigma_3=-80\text{MPa}$。

通过分析知道，主应力就是过某确定横截面上一点处所有斜截面上的正应力极值。下面研究如何确定单元体的主平面位置和主应力数值。

项目7

如前所述，在主平面上切应力为零。设主平面的方位角为 α_0，则由 $\tau_{\alpha_0}=0$ 可求得主平面的方位角 α_0，即

$$\tan2\alpha_0=-\frac{2\tau_x}{\sigma_x-\sigma_y}$$

也即

$$2\alpha_0=\arctan\left(-\frac{2\tau_x}{\sigma_x-\sigma_y}\right)\tag{7 - 3}$$

可以看出，α_0 和 α_0+90° 都能满足式（7 - 3），这就是说，处于平面应力状态的单元体上有两个主平面，并且这两个主平面是互相垂直的。

由三角函数关系可得

$$\sin2\alpha_0=\pm\sqrt{\frac{4\tau_x^2}{(\sigma_x-\sigma_y)^2+4\tau_x^2}}$$

$$\cos2\alpha_0=\mp\sqrt{\frac{(\sigma_x-\sigma_y)^2}{(\sigma_x-\sigma_y)^2+4\tau_x^2}}$$

将以上两式代入式（7 - 1）得两个主应力为

$$\left.\begin{matrix}\sigma'\\ \sigma''\end{matrix}\right\}=\frac{\sigma_x+\sigma_y}{2}\pm\frac{1}{2}\sqrt{(\sigma_x-\sigma_y)^2+4\tau_x^2}\tag{7 - 4}$$

在利用式（7 - 4）计算主应力时，因为还没有确定主应力值，分别用 α' 和 α'' 表示所求的两个主应力。

将由式（7 - 4）求得的两个主应力 σ'、σ'' 与单元体零应力面上的零值主应力比较，3 个主应力值按代数值的大小顺序排列，便可确定 3 个主应力 σ_1、σ_2 和 σ_3。例如，通过式（7 - 4）计算得到的两个主应力一个为拉应力而另外一个为压应力，则前者为 σ_1，后者为 σ_3，另外一个主应力 $\sigma_2=0$。同理，若求得的两个主应力都为压应力，则它们应分别为 σ_2 和 σ_3，而 $\sigma_1=0$。

若将式（7-4）的σ_1、σ_2相加可得

$$\sigma'+\sigma''=\sigma_x+\sigma_y=\text{常数} \tag{7-5}$$

式（7-5）说明，在平面单元体上互相垂直的两个任意截面上的正应力之和是常数，切应力服从切应力互等定理。利用这个关系可以检查主应力的计算结果是否正确，同时，在实验应力分析中有时也要用到它。

根据式（7-4）可以计算出在平面应力状态下的两个主应力的数值，也可以根据式（7-3）确定其主平面的方位角α_0［从式（7-3）中不难看出，$2\alpha_0$总是小于或等于90°，因此α_0总是小于或等于45°的锐角，也就是说由α_0确定方向的那个主应力总是偏向于x轴的］。为此必须进一步判断出α_0究竟是σ_x与哪一个主应力的夹角，才能确定每一个主应力的方向。根据计算实践经验和理论分析知道，较大的主应力总是偏向于σ_x和σ_y中的较大者，较小的主应力则总是偏向于σ_x和σ_y中的较小者。因此，可以归纳出确定主应力方向的规则如下：

（1）当$\sigma_x>\sigma_y$时，α_0是σ_x与两个主应力中代数值较大者的夹角。

（2）当$\sigma_x<\sigma_y$时，α_0是σ_x与两个主应力中代数值较小者的夹角。

（3）当$\sigma_x=\sigma_y$时，$\alpha_0=45°$，主应力的方向可以从单元体上的应力情况直接判断出来。

为了便于记忆，可把上述的规则通俗地叙述为“小偏小来大偏大，夹角不比45°大”。

【例7-4】 试求图7-8（a）所示单元体的主应力（应力单位为MPa）及其所在截面（主平面）的方位角。

解 由图7-8（a）可知，$\sigma_x=60\text{MPa}$、$\sigma_y=0$、$\tau_x=40\text{MPa}$。

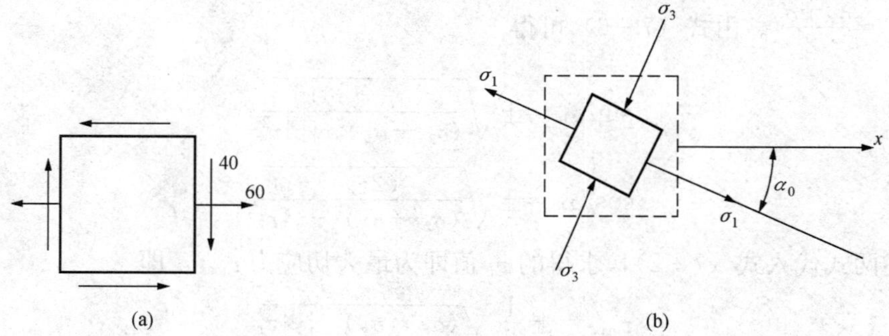

图7-8

（1）确定主应力的大小。

$$\left.\begin{matrix}\sigma'\\\sigma''\end{matrix}\right\}=\frac{\sigma_x+\sigma_y}{2}\pm\frac{1}{2}\sqrt{(\sigma_x-\sigma_y)^2+4\tau_x^2}$$

$$=\frac{60+0}{2}\pm\frac{1}{2}\sqrt{(60-0)^2+4\times40^2}=\begin{matrix}80\\-20\end{matrix}(\text{MPa})$$

与另一个为零的主应力比较后得：$\sigma_1=80\text{MPa}$、$\sigma_2=0$、$\sigma_3=-20\text{MPa}$。

（2）确定主平面的方位角。

$$\tan2\alpha_0=-\frac{2\tau_x}{\sigma_x-\sigma_y}=-\frac{2\times40}{60-0}=-\frac{4}{3}$$

可得：$2\alpha_0=-53°$，$\alpha_0=-26.5°$。

画出主单元体如图7-8（b）所示。

2. 最大切应力及其作用面位置

(1) 最大切应力平面方位角的确定。首先用解析法来确定最大切应力 τ_{max} 所在的平面方位。将式 (7-2) 对 α 求导并令其等于零，即

$$\frac{d\tau_\alpha}{d\alpha} = (\sigma_x - \sigma_y)\cos 2\alpha - 2\tau_x \sin 2\alpha = 0$$

整理得

$$(\sigma_x - \sigma_y) - 2\tau_x \tan 2\alpha = 0$$

如果用 α_1 表示最大切应力所在平面的外法线与 x 轴之间的夹角，则可由上式得出

$$\tan 2\alpha_1 = \frac{\sigma_x - \sigma_y}{2\tau_x} \tag{7-6}$$

将式 (7-6) 与 $\tan 2\alpha_0 = -\dfrac{2\tau_x}{\sigma_x - \sigma_y}$ 进行比较，可以知道

$$\tan(2\alpha_0 + 90°) = -\cot 2\alpha_0 = \frac{\sigma_x - \sigma_y}{2\tau_x} = \tan 2\alpha_1$$

即

$$\tan 2(\alpha_0 + 45°) = \tan 2\alpha_1$$

或

$$\alpha_1 = \alpha_0 + 45°$$

这说明最大切应力所在平面应与主平面相交成 45°角。

(2) 最大切应力 τ_{max}。

将 $\dfrac{d\tau_\alpha}{d\alpha} = (\sigma_x - \sigma_y)\cos 2\alpha - 2\tau_x \sin 2\alpha = 0$ 代入式 (7-1) 可得在最大切应力作用的平面上的正应力 $\sigma_\alpha = \dfrac{\sigma_x + \sigma_y}{2}$。由式 (7-6) 可得

$$\sin 2\alpha_1 = \pm\sqrt{\frac{(\sigma_x - \sigma_y)^2}{(\sigma_x - \sigma_y)^2 + 4\tau_x^2}}$$

$$\cos 2\alpha_1 = \pm\sqrt{\frac{(2\tau_x)^2}{(\sigma_x - \sigma_y)^2 + 4\tau_x^2}}$$

将上述两式代入式 (7-2)，求得的 τ_α 值即为最大切应力 τ_{max}，即

$$\tau_{max} = \pm\frac{1}{2}\sqrt{(\sigma_x - \sigma_y)^2 + 4\tau_x^2} \tag{7-7}$$

将式 (7-7) 与式 (7-4) 进行比较，可以看出最大切应力与主应力在数值上的关系为

$$\tau_{max} = \pm\frac{\sigma_1 - \sigma_2}{2} \tag{7-8}$$

式 (7-8) 表明，单元体上的最大切应力的数值等于最大主应力与最小主应力之差的二分之一。

当单元体上的 3 个主应力按代数值排列是 $\sigma_1 \geqslant \sigma_2 \geqslant \sigma_3$ 时，则最大切应力的计算公式应该写为

$$\tau_{max} = \pm\frac{\sigma_1 - \sigma_3}{2} \tag{7-9}$$

式 (7-7) 和式 (7-9) 是计算最大切应力的公式，算得的结果有正、负两个数值。这说明最大切应力是成对出现的，它们的数值相等、正负号相反、作用面互相垂直，符合切应力互等定理。

【例7-5】 已知某结构物中一点处为平面应力状态，$\sigma_x=-30\text{MPa}$、$\sigma_y=-20\text{MPa}$、$\tau_x=\tau_y=0$。试求该点处的最大切应力。

解 根据给定的应力可知，主应力 $\sigma_1=0$、$\sigma_2=\sigma_y=-20\text{MPa}$，$\sigma_3=\sigma_x=-30\text{MPa}$，将有关主应力值代入式（7-9）可得

$$\tau_{\max}=\frac{\sigma_1-\sigma_3}{2}=\frac{1}{2}[0-(-30)]=15(\text{MPa})$$

3. 各种基本变形杆件的应力状态

（1）拉压杆。从图7-9（a）所示的拉伸杆件内任一点处取一单元体，其中左右一对面为杆件横截面的一部分。由于该单元体只在左右一对面上有拉应力 σ，可见该点处于单向应力状态，绘制单元体如图7-9（b）所示。

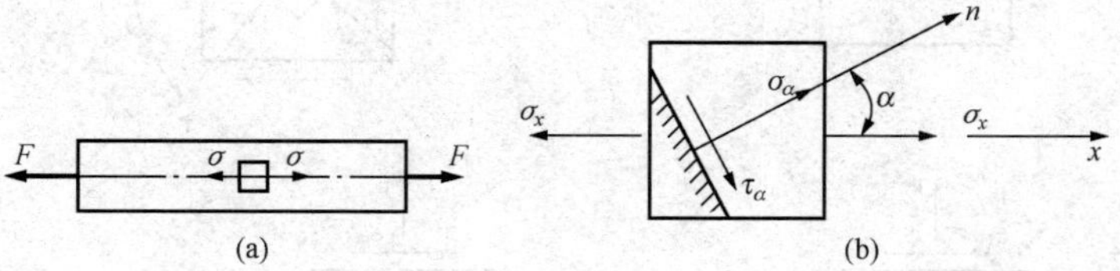

图7-9

令 $\sigma_x=\sigma$、$\sigma_y=0$、$\tau_x=0$，则

1）由式（7-4）得 $\sigma_1=\sigma$、$\sigma_2=\sigma_3=0$，$\alpha_0=0$，说明拉压杆件的最大正应力发生在横截面上，该截面上不存在切应力。

2）由式（7-9）则有 $\tau_{\max}=\pm\frac{\sigma}{2}$，最大切应力发生在45°斜截面上，该斜截面上同时存在正应力 $\sigma_{45^\circ}=\frac{\sigma}{2}$。

（2）扭转圆轴。从图7-10（a）所示扭转圆轴内任一点处取一单元体，左右一对面为杆件横截面的一部分。由于该单元体只在左右、上下两对面上有数值相等的切应力 τ，可见处于纯切应力状态。

同理可以判定，图7-10（b）所示单元体主应力 $\sigma_1=\tau$ 所在平面的外法线与 x 轴成 -45° 夹角，$\sigma_3=-\tau$ 所在平面的外法线与 x 轴成45°夹角，最大切应力发生在横截面上。

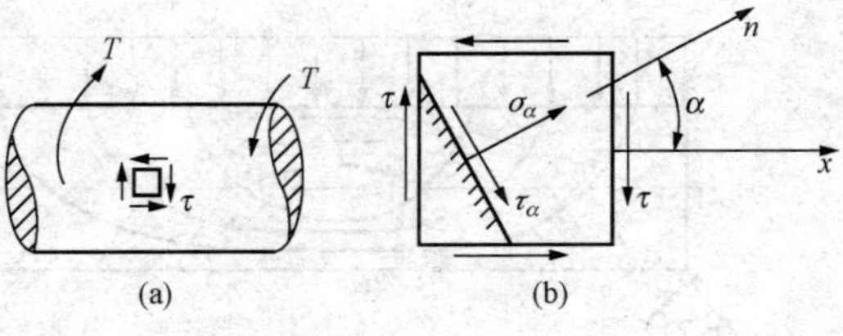

图7-10

（3）梁。图7-11（a）所示一简支梁，在梁的任一横截面 m—m 上，从梁顶到梁底各点处的应力状态并不相同。现沿 m—m 的 a、b、c、d、e 5个点分别取单元体［见图7-11（b）］进行分析。

梁顶 a 点处的单元体只有一对压应力，梁底 e 点处的单元体只有一对拉应力，均处于单向应力状态。中性层 c 点处的单元体，只有两对切应力，处于纯切应力状态。梁顶、梁底与中性层之间 b、d 点处的单元体均为一般双向应力状态，其主应力及主方向可按式（7-3）和式（7-4）求得。5个点处的主方向如图7-11（b）所示。

（三）主应力轨迹线的概念

对于平面结构，可用上述方法求出结构内任一点处的两个主应力大小及其方向。在工程

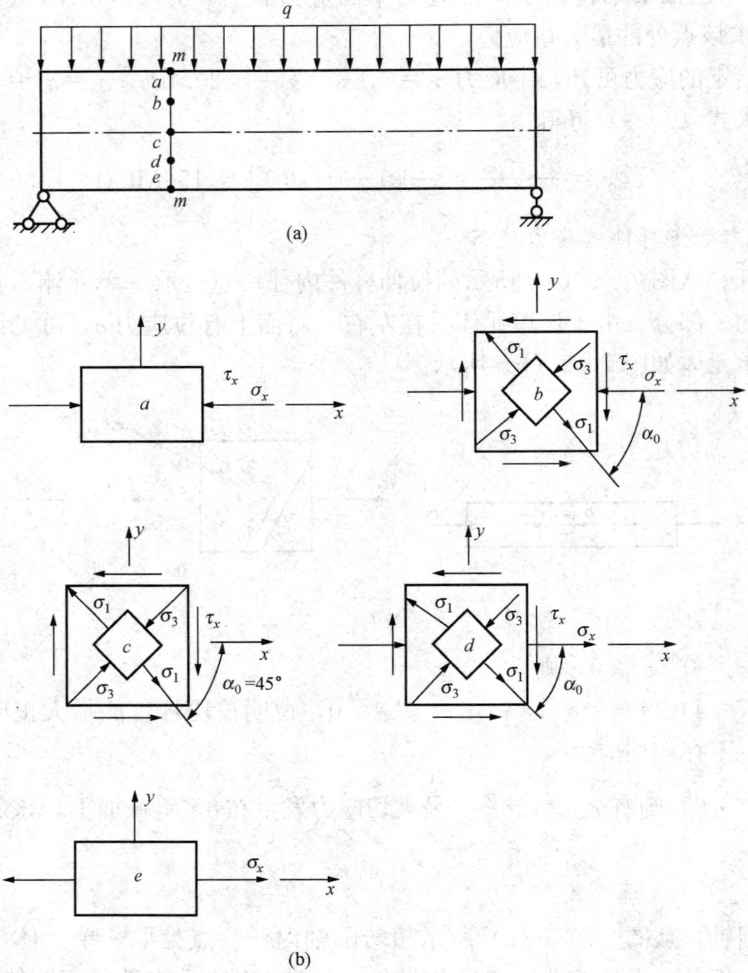

图 7 - 11

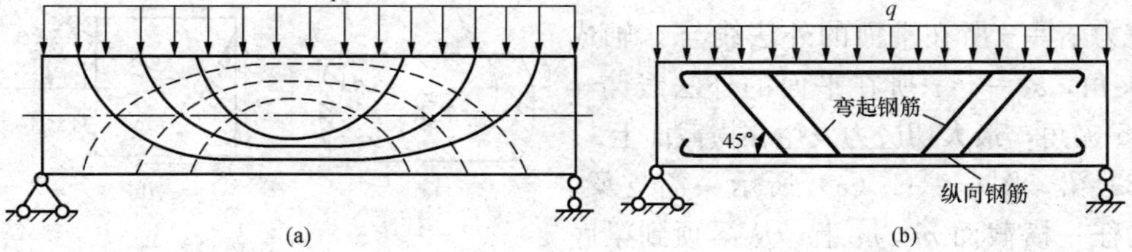

图 7 - 12

结构的设计中，往往还需要知道结构内各点主应力方向的变化规律。例如钢筋混凝土结构，由于混凝土的抗拉能力很差，因此，设计时需知道结构内各点主拉应力方向的变化情况，以便配置钢筋。为了反映结构内各点的主应力方向，需绘制主应力轨迹线。所谓主应力轨迹线，是两组正交的曲线，其中一组曲线是主拉应力轨迹线，另一组曲线是主压应力轨迹线，在这些曲线上任意一点处的切线方向就是在该点处的主应力方向。下面以梁为例，说明绘制主应力轨迹线的方法。

用梁的应力状态分析的方法，可求出图 7-11 所示梁内各点处的主应力方向。已知梁内各点处的主应力方向后，即可绘制出梁的主应力轨迹线，如图 7-12（a）所示。图 7-12（a)中实线为主拉应力轨迹线，虚线为主压应力轨迹线。绘制主应力轨迹线时，可先将梁划分成若干细小的网格，计算出各结点处的主应力方向，再根据各点主应力的方向，即可描绘出主应力轨迹线。

通过对梁的主应力轨迹线的分析，可以看出，对于承受均布荷载的简支梁，在梁的上、下边缘附近的主应力轨迹线是水平线，在梁的中性层处主应力轨迹线的倾角为45°。如果是钢筋混凝土梁，水平方向的主拉应力 σ_1 可能使梁发生竖向的裂缝，倾斜方向的主拉应力 σ_1 可能使梁发生斜向的裂缝。因此在钢筋混凝土梁中，不但要配置纵向受拉钢筋，而且常常还要配置斜向弯起钢筋，如图 7-12（b）所示。

单元二 常用强度理论介绍

要解决复杂应力状态下构件的强度问题，不能像简单应力状态那样，仅以实验为基础，通过推理分析建立强度条件。因为在复杂应力状态下，正应力 σ 和切应力 τ 对材料破坏是相互有影响的。单元体各个面上的正应力、切应力的组合方式和它们之间的比值是不计其数的，它们对材料的破坏相互制约，相互影响，要模拟每一种单元体的应力组合情况进行实验也难以做到，因此，要解决这个难题，只能是借助于可能进行的材料实验结果，推断材料破坏的原因，经过推理，提出一些假说，从而建立起复杂应力状态下的强度条件。通常把这些关于对材料破坏现象的原因提出的假说统称为强度理论，也称之为强度失效判别准则。

回顾材料在拉伸、压缩和扭转等实验中发生的破坏现象，不难发现材料破坏的基本形式有两种：①没有明显塑性变形的情况下发生突然断裂，称为脆性断裂，如铸铁试样在拉伸时沿横截面的断裂和铸铁圆试样在扭转时沿斜截面的断裂；②材料发生显著的塑性变形而使构件丧失正常工作的能力，即塑性屈服。通过长期的生产实践和科学研究，对这两种破坏形式形成了常用的5个强度理论。

一、常用的5个强度理论简介

1. 最大拉应力理论（第一强度理论）

最大拉应力理论认为，引起材料断裂破坏的原因是最大拉应力 σ_t，也就是认为不论在什么样的应力状态下，只要构件内一点处的3个主应力中最大的拉应力 σ_t（即 σ_1）达到单向拉伸断裂时的抗拉强度极限 σ_b 时，材料便发生断裂破坏。于是，按照这一强度理论，脆性断裂的判断依据是

$$\sigma_1 \geqslant \sigma_b$$

将上式右边的抗拉强度极限除以安全因数，即可得到材料的许用拉应力，因此按第一强度理论建立的强度条件为

$$\sigma_1 \leqslant [\sigma] \tag{7-10}$$

式中：σ_1 为构件危险点处的最大主拉应力；$[\sigma]$为材料在单向拉伸时的许用应力。

2. 最大拉应变理论（第二强度理论）

最大拉应变理论认为，引起材料断裂破坏的主要因素是最大拉应变，而且认为，无论材料处于何种应力状态，只要单元体的3个主应变中的最大主拉应变 ε_1 达到材料单向拉伸断

裂时的最大拉应变极限值 ε_{lim}，材料即发生断裂破坏。按此理论，材料的断裂破坏条件为

$$\varepsilon_1 \geqslant \varepsilon_{lim}$$

如果材料从开始受力直到发生断裂破坏时其应力、应变关系近似符合胡克定律，则复杂应力状态下的最大拉应变为

$$\varepsilon_1 = \frac{1}{E}[\sigma_1 - \nu(\sigma_2 + \sigma_3)]$$

式中　ν——泊松比。

而材料在单向拉伸断裂破坏时的应变值为

$$\varepsilon_{lim} = \frac{\sigma_{lim}}{E}$$

这样，材料的断裂破坏条件又可以写为

$$\frac{1}{E}[\sigma_1 - \nu(\sigma_2 + \sigma_3)] \geqslant \frac{\sigma_{lim}}{E}$$

或者

$$\sigma_1 - \nu(\sigma_2 + \sigma_3) \geqslant \sigma_{lim}$$

将上式右边的抗拉强度极限除以安全因数后，即可得到按第二强度理论建立的强度条件

$$\sigma_1 - \nu(\sigma_2 + \sigma_3) \leqslant [\sigma] \tag{7-11}$$

必须注意，式（7-11）中，$[\sigma]$是材料在单轴拉伸时发生脆性断裂的许用拉应力，像低碳钢一类塑性材料是不可能通过单轴拉伸试验得到材料在脆断时的极限值 ε_{lim}的。所以对低碳钢等塑性材料，在三轴拉伸应力下，式（7-11）右边的$[\sigma]$不能理解为材料在单轴拉伸时的许用拉应力。

实验表明，这一理论与石料、混凝土等脆性材料在压缩时纵向开裂的现象是一致的，对铸铁等脆性材料受二向拉伸和压缩时且压应力较大的情况较为适用。这一理论考虑了其余两个主应力 σ_2、σ_3 对材料强度的影响，在形式上较第一强度理论更为完善。但实际上并不一定总是合理的，如在二轴或者三轴受拉情况下，按这一理论反比单轴受拉时不易断裂，显然和实际情况不相符合。

3. 最大切应力理论（第三强度理论）

最大切应力理论认为，材料引起屈服破坏（剪切破坏）的主要因素是最大切应力，而且认为，无论材料处于何种应力状态，只要它的最大切应力 τ_{max}达到材料在单向拉伸屈服时的最大切应力 τ_s 时，材料即发生屈服破坏。按此理论，材料的屈服破坏条件（或屈服条件）为

$$\tau_{max} \geqslant \tau_s$$

根据式（7-9），复杂应力状态下的最大切应力为

$$\tau_{max} = \frac{\sigma_1 - \sigma_3}{2}$$

而材料在单向拉伸时的最大切应力为

$$\tau_s = \frac{\sigma_s}{2}$$

为此，材料的屈服破坏条件又可以写为

$$\frac{\sigma_1 - \sigma_3}{2} = \frac{\sigma_s}{2}$$

或者

$$\sigma_1-\sigma_3\geqslant\sigma_s$$

将上式右边材料的屈服极限 σ_s 除以安全因数 n_s 后，即可得到按照第三强度理论建立的强度条件为

$$\sigma_1-\sigma_3\leqslant[\sigma] \tag{7-12}$$

这个强度理论被许多塑性材料的试验所证实，且偏于安全。又因为这个理论所提供的计算式比较简单，因此它在工程设计中得到了广泛的应用。而这个理论的不足之处是没有考虑 σ_2 的影响，而实验又表明，σ_2 对材料的屈服确实存在着一定影响。并且，按照这个理论，材料在三向均匀受拉时应该不容易破坏，但这点并没有被实验所证实。

4. 形状改变能理论（第四强度理论）

形状改变能理论认为，形状改变能密度是引起材料屈服破坏的主要因素，而且认为，不论材料处于何种应力状态，只要其材料的形状改变能密度 u_f 达到材料单向拉伸屈服时的形状改变能密度值 u_{fs}时，材料便发生屈服破坏。按此理论，材料的屈服破坏条件为

$$u_f=u_{fs}$$

其中 $u_f=\dfrac{(1+\nu)}{6E}[(\sigma_1-\sigma_2)^2+(\sigma_2-\sigma_3)^2+(\sigma_3-\sigma_1)^2]$，$u_{fs}=\dfrac{1+\nu}{3E}\sigma_s^2$

为此，按照第四强度理论写出的屈服破坏条件为

$$\sqrt{\frac{1}{2}[(\sigma_1-\sigma_2)^2+(\sigma_2-\sigma_3)^2+(\sigma_3-\sigma_1)^2]}=\sigma_s$$

将上式右边材料的屈服极限 σ_s 除以安全因数后，即可得到按第四强度理论所建立的强度条件为

$$\sqrt{\frac{1}{2}[(\sigma_1-\sigma_2)^2+(\sigma_2-\sigma_3)^2+(\sigma_3-\sigma_1)^2]}\leqslant[\sigma] \tag{7-13}$$

可见，第四强度理论比第三强度理论更加综合地考虑了 σ_1、σ_2、σ_3 对材料屈服破坏的影响，因此，也就更加符合塑性材料的实验结果。但第三强度理论的数学表达式比较简单，因此第三与第四强度理论，在工程中均得到了广泛的应用。但是，它与第三强度理论一样，均不能说明材料在三向均匀拉伸时材料破坏的原因。

5. 莫尔强度理论

由于在工程建造中使用了大量的脆性材料，而且脆性材料的抗拉强度一般都低于其抗压强度，应用莫尔强度理论则能较为准确地确定其脆性材料的破坏抗力，并且它比第一和第二强度理论有很大的优越性。由于莫尔强度理论的阐述比较繁杂，涉及应力圆、包络线、复杂应力状态下的材料实验等一些知识，在此仅作简介。莫尔强度理论的要点如下：

(1) 该理论认为，材料危险状态的到达，虽然主要取决于某一截面上的切应力，但也与该截面上的正应力有关。

(2) 材料破坏时不一定发生在最大切应力作用平面上，而是发生在($\tau-f\sigma$)值为最大的切面上，f 为材料的摩擦因数。

(3) 在特定的应力状态下，材料发生屈服破坏时的极限应力 σ_{jx}是破坏面上正应力的函数，并且与材料的性质有关，这个破坏极限应力 σ_{jx}的简化公式为

$$\sigma_{jx}=\sigma_1-\frac{\sigma_{tjx}}{\sigma_{cjx}}\sigma_3$$

莫尔强度理论的屈服破坏条件为 $\sigma_{jx}=\sigma_{tjx}$，即

$$\sigma_1-\frac{\sigma_{tjx}}{\sigma_{cjx}}\sigma_3=\sigma_{tjx}$$

式中：σ_1 和 σ_3 是处于复杂应力单元体中的最大主应力和最小主应力；σ_{tjx}和 σ_{cjx}是材料的抗拉极限应力和抗压极限应力，均由实验测得。

将上式中的极限应力除以强度安全因数后，就得到经过简化处理的莫尔强度条件为

$$\sigma_1-\frac{[\sigma_t]}{[\sigma_c]}\sigma_3\leqslant[\sigma] \tag{7-14}$$

莫尔强度理论考虑到了材料在剪切滑动时内摩擦的影响。对一般塑性材料来说，由于有$[\sigma_t]=[\sigma_c]$，因而莫尔强度理论就变为 $\sigma_1-\sigma_3\leqslant[\sigma]$，这就与最大切应力理论相当，因而具有最大切应力理论的优点。由于在莫尔破坏条件中，考虑到了脆性材料$[\sigma_t]$与$[\sigma_c]$不等的因素，这就使莫尔强度理论比最大切应力理论更为符合实际。

对于像铸铁一类脆性材料，其许用拉应力、压应力显然不等，因此，莫尔强度理论为这一类材料在复杂应力状态下最大和最小主应力分别为拉应力和压应力的情况建立了强度条件。这种处理方法并不严格，因为铸铁在单轴拉伸和压缩时发生脆性断裂的原因并不相同。但作为一种工程上的实用方法，还是可取的。

从式（7－10）～式（7－14）的形式来看，按照5个强度理论所建立的强度条件可统一写作

$$\sigma_{ri}^{*}\leqslant[\sigma] \tag{7-15}$$

式（7－15）中，σ_r 是根据不同强度理论所得到的构件危险点处三个主应力的某些组合。由于从式（7－15）的形式来看，这种主应力的组合 σ_r 和单向拉伸时的拉应力在安全程度上是相当的，因此，通常称 σ_{ri}^{*} 为相当应力或折算应力。5个强度理论的相当应力如下

$$\sigma_{r1}^{*}=\sigma_1$$

$$\sigma_{r2}^{*}=[\sigma_1-\mu(\sigma_2+\sigma_3)]$$

$$\sigma_{r3}^{*}=(\sigma_1-\sigma_3)$$

$$\sigma_{r4}^{*}=\sqrt{\frac{1}{2}[(\sigma_1-\sigma_2)^2+(\sigma_2-\sigma_3)^2+(\sigma_3-\sigma_1)^2]}$$

$$\sigma_{r5}^{*}=\sigma_1-\frac{[\sigma_t]}{[\sigma_c]}\sigma_3$$

二、强度理论在工程中的简单应用

前面介绍了几种工程中常用的强度理论，所有强度理论的提出都是以生产实践和科学实验为基础，而且每一个强度理论的建立都需经受试验和实践的检验。强度理论着眼于材料的破坏规律，实验表明，不同材料的破坏因素可能不同，同一种材料在不同的应力状态下的破坏因素也可能不同。如Q235钢在单向拉伸时发生塑性屈服，但在三向拉伸时却又发生脆性断裂；又如石料这种脆性材料在三向压缩应力状态下也会产生很大的塑性变形。因此，在实践中还要根据不同的应力状态和可能的破坏形式选用合适的强度理论。

根据实验资料，可把各种强度理论的使用范围归纳如下：

（1）本单元所述强度理论均仅适用于常温、静荷载条件下的均质、连续、各向同性的材料。

（2）不论是脆性还是塑性材料，在三向拉伸应力状态下，都会发生脆性断裂，宜采用第

一强度理论。但需指出的是，对于塑性材料，由于从单向拉伸试验结果不可能得到材料发生脆性断裂的极限应力，所以，对于这类材料制成的构件在按第一强度理论进行校核时，式（7-10）右边的许用应力［σ］就不能取在单向拉伸时的许用应力值，而应用发生断裂时的最大主应力 σ_1 除以安全因数。

（3）对于脆性材料，在二向拉伸应力状态下应采用第一强度理论；在复杂应力状态的最大和最小主应力分别为拉应力和压应力时，由于材料的许用拉应力、压应力不等，宜采用第五强度理论。

（4）对于像低碳钢一类的塑性材料，除受三向拉伸应力状态外，各种复杂应力状态下都会发生屈服现象，一般以采用第四强度理论。但第三强度理论的物理概念较为直观，计算简捷，而且计算结构偏于安全，因而常采用最大切应力理论。

（5）在三向压缩应力状态下，不论是塑性材料还是脆性材料，通常都会发生屈服失效，故一般采用第四强度理论。但脆性材料不可能得到单轴拉伸的屈服极限应力，所以，许用应力也不能用脆性材料在单轴拉伸时的许用应力值。

严格地说，在使用强度理论时，应区分为脆性状态和塑性状态。前者使用第一或第二强度理论，后者使用第三或第四强度理论。

【例7-6】 对图7-13（a）所示的纯剪切应力状态，按照第三和第四强度理论建立塑性材料在纯剪切状态下的强度条件，并导出剪切许用应力$[\tau]$与拉伸许用应力$[\sigma]$之间的关系。

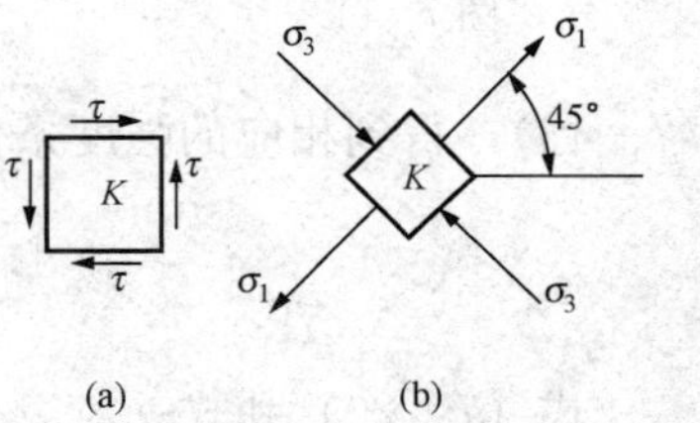

图7-13

解 （1）首先求出纯剪切状态下的三个主应力

$$\left.\begin{aligned}\sigma_1&=\tau\\\sigma_2&=0\\\sigma_3&=-\tau\end{aligned}\right\}\tag{7-16}$$

如图7-13（b）所示。

（2）图7-13（a）所示单元体的纯剪切强度条件为

$$\tau\leqslant[\tau]\tag{7-17}$$

（3）根据强度理论建立强度条件。

1）按第三强度理论的强度条件，有

$$\sigma_1-\sigma_3\leqslant[\sigma]$$

将式（7-16）代入，得到纯剪切状态下的强度条件为

$$2\tau\leqslant[\sigma]$$

与纯剪切强度条件即式（7-17）进行比较，则$[\tau]$与$[\sigma]$之间的关系为

$$[\tau]=\frac{[\sigma]}{2}=0.5[\sigma]\tag{7-18}$$

2）按第四强度理论的强度条件，得

$$\sqrt{\frac{1}{2}[(\sigma_1-\sigma_2)^2+(\sigma_2-\sigma_3)^2+(\sigma_3-\sigma_1)^2]}\leqslant[\sigma]$$

将式（7-16）代入，得到纯剪切状态下的强度条件为

$$\sqrt{3}\tau \leqslant [\sigma]$$

与纯剪切强度条件式（7 - 17）进行比较，则$[\tau]$与$[\sigma]$之间的关系为

$$[\tau] = \frac{[\sigma]}{\sqrt{3}} = 0.577[\sigma] \tag{7 - 19}$$

综前所述，许用切应力$[\tau]$与许用拉伸应力$[\sigma]$之间的关系为 $[\tau] = (0.5 \sim 0.6)[\sigma]$，与塑性材料实验值的范围一致。

【例 7 - 7】　试根据第三和第四强度理论，建立如图 7 - 14 所示单向拉压与纯剪组合应力状态的强度理论。

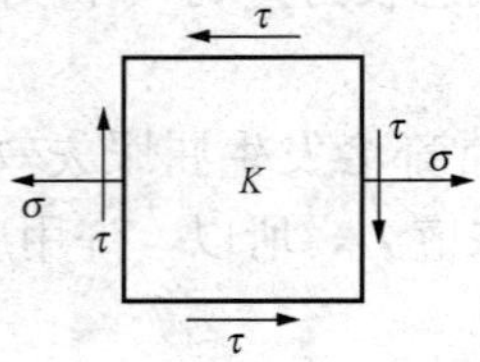

图 7 - 14

解　令 $\sigma_x = \sigma$，$\sigma_y = 0$，$\tau_x = \tau$，代入式（7 - 4）得

$$\sigma_1 = \frac{\sigma}{2} + \frac{1}{2}\sqrt{\sigma^2 + 4\tau^2}$$

$$\sigma_2 = 0$$

$$\sigma_3 = \frac{\sigma}{2} - \frac{1}{2}\sqrt{\sigma^2 + 4\tau^2}$$

代入第三和第四强度理论的公式，即式（7 - 12）和式（7 - 13），得到相应的强度条件为

$$\sigma_{r3} = \sqrt{\sigma^2 + 4\tau^2} \leqslant [\sigma] \tag{7 - 20}$$

$$\sigma_{r4} = \sqrt{\sigma^2 + 3\tau^2} \leqslant [\sigma] \tag{7 - 21}$$

式（7 - 20）和式（7 - 21）在塑性材料制成的非纯弯曲梁和其他构件及组合变形的计算中广泛应用。

【例 7 - 8】　等厚钢制薄壁圆筒如图 7 - 15 所示，其平均直径 D=100cm，筒内液体压强 p=3.6MPa。材料的许用应力$[\sigma]$=160MPa，试设计圆筒的壁厚。

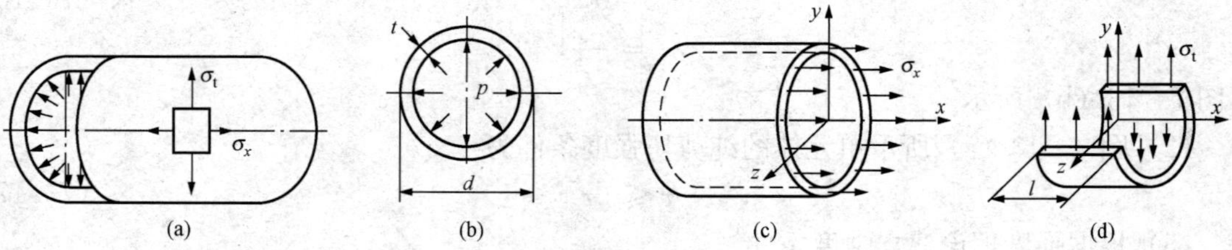

图 7 - 15

解　对图 7 - 15（c）、图 7 - 15（d）所示研究对象分析，分别建立方程。

$$\sum F_x = 0, \quad \sigma_x \pi D t = p\,\frac{\pi D^2}{4}, \quad 有\ \sigma_x = \frac{pD}{4t}$$

$$\sum F_y = 0, \quad 2\sigma_t l t = pDl, \quad 有\ \sigma_t = \frac{pD}{2t}$$

在 $D \gg t$ 的条件下，p 与 σ_t 相比很小可略去不计，故主应力为

$$\sigma_1 = \sigma_t, \quad \sigma_2 = \sigma_x, \quad \sigma_3 \approx 0$$

钢材在这种应力状态下发生屈服失效，则：

按第三强度理论 $\sigma_1 - \sigma_3 = \dfrac{pD}{2t} \leqslant [\sigma]$，有

$$t \geqslant \frac{pD}{2[\sigma]} = \frac{3.6\times1000}{2\times160} = 11.25(\text{mm})$$

按第四强度理论 $\sqrt{\frac{1}{2}\left[\left(\frac{pD}{2t}-\frac{pD}{4t}\right)^2+\left(\frac{pD}{4t}\right)^2+\left(\frac{pD}{2t}\right)^2\right]} \leqslant [\sigma]$，有

$$t \geqslant \frac{\sqrt{3}}{4}\frac{pD}{[\sigma]} = \frac{\sqrt{3}\times3.6\times1000}{4\times160} = 9.75(\text{mm})$$

可见按第三强度理论计算较第四强度理论偏安全。

【例 7-9】 如图 7-16 所示一 T 形截面的铸铁外伸梁，试校核危险截面 b 点的强度。已知铸铁抗拉和抗压许用应力分别为 $[\sigma_t]=30\text{MPa}$，$[\sigma_c]=160\text{MPa}$。

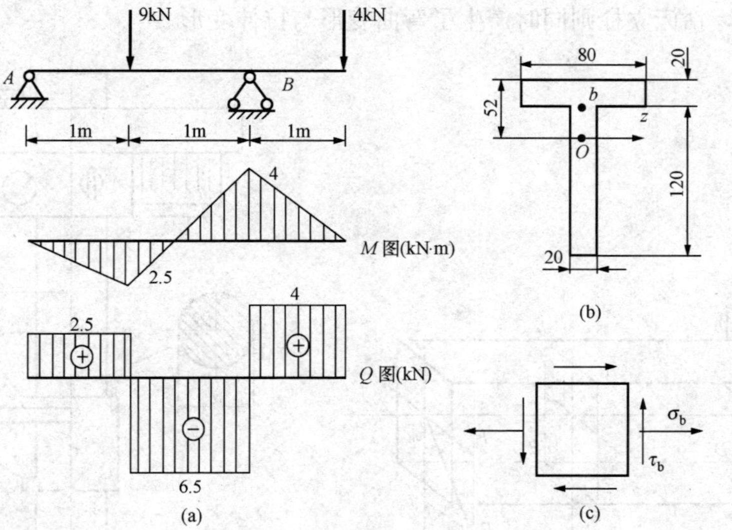

图 7-16

解 由图 7-16（a）可知，图示简支梁危险截面发生在 B 截面，有

$$M_{B^-} = 4\text{kN}\cdot\text{m},\ F_{sB^-} = -6.5\text{kN}$$

根据截面尺寸可以求得 $I_z=763\text{cm}^4$，$S_{zb}^*=67.2\text{cm}^3$，$y=32$，则

$$\begin{cases}\sigma_b = \dfrac{My}{I_z} = \dfrac{4\times10^6\times32}{763\times10^4} = 16.8(\text{MPa}) \\ \tau_b = \dfrac{F_sS_z^*}{I_zb} = \dfrac{6.5\times10^3\times67.2\times10^3}{763\times10^4\times20} = 2.86(\text{MPa})\end{cases}$$

该点单元体应力状态如图 7-16（c）所示。求出主应力为

$$\sigma_1 = \frac{16.8}{2}+\sqrt{\left(\frac{16.8}{2}\right)^2+2.86^2} = 17.3(\text{MPa})$$

$$\sigma_3 = \frac{16.8}{2}-\sqrt{\left(\frac{16.8}{2}\right)^2+2.86^2} = 0.47(\text{MPa})$$

由于铸铁的抗拉、压强度不等，应使用莫尔准则，有

$$\sigma_{rM} = \sigma_1 - \frac{[\sigma_t]}{[\sigma_c]}\sigma_3 = 17.3-\frac{30}{160}(-0.47) = 17.4(\text{MPa}) < [\sigma_t]$$

满足强度理论的要求。

单元三　组合变形构件的设计

一、组合变形的概念

在前面几个项目中，分别研究了杆件在基本变形（轴向拉伸和压缩、剪切、扭转、弯曲）时的强度和刚度。在实际工程中，有许多构件在荷载作用下常常同时发生两种或者两种以上的基本变形，这种情况称为组合变形。如图 7 - 17（a）所示，梁在力 F 作用下，其作用线并不通过截面的任何形心主惯性轴，此时，梁发生的就不再是平面弯曲了。但可以分解为梁水平、竖直两个纵向对称平面内的平面弯曲，这种情况称为斜弯曲或者双向弯曲。如图 7 - 17（b)所示，钻床立柱则同时产生了弯曲变形与拉伸变形。

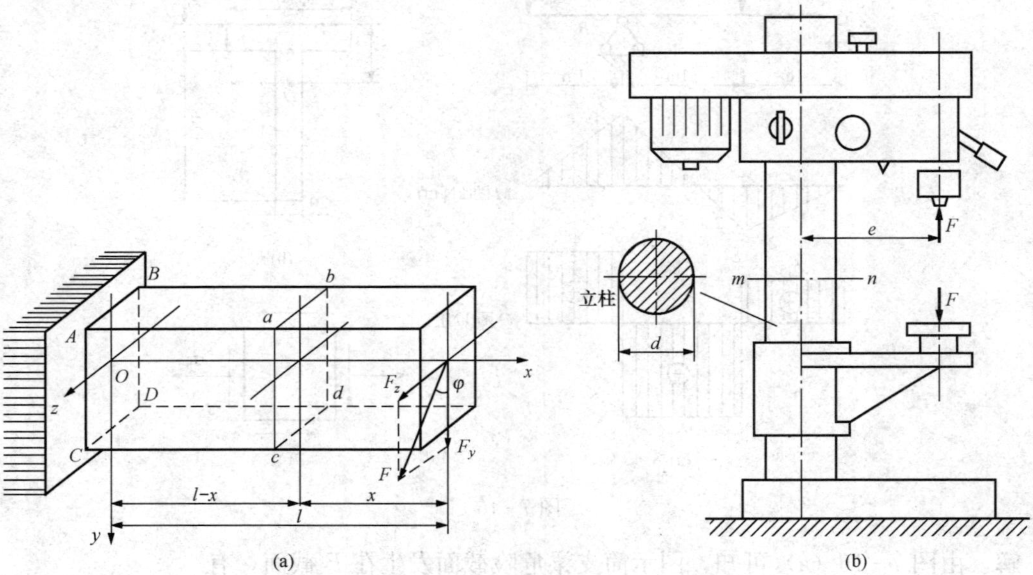

图 7 - 17

处理组合变形问题的方法有：

（1）将构件的组合变形分解为基本变形。

（2）计算构件在每一种基本变形情况下的内力和应力。

（3）将同一点的应力叠加起来，便可得到构件在组合变形情况下的应力。

叠加原理是解决组合变形计算的基本原理。叠加原理应用条件：在材料服从胡克定律，构件产生小变形，所求力学量是荷载的一次函数的情况下，计算组合变形时可以将几种变形分别单独计算，然后再叠加，即得组合变形杆件的内力、应力和变形。

二、组合变形的工程实例

组合变形的实例在工程中非常多，常见的组合变形有弯曲与拉伸（压缩）组合、弯曲与扭转组合等，如图7 - 18所示结构中的构件。本项目主要研究压缩（拉伸）与弯曲组合变形和扭转与弯曲组合变形。

三、弯曲与拉伸组合变形构件设计

由杆件的基本变形可知，杆件在受作用线与轴线重合的外力作用时产生轴向拉伸或压缩

(a)

(b)

(c)

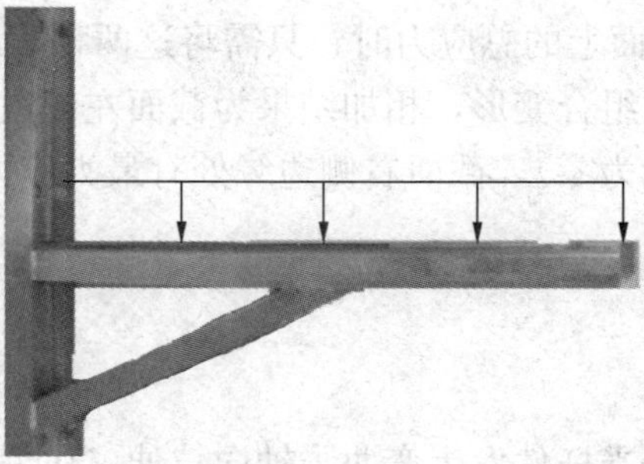

(d)

图 7 - 18

变形，在受与轴线垂直的横向力作用时，产生弯曲变形。在下述两类荷载作用下，杆件将产生拉伸（压缩）与弯曲组合变形：

(1) 杆件受轴向力和横向力共同作用。如图 7 - 18（a）所示的楼梯斜梁为压缩与弯曲的组合，简称压弯组合变形，图 7 - 18（d）所示的支架的横梁 AB 梁为拉弯组合变形。

(2) 杆件受作用线与轴线平行但不通过截面形心的外力作用，即受偏心力作用。如图 7 - 18（b）所示的吊车梁的牛腿柱为偏心压缩，属于压弯组合变形。

这些实例中反映的构件横截面上应力特点是：轴力和弯矩都将在横截面上产生正应力。

对于弯曲刚度 EI 较大的杆，由于横向力引起的挠度与横截面的尺寸相比很小，因此，可以忽略其压缩变形和弯曲变形间的相互影响。于是，可分别计算由横向力和轴向力引起的杆横截面上的正应力，按叠加原理求其代数和，即得在拉伸（压缩）和弯曲组合变形下杆横截面上的正应力。

（一）横向力与轴向力共同作用

现以图 7 - 17（b）所示的钻床立柱为例来分析弯曲与拉伸（弯压组合情况需将轴力反向后计算）组合变形的强度计算。

轴向拉力 F_N 使立柱产生拉伸作用，弯矩 M 使立柱产生平面弯曲，故立柱的变形为拉伸与弯曲的组合变形。轴向拉力 F_N 在 m—n 截面上产生拉伸正应力，弯矩 M 在 m—n 截面上产生弯曲正应力。这两种基本变形在立柱 m—n 截面上产生的都是正应力，因此在计算 m—

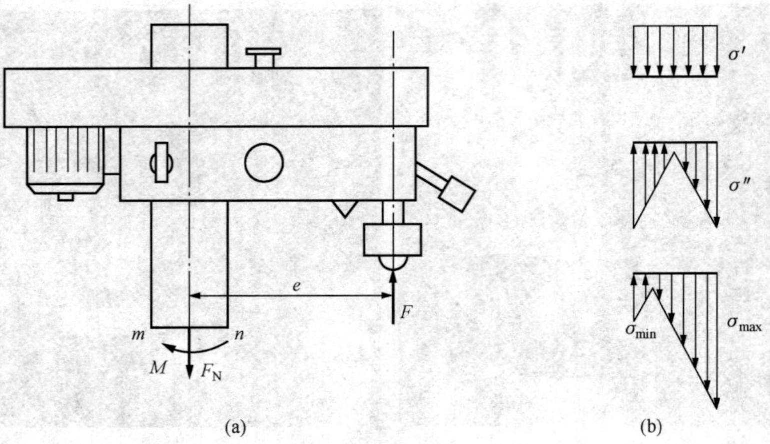

图 7-19

n 截面上的总应力时，只需将这两种正应力进行代数相加即可，如图 7-19（b）所示。对于弯拉组合变形，相加结果为截面左侧边缘处有最小应力（可能为压力，也可能为拉力，甚至可能为零），截面右侧边缘处有最大应力（必为拉力），其值分别为

$$\left.\begin{aligned}\sigma_{\min}=\frac{F_N}{A}-\frac{M}{W_z}\\ \sigma_{\max}=\frac{F_N}{A}+\frac{M}{W_z}\end{aligned}\right\}\tag{7-22}$$

当杆件发生弯曲与轴向拉伸（压缩）的组合变形时，对于抗拉与抗压强度相同的塑性材料，只需按截面上的最大应力进行强度计算即可，其强度条件为

$$\sigma_{\max}=\frac{F_N}{A}+\frac{M}{W_z}\leqslant[\sigma]\tag{7-23}$$

对于抗压强度与抗拉强度不相等的材料，如脆性材料，且截面上又同时出现了拉应力和压应力的弯拉组合情况，则要分别计算抗拉强度和抗压强度，可按下式计算

$$\left.\begin{aligned}\sigma_{\max}^{+}=\frac{F_N}{A}+\frac{M}{W_z}\leqslant[\sigma^{+}]\\ \sigma_{\max}^{+}=\left|\frac{F_N}{A}-\frac{M}{W_z}\right|\leqslant[\sigma^{-}]\end{aligned}\right\}\tag{7-24}$$

如果是抗压强度与抗拉强度相等的材料，或截面上只有拉应力的弯拉组合变形，则上述强度公式只有第一式有效。对于弯压组合变形，应力叠加情况正好相反，其强度条件表达式略有不同。

【例 7-10】　有一三角形托架如图 7-20（a）所示，杆 AB 为一工字钢。已知作用在点 B 处的集中荷载 $F=8\text{kN}$，型钢的许用应力 $[\sigma]=100\text{MPa}$，试选择杆 AB 的工字钢型号。

解　(1) 计算杆 AB 的内力，并作内力图。

杆 AB 的受力图如图 7-20（b）所示，由 $\sum M_A=0$，有

$$F_{Cy}\times 2.5-8\times 4=0$$

求得
$$F_{Cy}=12.8\text{kN}(\uparrow)$$

而
$$F_{Cx}=F_{Cy}\tan 30^\circ=12.8\times 1.732=22.17(\text{kN})$$

作出杆 AB 的弯矩图和轴力图，分别如图 7-20（c）、图 7-20（d）所示。

(2) 从内力图上可看出最大弯矩(绝对值)及最大轴力均发生在截面 C 上，分别为

$$M_{\max} = 12\text{kN} \cdot \text{m}$$

$$F_{\text{Nmax}} = 22.17\text{kN}$$

(3) 计算最大正应力。

根据叠加原理，杆 AB 在截面 C 偏左的截面上的最大拉应力为

$$\sigma_{\max} = \frac{F_{\text{Nmax}}}{A} + \frac{M_{\max}}{W_z}$$

$$= \frac{22.17 \times 10^3}{A} + \frac{12 \times 10^3}{W_z} \tag{7-25}$$

式中：A 为杆 AB 横截面的面积；W_z 为相应的抗弯截面模量。

(4) 选择工字钢的型号。

因式 (7-25) 中的 A 和 W_z 均为未知，故需采用试算法。首先选用 18 号工字钢，由附录 B 中表 B-3 可查得 $A = 30.8 \times 10^2\text{mm}^2$，$W_z = 185 \times 10^3\text{mm}^3$，代入式 (7-25) 得

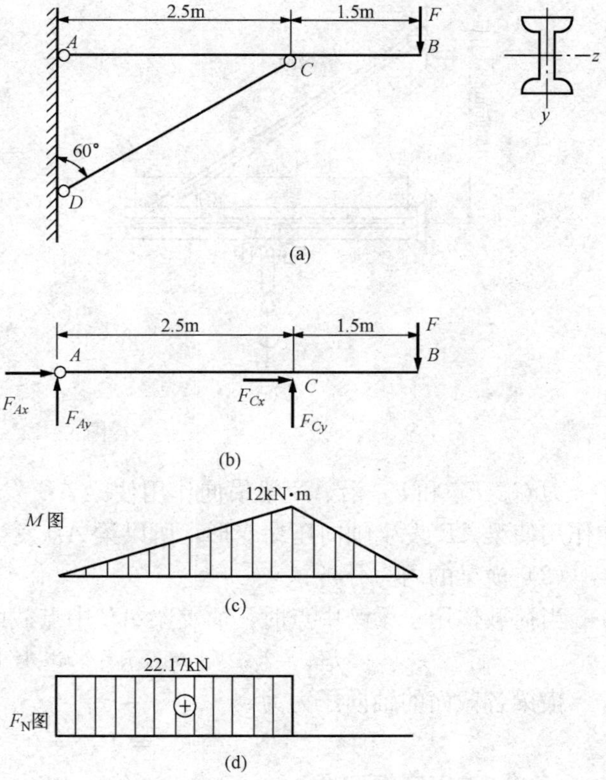

图 7-20

$$\sigma = \frac{22.17 \times 10^3}{30.8 \times 10^2 \times 10^{-6}} + \frac{12 \times 10^3}{185 \times 10^3 \times 10^{-9}}$$

$$= 72.1 \times 10^6(\text{Pa}) = 72.1\text{MPa} < [\sigma] = 100\text{MPa}$$

强度满足要求，但富余太多，不经济。改选 16 号工字钢，$A = 26.1 \times 10^2\text{mm}^2$，$W_z = 141 \times 10^3\text{mm}^3$，代入式 (7-25) 得

$$\sigma = \frac{22.17 \times 10^3}{26.1 \times 10^2 \times 10^{-6}} + \frac{12 \times 10^3}{141 \times 10^3 \times 10^{-9}}$$

$$= 93.6 \times 10^6(\text{Pa}) = 93.6\text{MPa} < [\sigma] = 100\text{MPa}$$

这样，就既能满足强度条件，用材又比较经济。确定选用 16 号工字钢。

【例 7-11】　图 7-21 (a) 所示为简易起重机，其最大起吊重量 $G = 15.5\text{kN}$，横梁 AB 为工字钢，许用应力 $[\sigma] = 170\text{MPa}$，若梁的自重不计，试按正应力强度条件选择工字钢的型号。

解　(1) 横梁的静力分析。

横梁可简化为简支梁，由分析可知，当电葫芦移动到梁跨中点时，梁处于最危险的状态。将拉杆 BC 的作用力 F_B 分解为 F_{Bx} 和 F_{By}，如图 7-21 (b) 所示，列静力平衡方程可求得

$$F_{By} = F_{Ay} = \frac{G}{2} = 7.75\text{kN}$$

$$F_{Bx} = F_{Ax} = F_{By}\cos\alpha = 7.75 \times \frac{3400}{1500} = 17.57(\text{kN})$$

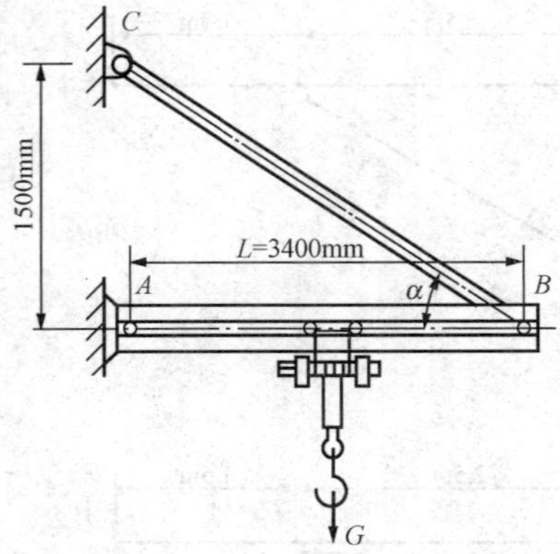

图 7-21

力 G、F_{Bx} 和 F_{By} 沿 AB 梁横向作用使梁 AB 发生弯曲变形，力 F_{Ax} 与 F_{Bx} 沿 AB 梁的轴向作用使梁 AB 发生轴向压缩变形，所以梁 AB 发生压缩与弯曲的组合变形。

(2) 横梁的内力分析。

当荷载作用于梁跨中点时，简支梁 AB 中点截面的弯矩值最大，其值为

$$M_{\max} = GL/4 = 15.5 \times 3.4/4 = 13.18(\text{kN} \cdot \text{m})$$

横梁各截面的轴向压力为

$$F_N = F_{Ax} = 17.57\text{kN}$$

(3) 初选工字钢型号。

按抗弯强度条件初选工字钢的型号。

由
$$\sigma_{\max} = \frac{M_{\max}}{W_z} \leqslant [\sigma]$$

得
$$W_z \geqslant \frac{M_{\max}}{[\sigma]} = \frac{13.18 \times 10^6}{170} = 77.5 \times 10^3(\text{mm}^3) = 77.5\text{cm}^3$$

查附录表 B-3，初选 14 号工字钢，其 $W_z = 102\text{cm}^3$，$A = 21.5\text{cm}^2$。

(4) 校核横梁抗组合变形强度。

横梁最大应力出现在中点截面的上边缘各点处。由压弯组合变形的强度条件

$$\sigma_{\max}^{+} = \frac{F_N}{A} + \frac{M}{W_z} = \frac{17.57 \times 10^3}{21.5 \times 10^2} + \frac{13.18 \times 10^6}{102 \times 10^3}$$
$$= 137(\text{MPa}) < [\sigma] = 170\text{MPa}$$

选用 14 号工字钢作为横梁强度足够。倘若强度不满足，可以将所选的工字钢型号再放大一号进行校核，直到满足强度条件为止。

(二) 偏心压缩（拉伸）

当外荷载作用线与杆轴线平行但不重合时，杆件将产生压缩（拉伸）和弯曲两种基本变形，称为偏心压缩（拉伸）。偏心受压杆的受力情况一般可简化为如图 7-22 所示的两种偏心受压情况。如图 7-22 (a) 所示，当偏心压力 F（或方向向上的拉力）作用在杆件横截面对称轴上时，则产生轴向压缩（或拉伸）和单向平面弯曲的组合变形，称为单向偏心压缩（或拉伸）；如图 7-22 (b) 所示，当偏心压力 F（或拉力）作用在横截面的任意点上，则产生轴向压缩（拉伸）和双向平面弯曲的组合变形，称为双向偏心压缩（拉伸）。本单元主

要讲解单向偏心压缩（拉伸）情况。

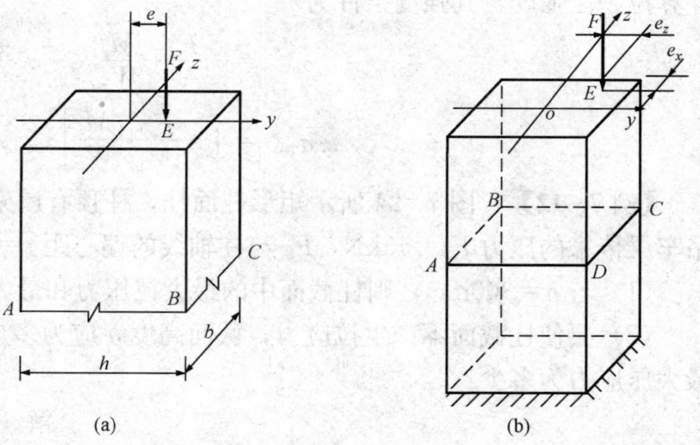

图 7 - 22

如图 7 - 23（a）所示为单向偏心受压杆，偏心荷载 F 作用在截面形心轴 y 轴上。为了将偏心荷载分解为基本受力形式的叠加，可以将外力直接向截面形心简化，简化结果如图 7 - 23（b）所示。杆件在轴向压力 F 和弯矩 $M_z=Fe$ 共同作用下，其任一横截面受力均相同，杆件将产生轴向压缩与纯弯曲的组合变形。

轴向压力 F 在横截面上引起均匀分布的正应力 $\sigma'=\frac{F_N}{A}$［见图 7 - 23（c）］，弯矩 $M_z=Fe$ 引起的正应力 $\sigma''=\pm\frac{M_z y}{I_z}$［见图 7 - 23（d）］，则横截面上应力 σ 分布规律如图 7 - 23（e）所示。某一点处的应力为

$$\sigma=\sigma'+\sigma''=\frac{F_N}{A}\pm\frac{M_z y}{I_z}$$

则最大、最小正应力必将发生在横截面的上、下边缘，即

$$\left.\begin{aligned}\sigma_{\max}&=\frac{F_N}{A}+\frac{M_z}{W_z}\\ \sigma_{\min}&=\bar{\sigma}_{\max}=\frac{F_N}{A}-\frac{M_z}{W_z}\end{aligned}\right\}\tag{7 - 26}$$

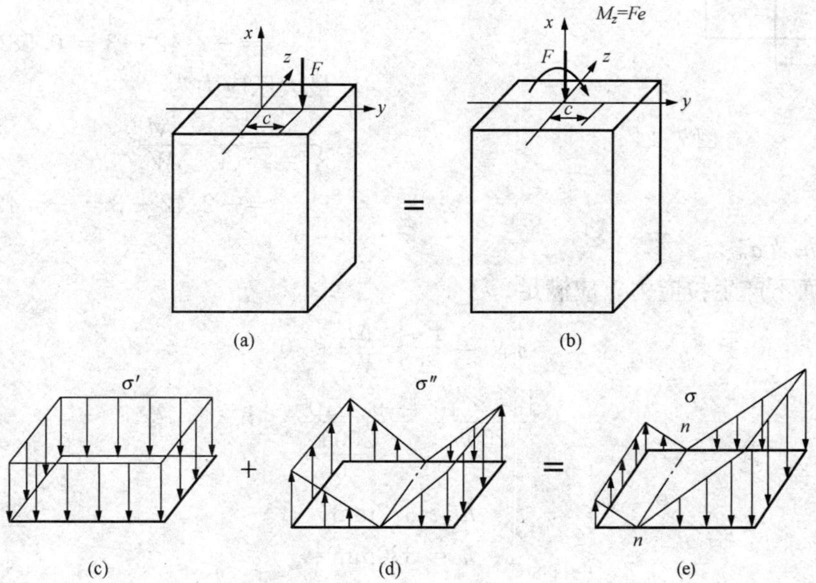

图 7 - 23

如果杆件材料的抗拉、抗压强度不相等，且横截面上拉、压应力同时出现时，则应分别计算拉、压强度，其强度条件为

$$\left.\begin{aligned}\sigma_{\max}^{+}&=-\frac{F}{A}+\frac{M_z}{W_z}\leqslant[\sigma^{+}]\\ \sigma_{\max}^{-}&=\left|-\frac{F}{A}+\frac{M_z}{W_z}\right|\leqslant[\sigma^{-}]\end{aligned}\right\}\tag{7-27}$$

【例 7-12】 图 7-24 所示矩形截面柱，柱顶有屋架传来的压力 $F_1=100\text{kN}$，柱上承受吊车梁传来的压力 $F_2=45\text{kN}$，F_2 与柱轴线的偏心距 $e=0.2\text{m}$。已知柱宽 $b=200$ mm，求：

（1）若 $h=300\text{mm}$，则柱截面中的最大拉压力和最大压应力各为多少？

（2）要使柱截面不产生拉应力，截面高度 h 应为多少？在所选的 h 尺寸下，柱截面中的最大压应力为多少？

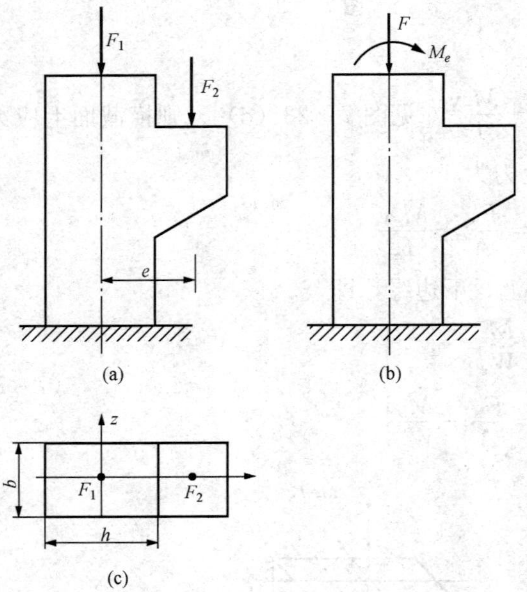

图 7-24

解　（1）外力分析。

将偏心力 F_2 向截面形心平移得

$$F=-(F_1+F_2)=145\text{kN}$$

$$M_e=F_2e=45\times0.2=9(\text{kN}\cdot\text{m})$$

（2）求 $\sigma_{\max}^{+}$ 和 $\sigma_{\max}^{-}$。

$$F_N=-F=-145\text{kN}$$

截面的弯矩为

$$M_z=M_e=9\text{kN}\cdot\text{m}$$

最大拉应力为

$$\sigma_{\max}^{+}=\frac{F_N}{A}+\frac{M_z}{W_z}=-\frac{145\times10^3}{200\times300}+\frac{9\times10^6}{\frac{200\times300^2}{6}}=-2.42+3=0.58(\text{MPa})$$

最大压应力为

$$\sigma_{\max}^{-}=\frac{F_N}{A}-\frac{M_z}{W_z}=-2.42-3=-5.42(\text{MPa})$$

（3）求 h 及 $\sigma_{\max}^{-}$。

要使截面不产生拉应力，应满足

$$\sigma_{\max}=\frac{F_N}{A}-\frac{M_z}{W_z}\leqslant0$$

即

$$-\frac{145\times10^3}{200h}+\frac{9\times10^5}{\frac{200h^2}{6}}\leqslant0$$

解得

$$h\geqslant372\text{mm}$$

取

$$h=380\text{mm}$$

当 $h=380\text{mm}$ 时，截面的最大压应力为

$$\sigma_{\max}^{-}=\frac{F_{N}}{A}-\frac{M_{z}}{W_{z}}=-\frac{145\times10^{3}}{200\times380^{2}}-\frac{9\times10^{6}}{\frac{200\times380^{2}}{6}}=-1.908-1.87=-3.78(\text{MPa})$$

【例7-13】 某水库溢洪道的浆砌块石挡土墙如图7-25所示（墙高与基宽的比例尺未画成一致），通常是取单位长度的挡土墙来进行计算。已知：墙的自重 $G=G_1+G_2$，$G_1=72\text{kN}$ 的作用线到横截面 BC 的形心 O 的距离为 $x_1=0.8\text{m}$，$G_2=77\text{kN}$ 的作用线到点 O 的距离为 $x_2=0.03\text{m}$；在横截面 BC 以上的土壤作用在墙面上的总土压力 $F=95\text{kN}$，其作用线与水平面的夹角 $\theta=42°$，其在墙面上的作用点 D 到点 O 的水平距离和竖直距离分别为 $x_0=0.43\text{m}$ 和 $y_0=1.67\text{m}$；砌体的许用压应力为3.5MPa，许用拉应力为0.14MPa。要求计算出作用在截面 BC 上点 B 和点 C 处的正应力并进行强度校核。

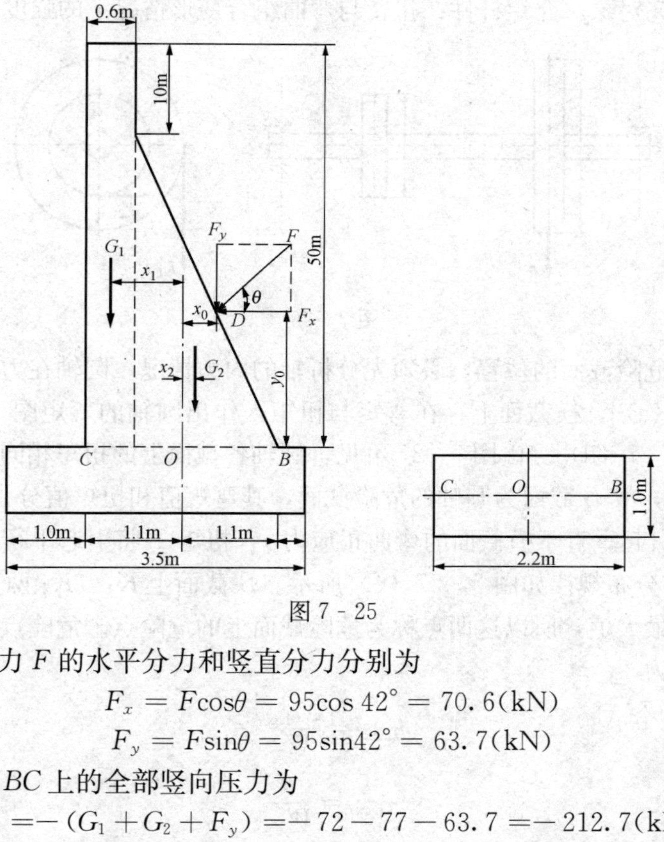

图7-25

解 (1) 土压力 F 的水平分力和竖直分力分别为

$$F_x=F\cos\theta=95\cos42°=70.6(\text{kN})$$
$$F_y=F\sin\theta=95\sin42°=63.7(\text{kN})$$

作用在横截面 BC 上的全部竖向压力为

$$F_N=-(G_1+G_2+F_y)=-72-77-63.7=-212.7(\text{kN})$$

各力对横截面 BC 的形心 O 的总力矩为

$$\begin{aligned}M&=G_1x_1-G_2x_2+F_xy_0-F_yx_0\\&=72\times0.8-77\times0.03+70.6\times1.67-63.7\times0.43\\&=145.8(\text{kN}\cdot\text{m})\end{aligned}$$

横截面 BC 的面积（按1m长的挡土墙计算）$A=1\times2.2=2.2\text{m}^2$，其抗弯截面模量为

$$W=\frac{bh^2}{6}=\frac{1\times2.2^2}{6}=0.807\text{m}^3$$

(2) 点 C 处的正应力（为压应力）

$$\sigma_c=\left|\frac{F_N}{A}-\frac{M}{W}\right|=\left|\frac{-212.7}{2.2}-\frac{145.8}{0.807}\right|=278(\text{kN/m}^2)=0.278\text{MPa}<[\sigma]_c=3.5\text{MPa}$$

点 B 处的正应力（为拉应力）

$$\sigma_t=\left|\frac{F_N}{A}+\frac{M}{W}\right|=\left|\frac{-212.7}{2.2}+\frac{145.8}{0.807}\right|=84(\mathrm{kN/m^2})=0.084\mathrm{MPa}<[\sigma]_t=0.14\mathrm{MPa}$$

故截面 BC 满足强度要求。

四、扭转与弯曲组合变形构件设计

前面研究杆件的扭转时只考虑了扭矩对杆的作用。实际上，工程中的许多受扭杆件，在发生扭转变形的同时，还常会发生弯曲变形，当这种弯曲变形不能忽略时，则应按弯曲与扭转的组合变形问题来处理。例如图 7 - 18（c）中所示的卷扬机轴，绳子的拉力除会使机轴发生扭转以外还将使机轴发生弯曲。又如图 7 - 26 中所示的传动轴，在两个轮子的边缘上作用有沿切线方向的力 F_1 和 F_2，这些力不但会使轴发生扭转，同时还会使它发生弯曲。本单元将以圆截面杆为研究对象，介绍杆件在扭转与弯曲组合变形情况下的强度计算问题。

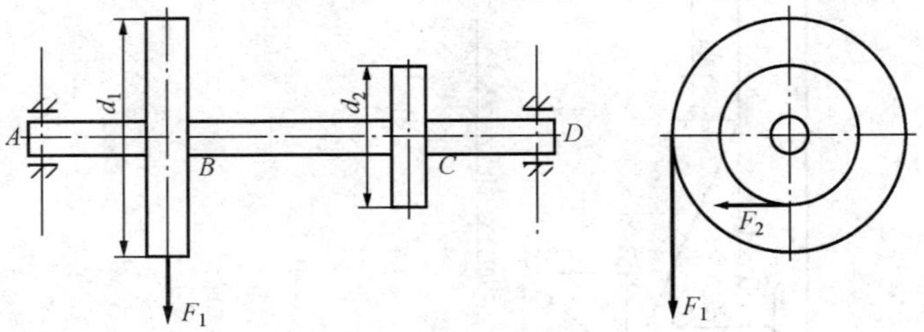

图 7 - 26

项目7

为了确定圆轴危险截面的位置，必须先分析轴的内力情况。圆轴在力 F 和力偶 M_A 的作用下［见图 7 - 27（a）］，横截面上存在弯矩与扭矩，作出圆轴的弯矩图［见图 7 - 27（c）］和扭矩图［见图 7 - 27（d）］。由图 7 - 27 可见，圆轴各截面上的扭矩相同，而弯矩则在固定端 B 截面处为最大，故 B 截面为圆轴的危险截面，其弯矩值和扭矩值分别为 $M_{max}=Fl$ 和 $T=FR$。弯矩 M 将引起垂直于横截面的弯曲正应力 σ，扭矩 T 将引起平行于横截面的切应力 τ，B 截面上的应力分布规律如图 7 - 27（e）所示。B 截面上 K_1、K_2 两点处弯曲正应力和扭转切应力同时为最大值，所以这两点称为危险截面上的危险点。危险点的最大正应力和最大切应力的值分别为

$$\sigma_{max}=\frac{M_{max}}{W_z}$$

$$\tau_{max}=\frac{T}{W_P}$$

式中　M_{max}——危险截面上的弯矩；

T——危险截面上的扭矩；

W_z——抗弯截面系数；

W_P——抗扭截面系数。

由于弯扭组合变形中危险点上既有正应力，又有切应力，属于复杂应力状态。在复杂应力状态下，不能将正应力和切应力简单地代数相加，而必须应用强度理论来建立强度条件。机械中产生弯扭组合变形的转轴大都采用塑性材料，实践证明，适用于塑性材料的强度理论是最大切应力理论和形状改变比能理论，即第三强度理论和第四强度理论。据此，对于塑性材料处在弯扭组合变形的复杂应力状态下，可应用第三、第四强度理论来建立强度条件进行

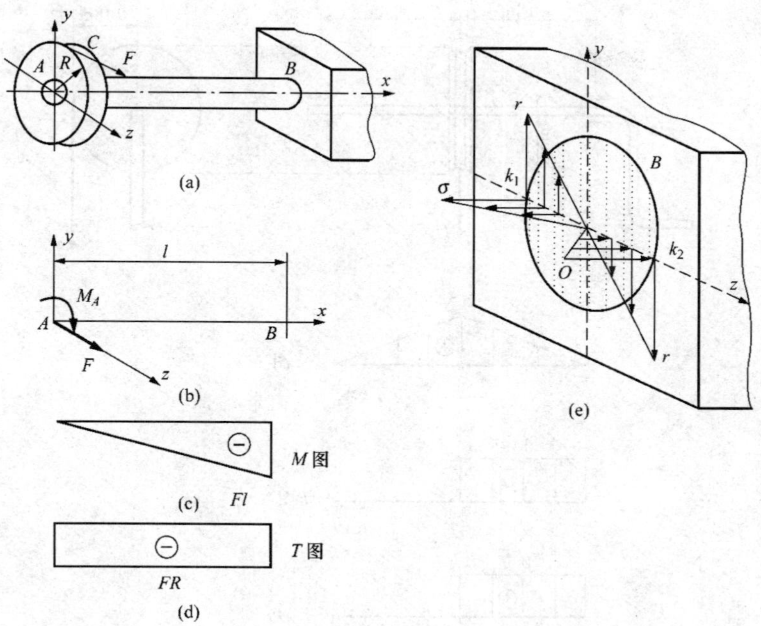

图 7-27

强度计算

$$\left.\begin{aligned}\sigma_{r3}^{*}&=\sqrt{\sigma^{2}+4\tau^{2}}\leqslant[\sigma]\\\sigma_{r4}^{*}&=\sqrt{\sigma^{2}+3\tau^{2}}\leqslant[\sigma]\end{aligned}\right\}\tag{7-28}$$

式中　σ_{r3}^{*}——第三强度理论的相当应力；

σ_{r4}^{*}——第四强度理论的相当应力。

将圆轴弯扭组合变形的弯曲正应力 $\sigma_{max}=M_{max}/W_z$ 和扭转切应力 $\tau_{max}=T/W_P$ 及 $W_P=2W_z$ 代入式（7-28），即得到圆轴弯扭组合变形时第三、第四强度理论的强度条件分别为

$$\sigma_{r3}^{*}=\frac{\sqrt{M_{max}^{2}+T^{2}}}{W_z}\leqslant[\sigma]\tag{7-29}$$

$$\sigma_{r4}^{*}=\frac{\sqrt{M_{max}^{2}+0.75T^{2}}}{W_z}\leqslant[\sigma]\tag{7-30}$$

【例 7-14】　试根据最大切应力理论（第三强度理论）确定图 7-28 中所示手摇卷扬机（辘轳）能起吊的最大许可荷载 F 的数值。已知机轴的横截面为直径 $d=30\text{mm}$ 的圆形，机轴材料的许用应力 $[\sigma]=160\text{MPa}$。

解　在力 F 作用下，机轴将同时发生扭转和弯曲变形，应按扭转与弯曲组合变形问题计算。

（1）内力计算。

分别作出轴的弯矩图、扭矩图和剪力图，如图 7-28（b）～图 7-28（d）所示，由此可知，轴的危险截面是跨中截面偏左。此处的内力为

扭矩　$$T=F\times0.18=0.18F$$

弯矩　$$M=\frac{F\times0.8}{4}=0.2F$$

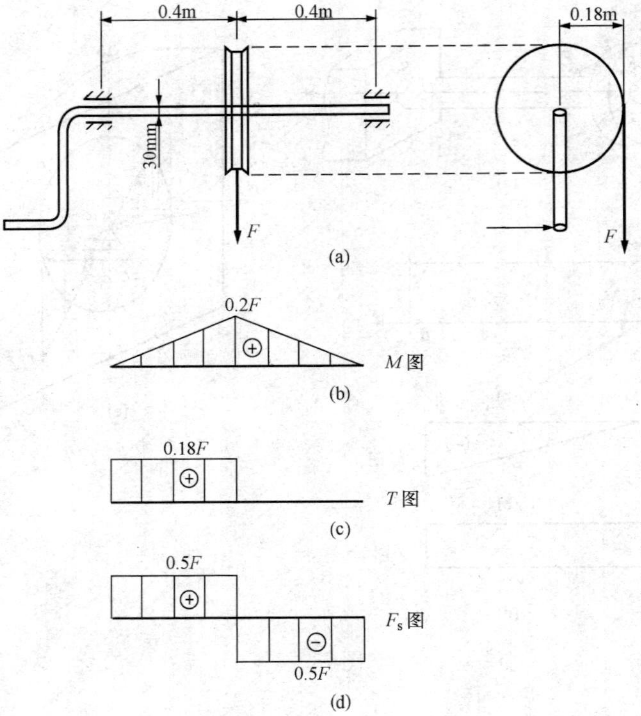

图 7 - 28

剪力
$$F_s=\frac{F}{2}=0.5F$$

(2) 计算截面的几何特性。

$$W_z=\frac{\pi d^3}{32}=W=\frac{\pi d^3}{32}=\frac{\pi\times 30^3}{32}=2650(\text{mm}^3)$$

$$W_P=2W=5300\text{mm}^3$$

$$A=\frac{\pi d^2}{4}=\frac{\pi\times 30^2}{4}=707(\text{mm}^2)$$

(3) 应力计算。

扭转产生的最大切应力（圆轴外表面）为

$$\tau_n=\tau'=\frac{T}{W_P}=\frac{0.18F}{5300\times 10^{-9}}=0.034F\times 10^6\ \text{Pa}=0.034F\ \text{MPa}$$

弯曲时的剪力产生的最大切应力（圆轴的中性轴上）为

$$\tau''=\frac{4F_s}{3A}=\frac{4\times 0.5F}{3\times 707\times 10^{-6}}=0.001F\times 10^6\ \text{Pa}=0.001F\ \text{MPa}$$

弯曲时的弯矩产生的最大正应力（圆轴距中性轴最远点——外表面）为

$$\sigma_M=\sigma=\frac{M}{W}=\frac{0.2F}{2650\times 10^{-9}}=0.076F\times 10^6\ \text{Pa}=0.076F\ \text{MPa}$$

所以危险点应该是扭转产生的最大切应力和弯矩产生的最大正应力的点，其主应力为

$$\left.\begin{matrix}\sigma_1\\ \sigma_3\end{matrix}\right\}=\frac{\sigma_M}{2}\pm\sqrt{\left(\frac{\sigma_M}{2}\right)^2+\tau_n^2}$$

$$=\frac{0.076F}{2}\pm\sqrt{\left(\frac{0.076F}{2}\right)^2+(0.034F)^2}$$

$$=0.038F\pm0.051F=\begin{matrix}0.089F\\-0.013F\end{matrix}\text{MPa}$$

（4）根据最大切应力理论求许可荷载

$$\sigma_{r3}^{*}=\sigma_1-\sigma_3=0.089F+0.013F=0.102F\leqslant[\sigma]=160\text{MPa}$$

故
$$F\leqslant\frac{160}{0.102}=1570(\text{N})=1.57\text{kN}$$

由本例可以看出，在实心轴中由剪力 F_s 产生的切应力 τ'' 一般很小，可以忽略。

【例 7-15】 某减速器齿轮箱中一传动轴如图 7-29 所示，该轴转速为 $n=265\text{r/min}$，输入功率 $P_c=10\text{kW}$，C、D 两轮的节圆直径分别为 $D_1=396\text{mm}$、$D_2=168\text{mm}$，轴径 $d=50\text{mm}$，齿轮压力角 $\alpha=20°$。若轴的许用应力 $[\sigma]=100\text{MPa}$，试按第四强度理论校核轴的强度。

解 （1）外力分析。

将齿轮啮合力正交分解，有

$$\begin{cases}F_{t1}=F_1\cos\alpha\\F_{r1}=F_1\sin\alpha\\F_{t2}=F_2\cos\alpha\\F_{r2}=F_2\sin\alpha\end{cases}$$

外力偶矩的大小为

$$M_C=M_D=9550\times\frac{10}{265}$$
$$=360.38(\text{N}\cdot\text{m})$$
$$F_{t1}=\frac{2M_C}{D_1}=\frac{2\times360.38\times10^3}{396}$$
$$=1820(\text{N})$$
$$F_{r1}=F_{t1}\tan\alpha$$
$$=1820\times\tan20°=662(\text{N})$$
$$F_{t2}=\frac{2M_D}{D_2}=\frac{2\times360.38\times10^3}{168}$$
$$=4290(\text{N})$$
$$F_{r2}=F_{t2}\tan\alpha$$
$$=4290\times\tan20°=1561(\text{N})$$

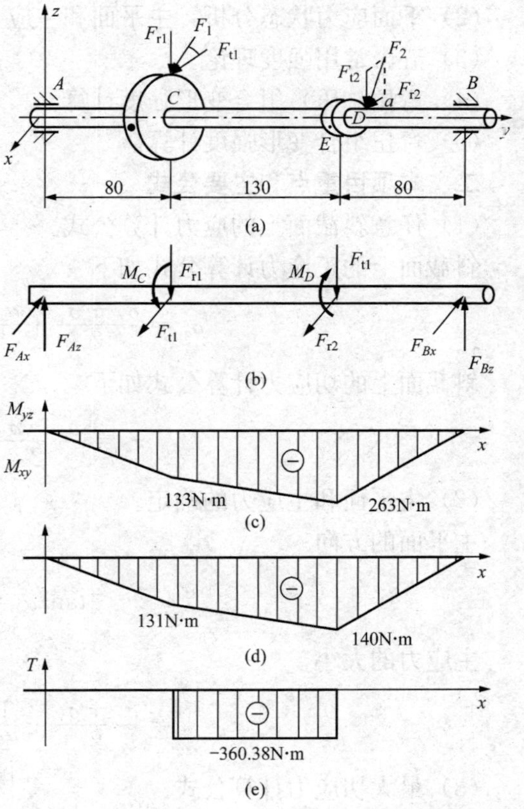

图 7-29

（2）作内力图。

如图 7-29 所示，轴在相互垂直的两平面内同时受到力的作用，所以在两个平面内都会发生弯曲变形，同时也可以作出两个相互垂直平面内的弯矩图，如图 7-29（c）、图 7-29（d）所示。由矢量合成法可以将该两个方向的弯矩合成，合成后的弯矩称为合成弯矩，各截面上合成弯矩的大小可用式 $M=\sqrt{M_{yz}^2+M_{xy}^2}$ 进行计算。

由 yOz 平面和 xOy 平面两弯矩图［见图 7 - 29（c）、图 7 - 29（d）］可见，轴的 D 截面是最大合成弯矩所在的截面，即是轴的危险截面，其最大合成弯矩为

$$M_D=\sqrt{M_{Dyz}^2+M_{Dxy}^2}=\sqrt{263^2+140^2}=297.94(\text{N}\cdot\text{m})$$

（3）按第四强度理论，则

$$\sigma_{r4}^*=\frac{\sqrt{M_D^2+0.75T^2}}{W_z}=\frac{32}{\pi\times 50^3}\times\sqrt{(297.94\times 10^3)^2+0.75\times(360.38\times 10^3)^2}$$

$$=35.16(\text{MPa})<[\sigma]$$

所以，轴的强度满足要求。

小　　结

一、本项目主要知识点

（1）点的应力状态，单元体。

（2）平面应力状态分析，主平面和主应力。

（3）五个常用强度理论。

（4）弯拉（压）组合变形强度计算。

（5）弯扭组合变形强度计算。

二、本项目重点和主要公式

（1）任意斜截面上的应力计算公式。

斜截面上的正应力计算公式如下

$$\sigma_\alpha=\frac{\sigma_x+\sigma_y}{2}+\frac{\sigma_x-\sigma_y}{2}\cos 2\alpha-\tau_x\sin 2\alpha$$

斜截面上的切应力计算公式如下

$$\tau_\alpha=\frac{\sigma_x-\sigma_y}{2}\sin 2\alpha+\tau_x\cos 2\alpha$$

（2）主平面和主应力的确定。

主平面的方向

$$\tan 2\alpha_0=-\frac{2\tau_x}{\sigma_x-\sigma_y}$$

主应力的大小

$$\begin{matrix}\sigma_1\\ \sigma_2\end{matrix}=\frac{\sigma_x+\sigma_y}{2}\pm\frac{1}{2}\sqrt{(\sigma_x-\sigma_y)^2+4\tau_x^2}$$

（3）最大切应力计算公式

$$\tau_{\max}=\pm\frac{\sigma_1-\sigma_3}{2}$$

（4）强度理论：最大拉应力理论（第一强度理论），最大拉应变理论（第二强度理论），最大切应力理论（第三强度理论），形状改变比能理论（第四强度理论）和莫尔强度理论。

（5）五个常用强度理论的强度条件的统一式

$$\sigma_{ri}^*\leqslant[\sigma]$$

分别为

项目7

$$\begin{cases}\sigma_{r1}^{*}=\sigma_1\\ \sigma_{r2}^{*}=\sigma_1-\mu(\sigma_2+\sigma_3)\\ \sigma_{r3}^{*}=\sigma_1-\sigma_3\\ \sigma_{r4}^{*}=\sqrt{\dfrac{1}{2}[(\sigma_1-\sigma_2)^2+(\sigma_2-\sigma_3)^2+(\sigma_3-\sigma_1)^2]}\\ \sigma_{r5}^{*}=\sigma_1-\dfrac{[\sigma_t]}{[\sigma_c]}\sigma_3\end{cases}$$

(6) 第三、第四强度理论在梁结构强度分析中的应用公式。

第三强度理论在梁结构强度分析中的强度条件为

$$\sigma_{r3}^{*}=\sqrt{\sigma^2+4\tau^2}\leqslant[\sigma]$$

第四强度理论在梁结构强度分析中的强度条件为

$$\sigma_{r4}^{*}=\sqrt{\sigma^2+3\tau^2}\leqslant[\sigma]$$

(7) 弯拉（压）组合变形。对于抗压强度与抗拉强度不相等的材料，且截面上又同时出现了拉应力和压应力的弯拉组合情况，则要分别计算抗拉强度和抗压强度。对其强度条件应为

$$\begin{cases}\sigma_{max}^{+}=\dfrac{F_N}{A}+\dfrac{M}{W_z}\leqslant[\sigma^{+}]\\ \sigma_{max}^{-}=\left|\dfrac{F_N}{A}-\dfrac{M}{W_z}\right|\leqslant[\sigma^{-}]\end{cases}$$

如果是抗压强度与抗拉强度相等的材料，或截面上只有拉应力的弯拉组合变形，则上述强度公式只有第一式有效。

(8) 弯扭组合变形。

圆轴弯扭组合变形时第三强度理论的强度条件为

$$\sigma_{r3}^{*}=\frac{\sqrt{M_{max}^2+T^2}}{W_z}\leqslant[\sigma]$$

圆轴弯扭组合变形时第四强度理论的强度条件为

$$\sigma_{r4}^{*}=\frac{\sqrt{M_{max}^2+0.75T^2}}{W_z}\leqslant[\sigma]$$

思　考　题

7-1　什么叫一点的应力状态？

7-2　四种基本变形杆件的单元体是怎样的？试分别绘出四种基本变形杆件的单元体。

7-3　什么叫主平面？什么叫主应力？

7-4　应力状态分为几类？

7-5　怎样用解析法确定任一斜截面上的应力？应力和方位角的正负号是如何确定的？

7-6　单元体上的主应力与其正应力有什么关系？

7-7　怎样用解析法确定主应力的大小和主平面的方位？

7-8　最大切应力作用面与主应力作用面之间的夹角是多少？

7-9　在一单元体中，最大正应力作用的平面上有无切应力？在最大切应力作用的平面上有无主应力？

7-10　构件主要有几种破坏形式？相应有几类强度理论？

7-11　什么是相当应力？五种强度理论的相当应力公式是怎样的？

7-12　当圆轴受弯曲与扭转组合变形时，危险点位于何处？如何计算危险点的应力并建立建立相应的强度条件？

7-13　当矩形截面杆件处于双向弯曲、拉（压）组合变形时，危险点位于何处？如何计算危险点的应力并建立建立相应的强度条件？

7-14　什么叫组合变形？

7-15　用叠加原理处理组合变形问题，将外力分组时应注意些什么？

7-16　悬臂梁受力如图 7-30 所示，采用不同形式截面，将发生什么样的变形？

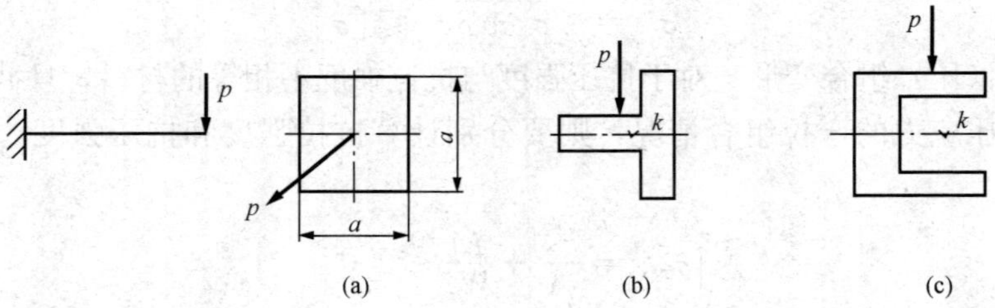

图 7-30

7-17　试分析图 7-31 所示杆件各段杆的变形类型。

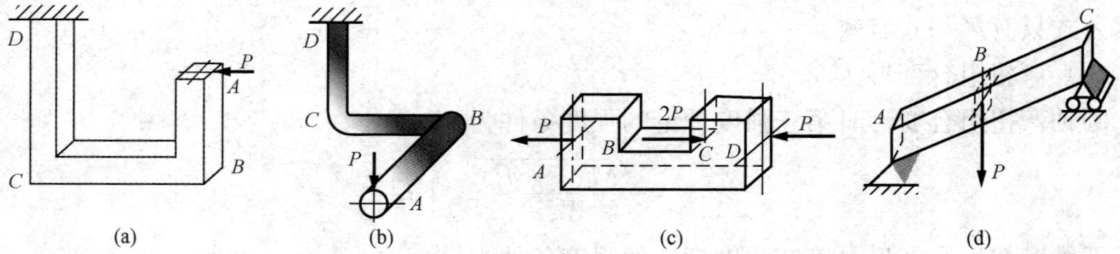

图 7-31

项　目　练　习

7-1　试用解析法分别求出图 7-32 所示各单元体中指定斜截面上的正应力和切应力，

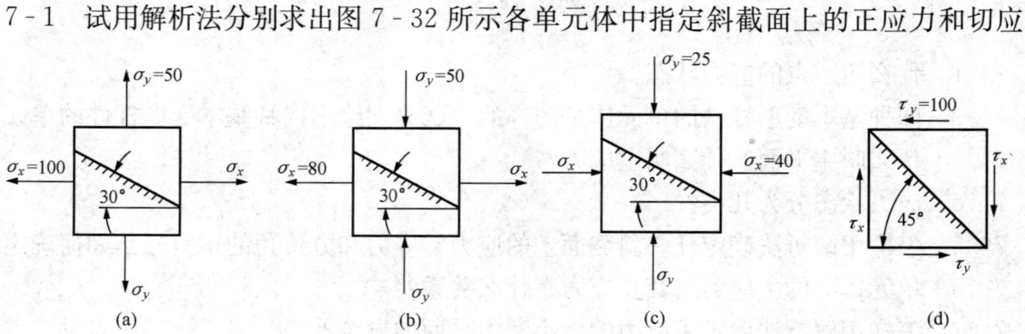

图 7-32

设应力单位为 MPa。

7-2　试用解析法分别求出图 7-33 所示各单元体中指定斜截面上的正应力和切应力，设应力单位为 MPa。

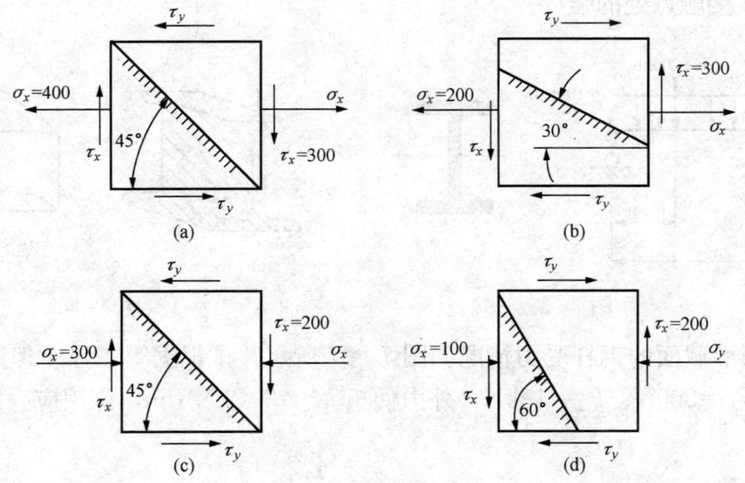

图 7-33

7-3　试用解析法分别求出图 7-34 所示各单元体中主应力的数值，主应力的方向和最大切应力的数值，设应力单位为 MPa。

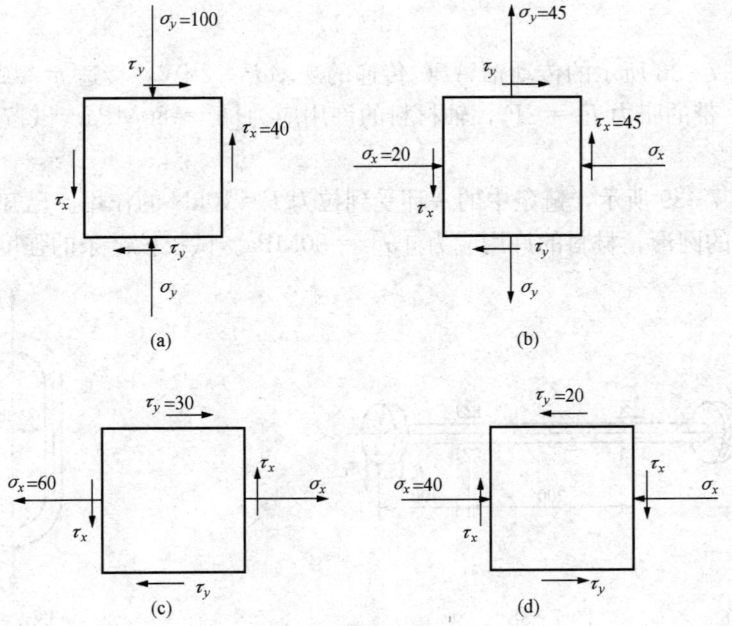

图 7-34

7-4　已知低碳钢的许用应力$[\sigma]=120$MPa，由此材料制成的构件内一危险点的主应力$\sigma_1=-50$MPa，$\sigma_2=-70$MPa，$\sigma_3=-160$MPa，试校核此构件的强度。

7-5　某简支梁的受力情况如图 7-35 所示。已知此梁材料的许用应力$[\sigma]=170$MPa，许用切应力$[\tau]=100$MPa。试为此简支梁选择工字钢的型号，并按照第四强度理论进行强度校核。

7-6　如图 7-36 所示，已知钢轨与火车车轮接触点处的应力 $\sigma_1=-650\text{MPa}$，$\sigma_2=-700\text{MPa}$，$\sigma_3=-900\text{MPa}$。如果钢轨的容许应力$[\sigma]=250\text{MPa}$，试按第三强度理论和第四强度理论校核该接触点处的强度。

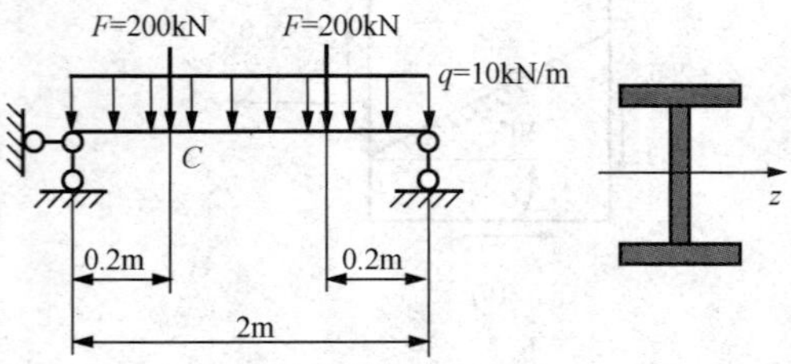

图 7-35

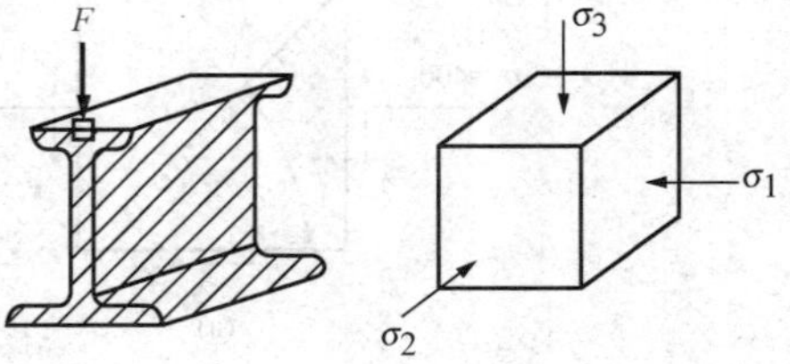

图 7-36

7-7　某圆形截面的钢杆受力情况如图 7-37 所示。试根据第三强度理论校核该杆的强度。已知荷载 $F_1=500\text{N}$、$F_2=15\text{kN}$，外力偶矩 $M_e=1.2\text{kN}\cdot\text{m}$，许用应力$[\sigma]=160\text{MPa}$。

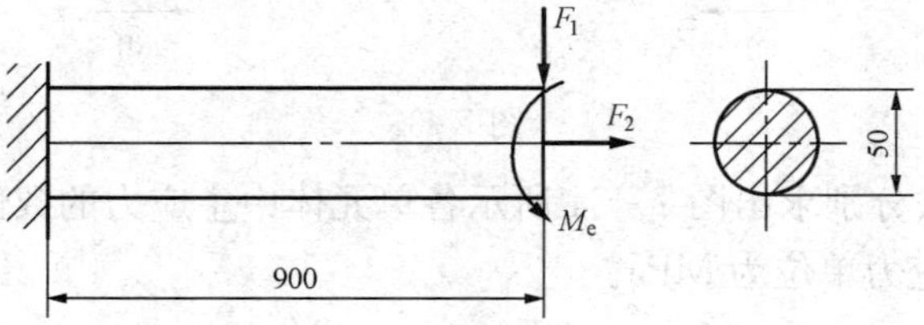

图 7-37

7-8　如图 7-38 所示的传动轴 ABC 传递的功率 $P=2\text{kW}$，转速 $n=100\text{r/min}$，带轮直径 $D=250\text{mm}$，带的张力 $F_T=2F_t$，轴材料的许用应力$[\sigma]=80\text{MPa}$。试按照第三强度理论校核该轴的强度。

7-9　如图 7-39 所示，链条中的一环受到拉力 $F=10\text{kN}$ 的作用。已知链环的横截面为直径 $d=50\text{mm}$ 的圆形，材料的许用应力 $[\sigma]=80\text{MPa}$。试校核链条的强度。

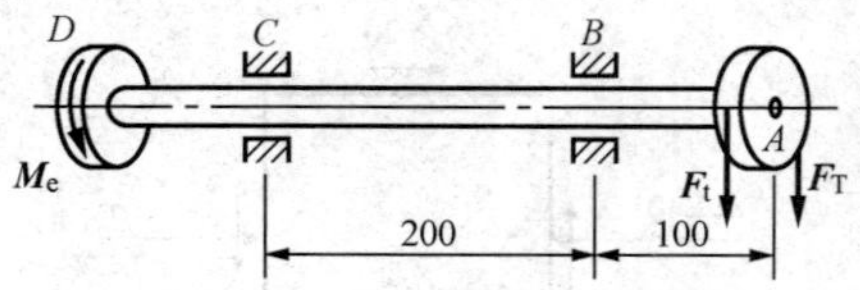

图 7-38

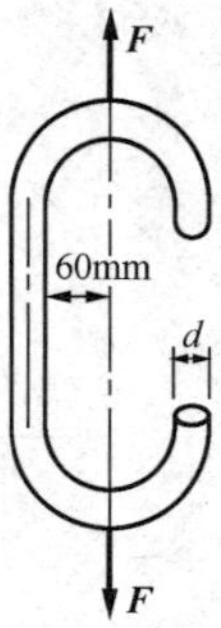

图 7-39

7-10　如图 7-40 所示，简支梁截面为 22a 工字钢。已知 $F=100\text{kN}$，$l=1.2\text{m}$，材料的许用应力$[\sigma]=160\text{MPa}$。试校核梁的强度。

7-11　如图 7-41 所示为起重构架，梁 ACD 由两根槽钢组成。已知 $a=3\text{m}$，$b=1\text{m}$，$F=30\text{kN}$，槽钢材料的许用应力$[\sigma]=140\text{MPa}$，试选择槽钢的型号。

7-12　如图 7-42 所示，柱受荷载 F 的作用，已知材料许用应力$[\sigma]=80\text{MPa}$，试计算

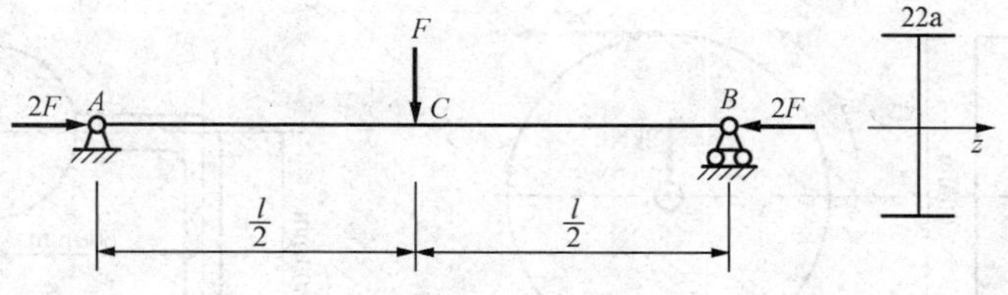

图 7-40

图示固定端截面上 A、B、C 及 D 的正应力并校核构件强度。

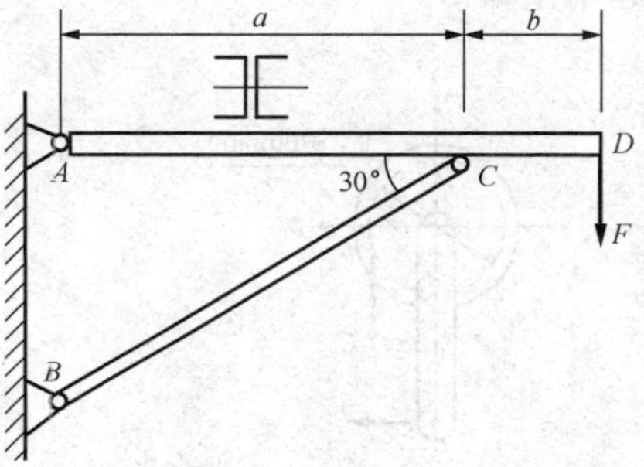

图 7-41

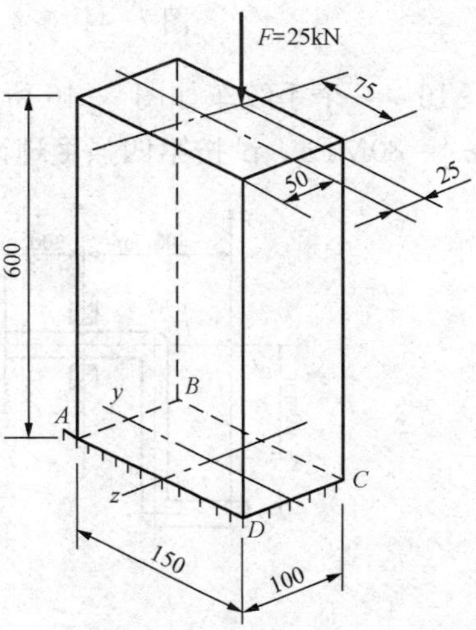

图 7-42

7-13　如图 7-43 所示的斜梁，若 $F=300\text{kN}$，试求其最大拉应力和最大压应力。

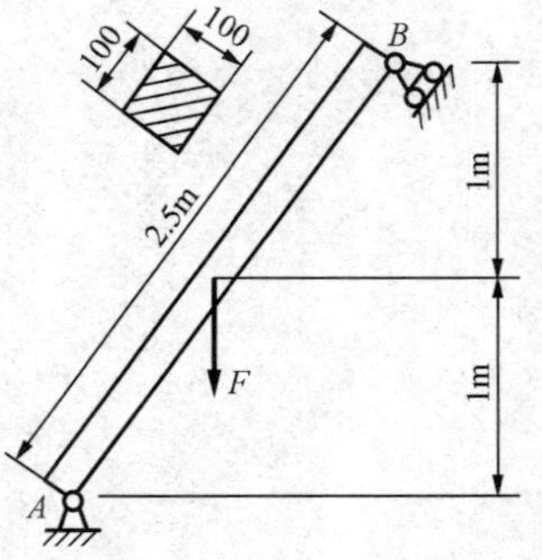

图 7-43

7-14　直径为 0.6m，重量为 2kN 的皮带轮，随着横截面直径为 50mm 的圆轴一同转动（见图 7-44）。已知皮带中的拉力为 8kN 和 1.5kN，轴承与皮带轮间的距离为 0.15m，试计算圆轴在轴承处的主拉应力和最大切应力。设圆轴材料的许用应力 $[\sigma]=160\text{MPa}$，试按第三强度理论（最大切应力理论）进行强度校核。

7-15　如图 7-45 所示，直径为 500mm 的圆形铁道标示牌装在外直径为 $D=60\text{mm}$ 的空心圆柱上，所受的最大风荷载 $F=2\text{kPa}$，空心圆柱材料的许用应力$[\sigma]=60\text{MPa}$，试用第四强度理论设计出空心圆柱的内直径 d。

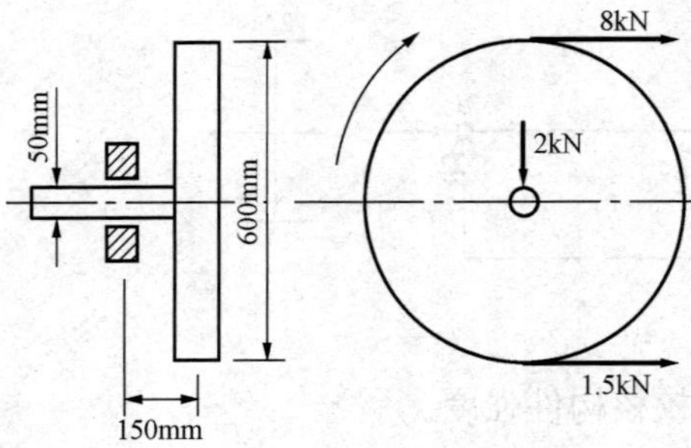

图 7-44

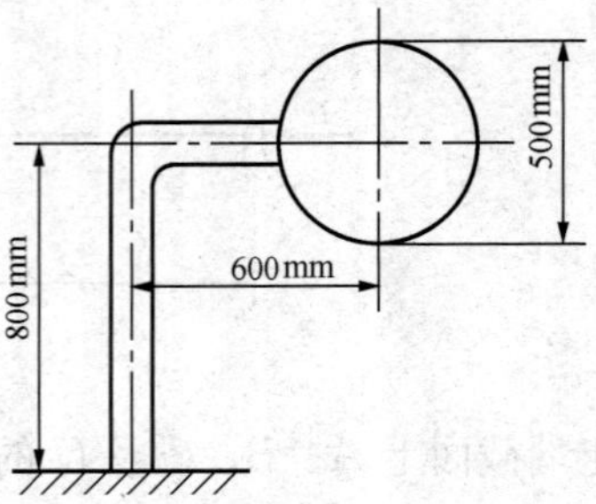

图 7-45

7-16　一个手绞车如图 7-46 所示，已知轴的直径 $d=25\text{mm}$，材料为 Q235 钢，其许用应力 $[\sigma]=80\text{MPa}$。试按第四强度理论求绞车的最大起吊重量 G。

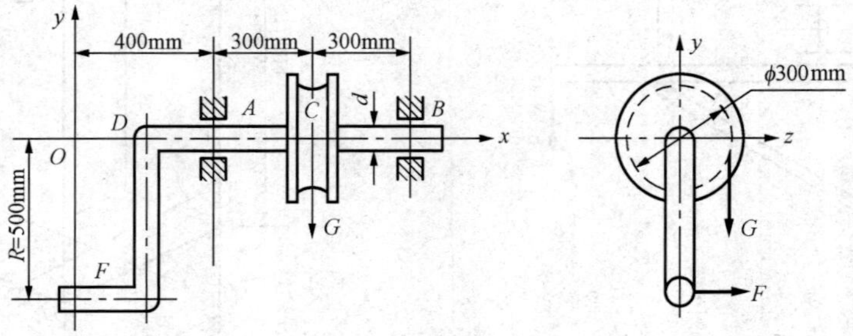

图 7-46

项目8 简单塔架（桁架）的内力计算

学习目标

了解结构的计算简图的简化原则和简化方法，理解塔架结构的特点和几何组成分析规则，掌握几何组成分析方法，熟练掌握静定桁架的内力计算方法和计算过程，掌握超静定桁架的超静定次数判定和内力计算方法。

典型任务——桁架（塔架）的内力计算

表8-1　　典型任务分解表

如图所示是输配电线路中常用的塔架结构	
任务分解	
任务1	绘制图示标示部分结构的计算简图
任务2	根据计算简图说明桁架的特点
任务3	根据所绘简图进行几何组成分析，判定属于静定结构还是超静定结构
任务4	自拟结点荷载和相关尺寸、角度，计算各杆的内力

单元一　塔架结构的计算简图

一、塔架结构的概念

在架空输电线路中，输电杆和输电塔是线路架设的基础，塔架结构由于其组装灵活、自重轻、运输方便，在架空输电线路中广泛使用。但是，塔架结构形式多种多样，如图8-1所示。

塔架结构就是由很多杆件通过适当的连接方式组成并能承受荷载而处于平衡的物体系统。杆件与杆件之间的连接点称为结点，结点通常为螺栓连接（铆钉连接）或焊接等。杆件一般都用角形截面等直钢杆。

图 8-1

二、塔架结构的计算简图

在对实际工程结构进行分析和计算时，不可能按实际结构进行，往往都要对实际结构进行一定程度的简化。

1. 选取结构计算简图的总原则

(1) 尽量接近工程实际。为了使理论计算能真正解决实际问题，在对结构进行简化时，应尽量使简化后的结构、支座、荷载以及其他意外因素与实际结构一致。

(2) 力求计算简便。为了降低工程造价，应根据实际情况抓住主要因素，忽略一些次要因素，使计算尽量简便，降低计算成本，从而降低整个工程的成本。

2. 塔架结构的计算简图

(1) 结构本身的简化。用杆件的轴线代替杆件。

(2) 结点的简化。结点通常简化为铰结点和刚结点。杆件之间如果通过螺栓、铆钉、销钉以及焊接等方式连接，应简化为铰结点，且不考虑铰结点处的摩擦，通常塔架中腹杆和主杆（弦杆）之间（或通过结点板）以及腹杆之间是这种连接方式；而主杆各杆段之间有刚性连接，也有铰接，这里仅以简化为铰结点的情况来讨论，也就是把塔架简化为桁架。

所谓桁架是指杆件与杆件之间的连接点全是铰结点的结构。

铰结点又分单铰和复铰，单铰是指在铰链处只有两根杆（或两个物体）相连，复铰是指在铰链处有两根以上的杆（或两个以上的物体）相连，一个复铰相当于多个单铰，其单铰数等于复铰处的杆件数减1。

(3) 支座的简化。支座可以简化为固定铰支座、可动铰支座和固定端支座，且这些支座均支承在结点上。

(4) 荷载的简化。塔架结构承受的荷载主要有导线拉力、塔架自重、风载、拉线的拉力以及其他一些活动荷载，为了使计算简便，在这里将这些荷载均简化为结点荷载（作用在结点上的荷载）。

通过上述简化方法，得到的塔架实际上是理想的桁架，即桁架中的杆均是理想的二力杆。如图 8-2（a）所示，塔架的右半部分的简图可简化为图 8-2（b）所示。

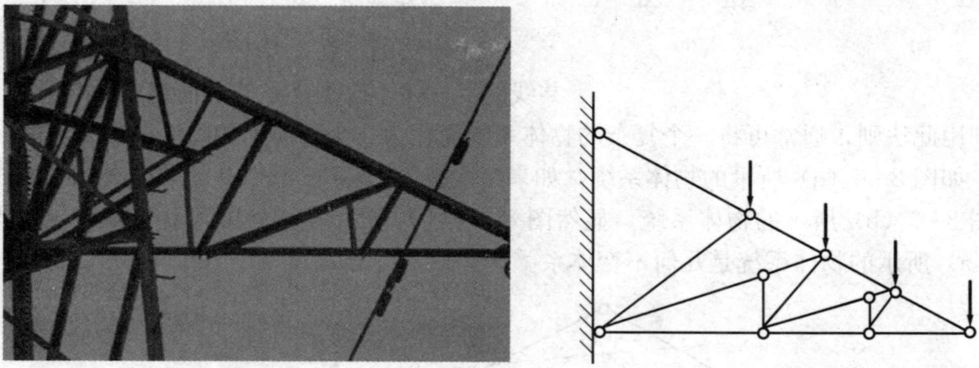

(a)　　(b)

图 8-2

单元二　塔架结构的几何组成分析

一、几何不变体系和几何可变体系的概念

(1) 几何不变体系是指在外力作用下，在不考虑杆件自身的变形的情况下，几何形状和位置不发生变化的物体系统，如图 8-3（a）所示。

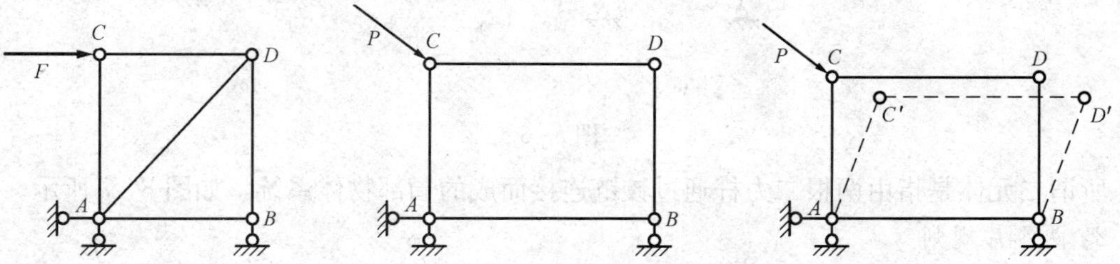

(a)　　(b)　　(c)

图 8-3

(2) 几何可变体系是指在外力作用下，在不考虑杆件自身的变形的情况下，几何形状和位置会发生变化的物体系统，如图 8-3（b）、图 8-3（c）所示。

(3) 瞬变体系是在不考虑杆件自身的变形的情况下，几何形状和位置在某一瞬时会发生微小变化的物体系统，如图 8-4 所示。

由于几何可变体系和瞬变形体系在荷载作用下都不能处于平衡［见图 8-5（b）］，因此不能作为结构，即只有几何不变体系才能作为结构，因此，塔架结构必须

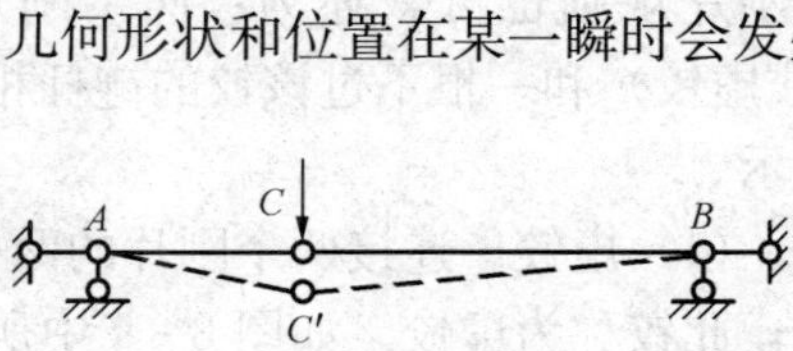

图 8-4

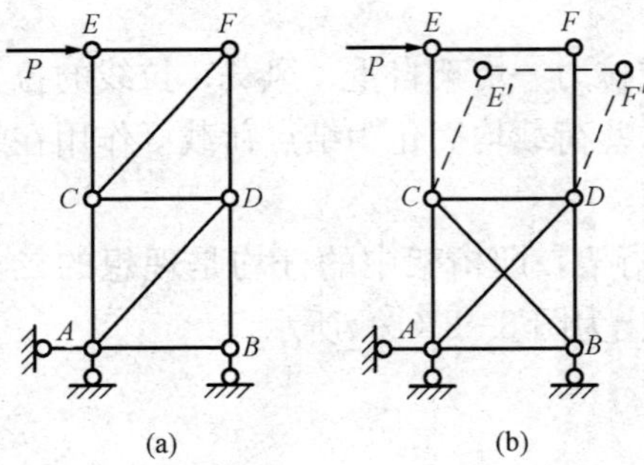

图 8-5

是几何不变体系，如图 8-5（a）所示。

为了确定一个物体系统的几何特性，可以通过几何组成分析来判定。

二、几何组成分析的简单规则

下面介绍几个对平面内的物体系统进行几何组成分析时常用的简单规则。

1. 二元体法则

二元体法则：在一个体系上增加或去掉一个不共线的二元体不改变体系的几何组成。

利用此法则，通常可将一个复杂的物体系统简化为一个很简单的物体系统或物体来进行分析。如图 8-6（a）所示的物体系统，如果依次按 1、2、3、…、9 的顺序去掉二元体，可得到图 8-6（b）所示的物体系统。显然图 8-6（b）所示为一个几何不变体系，因此，图 8-6（a）所示的物体系统是几何不变体系。

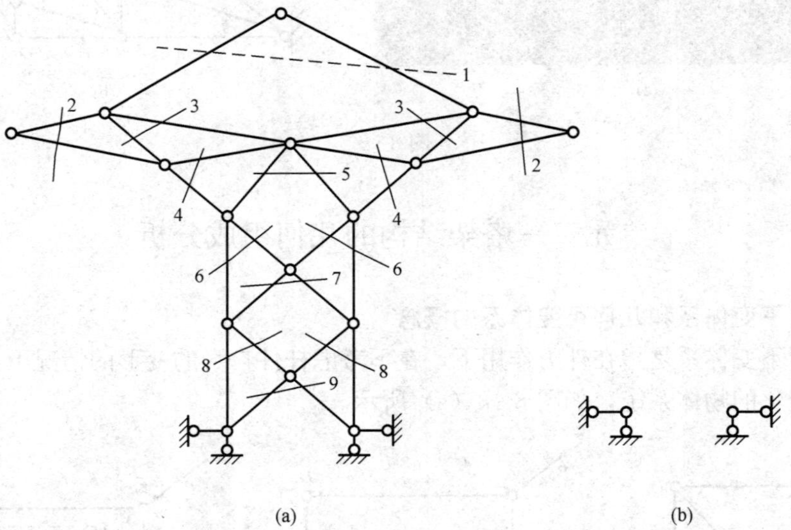

图 8-6

所谓二元体是指由两根二力杆通过铰链连接而成的局部物体系统，如图 8-7 所示。

2. 两刚片规则

两刚片规则：两个刚片由三根不全平行或不全交于同一点的三根链杆（二力杆）相连组成的体系是几何不变且无多余约束，如图 8-8（a）所示。由于二根链杆的约束相当于一个铰的约束，两刚片规则也可叙述为：两个刚片通过一个铰（或虚铰）和一根不过该铰的链杆相连组成的体系是几何不变且无多余约束，如图 8-8（b）所示。

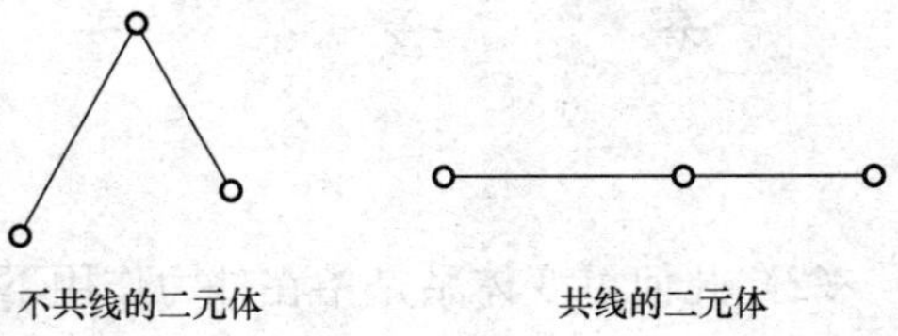

图 8-7

（1）虚铰。连接两个刚片的两根链杆的交叉点（或两链杆延长线的交点），相当于一个铰，此铰称为虚铰。如图 8-9 中所示的 O 点都是虚铰。若连接两个刚片的两根链杆平行，则虚铰在无穷远处。

（2）刚片。一个物体或已经判定的几何不变部分均可视为刚片。

（3）多余约束。多余约束是指在物体与物体之间的约束中，去掉后物体系统仍然是几何不变体系的约束。如图 8 - 10 中，AB 杆与地面之间的约束中，只要有一个 A 处的固定铰支座和 C 处的一根链杆 1（或 B 处的一根链杆 2），体系就是几何不变的，因此如果去掉 C 处的链杆 1 或 B 处的链杆 2，就是前面学习过的简支梁或外伸梁。因此，此体系有一个多余约束。

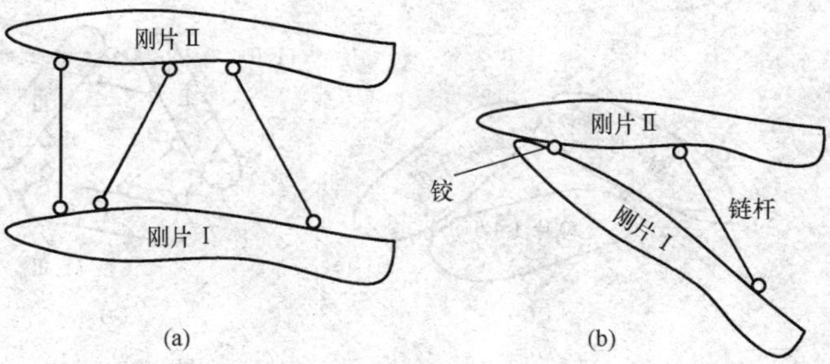

图 8 - 8

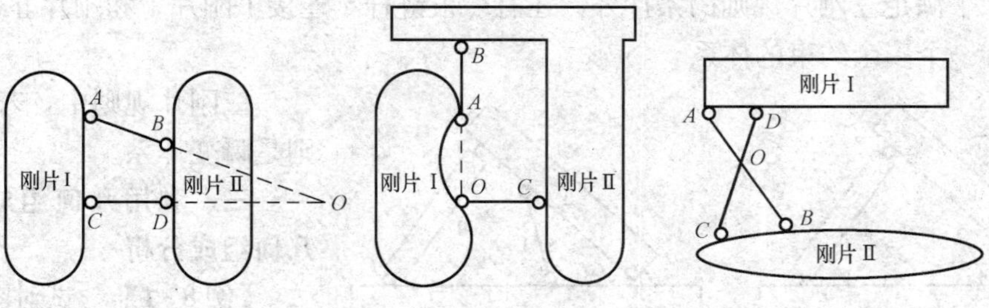

图 8 - 9

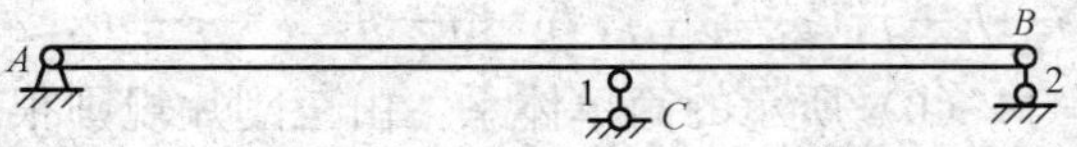

图 8 - 10

两刚片规则中，若链杆通过该铰则是几何可变体系，若链杆的延长通过该铰则是几何可变体系或瞬变体系，如图 8 - 11 所示。

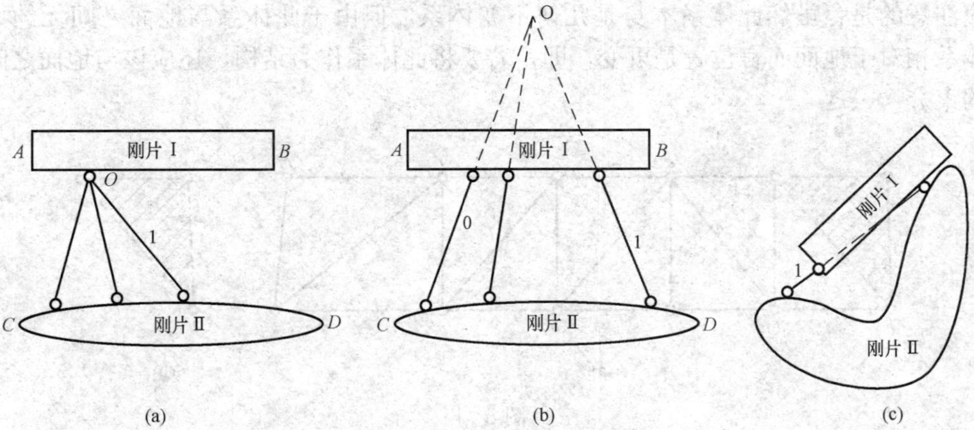

图 8 - 11

3. 三刚片规则

三刚片规则：三个刚片由三个不共线的铰两两相连组成的体系是几何不变且无多余约束。此处的铰可以是实铰也可以是虚铰，如图 8 - 12 所示。图 8 - 12（b）所示为 3 个虚铰，图 8 - 12（c）所示为 2 个虚铰。

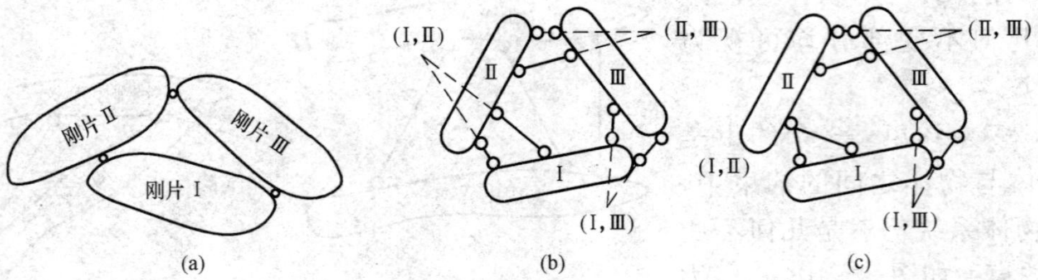

图 8-12

由三刚片规则可知，图 8-13（a）所示刚好是几何不变无多余约束的体系；图 8-13（b）中，除了满足三刚片规则的条件外，还有一根链杆 1 连接了刚片Ⅰ和刚片Ⅱ，因此，是几何不变有一个多余约束的体系。

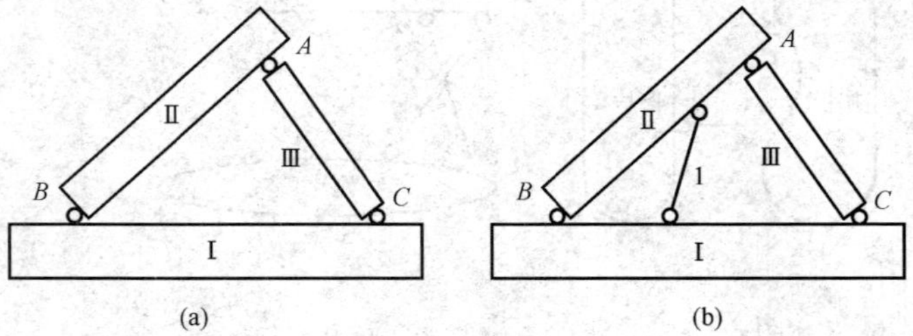

图 8-13

三刚片规则中，若三铰共线，则是瞬变体系。

三、利用几何组成规则进行几何组成分析

【例 8-1】　试对图 8-14（a）所示物体系统进行几何组成分析。

解　为了描述方便，对物体系统的各结点编号：a、b、c、d、…。

用二元体法，依次去掉二元体 $i-m-k$，$i-k-j$，$g-i-j$，$g-j-h$，$e-g-h$，$e-h-f$，$e-f-d$，$c-e-d$，$c-d-b$ 得到图 8-14（b）所示的简单体系，由三刚片规则很容易判定图 8-14（b）所示体系本身是几何不变体系，且无多余约束。因此，图 8-14（a）所示体系是几何变不体系，且无多余约束。

应注意的是：虽然此体系本身是几何不变体系，但由于此体系与地面之间无约束，因此，体系相对于地面而言位置是可变，即，若要将此体系作为结构，还应该与地面之间有合理的约束。

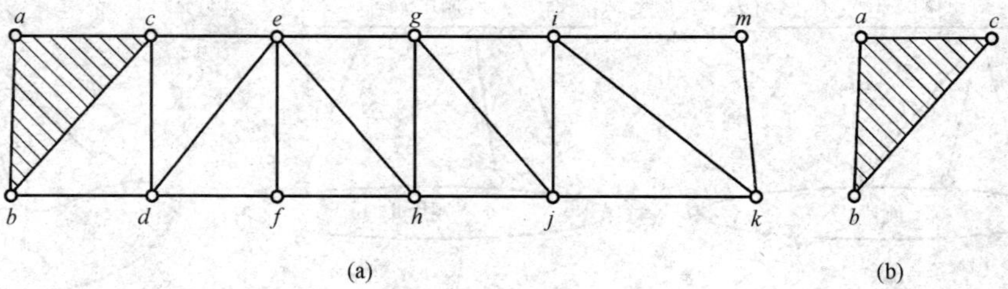

图 8-14

【例 8-2】　试对图 8-15（a）所示物体系统进行几何组成分析。

解　由于此体系与地面间的约束是一个固定铰支座和一个可动铰支座，因此，只需要先判断体系本身的几何特性即可，如图 8-15（b）所示。

图 8-15（b）中，由三刚片规则可知，三角形 BGF 部分是几何不变无多余约束的，在

此基础上依次增加二元体，可知Ⅰ是几何不变无多余约束的体系，同理可得Ⅱ也是几何不变无多余约束的体系，然后，刚片Ⅰ、Ⅱ、Ⅲ通过三个铰 A、D、C 两两相连，且三铰不共线，故图 8 - 15（b）所示体系是几何不变无多余约束的体系，此刚片与地面再通过一个固定铰支座和一个可支铰支座（或链杆）组成图 8 - 15（a）所示的体系刚好是几何不变的且无多余约束。

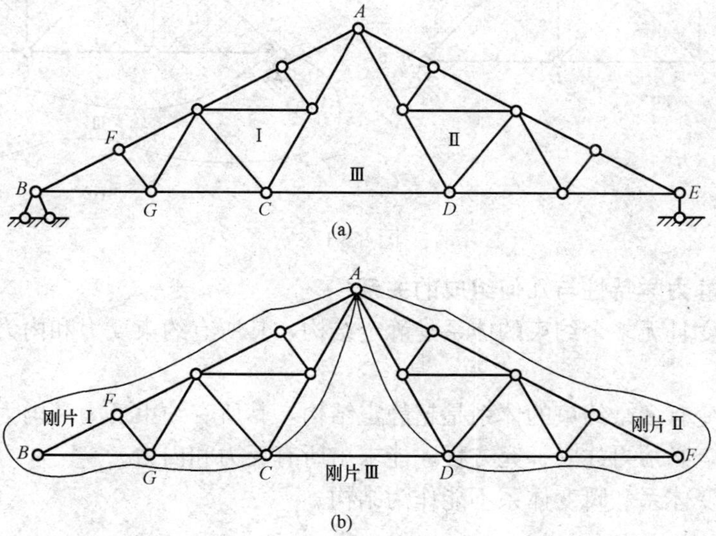

图 8 - 15

结论：(1) 通常情况下，一个体系如果和地面间只通过三个约束相连，进行几何组成分析时，可以首先将地面的约束去掉，而分析物体系统本身，最后再分析体系和地面的约束。

(2) 1 个可动铰支座或 1 根链杆相当于一个约束；一个固定铰支座或一个单铰相当于两个约束；一个固定端或一个刚结点相当于三个约束。

【例 8 - 3】　试对图 8 - 16 所示物体系统进行几何组成分析。

解　选取如图 8 - 16 所示的三个刚片，刚片Ⅰ和刚片Ⅱ通过链杆 CD 和 EF 相连，相当于虚铰 O_1，刚片Ⅱ和刚片Ⅲ通过链杆 AD 和 FG 相连，相当于虚铰 O_2，刚片Ⅰ和刚片Ⅲ通过链杆 AC 和 BH 相连，相当于虚铰 O_3，且三个铰 O_1、O_2、O_3 不共线，因此该体系是几何不变的且无多余约束。

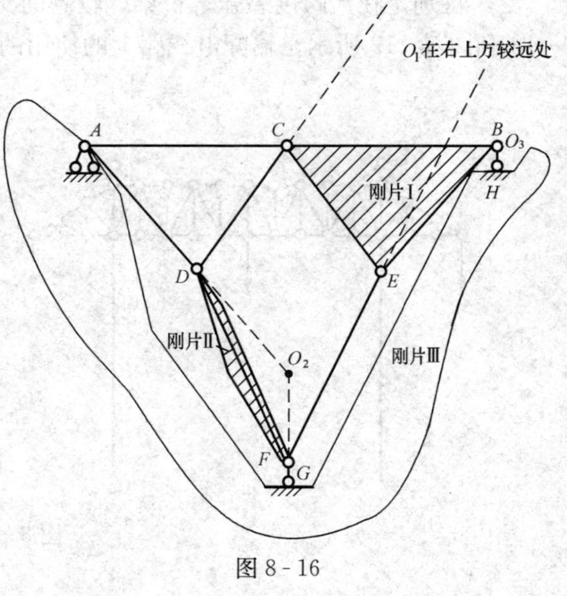

图 8 - 16

【例 8 - 4】　试对图 8 - 17（a）所示物体系统进行几何组成分析。

解　选取如图 8 - 17（b）所示的三个刚片，刚片Ⅰ和刚片Ⅱ通过 CD、EF、CF、ED 四根链杆相连，是几何不变体系，有一个多余约束，可将其看成一个

"大刚片"，此刚片与刚片Ⅲ通过铰 A 和铰 B 相连，是几何不变体系，又有一个多余约束，因此，原体系是几何不变体系，有两个多余约束。

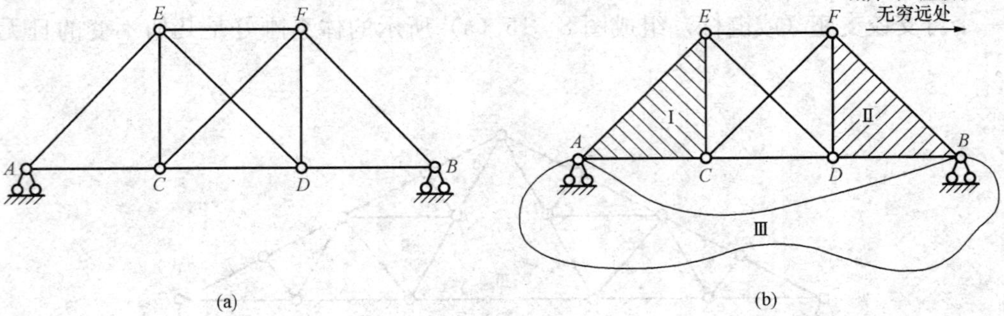

图 8-17

四、体系的静力学特性与几何组成的关系

(1) 几何不变且无多余约束的体系是静定结构，其所有约束反力和内力能利用静力平衡方程求出。

(2) 几何不变有多余约束的体系是超静定结构，其所有约束反力和内力不能利用静力平衡方程全部求出，必须再建立补充方程才能求出所有反力和内力。

(3) 几何可变体系和瞬变体系不能作为结构。

单元三　静定桁架（塔架）的内力计算

由前面单元的分析可知，塔架结构在大多数情况下均可简化为桁架结构。桁架是由许多杆件在其两端相互铰链连接而成的一种结构。桁架结构有平面桁架和空间桁架，这里只讨论平面桁架。桁架中的连接点全是铰结点，若杆件为直杆，则桁架中杆件的内力只有轴力，每杆的应力分布均匀，故可充分发挥材料的作用而节约材料，因此，桁架结构在工程中应用十分广泛，特别是在大跨度屋盖、桥梁、较高的支架等结构中，桁架更是一种重要的结构。图 8-18 和图 8-19 所示是输配电线路上的使用的桁架（塔架）。

图 8-18

桁架的结构形式、杆件与杆件之间的连接方式以及所用的材料是多种多样的，但它们有着共同的特点：在结点荷载作用下，杆件内的内力主要是轴力，其弯矩和剪力往往很小，可以忽略不计，因而，各结点所起的作用和理想的铰链接近。通常对实际桁架作出如下基本假设：

（1）桁架中杆件两端所有铰均为无摩擦的理想铰。

（2）桁架中所有的杆均为直杆，且其轴线均过铰中心。

（3）桁架中所有的力（包括荷载和支座反力）均作用在结点上。

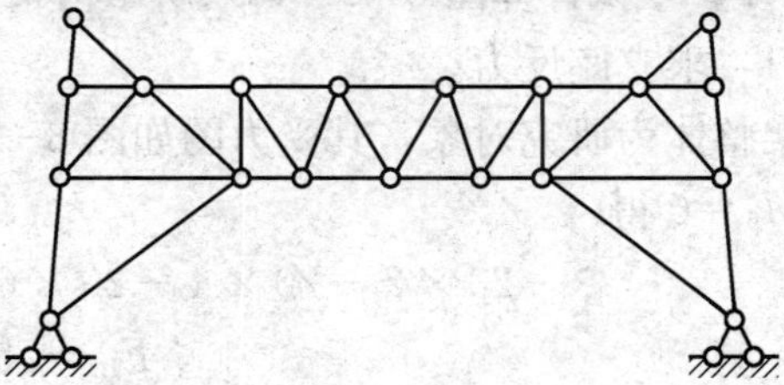

图 8-19

因此，根据上述假设，这种理想的桁架中所有的杆都是二力杆，即都是轴向拉压杆。图 8-20 所示是几种常见的简单桁架。

桁架中的杆件可分为弦杆和腹杆两类。桁架上、下（或左右）外围的杆件称为弦杆（塔架中通常称为主材），上边的杆件称为上弦杆，下边的杆件称为下弦杆。桁架上弦杆和下弦杆之间的杆件称为腹杆。腹杆中竖直的杆件称为竖杆，倾斜的杆件称为斜杆。弦杆上相邻两结点之间的距离称为节间距（d），如图 8-20（c）所示。

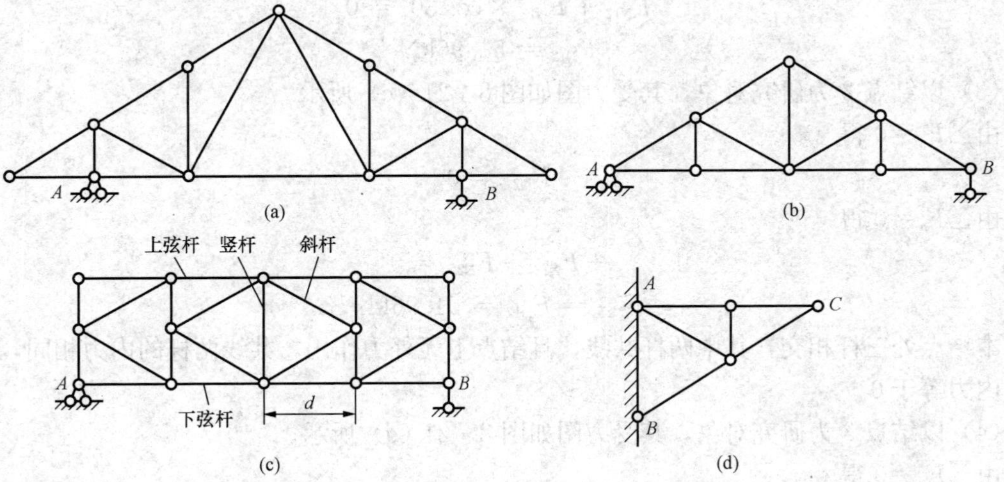

图 8-20

简单桁架是由基础或一个基本的铰接三角形依次增加二元体而组成的桁架；由几个简单桁架按几何不变体系的组成规则连成的桁架，称为联合桁架。

桁架有静定桁架和超静定桁架，静定桁架是几何不变且无多余约束的桁架，超静定桁架是几何不变有多余约束的桁架。本单元只讨论静定桁架，在下面单元中将讨论超静定桁架。

桁架内力的计算方法有很多，最基本的方法有结点法和截面法。

一、结点法

结点法是以桁架中的某一个结点为研究对象，画出其受力图，利用平衡方程求出其内力的方法。

由于桁架中的杆全是二力杆，故用结点法时，各结点的受力图均为平面汇交力系，可以列两个平衡方程，求两个未知量。同时也就要求每研究一个结点时，其未知量最好不要超过两个。如果研究任何一个结点其未知量都不止两个，则必须解联立方程或用其他方法。

【例 8-5】 试计算图 8-21（a）所示桁架中各杆的内力。

解（1）求支座反力。

以桁架整体为研究对象，其受力图如图 8-21（a）所示。

由$\sum M_A=0$得

$$-20\times 2-20\times 4-20\times 6-20\times 8+F_B\times 8=0$$
$$F_B=40\text{kN}$$

由$\sum M_B=0$得

$$20\times 2+20\times 4+20\times 6+20\times 8-F_{Ay}\times 8=0$$
$$F_{Ay}=40\text{kN}$$

（2）以结点 1 为研究对象，其受力图如图 8-21（b）所示。

由$\sum F_y=0$得

$$F_{Ay}-10+F_{N13}\times\sin 30^\circ=0$$
$$F_{N13}=-60\text{kN}$$

由$\sum F_x=0$得

$$F_{N12}+F_{N13}\times\cos 30^\circ=0$$
$$F_{N12}=51.96\text{kN}$$

（3）以结点 2 为研究对象，其受力图如图 8-21（c）所示。

由$\sum F_y=0$得

$$F_{N23}=0$$

由$\sum F_x=0$得

$$-F_{N12}+F_{N25}=0$$
$$F_{N25}=F_{N12}=51.96\text{kN}$$

本结点处三杆相交，其中两杆共线，且结点上无外力作用，共线两杆的内力相同，另一杆的内力等于 0。

（4）以结点 3 为研究对象，其受力图如图 8-21（d）所示。

由$\sum F_x=0$得

$$-F_{N13}\times\cos 30^\circ+F_{N34}\times\cos 30^\circ+F_{N35}\times\cos 30^\circ=0$$

即
$$F_{N34}+F_{N35}+60=0 \tag{1}$$

由$\sum F_y=0$得

$$-F_{N13}\times\sin 30^\circ+F_{N34}\times\sin 30^\circ-F_{N35}\times\sin 30^\circ-F_{N23}-20=0$$
$$60\times\sin 30^\circ+F_{N34}\times\sin 30^\circ-F_{N35}\times\sin 30^\circ-0-20=0$$

即
$$F_{N34}-F_{N35}+20=0 \tag{2}$$

联立解式（1）、式（2）可得

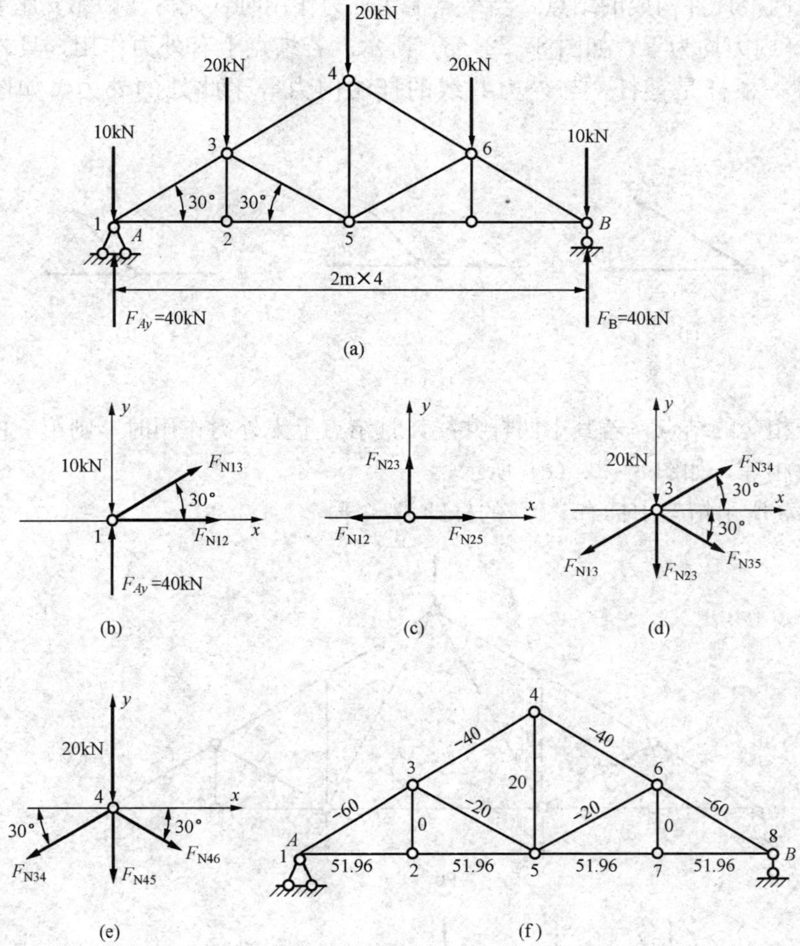

图 8-21

$$\begin{cases} F_{N34} = -40\text{kN} \\ F_{N35} = -20\text{kN} \end{cases}$$

(5) 以结点 4 为研究对象，其受力图如图 8-21 (e) 所示。

由 $\sum F_x = 0$ 得

$$-F_{N34} \times \cos 30^\circ + F_{N46} \times \cos 30^\circ = 0$$

即
$$F_{N46} = F_{N34} = -40\text{kN}$$

由 $\sum F_y = 0$ 得

$$-F_{N34} \times \sin 30^\circ - F_{N46} \times \sin 30^\circ - F_{N45} - 20 = 0$$

$$40 \times \sin 30^\circ + 40 \times \sin 30^\circ - F_{N45} - 20 = 0$$

即
$$F_{N45} = 20\text{kN}$$

同理可求得（或根据对称性得）右部分杆件的内力。如图 8-21 (f) 所示是此桁架所有杆件的内力（单位 kN），图中的内力为正时，表示杆件受拉，为负的表示杆件受压。

二、桁架中一些特殊杆件内力的判定

1. 零杆的判定

桁架中内力等于零的杆称为零杆。

（1）只有两根杆件构成的结点，当结点上无外力作用时（无荷载和无支座或支座反力等于零），则两杆内力均为零，如图 8-22（a）所示。若结点上有外力作用，且外力与其中一杆共线，则另一根杆是零杆，与外力共线的杆的内力等于此处的外力，如图 8-22（b）所示。

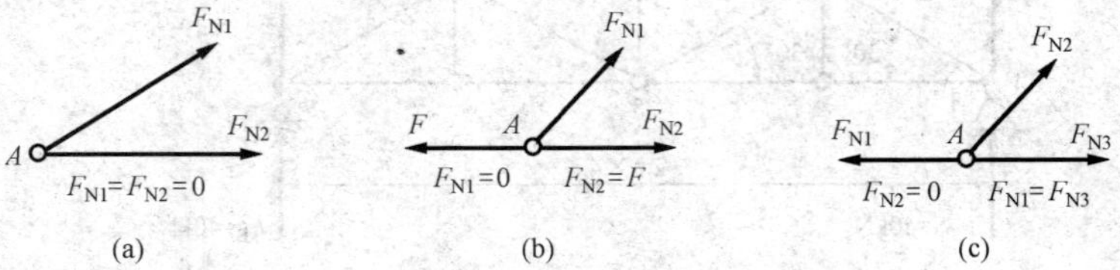

图 8-22

（2）三杆相交的结点，若其中两杆共线，且结点上无外力作用时，则第三杆为零杆，共线两杆的内力相等，如图 8-22（c）所示。

在图 8-23 所示桁架中标有“0”的杆即为零杆。

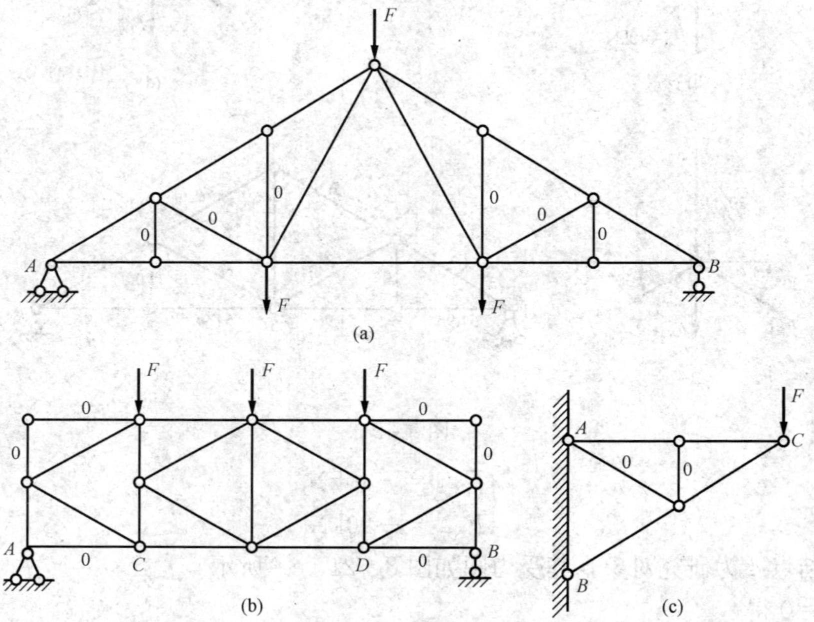

图 8-23

思考：图 8-23（b）中的 AC 杆和 DB 杆为什么是零杆？

零杆并不是桁架中无用的杆，更不能去掉。如果去掉零杆，体系将会是一个可变体系，不能作为结构。零杆只是桁架在某些特定荷载作用下其内力等于零的杆，而在另外的荷载作用下其内力就不一定等于零了。

2. 其他特殊杆件内力判定

如图 8-24（a）所示，C 结点处的四根杆构成 K 字形（杆 1 和杆 2 与共线两杆的夹角相同），且无其他力作用，取 C 结点研究很容易得到杆件 1 和杆件 2 的内力大小相等且反号（一根为受拉杆，另一根为受压杆）。分别判定 D、E、F 点有同样的结论。

对于图 8-24（b），结点 C 由四根杆构成的 X 形（杆 1 和杆 2 共线、杆 3 和杆 4 共线），且无其他力作用，取结点 C 来分析可知，1 杆与 2 杆、3 杆与 4 杆的内力大小相同，正负也相同。经分析 D 点也有同样的结论。

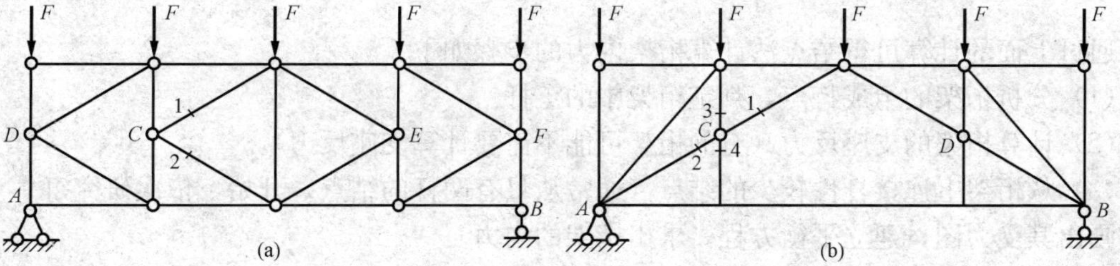

图 8 - 24

【例 8 - 6】　试计算图 8 - 25（a）所示桁架中各杆的内力。

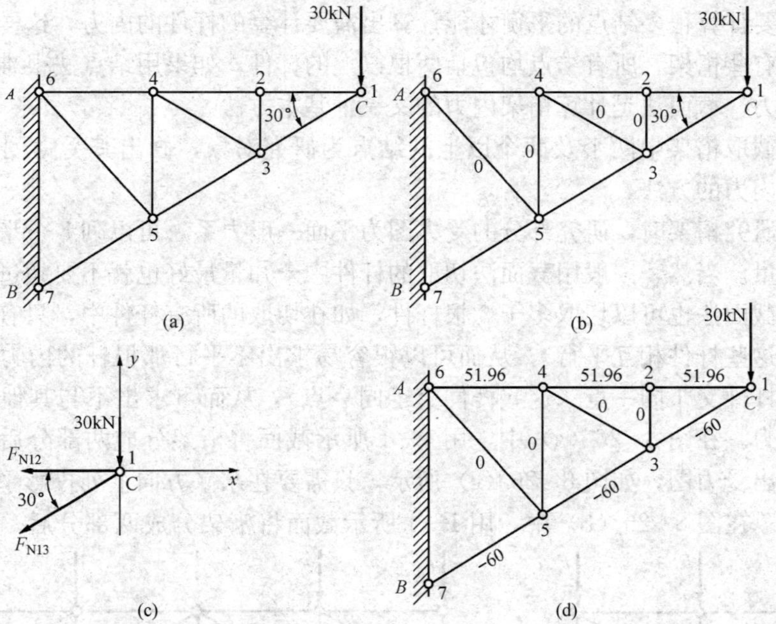

图 8 - 25

解　(1) 判定桁架中的零杆。

根据上述关于零杆的判定方法判定出此桁架的零杆，如图 8 - 25（b）中标有“0”的杆件即为零杆。

(2) 以结点 1 为研究对象，其受力图如图 8 - 25（c）所示。

由 $\sum F_y=0$ 得

$$-30-F_{N13}\times\sin 30^\circ=0$$
$$F_{N13}=-60\text{kN}$$

由 $\sum F_x=0$ 得

$$-F_{N12}-F_{N13}\times\cos 30^\circ=0$$
$$F_{N12}=51.96\text{kN}$$

根据前面的零杆的判定和结论可知

$$F_{N24}=F_{N46}=F_{N12}=51.96\text{kN}$$

$$F_{N35}=F_{N57}=F_{N13}=-60\text{kN}$$

此桁架所有杆件的内力如图 8-25（d）所示，其中内力为正时表示受拉，为负的表示受压。

通过上面的计算可得结点法计算桁架内力的步骤如下：

（1）分析桁架的组成特点，判定桁架中的零杆。

（2）计算桁架的支座反力（有的桁架可能不需要计算支座反力）。

（3）从桁架上连接杆件较少的结点（通常从只有两杆的结点）开始，依次研究每一个结点，画出其受力图，建立平衡方程，求出桁架的内力。

（4）把求出的内力标示在原桁架上（简捷直观地显示出桁架中所有杆件的内力）。

三、截面法

结点法是计算桁架内力的基本方法，只计算桁架中某些指定杆件的内力时，如果仍然用结点法，有时要计算很多结点的平衡才能计算出需要计算的杆件的内力，这样使得计算量很大。甚至对于有些桁架，所有结点均包括两根以上的杆件，如果用结点法很难计算出某一根指定杆件的内力。截面法是计算桁架内力的又一种基本方法。

截面法指截取桁架中两个及两个以上的结点为研究对象，画出其受力图，根据平衡方程，求出杆件内力的方法。

用截面法研究桁架时，研究部分的受力图为平面一般力系，可以列 3 个平衡方程，故可以求 3 个未知量。当然，一般用截面法切取的杆件中未知量最好也就不要超过 3 个。在某些特殊情况下，截面法也可以切取多于 3 根杆件，如在切取的所有杆件中，只有一根杆不与其他杆件平行（这些杆件相互平行），从而可以很容易求出不平行那根杆的内力；或只有一根杆件不与其他杆件交于同一点（这些杆件交于同一点），从而可求出不与其他杆件交于同一点那根杆的内力。在图 8-26（a）中，用 1—1 所示截面将桁架分成两部分后，取上部分为研究对象，画出受力图，如图 8-26（c）所示，只需要在水平方向上列投影平衡方程即可求出 a 杆的内力；在图 8-26（b）中，用 1—1 所示截面将桁架分成两部分后，取左部分为研

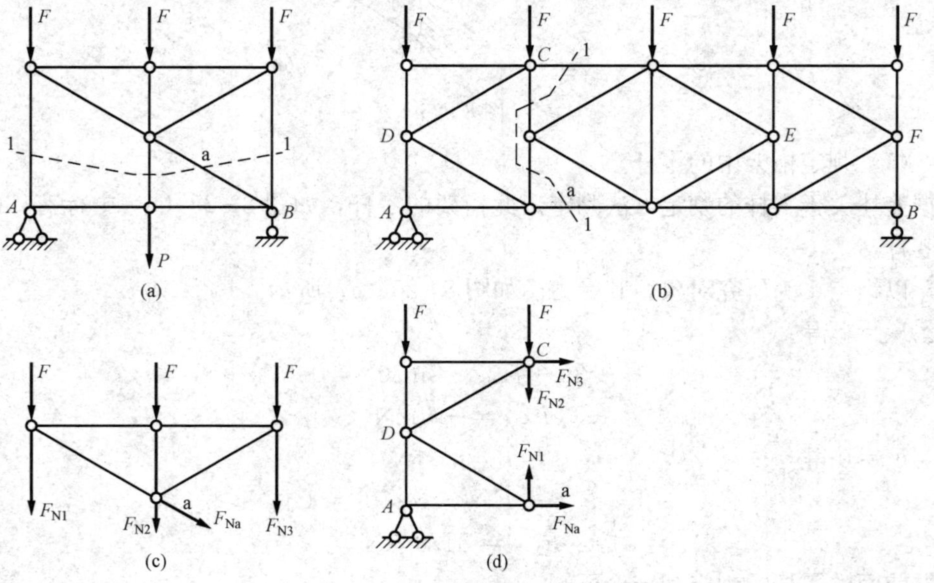

图 8-26

究对象，画出受力图如图 8-26（d）所示，只需要对 C 点取矩列力矩平衡方程即可求出 a 杆的内力。

从上面分析可以看出，截面法在计算某些指定杆件的内力时，具有显著的优势。

截面法往往可以用来求一些指定杆件的内力。当然也可以把结点法和截面法联合起来使用，使得计算更加简便。

【例 8-7】　试计算图 8-27（a）所示桁架中指定杆 a、b、c 的内力。

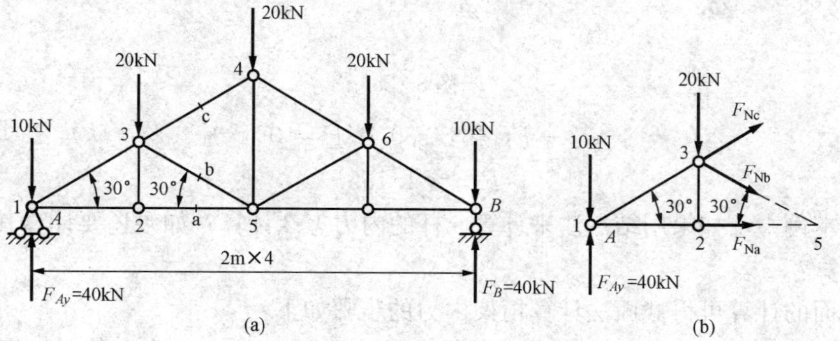

图 8-27

解　(1) 求支座反力。

以桁架整体为研究对象，其受力图如图 8-27（a）所示。

由 $\sum M_A = 0$ 得

$$-20\times2-20\times4-20\times6-20\times8+F_B\times8=0$$

$$F_B=40\text{kN}$$

由 $\sum M_B = 0$ 得

$$20\times2+20\times4+20\times6+20\times8-F_{Ay}\times8=0$$

$$F_{Ay}=40\text{kN}$$

(2) 用一假想截面将桁架中的 a、b、c 三杆切断，取左部分为研究对象，其受力图如图 8-27（b）所示。

由 $\sum M_B = 0$ 得

$$10\times2-40\times2+F_{\text{Na}}\times2\times\tan30^\circ=0$$

$$F_{\text{Na}}=51.96\text{kN}$$

由 $\sum M_A = 0$ 得

$$-20\times2-F_{\text{Nb}}\times\sin30^\circ\times2-F_{\text{Nb}}\times\cos30^\circ\times2\times\tan30^\circ=0$$

$$F_{\text{Nb}}=-20\text{kN}$$

由 $\sum F_x = 0$ 得

$$F_{\text{Na}}+F_{\text{Nb}}\times\cos30^\circ+F_{\text{Nc}}\times\cos30^\circ=0$$

$$F_{\text{Nc}}=-40\text{kN}$$

【例 8-8】　试计算图 8-28（a）所示桁架中指定杆 a 的内力。

解　对于图 8-28（a）所示桁架，用 1—1 截面假想切开，取上部分为研究对象，其受力图如图 8-28（b）所示。

由 $\sum F_x = 0$ 得

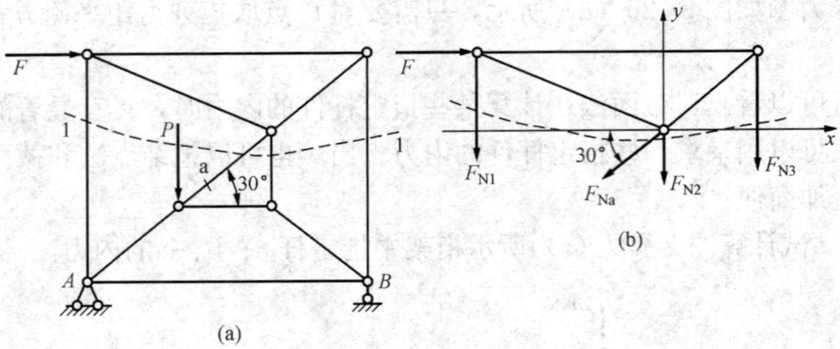

图 8-28

$$-F_{Na}\times\cos30^{\circ}+F=0$$

$$F_{Na}=1.155F$$

思考：本例中，如果用结点法来计算 a 杆的内力怎么计算？如果还要计算其他杆件的内力又如何计算？

通过上面的计算可得截面法计算桁架内力的步骤如下：

(1) 分析桁架的组成特点及需要计算内力的杆件位置特点，确定是否需要计算桁架的反力。

(2) 计算桁架的支座反力（有的桁架可能不需要计算支座反力）。

(3) 选取合理的截面将桁架截分成两部分，取其中的一部分为研究对象，画出其受力图，建立平衡方程，求出桁架的内力。

结点法和截面法是计算桁架内力的两种基本的方法，在计算简单桁架时，两种方法都比较简单，但对于一些复杂桁架（联合桁架），则往往宜先用截面法计算出桁架中某些杆件的内力，再用结点法计算另一些杆件的内力，这种方法称为联合法。例如对于图 8-28（a）所示的桁架，如果要计算所有杆件的内力，直接用结点法计算是相当烦琐的，可以先用 1—1 截面将桁架切开取上部分为研究对象，求出 a 杆的内力，然后用结点法依次研究相关结点求出其他杆件的内力。

单元四　超静定桁架（塔架）的超静定次数判定

一、超静定桁架的超静定次数的判定

几何不变有多余约束的桁架就是超静定桁架，多余约束的数目就是静定桁架的超静定次数。如图 8-29（a）所示是一次超静定桁架，图 8-29（b）所示是二次超静定桁架。

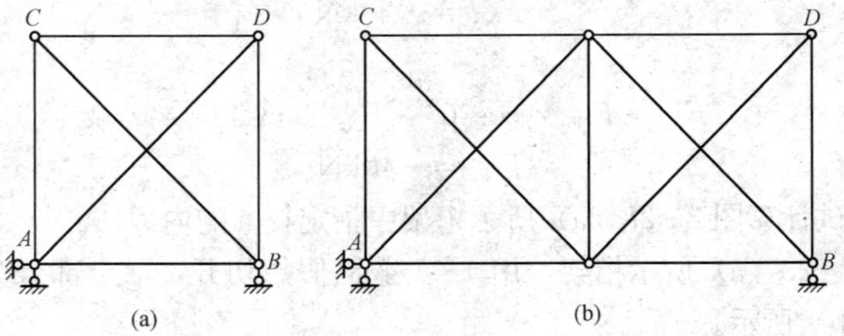

图 8-29

具体判定时，可以将桁架中的某些杆去掉，如果得到的结构刚好是几何不变且无多余约束的体系，则所去掉的约束数目就是超静定桁架的超静定次数。如图 8-29（a）中，若去掉其中的 AD 杆则得到图 8-30 所示的静定桁架。当然也可以去掉其余的某根杆。

二、力法求解超静定桁架的内力的基本知识

1. 力法的基本结构

由于超静定桁架是几何不变且有多余约束的结构，其反力和内力只利用静力平衡方程是不能全部求出的，为此必须建立补充方程，通常用力法计算超静定桁架内力。力法求解超静定结构就是以超静定结构中的多余未知力（多余约束的反力）作为基本未知量（用 X_1、X_2、X_3、…、X_n 表示），建立力法的典型方程，利用此典型方程求出多余未知力，进而求出其他未知力。为此，在用力法求解超静定桁架时，首先将桁架中的多余约束去掉（如果多余约束是桁架中的杆件，则将多余约束杆件切断），用相应的多余未知力来代替，这样得到的结构称为力法的基本结构。如图 8-31（a）和图 8-31（b）所示分别是图 8-29（a）和图 8-29（b）所示超静定桁架的基本结构。

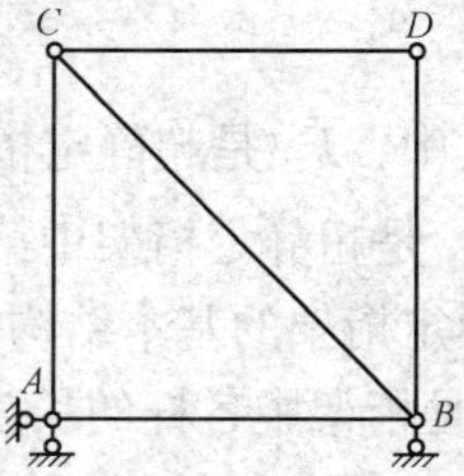

图 8-30

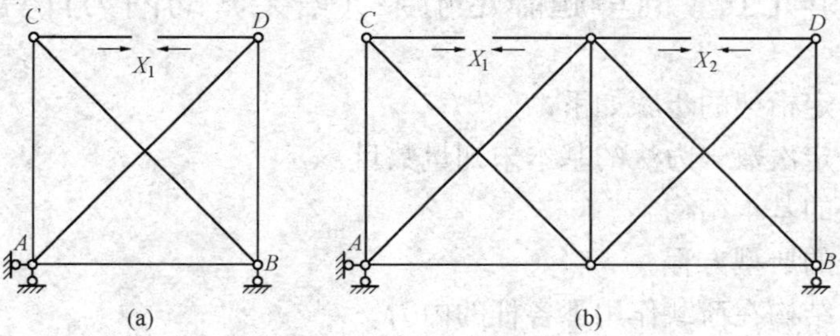

图 8-31

当然，还可以选取其他形式的基本结构。

2. 超静定桁架的力法典型方程

（1）一次超静定桁架的力法典型方程

$$\delta_{11}X_1+\Delta_{1P}=0$$

（2）二次超静定桁架的力法典型方程

$$\begin{cases}\delta_{11}X_1+\delta_{12}X_2+\Delta_{1P}=0\\ \delta_{21}X_1+\delta_{22}X_2+\Delta_{2P}=0\end{cases}$$

（3）n 次超静定桁架的力法典型方程

$$\begin{cases}\delta_{11}X_1+\delta_{12}X_2+\cdots+\delta_{1j}X_j+\cdots+\Delta_{1P}=0\\ \delta_{21}X_1+\delta_{22}X_2+\cdots+\delta_{2j}X_j+\cdots+\Delta_{2P}=0\\ \vdots\\ \delta_{i1}X_1+\delta_{i2}X_2+\cdots+\delta_{ij}X_j+\cdots+\Delta_{iP}=0\\ \vdots\\ \delta_{n1}X_1+\delta_{n2}X_2+\cdots+\delta_{nj}X_j+\cdots+\Delta_{nP}=0\end{cases}$$

δ_{ij}（$i=j$ 时），即 δ_{ii} 称为主系数，恒为正，由下式计算

$$\delta_{ii}=\sum\frac{\overline{F}_{Ni}^2 l}{EA}$$

δ_{ij}（$i\neq j$ 时）称为副系数，可为正或负或零，由下式计算

$$\delta_{ij}=\sum\frac{\overline{F}_{Ni}\overline{F}_{Nj}l}{EA}$$

Δ_{iP}称为自由项，可为正或负或零，由下式计算

$$\Delta_{iP}=\sum\frac{\overline{F}_{Ni}\overline{F}_{NP}l}{EA}$$

其中：$\overline{F}_{Ni}$是超静定桁架中第 i 个多余未知量 $X_i=1$ 时，在基本结构中所产生各杆的轴力；$\overline{F}_{Nj}$是超静定桁架中第 j 个多余未知量 $X_j=1$ 时，在基本结构中所产生各杆的轴力；$\overline{F}_{NP}$是超静定桁架的基本结构只受荷载作用时所产生各杆的轴力；EA 是桁架中各杆的抗拉压刚度；l 是桁架中各杆的长度。

求出多余未知力后，桁架中各杆的轴力可利用叠加原理按下式计算

$$\overline{F}_N=\overline{F}_{N1}X_1+\overline{F}_{N2}X_2+\cdots+\overline{F}_{Ni}X_i+\cdots+\overline{F}_{Nn}X_n+\overline{F}_{NP}$$

单元五　简单超静定桁架（塔架）的内力计算

力法求解超静定桁架的步骤如下：

（1）判定超静定次数（力法的基本未知量数目）。

（2）选取力法的基本结构。

（3）列出力法的典型方程。

（4）计算基本结构在荷载作用下各杆的内力。

（5）计算基本结构在各单位力（基本未知量分别等于1）作用下各杆的内力。

（6）计算方程中各系数和自由项。

（7）解方程求出基本未知量。

（8）利用叠加原理求原超静定桁架中各杆的内力，并在图上标出。

【例 8-9】　用力法计算图 8-32（a）所示超静定桁架的内力。

解　（1）确定超静定结构的次数，定出多余未知力。

对图 8-32（a）中所示的超静定桁架进行几何组成分析，可知其具有一个内部多余约束，是一次超静定桁架，设 BC 杆的轴力为多余未知力，定名为 X_1。也可以取图 8-32（a）中所示桁架中的任何一杆的轴力为多余未知力，计算结果不变。

（2）选取力法的基本结构，并在基本结构上标明多余未知力。

截断 BC 杆，将多余未知力 X_1 标注在 BC 杆的截口处，其基本结构如图 8-32（b）所示。

（3）建立力法典型方程。

根据 BC 杆截口处相对位移 $\Delta_1=0$ 的变形协调条件，建立该超静定结构的力法典型方程如下

$$\delta_{11}X_1+\Delta_{1P}=0$$

（4）计算力法典型方程中的系数和自由项。

1）在基本结构上，单独令 $X_1=1$，作出单位轴力图 $\overline{F}_{N1}$ 或列表计算出各杆的轴力 $\overline{F}_{N1}$。本例直接将各杆轴力标注在相应的杆件上，如图 8 - 32（d）所示。

2）在基本结构上，只考虑荷载的作用，作出荷载轴力图 $\overline{F}_{NP}$ 或列表计算出各杆的轴力 $\overline{F}_{NP}$。本例直接将各杆的轴力标注在相应的杆件上，如图 8 - 32（c）所示。

3）计算系数和自由项。

$$\delta_{11}=\sum\frac{\overline{F}_{N1i}\times\overline{F}_{N1j}\times l_i}{EA}=\frac{1}{EA}[1\times1\times a\times4+(-\sqrt{2})\times(-\sqrt{2})\times\sqrt{2}\times2]$$

$$=\frac{4a}{EA}(1+\sqrt{2})$$

$$\Delta_{1P}=\sum\frac{\overline{F}_{N1i}\times\overline{F}_{NPi}\times l_i}{EA}=\frac{1}{EA}[F\times1\times a\times2+(-\sqrt{2}F)\times(-\sqrt{2})\times\sqrt{2}a]$$

$$=\frac{2Fa}{EA}(1+\sqrt{2})$$

（5）解力法典型方程，求出多余未知力。

$$\frac{4a}{EA}(1+\sqrt{2})X_1+\frac{2Fa}{EA}(1+\sqrt{2})=0$$

解方程得

$$X_1=-\frac{\Delta_{1P}}{\delta_{11}}=-\frac{\frac{2Fa}{EA}(1+\sqrt{2})}{\frac{4a}{EA}(1+\sqrt{2})}=-\frac{F}{2}$$

（6）计算各杆轴力，绘制轴力图。

计算各杆轴力时，可以根据叠加原理进行，计算公式为

$$\overline{F}_N=\overline{F}_{N1}X_1+\overline{F}_{N2}X_2+\cdots+\overline{F}_{Ni}X_i+\cdots+\overline{F}_{Nn}X_n+\overline{F}_{NP}$$

例如

$$F_{NAB}=\overline{F}_{N1AB}X_1+F_{NPAB}=-\frac{F}{2}\times1+F=\frac{F}{2}$$

$$F_{NAC}=\overline{F}_{N1AC}X_1+F_{NPAC}=-\frac{F}{2}\times(-\sqrt{2})+0=\frac{\sqrt{2}F}{2}$$

$$F_{NAD}=\overline{F}_{N1AD}X_1+F_{NPAD}=-\frac{F}{2}\times1+F=\frac{F}{2}$$

$$F_{NBD}=\overline{F}_{N1BD}X_1+F_{NPBD}=-\frac{F}{2}\times(-\sqrt{2})+(-\sqrt{2})F=-\frac{\sqrt{2}F}{2}$$

$$F_{NDC}=\overline{F}_{N1DC}X_1+F_{NPDC}=-\frac{F}{2}\times1+0=-\frac{F}{2}$$

$$F_{NBC}=\overline{F}_{N1BC}X_1+F_{NPBC}=-\frac{F}{2}\times1+0=-\frac{F}{2}$$

以上计算结果标注在图 8 - 32（e）中，即为轴力图。

【例 8 - 10】 用力法求解图 8 - 33（a）所示桁架各杆的轴力，各杆 EA 为常数。

解 （1）确定超静定结构的次数，定出多余未知力。

对图 8 - 33（a）中所示的超静定桁架进行几何组成分析，得知具有 2 个内部多余约束，是二次超静定桁架，设 CE 杆和 DE 杆的轴力为多余未知力，分别定名为 X_1 和 X_2。也可以

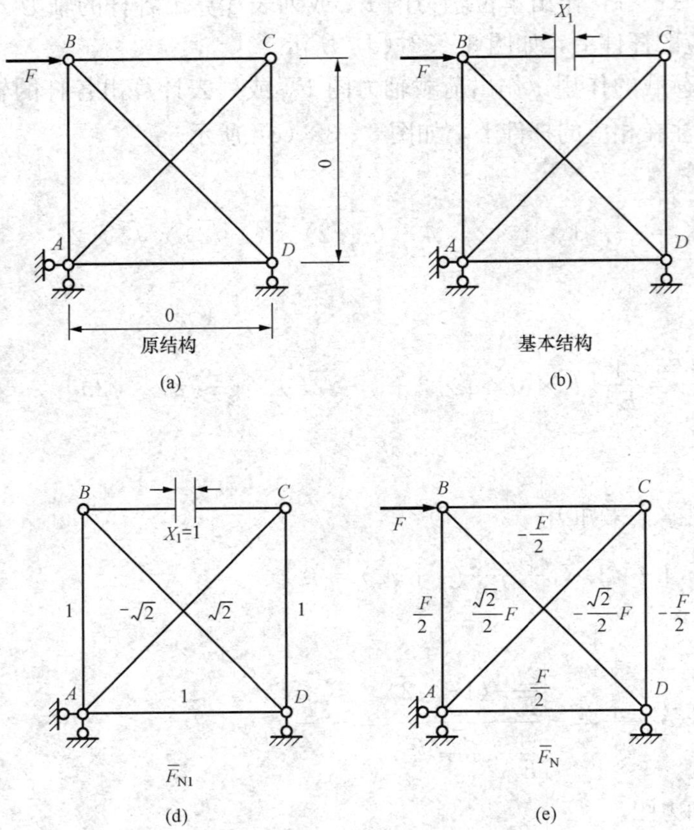

(a)　(b)　(c)　(d)　(e)

图 8-32

取图 8-33（a）所示桁架中其他多余约束杆的轴力为多余未知力，计算结果不变。

（2）选取力法的基本结构，并在基本结构上标明多余未知力。

截断 CE 杆和 DE 杆，将多余未知力 X_1 和 X_2 分别标注在 CE 杆和 DE 杆的截口处，其基本结构如图 8-33（b）所示。

（3）建立力法典型方程。

根据 CE 杆和 DE 杆截口处相对位移 $\Delta_1=0$ 和 $\Delta_2=0$ 的变形协调条件，建立该超静定结构的力法典型方程如下

$$\begin{cases}\delta_{11}X_1+\delta_{12}X_2+\Delta_{1P}=0\\ \delta_{21}X_1+\delta_{22}X_2+\Delta_{2P}=0\end{cases}$$

（4）计算力法典型方程中的系数和自由项。

1）在基本结构上，单独令 $X_1=1$，作出单位轴力图 $\overline{F}_{N1}$ 或列表计算出各杆的轴力 $\overline{F}_{N1}$，本例直接将各杆的轴力标注在相应的杆件上，如图 8-33（d）所示，图中没有标数值的杆是零杆。

单独令 $X_2=1$，作出单位轴力图 $\overline{F}_{N2}$ 或列表计算出各杆的轴力 $\overline{F}_{N2}$，本例直接将各杆的轴力标注在相应的杆件上，如图 8-33（d）所示。

2）在基本结构上，只考虑荷载作用时，求出轴力求值 $\overline{F}_{NP}$ 或列表计算出各杆的轴力 $\overline{F}_{NP}$，本例直接将各杆的轴力标注在相应的杆件上，如图 8-33（c）所示。

3）计算系数和自由项。

$$\delta_{11}=\sum\frac{\overline{F}_{N1i}\times\overline{F}_{N1j}\times l}{EA}$$
$$=\frac{1}{EA}\left[1\times1\times\sqrt{2}a\times2+\left(-\frac{1}{\sqrt{2}}\right)\times\left(-\frac{1}{\sqrt{2}}\right)\times a\times4\right]=\frac{4.828a}{EA}$$
$$\delta_{12}=\delta_{21}=\sum\frac{\overline{F}_{N1i}\times\overline{F}_{N2j}\times l}{EA}$$
$$=\frac{1}{EA}\left(-\frac{1}{\sqrt{2}}\right)\times\left(-\frac{1}{\sqrt{2}}\right)\times a=\frac{a}{2EA}$$
$$\delta_{22}=\sum\frac{\overline{F}_{N2j}\times\overline{F}_{N2j}\times l}{EA}$$
$$=\frac{1}{EA}\left[1\times1\times\sqrt{2}a\times2+\left(-\frac{1}{\sqrt{2}}\right)\times\left(-\frac{1}{\sqrt{2}}\right)\times a\times4\right]=\frac{4.828a}{EA}$$
$$\Delta_{1P}=\sum\frac{\overline{F}_{N1i}\times\overline{F}_{NPi}\times l}{EA}$$
$$=\frac{1}{EA}\left[\left(-\frac{1}{\sqrt{2}}\right)\times(-2F)\times a+\left(-\frac{1}{\sqrt{2}}\right)\times(2F)\times a+\left(-\frac{1}{\sqrt{2}}\right)\times F\times a\right]$$
$$=-\frac{\sqrt{2}Fa}{2EA}=-0.707\frac{Fa}{EA}$$
$$\Delta_{2P}=\sum\frac{\overline{F}_{N2i}\times\overline{F}_{NPi}\times l}{EA}$$
$$=\frac{1}{EA}\left[\left(-\frac{1}{\sqrt{2}}\right)\times(-2F)\times a+\left(-\frac{1}{\sqrt{2}}\right)\times(2F)\times a+\left(-\frac{1}{\sqrt{2}}\right)\times F\times a\right]$$
$$=-\frac{\sqrt{2}Fa}{2EA}=-0.707\frac{Fa}{EA}$$

（5）解力法典型方程，求出多余未知力。

将以上数值代入力法典型方程并约去$\frac{a}{EA}$后得

$$\begin{cases}4.828X_1+0.5X_2-0.707F=0\\0.5X_1+4.828X_2-0.707F=0\end{cases}$$

解力法方程得

$$\begin{cases}X_1=0.133F\\X_2=0.133F\end{cases}$$

（6）计算各杆轴力，绘制轴力图。

计算各杆轴力时，可以根据叠加原理进行。计算公式如下

$$\overline{F}_N=\overline{F}_{N1}X_1+\overline{F}_{N2}X_2+\cdots+\overline{F}_{Ni}X_i+\cdots+\overline{F}_{Nn}X_n+\overline{F}_{NP}$$

例如

$$F_{NAC}=\overline{F}_{N1AC}X_1+\overline{F}_{N2AC}X_2+\overline{F}_{NPAC}=0\times0.133F+0\times0.133F+2F=2F$$
$$F_{NCE}=\overline{F}_{N1CE}X_1+\overline{F}_{N2CE}X_2+\overline{F}_{NPCE}=1\times0.133F+0\times0.133F+0=0.133F$$
$$F_{NDE}=\overline{F}_{N1DE}X_1+\overline{F}_{N2DE}X_2+\overline{F}_{NPDE}=0\times0.133F+1\times0.133F+0=0.133F$$

$$F_{NBD}=\overline{F}_{N1BD}X_1+\overline{F}_{N2BD}X_2+\overline{F}_{NPBD}=0\times0.133F+0\times0.133F+2F=2F$$

其余各杆的内力可自行算出。

将以上计算结果标注在图 8 - 33（f）中，即为轴力图。另一半杆件的轴力可自行标注。

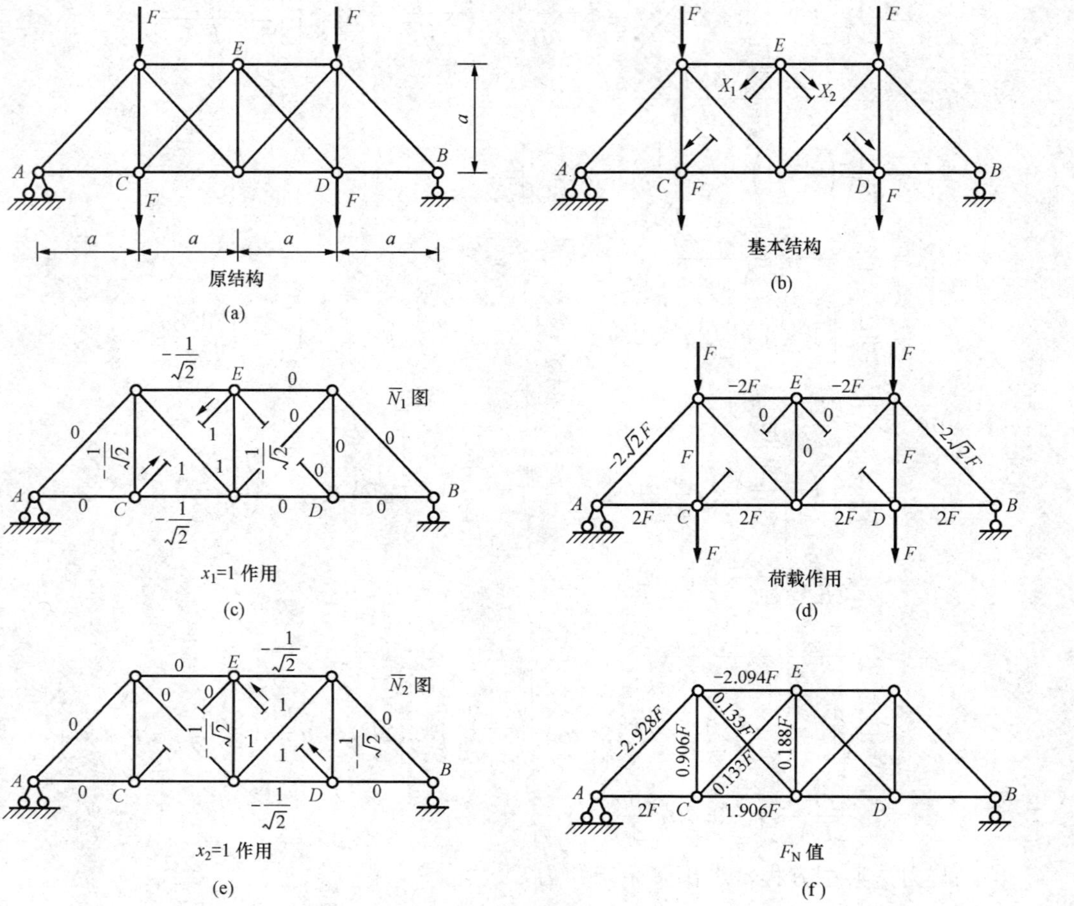

图 8 - 33

上面计算的是比较简单的超静定桁架，对复杂桁架的计算方法和过程是完全相同的，同时，对于输电线路中的塔架，只要计算简图是桁架的，均可利用上述步骤计算其内力。

小　　结

一、本项目主要知识点

（1）结构计算简图的简化原则和简化方法。

（2）物系的几何组成分析规则及应用规则进行几何组成分析。

（3）结点法和截面法计算静定桁架的内力，结合零杆的判定和对称性的应用会使计算方便。

（4）超静定桁架的超静定次数的判定和力法的基本结构的选取是力法计算超静定桁架的最关键的第一步。

（5）基本结构在基本未知量等于 1 作用下和荷载作用下的内力计算实质上就是静定桁架

的内力计算。这是计算典型方程中各系数和自由项的基础。

(6) 求解出基本未知量后，利用叠加原理求原结构最终的内力是比较方便的。

二、本项目重点和主要公式

(1) 物系的几何组成分析规则及应用规则进行几何组成分析。

(2) 结合零杆的判定，用结点法和截面法计算静定桁架的内力。

(3) 超静定桁架的超静定次数的判定和力法的基本结构的选取。

(4) 力法典型方程中各系数和自由项的计算。

1）一次超静定桁架的力法典型方程

$$\delta_{11}X_1+\Delta_{1P}=0$$

2）二次超静定桁架的力法典型方程

$$\begin{cases}\delta_{11}X_1+\delta_{12}X_2+\Delta_{1P}=0\\ \delta_{21}X_1+\delta_{22}X_2+\Delta_{2P}=0\end{cases}$$

3）n 次超静定桁架的力法典型方程

$$\begin{cases}\delta_{11}X_1+\delta_{12}X_2+\cdots+\delta_{1j}X_j+\cdots+\Delta_{1P}=0\\ \delta_{21}X_1+\delta_{22}X_2+\cdots+\delta_{2j}X_j+\cdots+\Delta_{2P}=0\\ \vdots\\ \delta_{i1}X_1+\delta_{i2}X_2+\cdots+\delta_{ij}X_j+\cdots+\Delta_{iP}=0\\ \vdots\\ \delta_{n1}X_1+\delta_{n2}X_2+\cdots+\delta_{nj}X_j+\cdots+\Delta_{nP}=0\end{cases}$$

其中：$\delta_{ii}=\sum\frac{\overline{F}_{Ni}^2 l}{EA}$

$$\delta_{ij}=\sum\frac{\overline{F}_{Ni}\overline{F}_{Nj}l}{EA}$$

$$\Delta_{iP}=\sum\frac{\overline{F}_{Ni}\overline{F}_{NP}l}{EA}$$

(5) 求解出基本未知量后，利用叠加原理求原结构最终的内力是比较方便的。

思 考 题

8-1 什么叫结构？什么叫结构的计算简图？

8-2 选择结构的计算简图的总原则是什么？

8-3 确定结构的计算简图有哪些步骤？

8-4 什么叫几何不变体系？什么叫几何可变体系？

8-5 什么叫实铰？什么叫虚铰？

8-6 什么叫单铰？什么叫复铰？

8-7 一个单铰或一个固定铰支座相当于几个约束？一个刚结点或一个固定端支座相当于几个约束？

8-8 什么叫刚片？地面是否可以看成一个刚片？

8-9 什么叫多余约束？如何确定多余约束的数目？

8 - 10　什么叫桁架？塔架是否可以简化为桁架？

8 - 11　什么叫零杆？桁架的零杆是否是无用的杆？是否可以去掉不要？

8 - 12　桁架内力计算的结点法和截面法有何区别？

8 - 13　什么叫力法？如何确定力法计算超静定桁架时的基本未知量？

项　目　练　习

8 - 1　试对图 8 - 34 所示各体系进行几何组成分析。

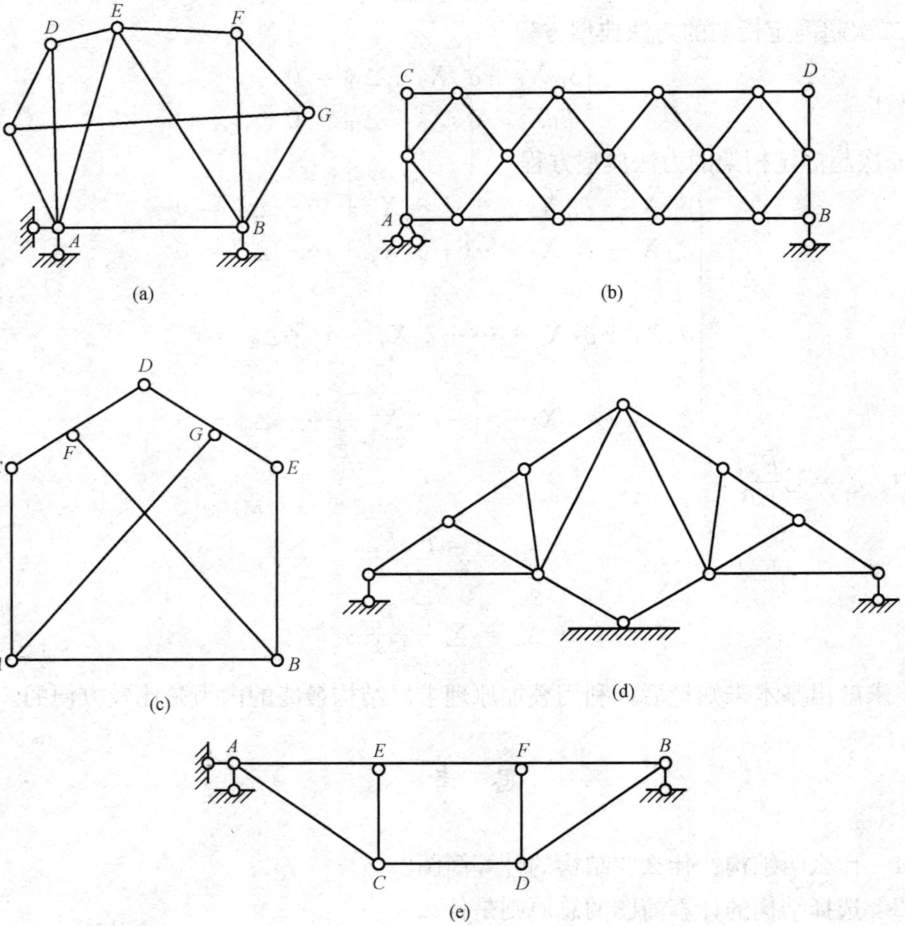

图 8 - 34

8 - 2　试判定图 8 - 35 所示桁架中的零杆。

8 - 3　试用结点法计算图 8 - 36 所示桁架中各杆件的内力。

8 - 4　试用截面法计算图 8 - 37 所示桁架中指定杆件的内力。

8 - 5　求图 8 - 38 所示静定桁架中各杆的内力。

8 - 6　试画出力法求解图 8 - 39 所示超静定桁架的内力的基本结构。

8 - 7　试用力法求解图 8 - 39（a）、图 8 - 39（d）两超静定桁架的内力。

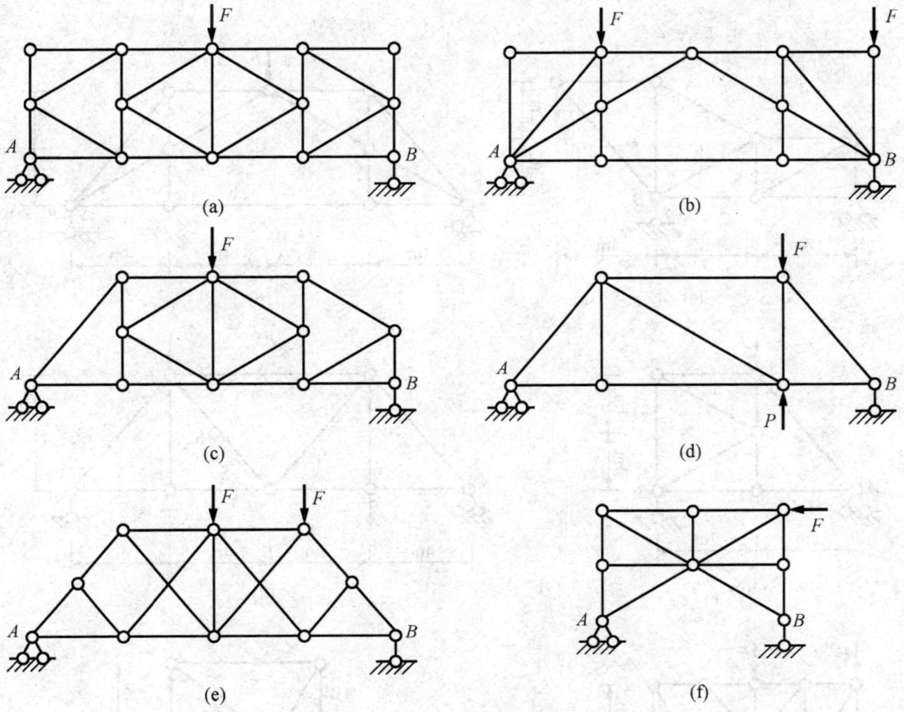
F
A
B
(a)
F
F
A
B
(b)
F
A
B
(c)
F
A
B
P
(d)
F
F
A
B
(e)
F
A
B
(f)

图 8 - 35

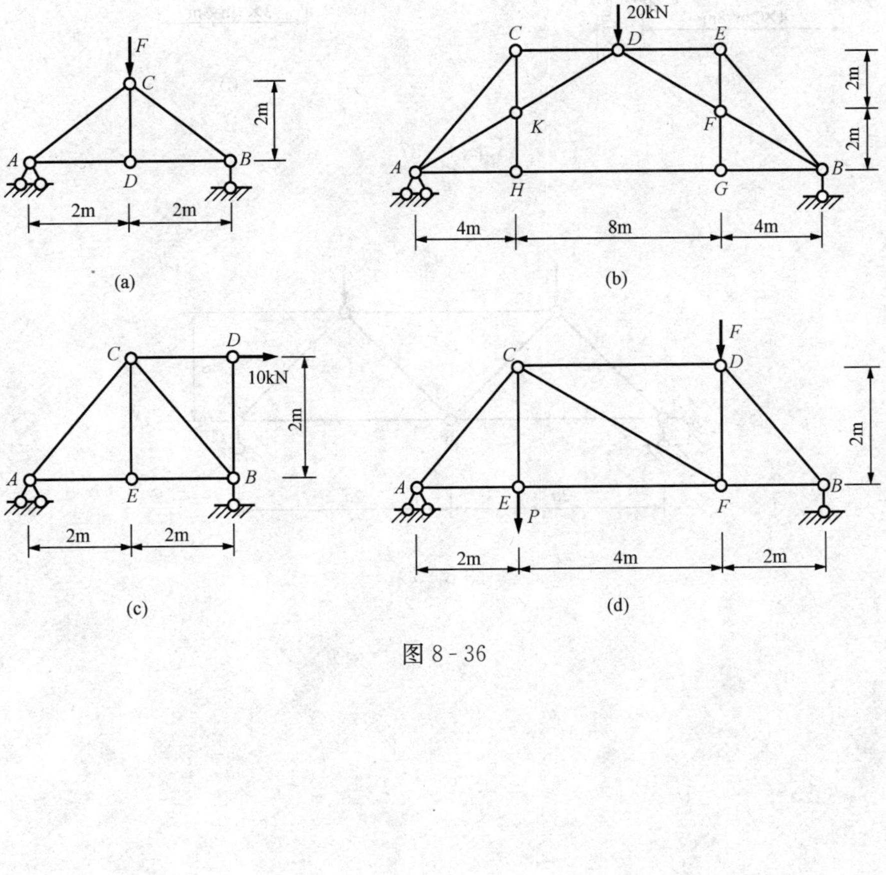
F
C
2m
A
B
D
2m
2m
(a)
20kN
C
D
E
2m
K
F
2m
A
B
H
G
4m
8m
4m
(b)
D
C
10kN
2m
A
B
E
2m
2m
(c)
F
C
D
2m
A
B
E
F
P
2m
4m
2m
(d)

图 8 - 36

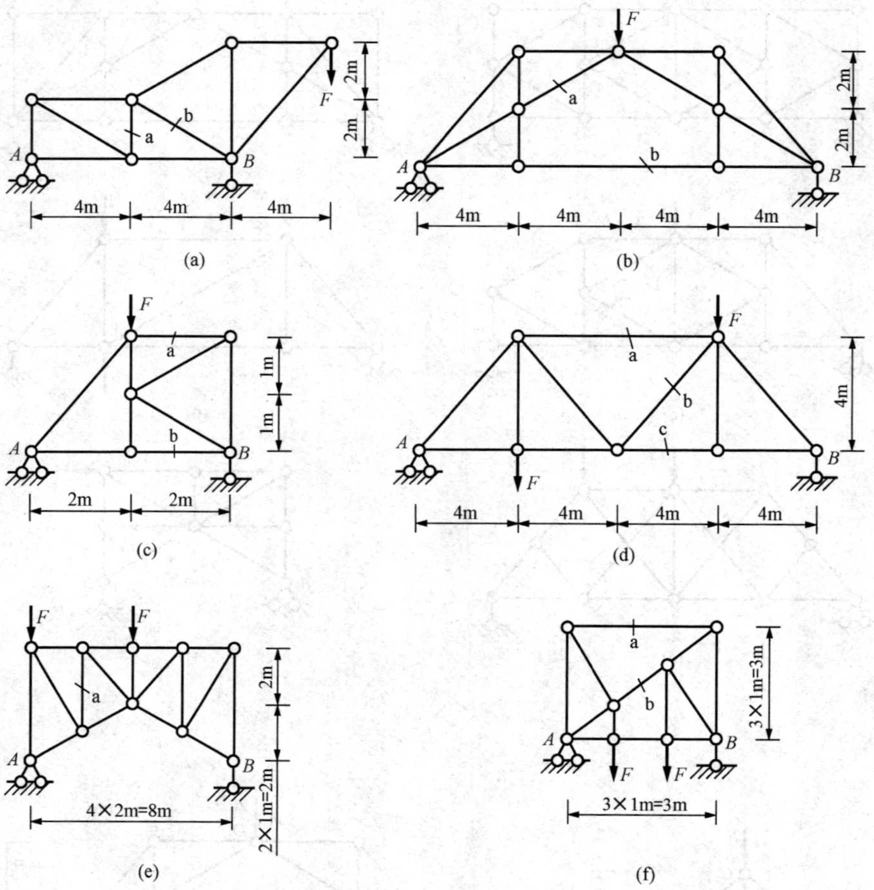

图 8 - 37

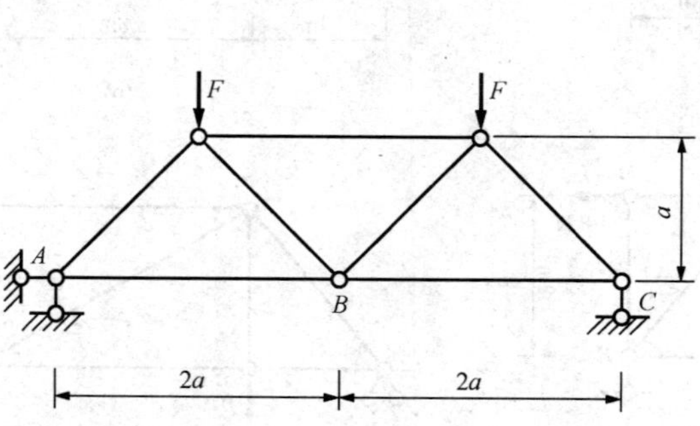

图 8 - 38

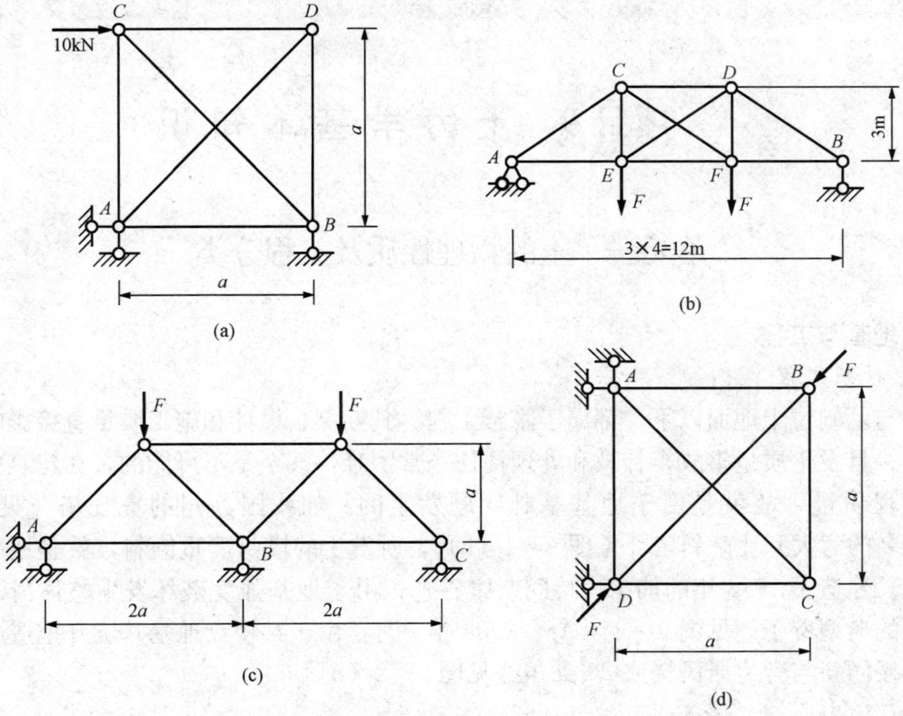

图 8-39

项目9　土力学基本知识

单元一　土的物理性质及工程分类

一、地基与工程

（一）地基工程

地基与基础位于地面以下，都属于隐蔽工程。其勘测、设计和施工质量直接影响建筑物的安全，一旦发生质量事故，补救和处理往往非常困难，甚至是不可能的。在建筑史上，许多建筑工程质量事故就是由于地基基础问题发生的。如我国苏州的虎丘塔［见图9-1（a）］、著名的意大利比萨斜塔［见图9-1（b）］，所发生的塔身严重倾斜，就是地基非均匀沉降所致；建造于1913年的加拿大特朗斯康谷仓，由于地基强度破坏发生整体滑动，是建筑物失稳的典型例子［见图9-2（a）］；2009年7月，由于某楼盘地基基坑开挖造成其隔壁小区居民楼倾斜与旁边居民楼成20°夹角［见图9-2（b）］。

(a)

(b)

图9-1

随着建筑业的发展和人均土地资源的有限性，充分利用各种不良地基，不占或少占耕地，最大限度地提高土地利用率，使地基基础工程在社会发展中占有越来越重要的地位，也对地基基础工程提出了更高的要求。

在输电线路中，杆塔的正常工作与否与地基和基础密切相关。

（二）地基与基础

土与工程建筑的关系十分密切。归结起来，土有两类用途：①在土层上修建房屋、塔体

(a)

(b)

图 9-2

等建筑物，并承受上述建筑物的荷载，此时土称为地基；②用土作材料，修筑路基、堤坝等，此时土就是建筑材料。

人们常将地基和基础混淆，把地基称为基础，实际上两者是完全不同的。地基是承受建筑物荷载的地层，地基按地质情况分为土基和岩基，按设计施工情况分为天然地基（浅基和深基）和人工地基。基础是建筑物最底下的一部分，由钢筋混凝土、砖或其他建筑材料筑成，其作用是扩散上部结构荷载、减小应力强度，传递给地基。

地基和基础的设计主要理论依据为土力学。为了保证建筑物的安全和正常使用，在地基基础设计中必须满足下列两个条件：

（1）地基的强度条件。保证作用于地基上的荷载不超过地基承载能力，保证地基稳定性，不发生滑动破坏，必须有一定的地基强度安全系数。

（2）地基的变形条件。要求建筑物的沉降量、沉降差、倾斜和局部倾斜都不能大于地基容许变形值。

为了研究地基的强度和变形条件，必须掌握土的物理、力学性质。

二、土的生成与特性

（一）土的生成

地球表面 30～80km 厚的范围是地壳。地壳中原来整体坚硬的岩石，经风化、剥蚀、搬运、沉积形成固体矿物、水和气体的集合体称为土。

不同的风化作用，形成不同性质的土。风化作用有下列 3 种。

1. 物理风化

岩石受风、霜、雨、雪的侵蚀，温度和湿度变化，不均匀膨胀和收缩，使岩石产生裂隙，崩解为碎块。这种风化作用只改变颗粒大小与形状，不改变矿物成分，称为物理风化。由物理风化生成的为粗颗粒土，如碎石、卵石、砾石、砂石等，呈松散状态，总称为无黏性土。

2. 化学风化

岩石碎屑与水、氧气和二氧化碳等物质接触，使岩石碎屑发生化学变化，改变了原来组成矿物的成分，产生一种新的成分——次生矿物，这种风化称为化学风化。在化学风化作用下，土的颗粒变得很细，具有黏结力，如黏土、粉质黏土，总称为黏性土。

3. 生物风化

由动物、植物和人类活动对岩体的破坏，称为生物风化，如开山、打隧道等活动形成的土，其矿物成分没有变化。

（二）土的三相组成

土由固体矿物、液体水和气体三部分组成，称为土的三相组成。土的固体矿物构成骨架，骨架之间贯穿着孔隙，孔隙中填充水和空气。土的三相比例不同，土的状态和工程性质也不同。

1. 土的固体颗粒

土的三相组成中，土的固体颗粒是决定土的工程性质的主要成分。土粒的大小、形状、矿物成分以及大小搭配情况对土的物理力学性质有明显影响。

（1）土粒的矿物成分。土粒的矿物成分取决于母岩矿物成分及风化作用，可分为原生矿物和次生矿物。

原生矿物是由岩石经过物理风化形成的，其矿物成分与母岩相同，常见的如石英、长石和云母等。一般较粗的砾石、砂等都是由原生矿物组成的。这种矿物成分性质较稳定，由其组成的土表现出无黏性、透水性较大、压缩性较小。

次生矿物是岩石经过化学风化后形成的新的矿物，其成分与母岩完全不同，主要是黏土矿物。黏土矿物的微观结构由两种原子层（晶片）构成：①由 Si - O 四面体构成的硅氧晶片；②由 Al - OH 八面体构成的铝氢氧晶片。因这两种晶片结合情况不同，形成三种黏性土矿物：

1）高岭石。晶胞之间有氢键，联结力较强，晶胞之间距离不易改变，水分子不能进入。因此，在三种黏性土矿物中，其亲水性和遇水膨胀性最小。

2）伊利石。部分四面体中的硅（Si）为铝（Al）和铁（Fe）所替代，损失的原子价由阳离子钾（K）补偿。因而，晶格层组之间具有结合力，其亲水性和遇水膨胀性较高岭石的强。

3）蒙脱石。两结构单元之间没有氢键，联结弱，水分子可以进入两晶胞之间。因此，蒙脱石亲水性大，遇水膨胀剧烈。

（2）土的粒径级配。自然界的土都是由大小不同的土粒所组成。颗粒的大小通常用粒径表示。颗粒大小不同的土，其工程性质也不同。为便于研究，通常把土的粒径按性质相近原则，划分为六个粒组，如图 9 - 3 所示。

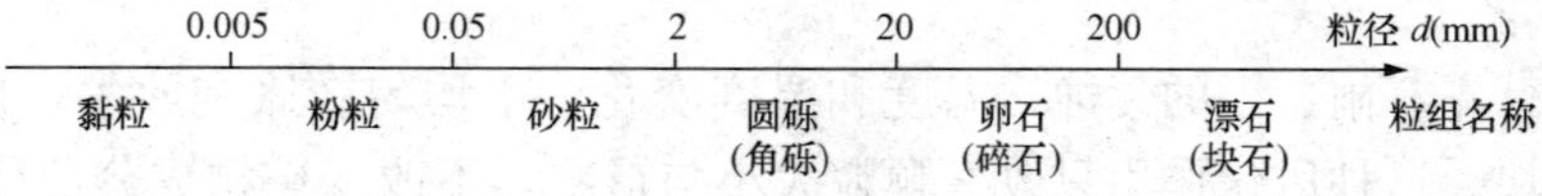

图 9 - 3　土的粒径分组

天然土体中含有大小不同的颗粒，为了表示土粒的大小及组成情况，通常以各个粒组的相对含量（即各粒组占土粒总量的百分比）来表示，称为土的粒径级配。这是决定无黏性土工程性质的主要因素，以此作为土分类定名的标准。

粒径分析方法，工程中常用两种方法配合使用。

1）筛分法。用一套标准筛，将粗粒土进行筛分。适用于粒径 $d>0.075$mm 的土。

2）比重计法。根据土粒直径大小不同在水中沉降的速度也不同的特性，用特制的比重计进行测定分析。适用于粒径 $d<0.075$mm 的细粒土。

根据颗粒分析试验结果，可绘制如图9-4所示的粒径级配曲线。由于土体中所含粒组的粒径往往相差几千、几万倍甚至更大，且细粒土的含量对土的性质影响很大，必须清楚表示，因此，将粒径的坐标取为对数坐标。

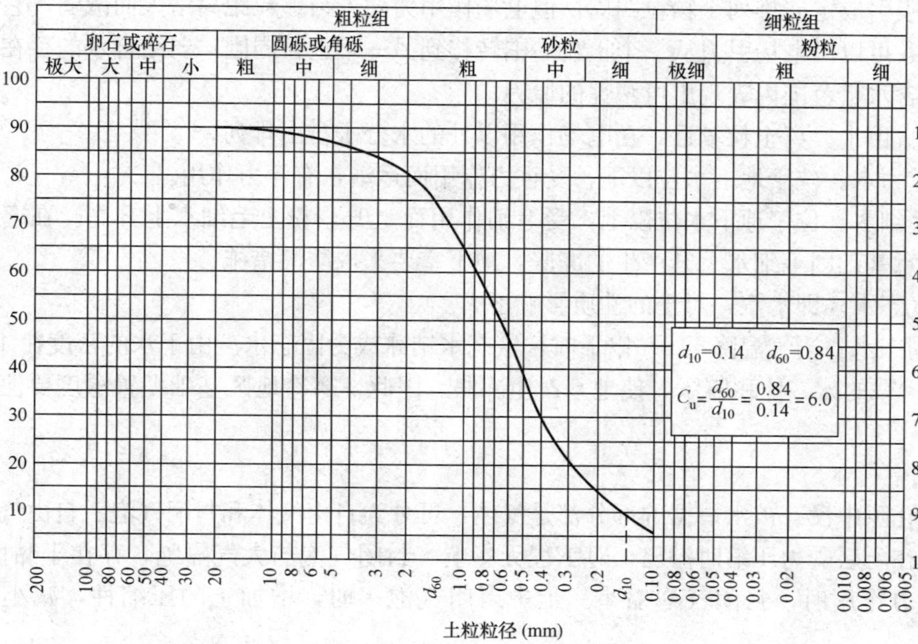

图9-4　土的粒径级配曲线

根据曲线的坡度和曲率可判断土的级配状况。如果曲线平缓，表示土粒大小均匀，即级配良好；如果曲线较陡，则表示颗粒粒径相差不大，粒径较为均匀，即级配不良。为了定量反映土的不均匀性，工程中常用不均匀系数 C_u 来描述粒径级配的不均匀程度

$$C_u=\frac{d_{60}}{d_{10}} \tag{9-1}$$

式中：d_{60}、d_{10} 分别为土中小于某粒径的土的质量占总质量的60%和10%时相应的粒径；d_{60} 为限定粒径，d_{10} 为有效粒径。

当 $C_u<5$ 时，曲线很陡，表示土均匀；当 $C_u>10$ 时，曲线平缓，表示土的级配良好。

2. 土中水

土中的水即为土的液相，其含量及性质明显影响土的性质（尤其是黏性土）。土中水除了一部分以结晶水的形式吸附在固体颗粒的晶格内以外，还存在结合水和自由水两类。

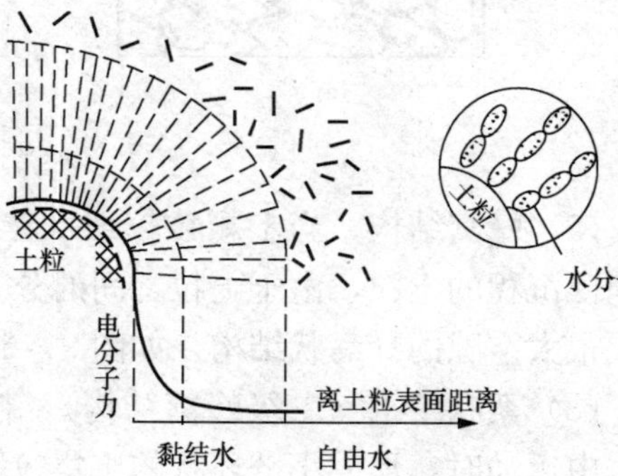

图9-5　土中水示意图

(1) 结合水。结合水是指由电分子引力吸附于土粒表面成薄膜状的水。根据受电场作用力大小及离颗粒表面距离，结合水又可分为强结合水和弱结合水两类，如图9-5所示。

1) 强结合水（吸着水）。紧靠土粒表面，厚

项目9

度只有几个水分子厚，所受电场作用力很大，几乎完全固定排列，丧失液体的特性而接近于固体。强结合水的冰点远低于0℃，密度要比自由水大，在温度达到105℃以上时才可被蒸发。

2）弱结合水（薄膜水）。指强结合水以外、电场作用范围以内的水。弱结合水也受颗粒表面电荷吸引成定向排列于颗粒四周，但电场作用力随着与颗粒距离增大而减弱，它是一种黏滞水膜，可以因电场引力从一个土粒周围转移到另一个土粒周围。弱结合水的存在是黏性土在某一含水量范围内表现出可塑性的原因。

（2）自由水。离土粒较远，在电场作用以外的水分子自由排列。

1）重力水。位于地下水位以下，受重力作用而运动，有浮力作用。

2）毛细水。位于地下水位以上，受毛细作用而上升，粉土毛细水上升高。在寒冷地区特别要注意基础因毛细水上升产生的冻胀，地下室要采取防潮措施。

3）气态水。即水汽，对土的性质影响不大。

4）固态水。当气温降至0℃以下时，液态水结冰成为固态水。由于水的密度在4℃时最大，低于0℃的冰，体积膨胀，使地基产生冻胀。因此，寒冷地区基础埋置深度要注意冻胀问题。

3. 土中气体

土的孔隙中没有被水占据的部分都是气体，可分为自由气体和封闭气泡。自由气体与大气连通，在土层受力压缩时溢出，对工程无影响。封闭气泡与大气隔绝，存在于黏性土中，当土层受力作用时，封闭气泡缩小。土中封闭气泡多时，增加土的压缩性，减小土的渗透性。

（三）土的结构和构造

1. 土的结构

土颗粒之间的相互排列和连接形式，称为土的结构，有下列三种：

（1）单粒结构。粗颗粒土，如卵石、砂等，在沉积过程中，每一个颗粒在自重作用下，单独下沉，达到稳定状态，如图9-6（a）所示。

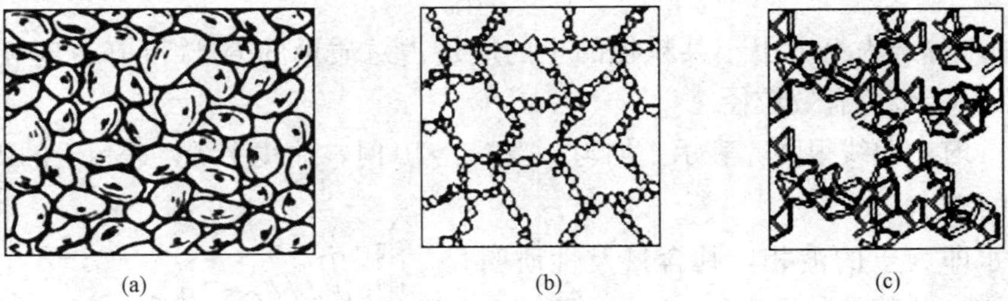

(a)　(b)　(c)

图9-6　土的结构

（2）蜂窝结构。当土颗粒较细（粒径在0.02～0.002mm范围）时，在水中单个下沉，碰到已沉积的土粒，由于土粒之间的分子引力大于颗粒自重，则下沉土粒被吸引不再下沉，形成很大空隙的蜂窝状结构，如图9-6（b）所示。

（3）絮状结构（二级蜂窝结构）。粒径小于0.005mm的黏土颗粒，在水中长期悬浮并在水中运动时，形成小链环状的土集粒而下沉。这种小链环碰到另一小链环被吸引，形成大链环状的絮状结构。此种结构在海积黏土中常有，如图9-6（c）所示。

上述三种结构中，以密实的单粒结构土的工程性质最好，蜂窝结构的其次，絮状结构的最差。后两种结构土，如因扰动破坏天然结构，则强度低、压缩性大，不可用作天然地基。

2. 土的构造

土的构造是指土体中各结构单元之间的关系，如层状土体、互层土体、裂隙土体、软弱夹层、透水层与不透水层等。其主要特征是土的成层性和裂隙性，即层理构造，两者均造成了土的不均匀性。

(1) 层理构造。土粒在沉积过程中，由于不同阶段沉积的物质成分、颗粒大小或颜色不同，而沿竖向呈现成层特征。常见的有水平层理构造［见图9-7 (a)］和带有夹层、尘灭和透镜体等交错层理构造［见图9-7 (b)］。

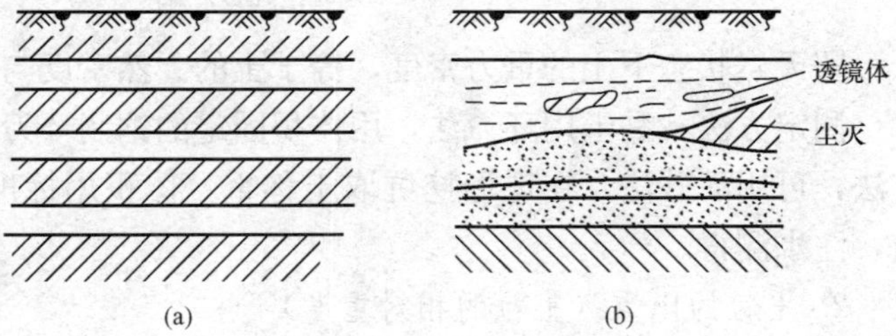

图9-7

(2) 裂隙构造。土体被许多不连续的小裂隙所分割，在裂隙中常充填有各种盐类的沉淀物。不少坚硬和硬塑状态的黏性土具有此种构造，裂隙将破坏土的整体性，增大透水性，对工程不利。

（四）土的特性

土与其他连续介质材料相比，具有下列特性：

(1) 压缩性大。反映压缩性大小的指标弹性模量（变形模量），随材料不同而有很大差别。如钢筋的弹性模量为2.1×10^{11}Pa，200号混凝土的弹性模量为0.26×10^{11}Pa，卵石的弹性模量为40～50MPa，饱和细砂的弹性模量为8～16MPa。可见，当应力与材料厚度相同时，饱和细砂的压缩性比200号混凝土大1600倍。黏土压缩性往往比饱和细砂还要大。

(2) 强度低。土的强度指抗剪强度。无黏性土的强度主要为土粒表面粗糙不平存在摩擦力，黏性土还有黏聚力。摩擦力和黏聚力远远小于建筑材料本身的强度。一般，土的强度比其他建筑材料低很多。

(3) 透水性大。由于土体中固体矿物颗粒之间具有无数的具有透水性的孔隙，土的透水性很大，尤其是粗颗粒的无黏性土，如卵石。

三、土的物理性质指标

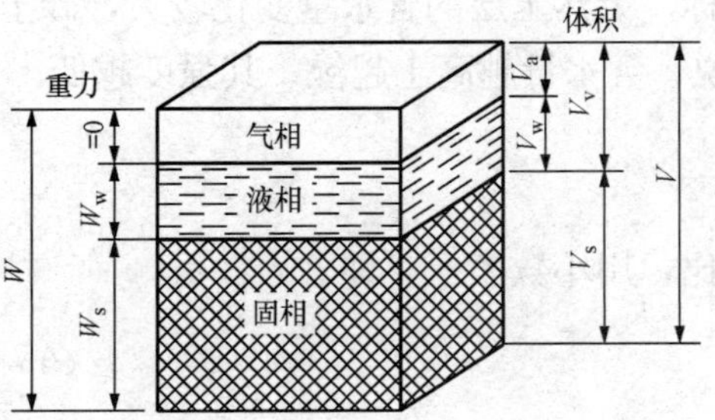

图9-8

在天然状态下，土是由固体、液体和气体三部分组成的三相体系，如图9-8所示。固体部分即为土粒，由矿物颗粒或有机质组成，构成土的骨架。骨架间有许多孔隙，可为水、气所填充。土的三个组成部分本身的性质及其比例关系和相互作用决定了土的物理力学性质。

在工程地基基础设计中，关键性问题之一就是确定地基土的承载力F。F值不同，采用地基基础方案亦不同。如房屋建筑中，$F\geqslant200$kPa时，一般多层房屋均可用天然地基；若地表10m左右均为软弱土层（$F<50$kPa），下层为好土，则可采用桩基。确定F数值的常用方法是根据土的物理性质而定的。

（一）基本物理性指标

土的物理性指标中有 3 个基本指标可通过用土进行不同的试验测定，也称为直接测定指标。

1. 土的天然容重

土的天然容重，即天然重度

$$\gamma=\frac{\text{土的总重力}}{\text{土的总体积}}=\frac{W}{V}\text{或}\gamma=\rho g \tag{9-2}$$

即天然状态下土的重力密度，等于土的天然密度与重力加速度的乘积，单位为 kN/m^3。

测定方法：黏土用环刀法，用体积固定的钢制环刀切土，天平称重而得；卵石无法用此方法，可用灌砂法，在现场挖坑取土称重，体积用标准砂测量或可用塑料薄膜铺在卵石坑内，注水测得。

2. 土粒的比重（土粒的相对重度）

土粒的相对密度定义为土粒的质量与同体积的纯蒸馏水在 4℃时的质量之比，即

$$d_s=\frac{\text{固体颗粒的重度}}{\text{蒸馏水在 4℃ 的重度}}=\frac{\gamma_s}{\rho_w(4℃)} \tag{9-3}$$

由于 $\rho_w=1.0g/cm^3$，故实际上，土粒的比重在数值上等于土粒的重度，但土粒的比重却为无量纲的数。

测定方法：用特制的比重瓶测定。由于天然土体是由不同矿物颗粒组成的，而这些矿物的比重都各不相同，因此试验测定的土粒比重是试验土样所含土粒的平均比重。一般工程中采用当地积累的经验数据。

3. 土的含水量

土的含水量定义为土中水中与固体重之比值，以百分数表示，即

$$\omega=\frac{\text{土中含水重}}{\text{固体颗粒重}}\times100\%=\frac{W_w}{W_s}\times100\%=\frac{W-W_s}{W_s}\times100\% \tag{9-4}$$

测定方法：常用烘干法。先测定湿土重后，将湿土放入烘箱内，控制温度在 105℃，烘约 8h，将结合水蒸发至恒重，再称干土重而得。目前，快速测定含水量的方法有酒精燃烧法或红外线法。

土的含水量是标志土的湿度的一个重要物理指标。天然土层的含水量变化较大，砂土为 0～40%、黏土为 20%～60%。一般对同一类土来说，含水量越高土越湿，其强度越低。

（二）土的松密程度的指标

1. 土的孔隙比 e

土的孔隙比定义为土中孔隙体积与土粒体积之比，用小数表示，即

$$e=\frac{V_v}{V_s} \tag{9-5}$$

孔隙比是评价土的密实度的重要物理指标。砂土的孔隙比为 0.5～1.0，黏土为 0.5～1.2。当砂土的孔隙比 $e<0.6$ 时，土体密实，为良好地基；当黏性土的孔隙比 $e>1.0$ 时，为软弱地基。

2. 土的孔隙率 n

土的孔隙率定义为土中孔隙体积与土的总体积之比，用百分数表示，即

$$n = \frac{孔隙体积}{土体总体积} \times 100\% = \frac{V_v}{V} \times 100\% \tag{9-6}$$

孔隙率亦可用来表示同种土的松密度，其值随土形成过程中所受的压力、粒径级配和颗粒排列的状况而变化。一般粗粒土的孔隙率小，细粒土的孔隙率大。例如，砂类土的孔隙率一般为28%～35%，而黏性土的孔隙率有时却高达60%～70%。

（三）土中含水程度的指标

土中含水程度指标除了含水量外，土的饱和度也是衡量其含水程度的重要指标。

土的饱和度定义为土中所含水分的体积与孔隙体积之比，以百分数表示，即

$$s_r = \frac{水的体积}{孔隙体积} \times 100\% = \frac{V_w}{V_v} \times 100\% \tag{9-7}$$

饱和度用以描述土体中孔隙的充水程度，亦作为湿度划分的标准：稍湿 $s_r \leqslant 50\%$，很湿 $50\% < s_r \leqslant 80\%$，饱和 $s_r > 80\%$。

（四）不同状态下土的重度

土的重度除了用上述天然重度表示外，工程计算上还常用下列两种重度，即干重度和饱和重度。

1. 干重度 γ_d（kN/m^3）

干重度定义为固体颗粒重与总的体积之比，即

$$\gamma_d = \frac{W_s}{V} \tag{9-8}$$

干重度常用作填方工程中土体压实质量控制的标准。

2. 饱和重度 γ_{sat}（kN/m^3）

饱和重度定义为土中孔隙被水完全充满时土的重度，即

$$\gamma_{sat} = \frac{W_s + V_v r_w}{V} \tag{9-9}$$

3. 有效重度 γ'

有效重度 γ' 定义为地下水位以下，土体受到水的浮力作用时单位体积的重力，即亦称为浮重度，单位为 kN/m^3。

$$\gamma' = \gamma_{sat} - \gamma_w \tag{9-10}$$

表示三相比例关系的指标中，只要通过试验直接测定出土粒的基本物理性指标，即相对比重、含水量和重度，便可利用表9-1所示的换算公式换算出其他的指标值。

表9-1　土的三相比例指标常用换算公式

名　称	符号	表达式	单位	常见数值	换算公式
天然重度	γ	$\gamma=\frac{W}{V}$	kN/m^3	16.0～22.0	$\gamma=\gamma_d(1+0.01\omega)$
比　重	d_s	$d_s=\frac{\gamma_s}{\gamma_w(4℃)}$		砂土2.65～2.69 黏性土2.70～2.75	
含水量	ω	$\omega=\frac{W_w}{W_s}\times 100\%$		砂土0～40% 黏性土20%～60%	$\omega=\frac{s_r e}{d_s}\times 100\%$ $\omega=\left(\frac{\gamma}{\gamma_d}-1\right)\times 100\%$

续表

名　称	符号	表达式	单位	常见数值	换算公式
孔隙比	e	$e=\frac{V_v}{V_s}$		砂土 0.5～1.0 黏性土 0.5～1.2	$e=\frac{n}{100-n}$ $e=\frac{d_s(1+0.01\omega)\gamma_w}{r}-1$
孔隙率	n	$n=\frac{V_v}{V}\times 100\%$		30%～50%	$n=\frac{e}{1+e}$
饱和度	s_r	$s_r=\frac{V_w}{V_v}\times 100\%$		0～100%	$s_r=\frac{0.01\omega d_s}{e}$
干重度	γ_d	$\gamma_d=\frac{W_s}{V}$	kN/m³	13.0～20.0	$\gamma_d=\frac{10d_s}{1+e}=\frac{\gamma}{1+0.01\omega}$
饱和重度	γ_{sat}	$\gamma_{sat}=\frac{W_s+V_v r_w}{V}$	kN/m³	18.0～23.0	$\gamma_{sat}=\frac{10(d_s+e)}{1+e}$

(五) 土的物理状态指标

土的物理状态，对于粗粒土是指土的密实程度，对于细粒土则是指土的软硬程度或称为黏性土的稠度。

1. 无黏性土的密实度

土的密实度通常指单位体积土中固体颗粒的含量。根据土颗粒含量的多少，天然状态下砂、碎石等处于从紧密到松散的不同物理状态。

砂、卵石等无黏性土是单粒结构，这类单粒结构的土，最主要的物理状态指标是密实度。工程中常用下列指标标准划分土的密实度。

(1) 用孔隙比 e 作为划分密实度的标准。GB 50007—2002《建筑地基基础设计规范》中规定，以孔隙比 e 表示砂土的密实度划分标准，见表 9-2。

表 9-2　　砂土的密实度

土的名称 \ 密实度	密　实	中　密	稍　密	松　散
砾砂、粗砂、中砂	$e<0.60$	$0.60\leqslant e\leqslant 0.75$	$0.75<e\leqslant 0.85$	$e>0.85$
细砂、粉砂	$e<0.70$	$0.70\leqslant e\leqslant 0.85$	$0.85<e\leqslant 0.95$	$e>0.95$

这种用孔隙比表示密实度的方法虽然简便却有明显的缺陷，即没有考虑到颗粒的级配这一重要因素对砂土密实状态的影响。对于砂土层，由于取原状砂样和测定孔隙比存在实际困难，故在实用上也存在问题。

为了克服这个缺点，可用天然孔隙比 e 与同一种砂的 e_{max} 和 e_{min} 进行对比，看 e 靠近哪个值，以此来判定其密实度。

(2) 用相对密实度作密实度标准，公式为

$$D_r=\frac{e_{max}-e}{e_{max}-e_{min}} \tag{9-11}$$

用相对密实度 D_r 判定砂土密实度的标准：$D_r\leqslant\frac{1}{3}$ 表示疏松，$\frac{1}{3}<D_r\leqslant\frac{2}{3}$ 表示中密，$D_r>\frac{2}{3}$ 则表示密实。

采用相对密实度 D_r 作为砂土密实度标准，理论上完善，但由于 e_{max} 和 e_{min} 不易测定准确，同一砂样，数值因人而异，因而生产中应用 D_r 时受影响。

(3) 标准贯入锤击数 N。天然砂土的密实度，可按原位标准贯入试验锤击数 N（参见陈书申编的《土力学与地基基础》第六章）进行评定。GB 50007—2002 中，按 N 划分砂土密实度，见表 9 - 3。

表 9 - 3　　按 N 划分砂土密实度

密实度	松散	稍密	中密	密实
标准贯入试验锤击数 N	$N \leqslant 10$	$10 < N \leqslant 15$	$15 < N \leqslant 30$	$N > 30$

2. 黏性土的物理特性

黏性土的稠度是指土的软硬程度或土受外力作用所引起变形或破坏的抵抗能力，是黏性土最主要的物理状态特征。当土中含水量很大时，土粒被自由水所隔开，表现为浆液状；随着含水量的减少，土浆变稠，逐渐变成可塑的状态，这时土中水分主要为弱结合水；含水量再减少土就进入半固态；当土中主要含强结合水时，土处于固体状态。这些状态的变化反映了土粒与水相互作用的结果。

黏性土由某一状态过渡到另一个状态的分界含水量称为土的稠度界限。工程中常用的稠度界限有液限和塑限。液限为土从液体状态转变为塑性状态时的分界含水量，塑限为土从塑性状态转变为半固体状态时的分界含水量。

（六）地基土的工程分类

通过上述对土的物理性质的阐述，可知土颗粒大小不同，其工程性质有极大的差异。自然界中的土往往是各种不同大小颗粒组的混合物，在勘测、设计、施工中，需对组成地基土的混合物进行分析、计算与评价。因此，对地基土进行科学分类与定名是十分必要的。

下面介绍土木建筑应用的分类标准，按此种分类标准，作为地基的土（岩）可分为岩石、碎石土、砂土、粉土、黏性土和人工填土等。

1. 岩石

颗粒间脑骨联结、呈整体或具有节理裂隙的岩体称为岩石。岩石按坚固性分为硬质岩石（如花岗岩、玄武岩等）和软质岩石（如页岩、云母片岩等）；按风化程度分为微风化、中等风化和强风化。

2. 碎石土

碎石土是粒径大于 2mm 的颗粒含量超过全重 50%的土。碎石土根据粒组含量及颗粒形状又可分为漂石或块石、卵石或碎石、圆砾或角砾。

3. 砂土

砂土是指粒径大于 2mm 的颗粒含量不超过全重的 50%、粒径大于 0.075mm 的颗粒超过全重 50%的土。按粒组含量砂土分为砾砂、粗砂、中砂、细砂和粉砂。

4. 粉土

粉土是指粒径大于 0.075mm 的颗粒含量不超过全重的 50%、塑性指数 $I_P \leqslant 10$ 的土，其性质介于砂土和黏性土之间。

5. 黏性土

黏性土是指塑性指数 $I_P > 10$ 的土。按塑性指数可分为粉质黏土（$17 \geqslant I_P > 10$）和黏土

($I_P>17$)。密实硬塑状态的黏性土为良好地基，疏松流塑状态的黏性土为软弱地基。

6. 人工填土

人工填土是指由于人类活动而形成的堆积物。其物质成分较杂乱，均匀性较差。人工填土根据其物质组成和成因，可分为素填土、杂填土和冲填土三类；按堆积年代分为老填土和新填土。

单元二　地基中的应力计算

建筑物的建造将引起地基中的应力状态发生改变，引起地基变形，从而使建筑物产生一定的沉降。当外荷载在土体中引起的应力过大时，不仅会使建筑物产生过量的沉降，甚至可能使土体发生整体失稳。因此，了解土体中应力的大小和分布，是研究地基变形和稳定性的前提。本单元主要介绍土体自重应力、地基压力和附加应力的基本概念及计算方法。

一、地基中的自重应力

地基中的自重应力是指在修筑建筑物前，土体本身的有效重量产生的应力，对其研究是为了确定土体的初始应力状态。

通常土层覆盖面积很大，假定地基为半无限弹性体，则土体中所有竖直面和水平面上均无切应力存在，故地基中任意深度 z 处的竖向自重应力就等于单位面积上的土柱重量。若 z 深度以内的土层为均质土，天然重度为 γ，则

$$\sigma_{cz}=\gamma z \tag{9-12}$$

均质土层中的自重应力随深度呈线性分布（三角形分布），如图 9-9 所示。

若地基由不同性质的成层土组成，则在地基以下任一层面处的自重应力为

$$\sigma_{cz}=\gamma_1 h_1+\gamma_2 h_2+\gamma_3 h_3+\cdots=\sum\gamma_i h_i \tag{9-13}$$

式中　h_i——第 i 层土的厚度；

γ_i——第 i 层土的重度，地下水水位以上的土层一般取天然重度，地下水位以下的土层取有效重度 γ'_i，对毛细胞和带的土层取饱和重度。

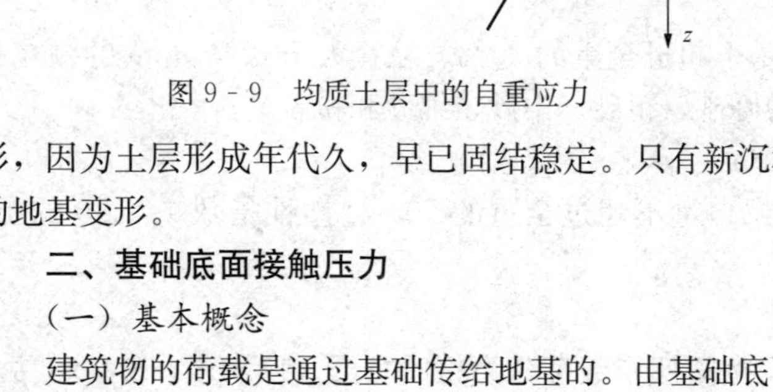

图 9-9　均质土层中的自重应力

同时地基中往往又存在有地下水，在地下水位以下的透水层，因土粒受到水的浮力作用，应以浮重度计算自重应力；在地下水位以下的不透水层，例如，岩层或密实黏土，由于不透水层不存在水的浮力，因此，在其层面及层面以下的自重应力应按上覆土层的水、土总重计算，如图 9-10 所示。

通常，自重应力不会引起地基变形，因为土层形成年代久，早已固结稳定。只有新沉积的土或人工填土，需要考虑自重引起的地基变形。

二、基础底面接触压力

(一) 基本概念

建筑物的荷载是通过基础传给地基的。由基础底面传至地基单位面积上的压力，称为基

底压力（或称为接触压力），地基对基础的作用力称为地基反力。在计算地基附加应力以及设计基础结构时，必须首先确定基底压力的大小和分布情况。

试验和理论都已证明，基底压力分布是比较复杂的问题，它不仅与基础的形状、尺寸、刚度和埋深等因素有关，还与土的性质、种类、荷载的大小和分布等因素有关。

柔性基础刚度很小，在荷载作用下，基础的变形与地基土表面的变形协调一致，当基底面上的荷载为均匀分布时，基底压力也是均匀分布，如图9-11所示。

刚性基础的刚度很大，在荷载作用下，基础本身几乎不变形，基底始终保持为平面，这类基础基底压力分布与作用在基底面上的荷载大小、土的性质及基础埋深等因素有关。试验表明，中心受压的刚性基础随荷载的增大，基底压力分别为马鞍形、抛物线形、钟形3种分布形态，如图9-12所示。

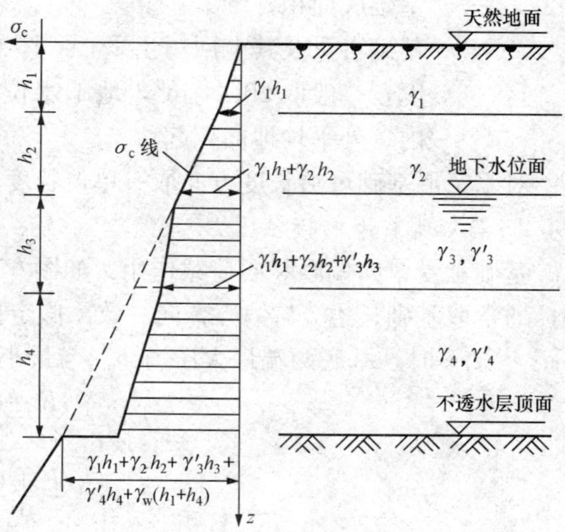

图9-10　成层土体中自重应力沿深度的分布

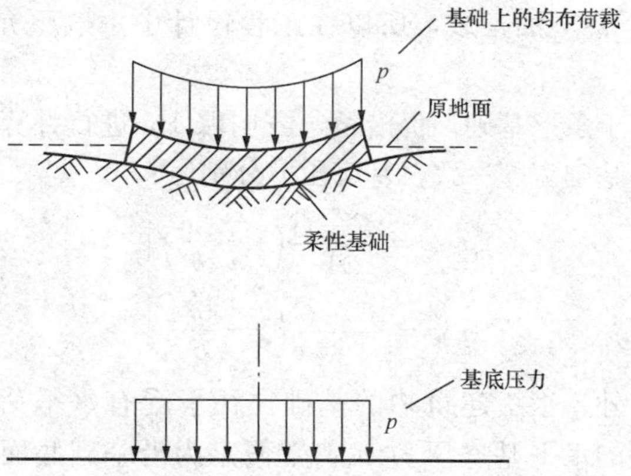

图9-11

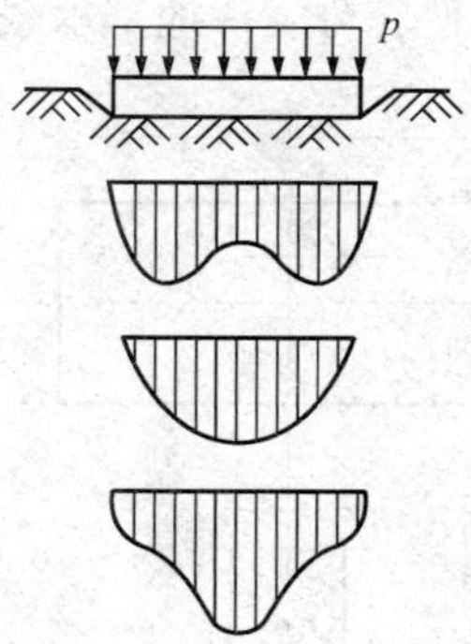

图9-12

实际工程中作用在基础上的荷载，由于受地基承载力的限制，一般不会很大，且基础都有一定的埋深，其基底压力分布接近马鞍形，并趋向于直线分布，因此，常假定基底压力为直线变化，按材料力学公式计算基底压力。

（二）接触压力的简化计算

1. 中心荷载下的基底压力

受竖向中心荷载作用的基础，其荷载的合力通过基底形心，接触压力为均匀分布。接触压力可由下式计算

$$p=\frac{F+G}{A} \tag{9-14}$$

式中　p——接触压力，kPa；

F——上部结构传至基础顶面的竖向力，kN；

A——基础底面积，m^2；

G——基础自重及其上回填土重，kN，$G=\gamma_G Ad$，其中 γ_G 为基础及回填土的平均重度，一般取 $20kN/m^3$，地下水位以下应取有效重度，d 必须从设计地面或室内、外平均地面算起。

对于条形基础可沿长度方向取一单位长度进行基底压力计算。

2. 偏心荷载下的接触压力

基础承受单向偏心竖向荷载作用，如图 9-13 所示的矩形基础，为了抵抗荷载的偏心作用，通常取基础长边 l 与偏心方向一致。假定接触压力为直线分布，对于工程中常见的，偏心距 $e \leqslant l/6$ 时，基底两端最大压力 p_{max} 与最小压力 p_{min} 的值可按下式计算，即

$$\left.\begin{aligned} p_{max} &= \frac{F+G}{A}\left(1+\frac{6e}{l}\right) \\ p_{min} &= \frac{F+G}{A}\left(1-\frac{6e}{l}\right) \\ e &= M/(F+G) \end{aligned}\right\} \tag{9-15}$$

式中　M——作用于基础底面的力矩，kN·m。

由式（9-15）可见，当 $e<l/6$ 时，$p_{min}>0$，基底压力为梯形分布，如图 9-13（b）所示；当$e=l/6$ 时，$p_{min}=0$，基底压力为三角形分布，如图 9-13（c）所示；当 $e>l/6$ 时，$p_{min}<0$，基底出现拉应力，而基础与地基之间是不能承受拉力，此时基础与地基之间发生局部脱开，使其基底压力重新分布，p_{max} 将增加很多，所以在工程设计中一般不允许 $e>l/6$，以便充分发挥地基承载力。

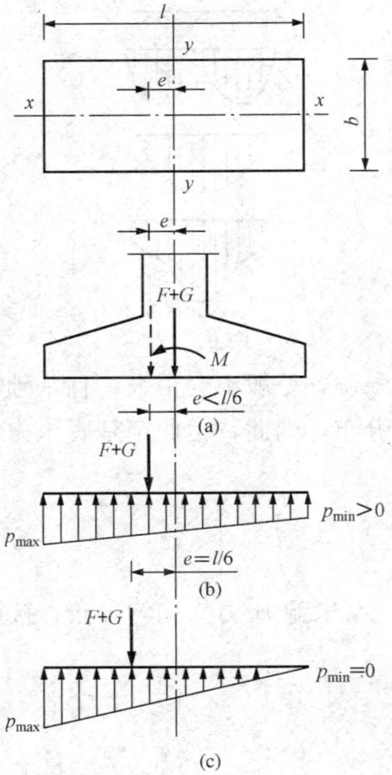

图 9-13

对于条形基础，仍沿长边方向取 1m 进行计算，偏心方向与基础宽度一致，基底压力分别为

$$\left.\begin{aligned} p_{max} &= \frac{F+G}{A}\left(1+\frac{6e}{b}\right) \\ p_{min} &= \frac{F+G}{A}\left(1-\frac{6e}{b}\right) \end{aligned}\right\} \tag{9-16}$$

另外，水工建筑物的基础往往承受有水平荷载 p_H，其引起的水平基底压力 p_h，常假定为沿基础底面均匀分布，即

$$p_h = \frac{p_H}{A} \tag{9-17}$$

（三）基底附加应力

基础通常是埋置在天然地面下一定深度的。由于天然土层在自重作用下的变形已经完成，故只有超出基底处原有自重应力的那部分应力才使地基产生附加变形，使地基产生附加变形的基底压力称为基底附加压力 p_0。显然，在基底压力相同时，基础埋深越大，其附加压力越小，越有利于减小地基的沉降。根据该原理可以进行地基基础的补偿性设计。因此，基底附加压力是上部结构和基础传到基底的接触压力与基底处原先存在于土中的自重应力之差，

按下式计算

$$p_0 = p - \gamma_0 d \tag{9-18}$$

式中　γ_0——基础底面以上土的加权平均重度，kN/m^3；

d——基础埋深，m，从天然地面算起，对于新填土地区则从老地面算起。

三、地基中的附加应力

地基中的附加应力是指受外荷载作用下附加产生的应力增量。目前附加应力的计算，通常是假定地基土体为均匀、连续、各向同性的半无限空间弹性体，按照弹性理论计算，其结果可满足工程精度要求。

（一）竖向集中力作用下地基中的附加应力

在半无限空间土体上作用有一竖向集中力 F，竖向集中力作用下地基的附加应力如图9-14所示，该力在土体内任一点 M（x、y、z）引起的竖向附加应力 σ_z（kPa）可用下式计算，即

$$\sigma_z = K\frac{F}{z^2} \tag{9-19}$$

式中　K——集中力作用下地基竖向附加应力系数，无因次，是 r/z 的函数，可由表9-4查得。

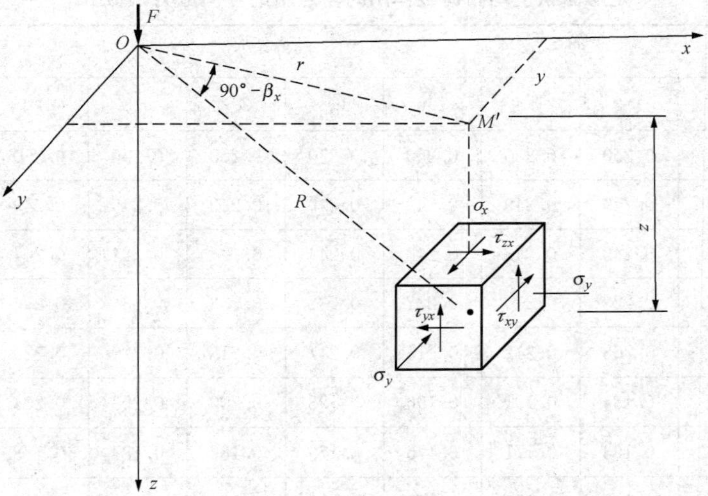

图9-14

表9-4　集中力作用下的竖向附加应力系数 K

r/z	K	r/z	K	r/z	K	r/z	K	r/z	K
0.00	0.477 5	0.50	0.273 3	1.00	0.084 4	1.50	0.025 1	2.00	0.008 5
0.05	0.474 5	0.55	0.246 6	1.05	0.074 4	1.55	0.022 4	2.20	0.005 8
0.10	0.465 7	0.60	0.221 4	1.10	0.065 8	1.60	0.020 0	2.40	0.004 0
0.15	0.451 6	0.65	0.197 8	1.15	0.581 0	1.65	0.017 9	2.60	0.002 9
0.20	0.432 9	0.70	0.176 2	1.20	0.051 3	1.70	0.016 0	2.80	0.002 1
0.25	0.410 3	0.75	0.156 5	1.25	0.045 4	1.75	0.014 4	3.00	0.001 5
0.30	0.384 9	0.80	0.138 6	1.30	0.040 2	1.80	0.012 9	3.50	0.000 7
0.30	0.357 7	0.85	0.122 6	1.35	0.035 7	1.85	0.011 6	4.00	0.000 4
0.40	0.329 4	0.90	0.108 3	1.40	0.031 7	1.90	0.010 5	4.50	0.000 2
0.45	0.301 1	0.95	0.095 6	1.45	0.028 2	1.95	0.009 5	5.00	0.000 1

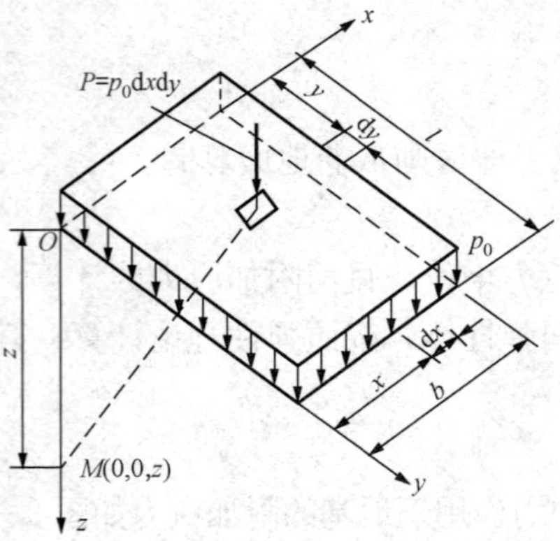

图 9 - 15

（二）矩形基础地基中的附加应力

矩形基础通常是指 $l/b<10$（水利工程 $l/b<5$）的基础，矩形基础下地基中任一点的附加应力与该点对 x、y、z 三轴的位置有关，故属空间问题。

1. 均布竖向荷载情况

设矩形基础的长度为 l，宽度为 b，作用于地基上的均布竖向荷载为 p_0，均布竖向荷载作用下角点下的附加应力如图 9 - 15 所示。在基础角点下任意深度处产生的竖向附加应力 σ_z（kPa），可用下式求得，即

$$\sigma_z = K_c p_0 \tag{9 - 20}$$

式中　K_c——矩形基础受均布竖向荷载作用时角点下的附加应力系数，可根据 l/b 与 z/b 的值查表 9 - 5。

表 9 - 5　矩形面积上均布荷载作用时角点下的竖向应力系数 K_c

$m=z/b$	$n=l/b$									
	1.0	1.2	1.4	1.6	1.8	2.0	3.0	4.0	5.0	≥10
0	0.250	0.250	0.250	0.250	0.250	0.250	0.250	0.250	0.250	0.250
0.2	0.249	0.249	0.249	0.249	0.249	0.249	0.249	0.249	0.249	0.249
0.4	0.240	0.242	0.243	0.243	0.244	0.244	0.244	0.244	0.244	0.244
0.6	0.223	0.228	0.230	0.232	0.232	0.233	0.234	0.234	0.234	0.234
0.8	0.200	0.208	0.212	0.215	0.217	0.218	0.220	0.220	0.220	0.220
1.0	0.175	0.185	0.191	0.196	0.198	0.200	0.203	0.204	0.204	0.205
1.2	0.152	0.163	0.171	0.176	0.179	0.182	0.187	0.188	0.189	0.189
1.4	0.131	0.142	0.151	0.157	0.161	0.164	0.171	0.173	0.174	0.174
1.6	0.112	0.124	0.133	0.140	0.145	0.148	0.157	0.159	0.160	0.160
1.8	0.097	0.108	0.117	0.124	0.129	0.133	0.143	0.146	0.147	0.148
2.0	0.084	0.095	0.103	0.110	0.116	0.120	0.131	0.135	0.136	0.137
2.5	0.060	0.069	0.077	0.083	0.089	0.093	0.106	0.111	0.114	0.115
3.0	0.045	0.052	0.058	0.064	0.069	0.073	0.087	0.093	0.096	0.099
4.0	0.027	0.032	0.036	0.040	0.044	0.048	0.060	0.067	0.071	0.076
5.0	0.018	0.021	0.024	0.027	0.030	0.033	0.044	0.050	0.055	0.061
7.0	0.010	0.011	0.013	0.015	0.016	0.018	0.025	0.031	0.035	0.043
9.0	0.006	0.007	0.008	0.009	0.010	0.011	0.016	0.020	0.024	0.032
10.0	0.005	0.006	0.007	0.007	0.008	0.009	0.013	0.017	0.020	0.028

若附加应力计算点不位于角点下，可将荷载作用面积划分为几个部分，每一部分都是矩形，且使要求得应力之点位于划分的几个矩形的公共角点下面，利用式（9－20）分别计算各部分荷载产生的σ_z，最后利用叠加原理计算出全部的σ_z，这种方法称为角点法。

【例9－1】　某矩形基础，基底面积为4m×6m，如图9－16所示，其上作用有均布荷载$p_0=200\text{kPa}$，求B、C、D、E各点下处的竖向附加应力。

解　（1）B点。通过B点将基础底面划分成4个相等矩形，由$l_1/b_1=3/2=1.5$，$z/b_1=2/2=1.0$，查表9－5得$K_{c1}=0.1933$，则

$$\sigma_z=4K_{c1}p_0=4\times0.1933\times200=154.6(\text{kPa})$$

（2）C点。通过C点将基础底面划分成4个小矩形。$l_1=l_2=2\text{m}$，$b_1=b_2=1\text{m}$，$l_3=l_4=5\text{m}$，$b_3=b_4=2\text{m}$。由$l_1/b_1=2/1=2.0$，$z/b_1=2/1=2.0$，查得$K_{c1}=0.1202$；由$l_3/b_3=5/2=2.5$，$z/b_3=2/2=1.0$，查表9－5得$K_{c3}=0.2017$，则

$$\sigma_z=2(K_{c1}+K_{c3})p_0=2\times(0.1202+0.2017)\times200=128.8(\text{kPa})$$

（3）D点。通过D点将基础划分为2个相等的矩形，由$l_1/b_1=6/2=3.0$，$z/b_1=2/2=1.0$，查表9－5得$K_{c1}=0.2034$，则

$$\sigma_z=2K_{c1}p_0=2\times0.2034\times200=81.4(\text{kPa})$$

（4）E点。由$l/b=6/4=1.5$，$z/b=2/4=0.5$，查表9－5得$K_c=0.2370$；则

$$\sigma_z=K_cp_0=0.2370\times200=47.4(\text{kPa})$$

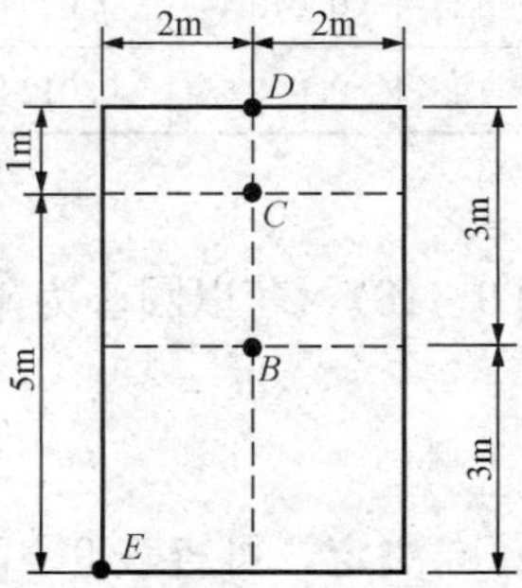

图9－16

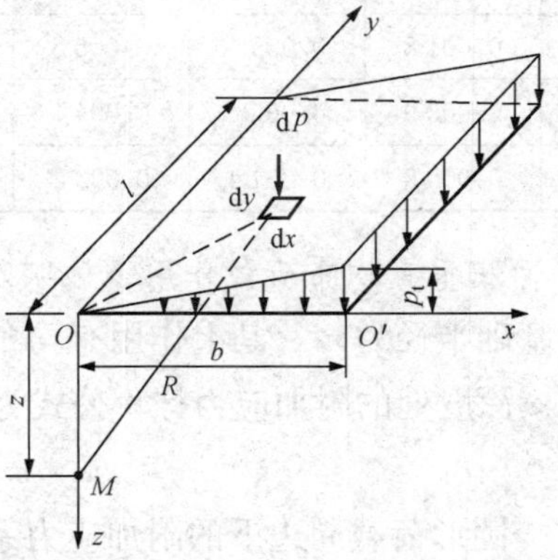

图9－17

2. 三角形分布竖向荷载情况

设矩形基础上作用的竖向荷载沿宽度b方向呈三角形分布（沿l方向的荷载不变），最大荷载强度为p_t，如图9－17所示。对于零角点下任意深度处的σ_z（kPa），可用下式求得，即

$$\sigma_z=K_tp_t \tag{9-21}$$

式中　K_t——矩形基础受三角形分布竖向荷载作用时零荷载角点下的附加应力系数，可由l/b与z/b的值查表9－6。查表时b始终为沿荷载变化方向的基底边长，另一边为l。

对于荷载最大值角点下的σ_z，可利用均布荷载和三角形荷载叠加而得，即

$$\sigma_z=(K_c-K_t)p_t$$

对于矩形基底内、外各点下任意深度处的附加应力，仍可用角点法进行计算。

表 9 - 6　矩形基础受三角形分布竖向荷载作用时零荷载角点下的附加应力系数 K_t

$m=z/b$	$n=l/b$							
	0.2	0.6	1.0	1.4	1.8	3.0	8.0	10.0
0	0.000 0	0.000 0	0.000 0	0.000 0	0.000 0	0.000 0	0.000 0	0.000 0
0.2	0.023 3	0.029 6	0.030 4	0.030 5	0.030 6	0.030 6	0.030 6	0.030 6
0.4	0.026 9	0.048 7	0.053 1	0.054 3	0.054 6	0.054 8	0.054 9	0.054 9
0.6	0.025 9	0.056 0	0.065 4	0.068 4	0.069 4	0.070 1	0.070 2	0.070 2
0.8	0.023 2	0.055 3	0.068 8	0.073 9	0.075 9	0.077 3	0.077 6	0.077 6
1.0	0.020 1	0.050 8	0.066 6	0.073 5	0.076 6	0.079 0	0.079 6	0.079 6
1.2	0.017 1	0.045 0	0.061 5	0.069 8	0.073 8	0.077 4	0.078 3	0.078 3
1.4	0.014 5	0.039 2	0.055 4	0.064 4	0.069 2	0.073 9	0.075 2	0.075 3
1.6	0.012 3	0.033 9	0.049 2	0.058 6	0.063 9	0.069 7	0.071 5	0.071 5
1.8	0.010 5	0.029 4	0.045 3	0.052 8	0.058 5	0.065 2	0.067 5	0.067 5
2.0	0.009 0	0.025 5	0.038 4	0.047 4	0.053 3	0.060 7	0.063 6	0.063 6
2.5	0.006 3	0.018 3	0.028 4	0.036 2	0.041 9	0.051 4	0.054 7	0.054 8
3.0	0.004 6	0.013 5	0.021 4	0.028 0	0.033 1	0.041 9	0.047 4	0.047 6
5.0	0.001 8	0.005 4	0.008 8	0.012 0	0.014 8	0.021 4	0.029 6	0.030 1
7.0	0.000 9	0.002 8	0.004 7	0.006 4	0.008 1	0.012 4	0.020 4	0.021 2
10.0	0.000 5	0.001 4	0.002 4	0.003 3	0.004 1	0.006 6	0.012 8	0.013 9

3. 圆形面积垂直均布荷载作用下地基附加应力

设圆形基础半径为 r_0，其上作用有均布荷载 p（见图 9 - 18），若以圆心为坐标原点，则圆形荷载下 z 深度处的附加应力计算公式为

$$\sigma_z = K_r p \tag{9 - 22}$$

式中　K_r——圆形荷载周边下的附加应力系数，其值由 z/r_0 决定，可查表 9 - 7。

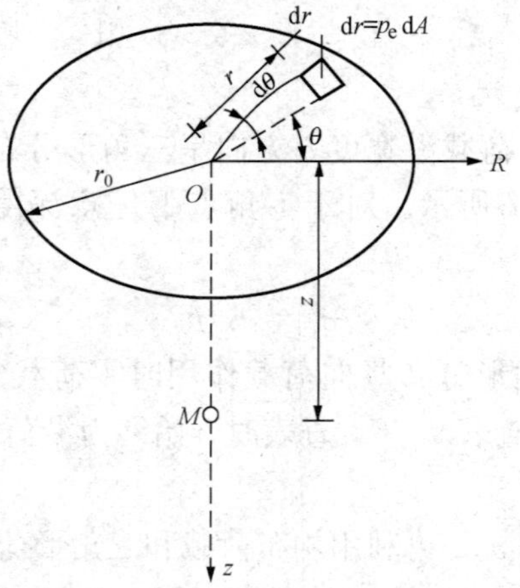

图 9 - 18

表 9-7　　圆形面积上均布荷载作用下的竖向附加应力系数 K_r

z/R	r/R										
	0	0.2	0.4	0.6	0.8	1.0	1.2	1.4	1.6	1.8	2.0
0.0	1.000	1.000	1.000	1.000	1.000	0.500	0.000	0.000	0.000	0.000	0.000
0.2	0.998	0.991	0.987	0.970	0.890	0.468	0.077	0.015	0.005	0.002	0.001
0.4	0.949	0.943	0.920	0.860	0.712	0.435	0.181	0.065	0.026	0.012	0.006
0.6	0.864	0.852	0.813	0.733	0.591	0.400	0.224	0.113	0.056	0.029	0.016
0.8	0.756	0.742	0.699	0.619	0.504	0.366	0.237	0.142	0.083	0.048	0.029
1.0	0.646	0.633	0.593	0.525	0.434	0.332	0.235	0.157	0.102	0.065	0.042
1.2	0.547	0.535	0.502	0.447	0.377	0.300	0.226	0.162	0.113	0.078	0.053
1.4	0.461	0.452	0.425	0.383	0.329	0.270	0.212	0.161	0.118	0.086	0.062
1.6	0.390	0.383	0.362	0.330	0.288	0.243	0.197	0.156	0.120	0.090	0.068
1.8	0.332	0.327	0.311	0.285	0.254	0.218	0.182	0.148	0.118	0.092	0.072
2.0	0.285	0.280	0.268	0.248	0.224	0.196	0.167	0.140	0.114	0.092	0.074
2.2	0.246	0.242	0.233	0.218	0.198	0.176	0.153	0.131	0.109	0.090	0.073
2.4	0.214	0.211	0.203	0.192	0.176	0.159	0.140	0.122	0.104	0.087	0.071
2.6	0.187	0.185	0.179	0.170	0.158	0.144	0.129	0.113	0.098	0.084	0.069
2.8	0.165	0.163	0.159	0.151	0.141	0.130	0.118	0.105	0.092	0.080	0.067
3.0	0.146	0.145	0.141	0.135	0.127	0.118	0.108	0.097	0.087	0.077	0.067
3.4	0.117	0.116	0.114	0.110	0.105	0.098	0.091	0.084	0.076	0.068	0.061
3.8	0.096	0.095	0.093	0.091	0.087	0.083	0.078	0.073	0.067	0.061	0.055
4.2	0.079	0.079	0.078	0.076	0.073	0.070	0.067	0.063	0.059	0.054	0.050
4.6	0.067	0.067	0.066	0.064	0.063	0.060	0.058	0.055	0.052	0.048	0.045
5.0	0.057	0.057	0.056	0.055	0.054	0.052	0.050	0.048	0.046	0.043	0.041
5.5	0.048	0.048	0.047	0.046	0.045	0.044	0.043	0.041	0.039	0.038	0.036
6.0	0.040	0.040	0.040	0.039	0.039	0.033	0.037	0.036	0.034	0.033	0.031

单元三　土的压缩性质及固结理论

由于土具有压缩性，地基土层承受上部建筑物的荷载必然会产生变形，从而引起建筑物基础发生沉降。要讨论其沉降量，则有必要了解土的变形特性。

土的压缩性是指土在压力作用下体积缩小的特性。由于土是固体颗粒的集合体，具有碎散性，因而其压缩性具有以下两个特点：

(1) 土体的压缩变形主要是由于孔隙的减小而引起的。土的压缩包括三部分：①土粒固体部分的压缩；②土体中孔隙中水的压缩；③水和空气从孔隙中被挤出以及封闭气体被压缩。据经验，一般工程所遇到压力小于 600kPa 时，认为土的压缩主要是由第三项引起。

(2) 饱和土的压缩需要一定时间完成。饱和土不比混凝土、钢材等材料，其压缩性不是瞬间完成的，而是与孔隙中水的挤出同时发生，而孔隙中水被挤出需要一定的时间。土体在压力作用下，其压缩量随时间增长的过程，称为土的固结。

一、侧限压缩试验与压缩性指标

1. 侧限压缩试验

研究土的压缩性及其特征的室内试验方法称为压缩试验，亦称为固结试验。对一般工程来说，在压缩土层厚度较小的情况下，采用侧限压缩试验研究土的压缩性。侧限压缩仪如图9-19 (a) 所示，侧限压缩试验示意如图9-19 (b) 所示。试验时将切有土样的环刀置于刚性护环中，由于金属环刀及刚性护环的限制，使得土样在竖向压力作用下只能发生竖向变形，而无侧向变形。在土样上下放置的透水石是土样受压后排出孔隙水的两个界面。压缩过程中竖向压力通过刚性板施加给土样，土样产生的压缩量可通过百分表量测。常规压缩试验通过逐级加荷进行试验，常用的分级加荷载 p 为50、100、200、300、400kPa。

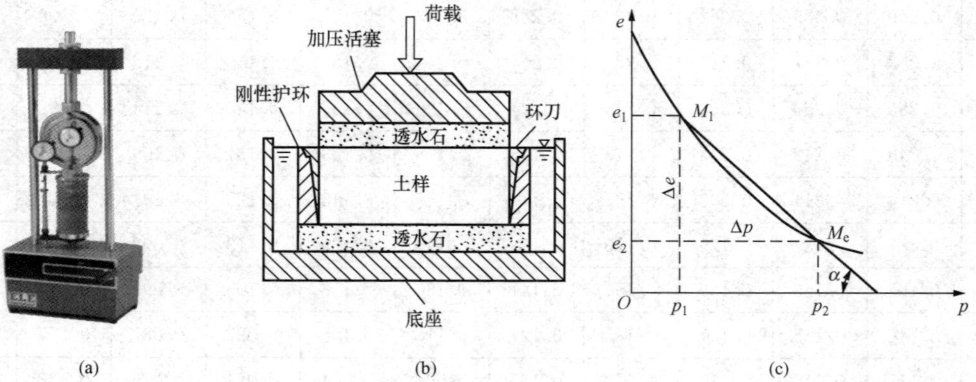

图9-19　土的侧限压缩试验

根据压缩过程中土样变形与土的三相指标的关系，可以导出试验过程孔隙比 e 与压缩量 H 的关系

$$e = e_0 - \frac{\Delta H}{H_0}(1 + e_0) \tag{9-23}$$

这样，根据式 (9-23) 即可得到各级荷载 p 下对应的孔隙比 e，从而可绘制出土样压缩试验的 $e—p$ 曲线及 $e—\lg p$ 曲线等。

2. 压缩性指标

(1) 压缩系数 a。通常可将常规压缩试验所得的 $e—p$ 数据采用普通直角坐标绘制成 $e—p$ 曲线，如图9-19 (c) 所示。设压力由 p_1 增至 p_2，相应的孔隙比由 e_1 减小到 e_2，当压力变化范围不大时，可将 M_1M_2 一小段曲线用割线来代替，用割线 M_1M_2 的斜率来表示土在这一段压力范围的压缩性，即

$$a = \tan\alpha = \frac{\Delta e}{\Delta p} = \frac{e_1 - e_2}{p_2 - p_1} \tag{9-24}$$

式中：a 为压缩系数，单位 MPa^{-1}；压缩系数越大，土的压缩性越高。

从图9-19 (c) 还可以看出，压缩系数 a 值与土所受的荷载大小有关。工程中一般采用100～200kPa压力区间内对应的压缩系数 a_{1-2} 来评价土的压缩性，如表9-8所示。

（2）压缩模量 E_s。根据 e—p 曲线，可以得到另一个重要的侧限压缩指标——侧限压缩模量，简称压缩模量，用 E_s（单位 MPa）来表示。其定义为土在完全侧限的条件下竖向应力增量 Δp（如从 p_1 增至 p_2）与相应的应变增量 $\Delta\varepsilon$ 的比值，即

表 9-8　土的压缩系数与压缩性

土的压缩系数（MPa）	土的压缩性质
$a_{1-2}<0.1$	低压缩性
$0.1\leqslant a_{1-2}<0.5$	中压缩性
$a_{1-2}\geqslant 0.5$	高压缩性

$$E_s=\frac{\Delta p}{\Delta\varepsilon}=\frac{\Delta p}{\Delta H/H_1} \tag{9-25}$$

在无侧向变形，即横截面面积不变的情况下，同样根据土粒所占高度不变的条件，土样变形量 ΔH 可用相应的孔隙比的变化 $\Delta e=e_1-e_2$ 来表示，即

$$\frac{H_1}{1+e_1}=\frac{H_2}{1+e_2}=\frac{H_1-\Delta H}{1+e_2}$$

$$\Delta H=\frac{e_1-e_2}{1+e_1}H_1=\frac{\Delta e}{1+e_1}H_1 \tag{9-26}$$

由此还可导出压缩系数 a 与压缩模量 E_s 之间的关系

$$E_s=\frac{\Delta p}{\Delta H/H_1}=\frac{\Delta p}{\Delta e/(1+e_1)}=\frac{1+e_1}{a} \tag{9-27}$$

同压缩系数 a 一样，压缩模量 E_s 也不是常数，而是随着压力的变化而变化。因此，在运用到沉降计算中时，比较合理的做法是根据实际竖向应力的大小在压缩曲线上取相应的孔隙比计算这些指标。

（3）地基变形模量。变形模量 E_0 是由现场静荷载试验测定的土的压缩性指标。现场载荷试验（见图 9-20）是在工程现场通过千斤顶逐级对置于地基土上的载荷板施加荷载，观测记录沉降随时间的发展以及稳定时的沉降量 s，将上述试验得到的各级荷载与相应的稳定沉降量绘制成 p—s 曲线（见图 9-21），即获得地基土载荷试验的结果。

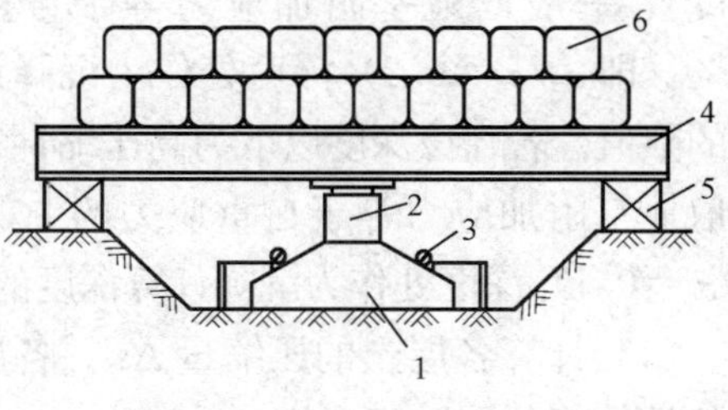

图 9-20

1—载荷板；2—千斤顶；3—百分表；4—平台；5—枕木；6—堆重

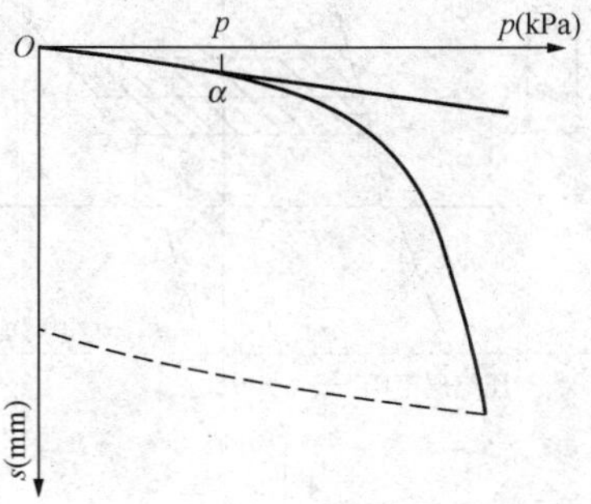

图 9-21

在 p—s 曲线中，当荷载 p 小于某数值时，荷载 p 与载荷板沉降之间基本呈直线关系。在这段直线关系内，可根据弹性理论计算沉降的公式反求地基的变形模量 E_0，即

$$E_0=\frac{pb(1-\nu^2)}{s}\omega \tag{9-28}$$

式中　p——直线段的荷载强度，kPa；

s——相应于 p 的载荷板下沉量；

b——载荷板的宽度或直径；

ν——土的泊松比，砂土可取 0.2～0.25，黏性土可取 0.25～0.45；

ω——沉降影响系数，对刚性载荷板取 $\omega=0.88$（方形板），$\omega=0.79$（圆形板）。

二、地基的最终沉降量

地基最终沉降量是指地基土层在荷载作用下，达到压缩稳定时地基表面的沉降量。计算中一般认为地基土层在自重作用下已压缩稳定，因此，产生地基沉降的原因是，在附加应力作用下土层发生压缩变形而引起的地基沉降。

地基最终沉降量的计算方法很多，目前工业与民用建筑设计中，一般采用分层总和法和 GB 50007—2002《建筑地基基础设计规范》推荐法（规范法）。本单元主要介绍在静荷载作用下的分层总和法和规范法。

（一）分层总和法

1. 计算原理

分层总和法一般取基底中心点下地基附加应力来计算各分层土的竖向压缩量，认为基础的平均沉降量 s 为各分层上竖向压缩量 Δs_i 之和。在计算出 Δs_i 时，假设地基土只在竖向发生压缩变形，没有侧向变形，故可利用室内侧限压缩试验成果进行计算。

2. 计算步骤

（1）地基土的分层。成层土的层面（不同土层的压缩性及重度不同）及地下水面（水面上下土的有效重度不同）是当然的分层界面，分层厚度一般不宜大于 0.4 倍基地宽度。

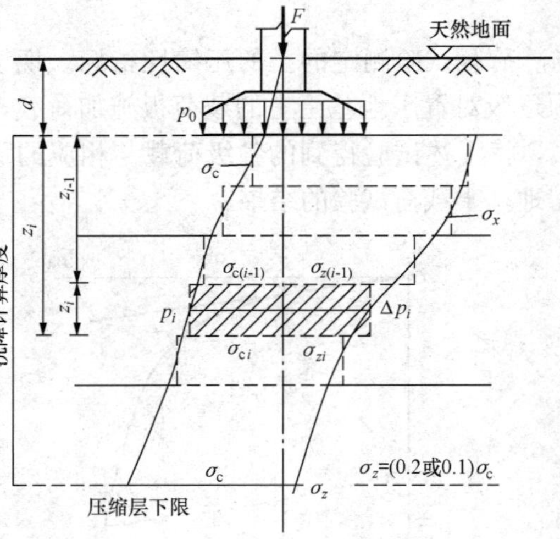

图 9 - 22

（2）计算各分层界面处自重应力和分层界面处基底中心下竖向附加应力，绘制应力分布曲线，如图 9 - 22 所示。土的自重应力从天然地面起算。

（3）确定地基沉降计算深度（或压缩层厚度）。一般取地基附加应力等于自重应力 20%（即 $\sigma_z/\sigma_c=0.2$）深度处作为沉降计算深度的限值。若在该深度以下为高压缩性土，则应取地基附加应力等于自重应力的 10%（即 $\sigma_z/\sigma_c=0.1$）深度处作为沉降计算深度的限值。

（4）计算各层土的压缩量 Δs_i。各层压缩量的计算按下式计算

$$\Delta s_i=\frac{\Delta e_i}{1+e_{1i}}H_i=\frac{e_{1i}-e_{2i}}{1+e_{1i}}H_i \tag{9 - 29}$$

$$p_{1i}=\frac{\sigma_{c(i-1)}+\sigma_{ci}}{2}$$

$$\Delta p_i=\frac{\sigma_{z(i-1)}+\sigma_{zi}}{2}$$

$$p_{2i}=p_{1i}+\Delta p_i$$

式中　H_i——第 i 层土的厚度；

e_{1i}——对应于第 i 层土上下层面自重应力值的平均值 p_{1i} 从土的压缩曲线上得到的孔

隙比；

e_{2i}——对应与第 i 层土自重应力平均值 p_{1i} 与上下附加应力值的平均值 Δp_i 之和 p_{2i} 所对应的孔隙比。

(5) 叠加计算基础的平均沉降量

$$S=\sum_{i=1}^{n}\Delta S_i \tag{9-30}$$

(二) 规范法

1. 计算原理

规范法是 GB 50007—2002《建筑地基基础设计规范》提出的计算地基最终沉降量的方法，又称应力面积法。规范法一般按地基土的天然分层划分计算土层，引入土层平均附加应力的概念，通过平均附加应力系数，将基底中心以下地基中 $z_{i-1}\sim z_i$ 深层范围的附加应力按等面积原则划为相同深度范围内矩形分布时的分布应力大小，再按矩形分布应力情况计算土层的压缩量，各土层压缩量的总和即为地基的计算沉降量。

2. 规范法计算公式

理论上基础的平均沉降量可按下式计算

$$S'=\sum_{i=1}^{n}\Delta S'_i=\sum_{i=1}^{n}\frac{p_0}{E_{si}}(z_i\bar{\alpha}_i-z_{i-1}\bar{\alpha}_{i-1}) \tag{9-31}$$

式中　p_0——基底附加压力；

$\bar{\alpha}_i$，$\bar{\alpha}_{i-1}$——平均竖向附加应力系数，对于矩形面积上均布荷载作用时角点下平均竖向附加应力系数 $\bar{\alpha}$ 值查表 9 - 9；

E_{si}——基础底面下第 i 层土的压缩模量，按实际应力范围取值；

z_i，z_{i-1}——基础底面至第 i 层土、第 $i-1$ 层土底面距离。

为提高计算准确度，规范规定按式 (9 - 31) 计算得到的沉降量 S' 尚应乘以一个沉降计算经验系数 ψ_s。ψ_s 定义为根据地基沉降观测资料推算的最终沉降量 S 与由式 (9 - 31) 计算得到的 S' 之比，一般根据地区沉降观测资料及经验确定，也可查表 9 - 10 得到。

表 9 - 9　均布矩形荷载角点下的平均竖向附加应力系数 $\bar{\alpha}$

z/b	l/b												
	1.0	1.2	1.4	1.6	1.8	2.0	2.4	2.8	3.2	3.6	4.0	5.0	10.0
0.0	0.250 0	0.250 0	0.250 0	0.250 0	0.250 0	0.250 0	0.250 0	0.250 0	0.250 0	0.250 0	0.250 0	0.250 0	0.250 0
0.2	0.249 6	0.249 7	0.249 7	0.249 8	0.249 8	0.249 8	0.249 8	0.249 8	0.249 8	0.249 8	0.249 8	0.249 8	0.249 8
0.4	0.247 4	0.247 9	0.248 1	0.248 3	0.248 3	0.248 4	0.248 5	0.248 5	0.248 5	0.248 5	0.248 5	0.248 5	0.248 5
0.6	0.242 3	0.243 7	0.244 4	0.244 8	0.245 1	0.245 2	0.245 4	0.245 5	0.245 5	0.245 5	0.245 5	0.245 5	0.245 5
0.8	0.234 6	0.247 2	0.238 7	0.239 5	0.240 0	0.240 3	0.240 7	0.240 8	0.240 9	0.240 9	0.241 0	0.241 0	0.241 0
1.0	0.225 2	0.229 1	0.231 3	0.232 6	0.233 5	0.234 0	0.234 6	0.234 9	0.235 1	0.235 2	0.235 2	0.235 3	0.235 3
1.2	0.214 9	0.219 9	0.222 9	0.224 8	0.226 0	0.226 8	0.227 8	0.228 2	0.228 5	0.228 6	0.228 7	0.228 8	0.228 9
1.4	0.204 3	0.210 2	0.214 0	0.216 4	0.219 0	0.219 1	0.220 4	0.221 1	0.221 5	0.221 7	0.221 8	0.222 0	0.221 0
1.6	0.193 9	0.200 6	0.204 9	0.207 9	0.209 9	0.311 3	0.213 0	0.213 8	0.214 3	0.214 6	0.214 8	0.215 0	0.215 2

续表

z/b	l/b												
	1.0	1.2	1.4	1.6	1.8	2.0	2.4	2.8	3.2	3.6	4.0	5.0	10.0
1.8	0.184 0	0.191 2	0.196 0	0.199 4	0.201 8	0.203 4	0.205 5	0.206 6	0.207 3	0.207 7	0.207 9	0.208 2	0.208 4
2.0	0.174 6	0.182 2	0.187 5	0.191 2	0.193 8	0.195 8	0.198 2	0.299 6	0.200 4	0.200 9	0.201 2	0.201 5	0.201 8
2.2	0.165 9	0.173 7	0.179 3	0.183 3	0.186 2	0.188 3	0.191 1	0.192 7	0.193 7	0.194 3	0.194 7	0.195 2	0.195 5
2.4	0.157 8	0.165 7	0.171 5	0.175 7	0.178 9	0.181 2	0.184 3	0.186 2	0.187 3	0.188 0	0.188 5	0.189 0	0.189 5
2.6	0.150 3	0.158 3	0.164 2	0.168 6	0.171 9	0.174 5	0.177 9	0.179 9	0.181 2	0.182 0	0.182 5	0.183 2	0.183 8
2.8	0.143 3	0.151 4	0.157 4	0.161 9	0.165 4	0.168 0	0.171 7	0.173 9	0.175 3	0.176 3	0.176 9	0.177 7	0.178 4
3.0	0.136 9	0.144 9	0.151 0	0.155 6	0.159 2	0.161 9	0.165 8	0.168 2	0.169 8	0.170 8	0.171 5	0.172 5	0.173 3
3.2	0.131 0	0.139 0	0.145 0	0.149 7	0.153 3	0.156 2	0.160 2	0.162 8	0.164 5	0.165 7	0.166 4	0.167 5	0.168 5
3.4	0.125 6	0.133 4	0.139 4	0.144 1	0.147 8	0.150 8	0.155 0	0.157 7	0.159 5	0.160 7	0.161 6	0.162 8	0.163 9
3.6	0.120 5	0.128 2	0.134 2	0.138 9	0.142 7	0.145 6	0.150 0	0.152 8	0.154 8	0.156 1	0.157 0	0.158 3	0.159 5
3.8	0.115 8	0.123 4	0.129 3	0.134 0	0.137 8	0.140 8	0.145 2	0.148 2	0.150 2	0.151 6	0.152 6	0.154 1	0.155 4
4.0	0.111 4	0.118 9	0.124 8	0.129 4	0.133 2	0.136 2	0.140 8	0.143 8	0.145 9	0.147 4	0.148 5	0.150 0	0.151 6
4.2	0.107 3	0.114 7	0.120 5	0.125 1	0.128 9	0.131 9	0.136 5	0.139 6	0.141 8	0.143 4	0.144 5	0.146 2	0.147 9
4.4	0.103 5	0.110 7	0.116 4	0.121 0	0.124 8	0.127 9	0.132 5	0.135 7	0.137 9	0.139 6	0.140 7	0.142 5	0.144 4
4.6	0.100 0	0.107 0	0.112 7	0.117 2	0.120 9	0.124 0	0.128 7	0.131 9	0.134 2	0.135 9	0.137 1	0.139 0	0.141 0
4.8	0.096 7	0.103 6	0.109 1	0.113 6	0.117 3	0.120 4	0.125 0	0.128 3	0.130 7	0.132 4	0.133 7	0.135 7	0.137 9
5.2	0.090 6	0.097 2	0.026 0	0.107 0	0.110 6	0.113 6	0.118 3	0.121 7	0.124 1	0.125 9	0.127 3	0.129 5	0.132 0
5.6	0.085 2	0.091 6	0.096 8	0.101 0	0.104 6	0.107 6	0.112 2	0.115 6	0.118 1	0.120 0	0.121 5	0.123 8	0.126 6
6.4	0.076 2	0.082 0	0.086 9	0.090 9	0.094 2	0.097 1	0.101 6	0.105 0	0.107 6	0.109 6	0.111 1	0.113 7	0.117 1
7.2	0.068 8	0.074 2	0.078 7	0.082 5	0.085 7	0.088 4	0.092 8	0.096 2	0.098 7	0.100 8	0.102 3	0.105 1	0.109 0
8.0	0.062 7	0.067 8	0.072 0	0.075 5	0.078 5	0.081 1	0.085 3	0.088 6	0.091 2	0.093 2	0.094 8	0.097 6	0.102 0
8.8	0.057 6	0.062 3	0.066 3	0.069 6	0.072 4	0.074 9	0.079 0	0.082 1	0.084 6	0.086 6	0.088 2	0.091 2	0.095 9
9.6	0.053 3	0.057 7	0.061 4	0.064 5	0.067 2	0.069 6	0.073 4	0.076 5	0.078 9	0.080 9	0.082 5	0.085 5	0.090 5
10.4	0.049 6	0.053 7	0.057 2	0.060 1	0.062 7	0.064 9	0.068 6	0.071 6	0.073 9	0.075 9	0.077 5	0.080 4	0.085 7
11.2	0.046 3	0.050 2	0.053 5	0.056 3	0.058 7	0.060 9	0.064 4	0.067 2	0.069 5	0.071 4	0.073 0	0.075 9	0.081 3
12.0	0.043 5	0.047 1	0.050 2	0.052 9	0.055 2	0.057 3	0.060 6	0.063 4	0.065 6	0.067 4	0.069 0	0.071 9	0.077 4
12.8	0.040 9	0.044 4	0.047 4	0.049 9	0.052 1	0.054 1	0.057 3	0.059 9	0.062 1	0.063 9	0.065 4	0.068 2	0.073 9
13.6	0.038 7	0.042 0	0.044 8	0.047 2	0.049 3	0.051 2	0.054 3	0.056 8	0.058 9	0.060 7	0.062 1	0.064 9	0.070 7
14.4	0.036 7	0.039 8	0.042 5	0.044 8	0.046 8	0.048 6	0.051 6	0.054 0	0.056 1	0.057 7	0.059 2	0.061 9	0.067 7
16.0	0.033 2	0.036 1	0.038 5	0.040 7	0.042 5	0.044 2	0.046 9	0.049 2	0.051 1	0.052 7	0.054 0	0.056 7	0.062 5
18.0	0.029 7	0.032 3	0.034 5	0.036 4	0.038 1	0.039 6	0.042 2	0.044 2	0.046 0	0.047 5	0.048 7	0.051 2	0.057 0
20.0	0.026 9	0.029 2	0.031 2	0.033 0	0.034 5	0.035 9	0.038 3	0.040 2	0.041 8	0.043 2	0.044 4	0.046 8	0.052 4

表 9 - 10　　**沉降计算计算经验系数 ψ_s**

$\overline{E}_s$ (MPa) / 基底附加压力	2.5	4.0	7.0	15.0	20.0
$p_0 \geqslant f_k$	1.4	1.3	1.0	0.4	0.2
$p_0 \leqslant 0.75 f_k$	1.1	1.0	0.7	0.4	0.2

注　1. f_k 为地基承载力标准值。

2. $\overline{E}_s$ 为沉降计算深度范围内 E_s 当量值，按 $\overline{E}_s = \dfrac{\sum A_i}{\sum \dfrac{A_i}{E_{si}}}$ 计算，其中 A_i 为各计算分层附加应力面积。

综上所述，规范法的地基最终沉降量计算公式为（见图 9 - 23）

$$S = \psi_s S' = \psi_s \sum_{i=1}^{n} \frac{p_0}{E_{si}} (z_i \overline{\alpha}_i - z_{i-1} \overline{\alpha}_{i-1}) \qquad (9-32)$$

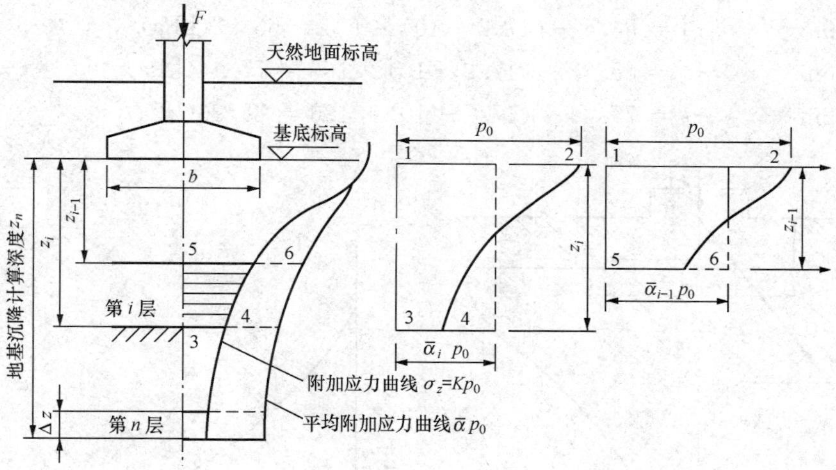

图 9 - 23

按规范方法计算地基沉降时，沉降计算深度 z_n 应当符合下式

$$\Delta S'_n \leqslant 0.025 \sum_{i=1}^{n} \Delta S'_i \qquad (9-33)$$

式中　$\Delta S'_i$——在计算深度范围内，第 i 层土的计算沉降值；

$\Delta S'_n$——在由计算深度向上取厚度为 Δz 的土层计算沉降值，Δz 值意义见图 9 - 23 并按表 9 - 11 取值。

表 9 - 11　　**Δz 的取值**

b (m)	$b \leqslant 2$	$2 < b \leqslant 4$	$4 < b \leqslant 8$	$8 < b \leqslant 15$	$15 < b \leqslant 30$	$b > 30$
Δz (m)	0.3	0.6	0.8	1.0	1.2	1.5

若确定的计算深度下部仍有软弱土层，则应继续向下计算。

当无相邻荷载影响，基础宽度 b 在 1～50m 范围内时，基础中点的基础沉降计算深度可简化为按下式确定

$$z_n = b(2.5 - 0.4 \ln b) \qquad (9-34)$$

若计算深度范围内存在基岩时，z_n 可取至基岩表面。

【例 9-2】 某厂房柱下单独方形基础，已知基础底面尺寸为 4m×4m，埋深 $d=1.0\text{m}$，地基为粉质黏土，地下水位距天然地面 3.4m。上部受力如图 9-24 所示，土的天然重度 $\gamma=16.0\text{kN/m}^3$，饱和重度 $\gamma_{sat}=17.2\text{kN/m}^3$，有关计算资料如图 9-24 所示。试用分层总和法和规范法计算基础最终沉降量（已知 $f_k=94\text{kPa}$）。

解　用分层总和法计算。

（1）计算分层厚度。每层厚度 $h_i\leqslant 0.4b$，所以，地下水位以上分 2 层，各 1.2m，地下水位以下按 1.6m 分层。

（2）计算地基土的自重应力。自重应力应从天然地面起算，则

$z=0$　　$\sigma_{c0}=16\times1=16(\text{kPa})$

$z=1.2\text{m}$　　$\sigma_{c1}=16+16\times1.2=35.2(\text{kPa})$

$z=2.4\text{m}$　　$\sigma_{c2}=35.2+16\times1.2=54.4(\text{kPa})$

$z=4.0\text{m}$　　$\sigma_{c3}=54.4+(17.2-10)\times1.6=65.92(\text{kPa})$

$z=5.6\text{m}$　　$\sigma_{c4}=65.92+(17.2-10)\times1.6=77.44(\text{kPa})$

$z=7.2\text{m}$　　$\sigma_{c5}=77.44+(17.2-10)\times1.6=88.96(\text{kPa})$

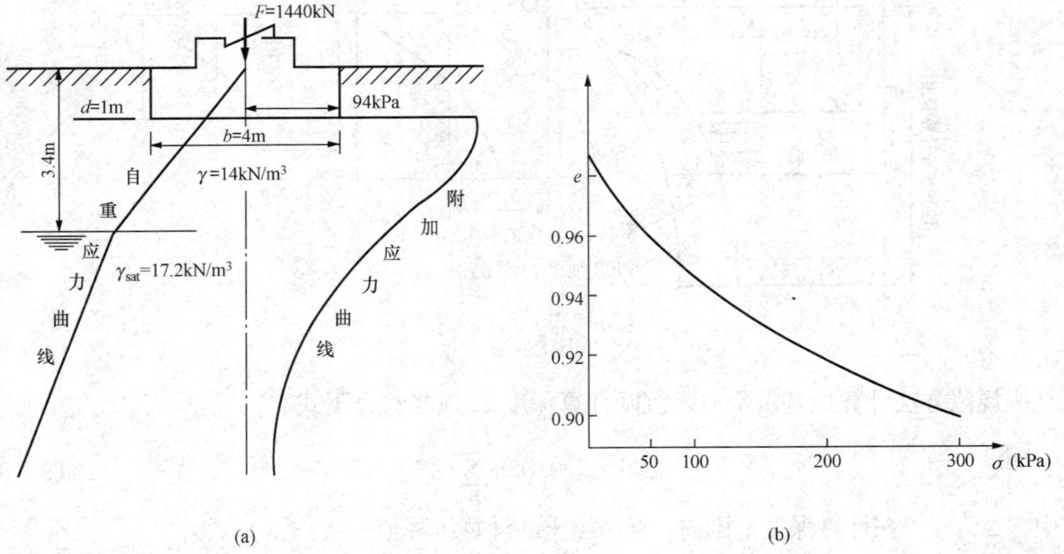

(a)　　(b)

图 9-24

（3）计算基底压力

$$G=\gamma_G Ad=20\times4\times4\times1=320(\text{kN})$$

$$p=\frac{F+G}{A}=\frac{1440+320}{4\times4}=110(\text{kPa})$$

（4）计算基底附加压力

$$p_0=p-\gamma d=110-16\times1=94(\text{kPa})$$

（5）计算基础中点地基中附加应力。

用角点法计算，过基底中点将荷载面分为 4 等分，计算边长 $l=b=2\text{m}$，$\sigma_z=4K_c p_0$，K_c 值由表 9-5 确定，计算结果见表 9-12。

表 9 - 12　　基础中点地基中附加应力计算结果

z（m）	z/b	K_c	σ_z（kPa）	σ_c（kPa）	σ_z/σ_c	z_n（m）
0	0	0.2500	94.0	16		
1.2	0.6	0.2229	83.8	35.2		
2.4	1.2	0.1515	57.0	54.4		
4.0	2.0	0.0840	31.6	65.9		
5.6	2.8	0.0502	18.9	77.4	0.24	
7.2	3.6	0.0326	12.3	89.0	0.14	7.2

（6）确定沉降计算深度 z_n。

根据 $\sigma_z/\sigma_c=0.2$ 的确定原理，由表 9 - 12 计算结果，可取 $z_n=7.2$m。

（7）最终沉降量计算。

由图 9 - 24（b）所示的 e—σ 曲线，根据式（9 - 29）计算各层沉降量，计算结果见表 9 -13。

表 9 - 13　　最终沉降量计算结果

z（m）	σ_c（kPa）	σ_z（kPa）	h（mm）	p_{1i}（kPa）	Δp_i（kPa）	$p_{1i}+\Delta p_i$（kPa）	e_{1i}	e_{2i}	ΔS_i（mm）
0	16	94							20.2
1.2	35.2	83.8	1200	25.6	88.9	114.5	0.970	0.937	14.5
2.4	54.4	57.0	1200	44.8	70.4	115.2	0.960	0.936	11.5
4.0	65.9	31.6	1600	60.2	44.3	104.5	0.954	0.940	5.0
5.6	77.4	18.9	1600	71.7	25.3	97	0.948	0.942	3.4
7.2	89.0	12.3	1600	83.2	15.6	98.8	0.944	0.940	$\sum S_i=54.7$

2. 规范法计算

（1）σ_c、σ_z 分布及 p_0 值见分层总和法。

（2）计算 E_{si}。由式 $E_{si}=\dfrac{1+e_{1i}}{e_{1i}-e_{2i}}(p_{2i}-p_{1i})$ 确定各分层 E_{si}，其中 $p_{2i}=p_{1i}+\Delta p_i$，计算结果见表 9 - 14。

（3）计算 $\bar{\alpha}$。根据角点法，过基底中点将荷载面分为 4 等分，计算边长 $l=b=1$，由表 9 - 9确定，结果见表 9 - 14。

（4）确定沉降计算深度 z_n。

由式（9 - 34）得

$$z_n = b(2.5-0.4\ln b) = 4(2.5-0.4\ln 4) = 7.8(\text{m})$$

表 9 - 14　　计 算 结 果

z（m）	l/b	z/b	$\bar{\alpha}$	$\bar{\alpha}z$（m）	$\bar{\alpha}_i z_i-\bar{\alpha}_{i-1}z_{i-1}$（m）	E_{si}（kPa）	$\Delta S'$（mm）	S'（mm）
0		0	0.2500	0				
1.2		0.6	0.2423	0.2908	0.2908	5292	20.7	
2.4		1.2	0.2149	0.5158	0.2250	5771	14.7	
4.0	1	2.0	0.1746	0.6984	0.1826	6153	11.2	
5.6		2.8	0.1433	0.8025	0.1041	8161	4.8	
7.2		3.6	0.1205	0.8676	0.0651	7429	3.3	54.7
7.8		3.9	0.1136	0.8861	0.0185	7448	0.9	55.6

由表 9 - 14 中计算结果可知，当 $\Delta z=0.6\text{m}$ 时，相应 $\Delta S_n=0.9\text{mm}$，$\dfrac{\Delta S'_n}{\sum\limits_{i=1}^{n}\Delta S'_i}=\dfrac{0.9}{55.6}=0.016$，满足式（9 - 33）要求。

（5）计算各分层沉降量 $\Delta S'_i$。按式 $\Delta S'_i=\dfrac{\Delta p_0}{E_{si}}(z_i\overline{\alpha}_i-z_{i-1}\overline{\alpha}_{i-1})$ 计算，结果见表 9 - 14。

（6）确定计算沉降量 S'。按式（9 - 31）确定。

（7）确定修正系数 ψ_s。根据 $\overline{E}_s=\dfrac{\sum A_i}{\sum\dfrac{A_i}{E_{si}}}$ 得 $\overline{E}_s=6.0\text{MPa}$，由 $f_k=p_0$ 查表 9 - 10 得 $\psi_s=1.1$。

（8）计算基础最终沉降。

$$S=\psi_s S'=1.1\times 55.6=61.2(\text{mm})$$

由上述计算可知，本例中分层总和法结果比规范法计算结果偏小。

三、太沙基一维固结理论

太沙基一维固结理论可用于求解一维有侧限应力状态下，饱和黏性土地基受外荷载作用发生渗流固结过程中任意时刻的土骨架及孔隙水的应力分担量，如大面积均布荷载下薄压缩层地基的渗流固结等。

（一）基本假设

（1）土层是均质、各向同性和完全饱和的。

（2）土的压缩完全是由于孔隙体积的减少，土粒和水是不可压缩的。

（3）水的渗流和土层的压缩仅在竖向发生。

（4）水的渗流遵从达西定律。

（5）渗透系数 k 和压缩系数 a 保持不变。

（6）外荷载一次瞬时施加。

（7）土体变形完全是孔隙水压力消散引起的。

（二）一维固结微分方程

太沙基一维固结微分方程可表示为如下形式

$$\frac{\partial u}{\partial t}=C_v\frac{\partial^2 u}{\partial^2 z} \tag{9 - 35}$$

$$C_v=\frac{k(1+e_0)}{\alpha\gamma_w}=\frac{kE_s}{\gamma_w}$$

式中　C_v——土的竖向固结系数，cm^2/s。

根据土层渗流固结的初始条件与边界条件（见图 9 - 25）求出其特解，当附加应力 σ_z 沿土层均匀分布时孔隙水压力 u（z，t）的解答如下

$$u(z,t)=\frac{4}{\pi}\sigma_z\sum_{m=1}^{\infty}\frac{1}{m}\exp\left(-\frac{m^2\pi^2}{4}T_v\right)\sin\frac{m\pi z}{2H} \tag{9 - 36}$$

式中　m——奇正整数（1，3，5，…）；

T_v——时间因数，$T_v=\dfrac{C_v t}{H^2}$；

H——孔隙水的最大渗径，单面排水［见图 9 - 25（a）］条件下为土层厚度，双面排水［见图 9 - 25（b）］条件下为土层厚度之半。

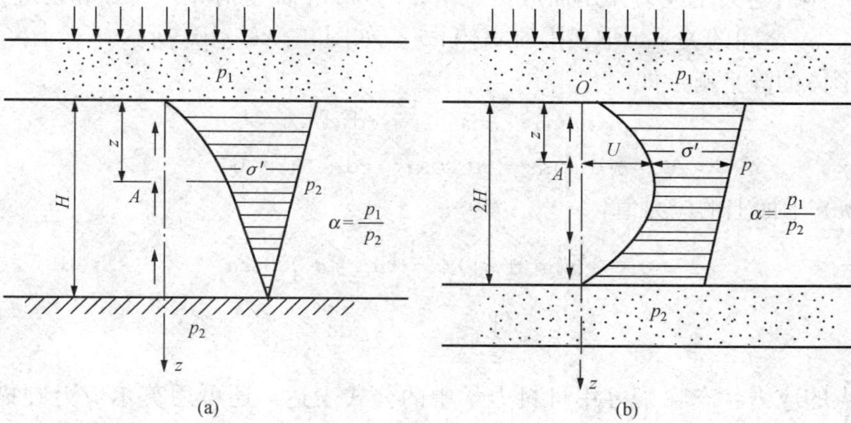

图 9 - 25

单元四　土的抗剪强度和地基承载能力

建筑物地基的破坏绝大多数属于剪切破坏，土体抵抗剪切破坏的极限能力即为土的抗剪强度。抗剪强度是土的重要力学性质之一，实际工程中的地基承载力以及土坡稳定等都受土的抗剪强度控制和影响。

一、土的抗剪强度

1. 库仑定律

1776 年法国科学家库仑通过一系列砂土剪切试验，提出砂土抗剪强度的表达式

$$\tau_f = \sigma\tan\varphi \tag{9-37}$$

在库仑随后的试验中，又进一步提出了黏性土的抗剪强度表达式

$$\tau_f = c + \sigma\tan\varphi \tag{9-38}$$

式中　τ_f——土的抗剪强度，kPa；

σ——剪切面上法向应力，kPa；

c——土的黏聚力，kPa；

φ——土的内摩擦角，(°)。

式（9 - 37）和式（9 - 38）即为库仑抗剪强度定律，其中 c、φ 称为土的抗剪强度指标。从该定律可知，对于无黏性土，其抗剪强度仅仅是颗粒间的内摩擦力；而对于黏性土而言，其抗剪强度由黏聚力和内摩擦力两部分组成。

抗剪强度中的摩擦力 $\sigma\tan\varphi$ 主要来自于滑动摩擦和咬合摩擦。因此，抗剪强度的摩擦力除了与剪切面上的法向总应力有关以外，还与土的原始密度、土粒的形成、表面粗糙度以及级配等因素有关。抗剪强度的黏聚力一般由土粒之间的胶结作用和电分子引力等因素形成，因此，黏聚分量通常与土中黏粒含量、矿物成分、含水量、土的结构等因素密切相关。

2. 土的极限平衡条件

（1）土中一点的应力状态。当土中一点任一方向的切应力 τ 达到土的抗剪强度 τ_f 时，称该点处于极限平衡状态。以平面应力状态为例。从土体中任取一单元体，如图 9 - 26（a）

项目 9

所示。在单元体内与大主应力作用面成任意角 α 的 mn 平面上有正应力 σ 和切应力 τ。为建立 σ、τ 与 σ_1、σ_3 之间的关系，取楔形脱离体 abc，如图 9 - 26（b）所示。

根据楔形体的静平衡条件，有

$$\begin{cases}\sigma_3 \mathrm{d}s\sin\alpha - \sigma \mathrm{d}s\sin\alpha + \tau \mathrm{d}s\cos\alpha = 0 \\ \sigma_1 \mathrm{d}s\cos\alpha - \sigma \mathrm{d}s\cos\alpha - \tau \mathrm{d}s\sin\alpha = 0\end{cases}$$

则，得 mn 平面上的应力值

$$\sigma = \frac{1}{2}(\sigma_1 + \sigma_3) + \frac{1}{2}(\sigma_1 - \sigma_3)\cos 2\alpha$$

$$\tau = \frac{1}{2}(\sigma_1 - \sigma_3)\sin 2\alpha \tag{9 - 39}$$

土中某点的应力状态除了可用材料力学中的公式表达，还可用莫尔应力圆描述，如图 9 -26（c）所示。即在 σ—τ 坐标系中，按一定比例沿 σ 轴取 $\overline{OB}=\sigma_3$、$\overline{OC}=\sigma_1$，以 D 点 $\left(\frac{\sigma_1+\sigma_3}{2}, 0\right)$ 为圆心、$\frac{\sigma_1-\sigma_3}{2}$ 为半径作圆，从 DC 开始逆时针方向旋转 2α 角，得 DA 线与圆周交于 A 点。可以证明，A 点的横坐标即为斜面 mn 上的正应力 σ，而纵坐标即为 mn 面上的切应力 τ。也就是说，莫尔圆圆周上某点的坐标表示土中该点相应某个面上的正应力和切应力，该面与大主应力作用面的夹角等于 $\overset{\frown}{CA}$ 所含的圆心角的一半。由图 9 - 26 可见，最大切应力作用面与大主应力作用面的夹角 $\alpha=45°$。

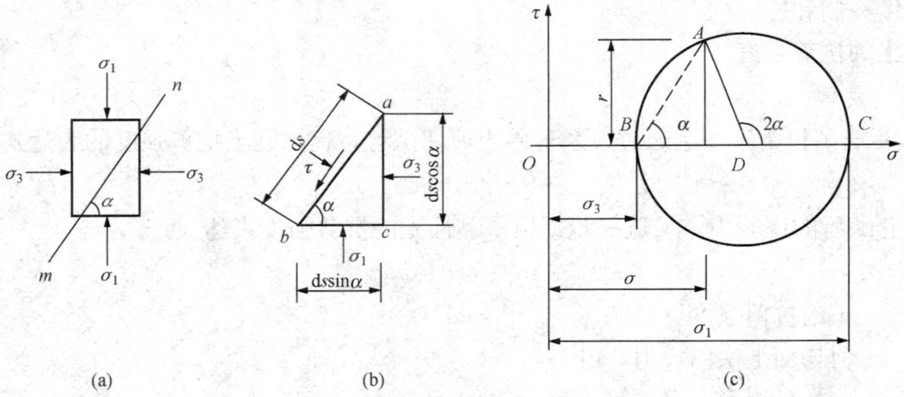

图 9 - 26　土中任意点的应力状态

（2）土的极限平衡条件。为判断土体中某点的平衡状态，可将抗剪强度包络线与描述土体中某点的莫尔应力圆绘于同一坐标系中，按其相对位置判断该点所处状态，如图 9 - 27 所示，可划分为以下 3 种状态：

1）圆Ⅰ位于抗剪强度包络线的下方，表明通过该点的任何平面上的切应力都小于抗剪强度，即 $\tau<\tau_f$ 恒成立，所以该点处于弹性平衡状态。

2）圆Ⅱ与抗剪强度包络线在 A 点相切，表明切点 A 所代表的平面上切应力等于抗剪强度，即该点处于极限平衡状态。

3）圆Ⅲ与抗剪强度包络线相割，表示过该点的相应于割线所对应弧段代表的平面上的切应力已"超过"土的抗剪强度，即该点"已被剪破"。实际上，圆Ⅲ的应力状态是不可能存在的，因为在任何物体中产生的任何应力都不可能超过其强度。对于土体而言，当其切应力达到抗剪强度时，应力已经不符合弹性理论解答。

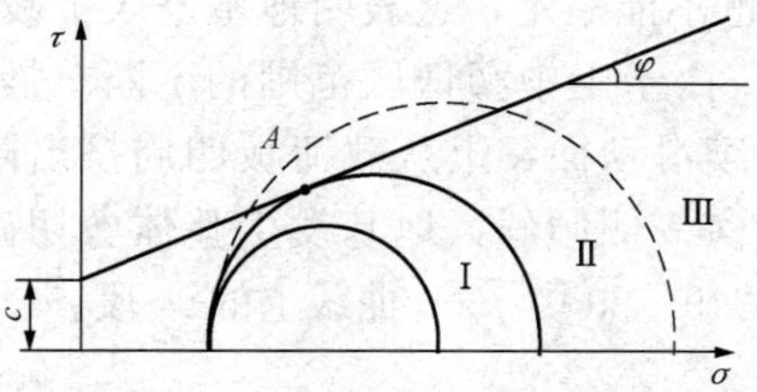

图 9 - 27

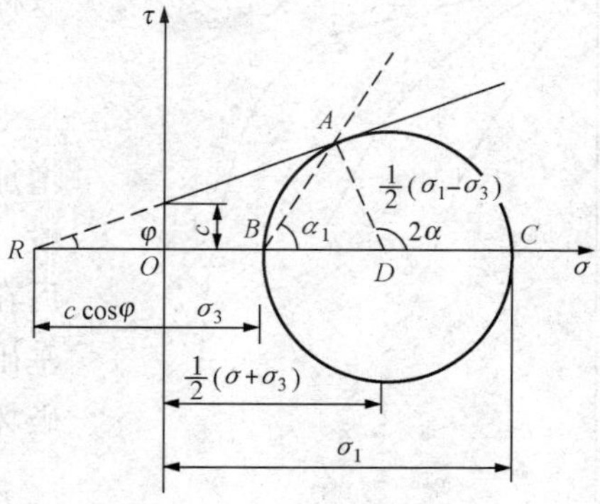

图 9 - 28

故圆Ⅱ被称为极限应力圆，根据图 9 - 28 所表述的极限应力圆与抗剪强度包络线之间的几何关系可得

$$\sigma_1=\sigma_3\tan^2\left(45°+\frac{\varphi}{2}\right)+2c\tan\left(45°-\frac{\varphi}{2}\right)$$

或
$$\sigma_3=\sigma_1\tan^2\left(45°-\frac{\varphi}{2}\right)-2c\tan\left(45°-\frac{\varphi}{2}\right) \quad (9-40)$$

土处于极限平衡状态时破坏面与大主应力作用面间的夹角为 α_f，由图 9 - 28 中的几何关系可得

$$\alpha_f=\frac{1}{2}(90°+\varphi)=45°+\frac{\varphi}{2} \quad (9-41)$$

式（9 - 40）和式（9 - 41）即为土的极限平衡条件。当为无黏性土时，取 $c=0$ 即可。式（9 - 40）和式（9 - 41）统称为莫尔—库仑强度理论，由该理论所描述的土体极限平衡状态可知，土的剪切破坏并不是由最大切应力 $\tau_{max}=\frac{\sigma_1-\sigma_3}{2}$ 控制，即剪破面并不发生于最大切应力面，而是与最大切应力成 $\frac{\varphi}{2}$ 夹角的面上。

二、地基的承载能力

（一）地基变形 3 个阶段

通过地基土现场载荷试验可得到其荷载 p 与沉降 s 的关系曲线即 p—s 曲线，从 p—s 曲线形态来看，地基破坏的过程一般将经历如下 3 个阶段。

1. 压密阶段（或称线弹性变形阶段）

在这一阶段，p—s 曲线接近于直线，土中各点的切应力均小于土的抗剪强度，土体处于弹性平衡状态。在这一阶段，荷载板的沉降主要是由于土的压密变形引起的，如图 9 - 29 中 p—s 曲线上的 oa 段。通常将 p—s 曲线上相应于 a 点的荷载称为比例界限荷载 p_{cr}。

2. 剪切阶段（或称弹塑性变形阶段）

在这一阶段 p—s 曲线已不再保持线性关系，沉降的增长率随荷载的增大而增加。在这个阶段，地基土中局部范围内（首先在基础边缘处）的切应力达到土的抗剪强度，土体发生剪切破坏，这些区域也称塑性区。随着荷载的继续增加，土中塑性区的范围也逐步扩大，直到土中形成连续的滑动面。因此，剪切阶段也是地基中塑性区的发生与发展阶段。剪切阶段

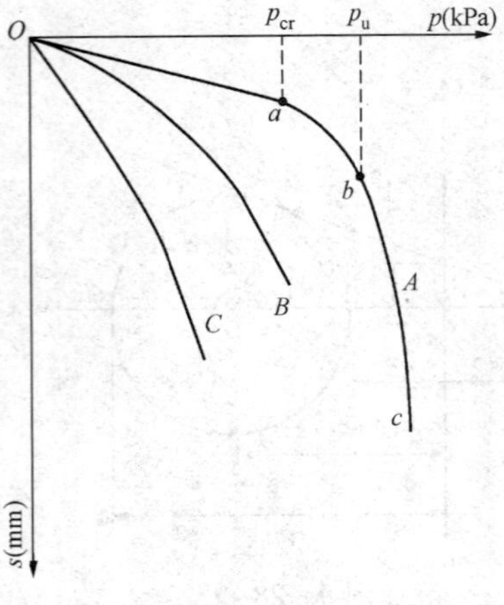

图 9-29　地基土的 p—s 曲线

相当于图 9-29 中 p—s 曲线上的 ab 段，而 b 点对应的荷载称为极限荷载 p_u。

3. 破坏阶段

当荷载超过极限荷载后，荷载板急剧下沉，即使不增加荷载，沉降也不能稳定，这表明地基进入了破坏阶段。在这一阶段，由于土中塑性区范围的不断扩展，最后在土中形成连续滑动面，土从载荷板四周挤出隆起，基础急剧下沉或向一侧倾斜，地基发生整体剪切破坏。破坏阶段相当于图 9-29 中 p—s 曲线上的 bc 段。

（二）临塑荷载

临塑荷载的基本公式建立于弹性理论计算的附加应力和利用强度理论建立的极限平衡条件之上。图 9-30 为一条形基础承受中心荷载，基础压力为 p。按弹性理论可以导出地基内任一点 M 处的大小主应力的计算公式为

$$\begin{matrix}\sigma_1\\ \sigma_3\end{matrix} = \frac{p}{\pi}(\beta_0 \pm \sin\beta_0) \tag{9-42}$$

M 点处除受上述荷载产生的地基附加应力以外，还受到自重应力 γ（d+z）的作用，为考虑自重应力的影响，又不至于改变附加应力场中大小主应力的作用方向，假设自重应力场中 $\sigma_x=\sigma_z=\gamma z$。将作用于基底标高荷载分解为相当于自重应力 γd 和附加应力 p_0 两部分，则 M 处的大小主应力的计算公式为

$$\begin{matrix}\sigma_1\\ \sigma_3\end{matrix} = \frac{p-\gamma d}{\pi}(\beta_0 \pm \sin\beta_0)+\gamma(d+z) \tag{9-43}$$

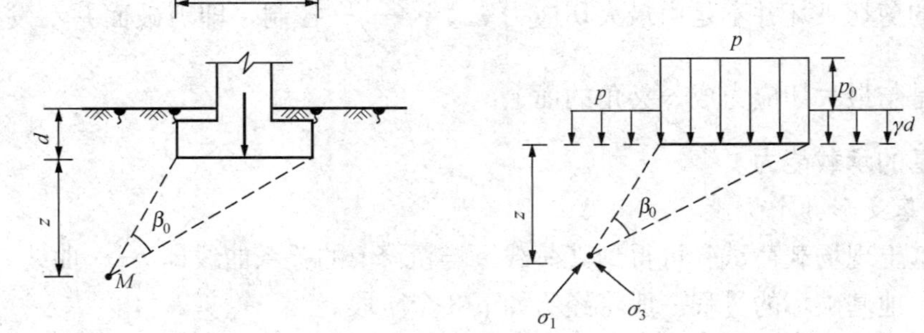

图 9-30

当 M 点处于极限平衡状态时，该点的大小主应力应满足极限平衡条件，则

$$z=\frac{p-\gamma d}{\pi\gamma}\left(\frac{\sin\beta_0}{\sin\varphi}-\beta_0\right)-\frac{c}{\gamma\tan\varphi}-d \tag{9-44}$$

上述方程即为塑性区边界方程，描述了极限平衡区边界线上的任一点坐标 z 与 β_0 之间的关系。

塑性区的最大深度 z_{max} 可由 $\frac{dz}{d\beta_0}=0$ 的条件求得，即当 $\beta_0=\frac{\pi}{2}-\varphi$ 时，取得最大值

项目9

$$z_{\max}=\frac{p-\gamma d}{\pi\gamma}\left(\cot\varphi-\frac{\pi}{2}+\varphi\right)-\frac{c}{\gamma\tan\varphi}-d \tag{9-45}$$

当 $z_{\max}=0$ 时，表示地基即将出现塑性区，相应的荷载即为临塑荷载 p_{cr}，即

$$p_{cr}=\frac{\pi(\gamma d+c\cot\varphi)}{\cot\varphi+\varphi-\frac{\pi}{2}}+\gamma d \tag{9-46}$$

（三）地基承载力

地基承载力是指地基承受荷载的能力。在地基基础设计中，若以临塑荷载 p_{cr} 作为地基的承载力无疑是安全的，但对于一般地基来说，却偏于保守。因为除软弱地基外，一般地基即使让极限平衡区发展到某一深度，也并不影响建筑物的安全和正常使用。因此，常取塑性区的最大开展深度 $z_{\max}$ 等于基础宽度 b 的四分之一时所对应的荷载 $p_{1/4}$（即界限荷载）作为地基承载力。

在式（9-45）中，令 $z_{\max}=\frac{b}{4}$，并将埋深范围内的土的重度的加权平均值用 γ_0 表示，则可得

$$p_{1/4}=\frac{\pi\left(\gamma_0 d+c\cot\varphi+\frac{1}{4}\gamma b\right)}{\cot\varphi+\varphi-\frac{\pi}{2}}+\gamma_0 d \tag{9-47}$$

以上地基承载力的公式是针对条形基础推导出来的，对于矩形和圆形基础也可采用，且结果偏安全。

【例9-3】 已知地基土的重度 $\gamma=18.5\text{kN/m}^3$，黏聚力 $c=15\text{kPa}$，内摩擦角 $\varphi=18°$。若条形基础宽度 $b=2.4\text{m}$，埋深 $d=1.6\text{m}$。试求该基础的 p_{cr} 和 $p_{1/4}$。

解　(1) 求 p_{cr}。

由式（9-46）得

$$\begin{aligned}p_{cr}&=\frac{\pi(\gamma d+c\cot\varphi)}{\cot\varphi+\varphi-\frac{\pi}{2}}+\gamma d\\&=\frac{3.14(18.5\times1.6+15\times\cot18°)}{\cot18°+18\times\frac{\pi}{180}-\frac{\pi}{2}}+18.5\times1.6\\&=160.3(\text{kPa})\end{aligned}$$

(2) 求 $p_{1/4}$。

由式（9-47）得

$$\begin{aligned}p_{1/4}&=\frac{\pi(\gamma_0 d+c\cot\varphi+\frac{1}{4}\gamma b)}{\cot\varphi+\varphi-\frac{\pi}{2}}+\gamma_0 d\\&=\frac{3.14(18.5\times1.6+15\times\cot18°+\frac{1}{4}\times18.5\times2.4)}{\cot18°+18\times\frac{\pi}{180}-\frac{\pi}{2}}+18.5\times1.6\\&=179.3(\text{kPa})\end{aligned}$$

小　　结

本项目主要内容及公式如下：

（1）基础与地基。

（2）土的三相组成。

1）土的矿物成分。

2）土的粒径级配。

（3）土的结构与构造。

（4）土的物理性指标。

1）基本物理性指标。

①土的天然容重，即天然重度

$$\gamma=\frac{\text{土的总重力}}{\text{土的总体积}}=\frac{W}{V}\text{或}\gamma=\rho g$$

②土粒的比重（或相对重度）

$$d_s=\frac{\text{固体颗粒的重度}}{\text{蒸馏水在 4℃ 的重度}}=\frac{\gamma_s}{\gamma_w(4℃)}$$

③土的含水量

$$\omega=\frac{\text{土中含水重}}{\text{固体颗粒重}}\times100\%=\frac{W_w}{W_s}\times100\%=\frac{W-W_s}{W_s}\times100\%$$

2）土的松密程度指标。

①土的孔隙比

$$e=\frac{V_v}{V_s}$$

②土的孔隙率

$$n=\frac{\text{孔隙体积}}{\text{土体总体积}}\times100\%=\frac{V_v}{V}\times100\%$$

3）土的含水量指标——土的饱和度

$$s_r=\frac{\text{水的体积}}{\text{孔隙体积}}\times100\%=\frac{V_w}{V_v}\times100\%$$

饱和度用以描述土体中孔隙的充水程度，亦作为湿度划分的标准：稍湿 $s_r\leqslant50\%$，很湿 $50\%<s_r\leqslant80\%$，饱和 $s_r>80\%$。

4）不同状态下土的重度。

（5）地基中的应力计算。

1）地基中的自重应力

$$\sigma_{cz}=\gamma_1h_1+\gamma_2h_2+\gamma_3h_3+\cdots=\sum\gamma_ih_i$$

2）基础底面接触压力。

3）地基最终沉降量计算。

①分层总和法；

②规范法。

（6）土的抗剪强度和地基的承载能力。

1）土的抗剪强度。

2）土的极限平衡条件。

3）地基承载能力。

思　考　题

9-1　什么叫地基？什么叫基础？

9-2　黏性土用什么指标定义其状态？分成哪几种状态？

9-3　什么叫临塑荷载 p_{cr} 和极限荷载 p_u？如何用以确定地基的承载力？

9-4　如果从现场载荷试验测得的 p—s 曲线难以确定 p_{cr} 和 p，该如何从现场载荷试验的结果确定地基的承载力？

9-5　如何确定地基的承载力？

9-6　土的结构构造具体有哪些基本类型？各具有什么特点？

9-7　在土的三相比例指标中，哪些指标是直接测定的？其余指标如何导出？

9-8　判断砂土松密程度有哪些方法？

9-9　何谓土的自重应力和附加应力？两者沿深度的分布有什么特点？

9-10　计算基底压力有何实用意义？如何计算中心及偏心荷载作用下的基底压力？

项　目　练　习

9-1　某土层中，用体积为 $72cm^3$ 的环刀取样。测得土样质量 129.1g，烘干质量为 121.5g，土粒相对密度为 2.70。求该土样的含水量、湿重度、饱和重度、浮重度、干重度。按上述计算结果，试比较该土样在各种情况下的重度值有何区别？

9-2　土的结构划分哪几种，简述每种结构土体的特点。

9-3　现有饱和土，干重度为 $16.2kN/m^3$，含水量 20%，试求土粒相对密度、孔隙比和饱和重度。

9-4　简述影响土中应力分布的因素。

9-5　影响土的抗剪强度的因素有哪些？

9-6　简述太沙基一维固结理论的基本假设。

9-7　某建筑物条形基础，宽 $b=4m$，如图 9-31 所示，求基底 $z=2m$ 的水平面上，沿宽度方向距重心垂线距离分别为 0、$b/2$、b、$2b$ 时，A、B、C、D 点的附加应力。

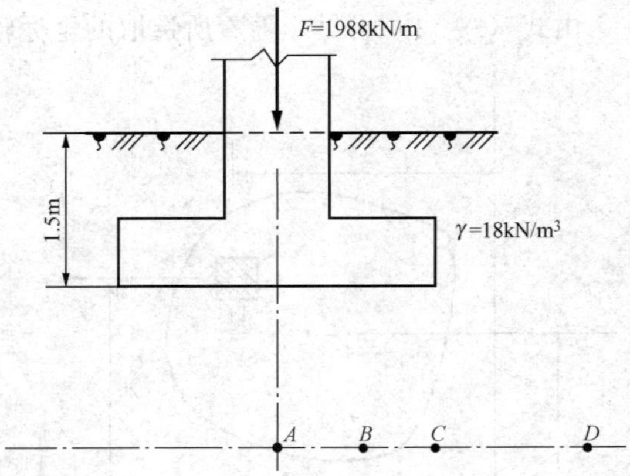

图 9-31

9-8　设砂土地基中一点的大小主应力分别为 500kPa 和 180kPa，其内摩擦角 $\varphi=36°$。

（1）该点最大切应力是多少？最大切应力面上的法向应力又为多少？

（2）此点是否已达到极限平衡状态？为什么？

附录A　平面图形的几何性质

在构件设计中，经常会遇到一些与构件截面的形状、尺寸有关的几何量。例如，轴向拉压杆的应力计算中要用到截面的面积；在弯曲梁的正应力计算中，要用到惯性矩 I_z；在计算梁的最大正应力时，会用到抗弯截面系数 W_z；同时，确定弯曲梁的中性轴时，还要用到截面的形心（物体的几何中心）；在扭转圆轴的应力和强度计算中，要用到极惯性矩 I_P 和抗扭截面系数 W_P 等。所有这些量如 I_z、W_z、I_P、W_P 及 A 等，都是仅与构件横截面的形状及尺寸有关的几何量，我们把这些量统称为平面图形的几何性质。下面介绍这些几何量的概念及计算。

单元一　静 矩 与 形 心

一、静矩与形心的定义

如图 A-1 所示，已知平面图形的面积为 A，xOy 为任意选定的直角坐标系。在平面图形上任意取一个微元 $\mathrm{d}A$，此微元的形心位置为 (x, y)，把 $y\mathrm{d}A$ 定义为 $\mathrm{d}A$ 对 x 轴的静矩，同理把 $x\mathrm{d}A$ 定义为 $\mathrm{d}A$ 对 y 轴的静矩。把 $\int_A y\mathrm{d}A$ 定义为 A 对 x 轴的静矩，用 S_x 表示，把 $\int_A x\mathrm{d}A$ 定义为 A 对 y 轴的静矩，用 S_y 表示，即

$$\left.\begin{aligned} S_x &= \int_A y\mathrm{d}A = y_C A \\ S_y &= \int_A x\mathrm{d}A = x_C A \end{aligned}\right\} \tag{A-1}$$

式（A-1）中的积分都是对平面图形的整个面积 A 进行的。(x_C, y_C) 是整个平面图形的形心坐标。

由式（A-1）可见，随着所选取的坐标轴 x、y 位置的不同，静矩 S_x 及 S_y 之值可以为正、为负或为零。静矩的量纲为［长度］^{3}，常用单位为 mm^3、cm^3 或 m^3 等。

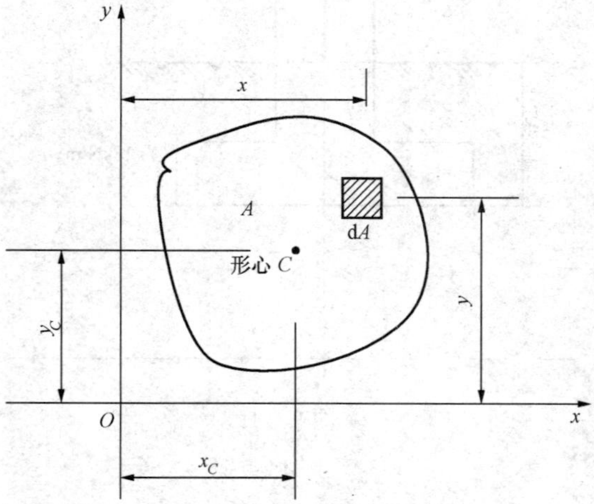

图 A-1

由式（A-1）可得

$$\left.\begin{aligned} x_C &= \frac{S_y}{A} \\ y_C &= \frac{S_x}{A} \end{aligned}\right\} \tag{A-2}$$

式（A-2）便是平面图形的形心计算公式（见图 A-1）。

若一个平面图形可以分割成有限个简单图形，则式（A-2）也可写成

$$\left.\begin{aligned} x_C &= \frac{S_y}{A} = \frac{\sum \Delta A x}{A} \\ y_C &= \frac{S_x}{A} = \frac{\sum \Delta A y}{A} \end{aligned}\right\} \tag{A-3}$$

式中：ΔA 是每一个简单图形的面积；x、y 是对应的每一个简单图形的形心坐标。

二、简单图形静矩的计算

当平面图形的形心位置已知时，可由形心坐标与面积的乘积求得静矩，即

$$\left.\begin{aligned} S_x &= y_C A = \sum \Delta A y \\ S_y &= x_C A = \sum \Delta A x \end{aligned}\right\} \tag{A-4}$$

在图形平面内过形心的轴线称为形心轴。由式（A-4）可见，平面图形对形心轴的静矩必为零。与此对应，若平面图形对某一坐标轴的静矩为零，则该坐标轴必通过平面图形的形心，即必为形心轴。

三、组合图形静矩的计算

对于由简单图形组合而成的平面图形，进行静矩计算时，可先分别计算各简单图形对所选定坐标轴的静矩，然后利用式（A-4）求其代数和。

【例A-1】 计算图A-2（单位：mm）所示倒T形截面对 x 轴 y 轴的静矩。

解 将T形截面分为两个矩形，其面积分别为

$$\Delta A_1 = 40 \times 170 = 6.8 \times 10^3 (\text{mm}^2)$$

$$\Delta A_2 = 200 \times 30 = 6 \times 10^3 (\text{mm}^2)$$

矩形形心的 y 坐标为

$$y_1 = 115\text{mm}$$

$$y_2 = 15\text{mm}$$

应用式（A-4）可求得T形截面对 x 轴的静矩为

$$\begin{aligned} S_x &= \sum \Delta A y = \Delta A_1 y_1 + \Delta A_2 y_2 \\ &= 6.8 \times 10^3 \times 115 + 6 \times 10^3 \times 15 \\ &= 8.72 \times 10^5 (\text{mm})^3 \end{aligned}$$

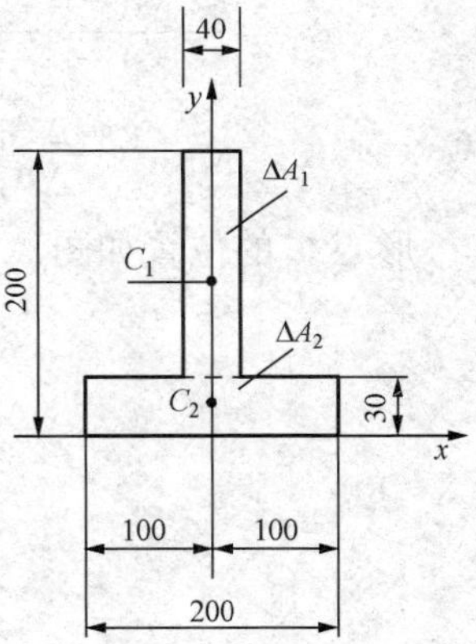

图A-2

由于 y 轴是对称轴，通过截面形心，所以T形截面对 y 轴的静矩为 $S_y=0$。

【例A-2】 试确定图A-3（a）所示平面图形的形心位置。

解 （1）解法一：分割法。

将图形分割为Ⅰ、Ⅱ两个矩形，建坐标系 xOy，如图A-3所示。两个矩形的形心坐标及面积分别为：

矩形Ⅰ
$$x_1 = -60\text{mm}$$
$$y_1 = 10\text{mm}$$
$$\Delta A_1 = 20 \times 120 = 2400\ (\text{mm}^2)$$

矩形Ⅱ
$$x_2 = -5\text{mm}$$
$$y_2 = 50\text{mm}$$
$$\Delta A_2 = 10 \times 60 = 600\ (\text{mm}^2)$$

由式（A-3），得形心 C 点的坐标（x_C，y_C）为

$$x_C = \frac{x_1\Delta A_1 + x_2\Delta A_2}{A_1 + A_2} = \frac{(-60)\times 2400 + (-5)\times 600}{2400 + 600} = -49(\text{mm})$$

$$y_C = \frac{y_1\Delta A_1 + y_2\Delta A_2}{\Delta A_1 + \Delta A_2} = \frac{10\times 2400 + 50\times 600}{2400 + 600} = 18(\text{mm})$$

形心 C 的位置如图 A-3（a）所示。

（2）解法二：负面积法。

将图形看为图 A-3（b）所示的大矩形Ⅰ减去小矩形Ⅱ（不存在的部分认为其面积为负的）所得到的图形。建坐标系 xOy，如图 A-3（b）所示。两个矩形的形心坐标及面积分别为：

矩形Ⅰ
$$x_1 = -60\text{mm}$$
$$y_1 = 40\text{mm}$$
$$\Delta A_1 = 120\times 80 = 9600\ (\text{mm}^2)$$

矩形Ⅱ
$$x_2 = -65\text{mm}$$
$$y_2 = 50\text{mm}$$
$$\Delta A_2 = -110\times 60 = -6600\ (\text{mm}^2)$$

由式（A-3），得形心 C 点的坐标（x_C，y_C）为

$$x_C = \frac{x_1\Delta A_1 + x_2\Delta A_2}{A_1 + A_2} = \frac{(-60)\times 9600 + (-65)\times(-6600)}{9600 + (-6600)} = -49(\text{mm})$$

$$y_C = \frac{y_1\Delta A_1 + y_2\Delta A_2}{\Delta A_1 + \Delta A_2} = \frac{40\times 9600 + 50\times(-6600)}{9600 + (-6600)} = 18(\text{mm})$$

形心 C 的位置如图 A-3（b）所示。显然，两种方法计算结果是一样的。

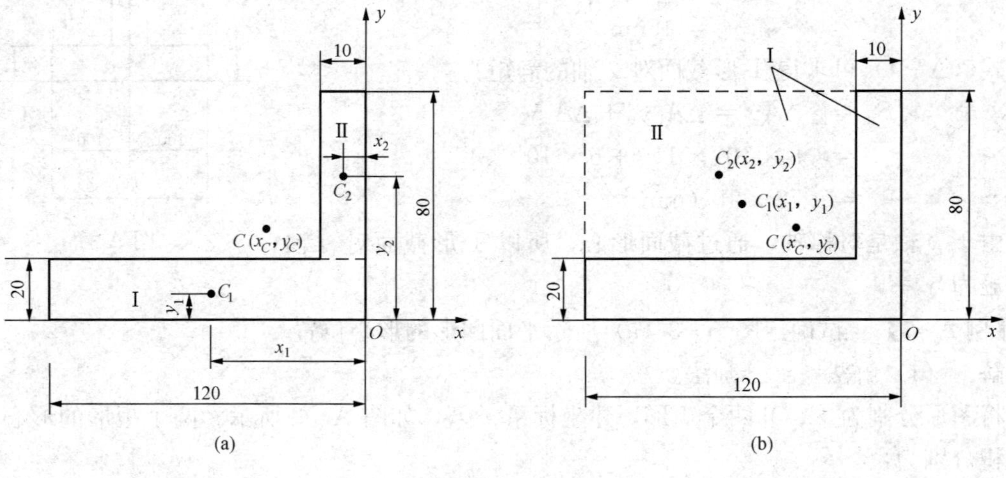

图 A-3

单元二　惯性矩和极惯性矩的概念

一、惯性矩和极惯性矩的概念

图 A-4 所示的图形分别对 x 轴和 y 轴的惯性矩。任取一微面积 dA，微面积 dA 位置坐标为（x，y）。微面积 dA 与 y^2 相乘，得到的 y^2dA，称为微面积 dA 对 x 轴的惯性矩；同

理，$x^2 dA$ 称为微面积 dA 对 y 轴的惯性矩。在平面面积为 A 的整个图形上进行积分，便可得到图形 A 对 x 轴和 y 轴的惯性矩 I_x 和 I_y 分别为

$$\left.\begin{aligned} I_x &= \int_A y^2 \mathrm{d}A \\ I_y &= \int_A x^2 \mathrm{d}A \end{aligned}\right\} \tag{A-5}$$

式（A-5）就是计算平面图形分别对 x 轴和 y 轴的惯性矩的基本公式。它表示平面图形内每一个微面积 dA 与它到某轴的距离（y 或 x）二次方的乘积的总和，称为这个图形对该轴的惯性矩。

把微面积 dA 与 ρ^2 相乘得到的 $\rho^2 dA$，称为微面积 dA 对 O 点的极惯性矩，在平面面积为 A 的整个图形上进行积分，便可得到图形 A 对 O 点的极惯性矩 I_P

$$I_P = \int_A \rho^2 \mathrm{d}A \tag{A-6}$$

式（A-6）就是计算平面图形对任意一点极惯性矩的基本公式。它表示平面图形内每一个微面积 dA 与它到某点的距离（ρ）二次方的乘积的总和，称为这个图形对该点的极惯性矩。

由图 A-4 很容易得到平面图形对某点极惯性矩与该平面图形对过该点的两互相垂直的轴的惯性矩之间有

$$I_P = \int_A \rho^2 \mathrm{d}A = \int_A (x^2 + y^2) \mathrm{d}A = \int_A x^2 \mathrm{d}A + \int_A y^2 \mathrm{d}A = I_y + I_x \tag{A-7}$$

把微面积 dA 与 x、y 相乘得到的 $xy dA$，称为微面积 dA 对 x 轴、y 轴的惯性积，在平面面积为 A 的整个图形上进行积分，便可得到图形 A 对 x 轴、y 轴的惯性积 I_{xy}

$$I_{xy} = \int_A xy \mathrm{d}A \tag{A-8}$$

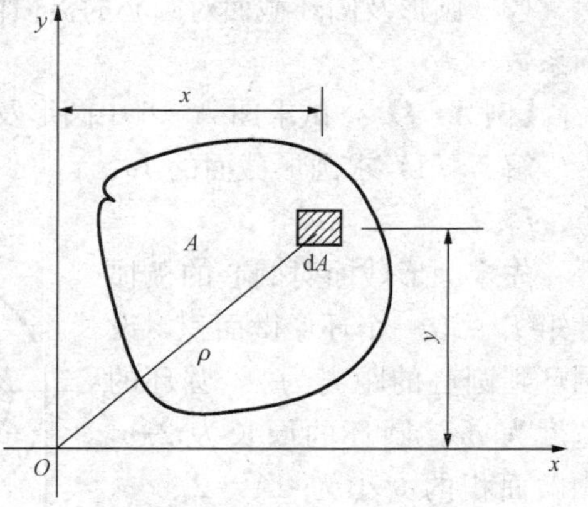

图 A-4

二、惯性半径

在工程中为某些计算的需要，常将截面图形的惯性矩表示为截面面积 A 与某一长度平方的乘积，即

$$\begin{cases} I_x = i_x^2 A \\ I_y = i_y^2 A \end{cases}$$

于是得到

$$\left.\begin{aligned} i_x &= \sqrt{\frac{I_x}{A}} \\ i_y &= \sqrt{\frac{I_y}{A}} \end{aligned}\right\} \tag{A-9}$$

式中　i_x、i_y——截面图形分别对 x 轴和 y 轴的惯性半径，并且具有长度的量纲。

三、简单截面图形的惯性矩和极惯性矩计算举例

简单截面图形的惯性矩可以直接用式（A-5）通过积分计算。

（1）矩形截面的惯性矩和抗弯截面系数。

【例 A-3】 如图 A-5 所示，设矩形截面的高度为 h，宽度为 b。试计算矩形截面对通过形心 C 的轴（简称形心轴）x 轴、y 轴的惯性矩 I_x、I_y。

解 (1) 计算 I_x。

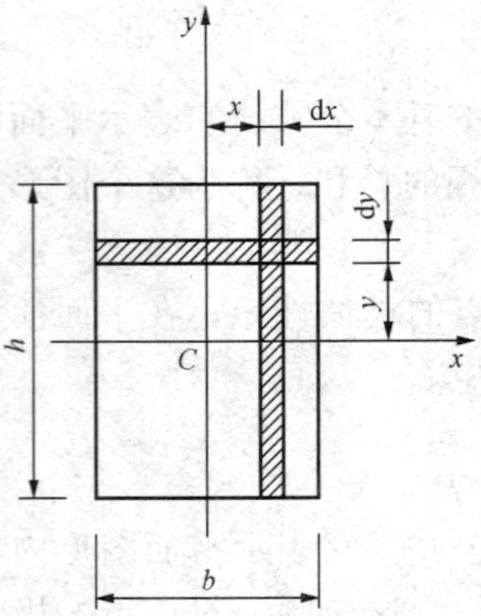

图 A-5

取平行于 x 轴的微面积 $dA=bdy$，dA 到 x 轴的距离为 y，应用式 (A-5) 得

$$I_x=\int_A y^2 dA=\int_{-h/2}^{h/2} y^2 b dy=\left[\frac{by^3}{3}\right]_{-h/2}^{h/2}=\frac{bh^3}{12}$$

(2) 计算 I_y。

取平行于 y 轴的微面积 $dA=hdx$，dA 到 y 轴的距离为 x，应用式 (A-5) 得

$$I_y=\int_A x^2 dA=\int_{-b/2}^{b/2} z^2 h dy=\left[\frac{hx^3}{3}\right]_{-h/2}^{h/2}=\frac{hb^3}{12}$$

通过上面的计算可以看出，惯性矩总是具体到对某一个确定的轴而言的，对于同一个平面图形，对不同的轴，惯性矩的值是不同的。

抗弯截面系数

$$W_x=\frac{I_x}{y_{\max}}=\frac{\frac{bh^3}{12}}{\frac{h}{2}}=\frac{bh^2}{6}$$

(2) 圆形及圆环截面对圆心的极惯性矩、对形心轴的惯性矩以及抗扭截面系数、抗弯截面系数。

【例 A-4】 试求图 A-6 中圆形及圆环截面对圆心的极惯性矩、对形心轴的惯性矩。

解 (1) 求圆形截面的 I_P、I_x、I_y。

先求圆形截面对圆心的极惯性矩 I_P。取一个环形微面积，设圆环到圆心的距离为 ρ，圆环的宽度为 $d\rho$，圆环的周长为 $2\pi\rho$，则微面积的大小为 $dA=2\pi\rho d\rho$，微面积对圆心的极惯性矩为

$$\rho^2 dA=\rho^2 2\pi d\rho$$

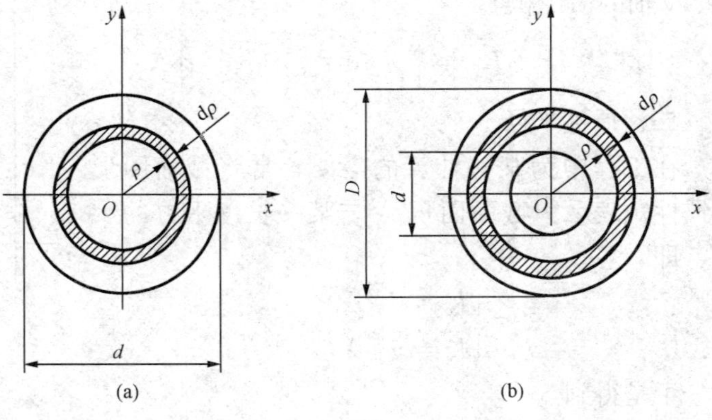

图 A-6

利用式 (A-6)，则整个圆形截面对圆心的极惯性矩为

$$I_P=\int_A \rho^2 dA=\int_0^R \rho^2 2\pi\rho d\rho=2\pi\int_0^R \rho^3 d\rho=\left[\frac{\pi\rho^4}{2}\right]_0^R=\frac{\pi R^4}{2}=\frac{\pi D^4}{32}$$

因为 $I_P=I_y+I_x$，并且 x 和 y 轴都是通过圆心的对称轴，所以有 $I_x=I_y$，由此可以得到圆形截面对 x 轴和 y 轴的惯性矩为

$$I_x=I_y=\frac{I_P}{2}=\frac{\pi D^4}{64}$$

圆形截面的抗弯截面系数为

$$W_x = \frac{I_x}{y_{\max}} = \frac{\frac{\pi D^4}{64}}{\frac{D}{2}} = \frac{\pi D^3}{32}$$

圆形截面的抗扭截面系数

$$W_P = \frac{I_P}{\rho_{\max}} = \frac{\frac{\pi D^4}{32}}{\frac{D}{2}} = \frac{\pi D^3}{16}$$

(2) 求圆环形截面的 I_P，I_x，I_y。

求圆环形截面对圆心的极惯性矩 I_P。取一个环形微面积，设圆环到圆心的距离为 ρ，圆环的宽度为 $d\rho$，圆环的周长为 $2\pi\rho$，则微面积的大小为 $dA=2\pi\rho d\rho$，微面积对圆心的极惯性矩为

$$\rho^2 dA = \rho^2 2\pi d\rho$$

利用式（A-6），则整个圆环形截面对圆心的极惯性矩为

$$\begin{aligned} I_P &= \int_A \rho^2 dA = \int_r^R \rho^2 2\pi\rho d\rho = 2\pi\int_r^R \rho^3 d\rho = \left[\frac{\pi\rho^4}{2}\right]_r^R \\ &= \frac{\pi R^4}{2} - \frac{\pi r^4}{2} = \frac{\pi D^4}{32} - \frac{\pi d^4}{32} \end{aligned}$$

对圆环形截面同样有 $I_x=I_y$，由此可以得到圆形截面对 x 轴和 y 轴的惯性矩为

$$I_x = I_y = \frac{I_P}{2} = \frac{\pi D^4}{64} - \frac{\pi d^4}{64} = \frac{\pi D^4}{64}(1-\alpha^4)$$

式中　α——圆环截面的内径与外径的比值，$\alpha=d/D$。

圆环形截面的抗弯截面系数为

$$W_x = \frac{I_x}{y_{\max}} = \frac{\frac{\pi D^4}{64}(1-\alpha^4)}{\frac{D}{2}} = \frac{\pi D^3}{32}(1-\alpha^4)$$

圆环形截面的抗扭截面系数为

$$W_x = \frac{I_P}{\rho_{\max}} = \frac{\frac{\pi D^4}{32}(1-\alpha^4)}{\frac{D}{2}} = \frac{\pi D^3}{16}(1-\alpha^4)$$

对于其他简单截面的惯性矩和极惯性矩同样可以根据式（A-5）、式（A-6）进行计算，这里不再列举。

根据定义，对于宽为 b、高为 h 的矩形截面，对其形心轴 x 和 y 的惯性半径，可由式（A-8）计算得

$$\begin{cases} i_x = \sqrt{\dfrac{I_x}{A}} = \sqrt{\dfrac{bh^3/12}{bh}} = 0.288\,7h \\ i_y = \sqrt{\dfrac{I_y}{A}} = \sqrt{\dfrac{hb^3/12}{bh}} = 0.288\,7b \end{cases}$$

对于直径为 D 的圆形截面，由于对称，它对任一根形心轴的惯性半径都相等，并由式（A-8）计算得

$$i_x = i_y = i = \sqrt{\frac{I}{A}} = \sqrt{\frac{\pi D^4/64}{\pi D^2/4}} = \frac{D}{4} = 0.25D$$

对于工程中常用的各类型钢横截面的惯性半径 i，可直接从附录 B 中查得。

在压杆的稳定计算中，在计算压杆的柔度 λ 时，常要引用惯性半径 i 这个截面几何量，且 $\lambda = \frac{\mu l}{i}$（$l$ 为压杆长度，μ 为压杆的长度系数）。i 实质上反映的是截面材料相对某一轴的分布情况。

三、惯性矩、惯性积和极惯性矩的特性

由前面的讨论和计算可以看出，有关截面图形惯性矩、惯性积和极惯性矩的一些特性如下：

（1）惯性矩、惯性积都是对轴而言的，同一个图形，对不同的轴的惯性矩、惯性积一般是不同的；极惯性矩是对点而言的，同一个图形，对不同的点的极惯性矩一般也是不同的。

（2）惯性矩和极惯性矩恒为正值，惯性积则可以为正或负或零。

（3）任何平面图形对其对称轴和与此对称轴垂直的轴的惯性积等于零。

（4）任何平面图形对直角坐标系原点的极惯性矩等于该截面对于两条直角坐标轴的惯性矩之和，即

$$I_P = I_x + I_y$$

（5）惯性矩、惯性积和极惯性矩的单位都是长度的四次方，如 mm^4、m^4 等。

单元三　惯性矩的平行移轴公式及组合截面惯性矩计算

由上可知，同一平面图形，对于不同的轴，它的惯性矩、惯性积等几何量是不同的。显然，每一平面图形对不同轴的惯性矩均可利用式（A-5）进行计算，但对于有些图形这样计算是比较烦琐的，而利用下面的平行移轴公式便可很方便地计算。

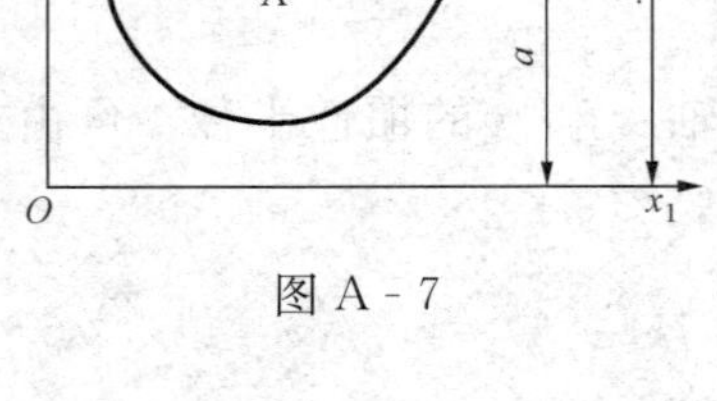

图 A-7

一、惯性矩的平行移轴公式

如图 A-7 所示，设已知 x 轴、y 轴是通过平面图形的形心 C 的轴，平面图形对 x 轴和 y 轴的惯性矩分别为 I_x、I_y，x_1 轴和 y_1 轴是分别与 x 轴和 y 轴平行的轴，形心 C 在 x_1Oy_1 坐标系下的坐标为（b，a），由式（A-5）可得平面图形分别对 x_1 轴、y_1 轴的惯性矩 I_{x1} 和 I_{y1}。

取微面积 dA，它到 x_1 轴的距离为 y_1，根据定义，平面图形对 x_1 轴的惯性矩为

$$I_{x1} = \int_A y_1^2 dA \tag{A-10}$$

但从图 A-7 可知

$$y_1 = y + a \tag{A-11}$$

将式（A-11）代入式（A-10）得

$$\begin{aligned} I_{x1} &= \int_A y_1^2 dA = \int_A (y+a)^2 dA = \int_A y^2 dA + \int_A 2ya\,dA + \int_A a^2 dA \\ &= I_x + 2aS_x + a^2 A \end{aligned}$$

因 x 轴通过截面形心 C，所以有静矩 $S_x = \int_A y\mathrm{d}y = 0$，因此可得

$$I_{x1} = I_x + a^2 A$$

同理

$$I_{y1} = I_y + b^2 A$$

故

$$\left.\begin{aligned} I_{x1} &= I_x + a^2 A \\ I_{y1} &= I_y + b^2 A \end{aligned}\right\} \tag{A-12}$$

式（A-12）称为惯性矩的平行移轴公式。它表明：平面图形对任何一个轴的惯性矩，等于该图形对与该轴平行的形心轴的惯性矩，再加上平面图形的面积与两平行轴间距离平方的乘积。

由平行移轴公式还可以看出，在所有互相平行的轴中，平面图形对通过其形心 C 的轴的惯性矩为最小。

利用平行移轴公式，可以根据平面图形对其形心轴的惯性矩（一般是已知的），求出它对另一根与形心轴平行的轴的惯性矩。

二、组合截面的惯性矩计算

工程中常遇到由几个简单图形组成的截面，这种截面称为组合截面（组合平面图形），如图A-8（b）～图A-8（d）所示；或由几个型钢组成，如图A-8（a）所示。在计算组合截面对某轴的惯性矩时，根据惯性矩的定义，可分别计算各组成部分对该轴的惯性矩，然后再相加，即组合截面对 x 轴的惯性矩等于各组成部分对 x 轴的惯性矩的代数和，其计算公式为

$$I_x = \sum_{i=1}^{n} I_x^i = I_x^1 + I_x^2 + I_x^3 + \cdots$$

如对于图A-8（b）所示的组合图形，可以分成矩形1和矩形2的组合，所以有

$$I_x = \sum_{i=1}^{n} I_x^i = I_x^1 + I_x^2$$

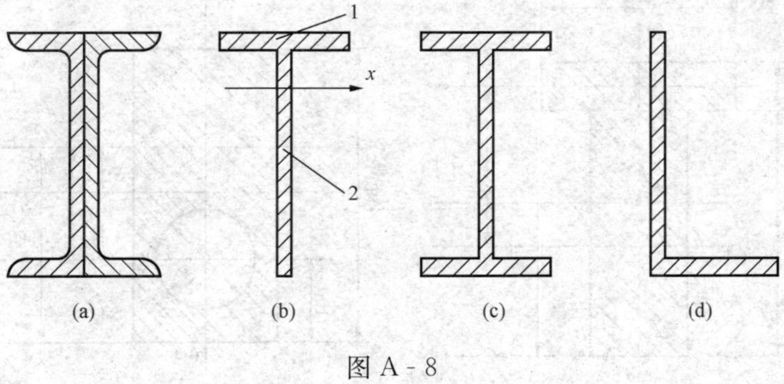

图A-8

注意在计算 I_x^i 时，必须要用平行移轴公式即式（A-12）。

一般情况下，组成该平面图形的每一个简单图形的形心轴 x_{iC} 与整个图形的 x 轴不重合。I_x 是整个截面对 x 轴的惯性轴，而 I_x^i 为第 i 块图形对 x 轴的惯性矩。

三、平行移轴公式用于计算惯性矩实例

【例A-5】　计算图A-9所示T形截面对形心轴 z、y 的惯性矩。

解　（1）求截面形心位置。

由于截面有一根对称轴 y，故形心必在此轴上，即

$$z_C = 0$$

为求 y_C，先设 z_0 轴如图 A-9 所示。将图形分为两个矩形，这两部分的面积和形心对 z_0 轴的坐标分别为

$$A_1 = 250\times 60 = 1.5\times 10^4(\text{mm}^2),y_1 = 290+30 = 320(\text{mm})$$

$$A_2 = 125\times 290 = 3.625\times 10^4(\text{mm}^2),y_2 = \frac{290}{2} = 145(\text{mm})$$

故　$$y_C = \frac{\sum A_i y_i}{A} = \frac{1.5\times 10^4\times 320+3.625\times 10^4\times 145}{1.5\times 10^4+3.625\times 10^4} = 196(\text{mm})$$

(2) 计算 I_z 及 I_y。

整个图形对 z 轴、y 轴的惯性矩应分别等于两个矩形对 z 轴、y 轴的惯性矩之和，即

$$I_z = I_z^1 + I_z^2$$

两个矩形对自身形心轴的惯性矩分别为

$$I_{z1}^1 = \frac{250\times 60^3}{12}(\text{mm}^4),I_{z2}^2 = \frac{125\times 290^3}{12}(\text{mm}^4)$$

应用平行移轴公式即式（A-12）可得

$$I_z^1 = I_{z1}^1 + a_1^2 A_1 = \frac{250\times 60^3}{12} + 124^2\times 250\times 60 = 2.31\times 10^8(\text{mm}^4)$$

$$I_z^2 = I_{z2}^2 + a_2^2 A_2 = \frac{125\times 290^3}{12} + 51^2\times 125\times 290 = 3.48\times 10^8(\text{mm}^4)$$

y 轴正好经过矩形截面 A_1 和 A_2 的形心，所以

$$I_y = I_y^1 + I_y^2 = \frac{60\times 250^3}{12} + \frac{290\times 125^3}{12}$$
$$=7.81\times 10^7 + 4.72\times 10^7 = 1.253\times 10^8(\text{mm}^4)$$

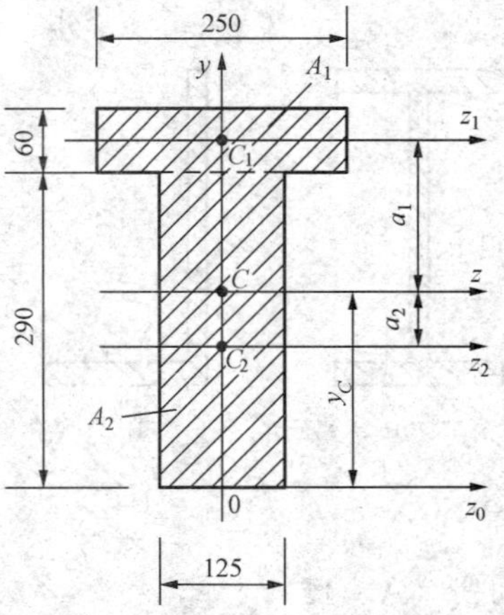

图 A-9

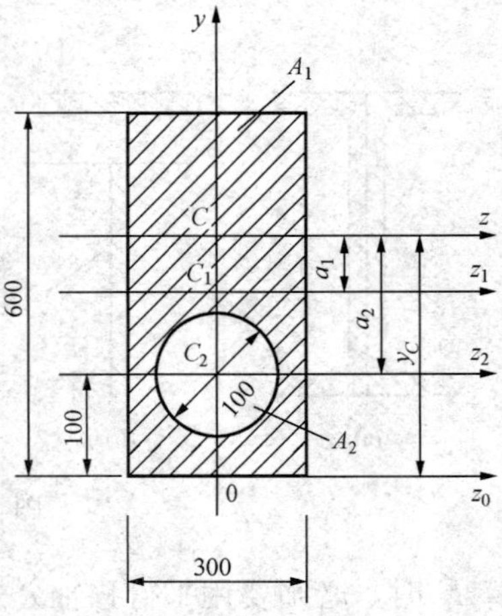

图 A-10

【例 A-6】　计算图 A-10 所示阴影部分面积对其形心轴 z、y 的惯性矩。

解　(1) 求形心位置。

由于 y 轴为图形的对称轴，故形心必在此轴上，即

$$z_C = 0$$

为求 y_C，现设 z_0 轴如图 A-10 所示，阴影部分图形可看成是矩形 A_1 减去圆形 A_2 得到，故其形心的 y_C 坐标为

$$y_C=\frac{\sum A_i y_i}{A}=\frac{(600\times300)\times300+\left(-\frac{\pi}{4}\times100^2\right)\times100}{600\times300+\left(-\frac{\pi}{4}\times100^2\right)}=309(\text{mm})$$

(2) 计算 I_z 及 I_y。

阴影部分对 z 轴的惯性矩，可看成是矩形与圆形对 z 轴的惯性矩之差，故

$$\begin{aligned}I_z&=I_z^1-I_z^2=\left(\frac{bh^3}{12}+a_1^2A_1\right)-\left(\frac{\pi D^4}{64}+a_2^2A_2\right)\\&=\left(\frac{300\times600^3}{12}+9^2\times300\times600\right)-\left(\frac{\pi\times100^4}{64}+209^2\times\frac{\pi\times100^2}{4}\right)\\&=5.067\times10^9(\text{mm})^4\end{aligned}$$

$$\begin{aligned}I_y&=I_y^1-I_y^2=\frac{hb^3}{12}-\frac{\pi D^4}{64}=\frac{600\times300^3}{12}-\frac{\pi\times100^4}{64}\\&=1.345\times10^9(\text{mm})^4\end{aligned}$$

附录B 型钢规格表

表 B-1 热轧等边角钢

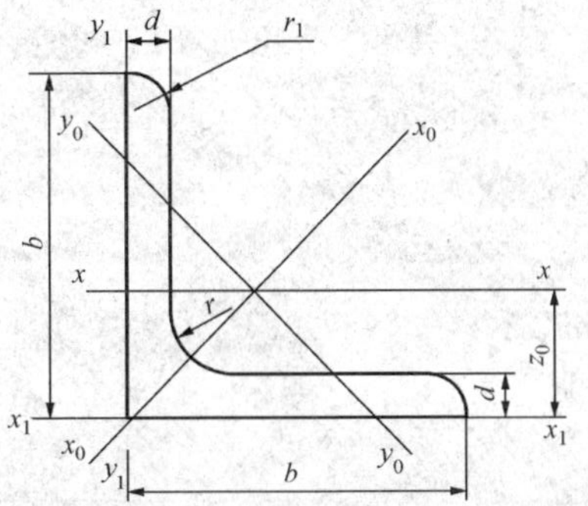

符号意义：

b—边宽度； I—惯性矩；

d—边厚度； i—惯性半径；

r—内圆弧半径； W—截面系数；

r_1—边端内圆弧半径； z_0—重心距离。

角钢号数	尺寸(mm)			截面面积 (cm²)	理论质量 (kg/m)	外表面积 (m²/m)	参考数值										
							$x-x$			x_0-x_0			y_0-y_0			x_1-x_1	z_0 (cm)
	b	d	r				I_x (cm⁴)	i_x (cm)	W_x (cm³)	I_{x0} (cm⁴)	i_{x0} (cm)	W_{x0} (cm³)	I_{y0} (cm⁴)	i_{y0} (cm)	W_{y0} (cm³)	I_{x1} (cm⁴)	
2	20	3	3.5	1.132	0.889	0.078	0.40	0.59	0.29	0.63	0.75	0.45	0.17	0.39	0.20	0.81	0.60
		4		1.459	1.445	0.077	0.50	0.58	0.36	0.78	0.73	0.55	0.22	0.38	0.24	1.09	0.64
2.5	25	3		1.432	1.124	0.098	0.82	0.76	0.46	1.29	0.95	0.73	0.34	0.49	0.33	1.57	0.73
		4		1.859	1.459	0.097	1.03	0.74	0.59	1.62	0.93	0.92	0.43	0.48	0.40	2.11	0.76
3.0	30	3	4.5	1.749	1.373	0.117	1.46	0.91	0.68	2.31	1.15	1.09	0.61	0.59	0.51	2.71	0.85
		4		2.276	1.786	0.117	1.84	0.90	0.87	2.92	1.13	1.37	0.77	0.58	0.62	3.63	0.89
3.6	36	3	4.5	2.109	1.656	0.141	2.58	1.11	0.99	4.09	1.39	1.61	1.07	0.71	0.76	4.68	1.00
		4		2.756	2.163	0.141	3.29	1.09	1.28	5.22	1.38	2.05	1.37	0.70	0.93	6.25	1.04
		5		3.382	2.654	0.141	3.95	1.08	1.56	6.24	1.36	2.45	1.65	0.70	1.09	7.84	1.07

续表

角钢号数	尺寸(mm)			截面面积(cm²)	理论质量(kg/m)	外表面积(m²/m)	参考数值										
							$x-x$			x_0-x_0			y_0-y_0			x_1-x_1	z_0 (cm)
	b	d	r				I_x (cm⁴)	i_x (cm)	W_x (cm³)	I_{x0} (cm⁴)	i_{x0} (cm)	W_{x0} (cm³)	I_{y0} (cm⁴)	i_{y0} (cm)	W_{y0} (cm³)	I_{x1} (cm⁴)	
4.0	40	3	5	2.359	1.852	0.157	3.59	1.23	1.23	5.69	1.55	2.01	1.49	0.79	0.96	6.41	1.09
		4		3.086	2.422	0.157	4.60	1.22	1.60	7.29	1.54	2.58	1.91	0.79	1.19	8.56	1.13
		5		3.791	2.976	0.156	5.53	1.21	1.96	8.76	1.52	3.01	2.30	0.78	1.39	10.74	1.17
4.5	45	3	5	2.659	2.088	0.177	5.17	1.40	1.58	8.20	1.76	2.58	2.14	0.90	1.24	9.12	1.22
		4		3.486	2.736	0.177	6.65	1.38	2.05	10.56	1.74	3.32	2.75	0.89	1.54	12.18	1.26
		5		4.292	3.369	0.176	8.04	1.37	2.51	12.74	1.72	4.00	3.33	0.88	1.81	15.25	1.30
		6		5.076	3.985	0.176	9.33	1.36	2.95	14.76	1.70	4.64	3.89	0.88	2.06	18.36	1.33
5	50	3	5.5	2.971	2.332	0.197	7.18	1.55	1.96	11.37	1.96	3.22	2.98	1.00	1.57	12.50	1.34
		4		3.897	3.059	0.197	9.26	1.54	2.56	14.70	1.94	4.16	3.82	0.99	1.96	16.69	1.38
		5		4.803	3.770	0.196	11.21	1.53	3.13	17.79	1.92	5.03	4.64	0.98	2.31	20.90	1.42
		6		5.688	4.465	0.196	13.05	1.52	3.68	20.68	1.91	5.58	5.42	0.98	2.63	25.14	1.46
5.6	56	3	6	3.343	2.624	0.221	10.19	1.75	2.48	16.14	2.20	4.08	4.24	1.13	2.02	17.56	1.48
		4		4.390	3.446	0.220	13.18	1.73	3.24	20.92	2.18	5.28	5.46	1.11	2.52	23.43	1.53
		5		5.415	4.251	0.220	16.02	1.72	3.97	25.42	2.17	6.42	6.61	1.10	2.98	29.33	1.57
		8		8.367	6.568	0.219	23.03	1.68	6.03	37.37	2.11	9.44	9.89	1.09	4.16	47.24	1.68
6.3	63	4	7	4.978	3.907	0.248	19.03	1.96	4.13	30.17	2.46	6.78	7.89	1.26	3.29	33.34	1.70
		5		6.143	4.822	0.248	23.47	1.94	5.08	36.77	2.45	8.25	9.57	1.25	2.90	41.73	1.74
		6		7.288	5.721	0.247	27.12	1.93	6.00	43.03	2.43	9.66	11.20	1.24	4.46	50.14	1.78
		8		9.515	7.469	0.247	34.46	1.90	7.75	54.56	2.40	12.25	14.33	1.23	5.47	67.11	1.85
		10		11.657	9.151	0.246	44.09	1.88	9.39	64.85	3.36	14.56	17.33	1.22	6.36	84.31	1.93
7	70	4	8	5.570	4.372	0.275	26.39	2.18	5.14	41.80	2.74	8.44	10.99	1.40	4.17	45.74	1.86
		5		6.875	5.397	0.275	32.21	2.16	6.32	51.08	2.73	10.32	13.34	1.39	4.95	57.21	1.91
		6		8.160	6.406	0.275	37.77	2.15	7.48	59.93	2.71	12.11	15.61	1.38	5.67	58.73	1.95
		7		9.424	7.398	0.275	43.09	2.14	8.59	68.35	2.69	13.81	17.82	1.38	6.34	80.29	1.99
		8		10.667	8.373	0.274	48.17	2.12	9.68	76.37	2.68	15.43	19.98	1.37	6.98	91.92	2.03

续表

角钢号数	尺寸(mm)			截面面积 (cm^2)	理论质量 (kg/m)	外表面积 (m^2/m)	参考数值										z_0 (cm)
							$x-x$			x_0-x_0			y_0-y_0			x_1-x_1	
	b	d	r				I_x (cm^4)	i_x (cm)	W_x (cm^3)	I_{x0} (cm^4)	i_{x0} (cm)	W_{x0} (cm^3)	I_{y0} (cm^4)	i_{y0} (cm)	W_{y0} (cm^3)	I_{x1} (cm^4)	
7.5	75	5	9	7.367	5.818	0.295	39.97	2.33	7.32	63.30	2.92	11.94	16.63	1.50	5.77	70.56	2.04
		6		8.797	6.905	0.294	46.95	2.31	8.64	74.38	2.90	14.02	19.51	1.49	6.67	84.55	2.07
		7		10.160	7.976	0.294	53.57	2.30	9.93	84.96	2.89	16.02	22.18	1.48	7.44	98.71	2.11
		8		11.503	9.030	0.294	59.96	2.28	11.20	95.07	2.88	17.93	24.86	1.47	8.19	112.97	2.15
		10		14.126	11.089	0.293	71.98	2.26	13.64	113.92	2.84	21.48	30.05	1.46	9.56	141.71	2.22
8	80	5	9	7.912	6.211	0.315	48.79	2.48	8.34	77.33	3.13	13.67	20.25	1.60	6.66	85.36	2.15
		6		9.397	7.376	0.314	57.35	2.47	9.87	90.98	3.11	16.08	23.72	1.59	7.65	102.50	2.19
		7		10.860	8.525	0.314	65.58	2.46	11.37	104.07	3.10	18.40	27.09	1.58	8.58	119.70	2.23
		8		12.303	9.658	0.314	73.49	2.44	12.83	116.60	3.08	20.61	30.39	1.57	9.46	136.97	2.27
		10		15.126	11.874	0.313	88.43	2.42	15.64	140.09	3.04	24.76	36.77	1.56	11.08	171.74	2.35
9	90	6	10	10.637	8.350	0.354	82.77	2.79	12.61	131.26	3.51	20.63	34.28	1.80	9.95	145.87	2.44
		7		12.301	9.656	0.354	94.83	2.78	14.54	150.47	3.50	23.64	29.18	1.78	11.19	170.30	2.48
		8		13.944	10.946	0.353	106.47	2.76	16.42	168.97	3.48	26.55	43.97	1.78	12.35	194.80	2.52
		10		17.167	13.476	0.353	128.58	2.74	20.07	203.90	3.45	32.04	53.26	1.76	14.52	244.07	2.59
		12		20.306	15.940	0.352	149.22	2.71	23.57	236.21	3.41	37.12	62.22	1.75	16.49	293.76	2.67
10	100	6	12	11.932	9.366	0.393	114.95	3.01	15.68	181.98	3.90	25.74	47.92	2.00	12.69	200.07	2.67
		7		13.796	10.830	0.393	131.86	3.09	18.10	208.97	3.89	29.55	54.74	1.99	14.26	233.54	2.71
		8		15.638	12.276	0.393	148.24	3.08	20.47	235.07	3.88	33.24	61.41	1.98	15.75	267.09	2.76
		10		19.261	15.120	0.392	179.51	3.05	25.06	284.68	3.84	40.26	74.35	1.96	18.54	334.48	2.84
		12		22.800	17.898	0.391	208.90	3.03	29.48	330.95	3.81	46.80	86.84	1.95	21.08	402.34	2.91
		14		26.256	20.611	0.391	236.53	3.00	33.73	374.06	3.77	52.90	99.00	1.94	23.44	470.75	2.99
		16		29.627	23.257	0.390	262.53	2.98	37.82	414.16	3.74	58.57	110.89	1.94	25.63	539.80	3.06
11	110	7	12	15.196	11.928	0.433	177.16	3.41	22.05	280.94	4.30	36.12	73.38	2.20	17.51	310.64	2.96
		8		17.238	13.532	0.433	199.46	3.40	24.95	316.49	4.28	40.69	82.42	2.19	19.39	355.20	3.01

续表

角钢号数	尺寸(mm)			截面面积	理论质量	外表面积	参考数值										
							$x-x$			x_0-x_0			y_0-y_0			x_1-x_1	z_0
	b	d	r	(cm^2)	(kg/m)	(m^2/m)	I_x (cm^4)	i_x (cm)	W_x (cm^3)	I_{x0} (cm^4)	i_{x0} (cm)	W_{x0} (cm^3)	I_{y0} (cm^4)	i_{y0} (cm)	W_{y0} (cm^3)	I_{x1} (cm^4)	(cm)
11	110	10	12	21.261	16.690	0.432	242.19	3.38	30.60	384.39	4.25	49.42	99.98	2.17	22.91	444.65	3.09
		12		25.200	19.782	0.431	282.55	3.35	36.05	448.17	4.22	57.62	116.93	2.15	26.15	534.60	3.16
		14		29.056	22.809	0.431	320.71	3.32	44.31	508.01	4.18	65.31	133.40	2.14	19.14	625.16	3.24
12.5	125	8	14	19.750	15.504	0.492	297.03	3.88	32.52	470.89	4.88	53.28	123.16	2.50	25.86	521.01	3.37
		10		24.373	19.133	0.491	316.67	3.85	39.97	573.89	4.85	64.93	149.46	2.48	30.62	651.93	3.45
		12		28.912	22.696	0.491	423.16	3.83	41.17	671.44	4.82	75.96	174.88	2.46	35.03	783.42	3.53
		14		33.367	26.193	0.490	481.65	3.80	54.16	763.73	4.78	86.41	199.57	2.45	39.13	915.61	3.61
14	140	10	14	27.373	21.488	0.551	514.65	4.34	50.58	817.27	5.46	82.56	212.04	2.78	39.20	915.11	3.82
		12		32.512	25.522	0.551	603.68	4.31	59.80	958.79	5.43	96.85	248.57	2.76	45.02	1099.28	3.90
		14		37.567	29.490	0.550	688.81	4.28	68.75	1093.56	5.40	110.47	284.06	2.75	50.45	1284.22	3.98
		16		42.539	33.393	0.549	770.24	4.26	77.46	1221.81	5.36	123.42	318.67	2.74	55.55	1470.07	4.06
16	160	10	16	31.502	24.729	0.630	779.53	4.98	66.70	1237.30	6.27	109.36	321.76	3.20	52.76	1365.33	4.31
		12		37.411	29.391	0.630	916.58	4.95	78.98	1455.68	6.24	128.67	377.49	3.18	60.74	1639.57	4.39
		14		43.296	33.987	0.629	1048.36	4.92	90.95	1665.02	6.20	147.17	431.70	3.16	68.244	1914.68	4.47
		16		49.067	38.518	0.629	1175.08	4.89	102.63	1865.57	6.17	164.89	484.59	3.14	75.31	2190.82	4.55
18	180	12	16	42.241	33.159	0.170	1321.35	5.59	100.82	2100.10	7.05	165.00	542.61	3.58	78.41	2332.80	4.89
		14		48.896	38.388	0.709	1514.48	5.56	116.25	2407.42	7.02	189.14	625.53	3.56	88.38	2723.48	4.97
		16		55.467	43.542	0.709	1700.99	5.54	131.13	2703.37	6.98	212.40	698.60	3.55	97.83	3115.29	5.05
		18		61.955	48.634	0.708	1875.12	5.50	145.64	2988.24	6.94	234.78	762.01	3.51	105.14	3502.43	5.13
20	200	14	18	54.642	42.894	0.788	2103.55	6.20	144.70	3343.26	7.82	236.40	863.83	3.98	111.82	3734.10	5.46
		16		62.013	48.680	0.788	2366.15	6.18	163.65	3760.89	7.79	265.93	971.41	3.96	123.96	4270.39	5.54
		18		69.301	54.401	0.787	2620.64	6.15	182.22	4164.54	7.75	294.48	1076.74	3.94	135.52	4808.13	5.62
		20		76.505	60.056	0.787	2867.30	6.12	200.42	4554.55	7.72	322.06	1180.04	3.93	146.55	5347.51	5.69
		24		90.661	71.168	0.785	2338.25	6.07	236.17	5294.97	7.64	274.41	1381.53	3.90	133.55	6457.16	5.87

表 B-2 **热轧不等边角钢**

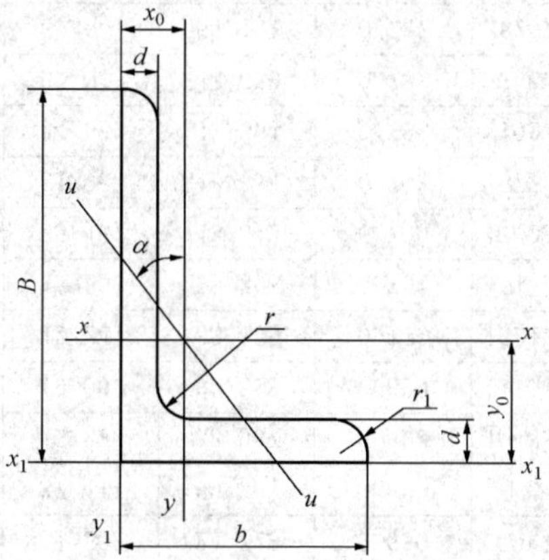

符号意义：

B—长边宽度； b—短边宽度；

d—长边厚度； r—内圆弧半径

r_1—边端内圆弧半径； I—惯性矩；

i—惯性半径； W—截面系数；

x_0—重心距离； V_0—重心距离。

角钢号数	尺寸(mm)				截面面积	理论质量	外表面积	参考数值													
								x—x			y—y			x_1—x_1		y_1—y_1		u—u			
	B	b	d	r	(cm²)	(kg/m)	(m²/m)	I_x (cm⁴)	i_x (cm)	W_x (cm³)	I_y (cm⁴)	i_y (cm)	W_y (cm³)	I_{x1} (cm⁴)	y_0 (cm)	I_{y1} (cm⁴)	x_0 (cm)	I_u (cm⁴)	i_u (cm)	W_u (cm³)	tanα
2.5/1.6	25	16	3	3.5	1.162	0.912	0.080	0.70	0.78	0.43	0.22	0.44	0.19	1.56	0.86	0.43	0.42	0.14	0.34	0.16	0.392
			4		1.499	1.176	0.079	0.88	0.77	0.55	0.27	0.43	0.24	2.09	0.90	0.59	0.46	0.17	0.34	0.20	0.381
3.2/2	32	20	3		1.492	1.171	0.102	1.53	1.01	0.72	0.46	0.55	0.30	3.27	1.08	0.82	0.49	0.28	0.43	0.25	0.382
			4		1.939	1.522	0.101	1.93	1.00	0.93	0.57	0.54	0.39	4.37	1.12	1.12	0.53	0.35	0.42	0.32	0.374
4/2.5	40	25	3	4	1.890	1.484	0.127	3.08	1.28	1.15	0.93	0.70	0.49	6.39	1.32	1.59	0.59	0.56	0.54	0.40	0.386
			4		2.467	1.936	0.127	3.93	1.26	1.49	1.18	0.69	0.63	8.53	1.37	2.14	0.63	0.71	0.54	0.52	0.381
4.5/2.8	45	28	3	5	2.149	1.687	0.143	4.45	1.44	1.47	1.34	0.79	0.62	9.10	1.47	2.23	0.64	0.80	0.61	0.51	0.383
			4		2.806	2.203	0.143	5.69	1.42	1.91	1.70	0.78	0.80	12.13	1.51	3.00	0.68	1.02	0.60	0.66	0.380
5/3.2	50	32	3	5.5	2.431	1.908	0.161	6.24	1.60	1.84	2.02	0.91	0.82	12.49	1.60	3.31	0.73	1.20	0.70	0.68	0.404
			4		3.177	2.494	0.160	8.02	1.59	2.39	2.58	0.90	1.06	16.65	1.65	4.45	0.77	1.53	0.69	0.87	0.402

续表

角钢号数	尺寸(mm)				截面面积	理论质量	外表面积	参考数值													
								x—x			y—y			x_1—x_1		y_1—y_1		u—u			
	B	b	d	r	(cm^2)	(kg/m)	(m^2/m)	I_x (cm^4)	i_x (cm)	W_x (cm^3)	I_y (cm^4)	i_y (cm)	W_y (cm^3)	I_{x1} (cm^4)	y_0 (cm)	I_{y1} (cm^4)	x_0 (cm)	I_u (cm^4)	i_u (cm)	W_u (cm^3)	tanα
5.6/3.6	56	36	3	6	2.743	2.153	0.181	8.88	1.80	2.32	2.92	1.03	1.05	17.54	1.78	4.70	0.80	1.73	0.79	0.87	0.408
			4		3.590	2.818	0.180	11.45	1.79	3.03	3.76	1.02	1.37	23.39	1.82	6.33	0.85	2.23	0.79	1.13	0.408
			5		4.415	3.466	0.180	13.86	1.77	3.71	4.49	1.01	1.65	29.25	1.87	7.94	0.88	2.67	0.78	1.36	0.404
6.3/4	63	40	4	7	4.058	3.185	0.202	16.49	2.02	3.87	5.23	1.14	1.70	33.30	2.04	8.63	0.92	3.12	0.88	1.40	0.398
			5		4.993	3.920	0.202	20.02	2.00	4.74	6.31	1.12	2.71	41.63	2.08	10.86	0.95	3.76	0.87	1.71	0.396
			6		5.908	4.638	0.201	23.36	1.96	5.59	7.29	1.11	2.43	49.98	2.12	13.12	0.99	4.34	0.86	1.99	0.393
			7		6.802	5.339	0.201	26.53	1.98	6.40	8.24	1.10	2.78	58.07	2.15	15.47	1.03	4.97	0.86	2.29	0.389
7/4.5	70	45	4	7.5	4.547	3.570	0.226	23.17	2.26	4.86	7.55	1.29	2.17	45.92	2.24	12.26	1.02	4.40	0.98	1.77	0.410
			5		5.609	4.403	0.225	27.95	2.23	5.92	9.13	1.28	2.65	57.10	2.28	15.39	1.06	5.40	0.98	2.19	0.407
			6		6.647	5.218	0.225	32.54	2.21	6.95	10.62	1.26	3.12	68.35	2.32	18.58	1.09	6.35	0.98	2.59	0.404
			7		7.657	6.011	0.225	37.22	2.20	8.03	12.01	1.25	3.57	79.99	2.36	21.84	1.13	7.16	0.97	2.94	0.402
(7.5/5)	75	50	5	8	6.125	4.808	0.245	34.86	2.39	6.83	12.61	1.44	3.30	70.00	2.40	21.04	1.17	7.41	1.10	2.74	0.435
			6		7.260	5.699	0.245	41.12	2.38	8.12	14.70	1.42	3.88	84.30	2.44	25.37	1.21	8.54	1.08	3.19	0.435
			8		9.467	7.431	0.244	52.39	2.35	10.52	18.53	1.40	4.99	112.50	2.52	34.23	1.29	10.87	1.07	4.10	0.429
			10		11.590	9.098	0.244	62.71	2.33	12.79	21.96	1.38	6.04	140.80	2.60	43.43	1.36	13.10	1.06	4.99	0.423
8/5	80	50	5	8	6.375	5.005	0.255	41.96	2.56	7.78	12.82	1.42	3.32	85.21	2.60	21.06	1.14	7.66	1.10	2.74	0.388
			6		7.560	5.935	0.255	49.49	2.56	9.25	14.95	1.41	3.91	102.53	2.65	25.41	1.18	8.85	1.08	3.20	0.387
			7		8.724	6.848	0.255	56.16	2.54	10.58	16.96	1.39	4.48	119.33	2.69	29.82	1.21	10.18	1.08	3.70	0.384
			8		9.867	7.745	0.254	62.83	2.52	11.92	18.85	1.38	5.03	136.41	2.73	34.32	1.25	11.38	1.07	4.16	0.381
9/5.6	90	56	5	9	7.212	5.661	0.287	60.45	2.90	9.92	18.32	1.59	4.21	121.32	2.91	29.53	1.25	10.98	1.23	3.49	0.385
			6		8.557	6.717	0.286	71.03	2.88	11.74	21.42	1.58	4.96	145.59	2.95	35.58	1.29	12.90	1.23	4.18	0.384
			7		9.880	7.756	0.286	81.01	2.86	13.49	24.36	1.57	5.70	169.66	3.00	41.71	1.33	14.67	1.22	4.72	0.382
			8		11.183	8.779	0.286	91.03	2.85	15.27	27.15	1.56	6.41	194.17	3.04	47.93	1.36	16.34	1.21	5.29	0.380
10/6.3	100	63	6	10	9.617	7.550	0.320	99.06	3.21	14.64	30.94	1.79	6.35	199.71	3.24	50.50	1.43	18.42	1.38	5.25	0.394
			7		11.111	8.722	0.320	113.45	3.29	16.88	35.26	1.78	7.29	233.00	3.28	59.14	1.47	21.00	1.38	6.02	0.393
			8		12.584	9.878	0.319	127.37	3.18	19.08	39.39	1.77	8.21	266.32	3.32	67.88	1.50	23.50	1.37	6.78	0.391
			10		15.467	12.142	0.319	153.81	3.15	23.32	47.12	1.74	9.98	333.06	3.40	85.37	1.58	28.33	1.35	8.24	0.387

续表

角钢号数	尺寸(mm)				截面面积	理论质量	外表面积	参考数值													
								x—x			y—y			x_1—x_1		y_1—y_1		u—u			
	B	b	d	r	(cm²)	(kg/m)	(m²/m)	I_x (cm⁴)	i_x (cm)	W_x (cm³)	I_y (cm⁴)	i_y (cm)	W_y (cm³)	I_{x1} (cm⁴)	y_0 (cm)	I_{y1} (cm⁴)	x_0 (cm)	I_u (cm⁴)	i_u (cm)	W_u (cm³)	$\tan\alpha$
10/8	100	80	6	10	10.637	8.350	0.354	107.04	3.17	15.19	61.24	2.40	10.16	199.83	2.95	102.68	1.97	31.65	1.72	8.37	0.627
			7		12.301	9.656	0.354	122.73	3.16	17.52	70.08	2.39	11.71	233.20	3.00	119.98	2.01	36.17	1.72	9.60	0.626
			8		13.944	10.946	0.353	137.92	3.14	19.81	78.58	2.37	13.21	266.61	3.04	137.37	2.05	40.58	1.71	10.80	0.625
			10		17.167	13.476	0.353	166.87	3.12	24.24	94.65	2.35	16.12	333.63	3.12	172.48	2.13	49.10	1.69	13.12	0.622
11/7	110	70	6	10	10.637	8.350	0.354	133.37	3.54	17.85	42.92	2.01	7.90	265.78	3.53	69.08	1.57	25.36	1.54	6.53	0.403
			7		12.301	9.656	0.354	153.00	3.53	20.60	49.01	2.00	9.09	310.07	3.57	80.82	1.61	28.95	1.53	7.50	0.402
			8		13.944	10.946	0.353	172.04	3.51	23.30	54.87	1.98	10.25	354.39	3.62	92.70	1.65	32.45	1.53	8.45	0.401
			10		17.167	13.476	0.353	208.39	3.48	28.54	65.88	1.96	12.48	443.13	3.70	116.83	1.72	39.20	1.51	10.29	0.397
12.5/8	125	80	7	11	14.096	11.066	0.403	277.98	4.02	26.86	74.42	2.30	12.01	454.99	4.01	120.32	1.80	43.81	1.76	9.92	0.408
			8		15.989	12.551	0.403	256.77	4.01	30.41	83.49	2.28	13.56	519.99	4.06	137.85	1.84	49.15	1.75	11.18	0.407
			10		19.712	15.474	0.402	312.04	3.98	37.33	100.67	2.26	16.56	650.09	4.14	173.40	1.92	59.45	1.74	13.64	0.404
			12		23.351	18.330	0.402	364.41	3.95	44.01	116.67	2.24	19.43	780.39	4.22	209.67	2.00	69.35	1.72	16.01	0.400
14/9	140	90	8	12	18.038	14.160	0.453	365.64	4.50	38.48	120.69	2.59	17.34	730.53	4.50	195.79	2.04	70.83	1.98	14.31	0.411
			10		22.261	17.457	0.452	445.50	4.47	47.31	146.03	2.56	21.22	913.20	4.58	245.92	2.12	85.82	1.96	17.48	0.409
			12		26.400	20.724	0.451	521.59	4.44	55.87	169.79	2.54	24.95	1096.09	4.66	296.89	2.19	100.21	1.95	20.54	0.406
			14		30.456	23.908	0.451	594.10	4.42	64.18	192.10	2.51	28.54	1279.26	4.74	348.82	2.27	114.13	1.94	23.52	0.403
16/10	160	100	10	13	25.315	19.872	0.512	668.69	5.14	62.13	205.03	2.85	26.56	1362.89	5.24	336.59	2.28	121.74	2.19	21.92	0.390
			12		30.354	23.592	0.511	784.91	5.11	73.49	239.06	2.82	31.28	1635.56	5.32	405.94	2.36	142.33	2.17	25.79	0.388
			14		34.709	27.247	0.510	896.30	5.08	84.56	271.20	2.80	35.83	1908.50	5.40	476.42	2.43	162.23	2.16	29.56	0.385
			16		39.281	30.835	0.510	1003.04	5.05	95.33	301.60	2.77	40.24	2181.79	5.48	548.22	2.51	182.57	2.16	33.44	0.382
18/11	180	110	10	14	28.373	22.273	0.571	956.25	5.80	78.96	278.11	3.13	32.49	1940.40	5.89	447.22	2.44	166.50	2.42	26.88	0.376
			12		33.712	26.464	0.571	1124.72	5.78	93.53	325.03	3.10	38.32	2328.38	5.98	538.94	2.52	194.87	2.40	31.66	0.374
			14		38.967	30.589	0.570	1286.91	5.75	107.76	369.55	3.08	43.97	2716.60	6.06	631.95	2.59	222.30	2.39	36.32	0.372
			16		44.139	34.649	0.569	1443.06	5.72	121.64	411.85	3.06	49.44	3105.15	6.14	726.46	2.67	248.94	2.38	40.87	0.369
20/12.5	200	125	12		37.912	29.761	0.641	1570.90	6.44	116.73	483.16	3.57	49.99	3193.85	6.54	787.74	2.83	285.79	2.74	41.23	0.392
			14		43.867	34.436	0.640	1800.97	6.41	134.65	550.83	3.54	57.44	3726.17	6.02	922.47	2.91	326.58	2.73	47.34	0.390
			16		49.739	39.045	0.639	2023.35	6.38	152.18	615.44	3.52	64.69	4258.86	6.70	1058.86	2.99	366.21	2.71	53.32	0.388
			18		55.526	43.588	0.639	2238.30	6.35	169.33	677.19	3.49	71.74	4792.00	6.78	1197.13	3.06	404.83	2.70	59.18	0.385

注　1. 括号内型号不推荐使用。

2. 截面图中的 $r_1=d/3$ 及表中 r 的数据用于孔型设计，不作交货条件。

表 B-3 热轧工字钢

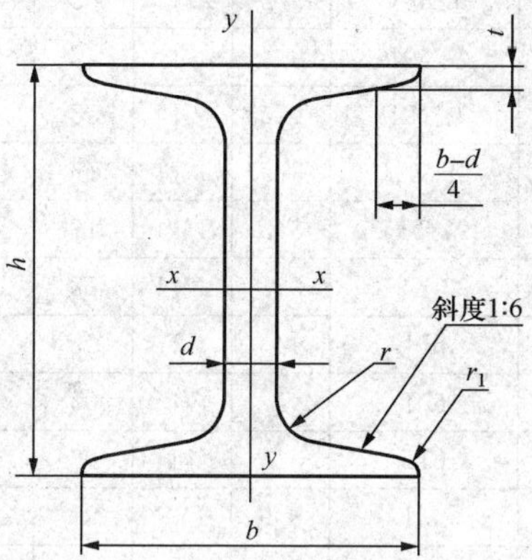

符号意义：

h—高度；	r_1—腿端圆弧半径；
b—腿宽度；	I—惯性矩；
q—腰厚度；	W—截面系数；
t—平均腿厚度；	i—惯性半径；
r—内圆弧半径；	S—半截面的静矩。

型号	尺寸(mm)						截面面积 (cm²)	理论质量 (kg/m)	参考数值						
									$x—x$				$y—y$		
	h	b	d	t	r	r_1			I_x (cm⁴)	W_x (cm³)	i_x (cm)	$I_x:S_x$ (cm)	I_y (cm⁴)	W_y (cm³)	i_y (cm)
10	100	68	4.5	7.6	6.5	3.3	14.3	11.2	245	49	4.14	8.59	33	9.72	1.52
12.6	126	74	5	8.4	7	3.5	18.1	14.2	488.43	77.529	5.195	10.85	46.906	12.677	1.609
14	140	80	5.5	9.1	7.5	3.8	21.5	16.9	712	102	5.76	12	64.4	16.1	1.73
16	160	88	6	9.9	8	4	26.1	20.5	1130	141	6.58	13.8	93.1	21.2	1.89
18	180	94	6.5	10.7	8.5	4.3	30.6	24.1	1660	185	7.36	15.4	122	26	2
20a	200	100	7	11.4	9	4.5	35.5	27.9	2370	237	8.15	17.2	158	31.5	2.12
20b	200	102	9	11.4	9	4.5	39.5	31.1	2500	250	7.96	16.9	169	33.1	2.06
22a	220	110	7.5	12.3	9.5	4.8	42	33	3400	309	8.99	18.9	225	40.9	2.31
22b	220	112	9.5	12.3	9.5	4.8	46.4	36.4	3570	325	8.78	18.7	239	42.7	2.27
25a	250	116	8	13	10	5	48.5	38.1	5023.54	401.88	10.18	21.58	280.046	48.283	2.403
25b	250	118	10	13	10	5	53.5	42	5283.96	422.72	9.938	21.27	309.297	52.423	2.404
28a	280	122	8.5	13.7	10.5	5.3	55.45	43.4	7114.14	508.15	11.32	24.62	345.051	56.565	2.495

续表

型号	尺寸(mm)						截面面积 (cm^2)	理论质量 (kg/m)	参考数值						
									$x—x$				$y—y$		
	h	b	d	t	r	r_1			I_x (cm^4)	W_x (cm^3)	i_x (cm)	$I_x:S_x$ (cm)	I_y (cm^4)	W_y (cm^3)	i_y (cm)
28b	280	124	10.5	13.7	10.5	5.3	61.05	47.9	7480	534.29	11.08	24.24	379.496	61.209	2.493
32a	320	130	9.5	15	11.5	5.8	67.05	52.7	11 075.5	692.2	12.84	27.46	459.93	70.758	2.619
32b	320	132	11.5	15	11.5	5.8	73.45	57.7	11 621.4	726.33	12.58	27.09	501.53	75.989	2.614
32c	320	134	13.5	15	11.5	5.8	79.95	62.8	12 167.5	760.47	12.34	26.77	543.81	81.166	2.608
36a	360	136	10	15.8	12	6	76.3	59.9	15 760	875	14.4	30.7	552	81.2	2.69
36b	360	138	12	15.8	12	6	83.5	65.6	16 530	919	14.1	30.3	582	84.3	2.64
36c	360	140	14	15.8	12	6	90.7	71.2	17 310	962	13.8	29.9	612	87.4	2.6
40a	400	142	10.5	16.5	12.5	6.3	86.1	67.6	21 720	1090	15.9	34.1	660	93.2	2.77
40b	400	144	12.5	16.5	12.5	6.3	94.1	73.8	22 780	1140	15.6	33.6	692	96.2	2.71
40c	400	146	14.5	16.5	12.5	6.3	102	80.1	23 850	1190	15.2	33.2	727	99.6	2.65
45a	450	150	11.5	18	13.5	6.8	102	80.4	32 240	1430	17.7	38.6	855	114	2.89
45b	450	152	13.5	18	13.5	6.8	111	87.4	33 760	1500	17.4	38	894	118	2.84
45c	450	154	15.5	18	13.5	6.8	120	94.5	35 280	1570	17.1	37.6	938	122	2.79
50a	500	158	12	20	14	7	119	93.6	46 470	1860	19.7	42.8	1120	142	3.07
50b	500	160	14	20	14	7	129	101	48 560	1940	19.4	42.4	1170	146	3.01
50c	500	162	16	20	14	7	139	109	50 640	2080	19	41.8	1220	151	2.96
56a	560	166	12.5	21	14.5	7.3	135.25	106.2	65 585.6	2342.31	22.02	47.73	1370.16	165.08	3.182
56b	560	168	14.5	21	14.5	7.3	146.45	115	68 512.5	2446.69	21.63	47.17	1486.75	174.25	3.162
56c	560	170	16.5	21	14.5	7.3	157.85	123.9	71 439.4	2551.41	21.27	46.66	1558.39	183.34	3.158
63a	630	176	13	22	15	7.5	154.9	121.6	93 916.2	2981.47	24.62	54.17	1700.55	193.24	3.314
63b	630	178	15	22	15	7.5	167.5	131.5	98 083.6	3163.38	24.2	53.51	1812.07	203.6	3.289
63c	630	180	17	22	15	7.5	180.1	141	102 251.1	3298.42	23.82	52.92	1924.91	213.88	3.268

注 截面图和表中标注的圆弧半径 r、r_1 的数据用于孔型设计，不作交货条件。

表 B-4 热 轧 槽 钢

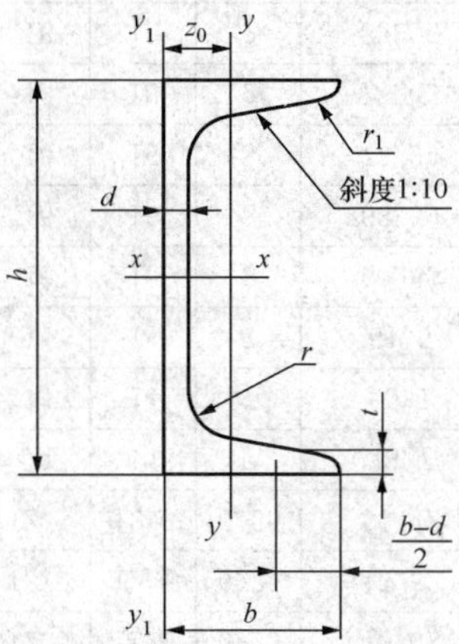

符号意义：

h—高度；
b—腿宽度；
d—腰厚度；
t—平均腿厚度；
r—内圆弧半径；
r_1—腿端圆弧半径；
I—惯性矩；
W—截面系数；
i—惯性半径；
z_0—y—y 轴与 y_1—y_1 轴间距。

型号	尺寸(mm)						截面面积 (cm²)	理论质量 (kg/m)	参考数值							
									x—x			y—y			y_1—y_1	z_0 (cm)
	h	b	d	t	r	r_1			W_x (cm³)	I_x (cm⁴)	i_x (cm)	W_y (cm³)	I_y (cm⁴)	i_y (cm)	I_{y1} (cm⁴)	
5	50	37	4.5	7	7	3.5	6.93	5.44	10.4	26	1.94	3.55	8.3	1.1	20.9	1.35
6.3	63	40	4.8	7.5	7.5	3.75	8.444	6.63	16.123	50.786	2.453	4.50	11.872	1.185	28.38	1.36
8	80	43	5	8	8	4	10.24	8.04	25.3	101.3	3.15	5.79	16.6	1.27	37.4	1.43
10	100	48	5.3	8.5	8.5	4.25	12.74	10	39.7	198.3	3.95	7.8	25.6	1.41	54.9	1.52
12.6	126	53	5.5	9	9	4.5	15.69	12.37	62.137	391.466	4.953	10.242	37.99	1.567	77.09	1.59
14a	140	58	6	9.5	9.5	4.75	18.51	14.53	80.5	563.7	5.52	13.01	53.2	1.7	107.1	1.71
14b	140	60	8	9.5	9.5	4.75	21.31	16.73	87.1	609.4	5.35	14.12	61.1	1.69	120.6	1.67
16a	160	63	6.5	10	10	5	21.95	17.23	108.3	866.2	6.28	16.3	73.3	1.83	144.1	1.8

续表

型号	尺寸(mm)						截面面积 (cm^2)	理论质量 (kg/m)	参考数值							
									$x—x$			$y—y$			$y_1—y_1$	z_0 (cm)
	h	b	d	t	r	r_1			W_x (cm^3)	I_x (cm^4)	i_x (cm)	W_y (cm^3)	I_y (cm^4)	i_y (cm)	I_{y1} (cm^4)	
16	160	65	8.5	10	10	5	25.15	19.74	116.8	934.5	6.1	17.55	83.4	1.82	160.8	1.75
18a	180	68	7	10.5	10.5	5.25	25.69	20.17	141.4	1272.7	7.04	20.03	98.6	1.96	189.7	1.88
18	180	70	9	10.5	10.5	5.25	29.29	22.99	152.2	1369.9	6.84	21.52	111	1.95	210.1	1.84
20a	200	73	7	11	11	5.5	28.83	22.63	178	1780.4	7.86	24.2	128	2.11	244	2.01
20	200	75	9	11	11	5.5	32.83	25.77	191.4	1913.7	7.64	25.88	143.6	2.09	268.4	1.95
22a	220	77	7	11.5	11.5	5.75	31.84	24.99	217.6	2393.9	8.67	28.17	157.8	2.23	298.2	2.1
22	220	79	9	11.5	11.5	5.75	36.24	28.45	233.8	2571.4	8.42	30.05	176.4	2.21	326.3	2.03
25a	250	78	7	12	12	6	34.91	27.47	269.597	3369.62	9.823	30.607	175.529	2.243	322.256	2.065
25b	250	80	9	12	12	6	39.91	31.39	282.402	3530.04	9.405	32.657	196.421	2.218	353.187	1.982
25c	250	82	11	12	12	6	44.91	35.32	295.236	3690.45	9.065	35.926	218.415	2.206	384.133	1.921
28a	280	82	7.5	12.5	12.5	6.25	40.02	31.42	340.328	4764.59	10.91	35.718	217.989	2.333	387.566	2.097
28b	280	84	9.5	12.5	12.5	6.25	45.62	35.81	366.46	5130.45	10.6	37.929	242.144	2.304	427.589	2.016
28c	280	86	11.5	12.5	12.5	6.25	51.22	40.21	392.594	5496.32	10.35	40.301	267.602	2.286	426.597	1.951
32a	320	88	8	14	14	7	48.7	38.22	474.879	7598.06	12.49	46.473	304.787	2.502	552.31	2.242
32b	320	90	10	14	14	7	55.1	43.25	509.012	8144.2	12.15	49.157	336.332	2.471	592.933	2.158
32c	320	92	12	14	14	7	61.5	48.28	543.145	8690.33	11.88	52.642	374.175	2.467	643.299	2.092
36a	360	96	9	16	16	8	60.89	47.8	659.7	11 874.2	13.97	63.54	455	2.73	818.4	2.44
36b	360	98	11	16	16	8	68.09	53.45	702.9	12 651.8	13.63	66.85	496.7	2.7	880.4	2.37
36c	360	100	13	16	16	8	75.29	50.1	746.1	13 429.4	13.36	70.02	536.4	2.67	947.9	2.34
40a	400	100	10.5	18	18	9	75.05	58.91	878.9	17 577.9	15.30	78.83	592	2.81	1067.7	2.49
40b	400	102	12.5	18	18	9	83.05	65.19	932.2	18 644.5	14.98	82.52	640	2.78	1135.6	2.44
40c	400	104	14.5	18	18	9	91.05	71.47	985.6	19 711.2	14.71	86.19	687.8	2.75	1220.7	2.42

注　截面图和表中标注的圆弧半径 r、r_1 的数据用于孔型设计，不作交货条件。

表 B-5　　**热轧宽翼缘 H 形钢**

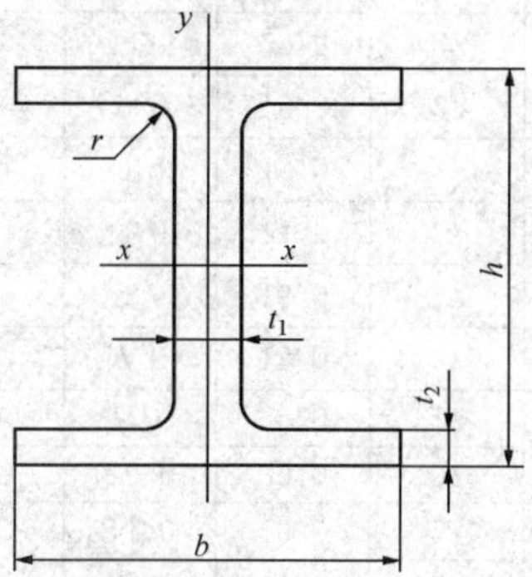

符号意义：
h—高度；
b—宽度；
t_1—覆板厚度；
t_2—翼缘厚度；
r—圆角。

型号		截面尺寸(mm)					截面面积	理论质量	特性参数					
									$x—x$ 轴			$y—y$ 轴		
		h	b	t_1	t_2	r	(cm^2)	(kg/m)	I_x (cm^4)	W_x (cm^3)	i_x (cm)	I_y (cm^4)	W_y (cm^3)	i_y (cm)
HK100	a	96	100	5.0	8.0	12	21.2	16.7	349	72	4.1	133	26	2.51
	b	100	100	6.0	10.0	12	26.0	20.4	449	89	4.2	167	33	2.53
	c	120	106	12.0	20.0	12	53.2	41.8	1142	190	4.6	399	75	2.74
HK120	a	114	120	5.0	8.0	12	25.3	19.9	606	106	4.9	230	38	3.02
	b	120	120	6.5	11.0	12	34.0	26.7	864	144	5.0	317	52	3.06
	c	140	126	12.5	21.0	12	66.4	52.1	2017	288	5.5	702	111	3.25
HK140	a	133	140	5.5	8.5	12	31.4	24.7	1033	155	5.7	389	55	3.52
	b	140	140	7.0	12.0	12	43.0	33.7	1509	215	5.9	549	78	3.58
	c	160	146	13.0	22.0	12	80.6	63.2	3291	411	6.4	1144	156	3.77
HK160	a	152	160	6.0	9.0	15	38.8	30.4	1672	220	6.6	615	76	3.98
	b	160	160	8.0	13.0	15	54.3	42.6	2491	311	6.8	889	111	4.05
	c	180	166	14.0	23.0	15	97.1	76.2	5098	566	7.2	1758	211	4.26
HK180	a	171	180	6.0	9.5	15	45.3	35.5	2510	293	7.4	924	102	4.52
	b	180	180	8.5	14.0	15	65.3	51.2	3830	425	7.7	1362	151	4.57
	c	200	186	14.5	24.0	15	113.3	88.9	7482	748	8.1	2579	277	4.77

续表

型号		截面尺寸(mm)					截面面积 (cm²)	理论质量 (kg/m)	特性参数					
									x—x 轴			y—y 轴		
		h	b	t_1	t_2	r			I_x (cm⁴)	W_x (cm³)	i_x (cm)	I_y (cm⁴)	W_y (cm³)	i_y (cm)
HK200	a	190	200	6.5	10.0	18	53.8	42.3	3691	388	8.3	1335	133	4.98
	b	200	200	9.0	15.0	18	78.1	61.3	5695	569	8.5	2003	200	5.06
	c	220	206	15.0	25.0	18	131.3	103.1	10641	967	9.0	3650	354	5.27
HK220	a	210	220	7.0	11.0	18	64.3	50.5	5409	515	9.2	1954	177	5.51
	b	220	220	9.5	16.0	18	91.0	71.5	8090	735	9.4	2842	258	5.59
	c	240	226	15.5	26.0	18	149.4	117.3	14 604	1217	9.9	5011	443	5.79
HK240	a	230	240	7.5	12.0	21	76.8	60.3	7762	674	10.1	2768	230	6.00
	b	240	240	10.0	17.0	21	106.0	83.2	11 258	938	10.3	3922	326	6.08
	c	270	248	18.0	32.0	21	199.6	156.7	24 288	1799	11.0	8152	657	6.39
HK260	a	250	260	7.5	12.5	24	86.8	68.2	10 453	836	11.0	3666	282	6.50
	b	260	260	10.0	17.5	24	118.4	93.0	14 918	1147	11.2	5133	394	6.58
	c	290	268	18.0	32.5	24	219.6	172.4	31 305	2159	11.9	10447	779	6.90
HK280	a	270	280	8.0	12.0	24	97.3	76.4	13 671	1012	11.9	4761	340	7.00
	b	280	280	10.5	18.0	24	131.4	103.1	19 268	1367	12.1	6593	470	7.08
	c	310	288	18.5	33.0	24	240.2	188.5	39 546	2551	12.8	13 161	914	7.40
HK300	a	290	300	8.5	14.0	27	112.5	88.3	18 261	1259	12.7	6307	420	7.49
	b	300	300	11.0	19.0	27	149.1	117.0	25 163	1677	13.0	8561	570	7.58
	c	320	305	16.0	29.0	27	225.1	176.7	40 948	2559	13.5	13 734	900	7.81
	d	340	310	21.0	39.0	27	303.1	237.9	59 198	3482	14.0	19 401	1251	8.00
HK320	a	305	203	7.8	13.0	27	80.8	63.4	13 783	903	13.1	1819	179	4.75
	b	311	205	9.6	16.0	27	98.6	77.4	17 137	1102	13.2	2306	225	4.84
	c	308	254	9.0	14.5	27	105.0	82.4	18 619	1209	13.3	3968	312	6.15
	d	311	254	9.4	16.0	27	113.8	89.3	20 516	1319	13.4	4379	344	6.20
	e	310	300	9.0	15.5	27	124.4	97.6	22 926	1479	13.6	6983	465	7.49
	f	320	300	11.5	20.5	27	161.3	126.7	30 821	1926	13.8	9237	615	7.57
	g	359	309	21.0	40.0	27	312.0	245.0	68 132	3795	14.8	19 707	1275	7.95

续表

型号		截面尺寸(mm)					截面面积(cm²)	理论质量(kg/m)	特性参数					
									x—x轴			y—y轴		
		h	b	t_1	t_2	r			I_x (cm⁴)	W_x (cm³)	i_x (cm)	I_y (cm⁴)	W_y (cm³)	i_y (cm)
HK340	a	330	300	9.5	16.5	27	133.5	104.8	27 690	1678	14.4	7434	495	7.46
	b	340	300	12.0	21.5	27	170.9	134.2	36 654	2156	14.6	9688	645	7.53
	c	377	309	21.0	40.0	27	315.8	247.9	76 369	4051	15.6	19 709	1275	7.90
HK360	a	342	203	7.7	13.5	27	85.3	67.0	18 235	1066	14.6	1889	186	4.71
	b	345	204	8.5	15.0	27	94.2	74.0	20 322	1178	14.7	2130	208	4.76
	c	347	205	9.6	16.5	27	104.0	81.7	22 391	1290	14.7	2378	232	4.78
	d	351	255	10.8	18.0	27	132.1	103.7	29 721	1693	15.0	4985	391	6.14
	e	359	257	12.8	22.0	27	159.7	125.3	36 920	2056	15.2	6239	485	6.25
	f	350	300	10.0	17.5	27	142.8	112.1	33 087	1890	15.2	7885	525	7.43
	g	360	300	12.5	22.5	27	180.6	141.8	43 191	2399	15.5	10 139	675	7.49
	h	395	308	21.0	40.0	27	318.8	250.3	84 864	4296	16.3	19 520	1267	7.82
HK400	a	390	300	11.0	19.0	27	159.0	124.8	45 066	2311	16.8	8562	570	7.34
	b	400	300	13.5	24.0	27	197.8	155.3	57 678	2883	17.1	10 817	721	7.40
	c	432	307	21.0	40.0	27	325.8	255.7	104 116	4820	17.9	19 333	1259	7.70
	d	452	417	30.0	50.0	27	528.9	415.2	182 051	8055	18.6	60 533	2903	10.70
	e	492	432	45.0	70.0	27	769.5	604.0	289 894	11 784	19.4	94 376	4369	11.10
HK430	a	415	260	10.0	17.0	27	132.8	104.2	41 765	2012	17.7	4990	383	6.13
	b	420	261	11.2	19.5	27	150.7	118.3	48 140	2292	17.9	5791	443	6.20
	c	431	265	14.8	25.0	27	195.1	153.2	63 620	2952	18.1	7775	586	6.31
	d	425	203	13.5	22.0	27	147.0	115.4	44 652	2101	17.4	3085	303	4.58
HK450	a	440	300	11.5	21.0	27	178.0	139.7	63 718	2896	18.9	9463	630	7.29
	b	450	300	14.0	26.0	27	218.0	171.1	79 884	3550	19.1	11 719	781	7.33
	c	478	307	21.0	40.0	27	335.4	263.3	131 481	5501	19.8	19 337	1259	7.59

续表

型号		截面尺寸(mm)					截面面积	理论质量	特性参数					
									x—x 轴			y—y 轴		
		h	b	t_1	t_2	r	(cm^2)	(kg/m)	I_x (cm^4)	W_x (cm^3)	i_x (cm)	I_y (cm^4)	W_y (cm^3)	i_y (cm)
HK500	a	490	300	12.0	23.0	27	197.5	155.1	86 971	3549	21.0	10 365	691	7.24
	b	500	300	14.5	28.0	27	238.6	187.3	107 172	4286	21.2	12 622	841	7.27
	c	524	306	21.0	40.0	27	344.3	270.3	161 926	6180	21.7	19 153	1251	7.46
HK550	a	540	300	12.5	24.0	27	211.8	166.2	111 928	4145	23.0	10 817	721	7.15
	b	550	300	15.0	29.0	27	254.1	199.4	136 687	4970	23.2	13 075	871	7.17
	c	572	306	21.0	40.0	27	354.4	278.2	197 980	6922	23.6	19 156	1252	7.35
HK600	a	590	300	13.0	25.0	27	226.5	177.8	141 204	4786	25.0	11 269	751	7.05
	b	600	300	15.5	30.0	27	270.0	211.9	171 037	5701	25.2	13 528	901	7.08
	c	620	305	21.0	40.0	27	363.7	285.5	237 443	7659	25.6	18 973	1244	7.22
HK650	a	640	300	13.5	26.0	27	241.6	189.7	175 174	5474	26.9	11 722	781	6.97
	b	650	300	16.0	31.0	27	286.3	224.8	210 612	6480	27.1	13 982	932	6.99
	c	668	305	21.0	40.0	27	373.7	293.4	281 663	8433	27.5	18 977	1244	7.13
HK700	a	690	300	14.5	27.0	27	260.5	204.5	215 296	6240	28.7	12 177	811	6.84
	b	700	300	17.0	32.0	27	306.4	240.5	256 883	7339	29.0	14 439	962	6.87
	c	716	304	21.0	40.0	27	383.0	300.7	329 273	9197	29.3	18 795	1236	7.01
HK800	a	790	300	15.0	28.0	30	285.8	224.4	303 435	7681	32.6	12 636	842	6.65
	b	800	300	17.5	33.0	30	334.2	262.3	359 076	8796	32.8	14 901	993	6.68
	c	814	303	21.0	40.0	30	404.3	317.3	442 590	10 874	33.1	18 624	1229	6.79
HK900	a	890	300	16.0	30.0	30	320.5	251.6	422 066	9484	36.3	13 545	903	6.05
	b	900	300	18.5	35.0	30	371.3	291.4	494 056	10 979	36.5	15 813	1054	6.53
	c	910	302	21.0	40.0	30	423.6	332.5	570 425	12 536	36.7	18 449	1221	6.60

表 B-6 **热轧窄翼缘 H 形钢**

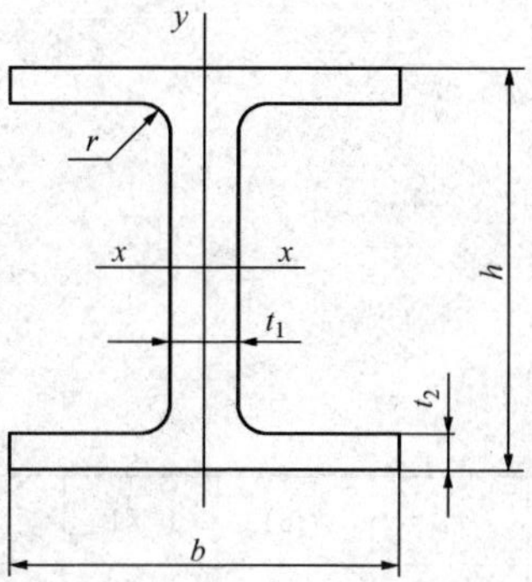

符号意义：
h—高度；
b—宽度；
t_1—覆板厚度；
t_2—翼缘厚度；
r—圆角。

型号	截面尺寸(mm)					截面面积	理论质量	特性参数					
								x—x 轴			y—y 轴		
	h	b	t_1	t_2	r	(cm²)	(kg/m)	I_x (cm⁴)	W_x (cm³)	i_x (cm)	I_y (cm⁴)	W_y (cm³)	i_y (cm)
HZ80	80	46	3.8	5.2	5	7.6	6.0	80	20	3.2	8	3	1.04
HZ100	100	55	4.1	5.7	7	10.3	8.1	171	34	4.0	15	5	1.23
HZ120	120	64	4.4	6.3	7	13.2	10.4	317	52	4.9	27	8	1.45
HZ140	140	73	4.7	6.9	7	16.4	12.9	541	77	5.7	44	12	1.65
HZ160	160	82	5.0	7.4	9	20.1	15.8	869	108	6.6	68	16	1.84
HZ180	180	91	5.3	8.0	9	23.9	18.8	1316	146	7.4	100	22	2.05
HZ200	200	100	5.6	8.5	12	28.5	22.4	1943	194	8.3	142	28	2.24
HZ220	220	110	5.9	9.2	12	33.4	26.2	2771	251	9.1	204	37	2.48

续表

型号	截面尺寸(mm)					截面面积(cm²)	理论质量(kg/m)	特性参数					
								x—x轴			y—y轴		
	h	b	t_1	t_2	r			I_x (cm^4)	W_x (cm^3)	i_x (cm)	I_y (cm^4)	W_y (cm^3)	i_y (cm)
HZ240	240	120	6.2	9.8	15	39.1	30.7	3891	324	10.0	283	47	2.69
HZ270	270	135	6.6	10.2	15	45.9	36.1	5789	428	11.2	419	62	3.02
HZ300	300	150	7.1	10.7	15	53.8	42.2	8355	557	12.5	603	80	3.35
HZ330	330	160	7.5	11.5	18	62.6	49.1	11 766	713	13.7	787	98	3.55
HZ360	360	170	8.0	12.7	18	72.7	57.1	16 264	903	15.0	1043	122	3.79
HZ400	400	180	8.6	13.5	21	84.5	66.3	23 127	1156	16.5	1317	146	3.95
HZ450	450	190	9.4	14.6	21	98.8	77.6	33 741	1499	18.5	1675	176	4.12
HZ500	500	200	10.2	16.0	21	115.5	90.7	48 197	1927	20.4	2141	214	4.31
HZ550	550	210	11.1	17.2	24	134.4	105.5	67 114	2440	22.3	2666	253	4.45
HZ600	600	220	12.0	19.0	24	156.0	122.4	92 080	3069	24.3	3386	307	4.66

附录C 简单荷载作用下梁的变形

简单荷载作用下梁的变形见表C-1。

表C-1 **简单荷载作用下梁的变形**

编号	梁的简图	挠曲线方程	端截面转角	最大挠度
1	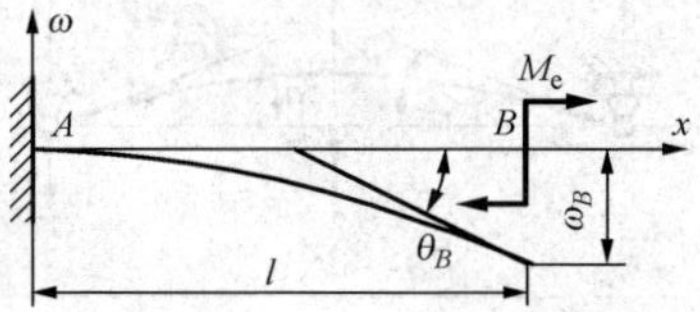	$\omega=-\dfrac{M_e x^2}{2EI_z}$	$\theta_B=-\dfrac{M_e l}{EI_z}$	$\omega_B=-\dfrac{M_e l^2}{2EI_z}$
2	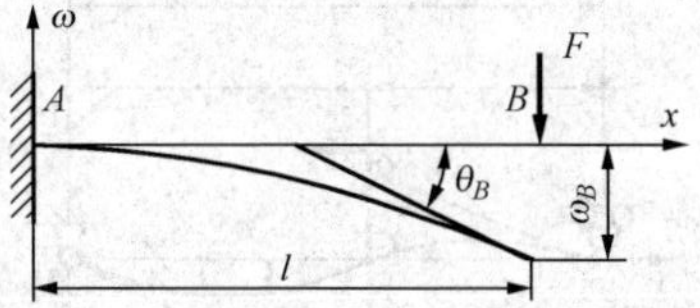	$\omega=-\dfrac{Fx^2}{6EI_z}(3l-x)$	$\theta_B=-\dfrac{Fl^2}{2EI_z}$	$\omega_B=-\dfrac{Fl^3}{3EI_z}$
3	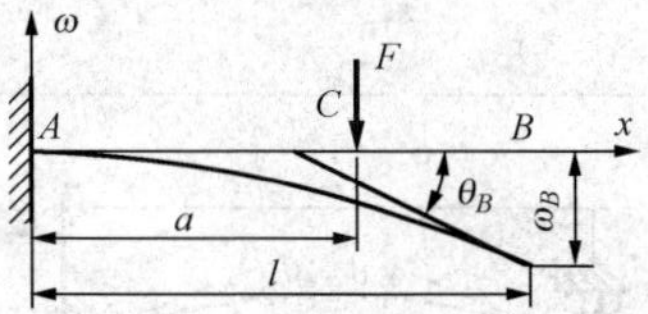	$\omega=-\dfrac{Fx^2}{6EI_z}(3a-x)$ $0\leqslant x\leqslant a$ $\omega=-\dfrac{Fa^2}{6EI_z}(3x-a)$ $a\leqslant x\leqslant l$	$\theta_B=-\dfrac{Fa^2}{2EI_z}$	$\omega_B=-\dfrac{Fa^2}{6EI_z}(3l-a)$
4	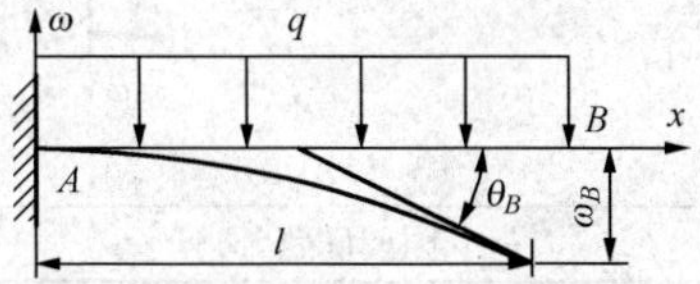	$\omega=-\dfrac{qx^2}{24EI_z}(x^2-4lx+6l^2)$	$\theta_B=-\dfrac{ql^3}{6EI_z}$	$\omega_B=-\dfrac{ql^4}{8EI_z}$

续表

编号	梁的简图	挠曲线方程	端截面转角	最大挠度
5	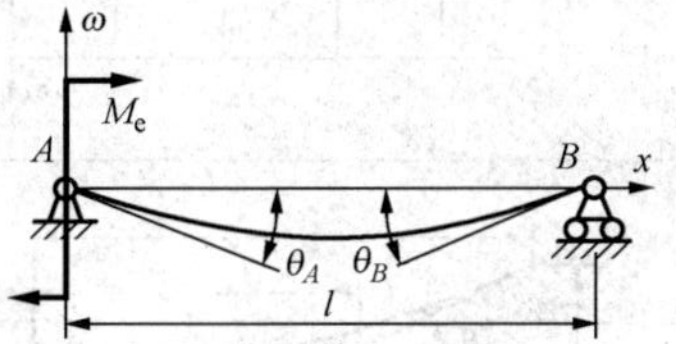	$\omega=-\frac{M_e x}{6EI_z l}(l-x)(2l-x)$	$\theta_A=-\frac{M_e l}{3EI_z}$ $\theta_B=\frac{M_e l}{6EI_z}$	$\omega_{max}=-\frac{M_e l^2}{9\sqrt{3}EI_z}$ $x=\left(1-\frac{1}{\sqrt{3}}\right)l$ $\omega=-\frac{M_e l^2}{16EI_z}$ $x=\frac{l}{2}$
6	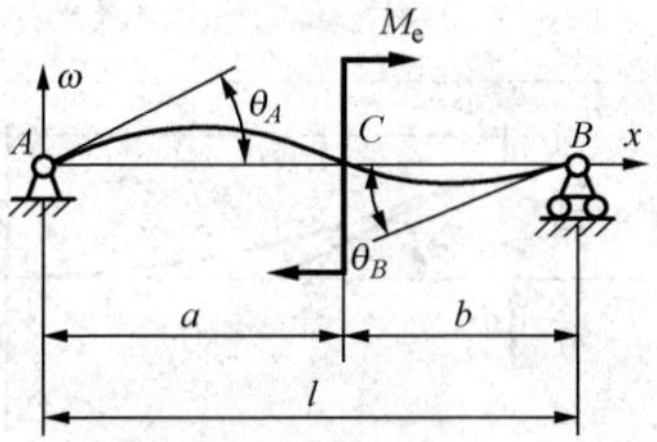	$\omega=\frac{M_e x}{6EI_z l}(l^2-3b^2-x^2)$ $0\leqslant x\leqslant a$ $\omega=\frac{M_e}{6EI_z l}[-x^3+3l(x-a)^2+(l^2-3b^2)x]$ $a\leqslant x\leqslant l$	$\theta_A=\frac{M_e}{6EI_z l}(l^2-3b^2)$ $\theta_B=\frac{M_e}{6EI_z l}(l^2-3a^2)$ $\theta_C=-\frac{M_e}{6EI_z l}(3a^2+3b^2-l^2)$	$x=\sqrt{\frac{l^2-3b^2}{3}}$ $\omega_1=\frac{M_e(l^2-3b^2)^{3/2}}{9\sqrt{3}EI_z l}$ $x=\sqrt{\frac{l^2-3a^2}{3}}$ $\omega_2=-\frac{M_e(l^2-3a^2)^{3/2}}{9\sqrt{3}EI_z l}$
7	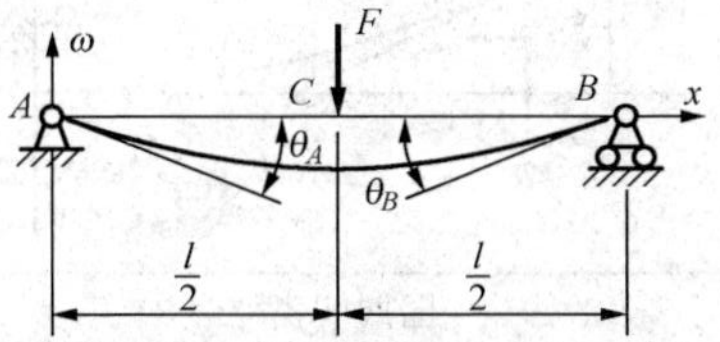	$\omega=-\frac{Fx}{48EI_z}(3l^2-4x^2)$ $0\leqslant x\leqslant \frac{l}{2}$	$\theta_A=-\frac{Fl^2}{16EI_z}$ $\theta_B=\frac{Fl^2}{16EI_z}$	$\omega_{max}=-\frac{Fl^3}{48EI_z}$
8	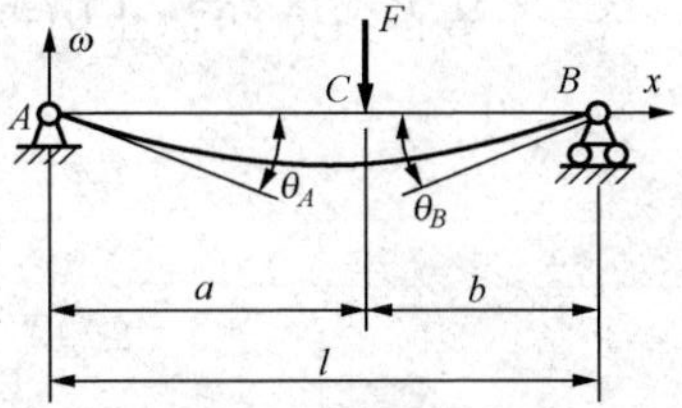	$\omega=-\frac{Fbx}{6EI_z l}(l^2-x^2-b^2)$ $0\leqslant x\leqslant a$ $\omega=-\frac{Fb}{6EI_z l}\left[\frac{l}{b}(x-a)^3+(l^2-b^2)x-x^3\right]$ $a\leqslant x\leqslant l$	$\theta_A=-\frac{Fab(l+b)}{6EI_z l}$ $\theta_B=\frac{Fab(l+a)}{6EI_z l}$	设 $a>b$ $x=\sqrt{\frac{l^2-b^2}{3}}$ $\omega_{max}=-\frac{Fb\sqrt{(l^2-b^2)^3}}{9\sqrt{3}EI_z l}$ 在 $x=\frac{l}{2}$ 处 $\omega_{\frac{l}{2}}=-\frac{Fb(3l^2-4b^2)}{48EI_z}$

附录D　参　考　答　案

项　目　1

1-1　(a) $M_O(\boldsymbol{F})=Fl\sin\theta$；

(b) $M_O(\boldsymbol{F})=-Fa$；

(c) $M_O(\boldsymbol{F})=0$；

(d) $M_O(\boldsymbol{F})=F(l+r)$

1-2　(1) $M_D(\boldsymbol{F})=-982\text{N}\cdot\text{cm}$；

(2) $F=65.47\text{N}$（水平向右）；

(3) $F=34.72\text{N}$（垂直于 BD 的边线向左下）

1-3　$M_O(\boldsymbol{G})=-Gl$, $M_O(\boldsymbol{G})=-Gl\sin\theta$, $M_O(\boldsymbol{G})=0$

1-4　$F=15\text{kN}$，$F=12\text{kN}$（垂直于 OB 的边线方向指向左上）

1-5　$M_A(\boldsymbol{G}_1)=-77\text{kN}\cdot\text{m}$, $M_A(\boldsymbol{G}_2)=-230\text{kN}\cdot\text{m}$, $M_A(\boldsymbol{F})=136\text{kN}\cdot\text{m}$, $\sum M_A(F)=-171\text{kN}\cdot\text{m}$（不会倾覆）

1-6～1-14　受力图略

项　目　2

2-1　$F_R=3.28\text{kN}$，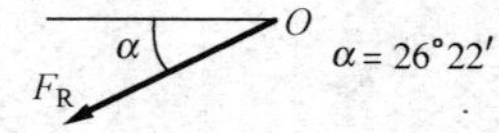

2-2　$F_R=32.78\text{kN}$，$\alpha=70.76°$

2-3　(a) $F_{AB}=5.77\text{kN}$（拉），$F_{AC}=11.55\text{kN}$（压）；

(b) $F_{AB}=11.54\text{kN}$（压），$F_{AC}=23.1\text{kN}$（拉）；

(c) $F_{AB}=20\text{kN}$（拉），$F_{AC}=34.64\text{kN}$（压）；

(d) $F_{AB}=F_{AC}=11.54\text{kN}$（拉）

2-4　(a) $F_{AB}=-1.04\text{kN}$（压），$F_{AC}=-7.88\text{kN}$（压）；

(b) $F_{AB}=6.83\text{kN}$（拉），$F_{AC}=-13.2\text{kN}$（压）

2-5　$M=75\text{kN}\cdot\text{m}$

2-6　(1)（a）$M=2\text{kN}\cdot\text{m}$，（b）$M=4.33\text{kN}\cdot\text{m}$，（c）$M=-2\text{kN}\cdot\text{m}$，（d）$M=10\text{ kN}\cdot\text{m}$；

(2)（a）$M_A=2\text{kN}\cdot\text{m}$，（b）$M_A=4.33\text{kN}\cdot\text{m}$，（c）$M_A=-2\text{kN}\cdot\text{m}$，（d）$M_A=10\text{kN}\cdot\text{m}$；

(3)（a）$M_B=2\text{kN}\cdot\text{m}$，（b）$M_B=4.33\text{kN}\cdot\text{m}$，（c）$M_B=-2\text{kN}\cdot\text{m}$，（d）$M_B=10\text{kN}\cdot\text{m}$；

(4)（a）0，（b）0，（c）0，（d）0

2-7 $M=29\text{N}\cdot\text{m}$

2-8 $F_A=4.24\text{kN}$（↘），$F_B=4.24\text{kN}$（↖）

2-9 $F_{AB}=10\text{kN}$，$M_2=6\text{kN}\cdot\text{m}$

2-10 $F'_R=609.6\text{kN}$，$M_O=296.18\text{kN}\cdot\text{m}$，$d=0.486\text{m}$

2-11 4kN

2-12 $F_{NA}=\dfrac{G}{2a}(a\cos\alpha-b\sin\alpha)$，$F_{NB}=\dfrac{G}{2a}(a\cos\alpha+b\sin\alpha)$，$F_T=G\sin\alpha$

2-13 $F_{Ax}=10\text{kN}$（←）、$F_{Ay}=42\text{kN}$（↑），$M_A=50.2\text{kN}\cdot\text{m}$（↺）

2-14 $l_{min}=2.8\text{m}$

2-15 （a）$F_{Ax}=5.2\text{kN}$（→），$F_{Ay}=5\text{kN}$（↑），$M_A=6\text{kN}\cdot\text{m}$（↺）；

（b）$F_A=2\text{kN}$，$F_B=2\text{kN}$（↑）；

（c）$F_A=-1.5\text{kN}$（↓），$F_B=9.5\text{kN}$（↑）；

（d）$F_A=8\text{kN}$（→），$F_{Bx}=8\text{kN}$（←），$F_{By}=6\text{kN}$（↑）

2-16 （a）$F_{Ax}=0$、$F_{Ay}=-3\text{kN}$（↓），$F_B=10\text{kN}$（↑）、$F_D=1\text{kN}$（↑），$F_{Cx}=0$、$F_{Cy}=1\text{kN}$；

（b）$F_A=20\text{kN}$（↑），$F_{Bx}=0$、$F_{By}=20\text{kN}$，$F_{Cx}=0$、$F_{Cy}=84\text{kN}$（↑）、$M_C=328\text{kN}\cdot\text{m}$（↺）

2-17 $h=1.39\text{m}$

2-18 先翻倒，$h\leqslant1.25a$

项 目 3

3-1 略

3-2 （a）$|\sigma|_{max}=66.7\text{MPa}$；

（b）$|\sigma|_{max}=50\text{MPa}$；

（c）$|\sigma|_{max}=43.3\text{MPa}$；

（d）$|\sigma|_{max}=50\text{MPa}$

3-3 $\sigma_{BD}=42.5\text{MPa}$，$\sigma_{BC}=28.3\text{MPa}$，$\sigma_{AC}=42.5\text{MPa}$，$\sigma_{AB}=52.9\text{MPa}$

3-4 $\sigma_{AC}=31.1\text{MPa}$，$\sigma_{AB}=37.7\text{MPa}$

3-5 $\Delta l_{AB}=0.21\text{mm}$

3-6 $\sigma_{AC}=11.94\text{MPa}$，$\sigma_{BC}=47.77\text{MPa}$，$\varepsilon_{AC}=5.97\times10^{-5}$，$\varepsilon_{BC}=2.39\times10^{-4}$

3-7 （1）轴力图（略）；

（2）$|\sigma|_{max}=100\text{MPa}$；

（3）$\Delta l=-0.271\text{mm}$

3-8 $E=210\text{GPa}$，$\nu=0.317$

3-9 $\sigma_{AB}=6\text{MPa}<[\sigma]$

3-10 $A_{BC}=321\text{ mm}^2$，$A_{AB}=481\text{ mm}^2$

3-11 $F=100.5\text{kN}$

3-12 $G=66.67\text{kN}$

3-13 $F=16.3\text{kN}$

3-14 $d \geqslant 25.2$mm

3-15 $[G]=84$kN

3-16 (1) $x=1.71$m;

(2) $F \leqslant 56.1$kN

项 目 4

4-1 $F \geqslant 13.56$kN

4-2 $F_{max}=37.6$kN

4-3 $d \geqslant 9.68$mm

4-4 $F \leqslant 56.52$kN

4-5 $t \geqslant 16$mm, $a \geqslant 160$mm

4-6 $[F]=24.1$kN

4-7 $d \geqslant 14.6$mm

4-8 $\tau=32.5\text{MPa} \leqslant [\tau]$, $\sigma_{bs}=74.4\text{MPa} \leqslant [\sigma_{bs}]$

项 目 5

5-1 (a) $T_1=2\text{kN}\cdot\text{m}$, $T_2=-8\text{kN}\cdot\text{m}$, $T_3=-3\text{kN}\cdot\text{m}$

(b) $T_1=5\text{kN}\cdot\text{m}$, $T_2=1\text{kN}\cdot\text{m}$, $T_3=3\text{kN}\cdot\text{m}$

(c) $T_1=1\text{kN}\cdot\text{m}$, $T_2=-2\text{kN}\cdot\text{m}$

(d) $T_1=3\text{kN}\cdot\text{m}$, $T_2=-1\text{kN}\cdot\text{m}$, $T_3=1\text{kN}\cdot\text{m}$

5-2 $T_{AB}=-2387.5\text{N}\cdot\text{m}$, $T_{BC}=-955\text{N}\cdot\text{m}$

5-3 $T_{AB}=636.7\text{N}\cdot\text{m}$, $T_{BC}=-1591.7\text{N}\cdot\text{m}$, $T_{CD}=-955\text{N}\cdot\text{m}$

5-4 $\tau=140.2$MPa, $\tau_{max}=175.3$MPa

5-5 $P=18.5$kW

5-6 (1) 轮Ⅰ应布置在中间位置;

(2) $\tau_{max}=63.7$MPa, $\varphi_{max}=0.02$rad

5-7 $d \geqslant 53.5$mm

5-8 $d_1 \geqslant 37.3$mm, $D_2 \geqslant 39.1$mm, $d_2 \leqslant 23.4$mm

5-9 $\tau_{AE}=45.2\text{MPa} < [\tau]$, $\tau_{BC}=71.3\text{MPa} < [\tau]$, $\theta_{AE}=0.31\ (°)/\text{m} < [\theta]$, $\theta_{BC}=0.68\ (°)/\text{m} < [\theta]$

项 目 6

6-1 (a) $F_{s1}=6$kN, $M_1=-9\text{kN}\cdot\text{m}$, $F_{s2}=18$kN, $M_2=-49\text{kN}\cdot\text{m}$;

(b) $F_{s1}=10$kN, $M_1=-30\text{kN}\cdot\text{m}$, $F_{s2}=10$kN, $M_2=-2\text{kN}\cdot\text{m}$;

(c) $F_{s1}=-0.5$kN, $M_1=1\text{kN}\cdot\text{m}$, $F_{s2}=4.5$kN, $M_2=1\text{kN}\cdot\text{m}$;

(d) $F_{s1}=14$kN, $M_1=-8\text{kN}\cdot\text{m}$, $F_{s2}=-10$kN, $M_2=0\text{kN}\cdot\text{m}$

6-2 (a) $F_{sAB}=2ql$, $M_{AB}=-2ql^2$;

(b) $F_{sAC}=14$kN, $M_{AC}=-32\text{kN}\cdot\text{m}$;

(c) $F_{sAC}=-6$kN, $M_{AC}=-26\text{kN}\cdot\text{m}$;

附录D

(d) $F_{sAC}=F$，$M_{AC}=-3Fl$

6-3 (a) $F_{sAC}=1.5F$，$M_{BC}=2Fl$；

(b) $F_{sAC}=1.25ql$，$M_{CA}=1.25ql^2$；

(c) $F_{sAC}=1.25ql$，$M_{CA}=-0.25ql^2$；

(d) $F_{sAC}=\frac{2ql}{3}$，$M_{CA}=\frac{2ql^2}{3}$

6-4 (a) $F_{sAC}=1.5\text{kN}$，$M_{CA}=3\text{kN}\cdot\text{m}$；

(b) $F_{sAB}=3\text{kN}$，$M_{BA}=-4\text{kN}\cdot\text{m}$；

(c) $F_{sAC}=3\text{kN}$，$M_{CA}=3\text{kN}\cdot\text{m}$，$M_{CD}=-5\text{kN}\cdot\text{m}$；

(d) $F_{sAC}=-ql$，$M_{AC}=-\frac{ql^2}{2}$

6-5 (a) $F_{sCA}=2\text{kN}$，$M_{CA}=4\text{kN}\cdot\text{m}$；

(b) $F_{sBA}=\frac{3ql}{2}$，$M_{BA}=-ql^2$

6-6 $\sigma_a=-6.56\text{MPa}$，$\sigma_b=-4.69\text{MPa}$，$\sigma_c=0$，$\sigma_d=4.69\text{MPa}$

6-7 (a) $\sigma_{\max}=8.75\text{MPa}$；

(b) $\sigma_{\max}=9.17\text{MPa}$；

(c) $\sigma_{\max}=5.33\text{MPa}$

6-8 ①$d\geqslant 108\text{mm}$，$A\geqslant 9160\text{mm}^2$；

②$b=57.2\text{mm}$，$h=114.4\text{mm}$，$A\geqslant 6543\text{mm}^2$；

③选16号工字钢，$A=2610\text{mm}^2$

6-9 (1) $b\times h=160\times 240\text{mm}^2$；

(2) $W_z=157\,000\text{mm}^3$，选50a号工字钢；

(3) (1)、(2) 两种截面耗用钢材之比为3.22∶1

6-10 $q=15.68\text{kN/m}$，$d=17\text{mm}$

6-11 $\sigma_{\text{tmax}}=38.06\text{MPa}>[\sigma_t]$，$\sigma_{\text{cmax}}=25.36\text{MPa}<[\sigma_c]$

6-12 $d\leqslant 115\text{mm}$，$\sigma_{\max}=8.79\text{MPa}\leqslant[\sigma]$

6-13 $\tau_a=0$，$\tau_b=0.45\text{MPa}$，$\tau_c=0.92\text{MPa}$，$\tau_d=0.45\text{MPa}$

6-14 $\sigma_{\max}=170.62\text{MPa}$，$\tau_{\max}=38.5\text{MPa}$

6-15 $\sigma_{\max}=9.26\text{MPa}$，$\tau_{\max}=0.52\text{MPa}$

6-16 $W_z=48\,000\text{mm}^3$，选用两根8号槽钢

6-17 (a) $\omega_C=\frac{Fl^3}{24EI_z}$，$\theta_B=-\frac{13Fl^2}{48EI_z}$；

(b) $\omega_A=-\frac{11ql^4}{48EI_z}$，$\theta_A=\frac{7ql^3}{24EI_z}$

6-18 $|\omega_C|=0.031\text{mm}<|\omega|=\delta$，满足刚度要求

项 目 7

7-1 (a) $\sigma_\alpha=6.25\text{MPa}$，$\tau_\alpha=21.6\text{MPa}$；

(b) $\sigma_\alpha=-17.5\text{MPa}$，$\tau_\alpha=56.2\text{MPa}$；

(c) $\sigma_\alpha=-28.8$MPa，$\tau_\alpha=-6.5$MPa；

(d) $\sigma_\alpha=-100$MPa，$\tau_\alpha=0$

7-2 (a) $\sigma_\alpha=-100$MPa，$\tau_\alpha=200$MPa；

(b) $\sigma_\alpha=409.8$MPa，$\tau_\alpha=236.6$MPa；

(c) $\sigma_\alpha=-350$MPa，$\tau_\alpha=-150$MPa；

(d) $\sigma_\alpha=98.2$MPa，$\tau_\alpha=-143.3$MPa

7-3 (a) $\sigma_1=14$MPa，$\sigma_2=0$，$\sigma_3=-114$MPa，$\alpha_0=19°20'$，$\tau_{max}=64$MPa；

(b) $\sigma_1=68$MPa，$\sigma_2=0$，$\sigma_3=-43$MPa，$\alpha_0=-27°5'$，$\tau_{max}=55.5$MPa；

(c) $\sigma_1=72.5$MPa，$\sigma_2=0$，$\sigma_3=-12.5$MPa，$\alpha_0=22°30'$，$\tau_{max}=42.5$MPa；

(d) $\sigma_1=8.28$MPa，$\sigma_2=0$，$\sigma_3=-48.28$MPa，$\alpha_0=22°30'$，$\tau_{max}=28.28$MPa

7-4 $\sigma_3^*=110$MPa$<[\sigma]$，$\sigma_4^*=101.5$MPa$<[\sigma]$，安全

7-5 选用28a工字钢，$\sigma_4^*=151.2$MPa

7-6 按第三强度理论，$\sigma_3^*=250$MPa；按第四强度理论，$\sigma_4^*=227$MPa

7-7 $\sigma_3^*=107.4$MPa

7-8 $\sigma_3^*=55.5$MPa$<[\sigma]$，强度足够

7-9 $\sigma=53$MPa，安全

7-10 $\sigma_{max}=144.7$MPa

7-11 16号槽钢

7-12 略

7-13 $\sigma_{tmax}=6.75$MPa，$\sigma_{cmax}=-6.99$MPa

7-14 $\sigma_{r3}=197.7$MPa，不满足强度条件

7-15 $d=55$mm

7-16 $G=0.59$kN

项　目　8

8-1 略

8-2 略

8-3 (a) $F_{NBC}=-0.707F$；

(b) $F_{NFB}=-22.36$kN；

(c) $F_{NCB}=-7.07$kN；

(d) $F_{NEF}=F$

8-4 (a) $F_{Na}=0.5F$；

(b) $F_{Nb}=0.25F$；

(c) $F_{Nb}=-0.5F$；

(d) $F_{Nc}=F$；

(e) $F_{Na}=0.67F$；

(f) $F_{Na}=0.33F$

8-5 $F_{NBC}=F$

8-6 略

8 - 7 (a) $F_{NBD}=-5kN$；

(d) $F_{NBC}=-0.207F$

项 目 9

9 - 1 6.3％，17.6，2，10.4，16.6kN/m³

9 - 2 散粒结构：土的粒径较大，彼此之间无连接力或只有微弱的连接力，土粒呈棱角状、表面粗糙。

蜂窝结构：土的粒径较小、颗粒间的连接力强，吸引力大于其重力，土粒停留在最初的接触位置上不再下沉。

絮状结构：土粒较长时间在水中悬浮，单靠自身中重力不能下沉，而是由胶体颗粒结成棉絮状，以粒团的形式存在。

9 - 3 2.46，0.49，19.44kN/m³

9 - 4 (1) 非线性材料的影响，土体实际是非线性材料的影响，对竖向应力计算值有影响；

(2) 成层地基的影响，天然土层大松密、软硬程度往往不相同，变形特性可能差别较大，如可压缩土层覆盖在刚性岩层上；

(3) 变形模量受深度增大的影响；

(4) 各向异性的影响，由于天然沉积土因沉积条件和应力状态不同，在水平方向和垂直方法的E就不同，土的各向异性也会影响土层中的附加应力分布。

9 - 5 (1) 土粒的矿物成分、形状、颗粒大小与颗粒级配；

(2) 土的密度；

(3) 含水量；

(4) 土体结构的扰动情况；

(5) 孔隙水压力的影响。

9 - 6 (1) 土是均质、各向同性和完全饱和；

(2) 土粒和孔隙水都是不可压缩的；

(3) 外荷载是在一次在瞬间施加的；

(4) 土中附加应力沿水平面是无限均匀分布的，因此土层大压缩和土中水的渗流都是一维的；

(5) 土中水的渗流服从达西定律；

(6) 在渗透固结中，土的渗透系数 k 和压缩系数 α 都是不变的。

9 - 7 410kPa，370kPa，240kPa，40kPa

9 - 8 (1) $\tau_{max}=\frac{\sigma_1-\sigma_3}{2}=160kPa$，$\sigma=\frac{\sigma_1+\sigma_3}{2}=340kPa$；

(2) $\sigma_1=693kPa$，未达到。

参　考　文　献

[1] 秦定龙. 工程力学. 北京：中国电力出版社，2007.
[2] 吴世平，赵曼. 工程力学. 上海：复旦大学出版社，2010.
[3] 陈书申，陈晓平. 土力学与地基基础. 武汉：武汉工业大学出版社，1997.
[4] 陈希哲. 土力学地基基础工程实例. 北京：清华大学出版社，1982.
[5] 陈希哲. 土力学地基基础. 北京：清华大学出版社，1995.